庆祝东南大学建筑学院 90 周年华诞
Celebrating the 90th Anniversary of Architecture School of Southeast University

阳光 · 能源 · 建筑

Sunlight Energy Building

设计获奖方案选

Selected Award-winning Design Schemes

主编 杨维菊

Chief Editor Yang Weiju

中国建筑工业出版社
CHINA ARCHITECTURE & BUILDING PRESS

图书在版编目（CIP）数据

阳光·能源·建筑——设计获奖方案选 / 杨维菊主编.
北京：中国建筑工业出版社，2017.9
ISBN 978-7-112-21146-3

Ⅰ.①阳… Ⅱ.①杨… Ⅲ.①建筑设计-作品集-中国-现代 Ⅳ.①TU206

中国版本图书馆CIP数据核字（2017）第207315号

责任编辑：张　建　何　楠
责任校对：焦　乐　王雪竹

阳光·能源·建筑——设计获奖方案选
主编 杨维菊
*
中国建筑工业出版社出版、发行（北京海淀三里河路9号）
各地新华书店、建筑书店经销
北京方嘉彩色印刷有限责任公司印刷
*
开本：787×1092毫米 1/12 印张：20 字数：362千字
2017年10月第一版 2017年10月第一次印刷
定价：168.00元
ISBN 978-7-112-21146-3
（30781）

能应 是社会发展的动力，节约资源
与环境发展是我们的国策和方针。
所以我们的建筑设计和工程建设必须
要加强有关绿色建筑技术的掌握和
运用。

　　我们东南大学在建筑节约能源
和绿色建筑、太阳能利用以及于建筑
一体化方面，做出了不少探索和尝试，
其为抱泥荀老师五十几年来，率先
在自己画之作取得贡献，为学校争
的荣誉。

　　希望继续努力和贡献。

2017.8.30

序

可持续发展是当今世界共同的必由之路，这在中国因其特定的发展进程及其所面临的资源和环境挑战而更显迫切。中国共产党“十八大”提出经济建设、政治建设、文化建设、社会建设和生态文明建设“五位一体”总体布局。城乡建设领域的规划设计与建设已开始普遍关注以资源节约与环境和谐为宗旨的绿色理念、技术与方法的探索，并在政策、法规和实践策略等方面形成了可喜的成果。

绿色发展、循环发展和低碳的发展需要在理论、方法、技术等方面持续展开多层面、多维度的研究、实践和探索。“设计”是联结理论与实践的创造性环节，是探索、判断、选择和综合运用各种绿色技术的核心；它必须依托技术，但又超越技术，从而将技术的运用提升至“以人为本”与“以自然为本”和谐一体的新文化创建之中。

杨维菊教授长期从事建筑节能的研究，近年来她的研究工作不断迈向更加系统的绿色建筑设计及其技术策略的方向。这本由杨维菊教授主编的设计获奖方案选，收编了基于各自的关注视角、不同的场地环境、多样的技术策略展开的绿色设计探索案例；其中既有共同的价值诉求，又有不同的创意、方法和个性。相信这些案例的集结对于观摩、评析、总结，并进一步促进绿色建筑设计与技术运用的发展具有重要且积极的现实意义。在此，让我们共同期待，通过广泛和持续的研究、实践，我们终将寻找到一条具有中国特色、适应不同地域和文化背景的绿色之路。

2017 年 7 月 4 日于南京四牌楼中大院

主编简介

杨维菊，东南大学建筑学院教授，博士生导师，东南大学绿色建筑研究所所长，技术学科学术带头人之一。现任中国建筑学会建筑师分会建筑技术专业委员会副主任委员，中国建筑业协会建筑节能专业委员会常委，中国可再生能源学会太阳能专业委员会专家，江苏省化学建材协会、建筑节能保温隔热专业委员会副主任委员，住房和城乡建设部与江苏省建筑节能专家，中国建筑文化研究会绿色环保委员会专家，国家和地方建筑节能标准主要参加者，国家教育部学位中心评审专家。

杨维菊老师 2003 年、2013 年分别获得东南大学林同炎奖教金与蓝风奖教金，2016 年获得东南大学“三育人”先进个人。自 2005 年起，杨维菊老师连续五届参加国际太阳能学会、中国可再生能源学会和国家住宅与居住环境工程技术研究中心组织的“台达杯国际太阳能建筑设计竞赛”，并于 2015 年获得该竞赛组委会授予的十年唯一的“特殊贡献奖”。这其中主要指导学生以及个人参加竞赛，十年中累计有三十几个作品获奖。2011 年 9 月 -2013 年 8 月近两年时间参加并组织东南大学学生团队参加“2013 年国际太阳能十项全能竞赛”，担任首席指导教师，并在大赛中获得“能量平衡”和“太阳能热水”两个一等奖。此外，杨维菊老师多次参加中国绿色建筑与节能委员会组织的绿色建筑设计竞赛以及招商地产控股股份有限公司组织的绿色建筑设计竞赛，获得近十五个奖项。2017 年获得亚洲光伏人才培育奖。

杨维菊老师 26 年来在国内建筑类核心刊物上发表了四十余篇学术论文，完成了八本书的编纂。2006～2009 年，与中国建筑西南设计研究院合作完成国家自然科学基金项目“新型节能建筑围护结构热物理性能与热工设计计算研究”（第二人）。2012～2016年，完成国家自然科学基金“江南水乡村镇低能耗住宅技术策略研究”项目。2011 年 6 月出版了“十一五”国家重大出版工程《绿色建筑设计与技术》一书（齐康总编，杨维菊主编）。2013 年 2 月出版《中国建筑当代大系——绿色建筑》（杨维菊编）。2016 年上半年完成住房与城乡建设部十三五规划教材《建筑构造设计（上、下）》（第二版）的编写。2017 年上半年主编出版《村镇住宅低能耗技术应用》。发表在《建筑学报》、《华中建筑》、《新建筑》、《生态城市与绿色建筑》等杂志上的学术论文有：《江南水乡传统临水民居低能耗技术的传承与改造》、《基于模块化设计的低能耗住宅围护结构节能设计研究——以 SDC2013 参赛作品“阳光舟”为例》、《建筑遮阳的系统化策略研究》、《传承 · 开拓 · 交叉 · 融合——东南大学绿色建筑创新教学体系的研究》、《青海地区绿色生态型农村住宅设计策略研究》、《太阳能光电技术应用》、《中国传统民居对地形顺应的生态策略》等。

目　录

五、挑战杯太阳能建筑设计与工程大赛获奖作品

六、东南大学建筑学院学生优秀作品

七、东南大学 2013 国际太阳能十项全能竞赛作品

八、东南大学绿色建筑研究所及合作单位优秀作品

赞助商简介

一、台达杯国际太阳能建筑设计竞赛获奖作品

2011 台达杯国际太阳能建筑设计竞赛方案

一等奖

垂直村落

学　　生：顾雨拯 季鹏程

指导老师：杨维菊

方案介绍：

“怎样将水乡肌理反映到现代多层建筑中？”以及“怎样把太阳能利用结合到多层住宅中？”这两个问题是该方案的切入点。

通过吴冠中的画作，我们找到了将江南水乡完美结合到现代多层建筑中的手法，同时将太阳能利用到了多层的住宅之中，成为一体。

国画中用物体的上下排布表达远近的透视关系，我们将之运用于建筑设计中：一个垂直的村落。波浪形倾斜墙的运用使得每一户都同时获得了向阳面和遮阳面，提高了太阳能热水器的得光率，同时形成的自遮阳解决了南向炫光问题。

太阳能住宅设计 ——垂直村落
VERTICAL VILLAGE
问题（question）1：
怎样将水乡肌理反映到现代多层建筑中？
How to reflect the texture of local watery region in modern multi-storey
问题（question）2：
怎样把太阳能利用结合到多层住宅中？
How to combine the use of solar energy with the multi-storey disign?
回答（answer）：
在吴冠中的画中，我们找到了解答。
We find the answer in the traditional Chinese paintings created by Wu Guanzhong.
国画中用物体的上下排布表达远近的透视关系，我们将之运用于建筑设计中：一个垂直的村落。波浪形倾斜的墙的运用使每一户都同时获得了向阳面和遮阳面，提高了太阳能热水器的得光率同时形成的自遮阳解决了南向眩光问题
We choose the concept of vertical village in our design by realizing the relationship between different objects in traditional Chinese paintings which show the depth through arranging them up and down. The use of undulating tilted wall make it possible for each house get both a sunny side and a shading side. In other words, this operation not only raises the utilization rate of solar water heater but also avoids the problem of south glare.

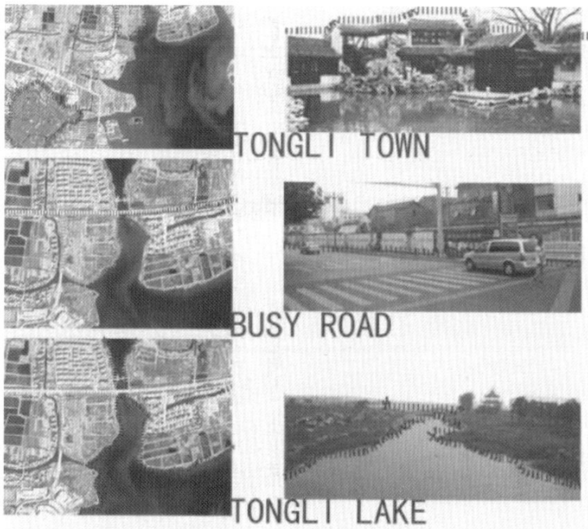
TONGLI TOWN
BUSY ROAD
TONGLI LAKE

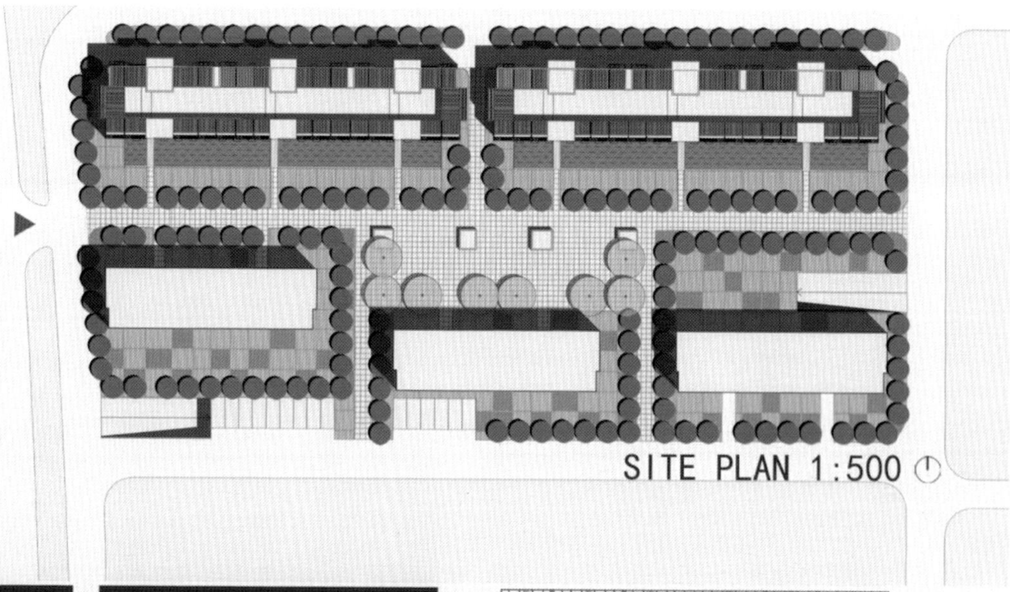
SITE PLAN 1:500

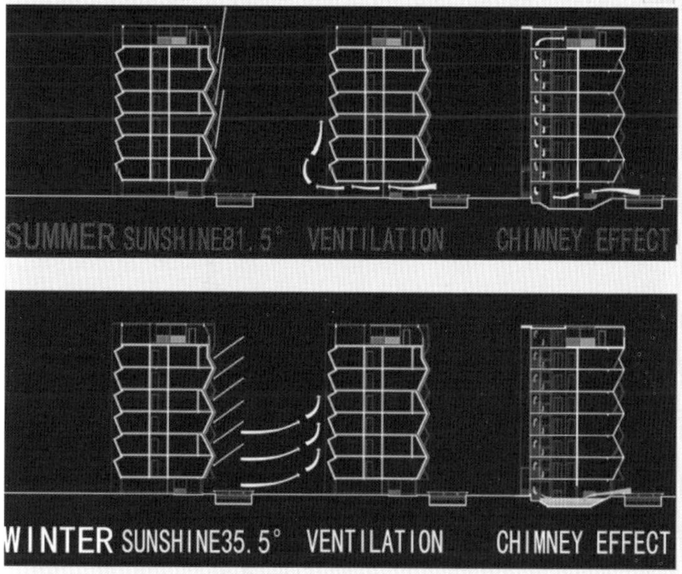
SUMMER SUNSHINE81.5° VENTILATION CHIMNEY EFFECT
WINTER SUNSHINE35.5° VENTILATION CHIMNEY EFFECT

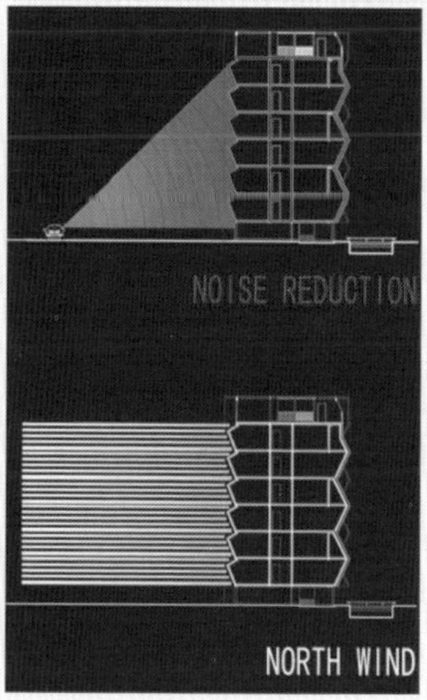
NOISE REDUCTION
NORTH WIND

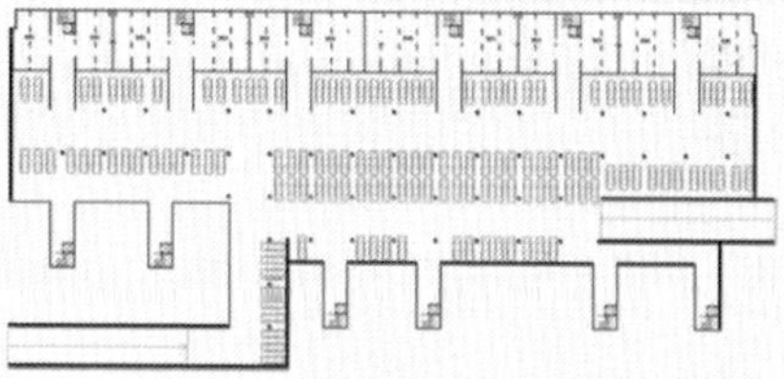
UNDERGROUND PARKING

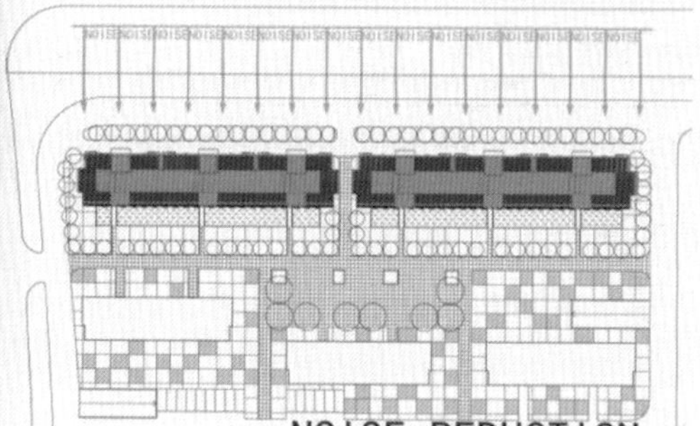
NOISE REDUCTION

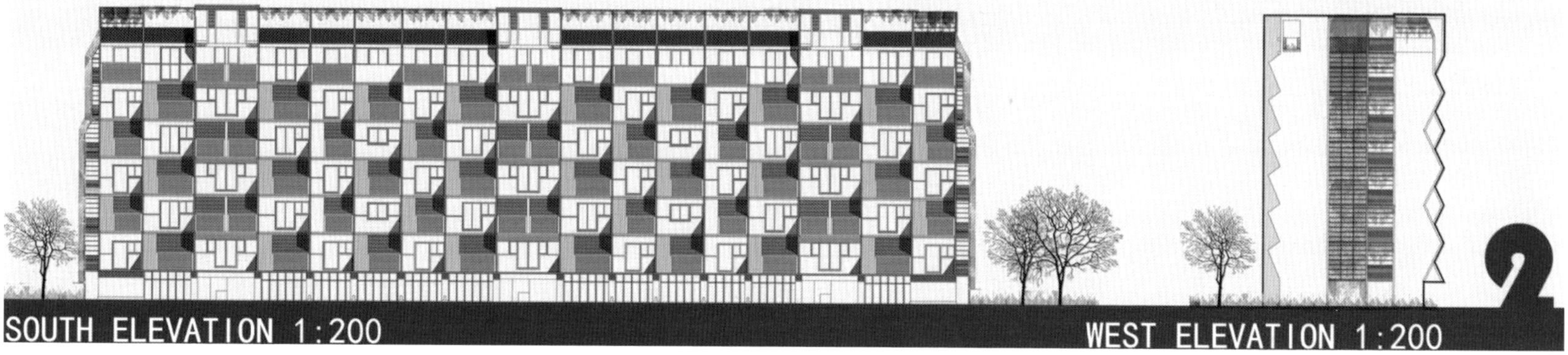
SOUTH ELEVATION 1:200
WEST ELEVATION 1:200

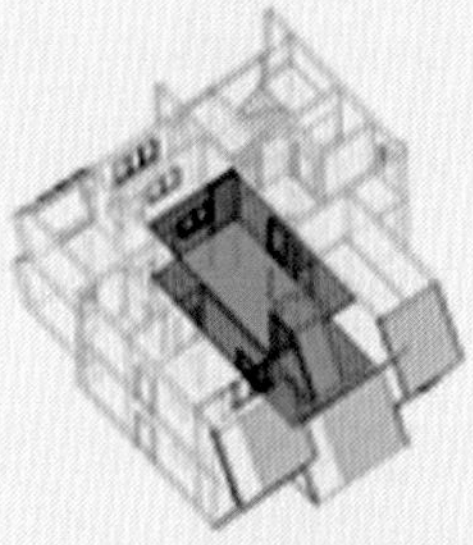

In winter, open the fan

In summer, close the fan

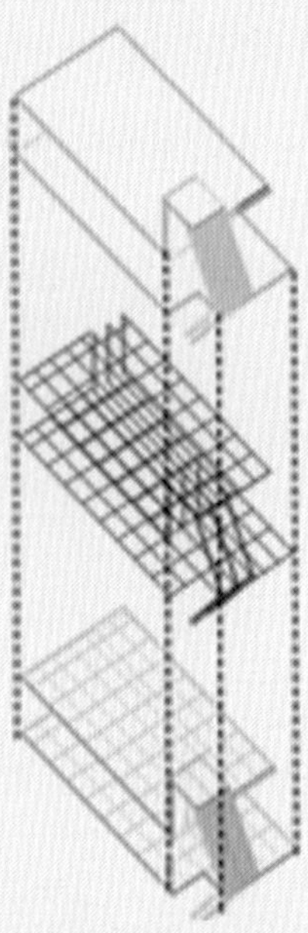

ISOMETRIC DECOMPOSITION

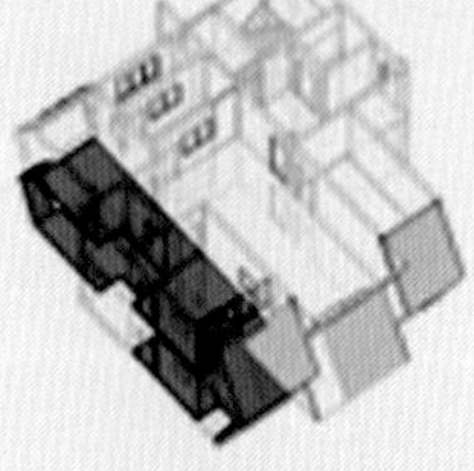

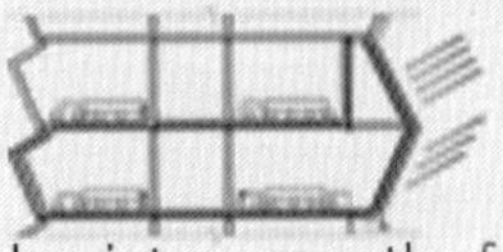

In winter, open the fan

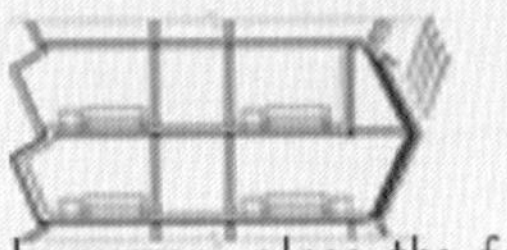

In summer, close the fan

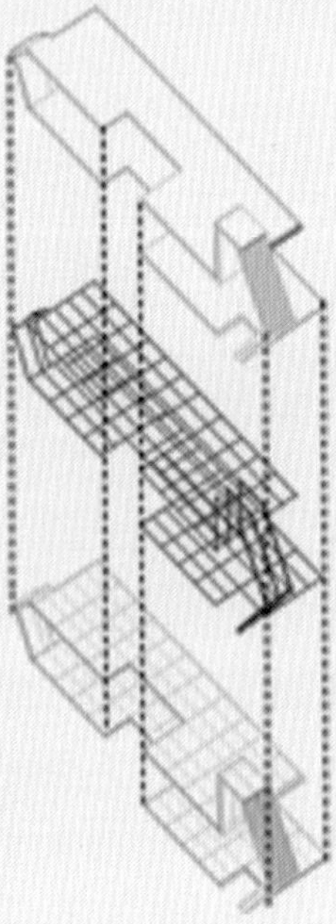

ISOMETRIC DECOMPOSITION

130m² UNIT PLAN 1:75

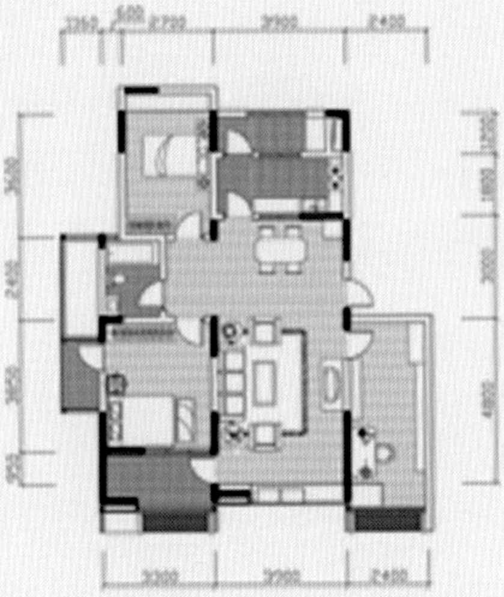

90m² UNIT PLAN 1:75

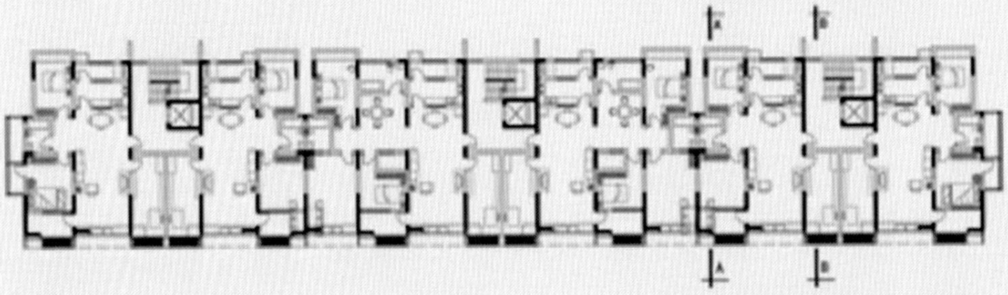

2nd 4th 6th FLOOR PLAN 1:200

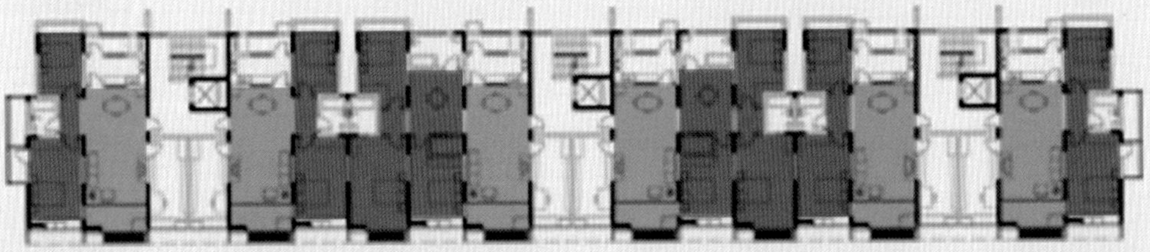

1st 3rd 5th FLOOR PLAN 1:200

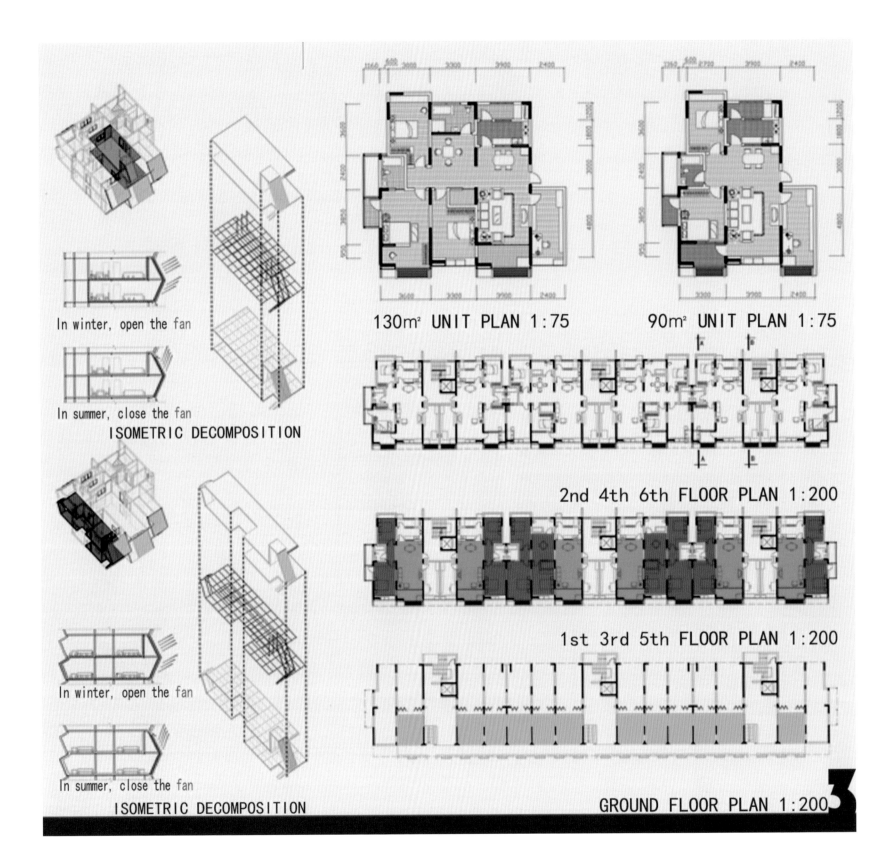

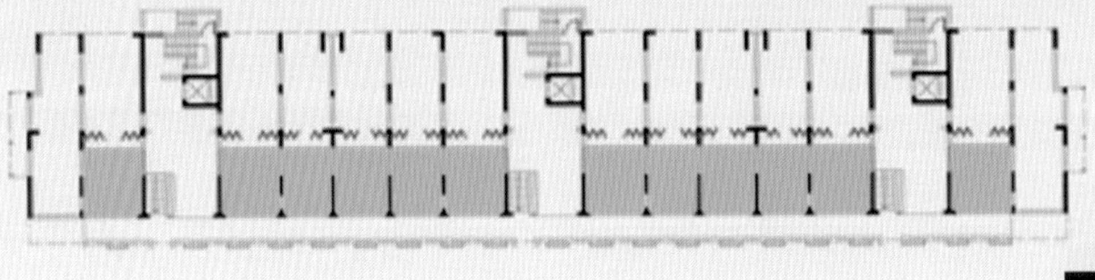

GROUND FLOOR PLAN 1:200

3

15.280(结构)
13.250(结构)
12.600(结构)
11.950(结构)
60X6 立梃
60X2.5
钢筋混凝土女儿墙
11J930
活动外遮阳
由厂家进行二次设计
9.000
8.980
门洞上口保温构造
10J121
门洞侧口保温构造
10J121
ø60X3.5钢管
ø20钢管
ø60X3钢管
钢管扶手平台栏杆
11J930
6.000
5.980
空气源热泵风管
可拆卸铝板
3.000
2.980
ø50PVC地漏
接入冷凝水立管
±0.000
-0.050
04J101
11400
A

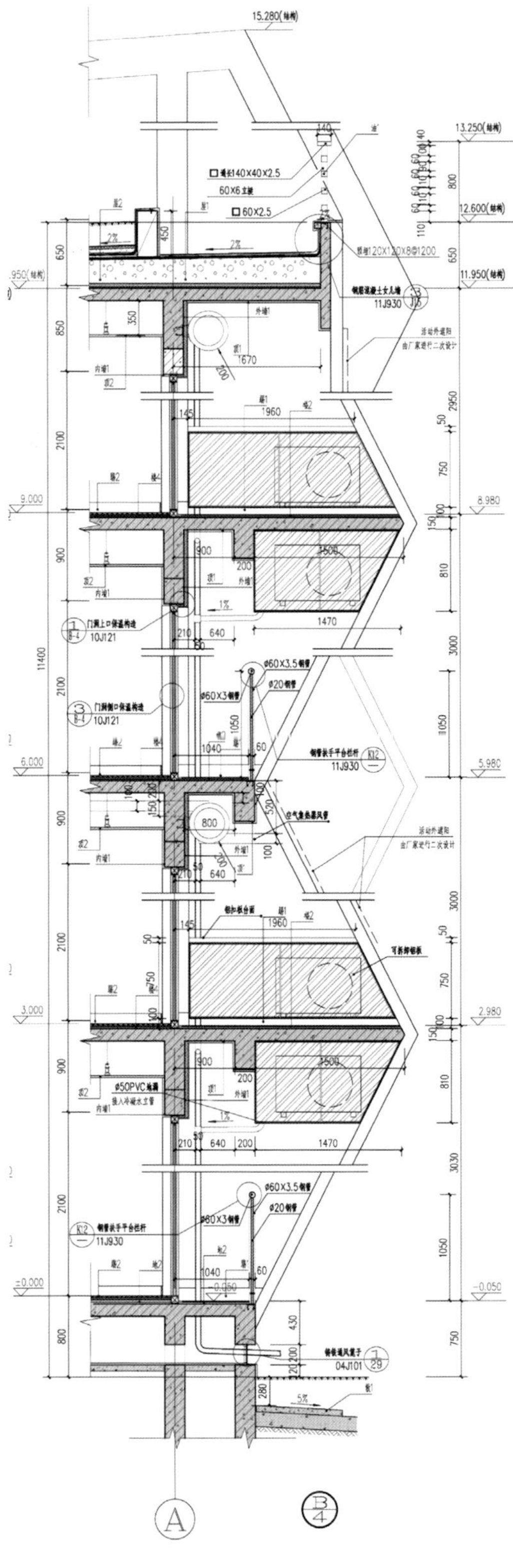

2005 台达杯国际太阳能建筑设计竞赛方案

二等奖

低技·高效·经济·可行

学　　生：伍昭翰 林宁

指导老师：杨维菊

方案介绍：

本方案综合考虑该地区生态资源循环，正确组织能源环境路径，充分利用可再生能源：太阳能热水及采暖综合系统、沼气回收、雨水收集。

在资源循环系统中，太阳能提供热水及冬季供暖，雨水收集用于浇灌植物，废水经化粪池后为植物提供氧气。家畜的排泄物作为沼气池原料，而沼气又提供住户的日常燃料。在太阳能热水即采暖综合系统中，太阳能光热系统可为住户提供日常以及冬季热水，减少能源的消耗。

而在建筑单体上，首先考虑建筑的平面布局，将主要房间朝南布置，辅助房间位于西北，充分利用自然采光、自然通风，合理解决建筑的遮阳问题，通过设置太阳房、隔热窗户和节能外围护结构来保证建筑的采光得热。

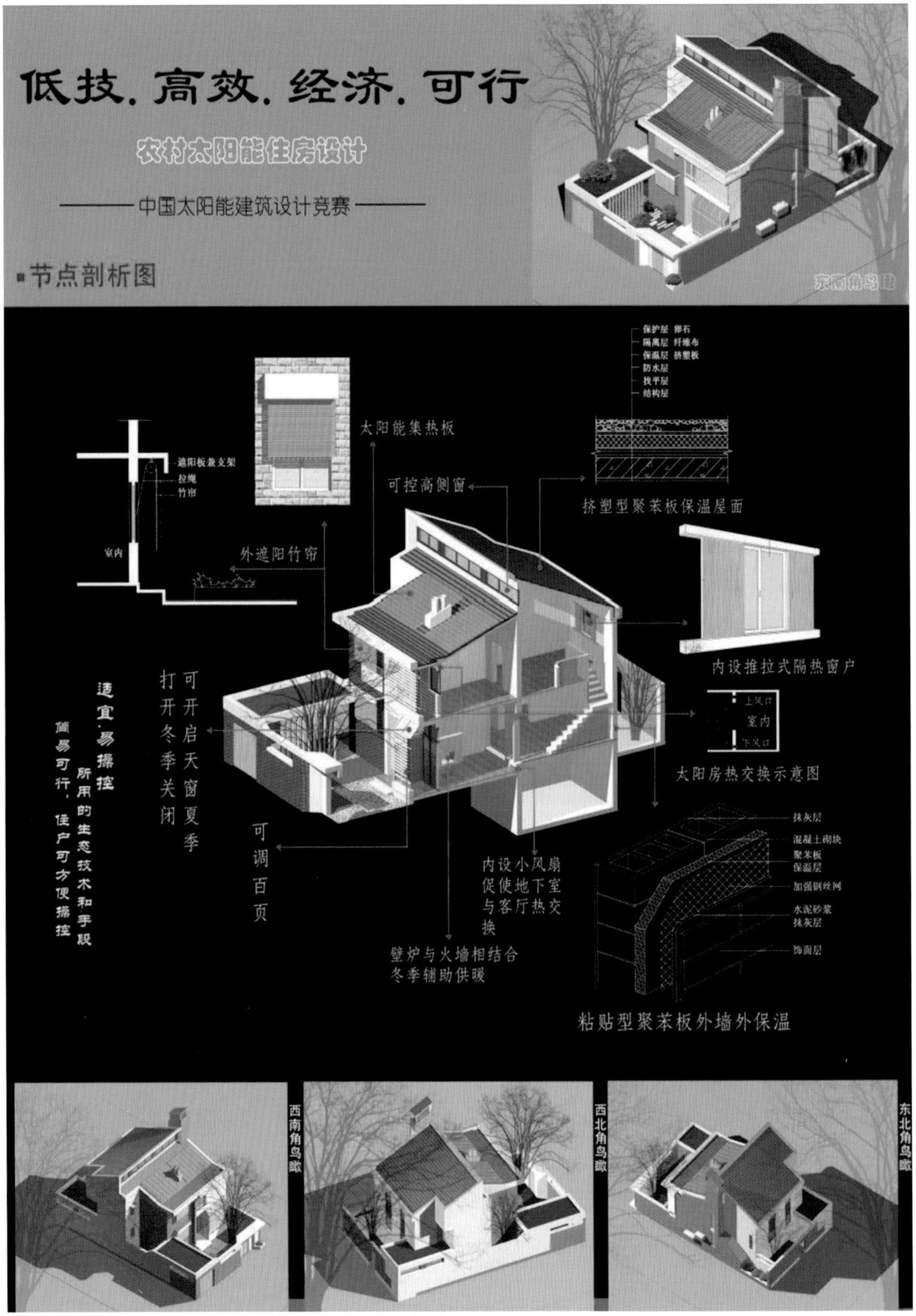

1. 综合考虑该地区生态资源循环，正确组织能源循环路径，充分利用可再生资源：
   a. 太阳能热水及采暖综合系统
   b. 沼气利用
   c. 雨水收集

2. 建筑单体：
   a. 平面布局：主要房间南向，辅助房间位于西北
   b. 充分利用自然采光
   c. 自然通风
   d. 遮阳
   d. 地下室蓄热蓄冷
   e. 太阳房
   f. 隔热窗户
   g. 壁炉结合火墙
   h. 外围护结构

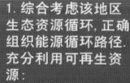

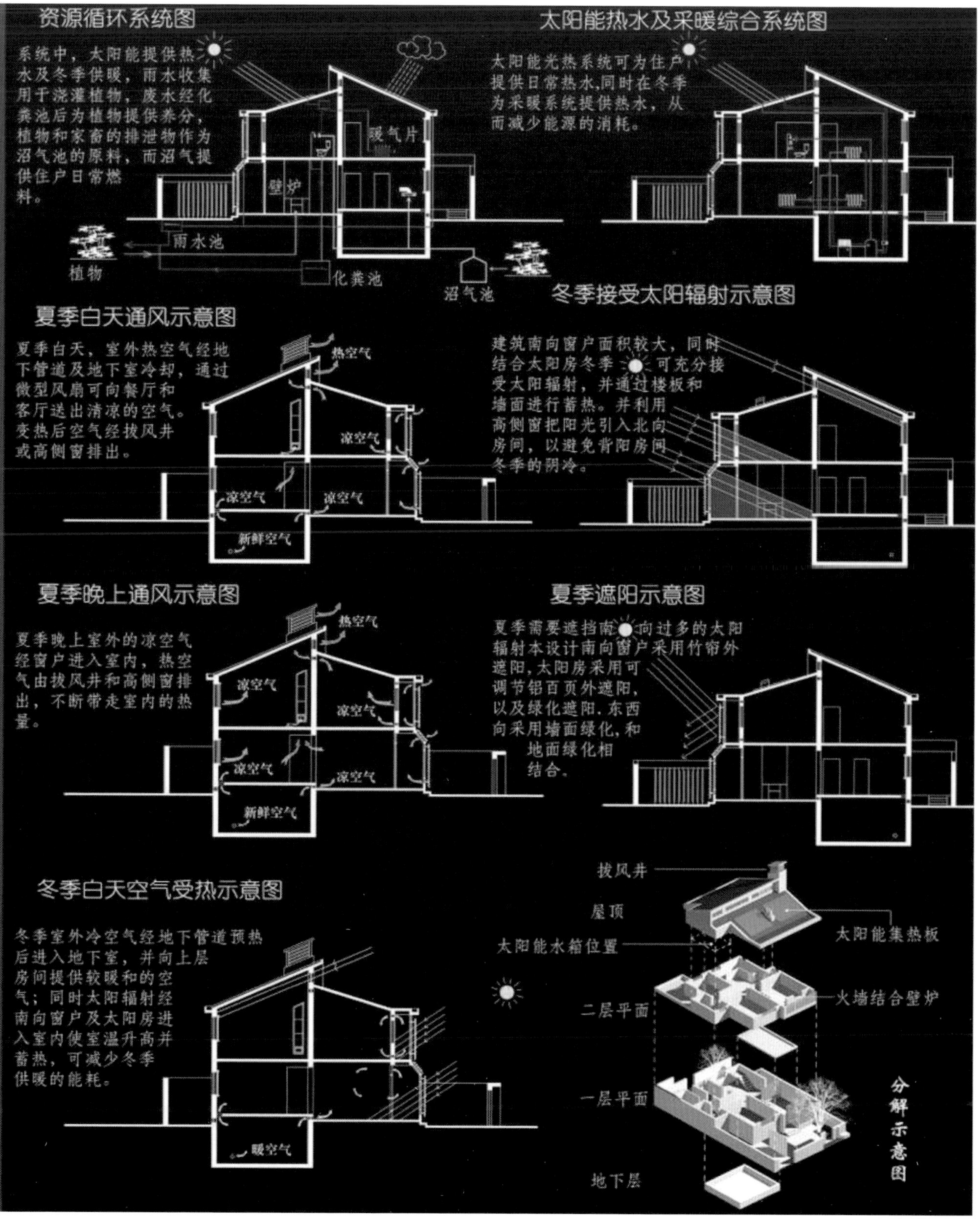
资源循环系统图
系统中，太阳能提供热水及冬季供暖，雨水收集用于浇灌植物，废水经化粪池后为植物提供养分，植物和家畜的排泄物作为沼气池的原料，而沼气提供住户日常燃料。
暖气片
壁炉
雨水池
植物
化粪池
沼气池
太阳能热水及采暖综合系统图
太阳能光热系统可为住户提供日常热水,同时在冬季为采暖系统提供热水，从而减少能源的消耗。
夏季白天通风示意图
夏季白天，室外热空气经地下管道及地下室冷却，通过微型风扇可向餐厅和客厅送出清凉的空气。变热后空气经拔风井或高侧窗排出。
热空气
凉空气
凉空气
凉空气
新鲜空气
冬季接受太阳辐射示意图
建筑南向窗户面积较大，同时结合太阳房冬季可充分接受太阳辐射，并通过楼板和墙面进行蓄热。并利用高侧窗把阳光引入北向房间，以避免背阳房间冬季的阴冷。
夏季晚上通风示意图
夏季晚上室外的凉空气经窗户进入室内，热空气由拔风井和高侧窗排出，不断带走室内的热量。
热空气
凉空气
凉空气
凉空气
凉空气
新鲜空气
夏季遮阳示意图
夏季需要遮挡南向过多的太阳辐射本设计南向窗户采用竹帘外遮阳，太阳房采用可调节铝百页外遮阳，以及绿化遮阳，东西向采用墙面绿化，和地面绿化相结合。
冬季白天空气受热示意图
冬季室外冷空气经地下管道预热后进入地下室，并向上层房间提供较暖和的空气；同时太阳辐射经南向窗户及太阳房进入室内使室温升高并蓄热，可减少冬季供暖的能耗。
暖空气
拔风井
屋顶
太阳能集热板
太阳能水箱位置
二层平面
火墙结合壁炉
一层平面
地下层
分解示意图

2013 台达杯国际太阳能建筑设计竞赛方案

二等奖

老人之家

学　　生：顾雨拯 任仕新 黄瑞

指导教师：王建国 杨维菊

方案介绍：

本方案关注两个问题，一是如何在现有的建筑朝向基础上充分利用太阳能？二是什么才是老年人需要的？整体方案就是试图找回人类记忆中家的形状。

我们希望充分利用原有建筑物，通过对传统建筑形态的抽象模拟，给老人创造出独特舒适的公共空间，从而产生“家的感受”；通过墙面角度的转变，将不利太阳照射的建筑面转化为有利的“向阳面”，以此充分利用太阳能。

以“老年之家”为题，表达了设计者对于建筑使用者（老年人）的贴心细致。这些设计手法均是建立在仔细研究了当地的气候条件与建筑条件的基础之上，是具有节能特色的当地建筑。

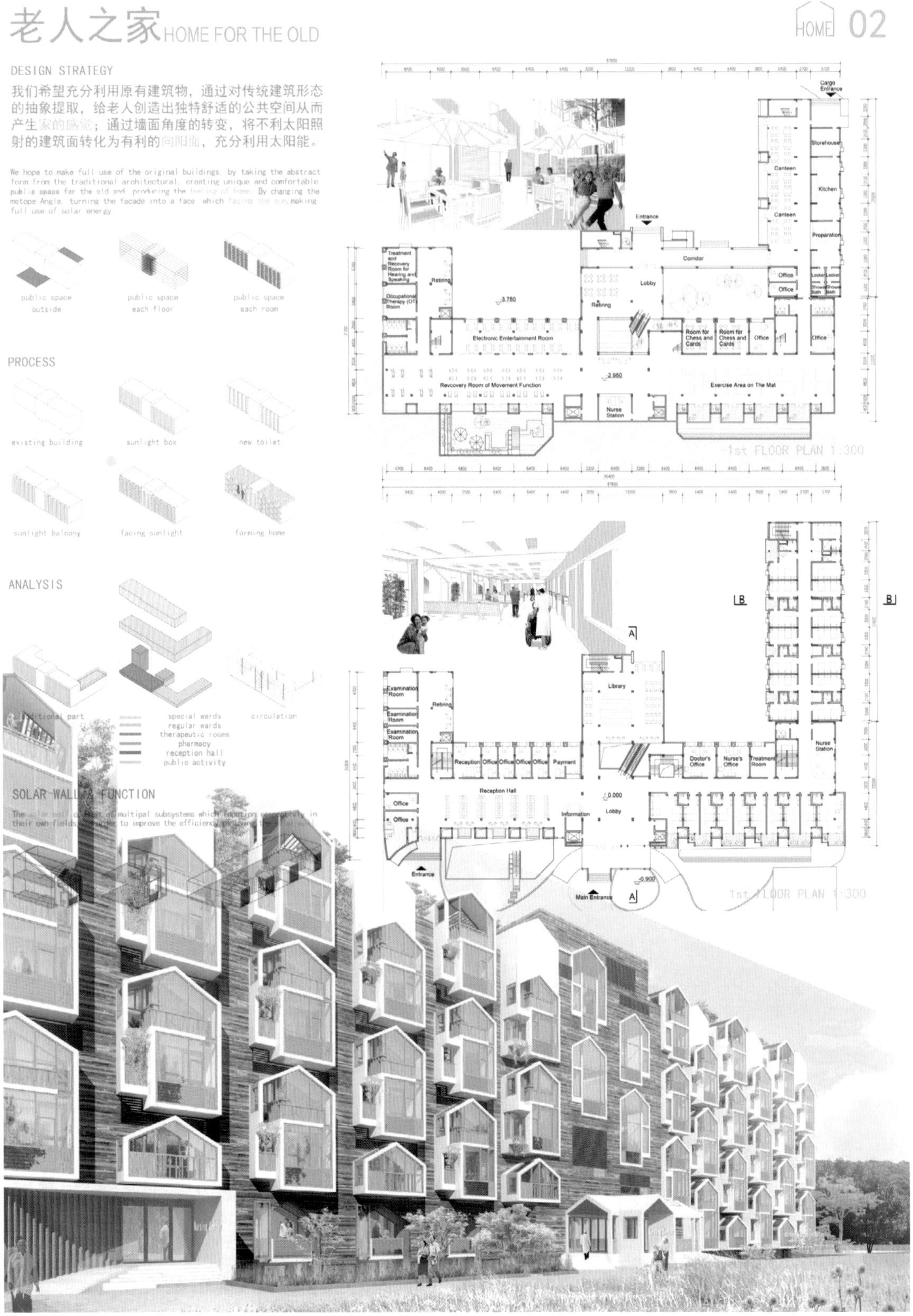

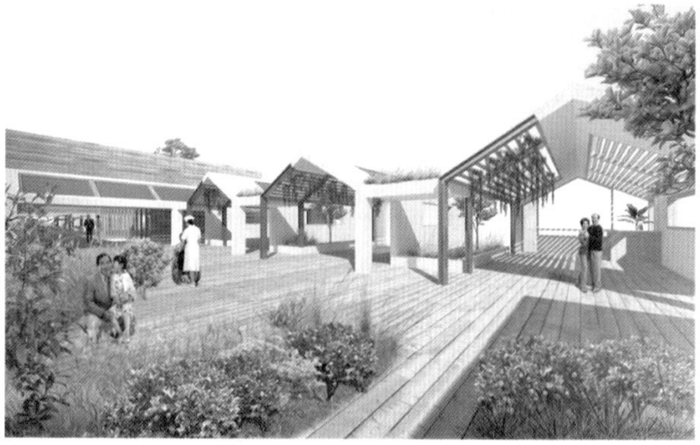

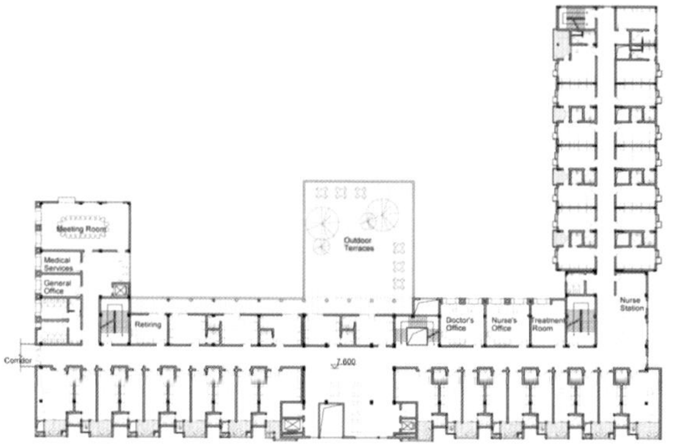

3rd FLOOR PLAN 1:500

Meeting Room

Medical Services

General Office

Retiring

Corridor

Outdoor Terraces

7.600

Doctor's Office

Nurse's Office

Treatment Room

Nurse Station

2nd FLOOR PLAN 1:300

Meeting Room

File Room

Retiring

Pharmacy

4.000

Traditional Chinese Pharmacy

Prescription Making up

Prescription Making up

Prescription Making up for Traditional Chinese Medicine

Doctor's Office

Nurse's Office

Treatment Room

Nurse Station

5th FLOOR PLAN 1:500

Wax Therapy Room

Physical Therapy

Physical Therapy

Laser Room

Qigong Room

Retiring

Doctor's Office

Doctor's Office

Nurse's Office

14.800

Nurse Station

Doctor's Office

Nurse's Office

Treatment Room

Care Unit

6th FLOOR PLAN 1:500

Massage Room

Massage Room

Aacupuncture Room

Aacupuncture Room

Mechanical Massage Room

Mud Therapy

Retiring

Doctor's Office

Doctor's Office

Nurse's Office

18.400

Nurse Station

Doctor's Office

Nurse's Office

Treatment Room

Care Unit

4th FLOOR PLAN 1:300

Shower Bath Room

Bultrasound Room

Electrotherapy Room

Water Therapy Room

Light Therapy

Retiring

Doctor's Office

Doctor's Office

Nurse's Office

Nurse Station

11.200

Doctor's Office

Nurse's Office

Treatment Room

Retiring

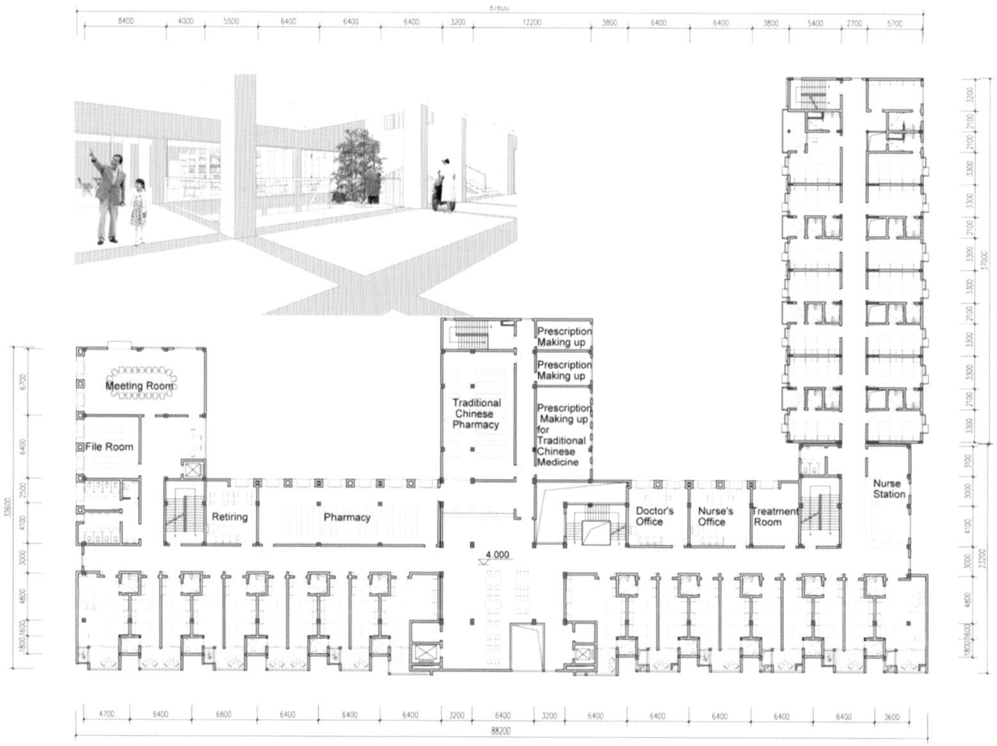

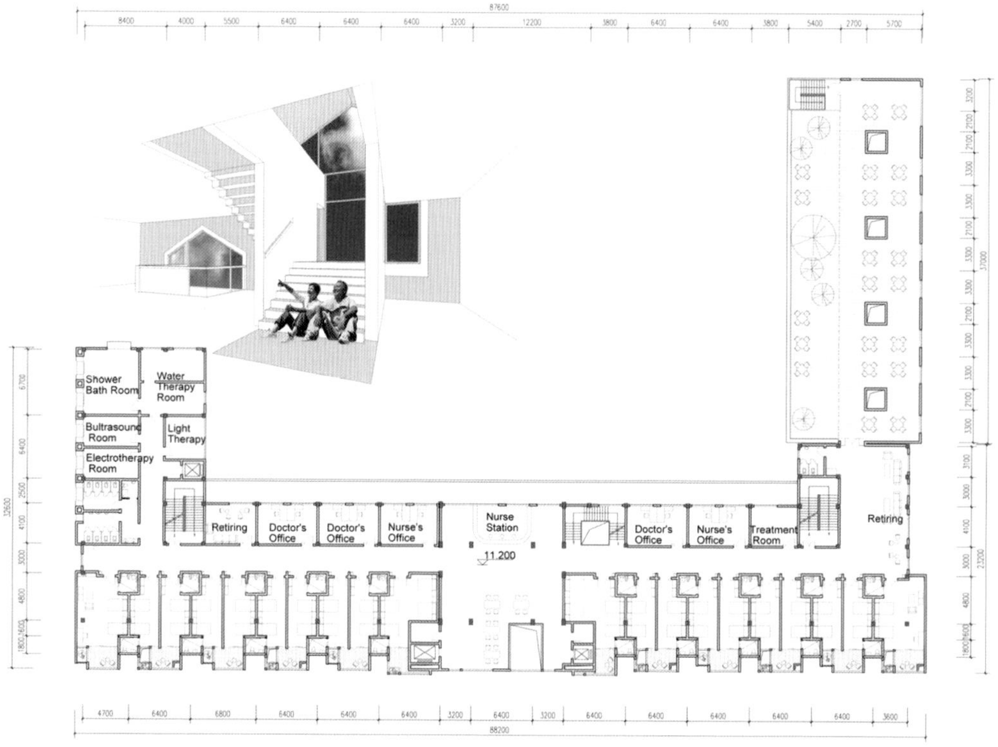

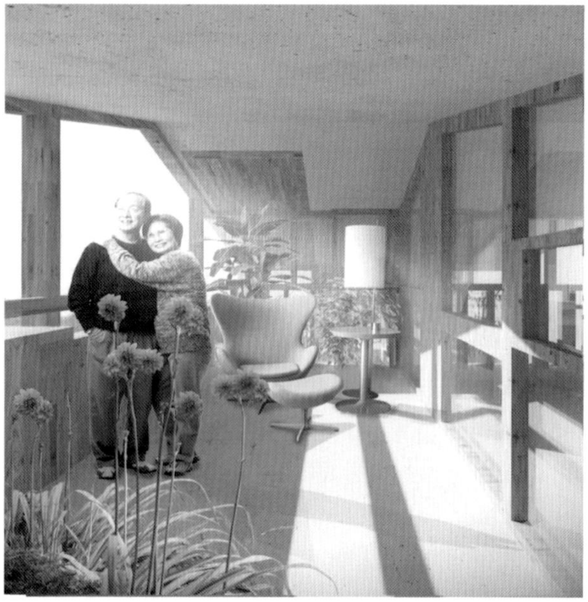

1. 120*24mm Larch
   10mm Pad
   15mm Cement Grout
   120mm Reinforced Concrete Floor
   7-10mm Profiled Steel Sheet
   15mm Cement Grout
   45mm (Thermal) Insulating Layer
   20mm White Cement Grout
2. 150mm Planting Soil
   15mm Cement Grout
   Double Polypropylene Layer
   15mm Cement Grout
   120mm Reinforced Concrete Floor
   7-10mm Profiled Steel Sheet
   Double Polypropylene Layer
   15mm White Cement Grout
3. 100*12mm Zinc Mass Shutter
4. 120mm Aerocrete Panel
5. 120*24 Larch
   10mm Pad
   50*50 Square Steel Keel
6. 15mm White Cement Grout
   Double Polypropylene Layer
   45mm (Thermal) Insulating Layer
   15mm Cement Grout
   120mm Reinforced Concrete Floor
   7-10mm Profiled Steel Sheet
   50*50 Square Steel Keel
   10mm Pad
   120*24 Larch
7. 6*18*6mm Double Low-E Glazing
   100*15mm Zinc Mass Shutter
   180mm Air
   40mm (Thermal) Insulating Layer
   15mm Steel Plate
   15mm Cement Grout
   120*24 Larch

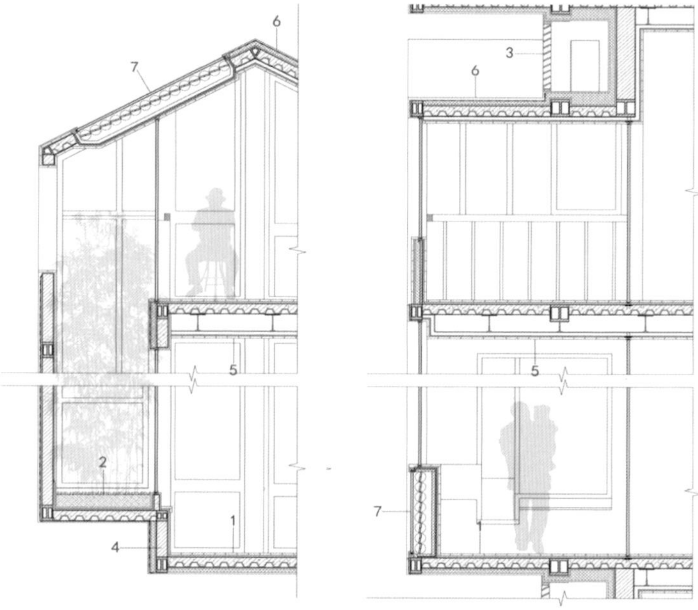

UNIT DETAILS 1:30

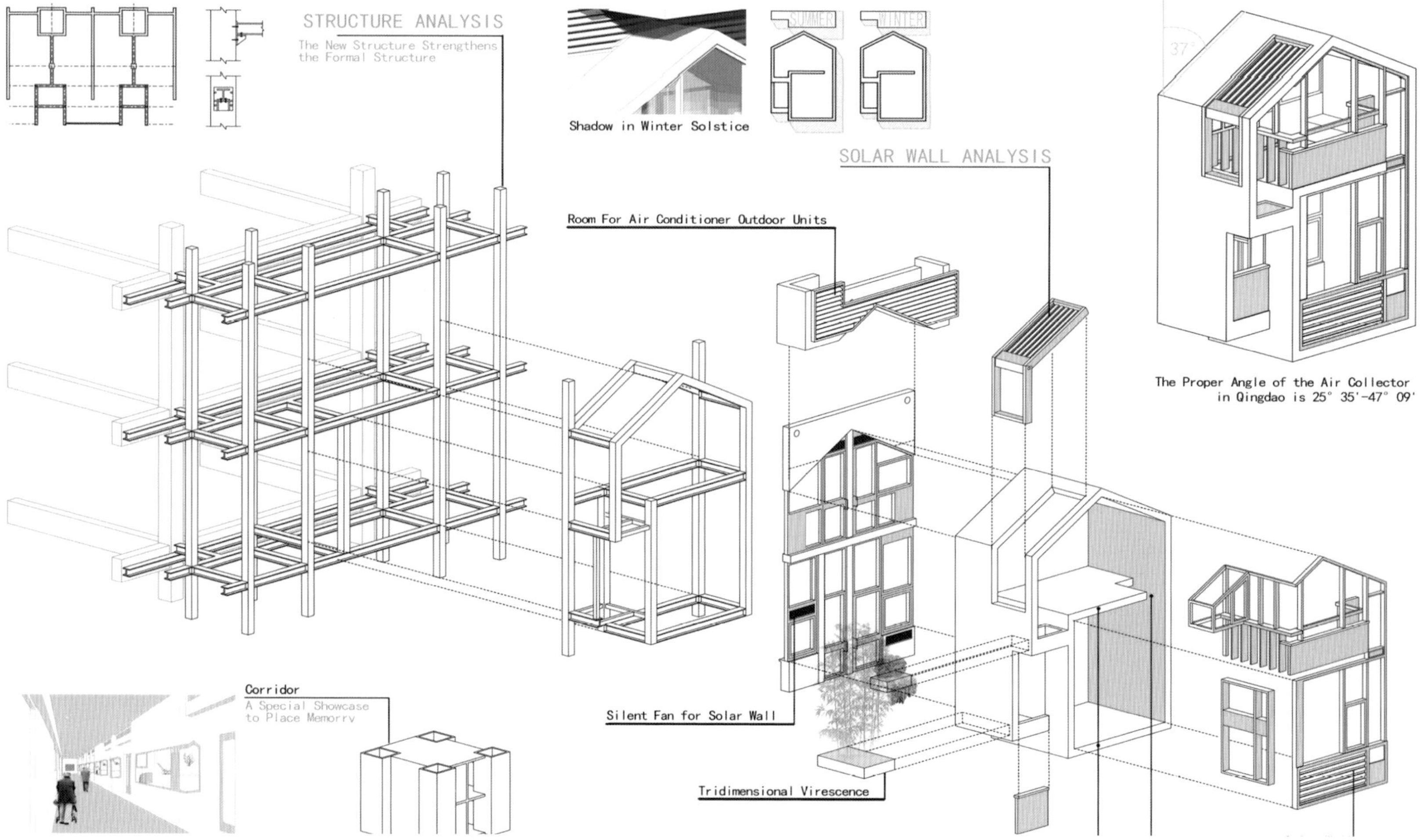

STRUCTURE ANALYSIS
The New Structure Strengthens the Formal Structure
Shadow in Winter Solstice
SUMMER
WINTER
SOLAR WALL ANALYSIS
37°
The Proper Angle of the Air Collector in Qingdao is 25° 35'-47° 09'
Room For Air Conditioner Outdoor Units
Silent Fan for Solar Wall
Tridimensional Virescence
Corridor
A Special Showcase to Place Memorry

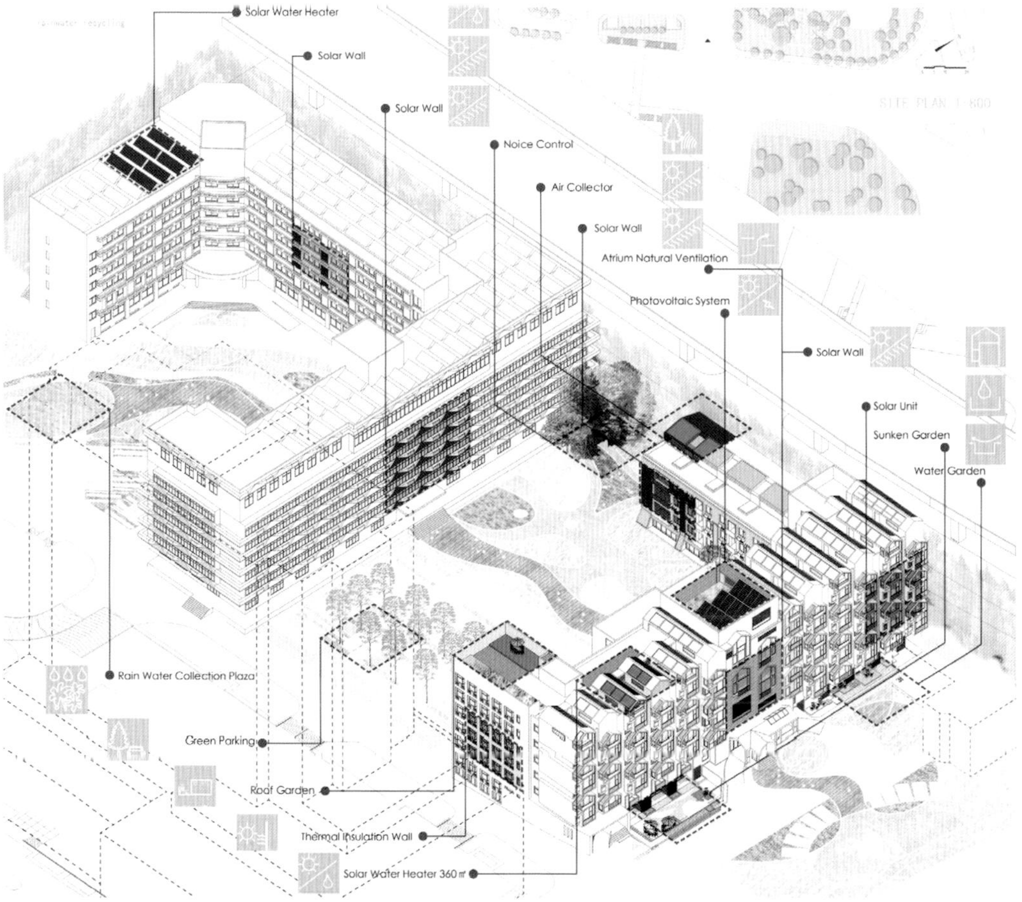
Solar Water Heater
Solar Wall
Solar Wall
Noice Control
Air Collector
Solar Wall
Atrium Natural Ventilation
Photovoltaic System
Solar Wall
Solar Unit
Sunken Garden
Water Garden
Rain Water Collection Plaza
Green Parking
Roof Garden
Thermal Insulation Wall
Solar Water Heater 360㎡
SITE PLAN 1:800

老人之家HOME FOR THE OLD

ANALYSIS OF C&D BUILDINGS

设计利用建筑本身立面的横向肌理，结合加入太阳能设备和防噪设施，以较小的动作对建筑进行立面改造。

The architecture taking advantage of its own transverse texture is added the solar equipment and the noise facilities with a small action on the building facade for reconstruction

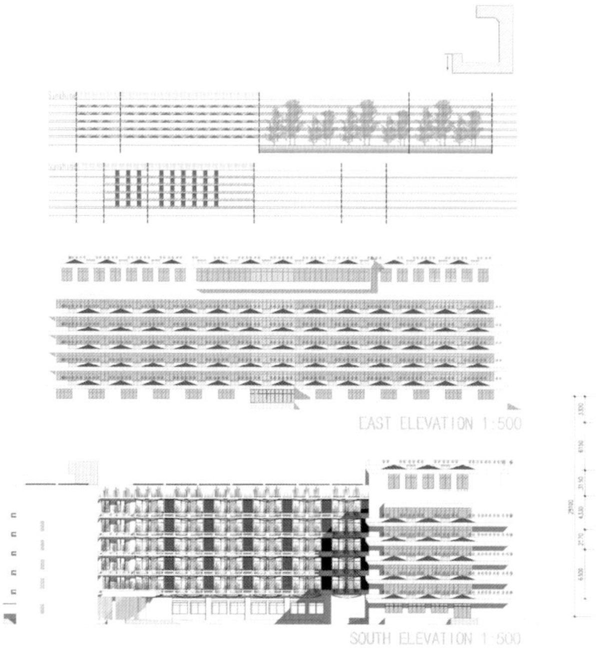
EAST ELEVATION 1:500
SOUTH ELEVATION 1:500

2015 台达杯国际太阳能建筑设计竞赛方案

二等奖

沐光

学　　生：王慧 丁锋 王龙波　陆晓峰 郑一林

指导老师：李海清 杨维菊

方案介绍：

通过对海慈医院南向遮阳的研究，综合改造医院南立面，试图在原有结构的基础上，实现空间重组的可能性。

本案立足于当地气候条件与基地环境，注重太阳能、风能、水为主的资源的利用，采用多种主动技术与被动技术改善原有室内环境，将“光”渗透到整个建筑群中去，使其沐浴在光和暖的环境里。在 B 楼的改造中，结合老年人生活与活动特点对建筑进行改造，采用蓄热、通风等节能技术为疗养的老年人提供一个舒适的环境。在 C、D 楼的改造中，运用双层玻璃、双层隔声墙等改善外围结构的性能。我们致力于为老年人和病人提供一个更加绿色、更加舒适的疗养环境。

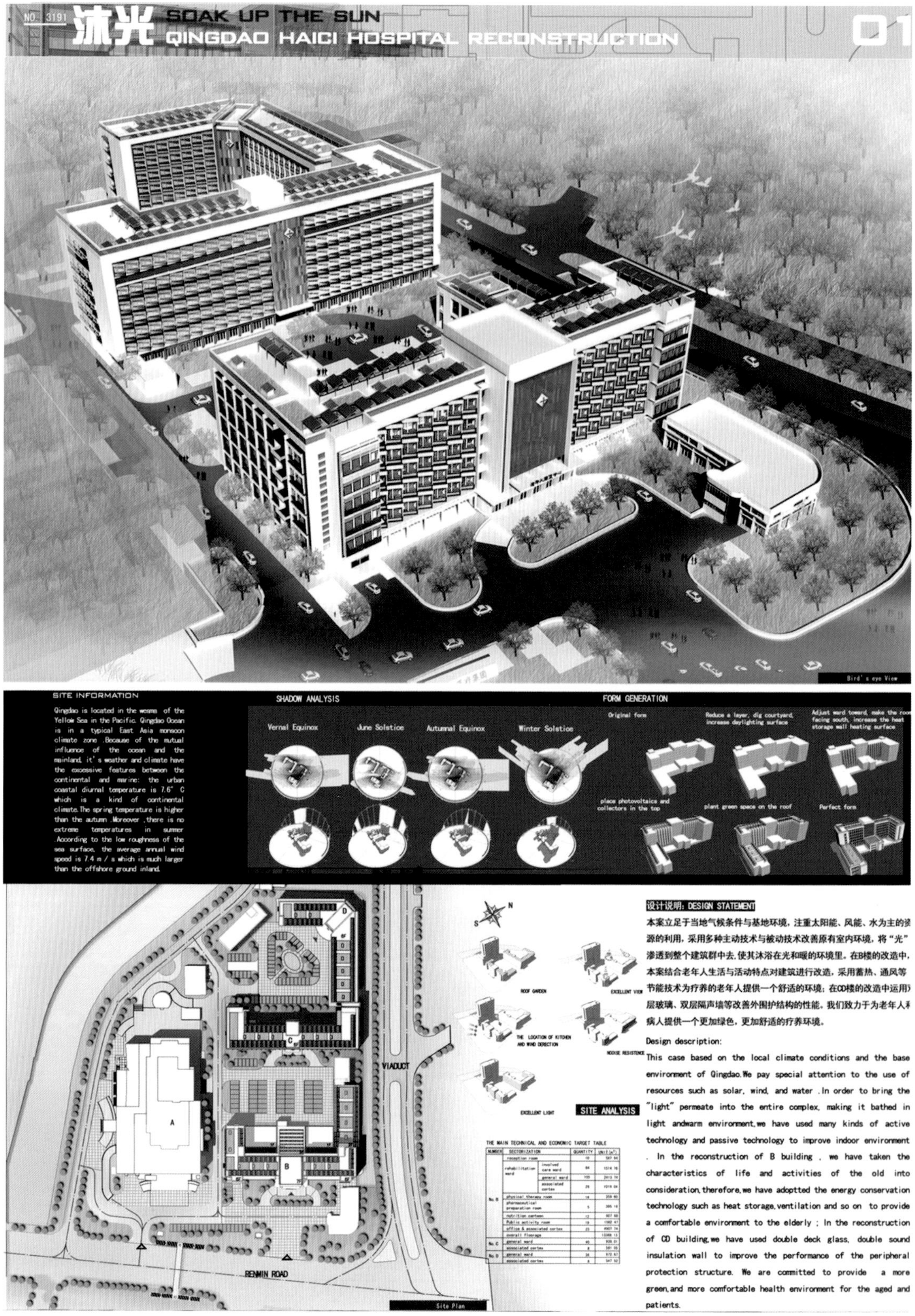

NO. 3191
沐光
SOAK UP THE SUN
QINGDAO HAICI HOSPITAL RECONSTRUCTION
01
Bird's eye View
SITE INFORMATION
Qingdao is located in the wesms of the Yellow Sea in the Pacific. Qingdao Ocean is in a typical East Asia monsoon climate zone .Because of the mutual influence of the ocean and the mainland, it's weather and climate have the excessive features between the continental and marine: the urban coastal diurnal temperature is 7.6° C which is a kind of continental climate.The spring temperature is higher than the autumn .Moreover ,there is no extreme temperatures in summer .According to the low roughness of the sea surface, the average annual wind speed is 7.4 m / s which is much larger than the offshore ground inland.
SHADOW ANALYSIS
Vernal Equinox
June Solstice
Autumnal Equinox
Winter Solstice
FORM GENERATION
Original form
place photovoltaics and collectors in the top
plant green space on the roof
Perfect form
SITE ANALYSIS
VIADUCT
RENMIN ROAD
Site Plan
设计说明：DESIGN STATEMENT
本案立足于当地气候条件与基地环境，注重太阳能、风能、水为主的资源的利用，采用多种主动技术与被动技术改善原有室内环境，将“光”渗透到整个建筑群中去，使其沐浴在光和暖的环境里。在B楼的改造中，本案结合老年人生活与活动特点对建筑进行改造，采用蓄热、通风等节能技术为疗养的老年人提供一个舒适的环境；在CD楼的改造中运用双层玻璃、双层隔声墙等改善外围护结构的性能。我们致力于为老年人和病人提供一个更加绿色，更加舒适的疗养环境。
Design description:
This case based on the local climate conditions and the base environment of Qingdao.We pay special attention to the use of resources such as solar, wind, and water .In order to bring the "light" permeate into the entire complex, making it bathed in light andwarm environment,we have used many kinds of active technology and passive technology to improve indoor environment . In the reconstruction of B building , we have taken the characteristics of life and activities of the old into consideration,therefore,we have adoptted the energy conservation technology such as heat storage,ventilation and so on to provide a comfortable environment to the elderly ; In the reconstruction of CD building,we have used double deck glass, double sound insulation wall to improve the performance of the peripheral protection structure. We are committed to provide a more green,and more comfortable health environment for the aged and patients.

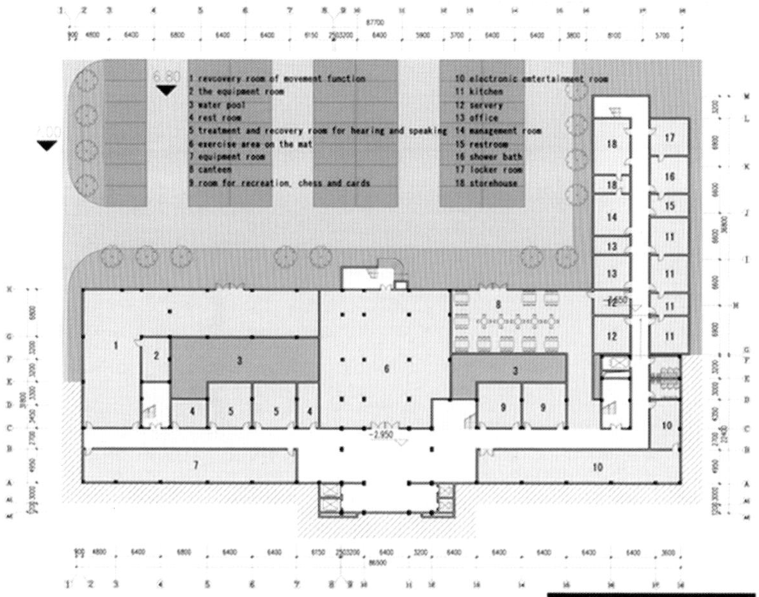
1 revcovery room of movement function
2 the equipment room
3 water pool
4 rest room
5 treatment and recovery room for hearing and speaking
6 exercise area on the mat
7 equipment room
8 canteen
9 room for recreation, chess and cards
10 electronic entertainment room
11 kitchen
12 servery
13 office
14 management room
15 restroom
16 shower bath
17 locker room
18 storehouse

-1F plan of Building B 1:400

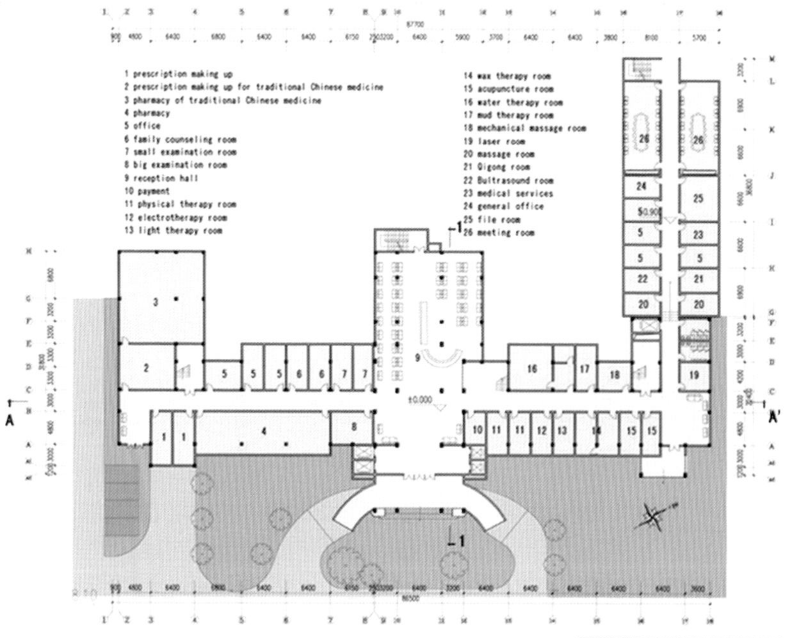
1 prescription making up
2 prescription making up for traditional Chinese medicine
3 pharmacy of traditional Chinese medicine
4 pharmacy
5 office
6 family counseling room
7 small examination room
8 big examination room
9 reception hall
10 payment
11 physical therapy room
12 electrotherapy room
13 light therapy room
14 wax therapy room
15 acupuncture room
16 water therapy room
17 mud therapy room
18 mechanical massage room
19 laser room
20 massage room
21 Qigong room
22 Bultrasound room
23 medical services
24 general office
25 file room
26 meeting room

1F plan of Building B 1:400

FUNCTIONAL PARTITION

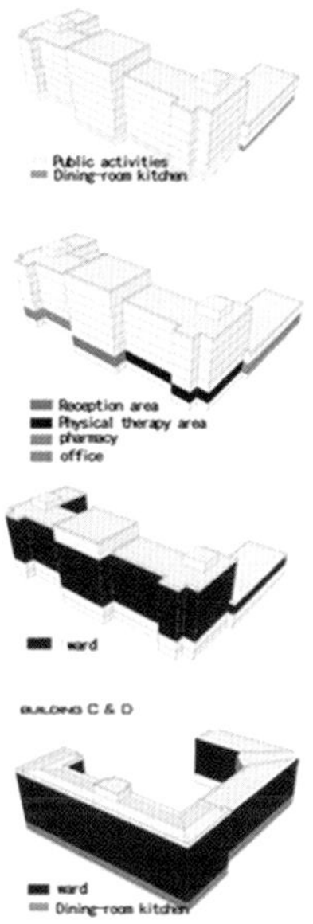
BUILDING B
Public activities
Dining-room kitchen
Reception area
Physical therapy area
pharmacy
office
ward
BUILDING C & D
ward
Dining-room kitchen

4F plan of Building B 1:400

5F-6F plan of Building B 1:400

1 doctor
2 duty room
3 general ward
4 nurse station
5 examination room
6 preparation room

standard F plan of Building D 1:400

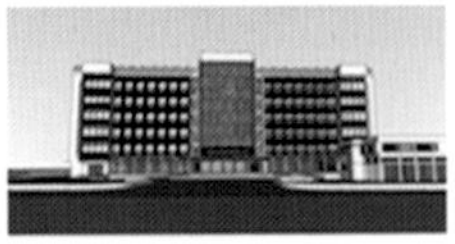

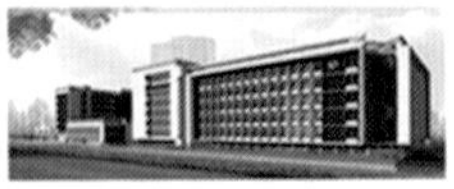

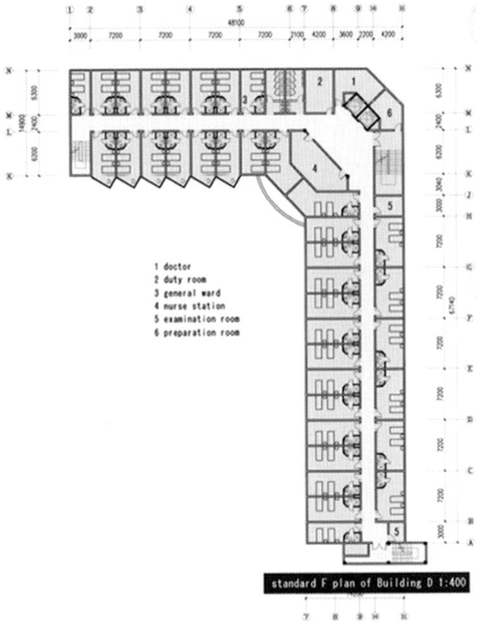

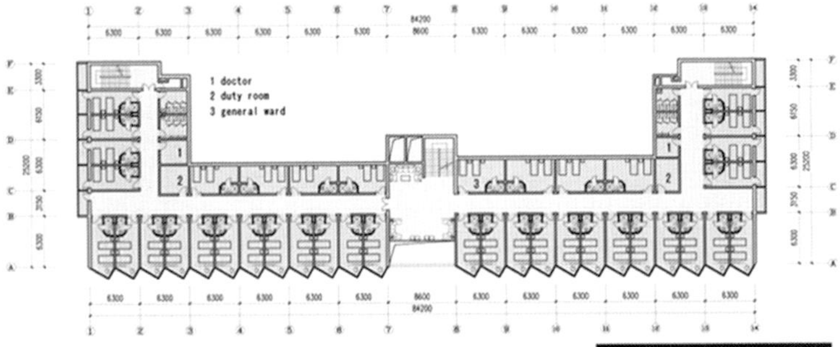

1 doctor
2 duty room
3 general ward

standard F plan of Building C 1:400

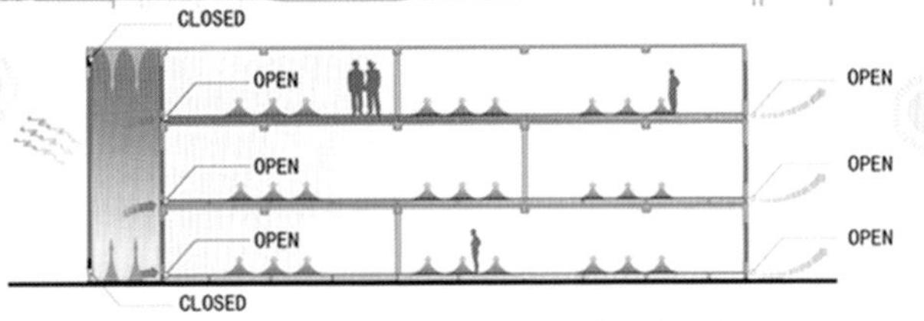

Winter daytime: The solar house absorb the radiant heat from the sun, and conduct the heat to interior space through the inter-layer between the floor.

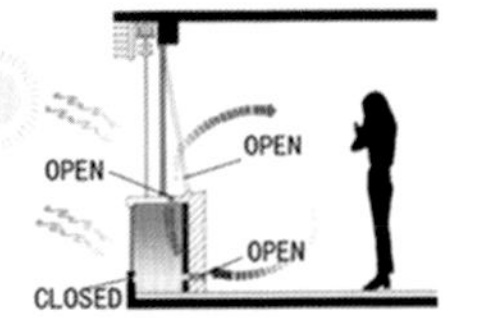

Summer daytime: The air in solar house absorb the radiant heat from the sun, and heat pressure in the solar house make air between the floor flow and take away heat from interior space.

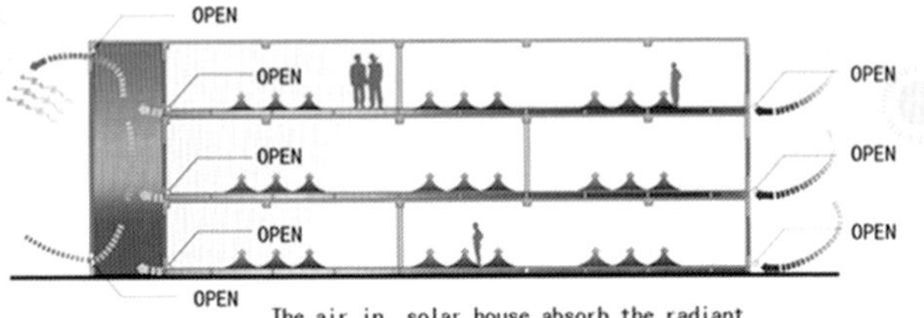

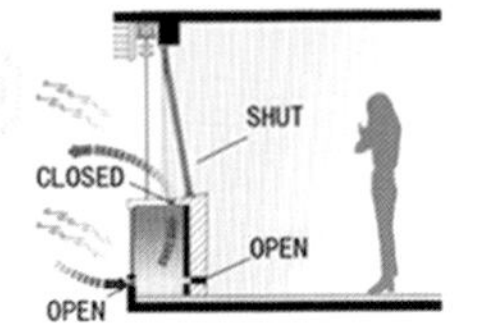

Winter nighttime: The solar house release heat to interior space and avoid the heat of interior space to flow away.

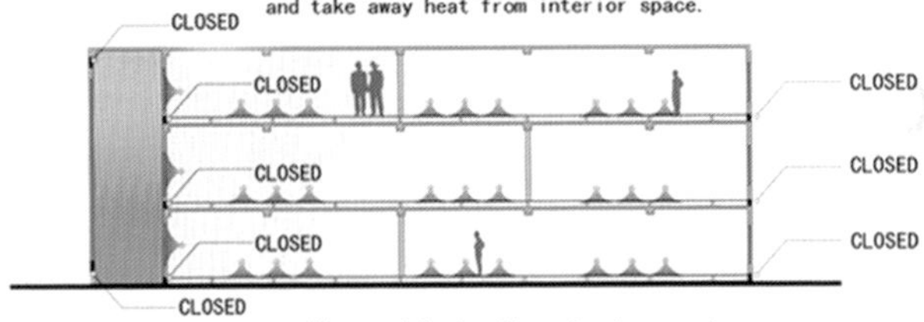

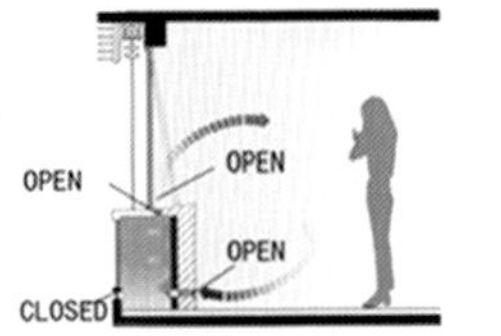

Summer nighttime: The solar house absorb the heat from interior space and ralease the heat to outside.

Winter daytime:
The air flow through the Trombe wall under window heated by solar radiation heat the interior space.

Summer daytime: The Trombe wall absorb the heat from interior space, and then heat circulation caused by heat pressure take away the heat from Trombe wall.

Winter nighttime:
The Trombe wall release heat to interior space.

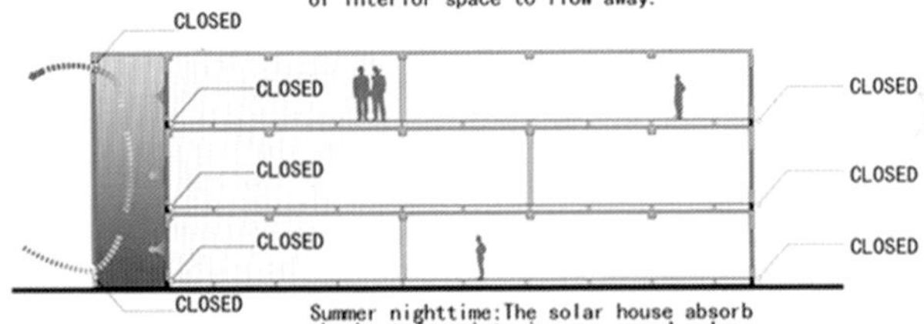

Summer nighttime: The Trombe wall absorb the heat from interior space and ralease the heat to outside.

thermal radiation grand total

SPRING
SUMMER
AUTUMN
WINTER
ALL YEAR

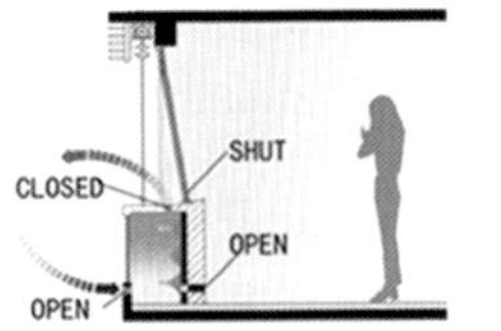

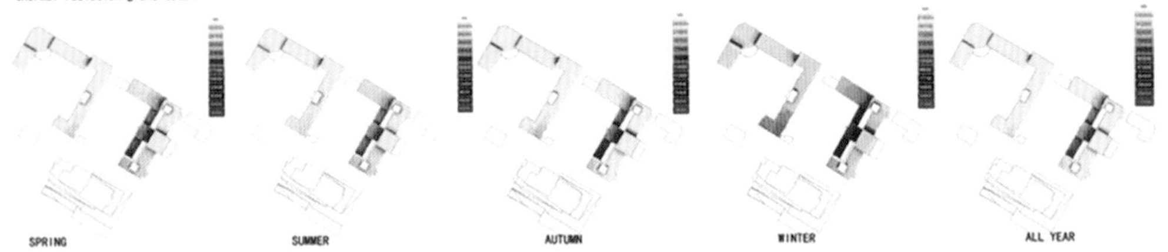

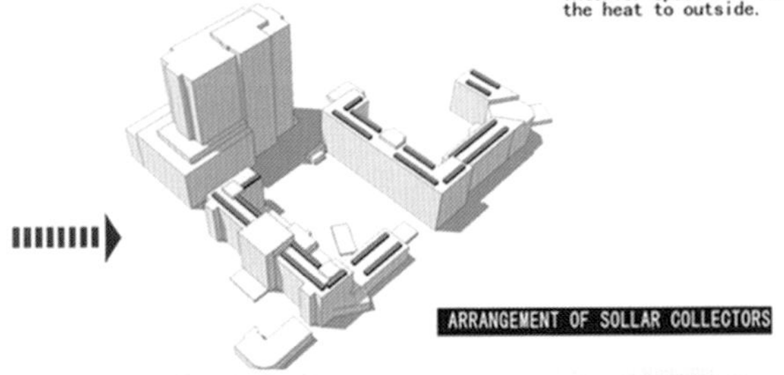

ARRANGEMENT OF SOLLAR COLLECTORS

north elevation of Building B 1:400

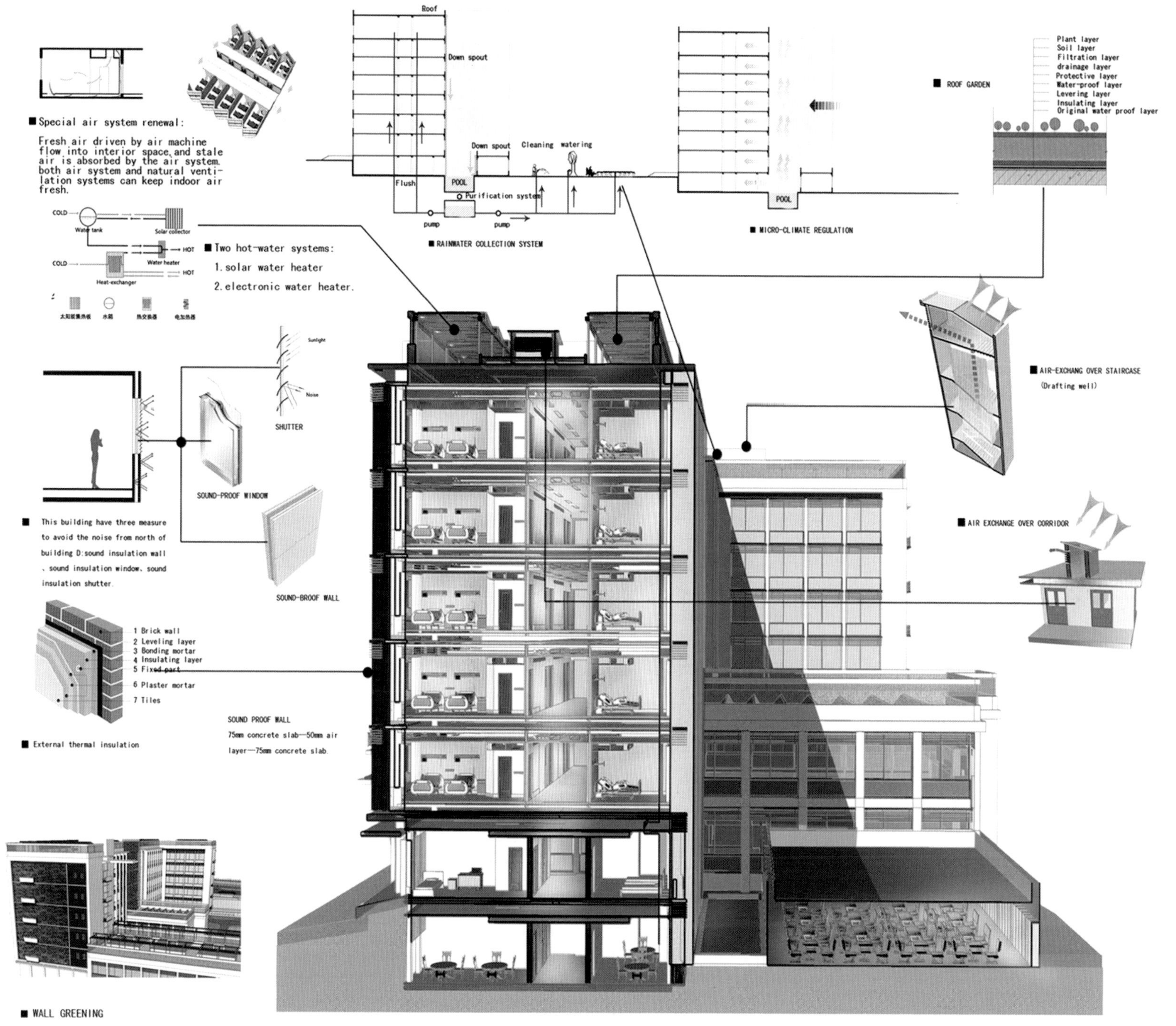

■ **Special air system renewal:**

Fresh air driven by air machine flow into interior space, and stale air is absorbed by the air system. both air system and natural ventilation systems can keep indoor air fresh.

COLD Water tank Solar collector HOT
COLD Water heater HOT
Heat-exchanger

太阳能集热板 水箱 热交换器 电加热器

■ **Two hot-water systems:**
1. solar water heater
2. electronic water heater.

Roof
Down spout
Down spout Cleaning watering
Flush POOL
Purification system
pump pump
■ **RAINWATER COLLECTION SYSTEM**

■ **MICRO-CLIMATE REGULATION**

Plant layer
Soil layer
Filtration layer
drainage layer
Protective layer
Water-proof layer
Levering layer
Insulating layer
Original water proof layer

■ **ROOF GARDEN**

Sunlight
Noise
SHUTTER

SOUND-PROOF WINDOW

SOUND-BROOF WALL

■ This building have three measure to avoid the noise from north of building D:sound insulation wall , sound insulation window, sound insulation shutter.

1 Brick wall
2 Leveling layer
3 Bonding mortar
4 Insulating layer
5 Fixed part
6 Plaster mortar
7 Tiles

■ **External thermal insulation**

SOUND PROOF WALL
75mm concrete slab—50mm air layer—75mm concrete slab.

■ **AIR-EXCHANG OVER STAIRCASE**
(Drafting well)

■ **AIR EXCHANGE OVER CORRIDOR**

■ **WALL GREENING**

2015 台达杯国际太阳能建筑设计竞赛方案

二等奖

光之结

学　　生：吴昌亮

指导老师：杨维菊

方案介绍：

本方案在充分分析场地现状、青海的气候特点、藏区住宅的建筑特色以及当地农民的生活习惯的基础之上，简化了青海的吉祥结的图案意向作为设计的出发点；调整两组住宅组团的布局，形成了连接山与水的顺应地形的视廊，也营造不同尺度的户间交流区域；通过四角的通风塔、阳光房、追光百叶、节能保温墙体，充分利用当地日照时间长，太阳辐射强的优势，解决冬季集热采暖和夏天通风降温的问题；最后基于光环境分析，确定太阳能集热器和太阳能光伏发热设备的安装位置。

以“光之结”为名，一是表征藏式吉祥结的意向；二是指住区将山与水扣结联系；三是邻里交融和睦，通过咬合的住宅和多样的交流空间团结在一起。

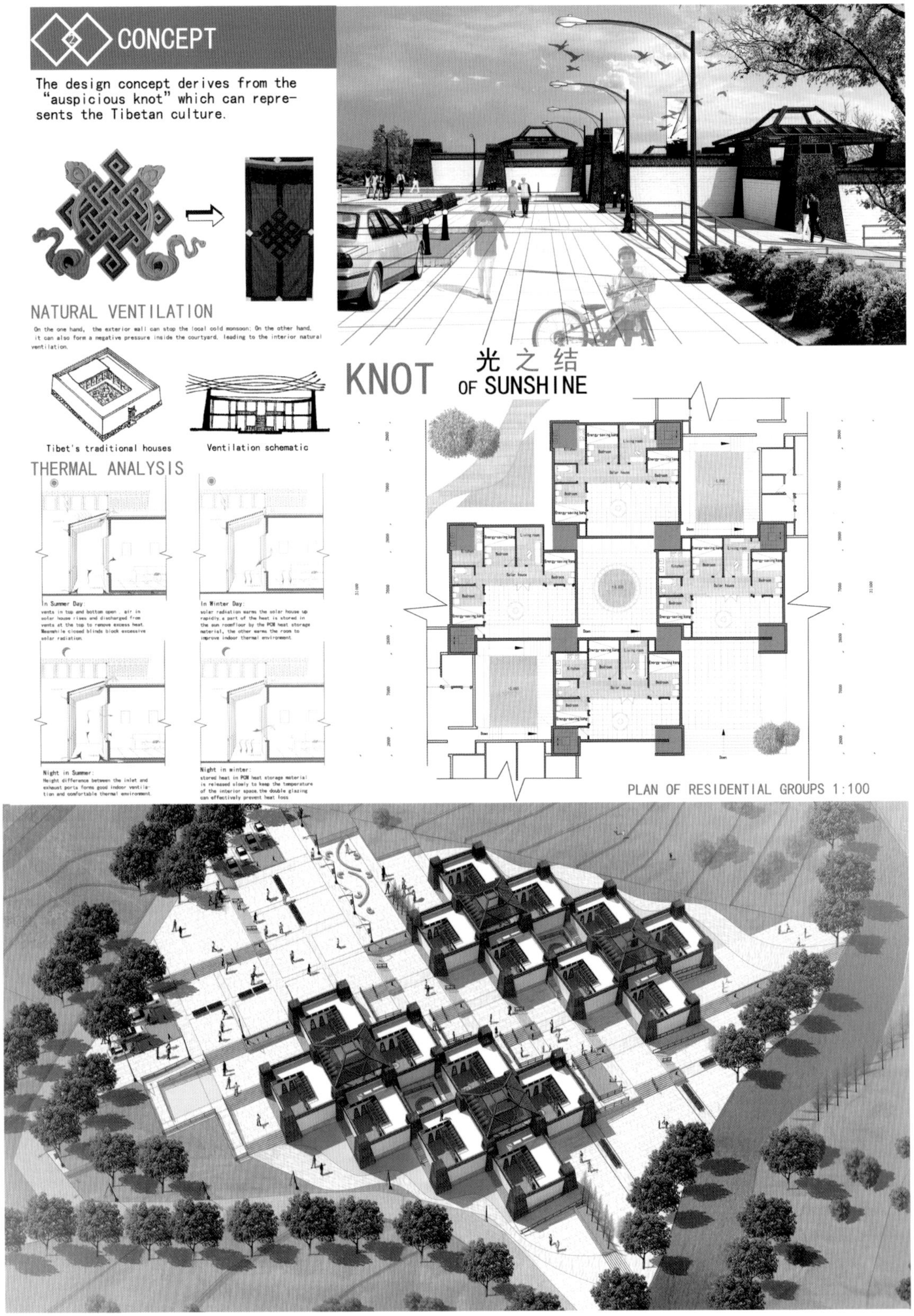

RESIDENCE

PROCESS

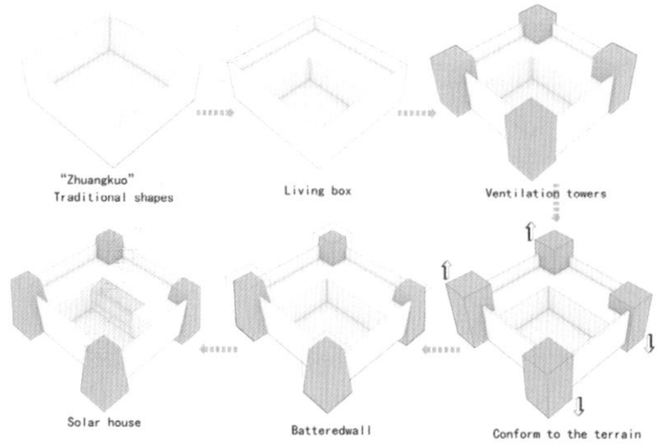
"Zhuangkuo"
Traditional shapes
Living box
Ventilation towers
Solar house
Batteredwall
Conform to the terrain

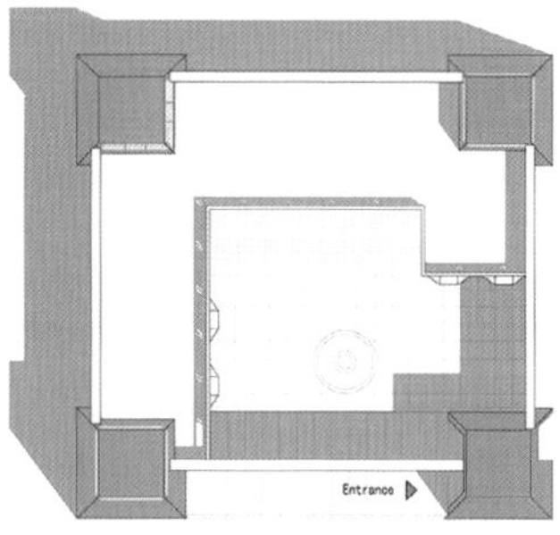

SITE PLAN 1:100

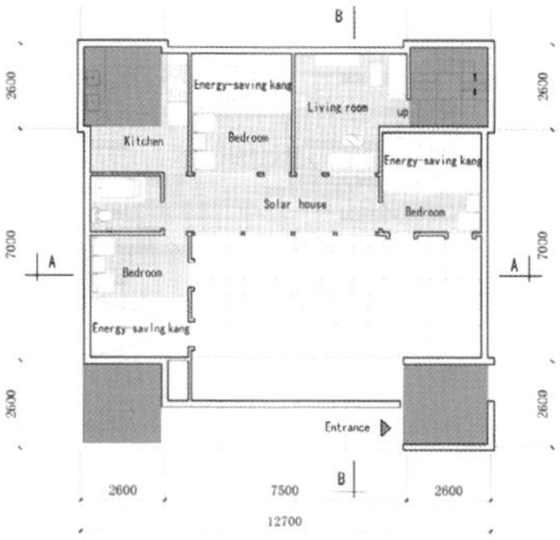

1ST FLOOR PLAN 1:100

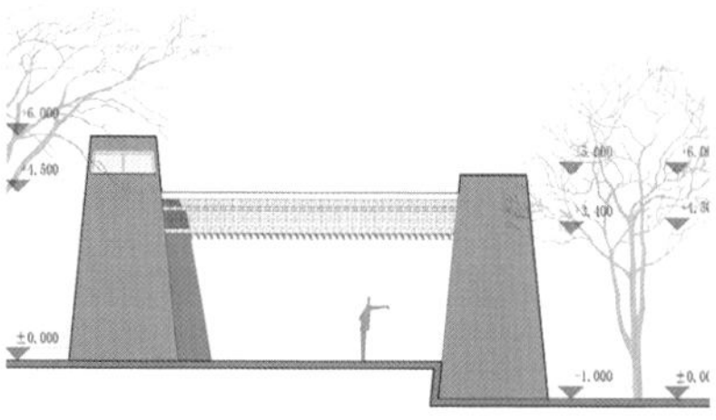

SOUTH ELEVATION 1:100

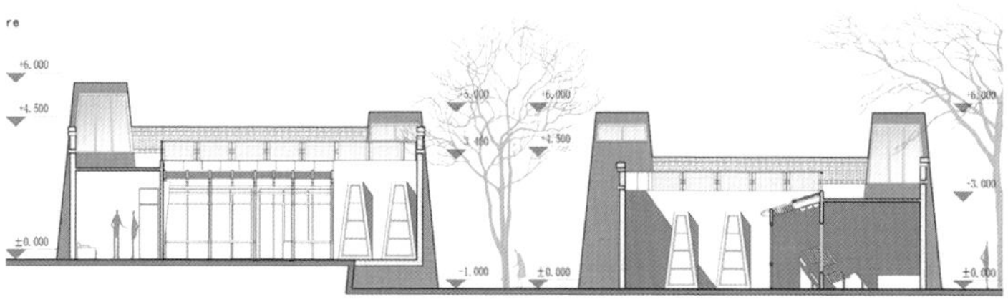

SECTION A-A 1:100

SECTION B-B 1:100

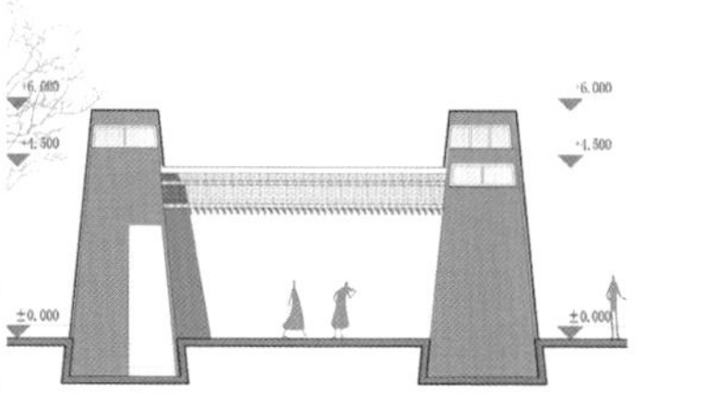

EAST ELEVATION 1:100

Layout Of Roof truss PV

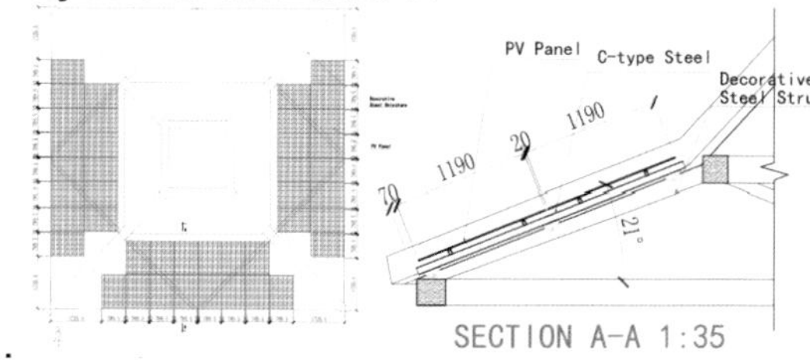

SECTION A-A 1:35

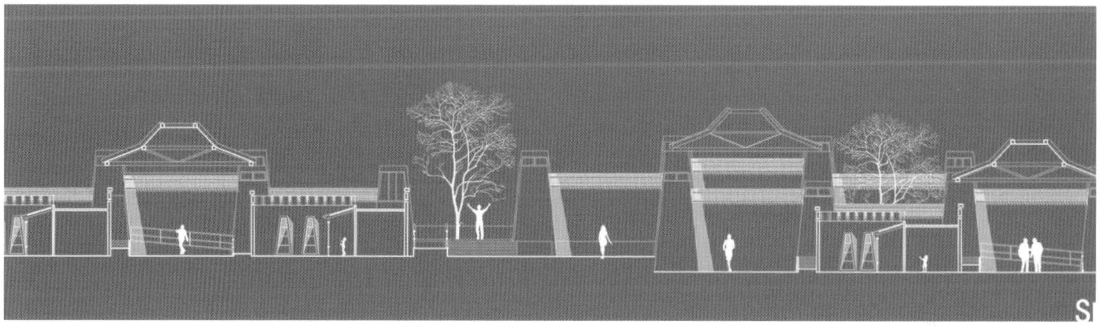

Layout Of SOLAR HOUSE SWH-System

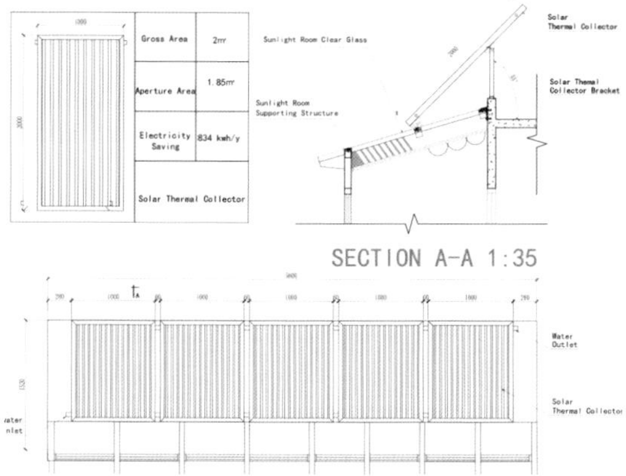
Gross Area
2m²
Aperture Area
1.85m²
Electricity Saving
834 kwh/y
Solar Thermal Collector
Sunlight Room Clear Glass
Solar Thermal Collector
Solar Thermal Collector Bracket
Sunlight Room Supporting Structure
Water Outlet
Solar Thermal Collector

SECTION A-A 1:35

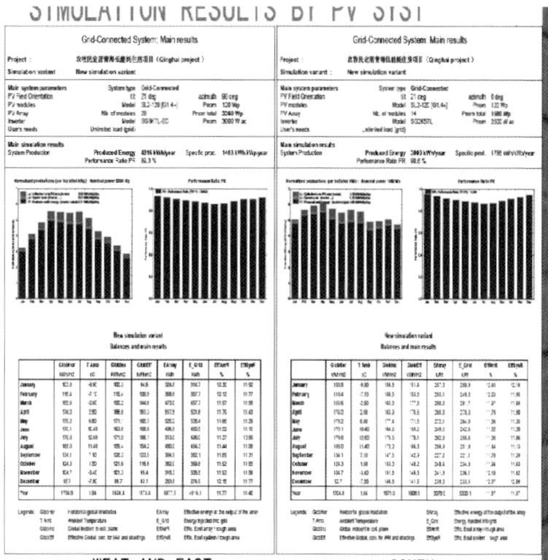

WEAT AND EAST

SOUTH

UNIT DRAWINGS

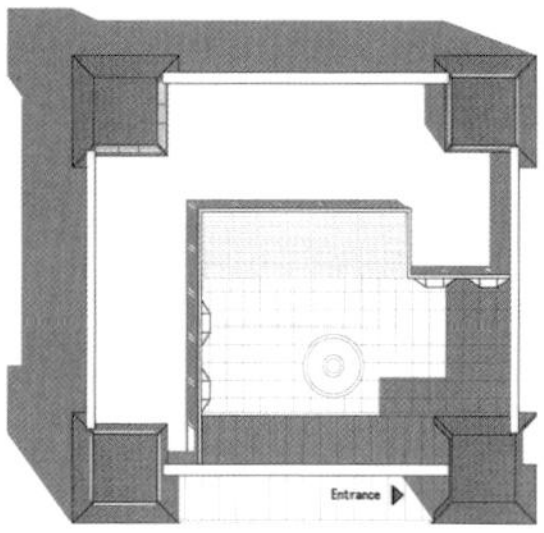

SITE PLAN 1:100

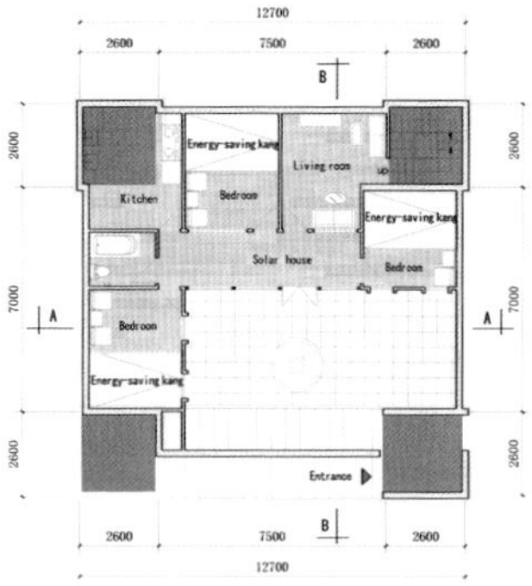

1ST FLOOR PLAN 1:100

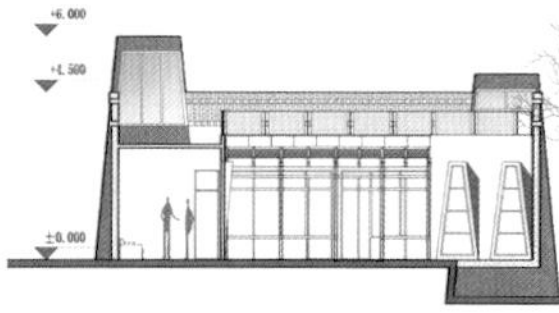

SECTION A-A 1:100

SECTION B-B 1:100

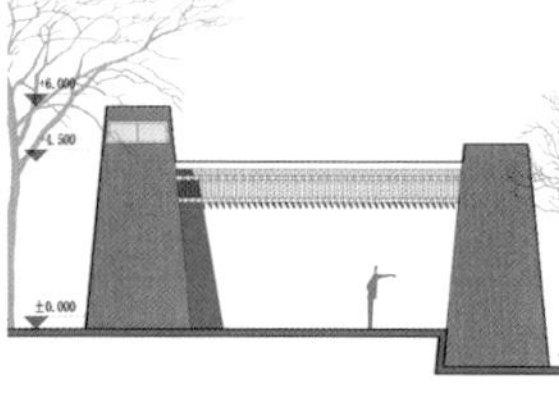

SOUTH ELEVATION 1:100

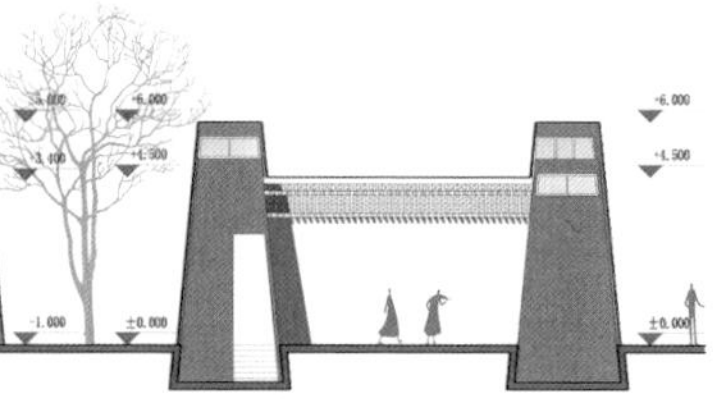

EAST ELEVATION 1:100

DETAIL OF VENTILATION TOWER 1:50

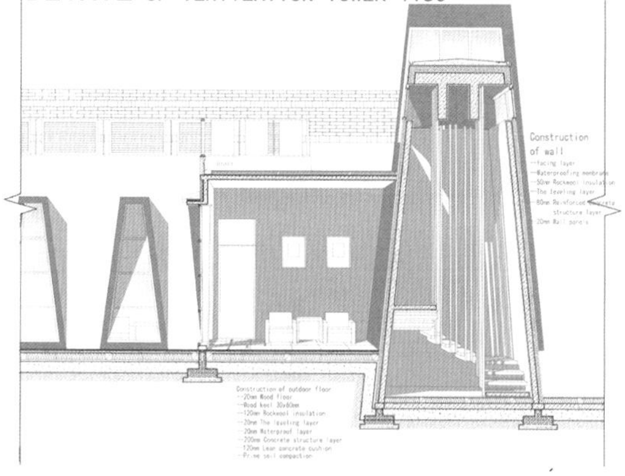

DETAIL OF SOLAR HOUSE 1:50

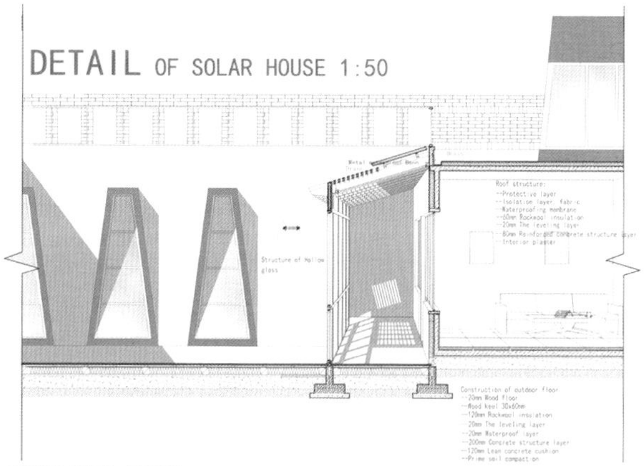

Schematic of exterior wall structure (一)

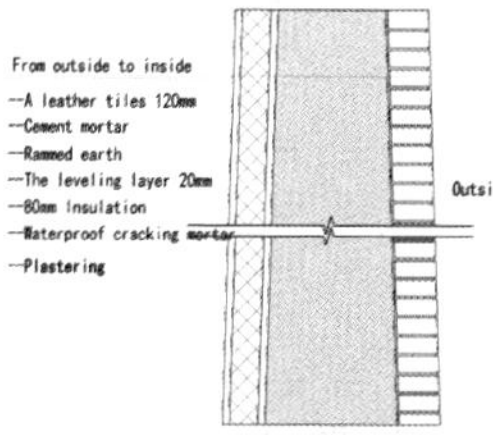
From outside to inside
--A leather tiles 120mm
--Cement mortar
--Rammed earth
--The leveling layer 20mm
--80mm Insulation
--Waterproof cracking mortar
--Plastering
Outside

Schematic of exterior wall structure (二)

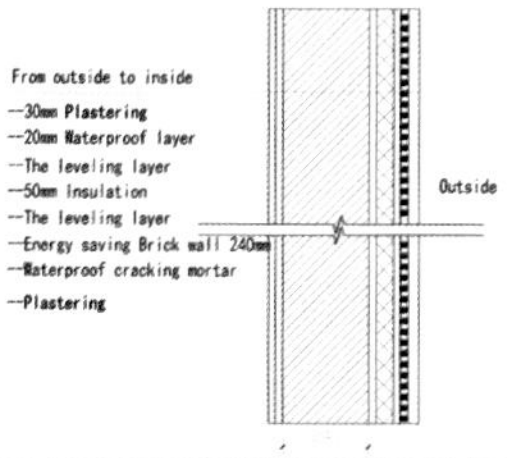
From outside to inside
--30mm Plastering
--20mm Waterproof layer
--The leveling layer
--50mm Insulation
--The leveling layer
--Energy saving Brick wall 240mm
--Waterproof cracking mortar
--Plastering
Outside

VENTILATION SYSTEM

In the winter:
Enhance the winter indoor temperature and increase comfortby Energy saving kang

In the summer:
Air inlet in the lower part of the northeast tower and the outlet in the upper part of the southeast shape the wind pressure ventilation.

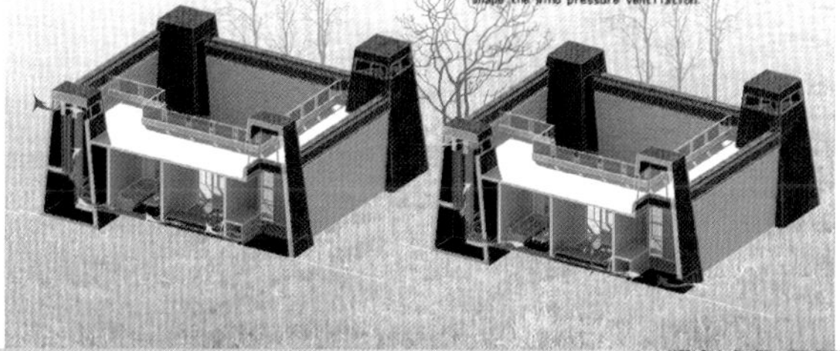

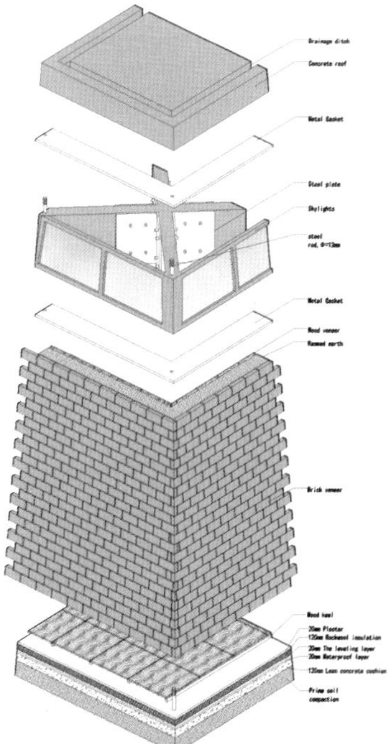

ISOMETRIC OF VENTILATION TOWER

2015 台达杯国际太阳能建筑设计竞赛方案

二等奖

长窠宅

学　　生：钱世奇 沈宇驰 王建龙 刘洁莹

指导老师：钱强　徐小东 杨维菊 夏兵

方案介绍：

在继承保留传统庄窠的设计优势与文脉内涵的基础上，改良院落与公共空间的组织形式，实现对太阳能的最佳利用。设计将传统庄窠院落中南北向长院提取出来，将长院进行联排规划出集中的体量，不仅使每户的光照最佳，同时最小化了建筑能量流失。联排建筑群形成了抵御恶劣环境的屏障，同时将较好的公共空间与农业暖棚包围在中心，农业与居住能源交换，形成了整体的建筑群太阳能规划。

建筑单体通过两个院落进行组织，使得堂屋和卧室获得最佳朝向。阳光间与特隆布墙能够在不同季节对房屋的采暖、通风进行有效调节。太阳能暖炕与相变蓄热天窗，既能够有效地节能又保留了传统的生活习惯。建筑外墙设置保温性能与抗震性能俱佳的复合夯土墙。“先筑院墙后盖房”，即尊重材料的特性，又符合当地的建造民俗。

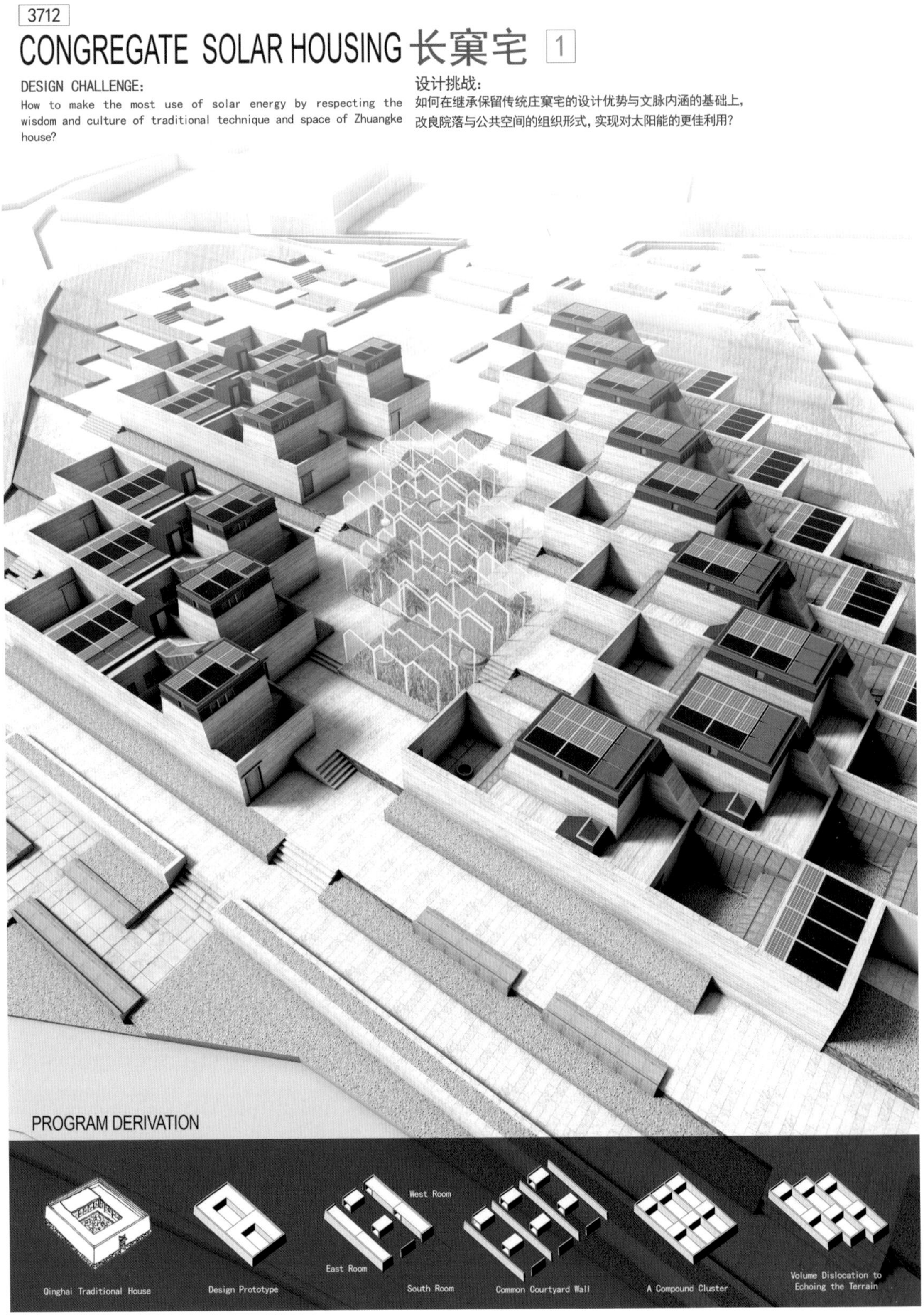
3712
CONGREGATE SOLAR HOUSING 长窠宅 1
DESIGN CHALLENGE:
How to make the most use of solar energy by respecting the wisdom and culture of traditional technique and space of Zhuangke house?
设计挑战：
如何在继承保留传统庄窠宅的设计优势与文脉内涵的基础上，改良院落与公共空间的组织形式，实现对太阳能的更佳利用？
PROGRAM DERIVATION
West Room
East Room
Qinghai Traditional House
Design Prototype
South Room
Common Courtyard Wall
A Compound Cluster
Volume Dislocation to
Echoing the Terrain

CONGREGATE SOLAR HOUSING 长窠宅 4

设计将传统庄窠院落中南北向长院提取出来，将长院进行联排规划出集中的体量，不仅使每户的光照最佳，同时最小化了建筑能量流失。联排建筑群形成了抵御恶劣环境的屏障，同时将较好的公共空间与农业暖棚包围在中心，农业与居住能源交换，形成了整体的建筑群太阳能规划。

Design extracts the south room with courtyard from the folk and put it into a compound cluster. As a consequence, each house has a good sunshine and the energy lose has been minimized. What's more, buildings formed together to be a barrier to withstand the harsh environment. Meanwhile, the pubic and agriculture space are surrounded by the volumes and exchange solar energy with buildings.

建筑单体通过两个院落进行组织，使得堂屋和卧室获得最佳朝向。阳光间与特隆布墙能够在不同季节均对房屋的采暖、通风进行有效调节。太阳能暖炕与相变天窗，既能够有效地节能又保留了传统的生活习惯。建筑外墙设置保温性能与抗震性能俱佳的复合夯土墙。“先筑院墙后盖房”，既尊重材料的特性，又符合当地的建造民俗。

House is organized by two courtyards. Living room and bedrooms have the best orientation. Sunroom and Trombe wall can modify room's heating and ventilation in different seasons. Preserve tradition living habit. solar pebble regenerator and PCM skylight can effectively reduce energy consumption.Composite rammed earth wall is designed to contribute to thermal insulation property and earthquake resistance. House is built after the rammed earth wall, which respect the characteristic of material as well as local construction culture.

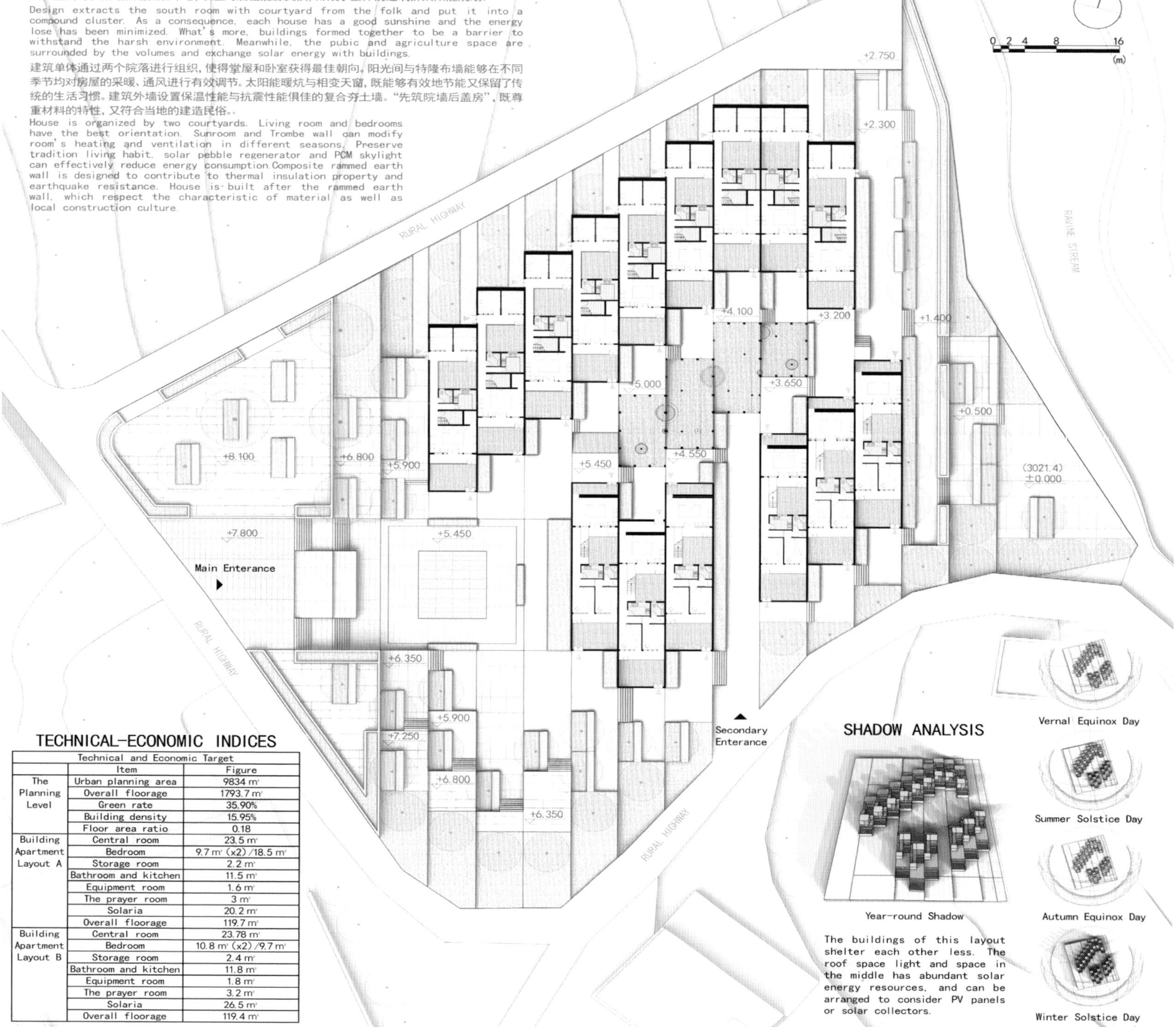

TECHNICAL-ECONOMIC INDICES

Technical and Economic Target		
	Item	Figure
The Planning Level	Urban planning area	9834 m²
	Overall floorage	1793.7 m²
	Green rate	35.90%
	Building density	15.95%
	Floor area ratio	0.18
Building Apartment Layout A	Central room	23.5 m²
	Bedroom	9.7 m² (x2) /18.5 m²
	Storage room	2.2 m²
	Bathroom and kitchen	11.5 m²
	Equipment room	1.6 m²
	The prayer room	3 m²
	Solaria	20.2 m²
	Overall floorage	119.7 m²
Building Apartment Layout B	Central room	23.78 m²
	Bedroom	10.8 m² (x2) /9.7 m²
	Storage room	2.4 m²
	Bathroom and kitchen	11.8 m²
	Equipment room	1.8 m²
	The prayer room	3.2 m²
	Solaria	26.5 m²
	Overall floorage	119.4 m²

SHADOW ANALYSIS

Year-round Shadow

The buildings of this layout shelter each other less. The roof space light and space in the middle has abundant solar energy resources, and can be arranged to consider PV panels or solar collectors.

Vernal Equinox Day

Summer Solstice Day

Autumn Equinox Day

Winter Solstice Day

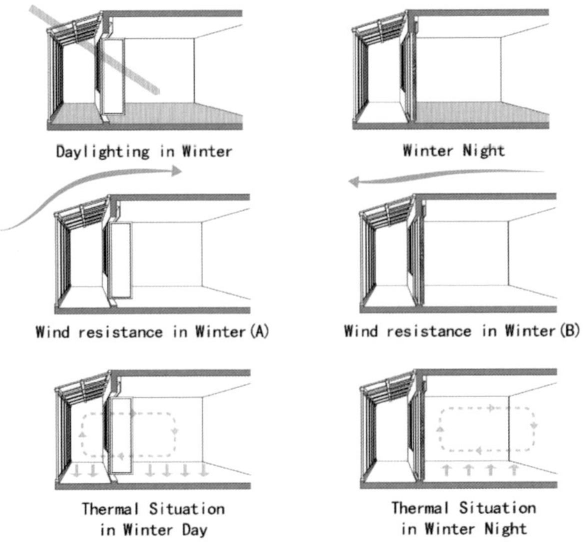
Daylighting in Winter
Winter Night
Wind resistance in Winter(A)
Wind resistance in Winter(B)
Thermal Situation in Winter Day
Thermal Situation in Winter Night

PEBBLE REGENERATOR(A)

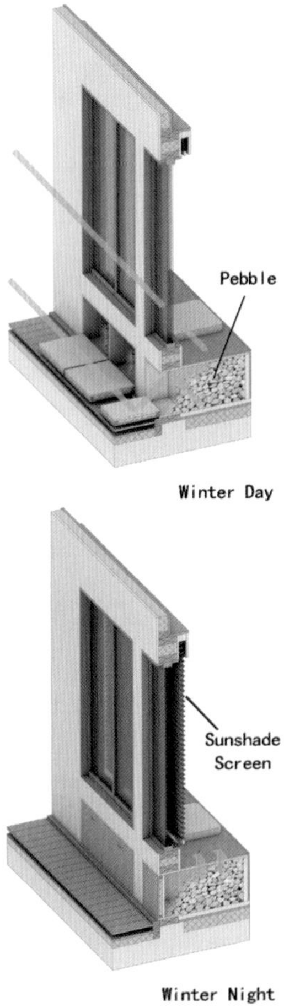
Pebble
Winter Day
Sunshade Screen
Winter Night

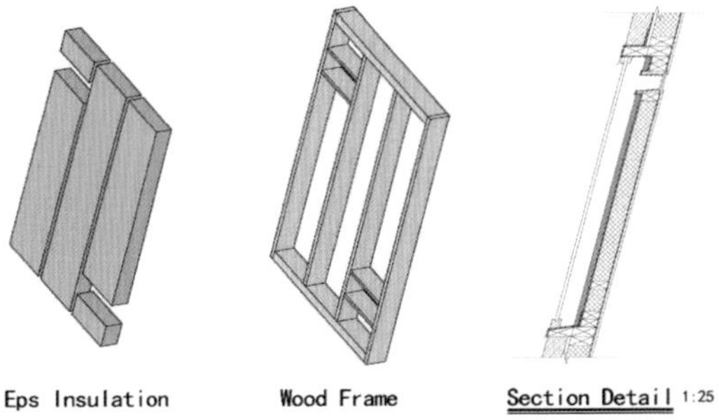
Eps Insulation
Wood Frame
Section Detail 1:25

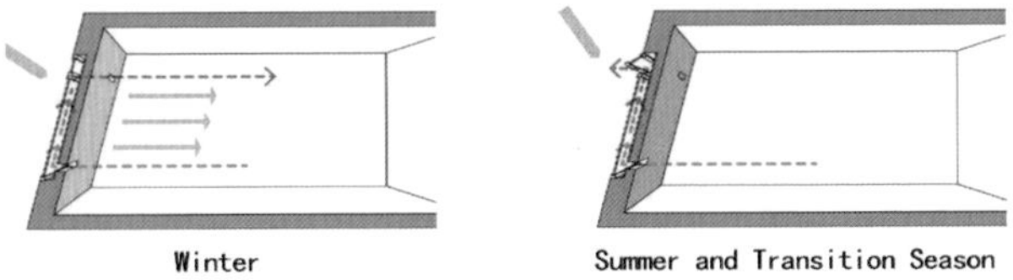
Winter
Summer and Transition Season

长寨宅5

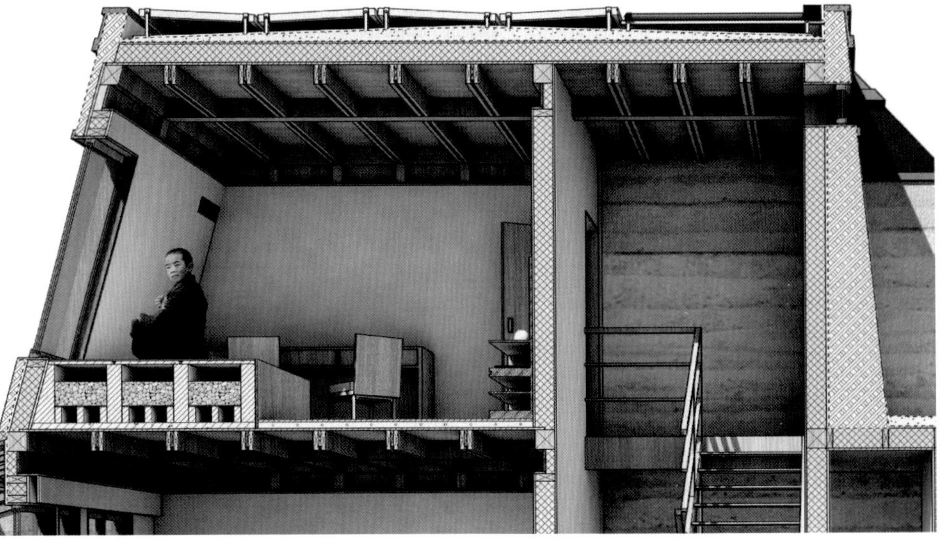

CLIMATE ANALYSIS

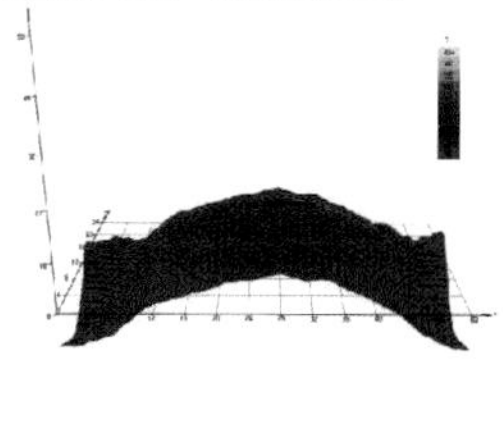
Average Temperature Yearly

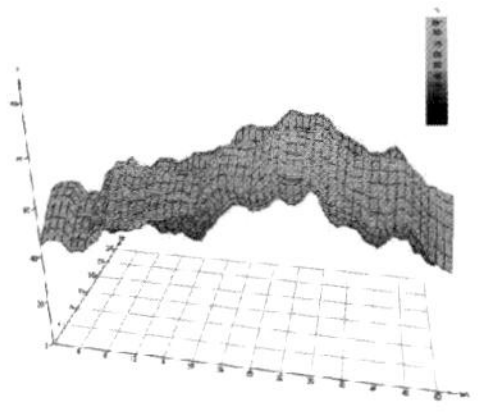
Relative Humidity Yearly

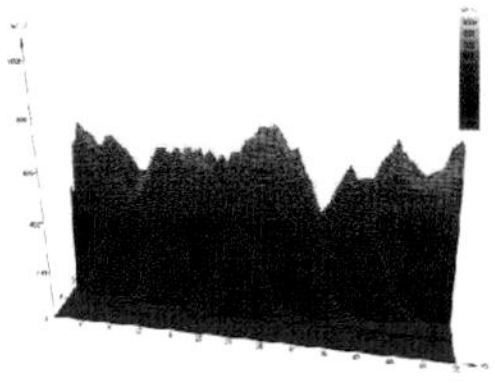
Direct Solar Radiant Yearly

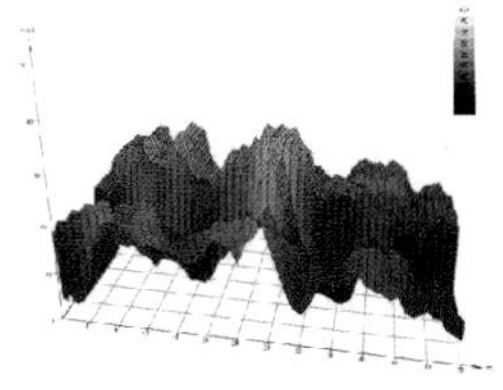
Wind Speed Yearly

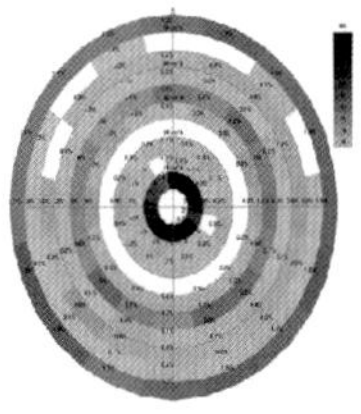
Summer Wind Frequency

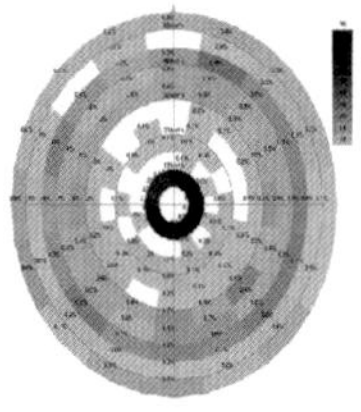
Winter Wind Frequency

YEAR-ROUND WEATHER CONDITION

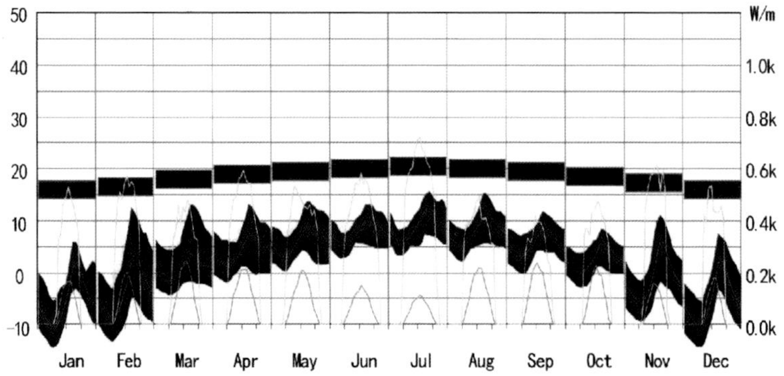

Project site is located in the eastern part of Qinghai Huangyuan. It is a continental monsoon climate, which has characteristics of short summer, long winter, the heating period up to 208 days, and windy throughout the year, less rainfall, long hours of sunshine (2718.6h) and solar radiation intensity.

DESIGN STRATEGY

1. Windproof and Heat Preservation in Heating Period, Insulation and Natural Ventilation in Cooling period.
2. Passive Energy-saving Technology Mainly, Considering Positive Technology.
3. The Use of Solar Energy, Biomass and Other Renewable Energy Sources.
4. Local Material and Conventional Construction Method

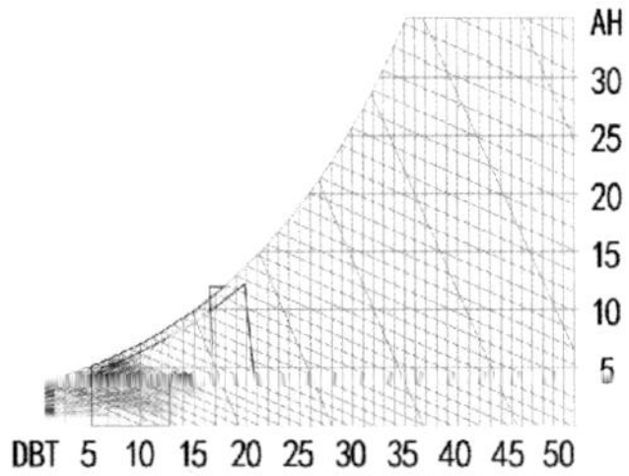

Psychrometric Chart

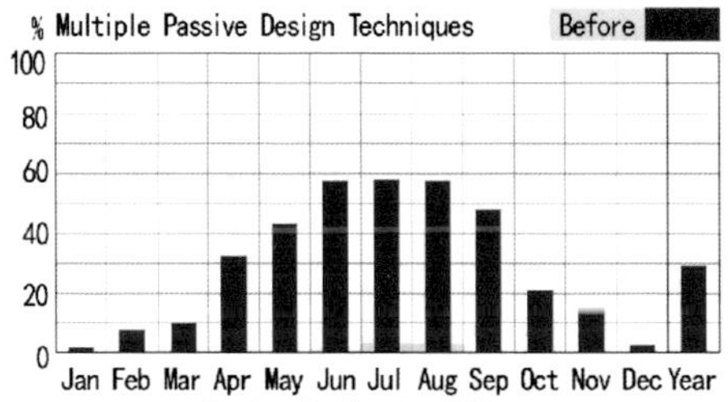

Passive Application Effect

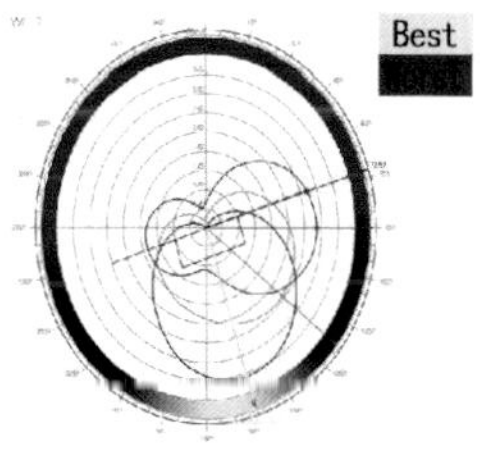

South east of 15 °
Optimum Orientation

COMPARISON OF ALTERNATIVE SCHEMES

SITE WIND SIMULATION

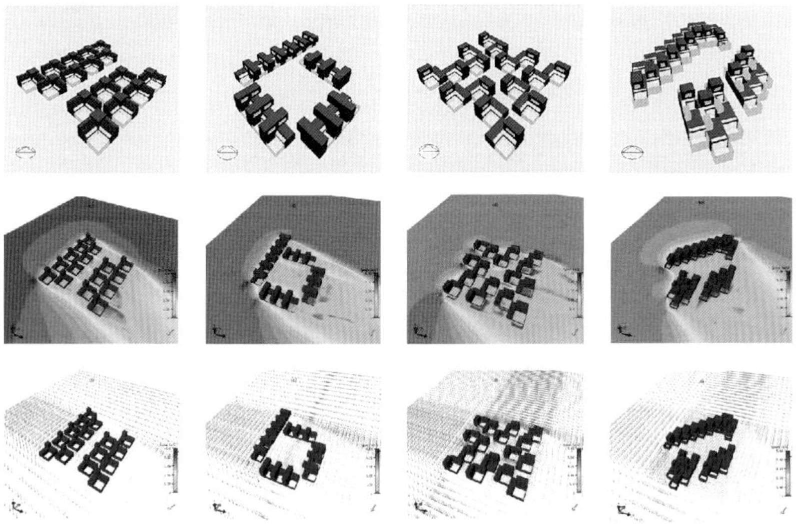
Scheme A　Scheme B　Scheme C　Scheme D

COOLING AND HEATING LOAD SIMULATION

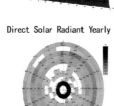

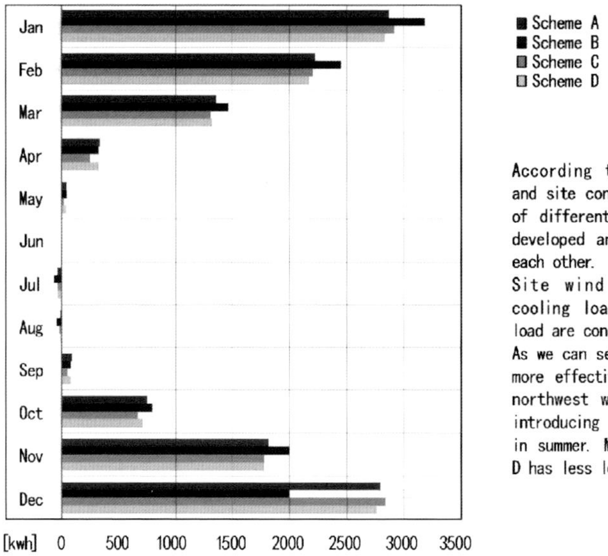

According to house size and site condition, 4 kinds of different plannings are developed and compared to each other.
Site wind simulation, cooling load and heating load are conducted.
As we can see, Scheme D is more effective in digesting northwest wind in winter, introducing northeast wind in summer. Meanwhile, Scheme D has less loads .

PLANNING STRATEGY

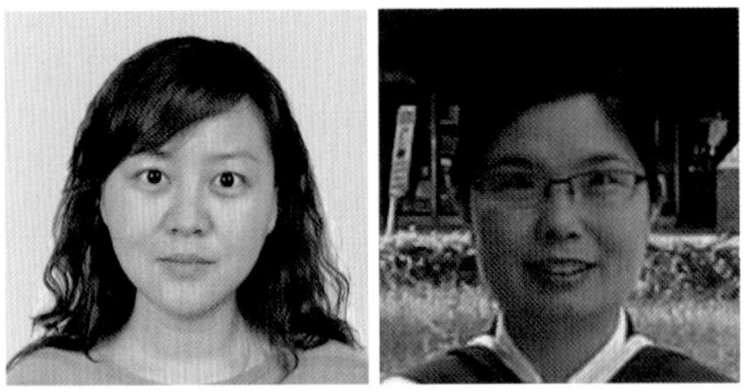

2007 台达杯国际太阳能建筑设计竞赛方案

三等奖

NEW COUNTRYSIDE

学　　生：吴薇 李燕

指导老师：杨维菊

方案介绍：

本方案基于对农村生活的调研，在平面空间布局上考虑邻里交往，同时保持传统农村住宅的院落形式，增设了可能发展的客房空间，并设置了足够容纳的机动与非机动车空间，以及合理组织了圈养家畜的混用庭院。

根据不同的生活模式，我们对方案进行了合理的分区，例如服务空间与被服务空间、采暖房间与非采暖房间、清洁区与污浊区等。并且进行了流线分设，例如家庭成员与访客、人流与车流。

在此基础上，我们采用了主动式节能技术，包括太阳能热水、光反射板、雨水收集系统等。同时结合被动式节能技术，如种植屋面、自然通风等，旨在为农村住宅创造出舒适宜人居住环境的同时，提高住宅的绿色、生态性。

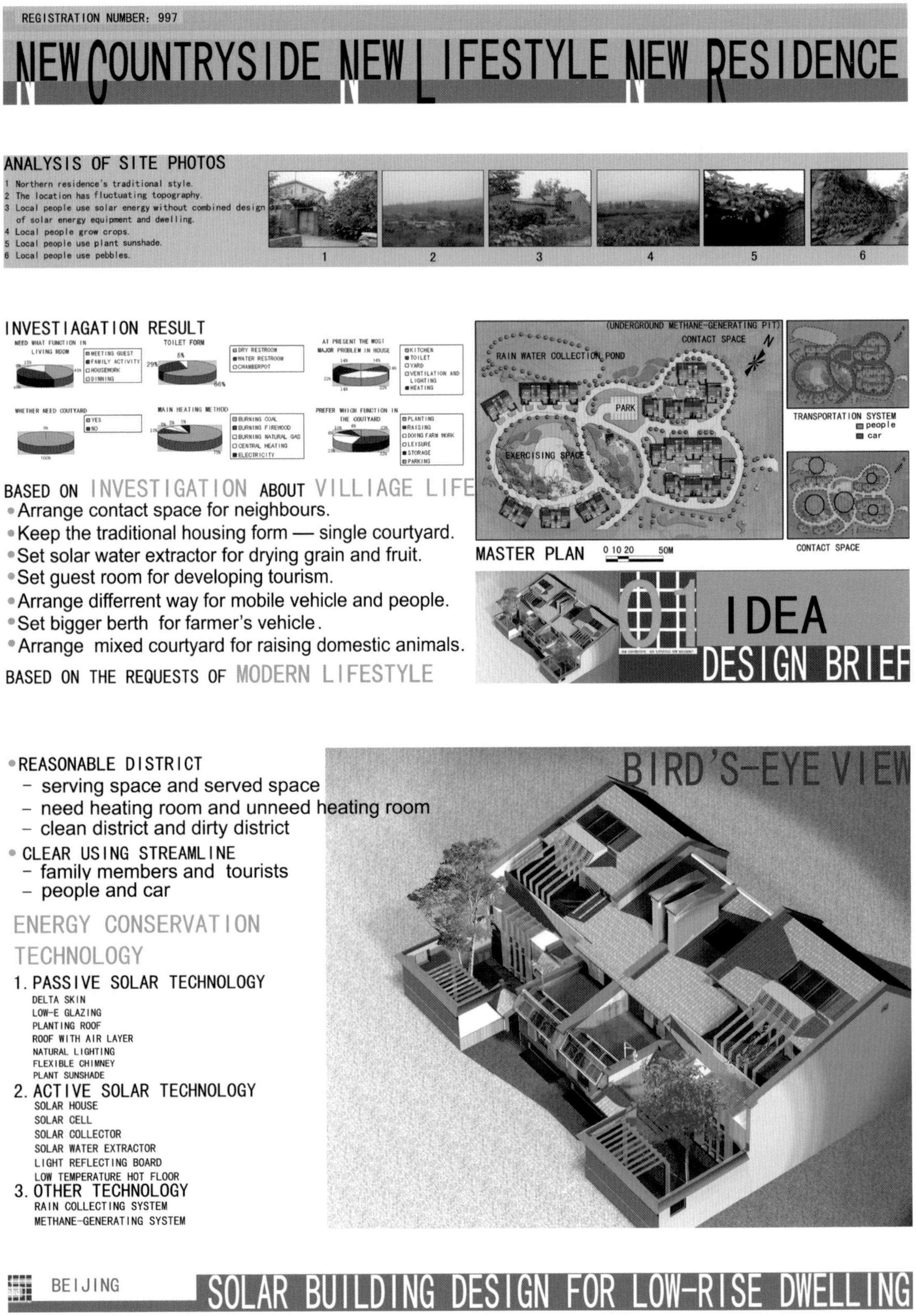

REGISTRATION NUMBER: 997
NEW COUNTRYSIDE NEW LIFESTYLE NEW RESIDENCE
ANALYSIS OF SITE PHOTOS
1 Northern residence's traditional style.
2 The location has fluctuating topography.
3 Local people use solar energy without combined design of solar energy equipment and dwelling.
4 Local people grow crops.
5 Local people use plant sunshade.
6 Local people use pebbles.
1
2
3
4
5
6
INVESTIAGATION RESULT
BASED ON INVESTIGATION ABOUT VILLIAGE LIFE
• Arrange contact space for neighbours.
• Keep the traditional housing form — single courtyard.
• Set solar water extractor for drying grain and fruit.
• Set guest room for developing tourism.
• Arrange different way for mobile vehicle and people.
• Set bigger berth for farmer's vehicle.
• Arrange mixed courtyard for raising domestic animals.
BASED ON THE REQUESTS OF MODERN LIFESTYLE
(UNDERGROUND METHANE-GENERATING PIT)
CONTACT SPACE
RAIN WATER COLLECTION POND
PARK
EXERCISING SPACE
MASTER PLAN
0 10 20 50M
TRANSPORTATION SYSTEM
people
car
CONTACT SPACE
01 IDEA
DESIGN BRIEF
• REASONABLE DISTRICT
- serving space and served space
- need heating room and unneed heating room
- clean district and dirty district
• CLEAR USING STREAMLINE
- family members and tourists
- people and car
ENERGY CONSERVATION TECHNOLOGY
1. PASSIVE SOLAR TECHNOLOGY
DELTA SKIN
LOW-E GLAZING
PLANTING ROOF
ROOF WITH AIR LAYER
NATURAL LIGHTING
FLEXIBLE CHIMNEY
PLANT SUNSHADE
2. ACTIVE SOLAR TECHNOLOGY
SOLAR HOUSE
SOLAR CELL
SOLAR COLLECTOR
SOLAR WATER EXTRACTOR
LIGHT REFLECTING BOARD
LOW TEMPERATURE HOT FLOOR
3. OTHER TECHNOLOGY
RAIN COLLECTING SYSTEM
METHANE-GENERATING SYSTEM
BIRD'S-EYE VIEW
BEIJING
SOLAR BUILDING DESIGN FOR LOW-RISE DWELLING

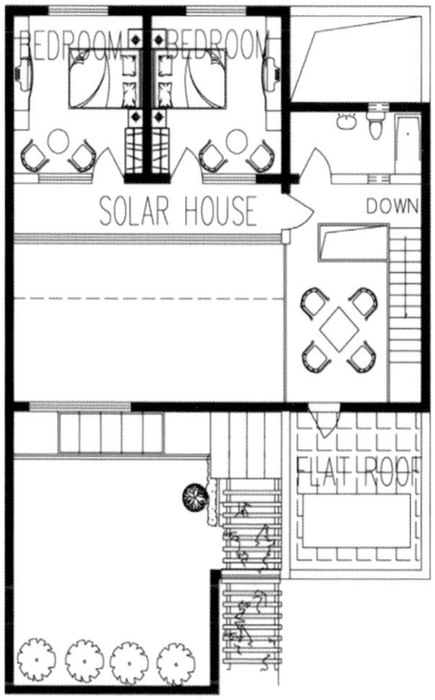
BEDROOM
BEDROOM
SOLAR HOUSE
DOWN
FLAT ROOF

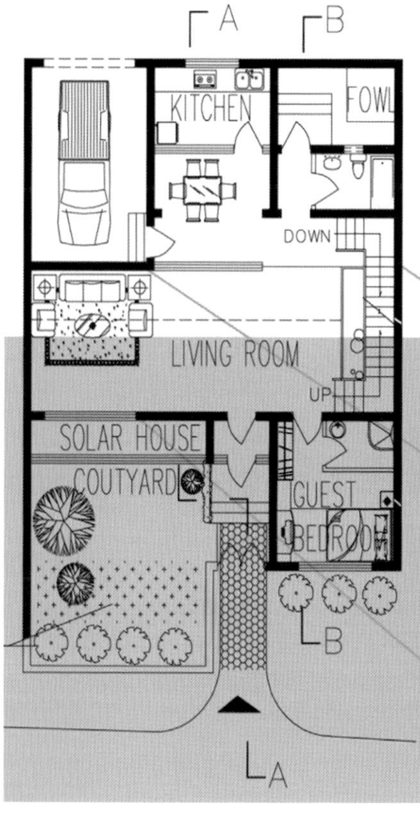
A
B
KITCHEN
FOWL
DOWN
LIVING ROOM
UP
SOLAR HOUSE
COUTYARD
GUEST
BEDROOM
B
A

FLEXIBLE FUNCTION

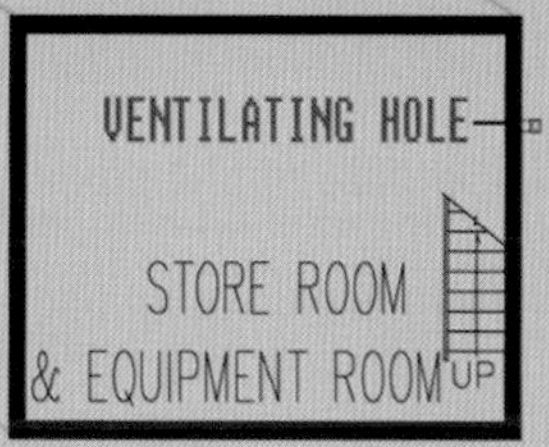
VENTILATING HOLE
STORE ROOM
& EQUIPMENT ROOM
UP

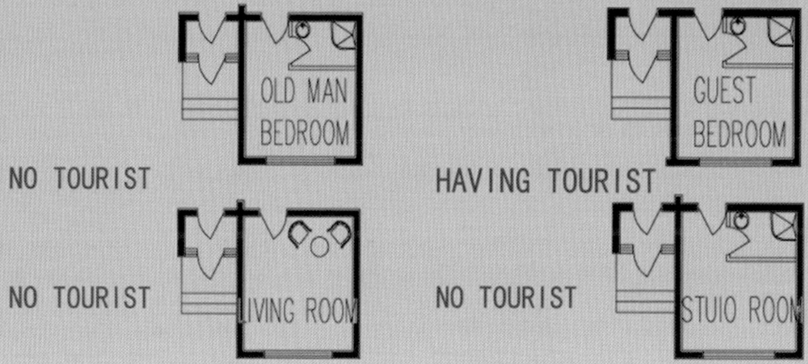
NO TOURIST
OLD MAN
BEDROOM
HAVING TOURIST
GUEST
BEDROOM
NO TOURIST
LIVING ROOM
NO TOURIST
STUIO ROOM

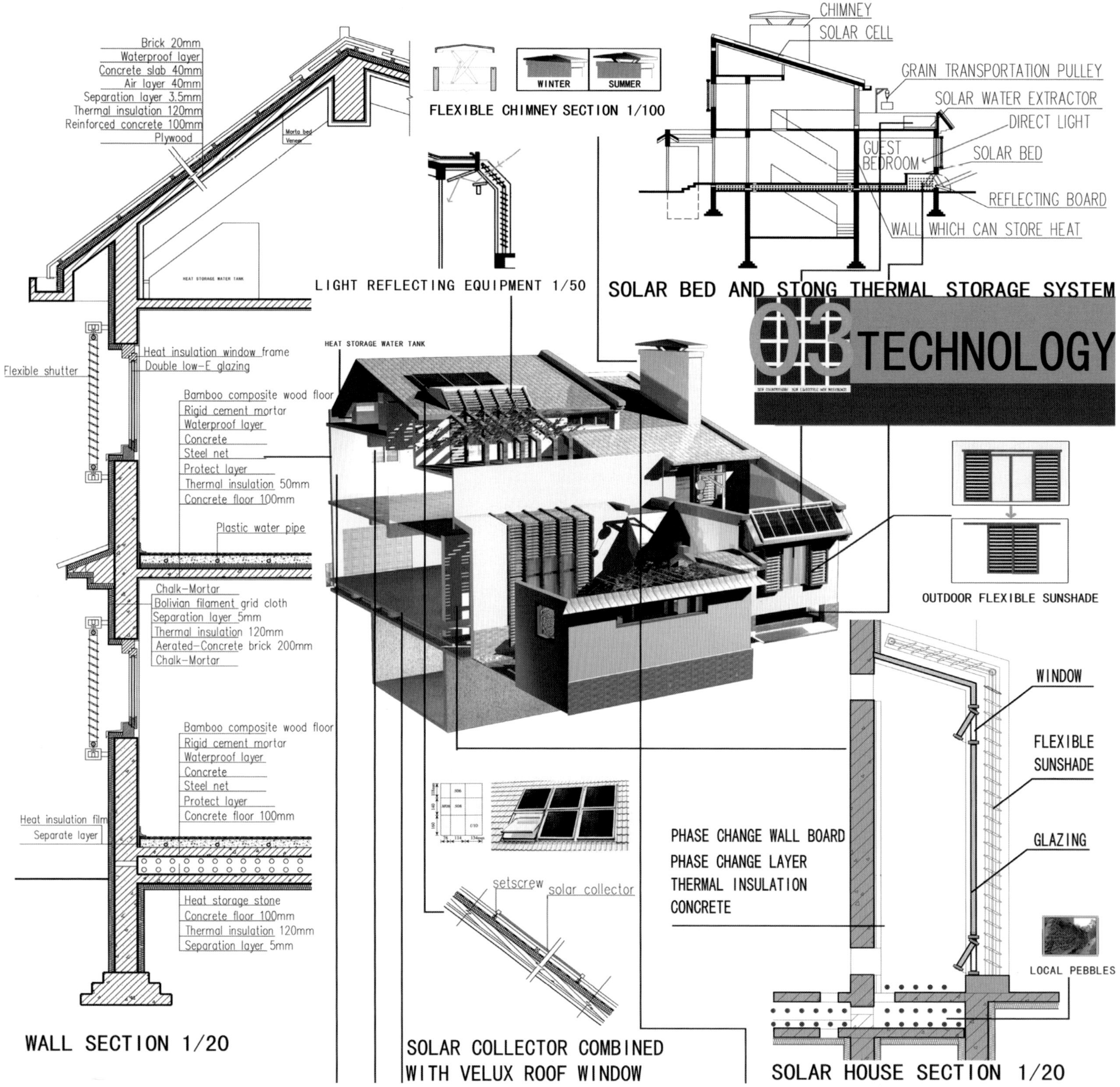

Brick 20mm
Waterproof layer
Concrete slab 40mm
Air layer 40mm
Separation layer 3.5mm
Thermal insulation 120mm
Reinforced concrete 100mm
Plywood

Morta bed
Veneer

FLEXIBLE CHIMNEY SECTION 1/100

WINTER SUMMER

CHIMNEY
SOLAR CELL
GRAIN TRANSPORTATION PULLEY
SOLAR WATER EXTRACTOR
DIRECT LIGHT
GUEST BEDROOM
SOLAR BED
REFLECTING BOARD
WALL WHICH CAN STORE HEAT

SOLAR BED AND STONG THERMAL STORAGE SYSTEM

03 TECHNOLOGY

Flexible shutter

Heat insulation window frame
Double low-E glazing

Bamboo composite wood floor
Rigid cement mortar
Waterproof layer
Concrete
Steel net
Protect layer
Thermal insulation 50mm
Concrete floor 100mm

Plastic water pipe

Chalk-Mortar
Bolivian filament grid cloth
Separation layer 5mm
Thermal insulation 120mm
Aerated-Concrete brick 200mm
Chalk-Mortar

Bamboo composite wood floor
Rigid cement mortar
Waterproof layer
Concrete
Steel net
Protect layer
Concrete floor 100mm

Heat insulation film
Separate layer

Heat storage stone
Concrete floor 100mm
Thermal insulation 120mm
Separation layer 5mm

LIGHT REFLECTING EQUIPMENT 1/50

HEAT STORAGE WATER TANK

HEAT STORAGE WATER TANK

OUTDOOR FLEXIBLE SUNSHADE

WINDOW

FLEXIBLE SUNSHADE

GLAZING

LOCAL PEBBLES

PHASE CHANGE WALL BOARD
PHASE CHANGE LAYER
THERMAL INSULATION
CONCRETE

setscrew solar collector

WALL SECTION 1/20

SOLAR COLLECTOR COMBINED
WITH VELUX ROOF WINDOW

SOLAR HOUSE SECTION 1/20

VENTILATION ANALYSIS

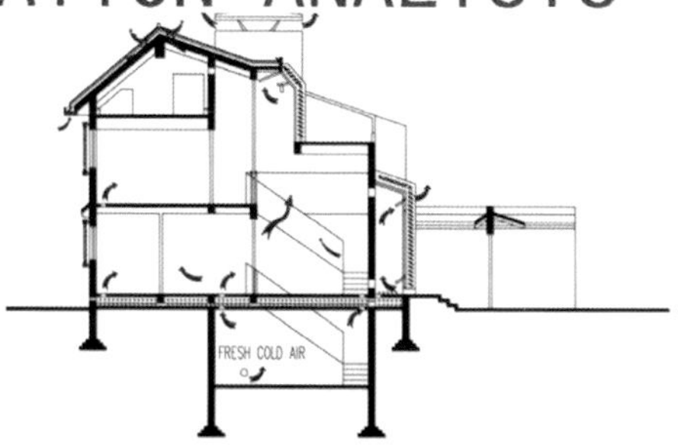

DAY IN SUMMER

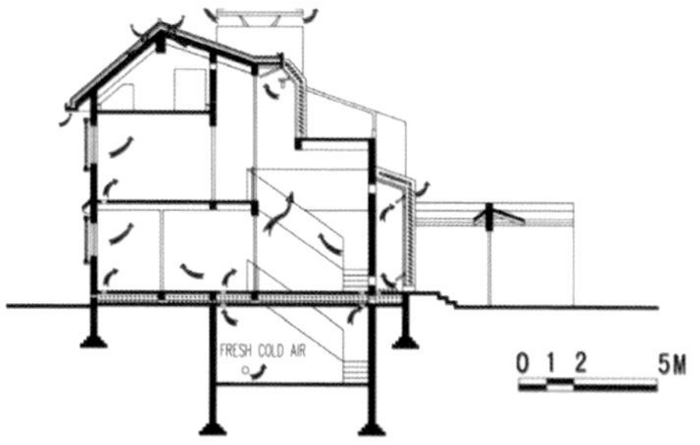

NIGHT IN SUMMER

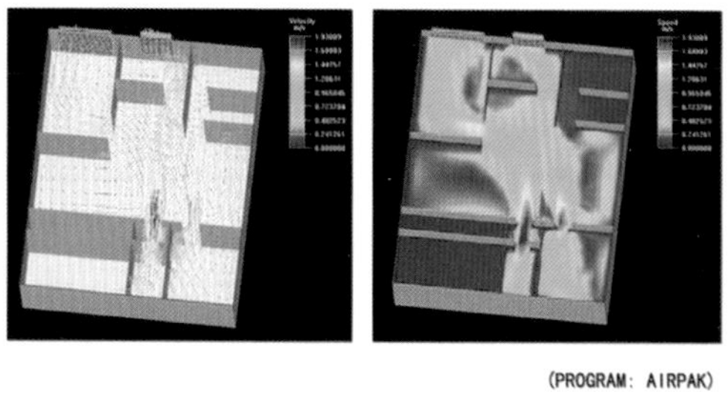

WIND SIMULATION IN COMPUTER

(PROGRAM: AIRPAK)

LIGHTING ANALYSIS

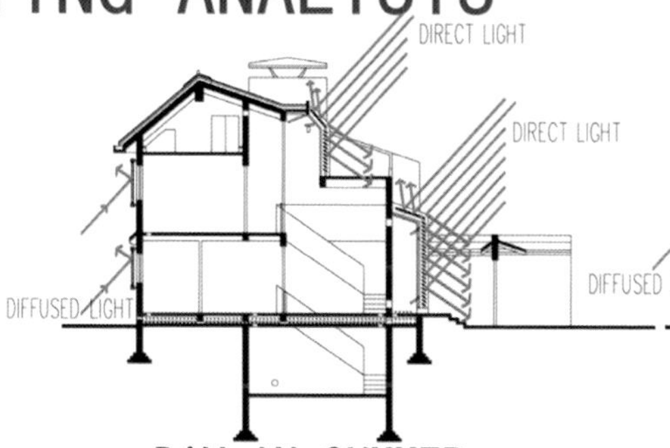

DAY IN SUMMER

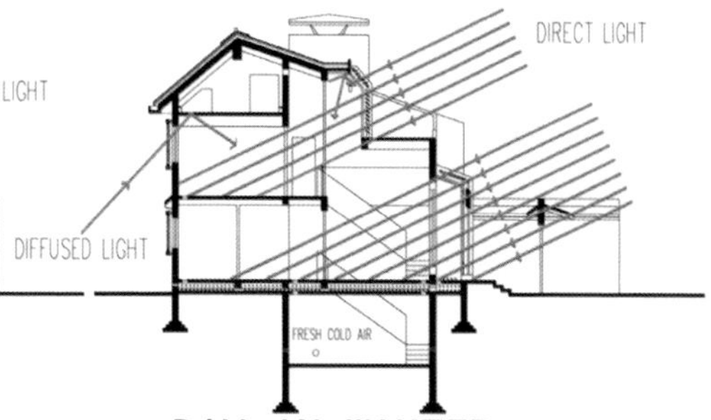

DAY IN WINTER

04 TECHNOLOGY

ENERGY ANALYSIS

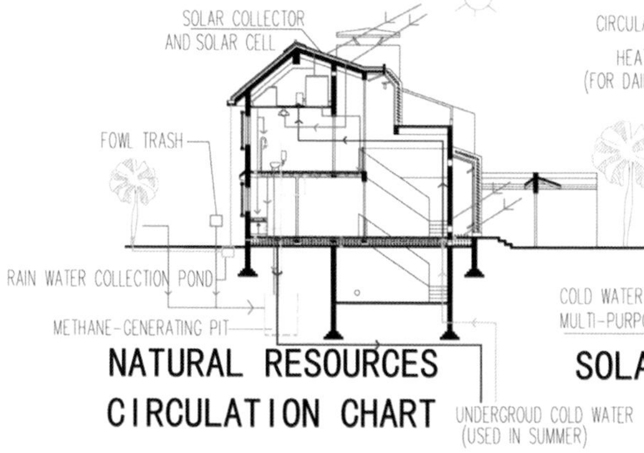

NATURAL RESOURCES
CIRCULATION CHART

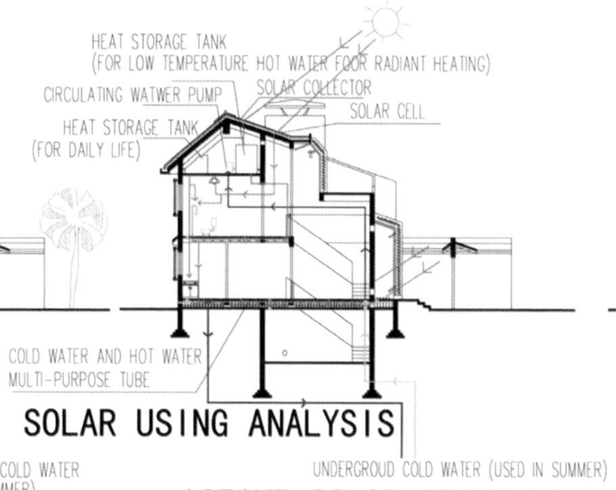

SOLAR USING ANALYSIS

DELTA SKIN

ACTIVE SOLAR TECHNOLOGY

PASSIVE SOLAR TECHNOLOGY

SOUTH ROOM COOLING

SOUTH ROOM HEATING

NORTH ROOM COOLING

NORTH ROOM HEATING

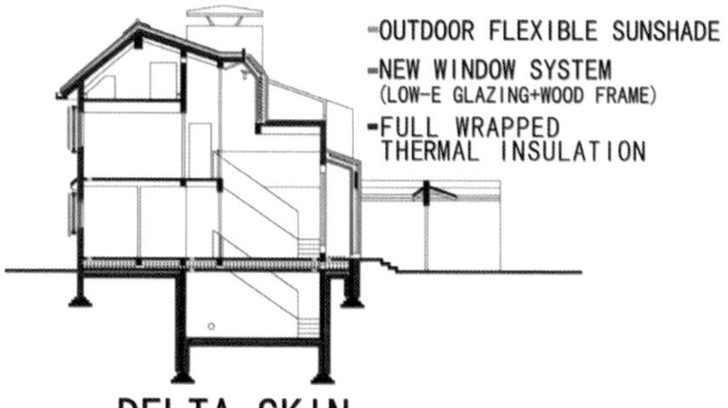

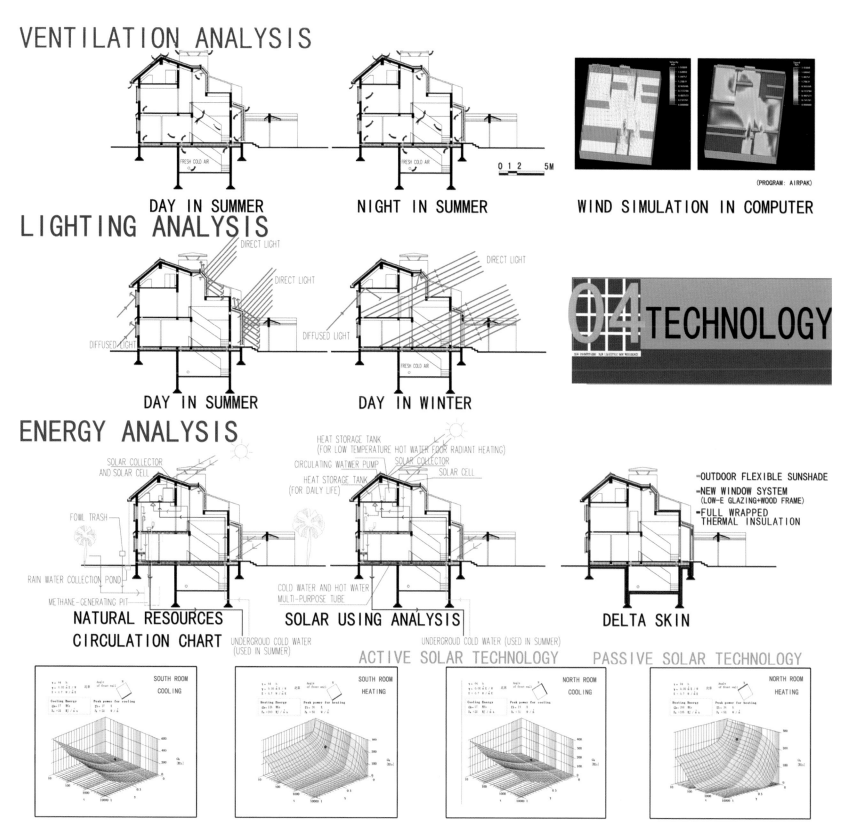

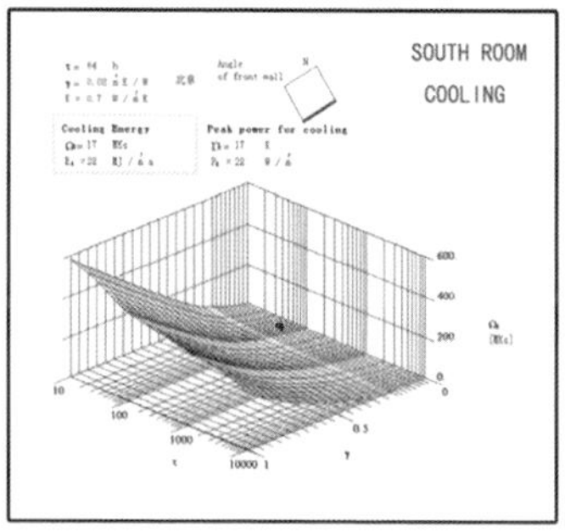

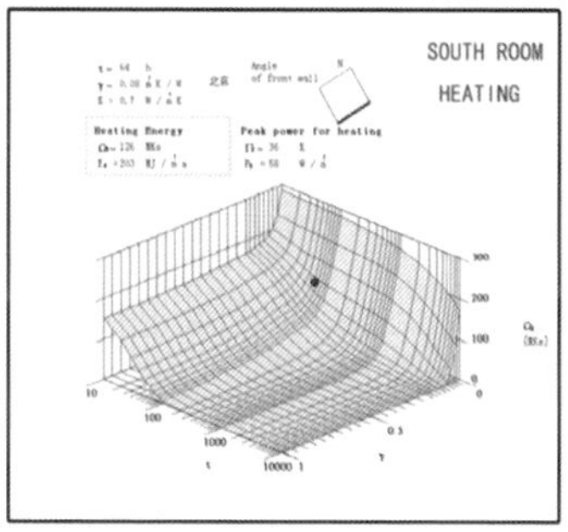

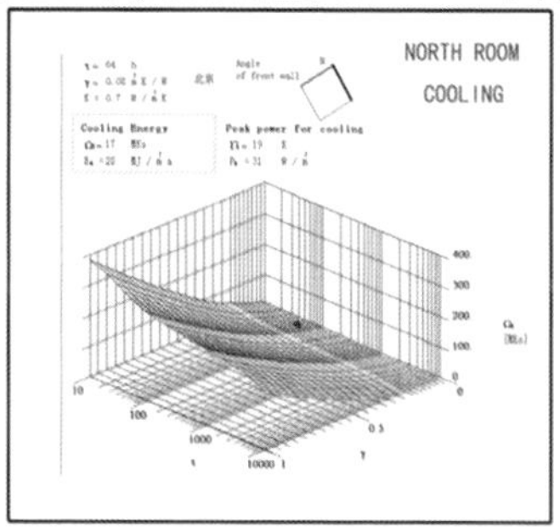

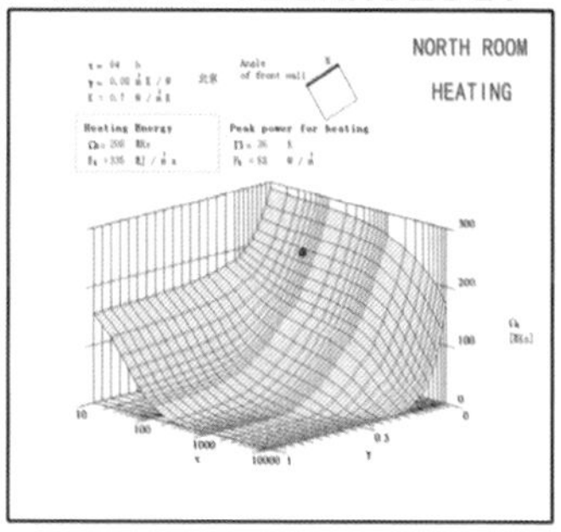

2009 台达杯国际太阳能建筑设计竞赛方案

三等奖

LONG HOUSE

学　生：梁博 叶佳明 杨晓彬

指导教师：杨维菊

方案介绍：

　　我们通过对资料的研究和分析认为，本设计面临的最大问题是如何应对绵阳地区夏季炎热潮湿的气候环境，又要兼顾建筑抗震和冬季保温的功能。为学生们造一个舒适的学习生活空间——本设计以此为出发点，试图通过建筑手段来解决这一问题。

　　该方案的核心问题是：绵阳区域的天气以湿热为主，因此我们试图用屋顶设计来解决这一问题。在屋顶设计中采用了设置空气层、通风筒、可人工操作与电动的屋顶采光遮阳系统、阳光的折射系统等。而在宿舍建筑的屋顶设计中设置了太阳能集热器。这可为宿舍生活提供热水能源，当天气转阴或下雨时，热水则转由锅炉加热提供。

Long House
International Solar Building Design Competition

NO. 597

设计说明

我们通过对资料的研究和分析认为，本设计面临的最大问题是如何解决绵阳地区夏季炎热潮湿的气候环境，并同时要兼顾考虑建筑抗震和冬季保温的功能。为学生们造一个舒适的学习生活空间。本设计以此为出发点，试图通过建筑手段来解决这一问题

Design Concept

The main concept is trying to solution the problem about the hot and wet weather in summer in the mianyang area. And also take the earthquake protection and winter warm keeping into account. Creating the comfortable space for students studying and living is our final target

The Main Economic and Technical Indicators

Gross site area:	16707m²
Gross floor area:	7972m²
Teaching and teaching aids space area:	3012m²
Administrative area:	385m²
Living space area:	4575m²
Road and square area:	1523m²
Playground area:	3564m²
Green area:	1506m²
FAR (excluding playground area):	0.477
Greening rate (excluding playground area):	9.37%
Site coverage:	16.1%
The number of car parking spaces:	7
The number of bicycle parking:	805

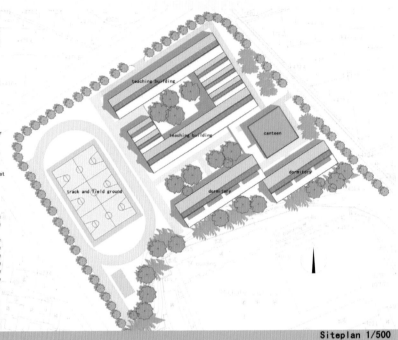

Siteplan 1/500

Plan

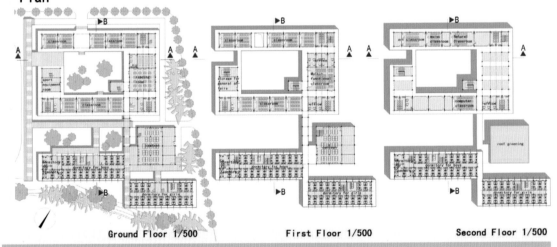

Ground Floor 1/500　　First Floor 1/500　　Second Floor 1/500

Section

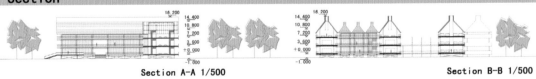

Section A-A 1/500　　Section B-B 1/500

Technology System

Long House

International Solar Building Design Competition

NO. 597

Introduction

1&2. Sun and rain protection is provide by overhanding handrail which are surrounding around the building. The secend floor is protected by an overlapping roof giving shelter. The middle floor' shandrail are extended downwards, therefore they supply sun and rain protection for the ground floor.

3. The truss at the bottom of the building provide the protection when the earthquake happen.

4. Vegetaion in southern courtyard allows for heat gain in winter and sun shading in summer

1. Sun Protection

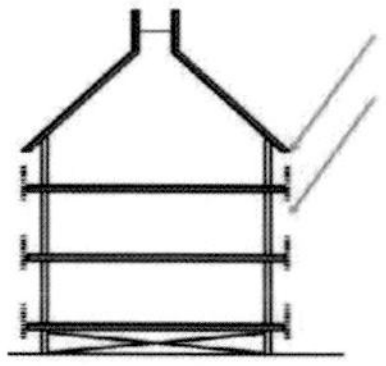

2. Rain Protection

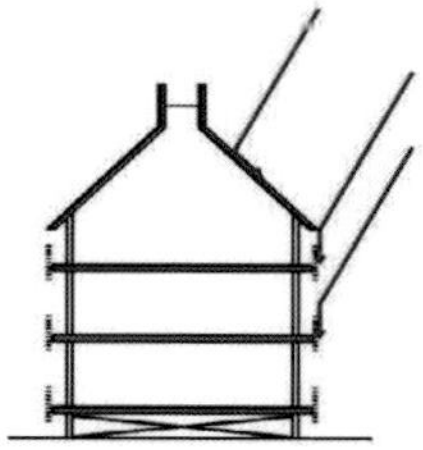

3. Earthquake Protection

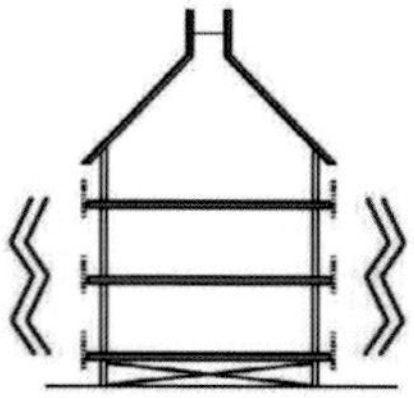

4. Vegetaion in southern courtyard

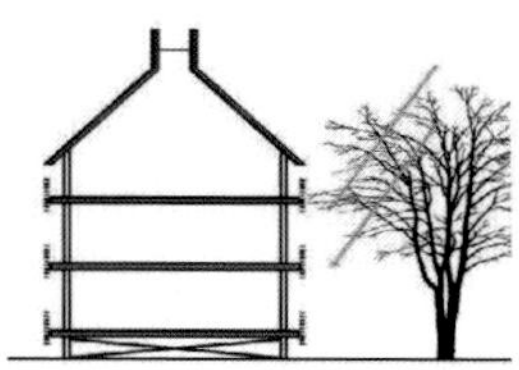

Perspective

Elevation

Elevation South 1/500

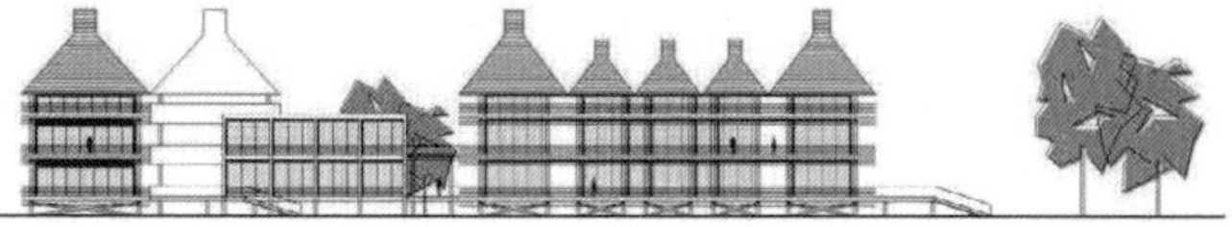

Elevation East 1/500

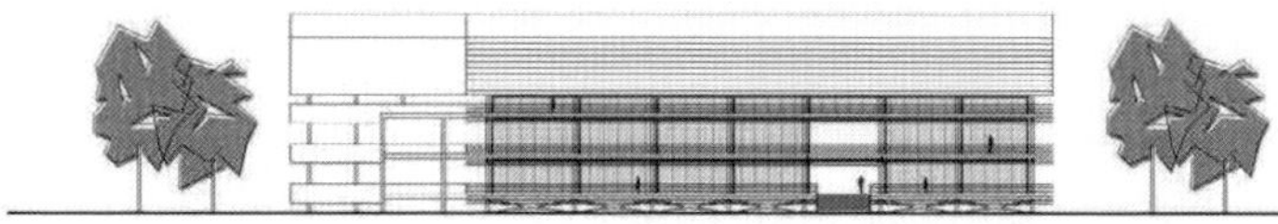

Elevation North 1/500

Elevation West 1/500

Dormitory Detail Drawing

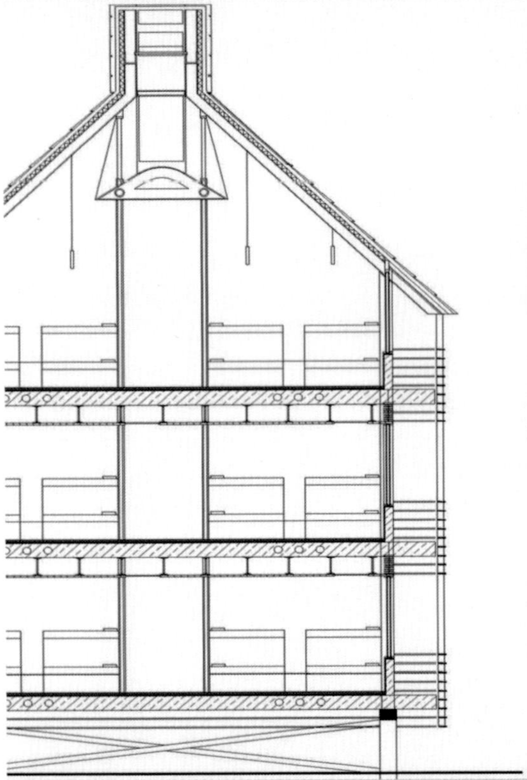

Roof Construction

solar collector
aluminum plates, type 65/400
270mmX120mmX11mm steel truss
airlayer
waterproofing
battens with insulation in between
vapor barrier
steel sheets
steel beam IPE 300mm

facade

aluminum handrail
substructure steel
window, wood and aluminum with triple
6mm insulated glass +12mm cavity + 4mm
insulated glass
transom light

floor construction

suspended ceiling for ventilation
25mm oak parquet flooring
60mm screed
40mm acoustic insulation
30mm cement-bound eps
220mm reinforced concrete

Dormitory Sectional View

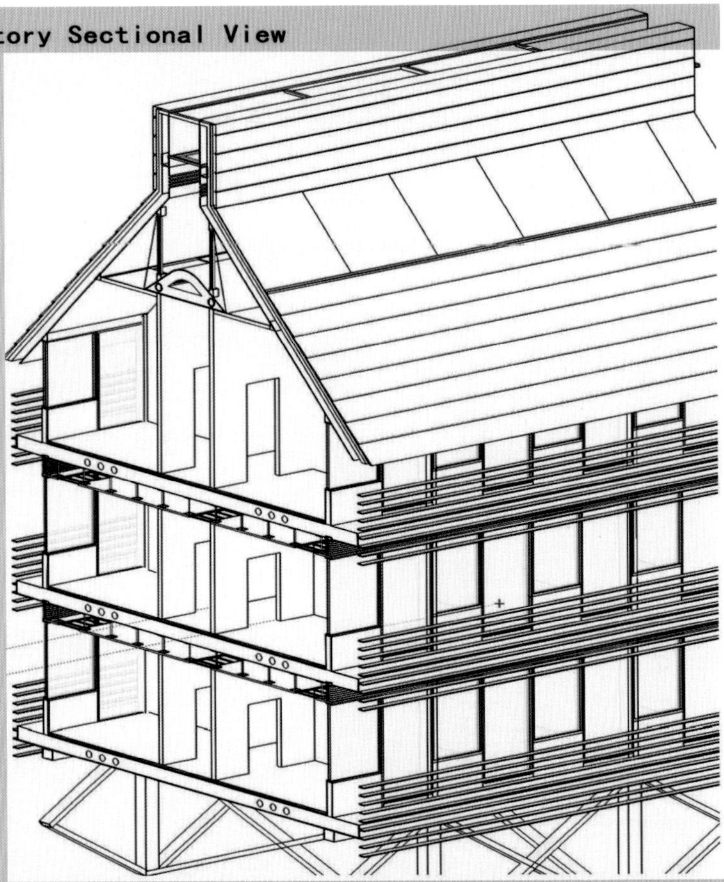

Teaching Building Roof Sectional View

Cross Ventilation for Teaching Building

The facades in each floor can be opened to the north and the south side. Cause of thermal exchange fresh air at the lower part is coming into the room. The air rises because of warming and get out through the fanlight to the outside. Therefore a breeze through the buiding is secured. Cause of lifting the ground floor fresh air is circling underneath the building for coooling and drying.

Teaching Building Ventilation Ventilation System

rotary venetian fanlight

6mm insulated glass +12mm cavity + 4mm insulated glass

220mm thermal storage wall

Dormitory Ventilation System

suspended ceiling for ventilation

6mm insulated glass +12mm cavity + 4mm insulated glass

220mm thermal storage wall

Dormitory Roof Sectional View

Cross Ventilation for Dormitory

This is the same theory for doemitory ventilation as teaching build- ing. Because of the different plan design, we design the suspended ce- iling for ventilation. We set the vent in each room and corridor, the warmed air get out through the suspended ceiling.

Teaching Building Ventilation   **Dormiyory Ventilation**

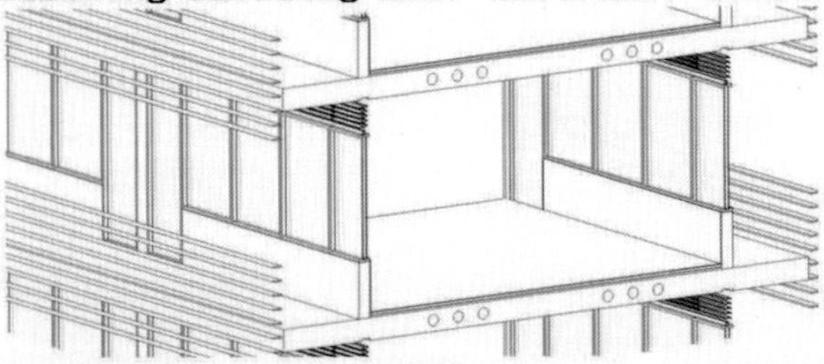

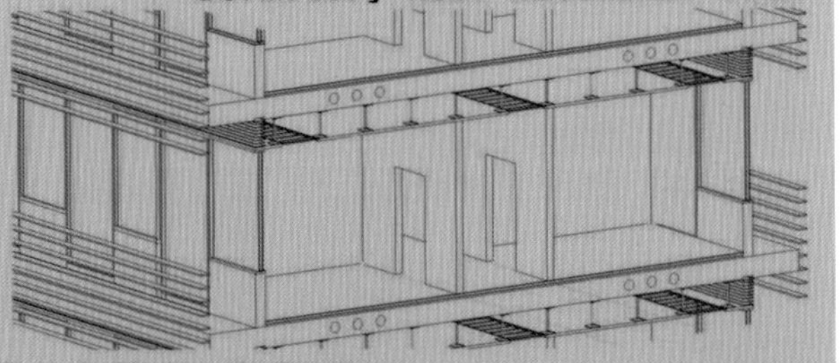

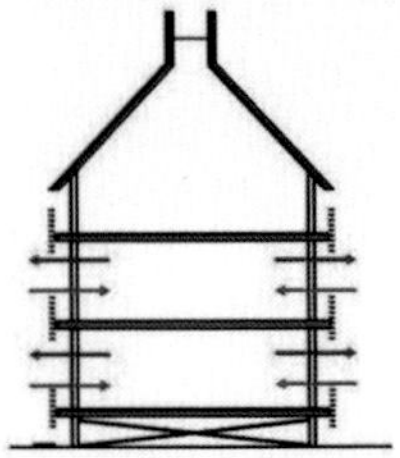

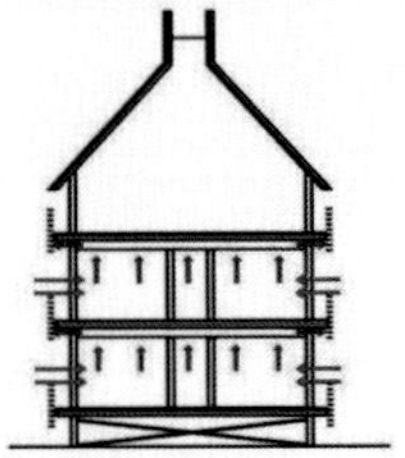

Lifting Ground Floor Ventilation

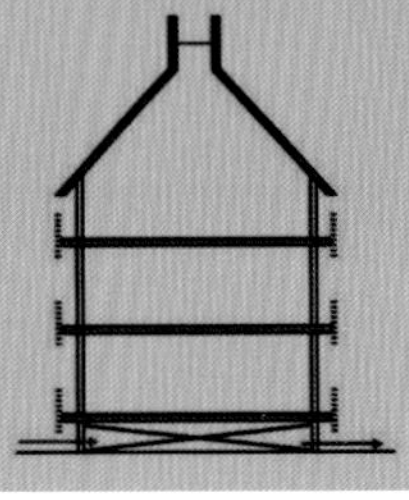

Solar Collect Function

There is a solar collector on the top of the roof for warming up the water. (Detail about collector can be seen in the dormitory sectional view). When the weather is cloudy or raining, the water can be warmed up by the boiler's heat (from the canteens).

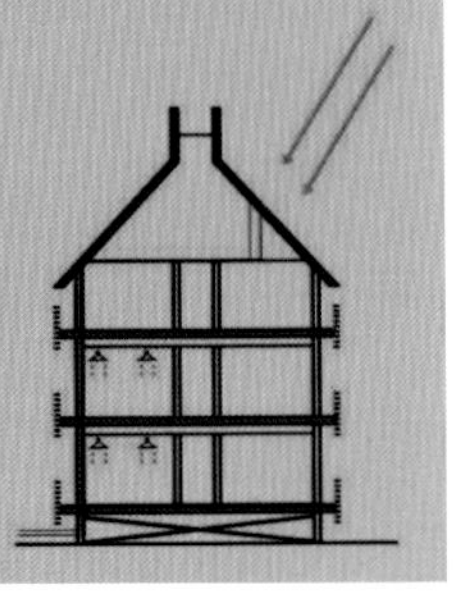

Teaching Building Detail Drawing

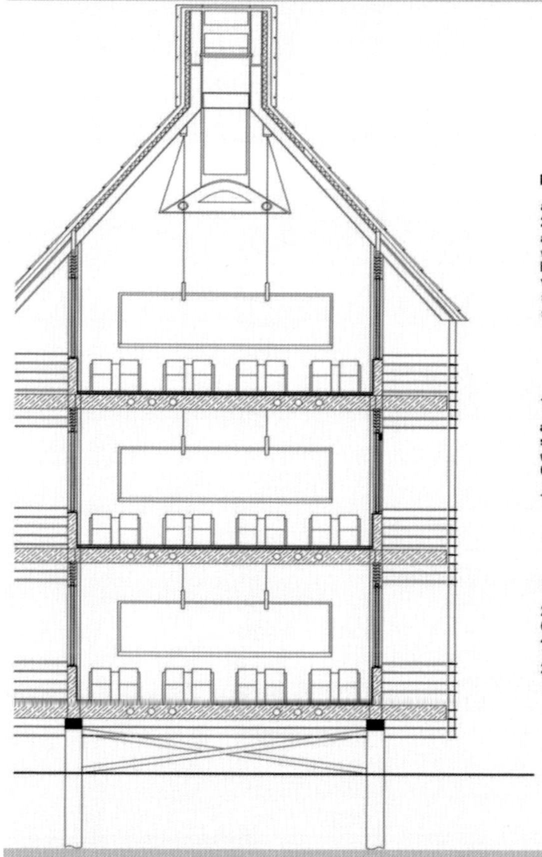

Roof Construction

aluminum plates, type 65/400
270mmX120mmX11mm steel truss
airlayer
waterproofing
battens with insulation in between
vapor barrier
steel sheets
steel beam IPE 300mm

facade

aluminum handrail
substructure steel
window, wood and aluminum with triple
6mm insulated glass +12mm cavity + 4mm
insulated glass
transom light

floor construction

25mm oak parquet flooring
60mm screed
40mm acoustic insulation
10mm cement-bound eps
220mm reinforced concrete

Teaching Building Sectional View

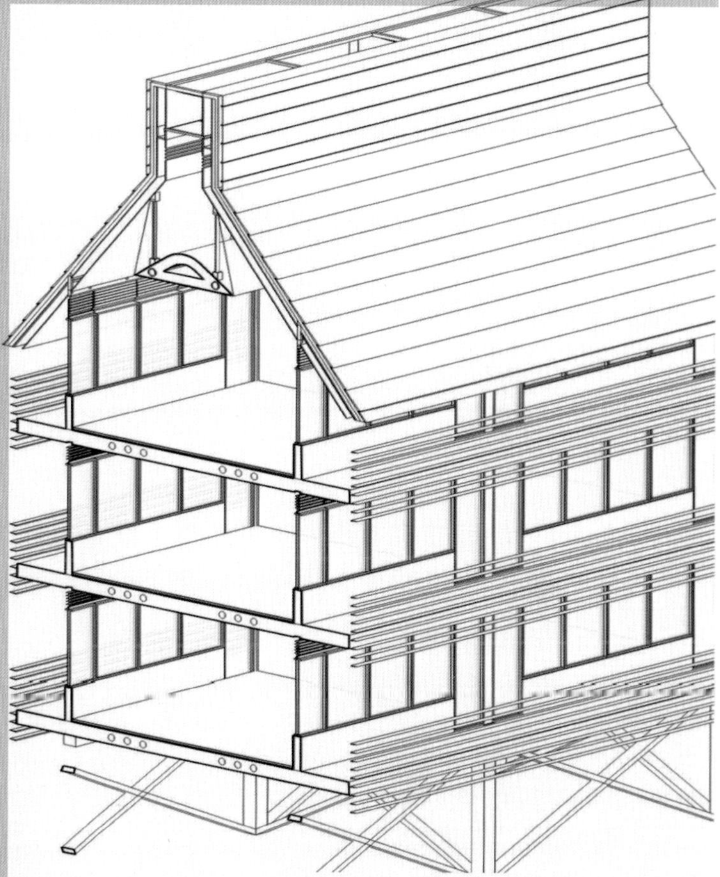

Roof Design

Design Concept

The most problem in Mianyang area is the weather in summer is hot and wet. This roof try to find a way to solution this problem.

1. Airlayer: This area is designed to insulation the hot from sunlight irradiation on the roof surface.
2. Windsail: This element is designed to guide the cool wind into the roof, and take the hot which is from airlayer and the room to the outside, keeping the indoor space coolness and dry.
3. Rooflight: Through the gemels transmission to control the rooflight close and open. So the motivity can be person or electromotor.
4. Lightreflector: If there is no light reflector, The sunlight through the rooflight will go into the room directly. The birght area and the dark area will be separated very clear. It is not fit for study obviously. The function for the lightreflector is to reflect the direct sunshine to the roof and go into the indoor space. The light will not so glare as before.

Roof Section

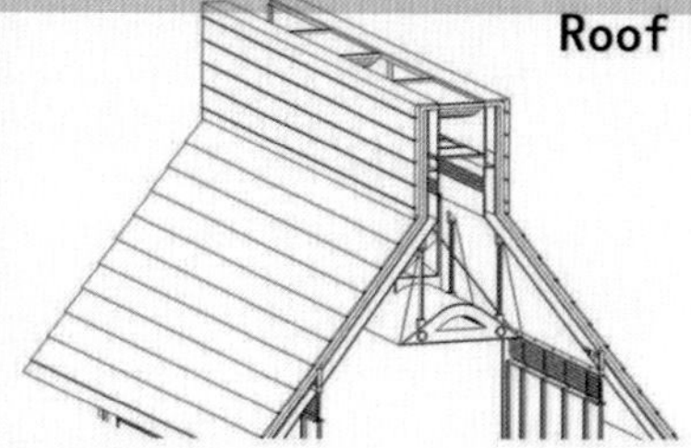

Roof Element

1. airlayer 300mm
2. wind sail
3. roof light
4. gutter
5. light reflctor

Roof Sectional View

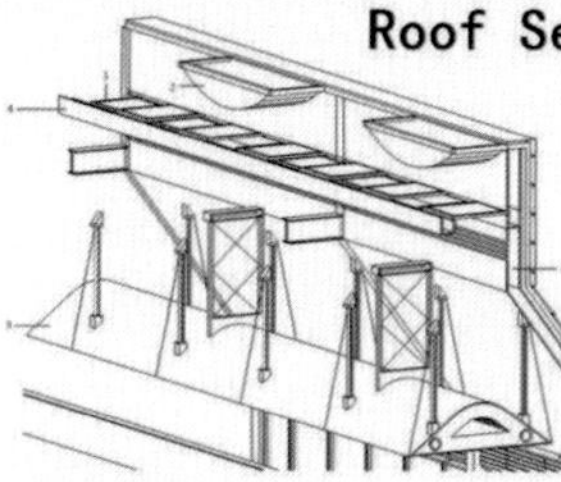

Roof Ventilation

Through the window, door and transom light, The fresh air gets in the second floor. At the same time the hot air comes out with the help of the windsail, air circulation is guarantee

Roof Ventilation

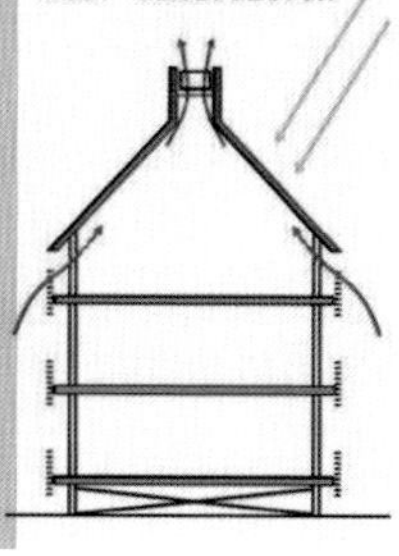

Windsail

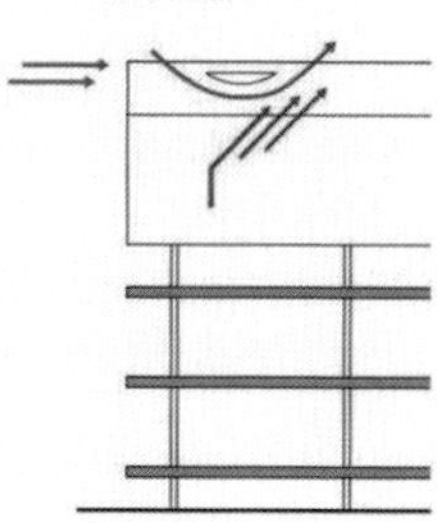

Lightreflector

The lightreflect is a high reflective aluminum plate. At the day time it reflect the sunlight into the room, at night it also can reflect the lighting effectively, can saving the electricity.

day

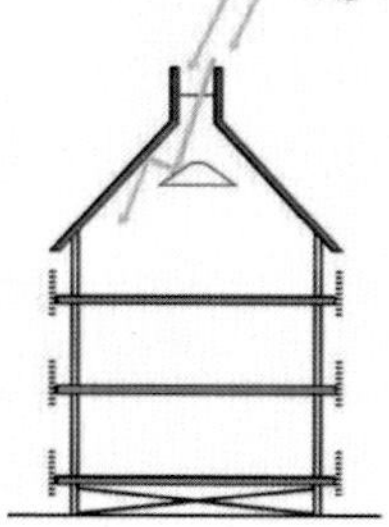

night

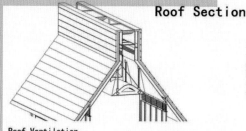

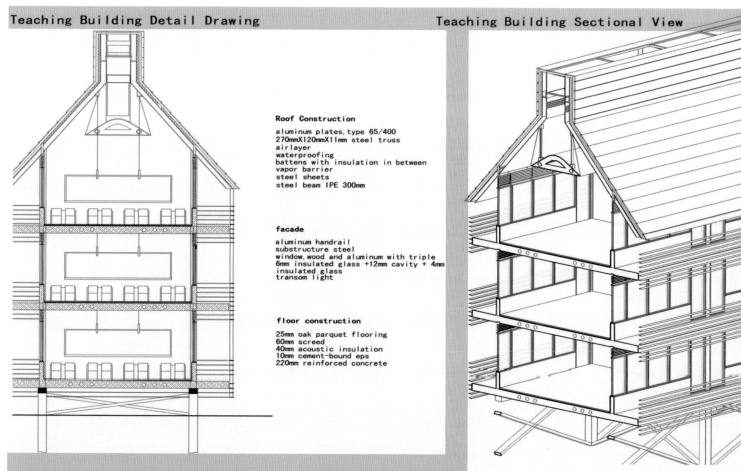

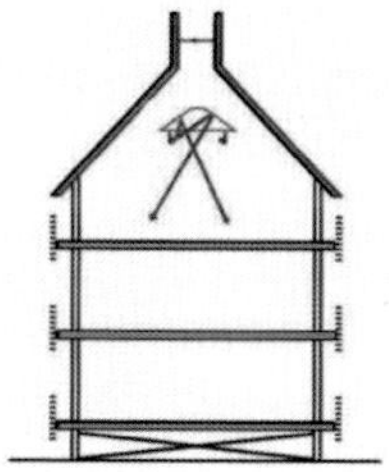

2013 台达杯国际太阳能建筑设计竞赛方案

三等奖

缘廊

学　　生：仲文洲 季阳

指导老师：杨维菊

方案介绍：

本方案将设计的思考贯穿到作品的创作中，作品展现出了独特和创新的设计理念。作品通过建筑平面的合理布局，有效解决了噪声的问题，形成了立面平缓的变化。立面朝阳部分采用了太阳能热水系统和光伏系统。在被动太阳能应用反面，病房通风考虑了双重立面方式。本方案具有较强的经济性和可实施性，不过这些创新的想法还缺少完整描述。

在改造问题中，首先疗养院东邻高架，院落对其开敞，噪声影响较大。因此提升东侧体量，隔绝高架噪声，围合院落。其次南北院相互隔绝，院落消极，利用率低。方案策略则采用引入散步廊打通南北院落，激活内院，同时形成风的通道。底层设置公共空间，增强了院落的功能性。提取青岛符号化元素“海浪”，让疗养院的老人感受家乡的气息。

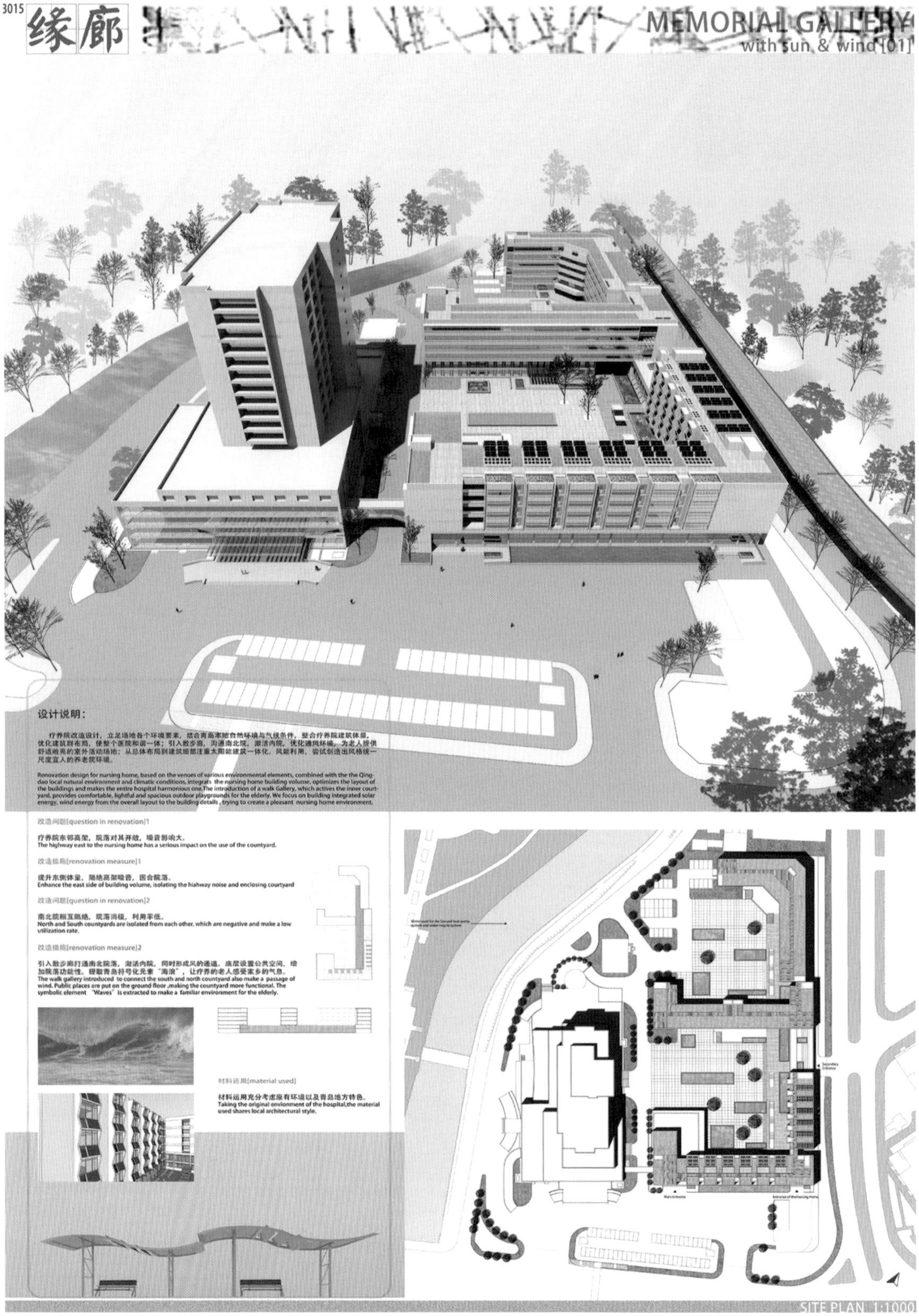

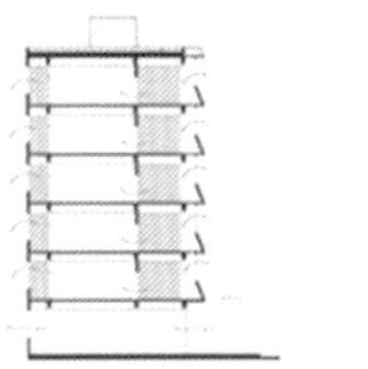

Ventilation of the ICU

• In the wards towards west, a corridor is uesd to reduce the excess heat ,and the angular facade can also block the sun to some extent.

• The wards and the two balconies are on one line in order to create good ventilation.

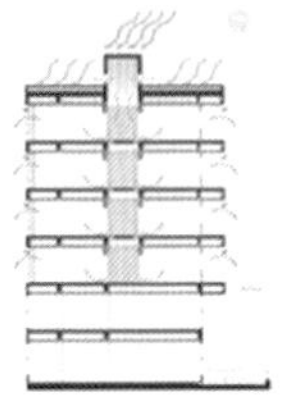

Ventilation of the Double-bed Ward

• In order to create good ventilation ,ventilation shafts are decorated up to the corridor.

• The corridor of every floor are conected each other through the vents on the floor,creating the ventilation throughout all the floor to the outside.

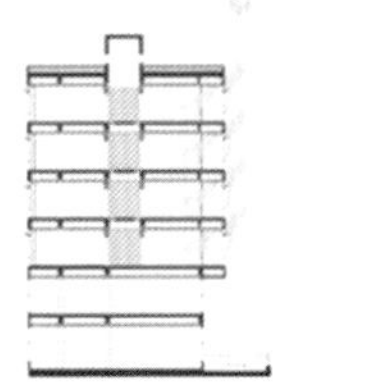

Illumination Analysis

• In the wards towards southeast and northwest, sun vistor is uesd to reduce the excess heat .

• On the sun vistor , several reflectors can adjust appropriate angle to reflect more light into the ward, providing necessary illumination and heat .

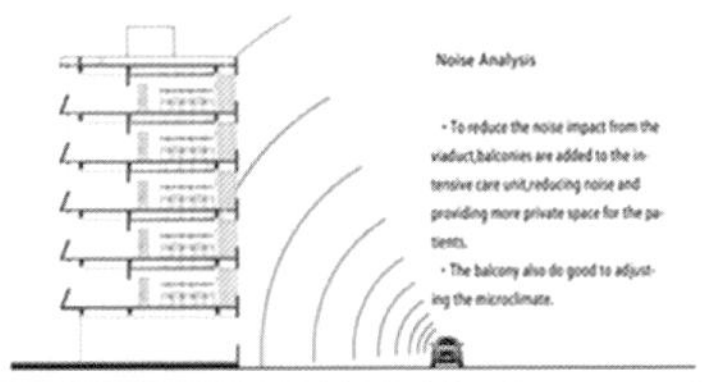

Noise Analysis

• To reduce the noise impact from the viaduct,balconies are added to the intensive care unit,reducing noise and providing more private space for the patients.

• The balcony also do good to adjusting the microclimate.

The Schematic Diagram of Heating System in Winter

• Outdoor temperature < soil temperature, use undergroundheat to warm rooms up.

• First heat the water with heat exchanger in lake, then reheat with assistance heating machine which gets energy from the solar collector. Finally push the hot water up with assistant pressure machine to warm .

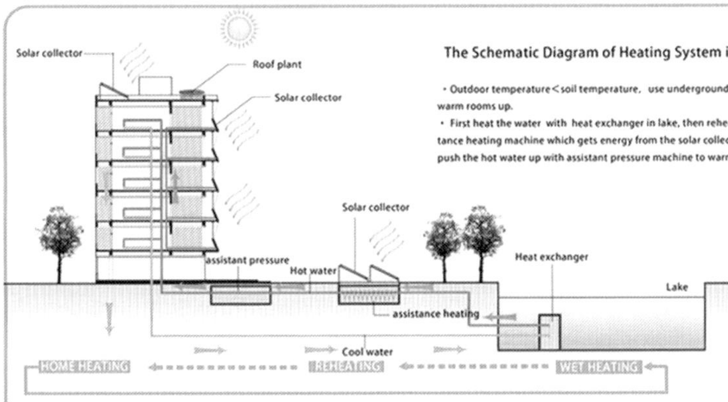

The Schematic Diagram of Heating System in Summe

• Soil temperature < outdoor temperature, use underground to reduce the room heat.

• At the same time, the lake water can be used in the bathroom,washroom,kitchen, planting the roof plant and so on.

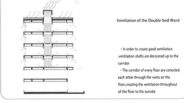

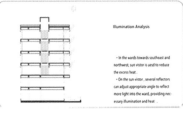

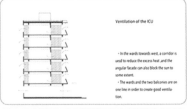

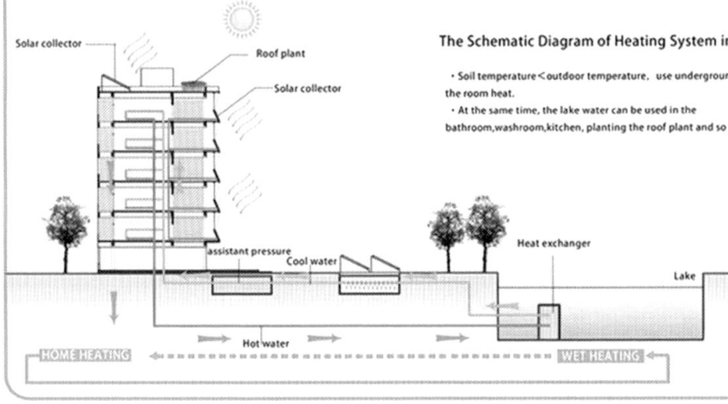

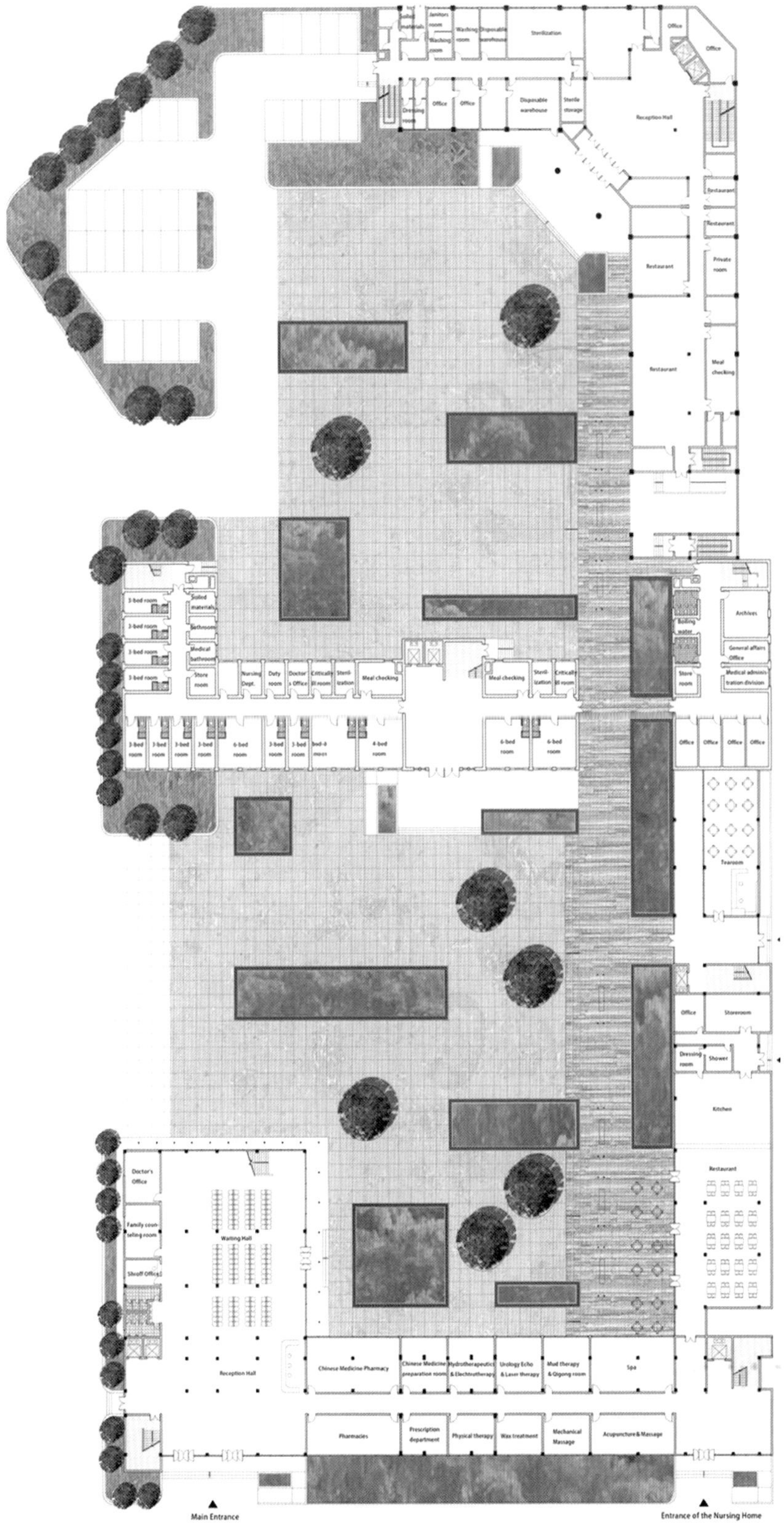

缘廊

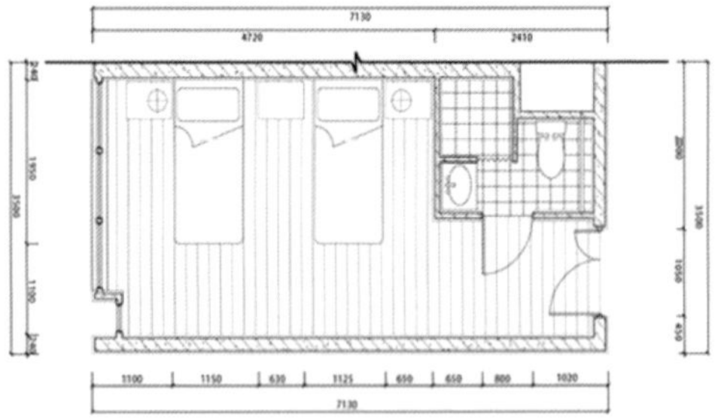

DOUBLE ROOM PLAN 1:300

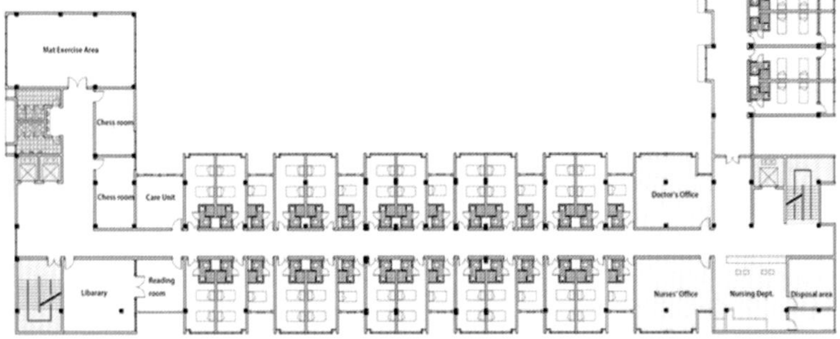

STANDARD FLOOR PLAN [B] 1:300

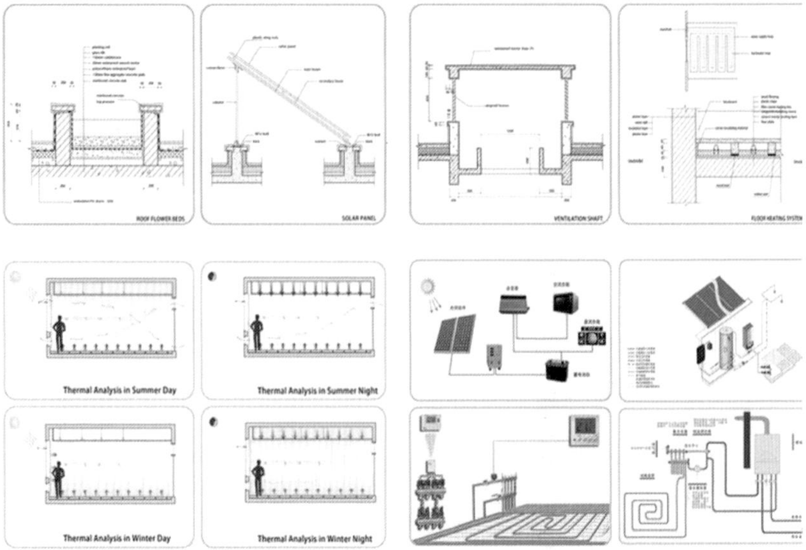

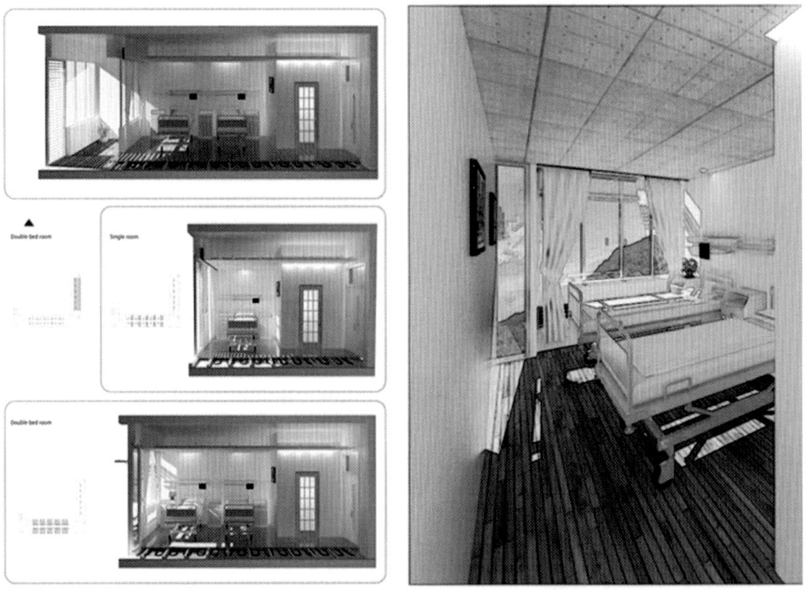

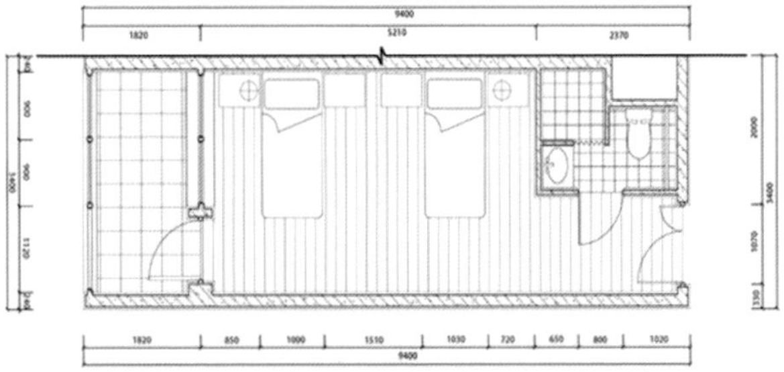

DOUBLE ROOM PLAN 1:300

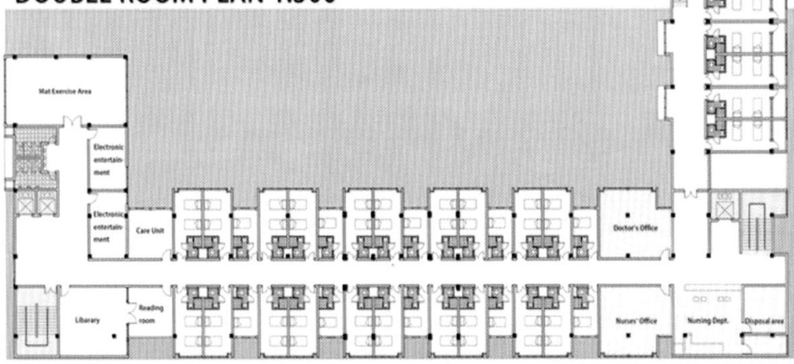

SIXTH FLOOR PLAN [B] 1:300

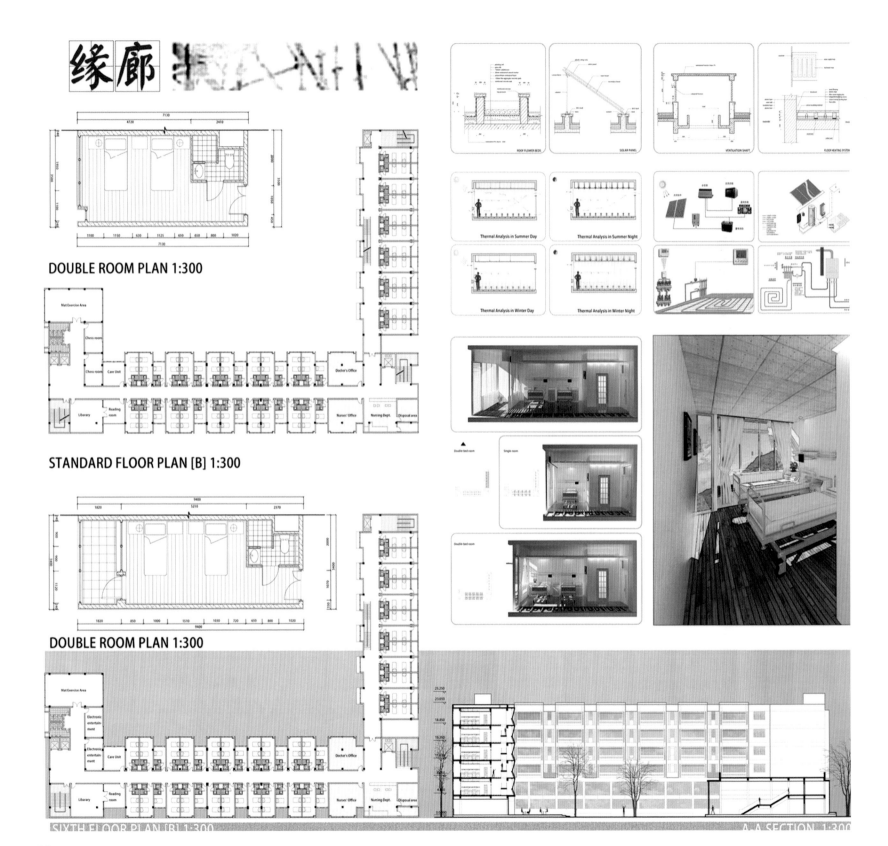

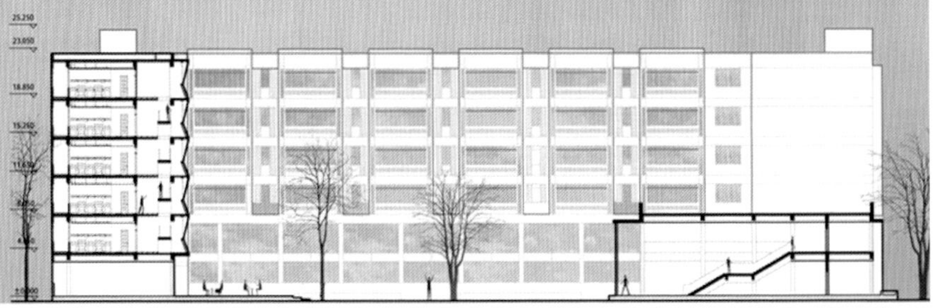

A-A SECTION 1:300

The aluminum plastic off heat sash
Solar cell

2007 台达杯国际太阳能建筑设计竞赛方案

专项技术奖

应变建筑

学　　生：丁瑜 徐斌 崔陇鹏 连小鑫

指导老师：杨维菊

方案介绍：

该方案在建筑形式上具有一定的空间应变与灵活性，建筑面对当地的气候特点采取了适宜的主被动技术策略。建筑采用合院形式能利用空气的层积效应形成有别于外界的温度场，因而内向于院落的外界面与外界环境的热交换明显减少。因此，本方案把建筑“凹入空间”或建筑体量的“间隙空间”封闭或者填实，大大减小体型系数，不仅具有热工上的积极意义，而且还可以带来增加面积、节省土地、降低成本等综合生态效益。

校园建筑的能耗点在于教学区白天能耗高，宿舍晚上能耗高，暑假和寒假两季的建筑能耗低，在校人数较少。从以上校园建筑的运行时程表看到，始终有一半的建筑处于“空运转”状态，我们的解决方案是使得建筑能够适应不同季节下的不同时间运转模式，从根本上降低建筑能耗。其实现手段是采取灵活的外围护结构——轨道系统和轻质材料（彩钢板和竹子），使得春秋两季高效利用所有可用面积，实现“全运转”模式。这种灵活的体系也有利于校园建筑的未来发展。

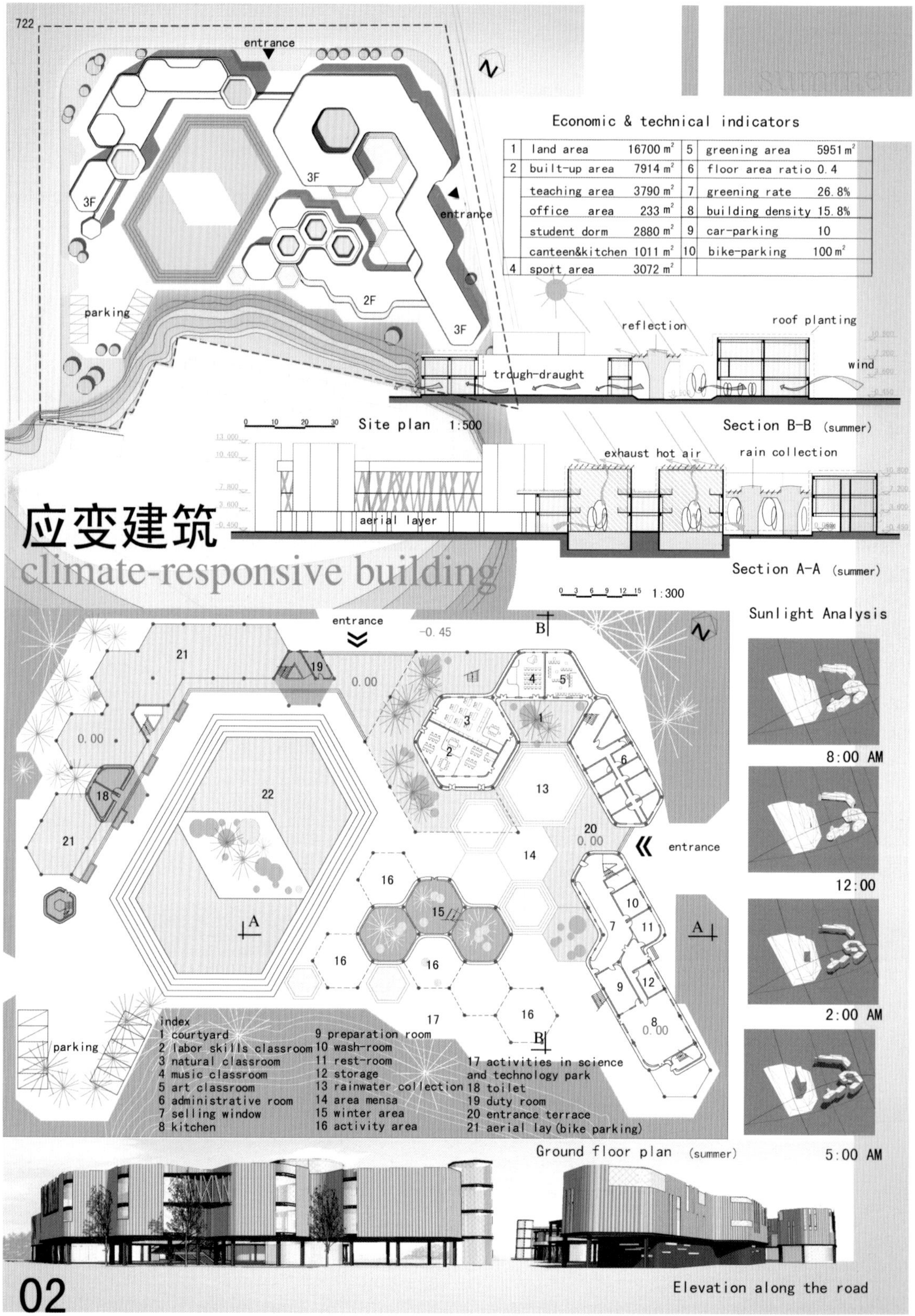
summer
Economic & technical indicators
1 land area 16700 m²
2 built-up area 7914 m²
teaching area 3790 m²
office area 233 m²
student dorm 2880 m²
canteen&kitchen 1011 m²
4 sport area 3072 m²
5 greening area 5951 m²
6 floor area ratio 0.4
7 greening rate 26.8%
8 building density 15.8%
9 car-parking 10
10 bike-parking 100 m²
entrance
parking
3F
2F
Site plan 1:500
reflection
roof planting
trough-draught
wind
Section B-B (summer)
exhaust hot air
rain collection
aerial layer
Section A-A (summer)
1:300
应变建筑
climate-responsive building
Sunlight Analysis
8:00 AM
12:00
2:00 AM
5:00 AM
index
1 courtyard
2 labor skills classroom
3 natural classroom
4 music classroom
5 art classroom
6 administrative room
7 selling window
8 kitchen
9 preparation room
10 wash-room
11 rest-room
12 storage
13 rainwater collection
14 area mensa
15 winter area
16 activity area
17 activities in science and technology park
18 toilet
19 duty room
20 entrance terrace
21 aerial lay (bike parking)
Ground floor plan (summer)
Elevation along the road
02

722 应变建筑 climate-responsive building winter

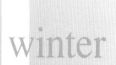

Sunlight Analysis

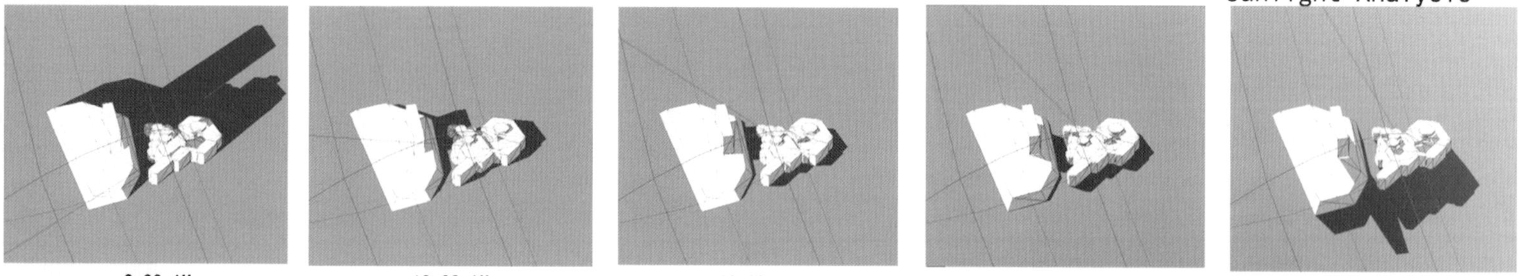

8:00 AM　10:00 AM　12:00　2:00 PM　4:00 PM

冬季通过轨道系统将底层架空的围护结构封闭，以蜂穴形式围成一团，场区基本上没有再生风或者二次风现象，而且风速都很低。同时可以有效的减少表面的热损失。从1.5m处场区的风速云图可以看出，场区的最高风速为1.87，远低于标准GB/T50378-2006规定的建筑物周围人行区风速5m/s的要求。同时将食堂四面围合，成为周围建筑的辅助热源。

Through the track system, aerial layer of the ground floor is closed. In Winter, the school building appears like "honeycomb". There is virtually no renewable wind or secondary air, the wind speed is low. At the same time, the buildings close together, so they can effectively reduce thermal loss. The highest wind speed in the height of 1.5m is lower than 1.87m/s, well below 5m/s(the standards provided by GB/T50378-2006). The canteen is combined to become the auxiliary heat source of the surrounding buildings

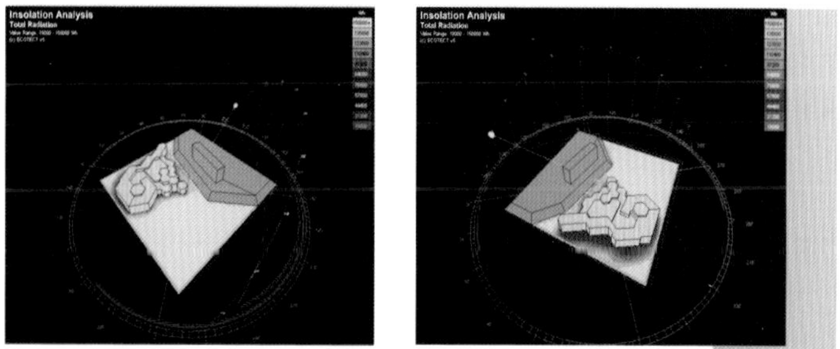

Surface Radiation

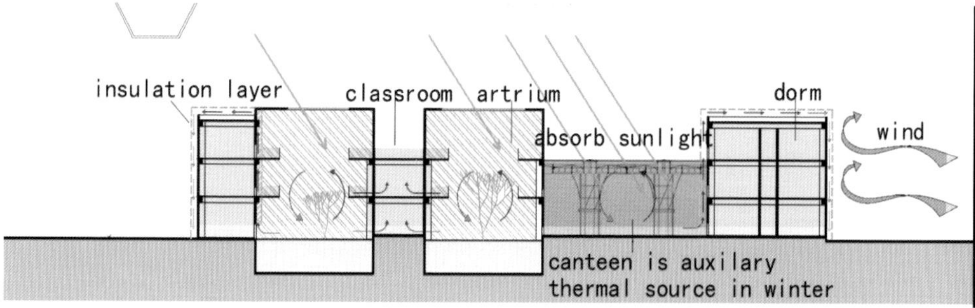

Section A-A(winter)

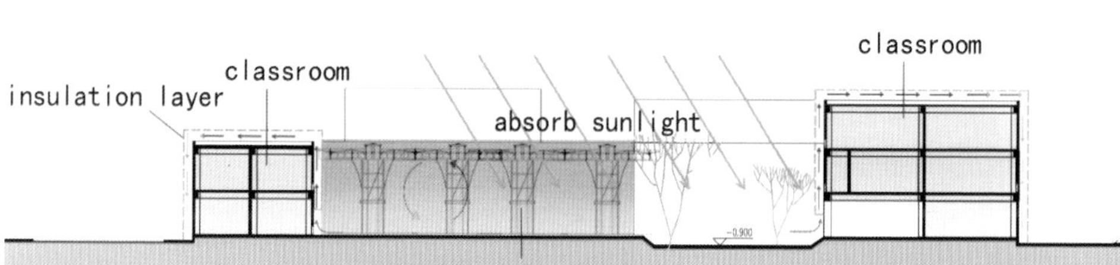

Section B-B(winter)

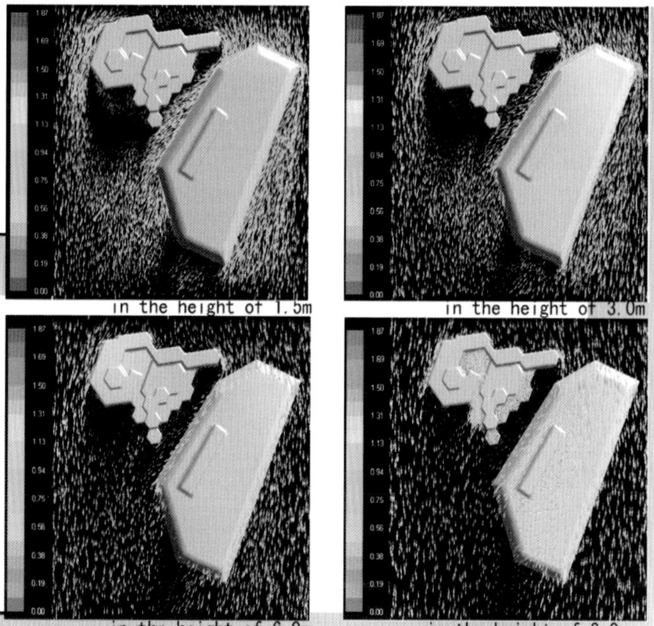

in the height of 1.5m
in the height of 3.0m
in the height of 6.0m
in the height of 9.0m

Ventilation Simulation(winter)

04

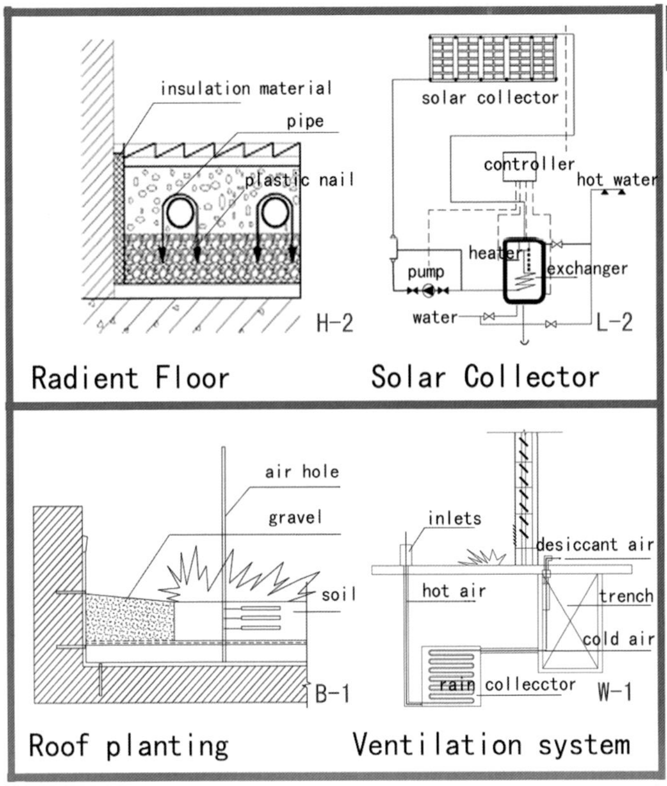

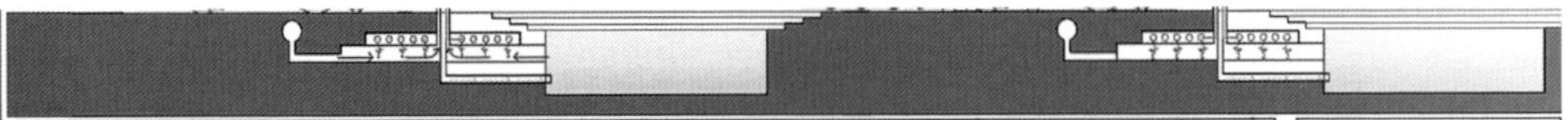

	Design	Material/Technic	System	Feeling
Light	the use and regu-lationof light L-3, 4	glass and shutter	photovoltaic system L-1, 2	nature light
Heat	the orientation of buildings	heat insulating/ thermal storge wall H-1, 2	solar energy storge & heat recovery system H-3	comfortable temperature
Wind	dominant wind direc-tion	solar chimney/ ventilation Wi-1, 3	wind elec-tricity system Wi-2	comfortable wind speed
Water	the creation of the water environment	rain water collection/artific ial marsh Wa-1	water recycle system	comfortable humidity
Soil	the reapect to orig-inal topography	recyclable mate-rials S-1	material recy-cling system	integration into nature
Bio.	to create ecological sites	roof planting/ tridimensional virescence B-1	bio-energy system B-2	seasons variation

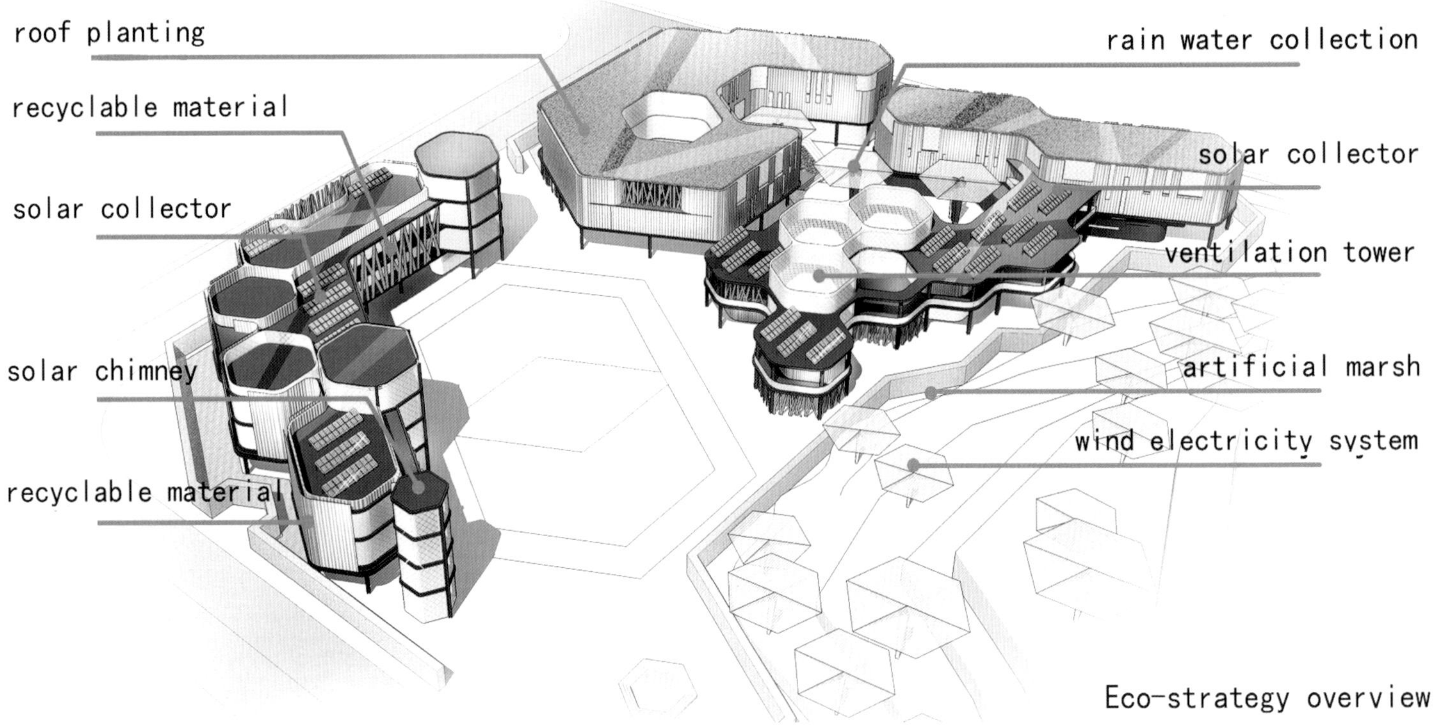

roof planting
recyclable material
solar collector
solar chimney
recyclable material
rain water collection
solar collector
ventilation tower
artificial marsh
wind electricity system

Eco-strategy overview

Climate Analysis + Operation Schedule = Building' s form

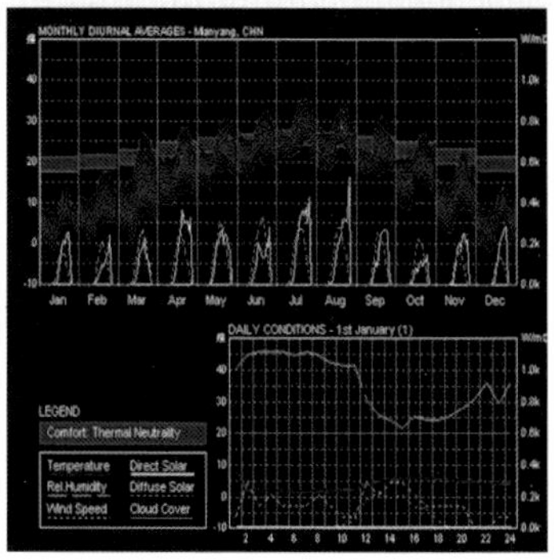

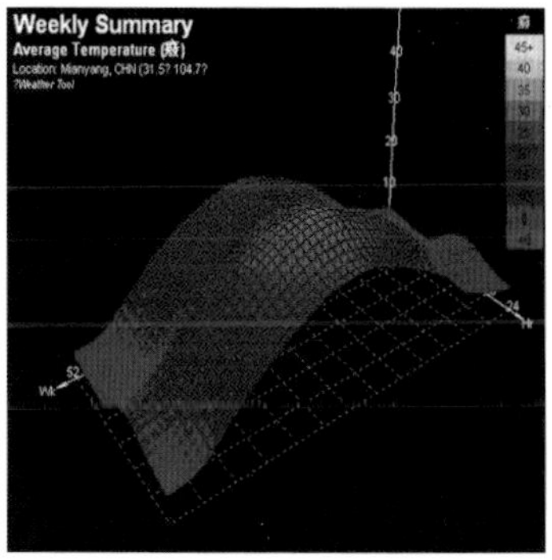

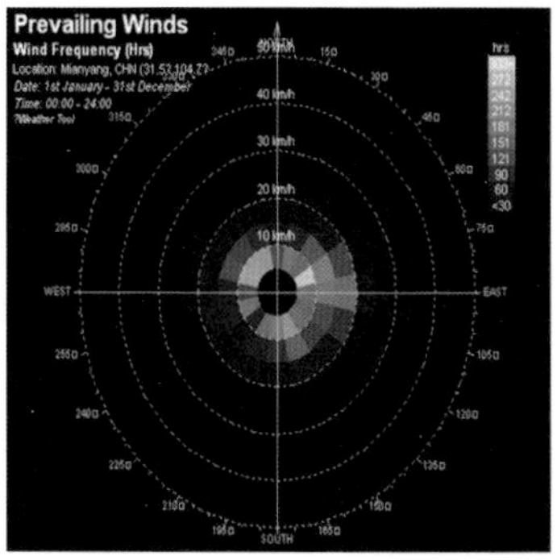

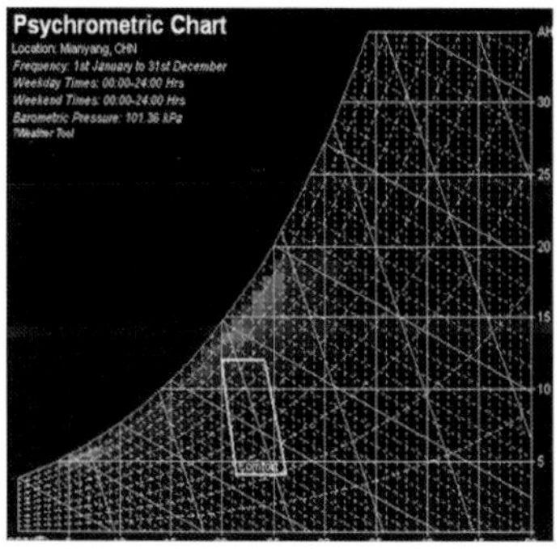

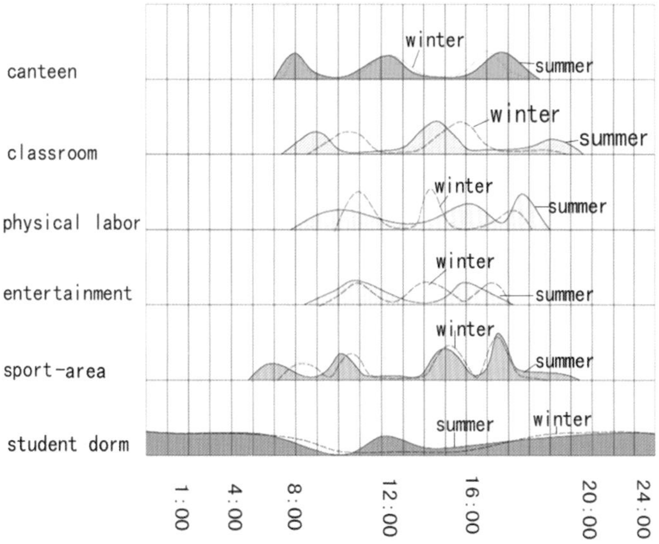

Average moisture content

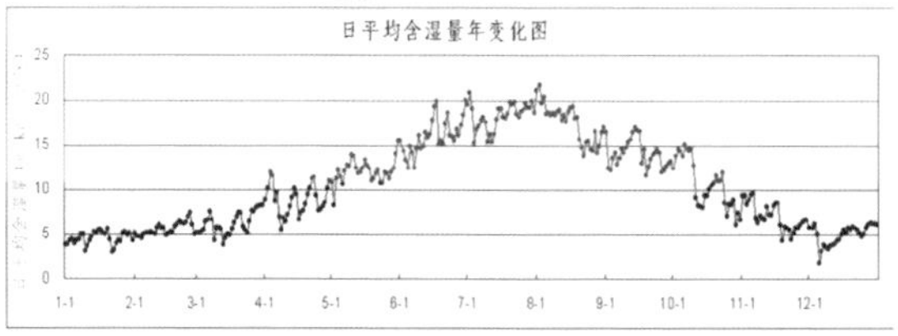

Dry-bulb temperature in hottest months

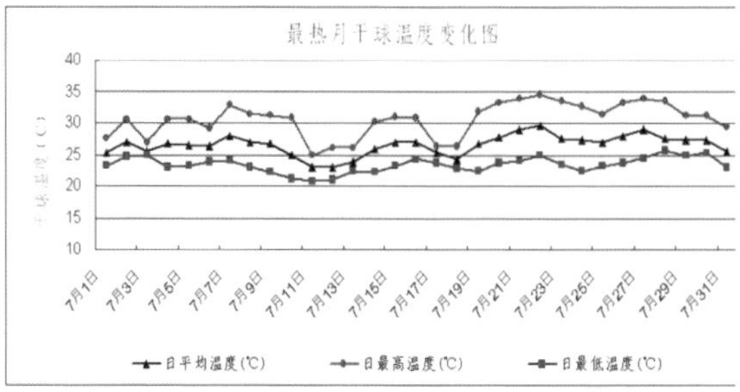

The daily dry-bulb temperature

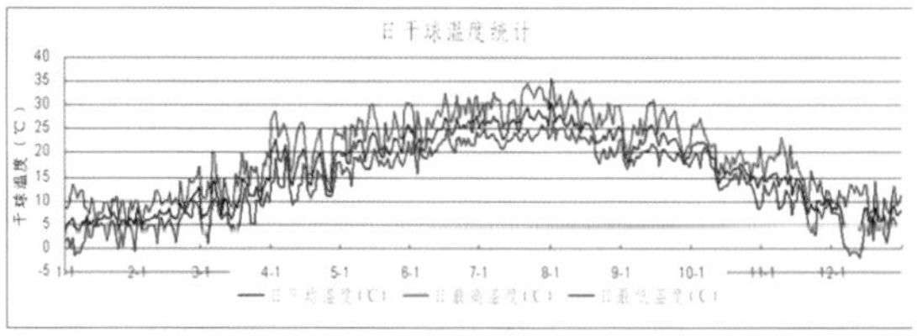

Frequency of dry-bulb at all levels

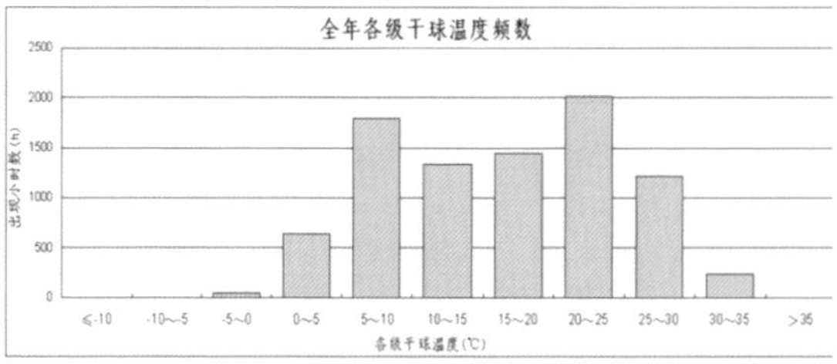

The monthly dry-bulb temperature

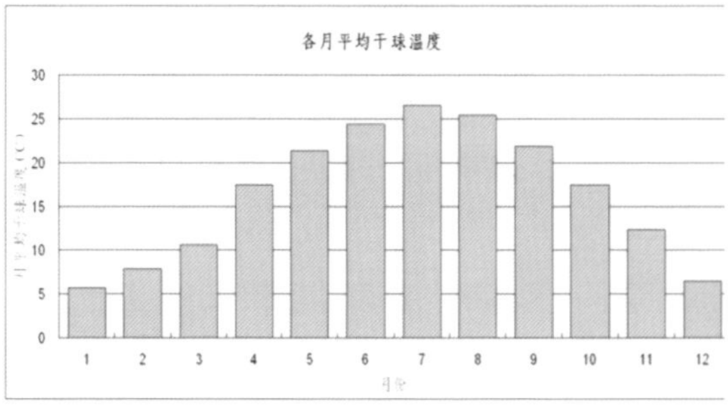

校园建筑的能耗特点在于教学区白天能耗高，宿舍区晚上能耗高，暑假和寒假两季的建筑能耗较低，在校人数较少。从以上校园建筑的运行时程表看到，始终有一半的建筑处于”空运转”状态。我们的解决方案是使得建筑能够适应不同季节下的不同时间运转模式，从根本上降低建筑能耗。其实现的手段是采取灵活的外围护结构——轨道系统和轻质材料（彩钢板和竹子）。在建筑设计表达中，我们着重体现冬夏两季的建筑使用情况，春秋两季高效利用所有可用面积，实现“全运转”模式。因此冬夏两季的实际使用面积是春秋两季的一半。此外，这种灵活的体系也有利于校园建筑的未来发展。

Energy consumption of campus buildings is characterized by high energy consumption of teaching area during the day, high energy consumption of living area at night; lower building energy consumption in summer and winter because of the holiday . From the above run-time schedule, there is always half of the building in "empty running" state, our solution is to make buildings adapt to different seasons and different operational mode, and fundamentally reduce the building energy consumption. Means of its realization is to adopt a flexible peripheral supporting structure - the track systems and lightweight materials (color plates and bamboo). Expression in architectural design, we focus on the winter and summer usage. In spring and autumn, the buildings achieve "full operation" mode. Winter and summer, therefore the actual use of the area is half of spring and autumn. In addition, the flexible system is also conducive to the the campus's development in future.

2007 台达杯国际太阳能建筑设计竞赛方案

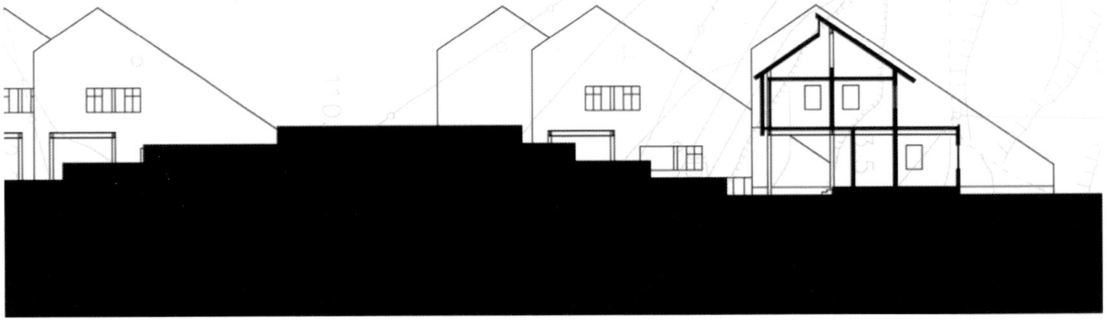

优秀奖

阳光房设计

学　　生：龚恒 徐旺

指导老师：杨维菊

方案介绍：

本方案以如何在建筑设计上使太阳能利用与建筑节能结合，科学、有效地利用太阳能为出发点，根据建筑所在地的实际情况，考虑将建筑平面与被动式太阳能技术相结合，有效利用太阳能、使建筑与环境和谐发展。

传统的北京民居通常展现出坚实而丰富的特质，例如民居建筑中屋脊部分的山形墙。它们大多数被结合在院落与群组的设计中。而在本方案中，我们则将这种形态方式用于南向的大面积开窗与屋顶，目的是能够最大化并全面地利用太阳能资源，其倾斜角度也是根据太阳角度设置的。这种类型的建筑技术既简易又能够达到通风的目的。

SOLAR WATER HEATER Active Solar Energy Utilization

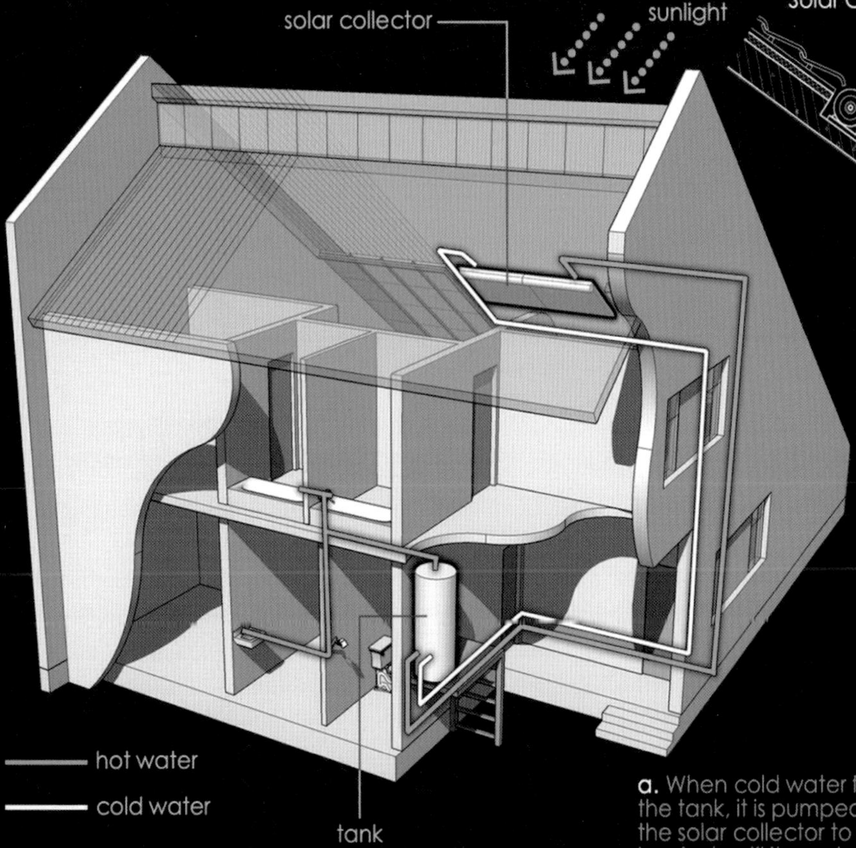

Solar Collector Installation

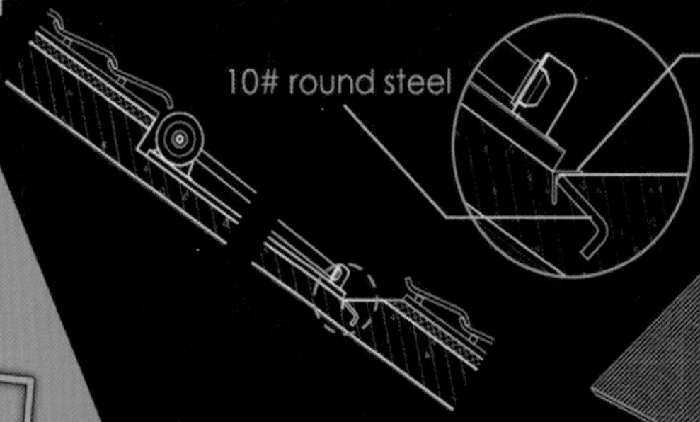

Operational Principle

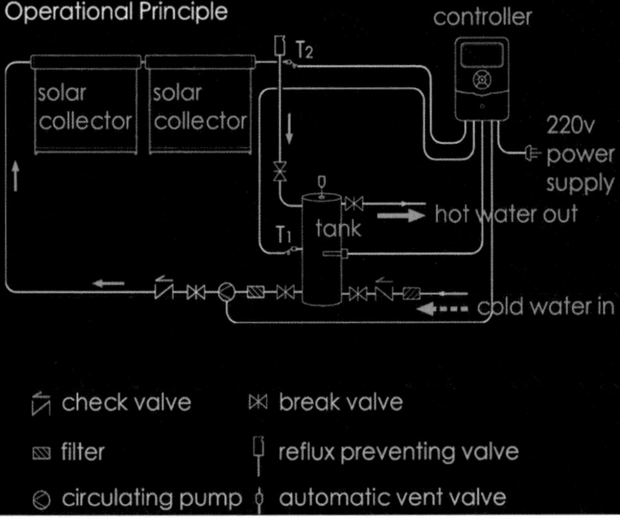

a. When cold water fills the tank, it is pumped into the solar collector to be heated until it reaches the specified temperature before it is sent back to the tank to complete a cycle. The water circulation is under the control of T_1 and T_2. When T_1 exceeds T_2 by 5°C, the pump starts to work to initiate the solar system.

b. No motor valves are needed and hot water flows out automatically under the pressure of the tap water.

c. When water cannot be sufficiently heated on cloudy, rainy and snowy days, the electrical heater is set to start at 1 p.m.

d. The tank is 700mm in diameter and 1,700mm in height.

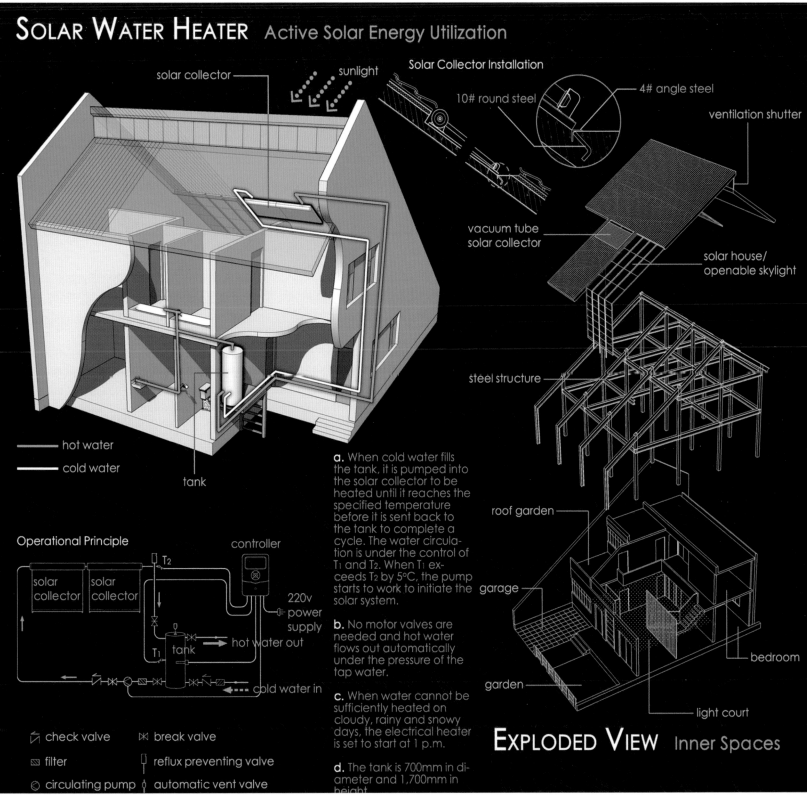

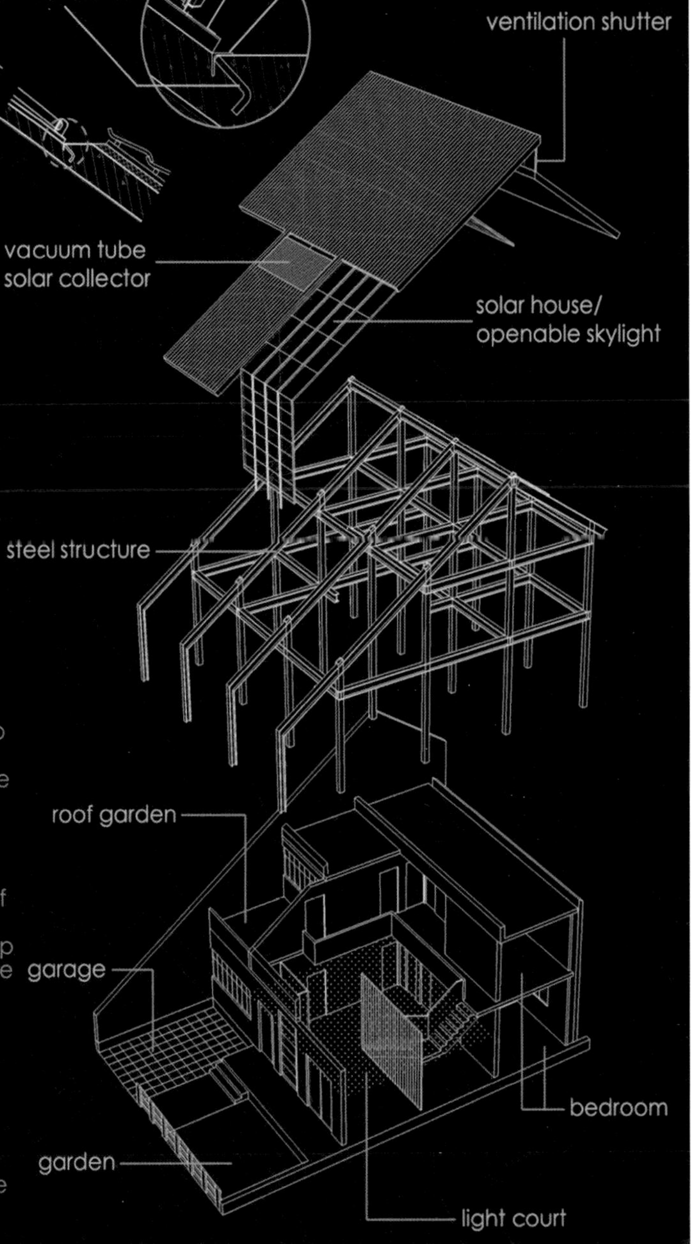

EXPLODED VIEW Inner Spaces

CONCEPT Idea Generation

Conventional Residence in Beijing, China

Solar House in Miami, U.S.

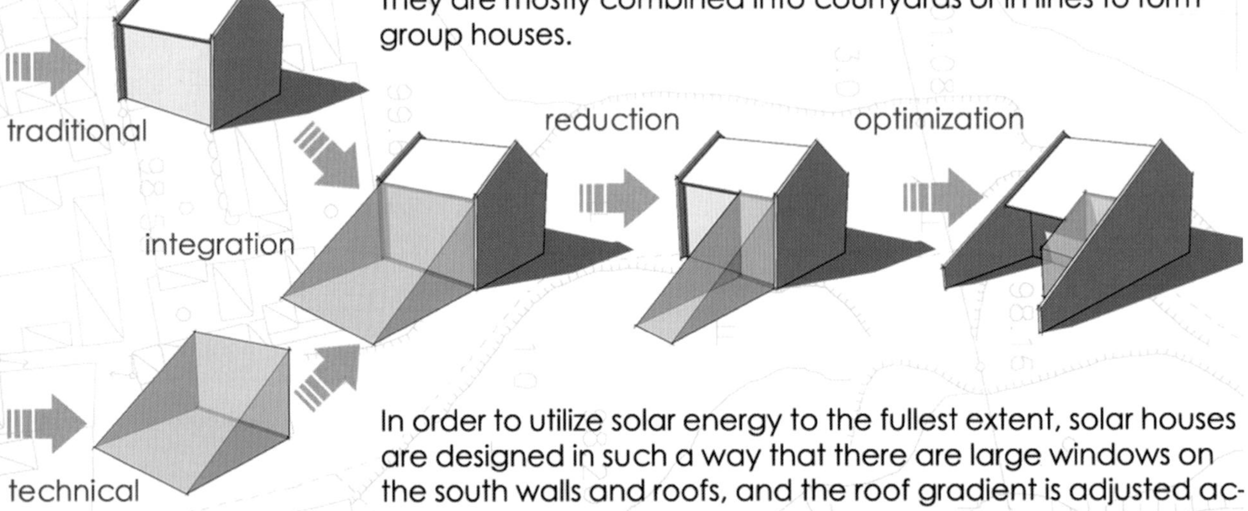

Traditional Beijing Residences are characterized by solidness and plumpness, with the gable walls rising above the ridge. They are mostly combined into courtyards or in lines to form group houses.

In order to utilize solar energy to the fullest extent, solar houses are designed in such a way that there are large windows on the south walls and roofs, and the roof gradient is adjusted according to the solar altitude. This type of technical houses is simple and ventilative.

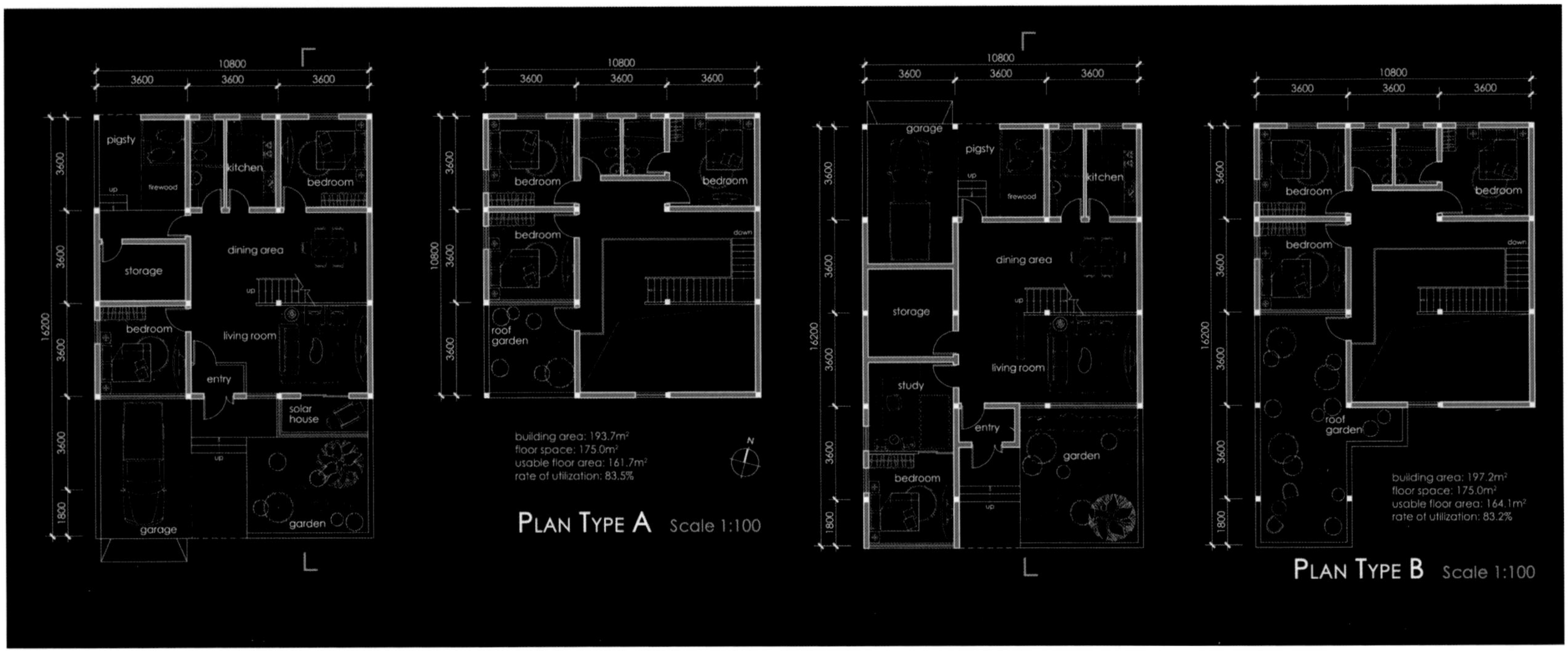

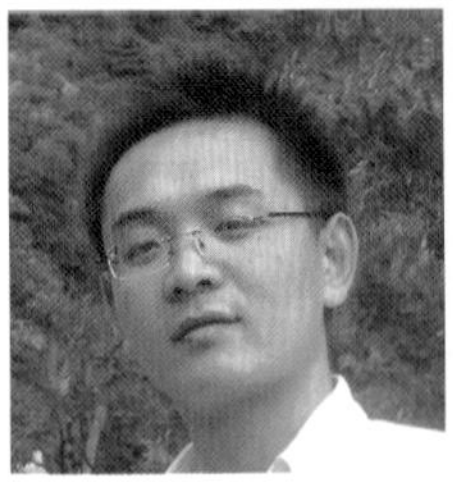

2013 台达杯国际太阳能建筑设计竞赛方案

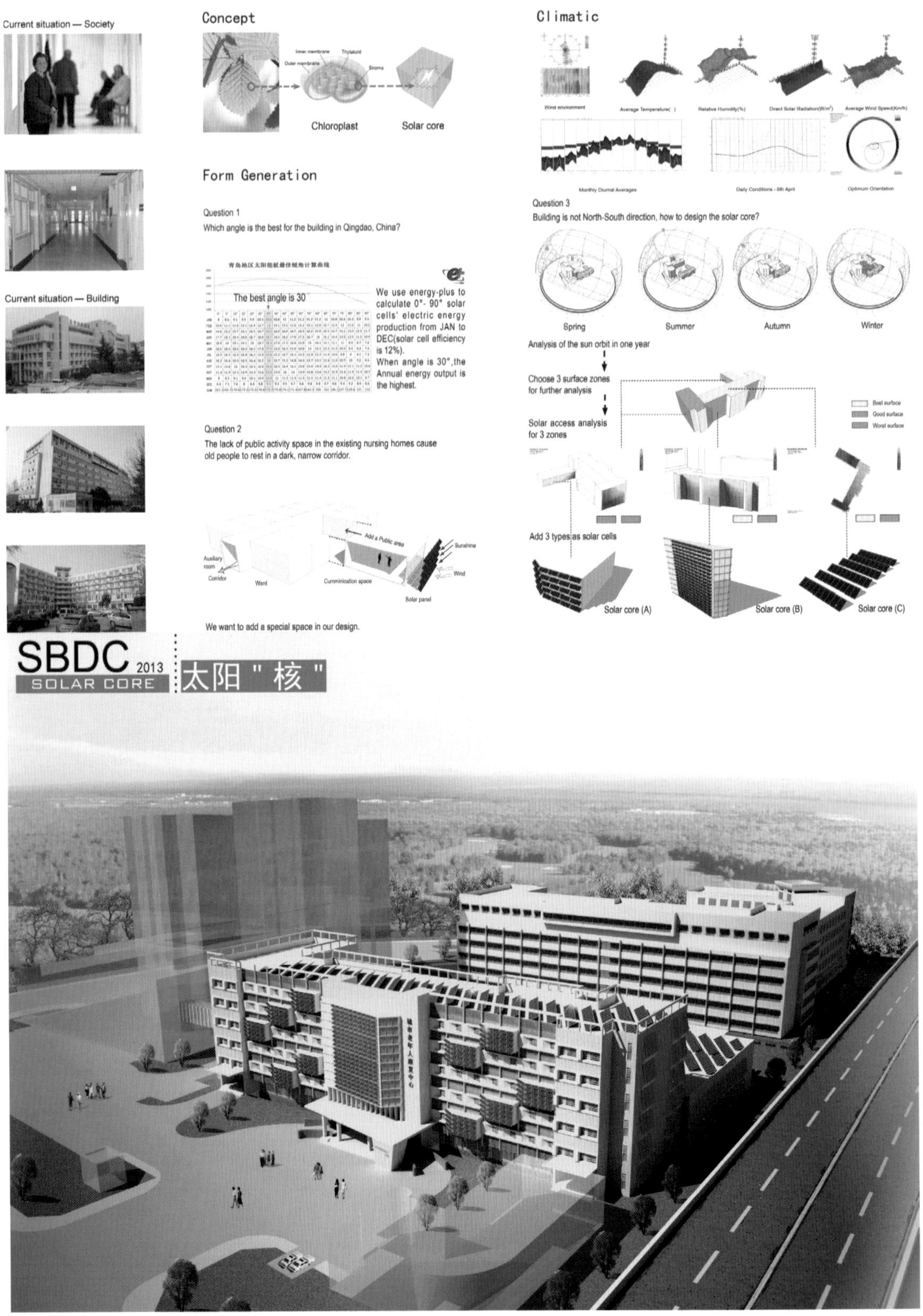
Current situation — Society
Current situation — Building
Concept
Chloroplast
Solar core
Form Generation
Question 1
Which angle is the best for the building in Qingdao, China?
The best angle is 30
We use energy-plus to calculate 0°- 90° solar cells' electric energy production from JAN to DEC(solar cell efficiency is 12%).
When angle is 30°,the Annual energy output is the highest.
Question 2
The lack of public activity space in the existing nursing homes cause old people to rest in a dark, narrow corridor.
We want to add a special space in our design.
Climatic
Question 3
Building is not North-South direction, how to design the solar core?
Spring
Summer
Autumn
Winter
Analysis of the sun orbit in one year
Choose 3 surface zones for further analysis
Solar access analysis for 3 zones
Add 3 types as solar cells
Solar core (A)
Solar core (B)
Solar core (C)
SBDC 2013
SOLAR CORE
太阳"核"

优秀奖

太阳“核”

学　　生：刘哲 柴熙婷 张华 尹述盛

指导老师：杨维菊

方案介绍：

方案表达了清晰、明确的理念，整体设计合理，布局简明。作品平面布局注重了场地交通的影响。立面简洁大方，创新性地将主动式太阳能系统与阳台活动空间相结合。

在对太阳能板的角度的设置中，我们用energy-plus计算出青岛地区太阳能板最佳倾角的计算曲线，当倾角为30º时，平均能源输出为最高值。

在病房单元设备系统中，我们采用了隔热窗与蓄能器墙、屋顶降温系统、集中供暖给水系统、滚动式遮阳装置、地暖设备等技术。

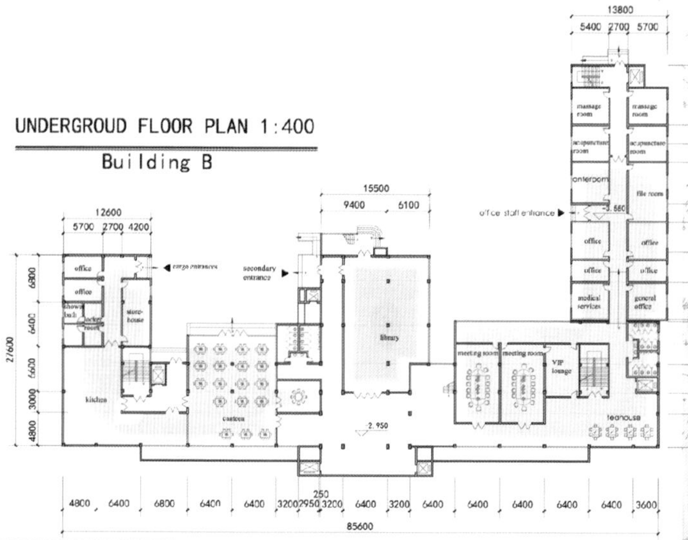

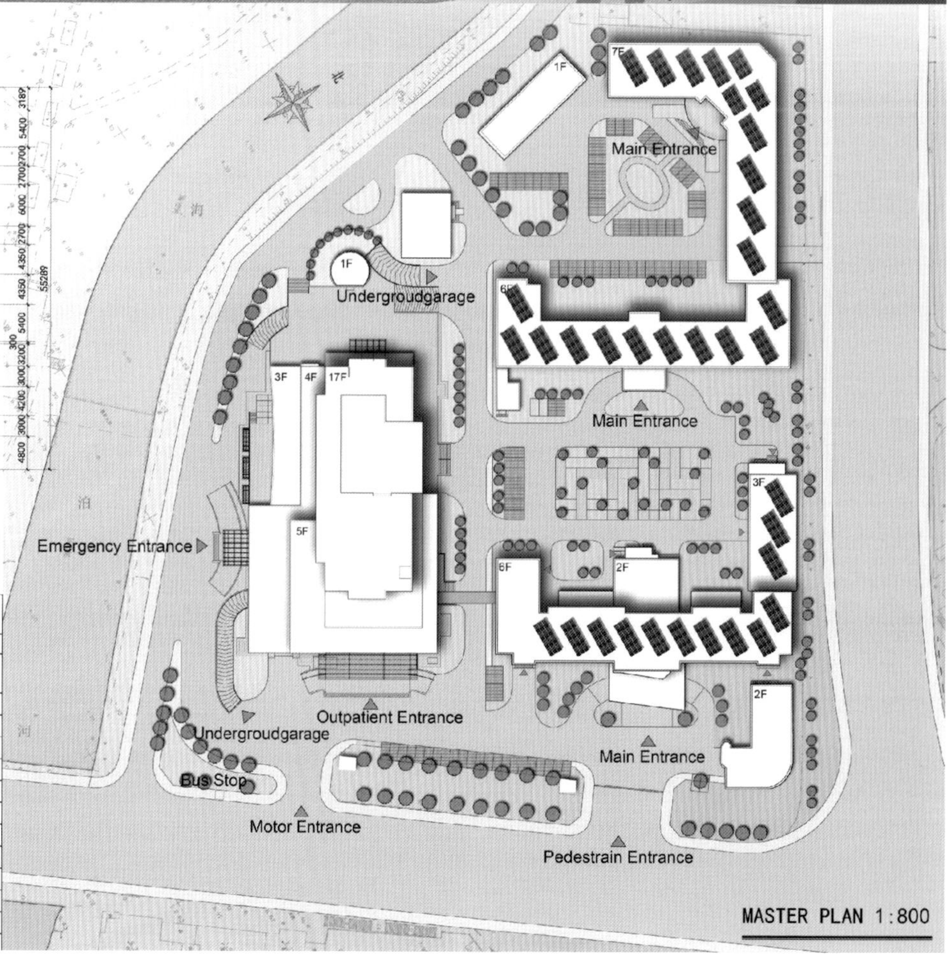

SBDC
——2013
BUILDING DESIGN
建筑设计
2
太阳核
SOLAR CORE

Main Economic & Technological Items List

Building Name	Functional Room		Number	Area(m^2)
B	reception room		13	551
	rehabilitation room	involved care ward	63	1549
		general ward	101	2474
		auxiliary room	28	1047
	physiotherapy room		18	527
	medicine room		5	403
	restaurant		9	608
	public activity room		14	1735
	office& auxiliary room		45	4472
	overall floorage		306	13366
C	ward		180	5715
	auxiliary room		165	6768
D	ward		158	7401
	auxiliary room		181	2911

2958
SBDC
——2013

SPECIAL STRATEGY 技术策略

3

太阳核
SOLAR CORE

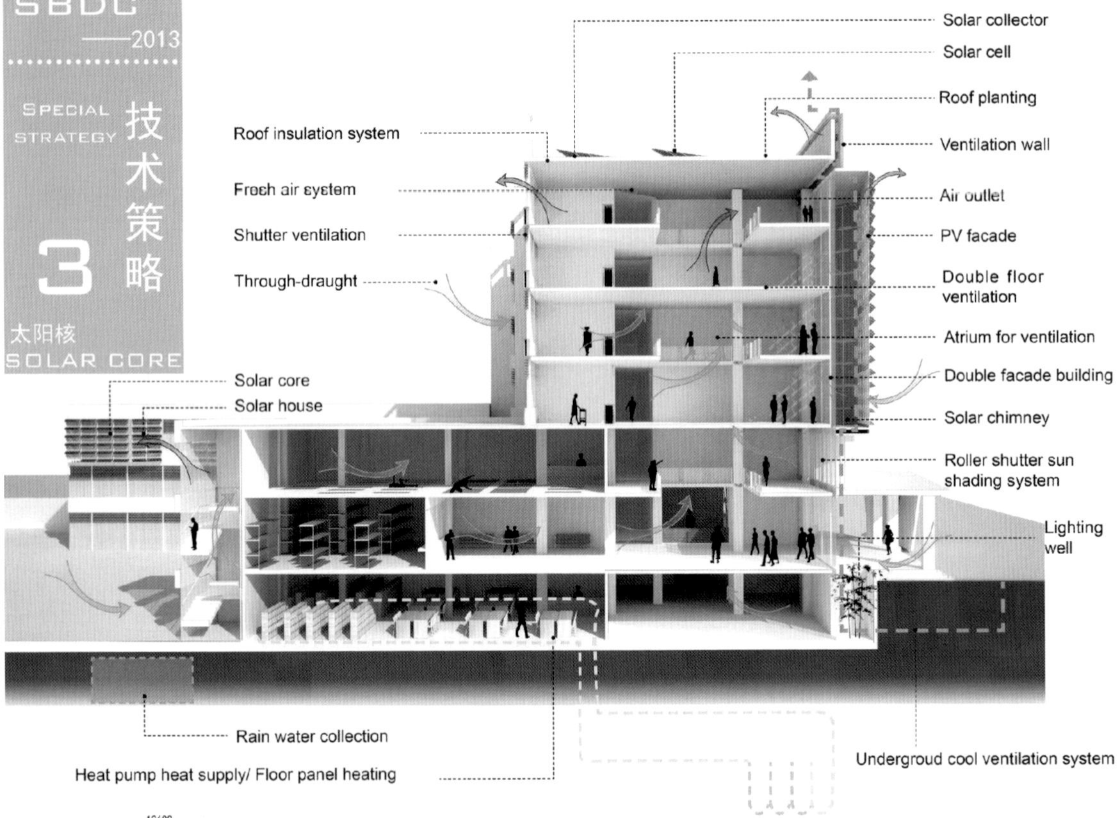

Solar collector
Solar cell
Roof planting
Ventilation wall
Air outlet
PV facade
Double floor ventilation
Atrium for ventilation
Double facade building
Solar chimney
Roller shutter sun shading system
Lighting well
Roof insulation system
Frech air system
Shutter ventilation
Through-draught
Solar core
Solar house
Rain water collection
Heat pump heat supply/ Floor panel heating
Undergroud cool ventilation system

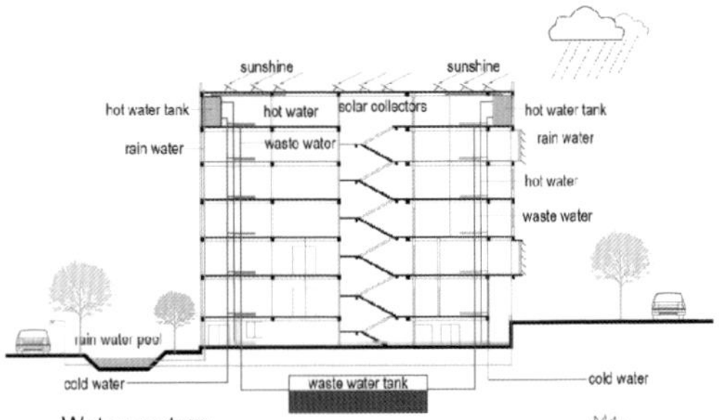

Water system

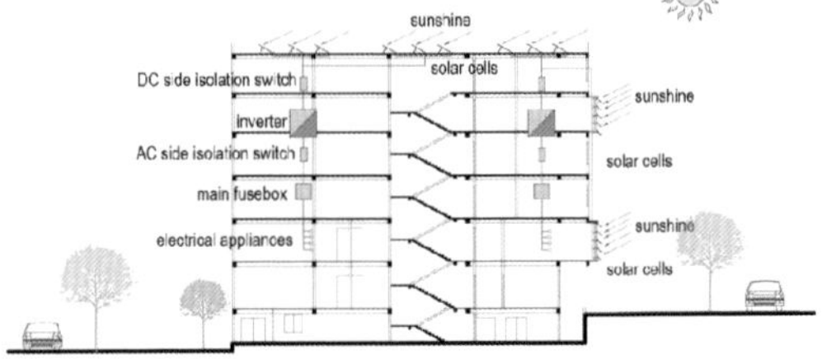

Solar PV system

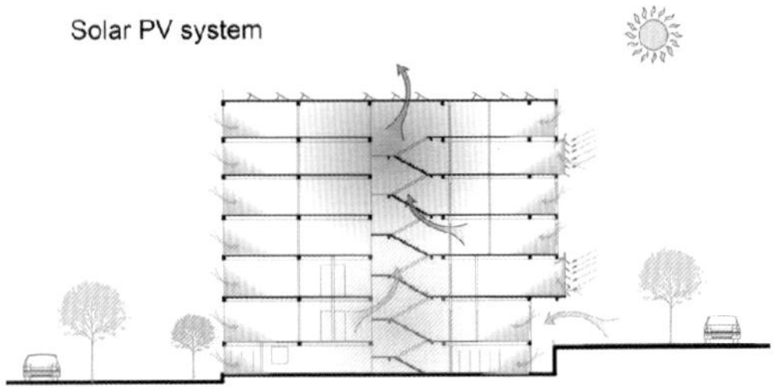
Natural ventilation& daylighting analysis

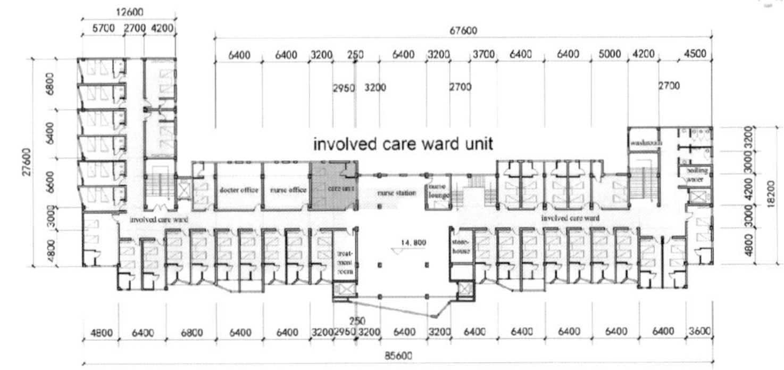

involved care ward unit

Each layer includes
The number of ward: 34
Nurse station: 1
Care unit: 1

5th, 6th FLOOR PLAN 1:400

Building B

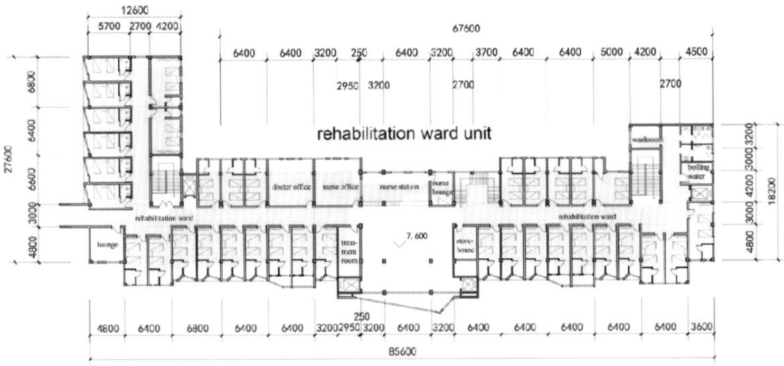

rehabilitation ward unit

3rd floor
The number of ward: 35
Nurse station: 1

4th floor
The number of ward: 36
Nurse station: 1

3rd, 4th FLOOR PLAN 1:400

Building B

Ward Unit

Equipment

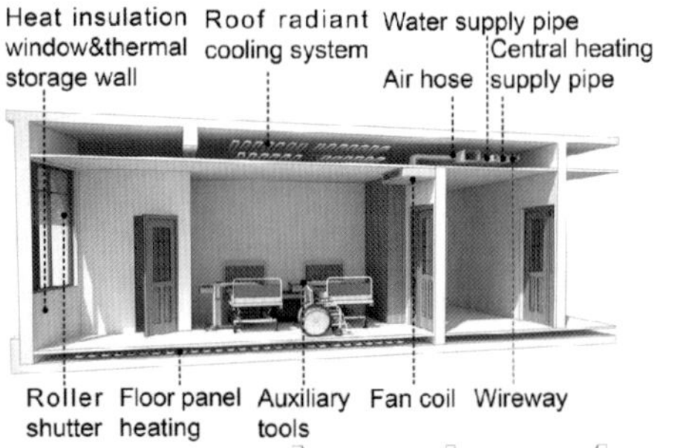

Heat insulation window&thermal storage wall
Roof radiant cooling system
Water supply pipe
Air hose
Central heating supply pipe
Roller shutter
Floor panel heating
Auxiliary tools
Fan coil
Wireway

Wireway

Function

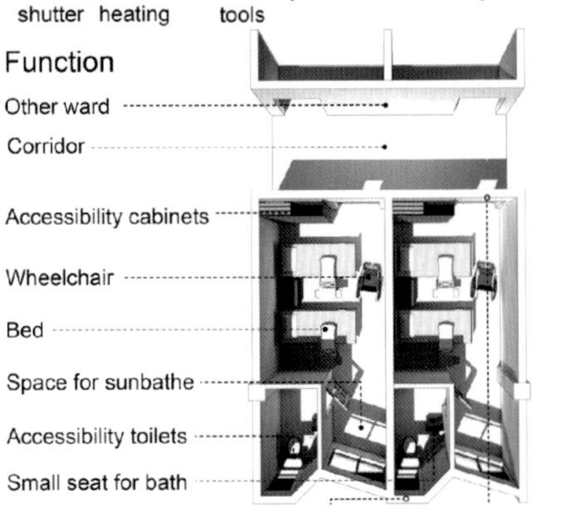

Other ward
Corridor
Accessibility cabinets
Wheelchair
Bed
Space for sunbathe
Accessibility toilets
Small seat for bath

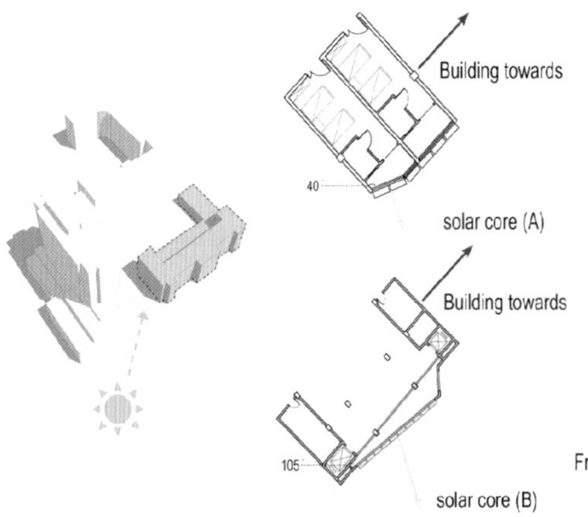

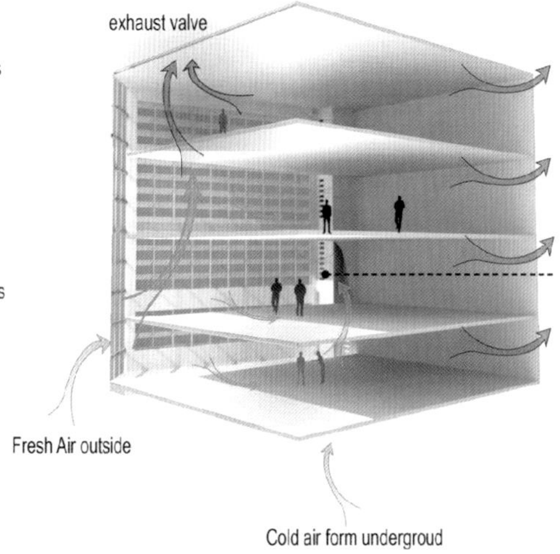

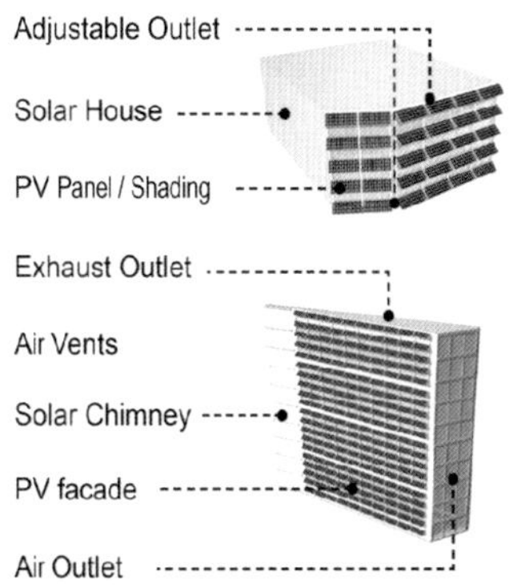

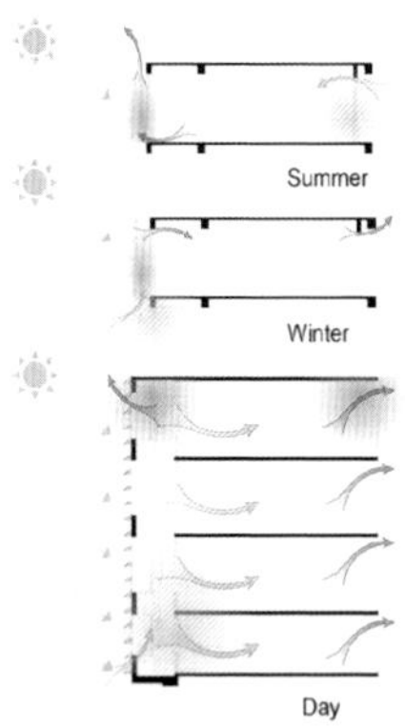

Building towards

solar core (A)

Building towards

solar core (B)

exhaust valve

Adjustable Outlet
Solar House
PV Panel / Shading
Exhaust Outlet
Air Vents
Solar Chimney
PV facade
Air Outlet

Summer

Winter

Day

Best Orientation is south by east 10-15 degrees, So we rotate the window towards the best orientation.

Fresh Air outside

Cold air form undergroud

Photovoltaic System

400X1000

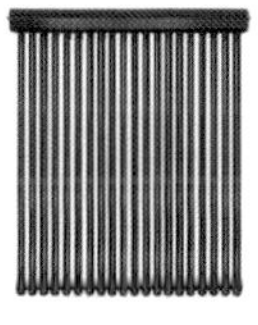

1000X1600

Solar cell detail

10000m^2/year=850,000kw·h
1 solar core (A)
30x0.4x1=12m^2
Provide 1020kw·h/year
1 solar core (B)
200x0.4x1=80m^2
Provide 6800kw·h/year

1 person/ year= 360kw·h

1 solar core(A)
Provide 3 person/year
1 solar core(B)
Provide 20 person/year

Electric energy production analysis

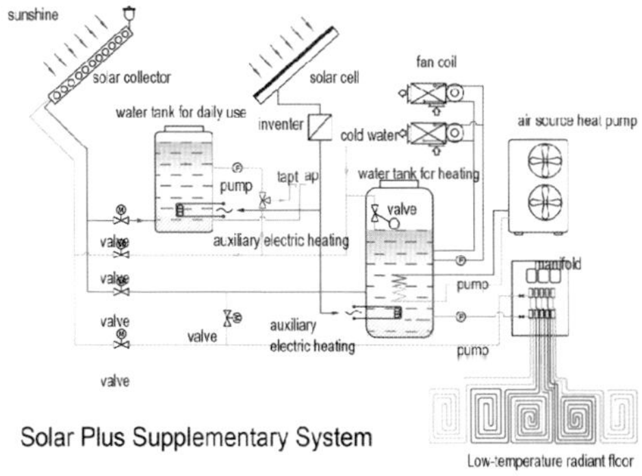

Solar Plus Supplementary System

Low-temperature radiant floor

Special Windows Analysis

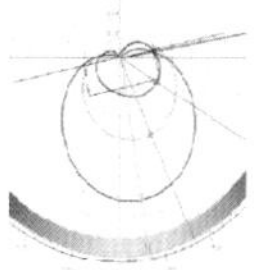

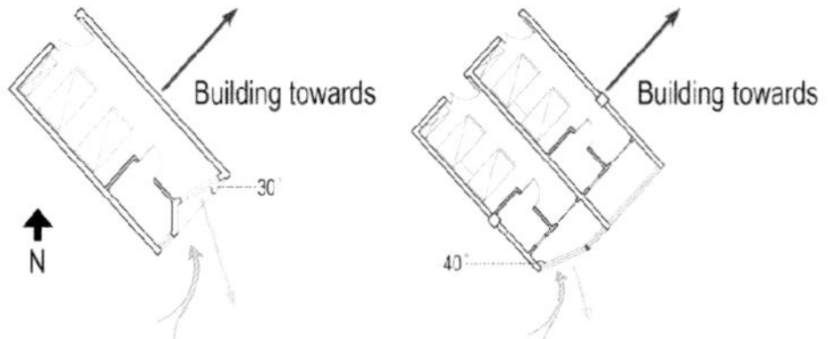

N

Building towards

Building towards

Noise

Best Orientation is south by east 10-15 degrees, So we rotate the window towards the best orientation.

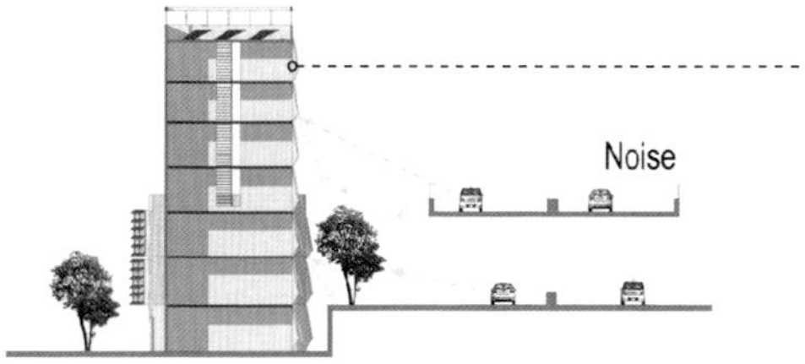

We use bay-window to keep noise away.

Fins and board effectively reduce the noise.

SBDC
—201
SPECIAL ANALYSIS
专项分析
4
太阳核
SOLAR COR

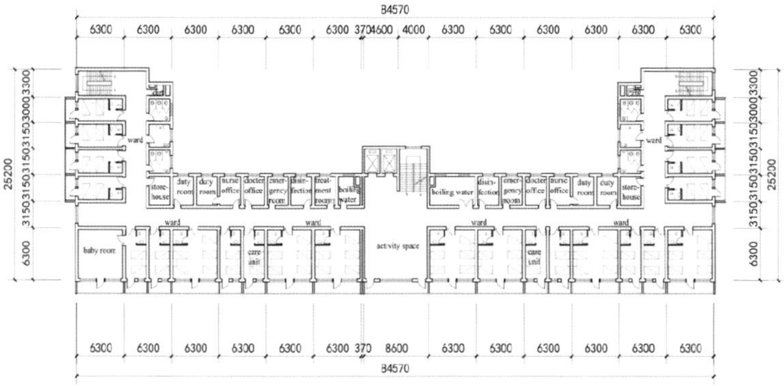

Energy Saving Reconstruction

Fresh Air System

OA Units
Fan Coil

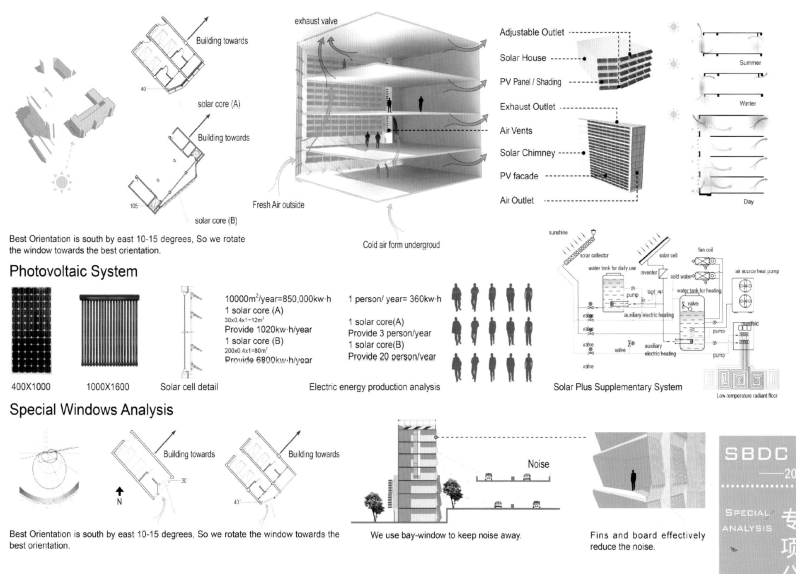

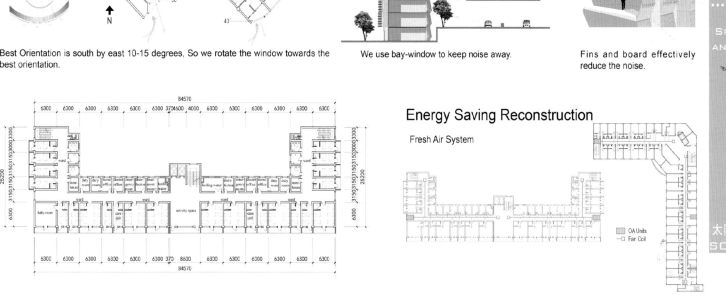

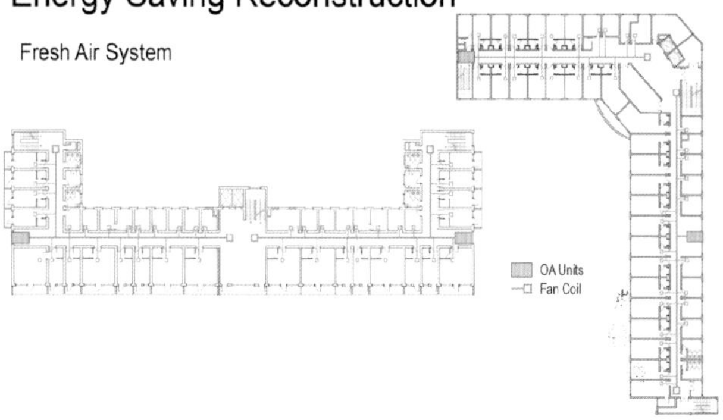

2013 台达杯国际太阳能建筑设计竞赛方案

优秀奖

光帆

学　　生：张书源 陈金梁 罗西 夏意 李梓源
　　　　　温子申 卢怡

指导老师：杨维菊

方案介绍：

本方案以太阳能技术与建筑结合为要点，遵循经济、美观、实用的原则，创新太阳能建筑设计理念。太阳能作为当前最成熟、最便利、最有效的节能建筑应用技术与建筑一体化的应用成为节能建筑最需要关注的大事。在本方案中考虑结合建筑物的外围护结构，避免对投射到太阳能集热器上的阳光造成遮挡；建筑的外部体型和空间组合应与太阳能热水系统结合，应为接收较多的太阳能创造条件。

在节能系统中，屋顶设有太阳能光电板，出于节省预算、降低建筑资源消耗的目的，我们将太阳能板先水平转 31°，使其面向正南方向，再将其竖直方向转 36°，使其正对太阳直射光，最后利用两块可旋转反光镜，将光线反射到太阳能光电板上，增强其上光照强度，增加太阳能光电板的使用效果。同时这种方式也将增加太阳能这种技术的经济效应，推动普及太阳能这一环保能源。

No.2686
01 概念阐释
光帆
Lightsail
Ecological Centre for Rehabilitation and
生态老年康复中心
Treatment of the Elderly

No.2686
03 剖面分析
B座剖透视
Sectional Perspection of Bldg B

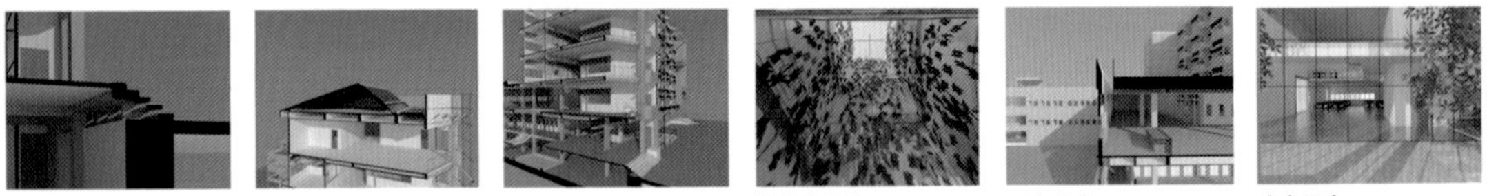

地下通风 Under vantilation　保温屋顶 Insulation Roof　通高通风 Atrium ventilation　楼梯井绿化 Green Stair view　天窗采光 Lighting from skylight　生态绿仓 Eco-green storage

Grand plan 1:1000

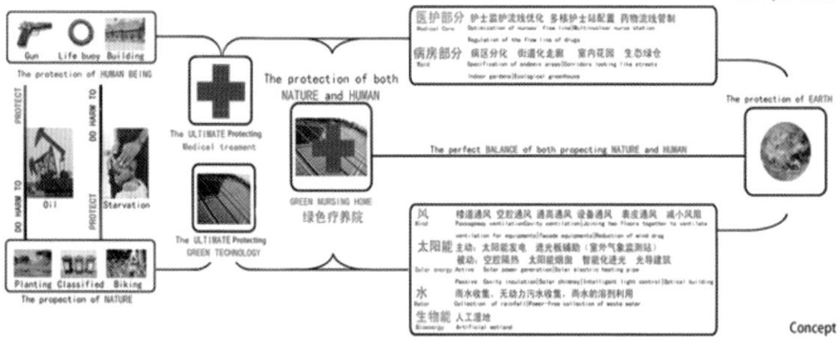

医护部分 Medical Care 护士监护流线优化 Optimization of nurses' flow line 多级护士站配置 Multi-nuclear nurse station 药物流线管制 Regulation of the flow line of drugs

病房部分 Ward 病区分化 Specification of wards 街道绿走廊 Corridor avenue 室内花园 Indoor gardens 生态绿仓 Ecological greenhouse

风 Wind 烟道通风 Passageway ventilation 空腔通风 Cavity ventilation 通高通风 Joining two floors together to ventilate 设备通风 Passive equipment 惹应通风 Joining two floors together to ventilate 减小风阻 Reduction of wind drag

太阳能 Solar energy 主动 Active 太阳能发电 Solar power generation 透光板辅助 Solar energy 室内气象监测站 Active / 被动 Passive 空腔隔热 Solar energy insulation 太阳能烟囱 Solar chimney 智能快速走光 Solar energy 太阳能建筑 Intelligent light control Solar building

水 Water 雨水收集 Rainwater collection 无动力污水收集 Passive drainage of waste water 雨水的梯形利用 Optical building

生物能 Bioenergy 人工湿地 Artificial wetland

Concept

02 功能与流线

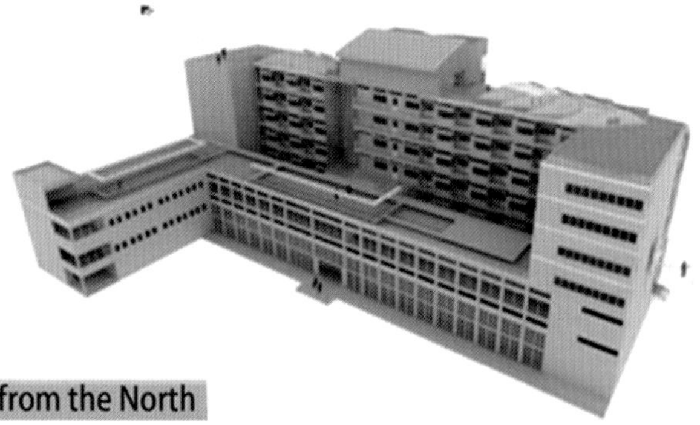

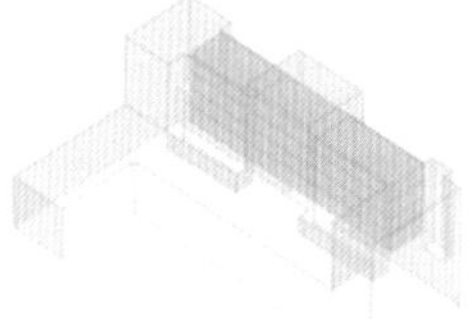

病房区
Section of Wards

光导层
Optical Layer

疗养区
Section of Nursing

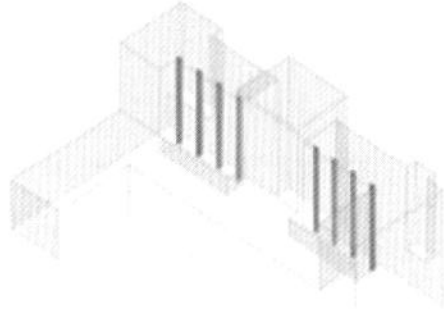

太阳能烟囱
Solar Chimney

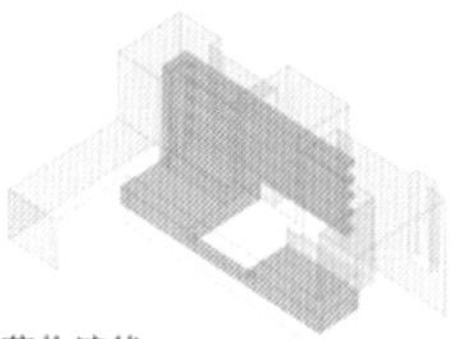

药物流线
Streamflow of Drugs

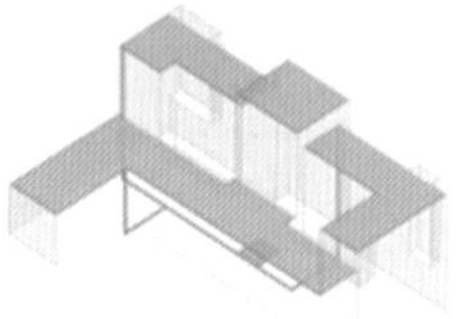

雨水收集
Collection of Raindrop

整个建筑交通核心位于建筑的中轴线上，从负一层的门厅一直向上。在每一层都从通高**处**展开，电梯井也架设在通高的两侧。

理疗区放置于最为开放的一层使其既可以对内服务，也可以面向外界。

我们设计了封闭、不受其他流线干扰的药物流线。药房位于一层东侧，通过一层北侧的医务廊道将药品送至理疗区，在药房与其东侧的楼梯间之间有一个贯穿六层的药梯，将药物送至每层的取药室。

与病人生活结合更加紧密的康复用房，散落放置在一到六层的东西两侧，其中将活动较为吵闹的功能集中放置在噪声较大的东侧，并在活动区的东侧做出一条缓冲空间。

办公区设置在二层西侧的L形空间里，与其下的理疗区域，连接A座的三层都距离较近。

在二层、三层和六层都设计了屋顶花园，其中三层的屋顶通过三层室内西侧的休息空间连通生态绿仓。

The core of transportation lies on the central axis of the building.

The physiotherapy section is positioned on the ground floor, open to both the inside and the outside.

The flow line of drugs is designed to be sealed up and not disturbed by any other flow line. The Drug store is located in the east of the first floor, drug is sent to the physiotherapy section through the medical care corridor north of the first floor. A six-floor-high medicine ladder is set between the drug store and the staircase east to the drug store so as to send drug to the medicine rooms on each floor.

Wards for recovery locate on both west and east sides of all floors. Cushion space is set at the east side of the activity area.

The working section is in the west of the first floor, close to both the physiotherapy section and the second floor which leads to Bldg A.

Roof gardens are introduced on the first, second and fifth floors, among which the roof of the second floor is connected to the ecological greenhouse through the resting section west of the floor.

Grand plan

食堂 Dining hall

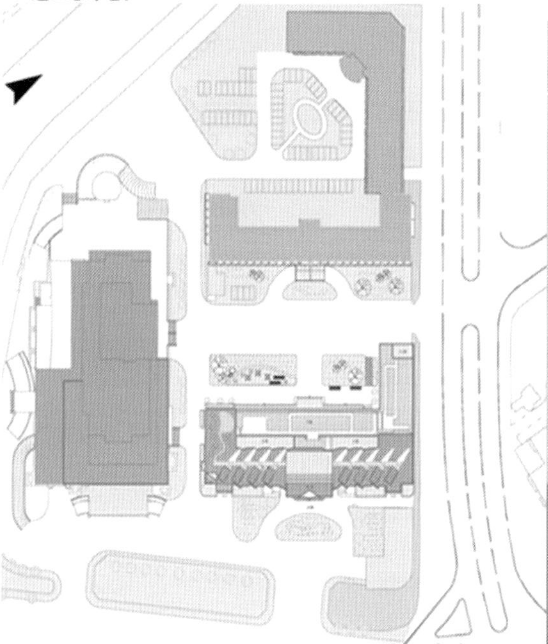

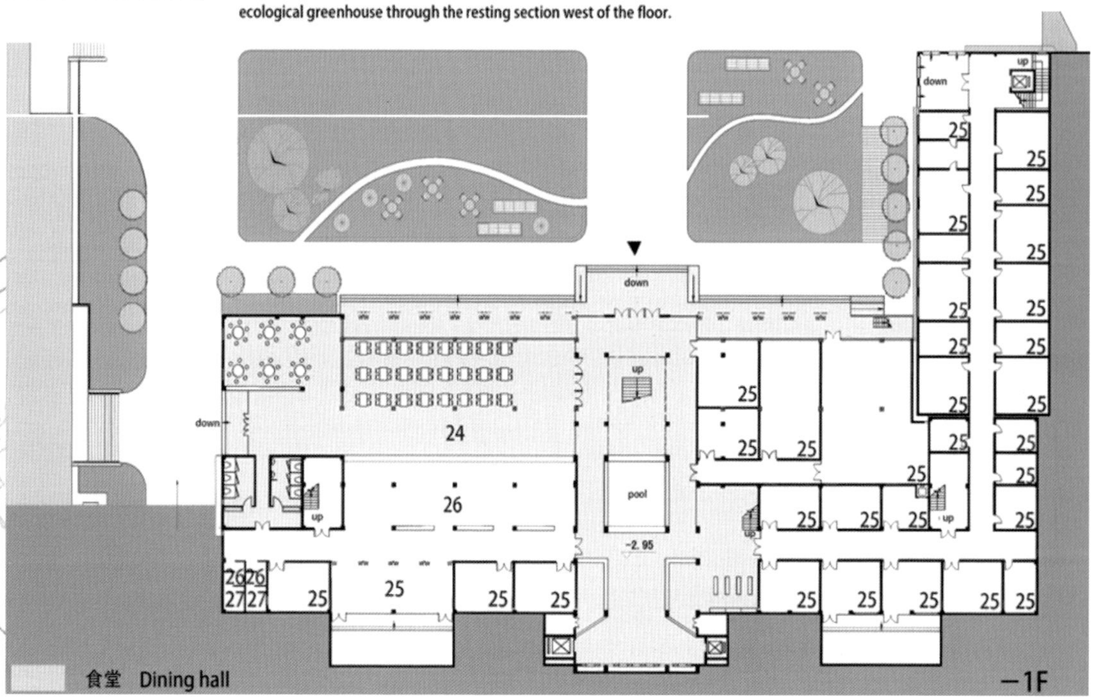

－1F

No.2686

04 病房分析

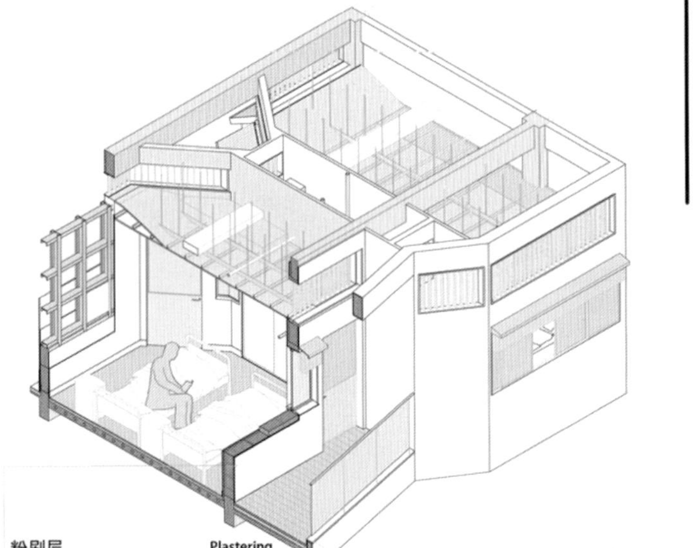

粉刷层	Plastering
结合层	Binder Course
混凝土空心砌块	Concrete Hollow Block
内填充挤塑泡沫塑料	Filled-in Extruded Foam Plastic
挤塑泡沫塑料板内层保温	Extruded Foam Insulation Board
结合层	Binder Course
内粉刷层	Inner Plastering

20mm木质铺面	20mm Wooden Pavement
胶合浆	Agglutination Pulp
20厚1：20防水砂浆	20mm 1:20 Water-proof Mortar
附加防水卷材	Additional Water-proof Coiled Material
C15细石混凝土垫坡	C15 Fine Stone Concrete Pad Slope
现浇混凝土屋面板	In Situ Concrete Roof Panel

原有结构 Original structure

病房轴测大样
Axonometric Drawing of a single Ward

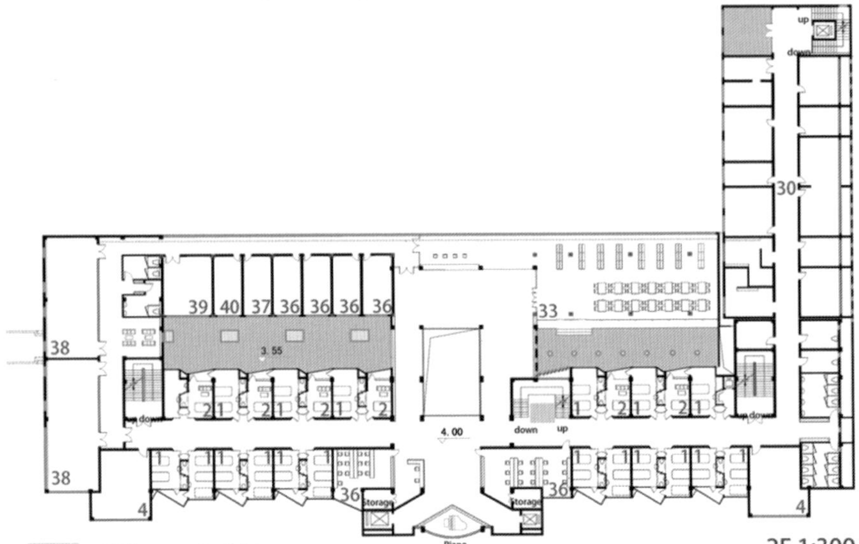

天窗 sky light

2F 1:300

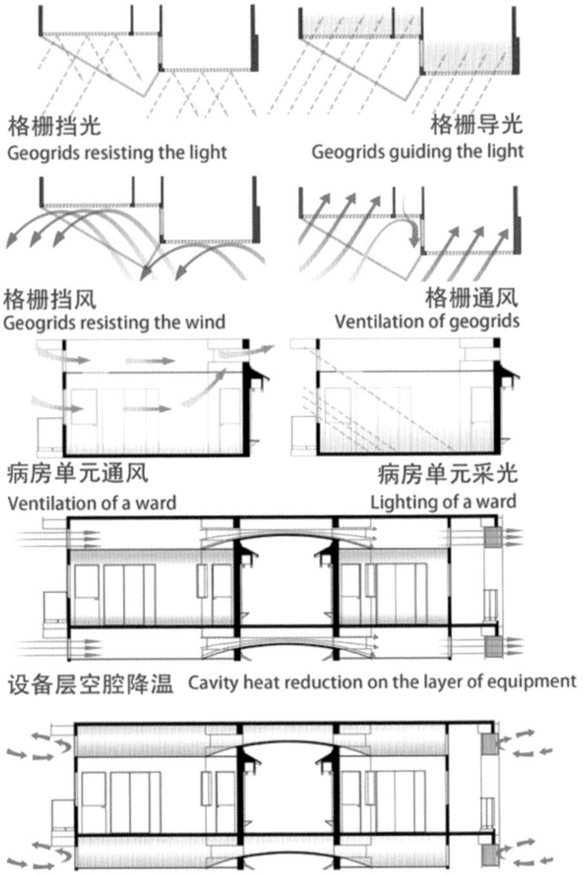

格栅挡光 Geogrids resisting the light

格栅导光 Geogrids guiding the light

格栅挡风 Geogrids resisting the wind

格栅通风 Ventilation of geogrids

病房单元通风 Ventilation of a ward

病房单元采光 Lighting of a ward

设备层空腔降温 Cavity heat reduction on the layer of equipment

设备层空腔保暖 Cavity heat preservation on the layer of equipment

设备层的外立面设有格栅，格栅通过太阳能光电板的供电，以及室外气象监测站的控制，调节角度。夏季高温溽热，格栅便可打开，进行空腔通风给室内降温。冬季寒冷风大，格栅便可关闭，抵挡寒风，并形成保温空气腔。

空腔的吊顶设有可开闭的通风口和天窗，空腔内部全部喷上反光涂料，利用光导纤维的导光原理，将光线通过格栅导入，最后通过天窗给比较缺乏采光的角落提供采光。

Geogrids are set on the facade of the equipment layer. The angle of geogrids can be altered through the amount of electricity the solar panels generate and the weather condition detected by the meteorological station outdoors. Geogrids are open in summer to reduce heat through cavity ventilation and are closed in winter to reject cold wind and to form an insulation air cavity.

On the furred ceiling of the cavity , we designed ventilation openings and skylights which can be opened. A layer of reflecting material is added on the inside of the cavity in order to introduce light through the geogrids (just like how optical fiber transfers the light) and finally offer lighting to the corners lack light.

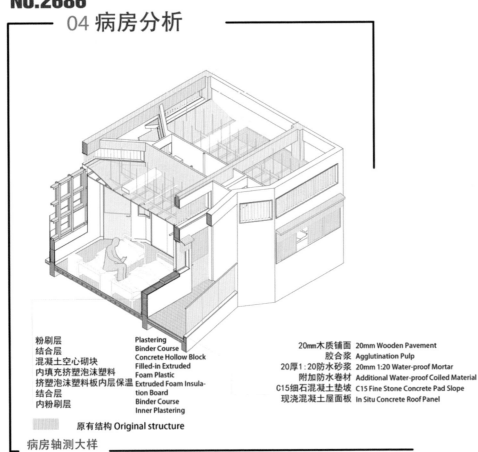

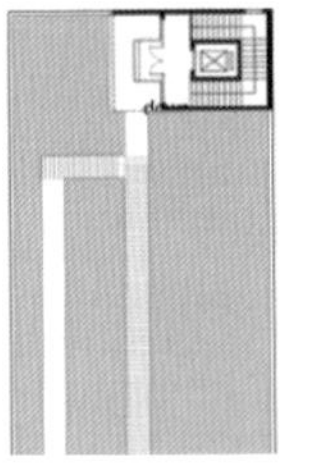

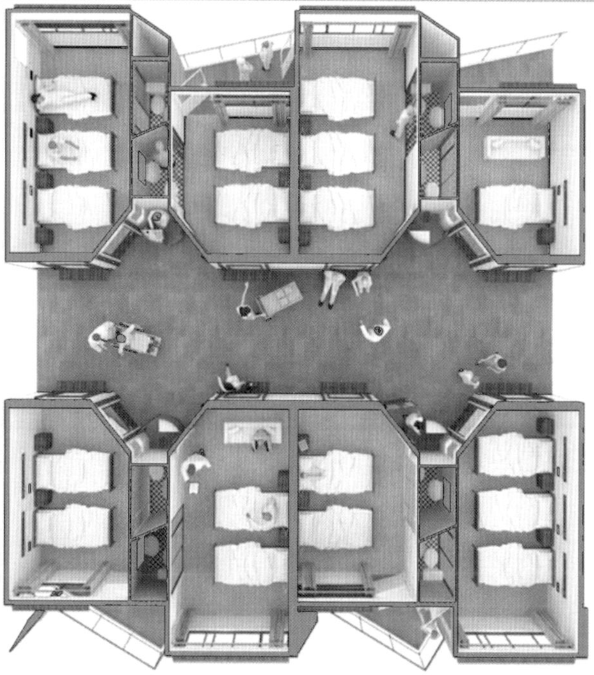

病房一点透视
One Point Perspective of a single Ward

◆ 传统单核护士站　　低效 Low efficiency
Traditional Mononuclear Nurse Station

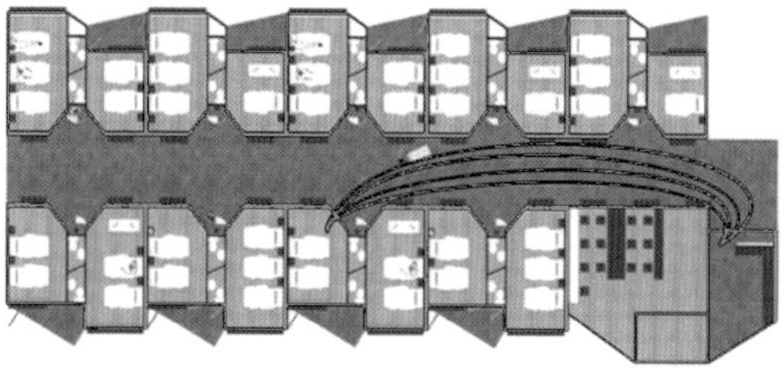

1 护士在大护士站接到病房呼叫
2 护士了解具体情况后回大护士站取物
3 护士取物后前往病房
4 护士返回大护士站

1 Nurse receives call from a ward at the centre nurse station
2 Nurse goes back to the centre nurse station to fetch medicine after understanding the situation
3 Nurse goes to the ward after getting medicine
4 Nurse returns to the centre nurse station

◆ 现代多核护士站　　高效 High efficiency
Modern Multinuclear Nurse Station

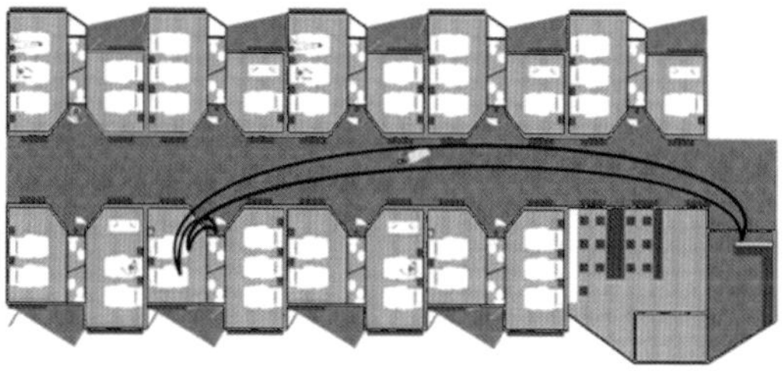

1 护士通过小窗发现病人遇到麻烦
2 护士了解情况后去大护士站取物
3 护士取物后回到病房
4 护士回到单人护士站

1 Nurse discovers that patient is in trouble from the small window
2 Nurse goes to the centre nurse station to fetch medicine after understanding the situation
3 Nurse returns to the ward after getting medicine
4 Nurse goes back to single-person nurse station

06 节能技术

流体为光电板导风 Fluid body guide the wind for the solar panel
太阳能热水器屋面 Solar heater as roof
太阳能光电板遮阴 Solar panel shading
温室加速太阳烟囱 Warm house acceleration for the solar chimney
风力发电 Wind power

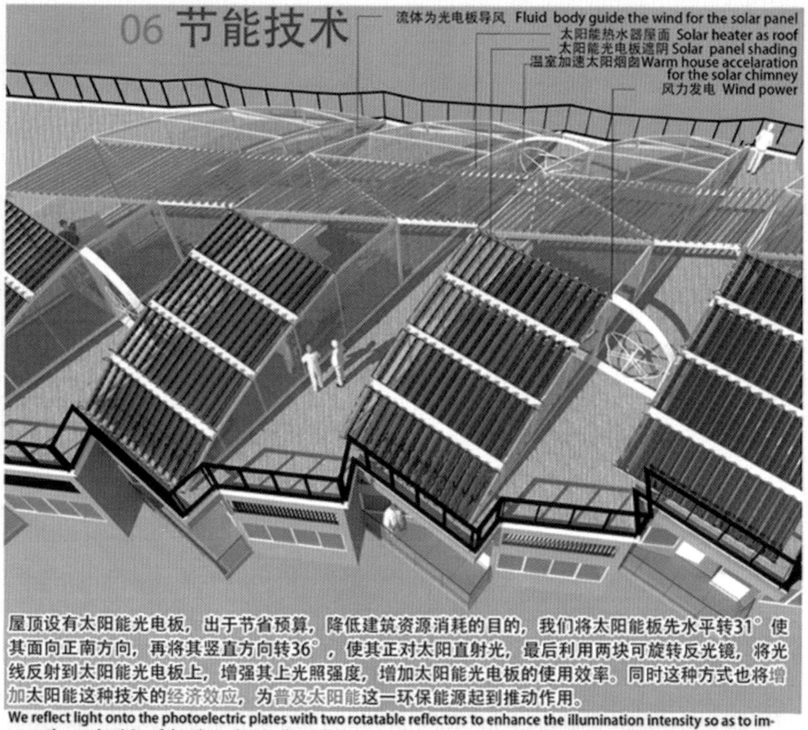

屋顶设有太阳能光电板，出于节省预算，降低建筑资源消耗的目的，我们将太阳能板先水平转31°使其面向正南方向，再将其竖直方向转36°，使其正对太阳直射光，最后利用两块可旋转反光镜，将光线反射到太阳能光电板上，增强其上光照强度，增加太阳能光电板的使用效率。同时这种方式也将增加太阳能这种技术的*经济效应*，为普及太阳能这一环保能源起到推动作用。
We reflect light onto the photoelectric plates with two rotatable reflectors to enhance the illumination intensity so as to improve the productivity of the photoelectric plates. At the same time, more economic effectiveness of solar energy shall be gained to promote the population of solar energy.

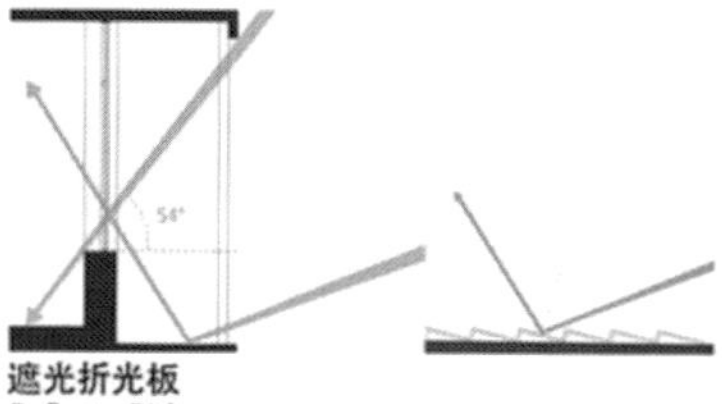

遮光折光板
Deflector Disk

青岛位于北纬54°，最高太阳直射角度为54°，窗上部遮阳板外沿到窗下沿连线与水平方向夹角为54°，遮挡夏季多余的直射光。下部则设有折光板，将冬季角度较小的光线反射到室内。
Qingdao, located on 54° northern latitude, has the largest solar altitude of 54°. We fix the sun louver top of the window to a 54° angle, to keep out extra sunlight in summer. Bottom of the window we place deflector disk to reflect small angled sunlight in the winter into the room.

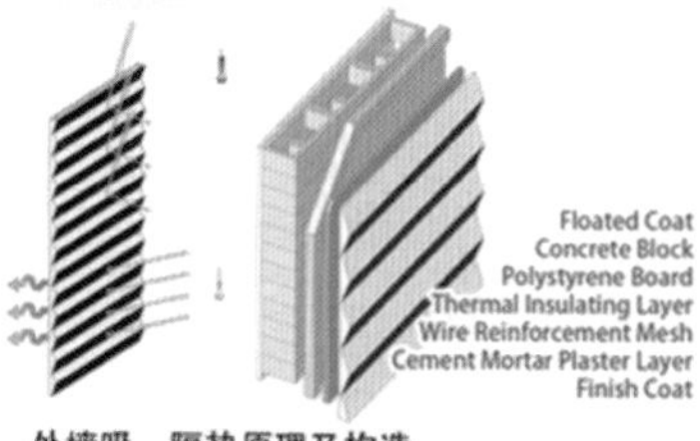

外墙吸，隔热原理及构造
The principle and structure of how exterior wall absorbs or resists heat

Floated Coat
Concrete Block
Polystyrene Board
Thermal Insulating Layer
Wire Reinforcement Mesh
Cement Mortar Plaster Layer
Finish Coat

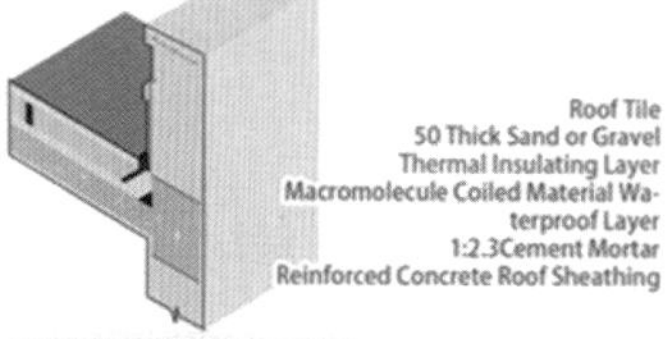

倒置式保温平屋顶构造
The structure of Inverted Insulation Flat Roof

Roof Tile
50 Thick Sand or Gravel
Thermal Insulating Layer
Macromolecule Coiled Material Waterproof Layer
1:2.3 Cement Mortar
Reinforced Concrete Roof Sheathing

太阳能生态屋顶构造
The structure of Solar Roof

1 Photoelectric Plates
2 Roof Greening
3 Tiles for Man Walking
4 Roof
5 Thermal Insulating Layer
6 Water Proof Layer
7 Screed-coat
8 Structural Layer
  Handrail

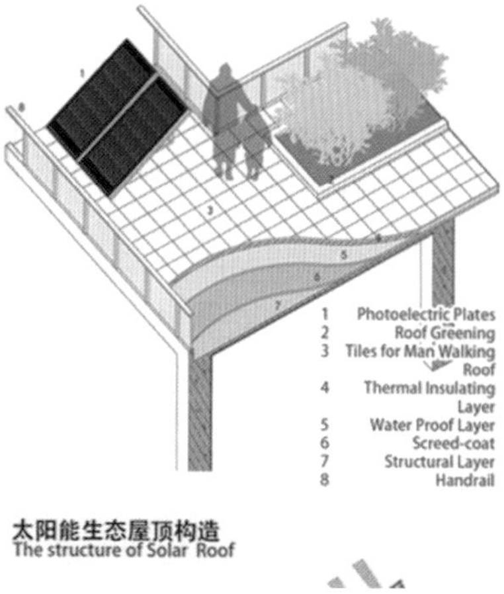

2015 台达杯国际太阳能建筑设计竞赛方案

优秀奖

幸·盒·福

学　　生：刘大用 马镇宇

指导教师：杨维菊

方案介绍：

以“幸·盒·福”为名，一是指结合产业化所用的集装箱；二是指建筑物是个承载自然的盒子，通过设计手法与自然成为一体；三是指通过产业化，模数化手法，给使用者创造舒适幸福的住所盒子。

根据黄石地区的太阳角度特性以及传统建筑布局方式，我们对倾斜角度的设定进行了以下相关策略：在屋顶部分设置了屋顶光伏系统 10°，地面型太阳能电板 25°，以及 14 片 120W 光伏组件，其性能达到了 1.68kW。地面型光伏系统主要为两部分，每一部分为 36 片 120W 太阳能薄膜电池，其总量达到了 8.64kW。

Opening Design:

This case takes full advantage of the industrialization and modularization of residence to make an opening design, which can be applied to space shifting of different functions, including changes in types of flat, housing plane and space. This opening design can also fulfill the space requirements of different times, including changes in the family members, or changes in the household' s furniture equipments during the family growing times.

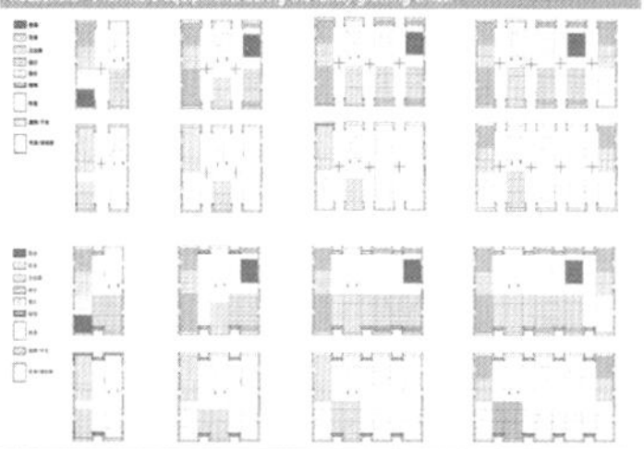

Form and Structure:

Different from the common method that modules are connected together to form the whole structure, we have insert the corpora vitreums into every structure block, one of which is kept standing as the ventilating tower of the solar energy. This interlaced structure not only has the volume of the modularization combination, but also changes the stiff architectural image. In architecture, the whole independent units are kept in good order but relatively separately, so that spaces of the same size can have different functions in different areas and time.

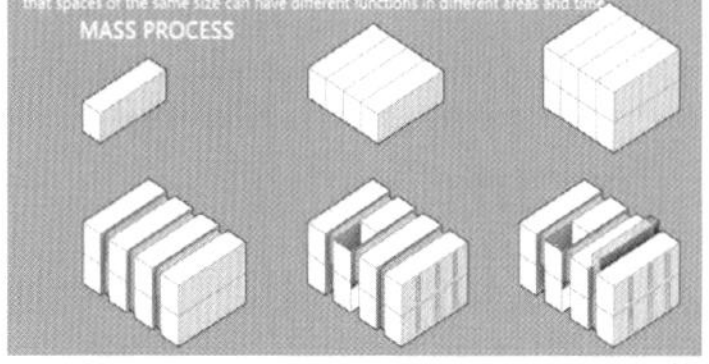

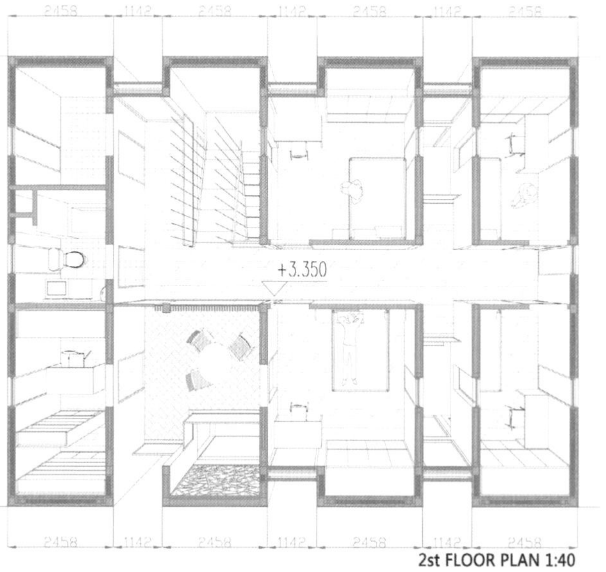

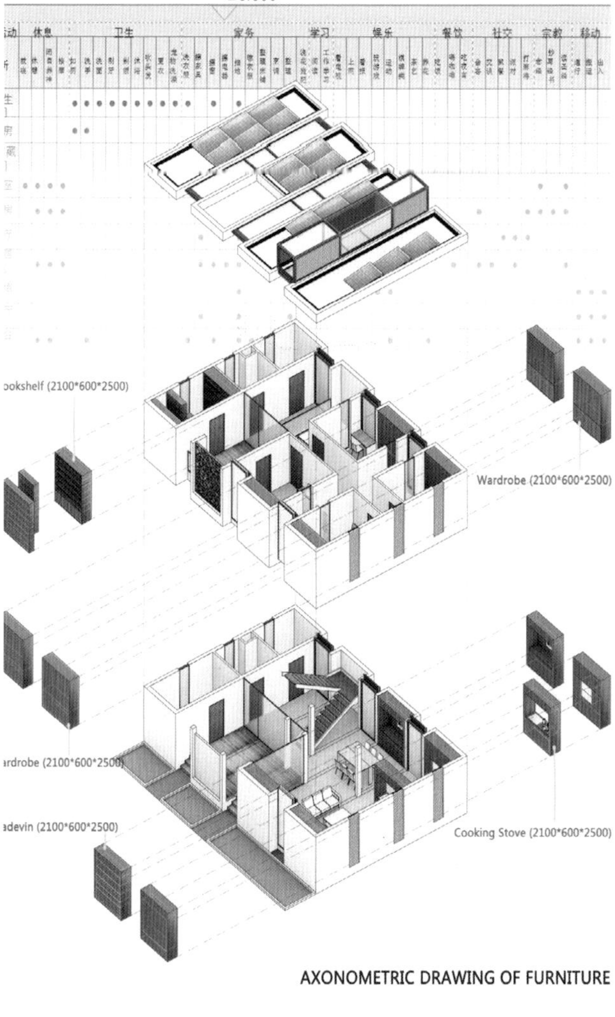

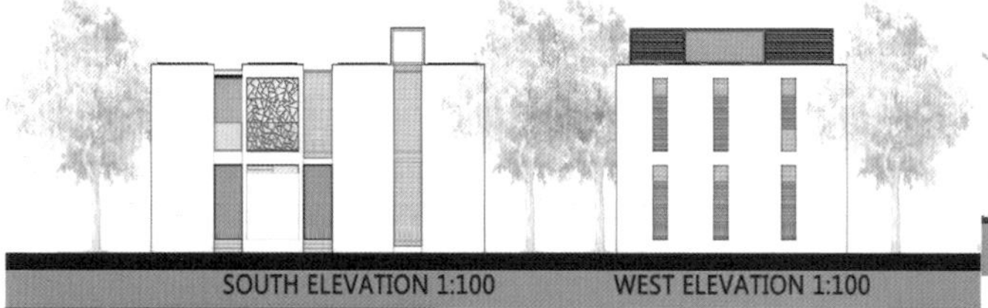

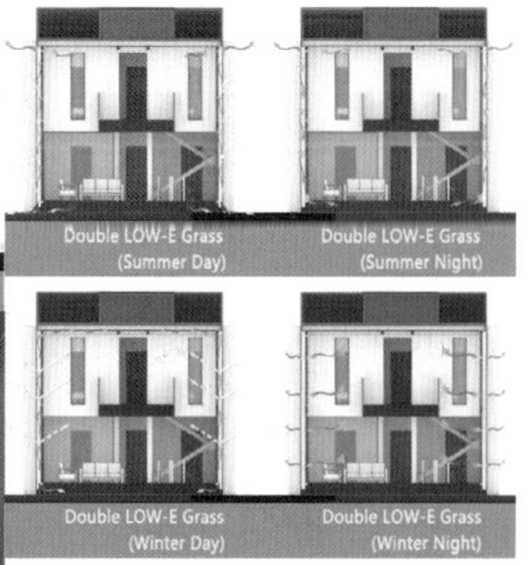

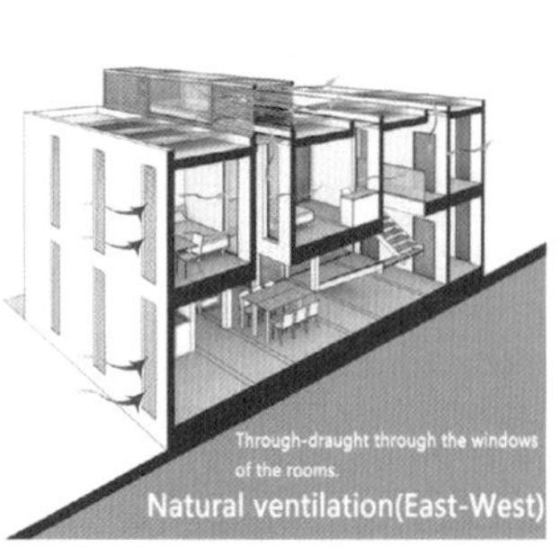

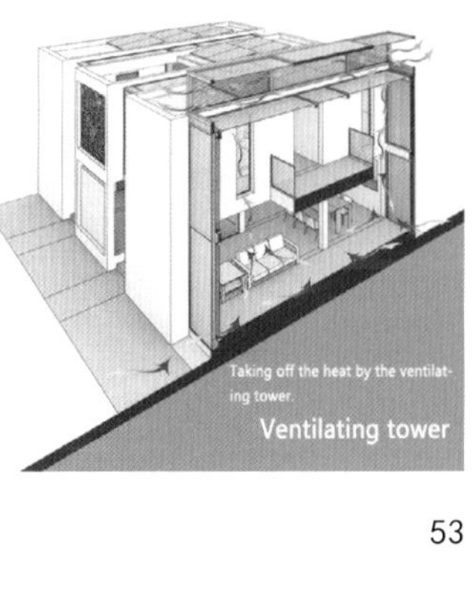

夏天　冬天

Cold pump cold supply　Heat pump heat supply

GENERAL PLANE

Assistance space Section

Entrance & Vertical space Section

Bedroom space Section

Communication space Section

Living space Section

Pulling wind chimney

Rooftop photovoltaic panels
Solar water heating
Hot and cold water recycling system

Rain water collection

Adjustable louver

Eco-shading systems

Seepage road

Linguistically in this case, architectural functions and forms have been restored to basic component elements, constitutes with the standard absolute units composed of the same size and the corridors which connecting these units in architecture,the whole independent units are kept in good order but relatively separately, so that spaces of the same size can have different functions in different areas and times.
With the main entrance at the turning point, several spaces of the same size are lined up so that natural light can go into the room through the glass during the day time, making the inner space have a different visual effect.

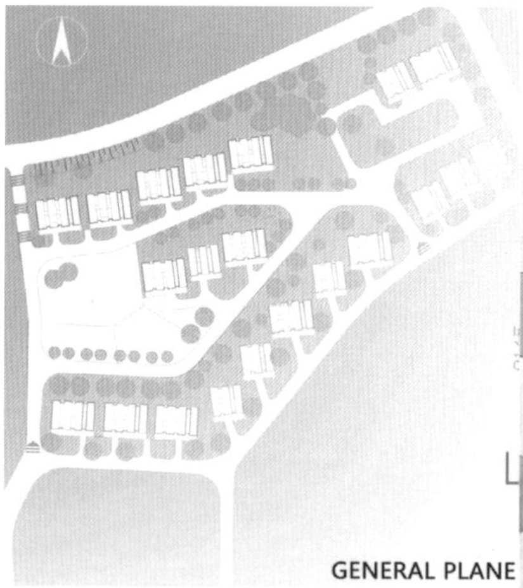

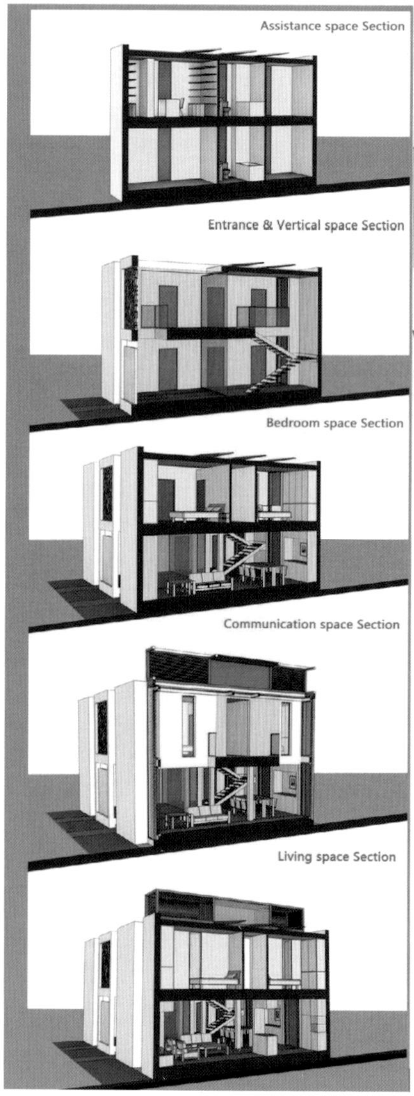

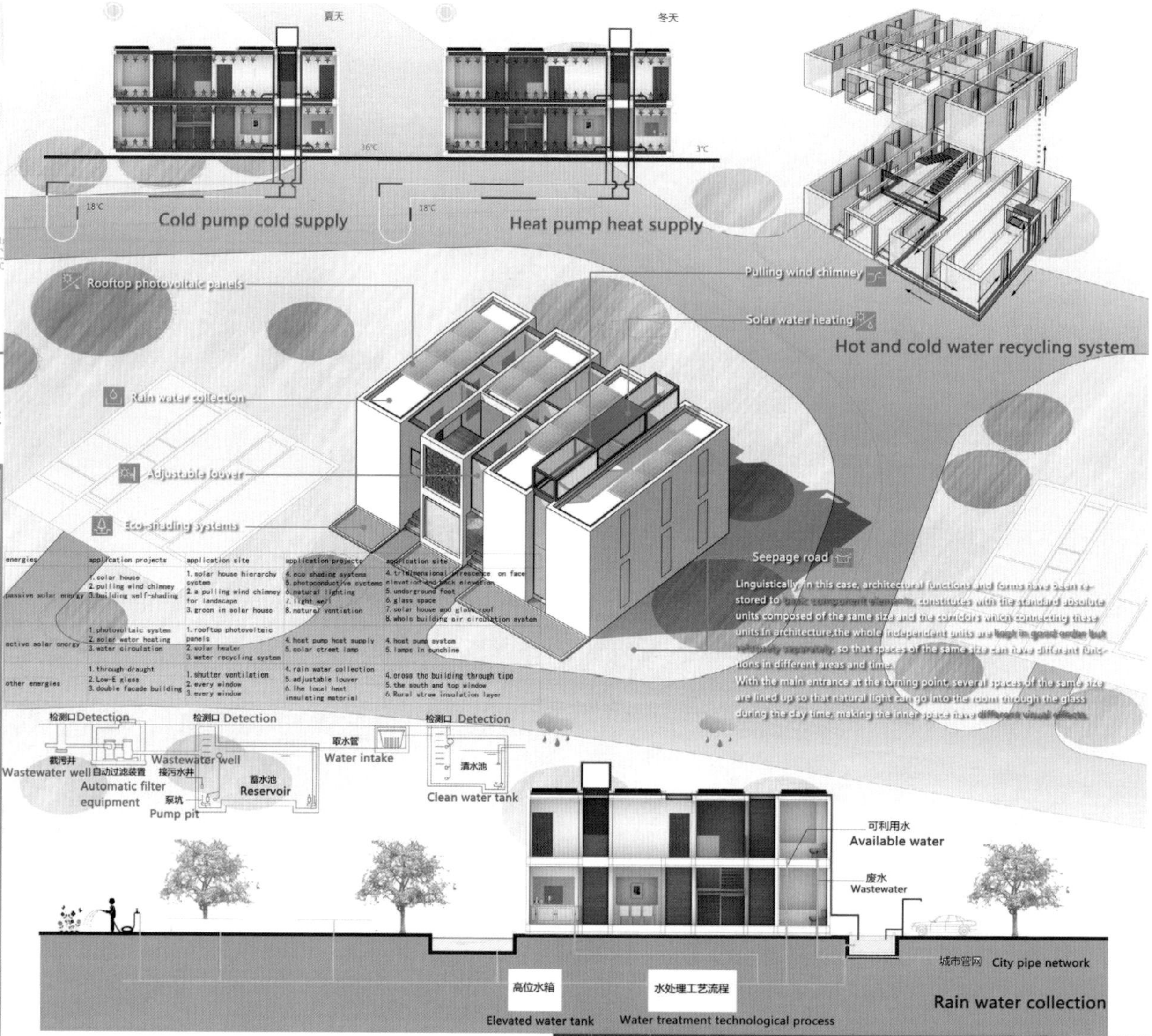

energies	application projects	application site	application projects	application site
passive solar energy	1.solar house 2.pulling wind chimney 3.building self-shading	1.solar house hierarchy system 2.a pulling wind chimney for landscap 3.green in solar house	4.eco shading systems elevation and back elevation 5.natural lighting 6.light well 7.natural ventilation	4.tridimensional infrescence on face 5.underground root 6.glass space 7.solar house and glass roof 8.whole building air circulation system
active solar energy	1.photovoltaic system 2.solar water heating 3.water circulation	1.rooftop photovoltaic panels 2.solar heater 3.water recycling system	4.hoat pump system 5.solar street lamp	4.hoat pump heat supply 5.lamps in sunshine
other energies	1.through window 2.Loe-E glass 3.double facade building	1.shutter ventilation 2.every window 3.every window	4.rain water collection 5.adjustable louver 6.the local heat insulating material	4.cross the building through tipe 5.the south and top window 6.Rural straw insulation layer

检测口Detection　检测口Detection　检测口Detection

取水管 Water intake
清水池
Wastewater well
Wastewater well 自动过滤装置 接污水井
Automatic filter equipment
泵坑 Pump pit
蓄水池 Reservoir
Clean water tank

可利用水 Available water

废水 Wastewater

城市管网 City pipe network

高位水箱　水处理工艺流程
Elevated water tank　Water treatment technological process

Rain water collection

Grid-Connected System. Simulation parameters

农村低碳产业化美石住宅会展项目（Huangshi project）
New simulation variant

Grid-Connected System. Loss diagram

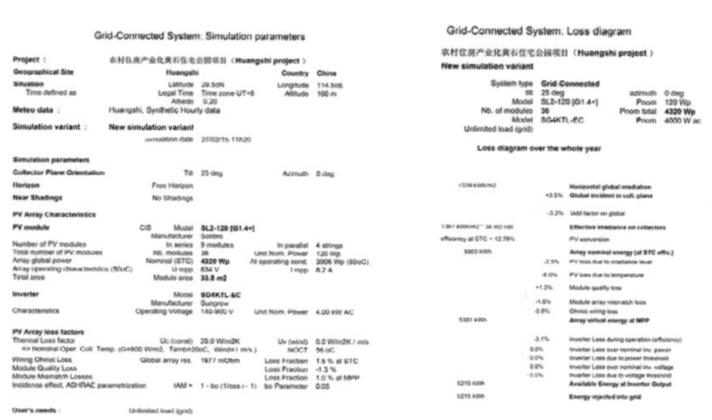

Power Output and Energy Saving of Huangshi Project

According to the latitude feature of Huangshi district and principal of building aesthetics, we set the tilt angles for modules as the following: rooftop photovoltaic system: 10°; ground-mounted power station: 25°. 120W PV modules (14 pieces) are installed on rooftops, and the PV capacity is 1.68kW. The ground mounted PV system have two parts, and each part install 36 pieces of 120W CIGS modules (4.32kW), the total capacity is 8.64 kW.
According to the PV SYST simulation results, the power output of the first year of this PV system is about 12416kWh, and the power output of the total 25 years is about 273152kWh.
Coal-saving of PV system of 25 years for the project is 107000kg, that is equivalent to 273152kwh, and total CO2 emission reduction is 277000kg.

CONSTRUCTION PROCESS

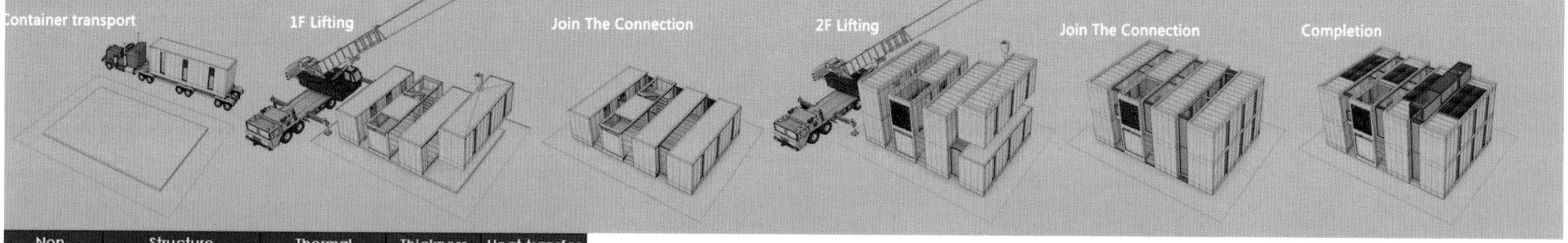

Non-transparent envelope	Structure	Thermal conductivity W/(m · K)	Thickness (mm)	Heat transfer coefficient W/(m2.K)
Facades	NALC board	0.13	100	0.34
	Pressure plate (steel)	0.03	5	
	Extruded plate (flame retardant rating of B1 level)	0.04	60	
	Gypsum board	0.33	12	
Roof	NALC board	0.13	150	0.23
	Extruded plate (flame retardant rating of B1 level)	0.04	120	
	Gypsum board	0.33	12	
Floor	Wood floor	0.17	10	0.33
	Rockwool	0.05	50	
	Wood floor	0.17	10	
	Extruded plate (flame retardant rating of B1 level)	0.04	30	
	Carbonized rice husk	0.03	250	
	Wood floor	0.17	10	

ENERGY-SAVING INDEX OF WALL

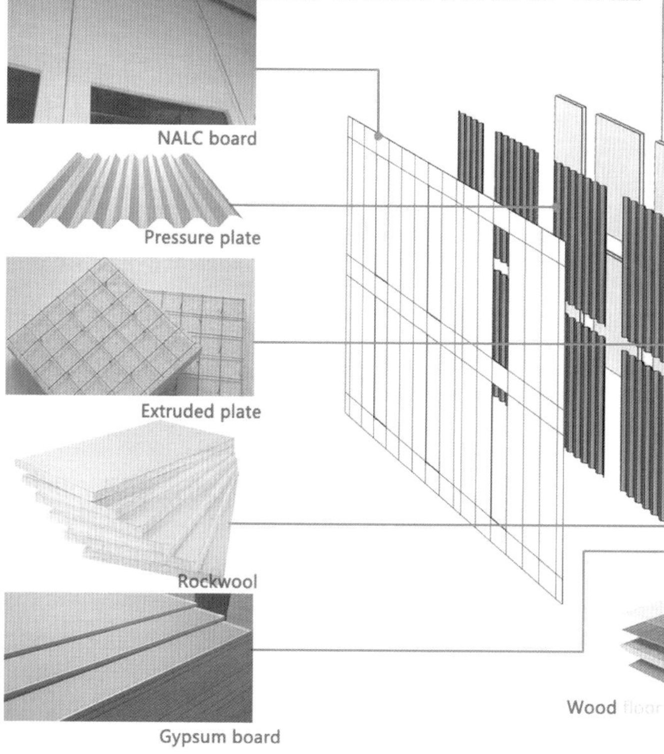

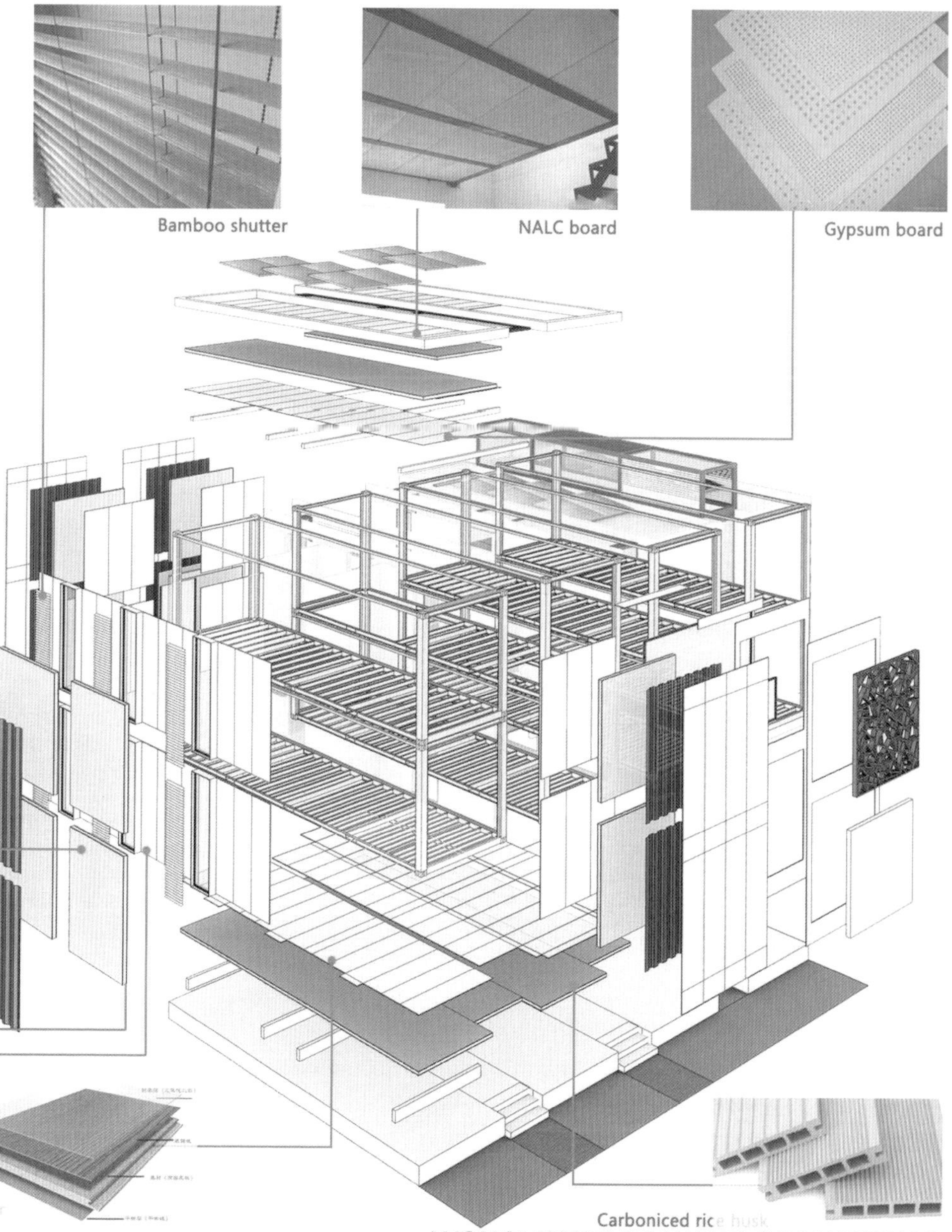

AXONOMETRIC DRAWING OF MATERIALS

2017 台达杯国际太阳能建筑设计竞赛

选送方案

呼吸阳光

学　　生：范钦峰 张煜 陈文华

指导老师：杨维菊 符越

方案介绍：

本设计以“呼吸阳光”为主题，旨在通过主动式和被动式太阳能的利用，提高老年人的生活舒适度。“呼吸”一词既指将太阳能“吸入”并储存，在需要的时候“呼”出来，也指通过可调节百叶的方式，在寒冷时将阳光“吸”入建筑供暖，而在炎热时将阳光“呼”出建筑，保证内部的凉爽。“呼吸阳光”强调了建筑的绿色设计理念以及对老年人宜居性的探求。

建筑布局参考了西安汉唐时期殿宇合院式的布局，既方便了老年人的交流，又保证了私密性。建筑居住单元采用居住单元的组团中嵌入活动空间的模式，保证节能并给老人便捷的活动空间。

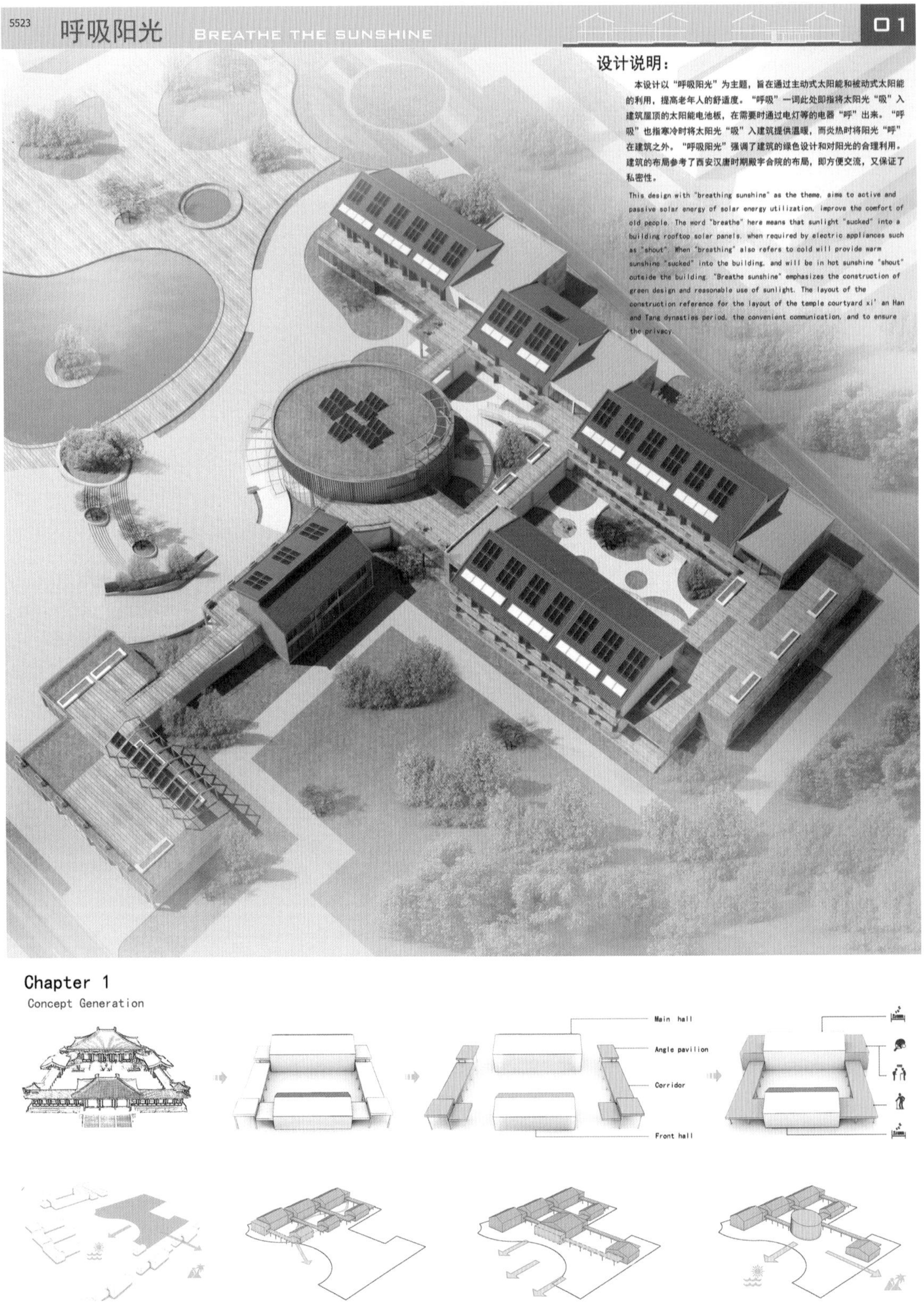

5523
呼吸阳光
BREATHE THE SUNSHINE
01
设计说明：
本设计以“呼吸阳光”为主题，旨在通过主动式太阳能和被动式太阳能的利用，提高老年人的舒适度。“呼吸”一词此处即指将太阳光“吸”入建筑屋顶的太阳能电池板，在需要时通过电灯等的电器“呼”出来。“呼吸”也指寒冷时将太阳光“吸”入建筑提供温暖，而炎热时将阳光“呼”在建筑之外。“呼吸阳光”强调了建筑的绿色设计和对阳光的合理利用。建筑的布局参考了西安汉唐时期殿宇合院的布局，即方便交流，又保证了私密性。
This design with "breathing sunshine" as the theme, aims to active and passive solar energy of solar energy utilization, improve the comfort of old people. The word "breathe" here means that sunlight "sucked" into a building rooftop solar panels, when required by electric appliances such as "shout". When "breathing" also refers to cold will provide warm sunshine "sucked" into the building, and will be in hot sunshine "shout" outside the building. "Breathe sunshine" emphasizes the construction of green design and reasonable use of sunlight. The layout of the construction reference for the layout of the temple courtyard xi' an Han and Tang dynasties period, the convenient communication, and to ensure the privacy.
Chapter 1
Concept Generation
Main hall
Angle pavilion
Corridor
Front hall

Entrance perspective

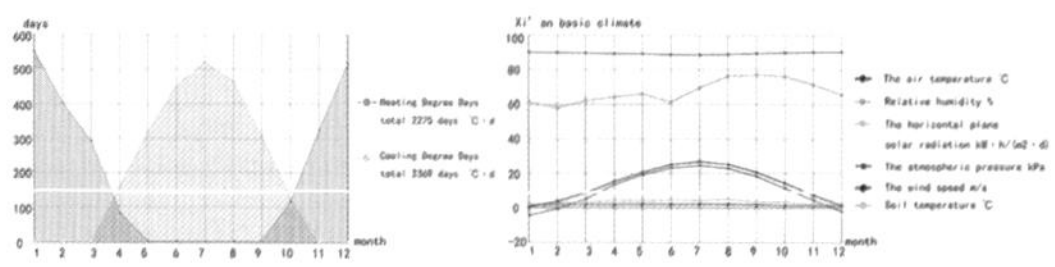

Chapter 2

Site plan: The program fully considers the relationship with the hot springs on the west side of the venue, with the circular hall and the entrance to the square with the convergence. The north side of the site is the hospital, the program fully consider the convenience of the elderly to the hospital, so living space is located on the north side of the site, but also blocked the winter north wind.

spring equinox   summer solstice   autumn cents   winter solstice

Chapter 3

Architectural graphic design: The graphic design of the whole building takes into account the comfort of the elderly. Living space will be 6 or 8 units to form a group, the activities were placed on both sides of the group, which is conducive to the communication of the elderly, but also reduce the loss of energy. One of the flat living space to the courtyard as the center, in line with the Chinese people's traditional concept of living, the two-story platform for the second floor of the elderly to provide a comfortable and convenient outdoor

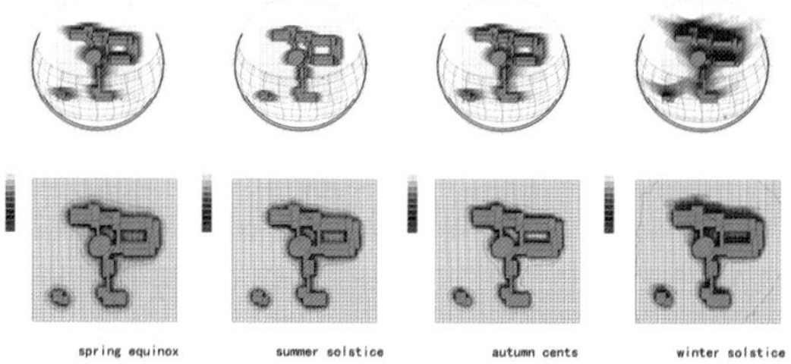

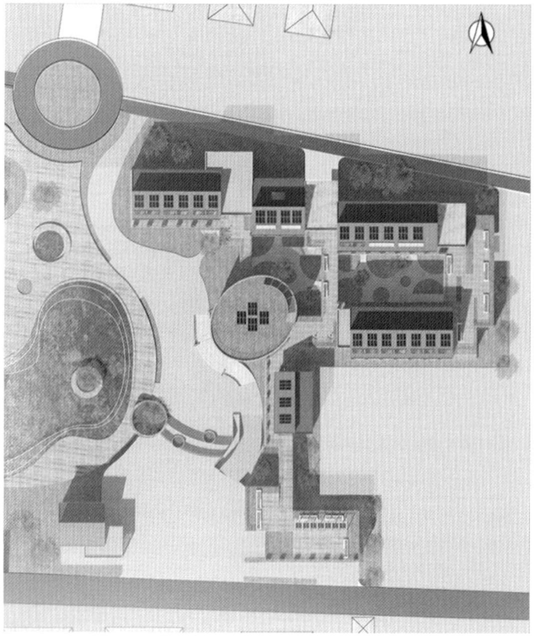

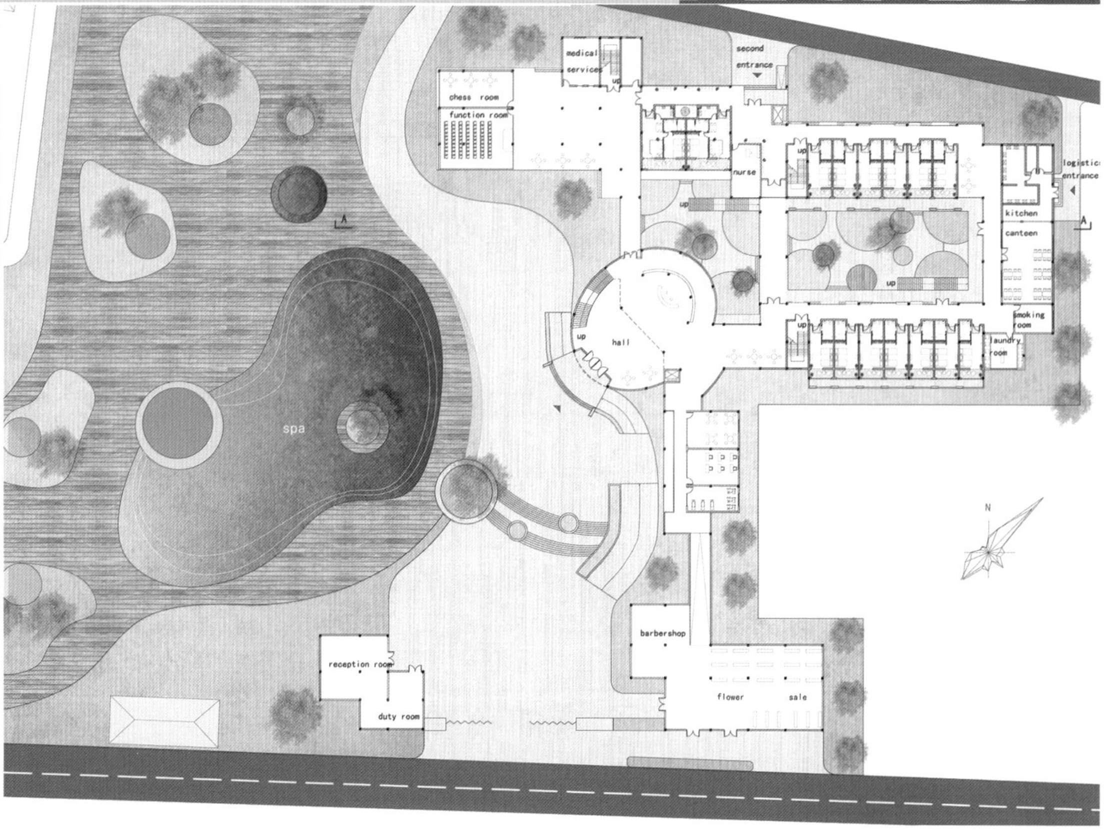

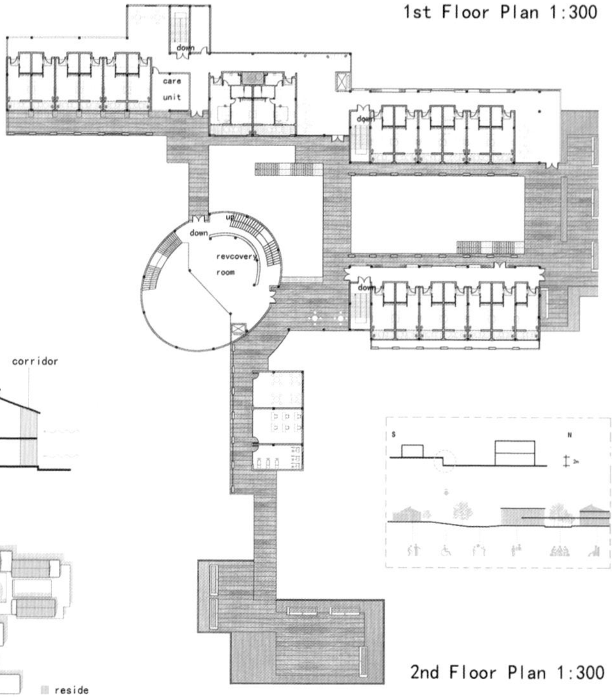

Light and Heat Insulation

sun room   corridor

Function and Activity

■ activity   ● gathering place   ■ reside

spa

N

1st Floor Plan 1:300

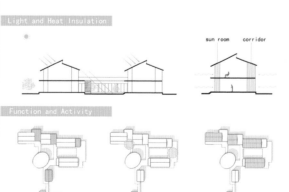

2nd Floor Plan 1:300

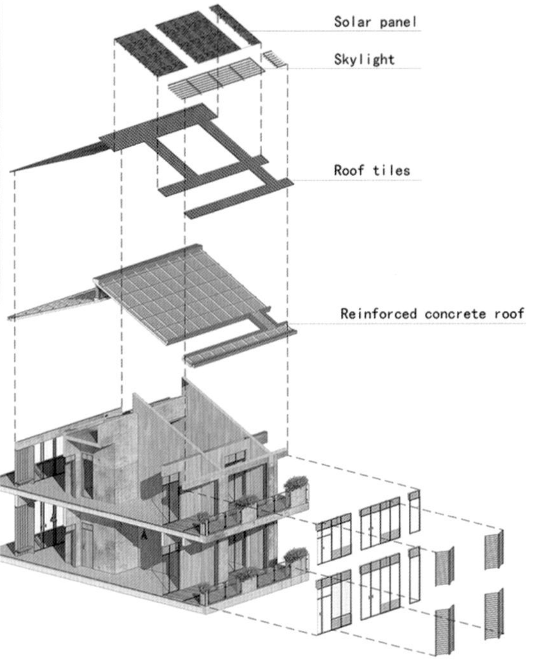

Chapter 4 Skin stretch and unit design

lavatory
bedroom
solar house

Wheelchair turning radius

kitchen
lavatory
bedroom
solar house

Wheelchair turning radius

lighting factor:0-100%

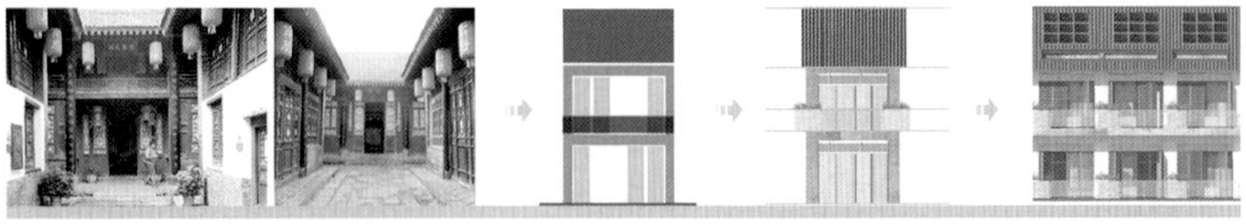

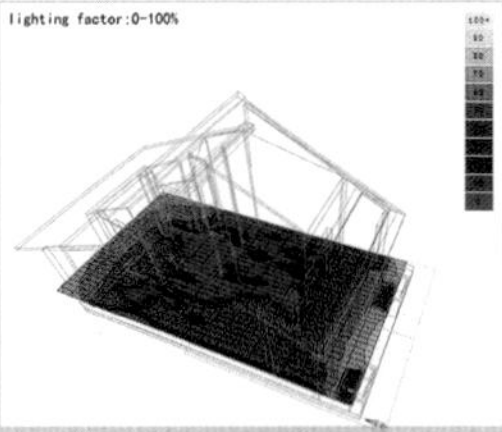

Summer light radiation
The summer sun has a high angle and closes the sutter to south, so the solar radiation in the bedroom is so low that the summer day is cool.

lighting factor:0-100%

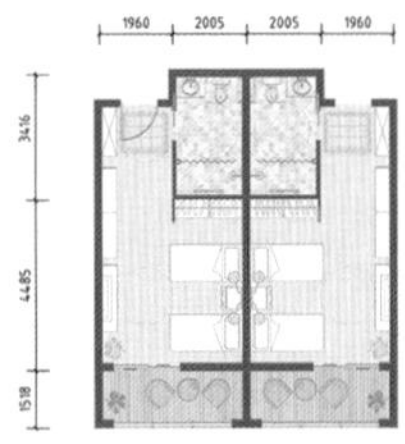

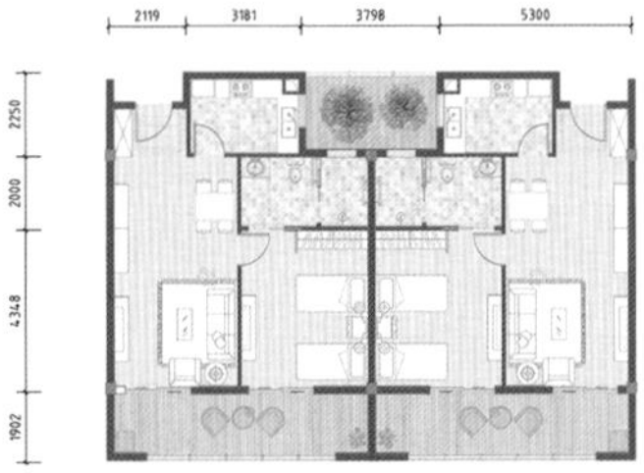

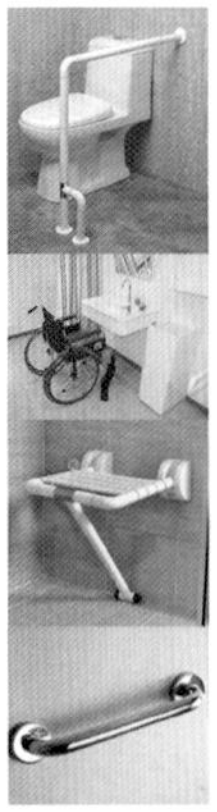

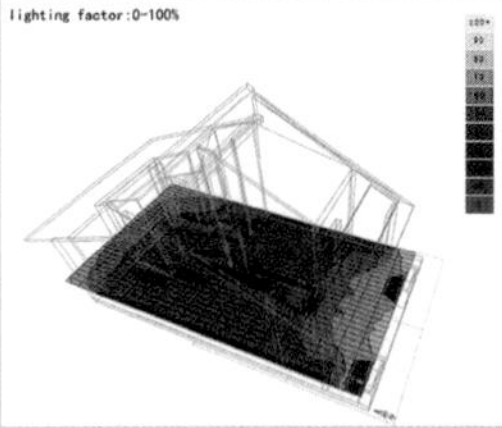

Winter light radiation
Winter sun's high angle is low and open south to the blinds, so the bedroom solar radiation is high, so the winter will not be very cold

Solar panel
Skylight
Roof tiles
Reinforced concrete roof

Chapter 5
Active solar design: The solar panels installed on the slope roof provide electricity for indoor lighting and daily electrical appliances. The use of solar panels reduces the use of harmful gases such as CO_2 and SO_2 emitted by coal power generation in China.

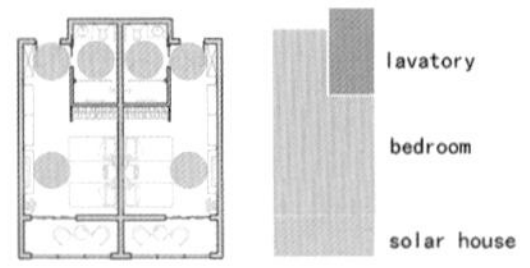

A-A Section 1:200

West Elevation 1:200

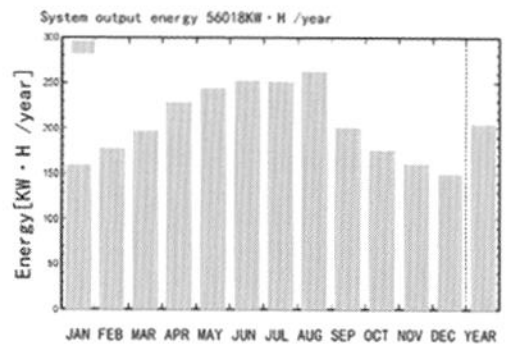

Photovoltaic system output energy

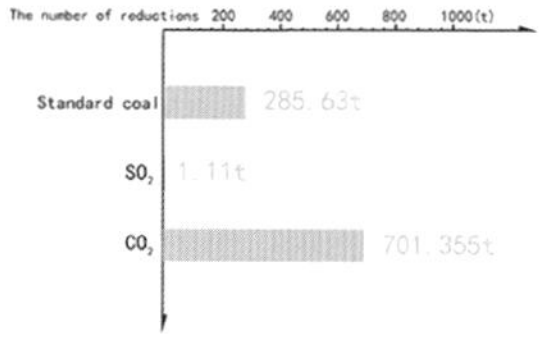

25 years of reduce the amount

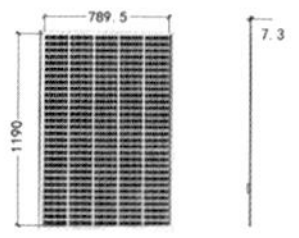

Solibro Panel dimensions (mm)

Maximum power Pmpp	140W	Temperature Coefficient of 1000W/m²
Maximum power voltage Umpp	86.5V	Pmpp γ [%/K] − 0.32
Maximum power current Impp	1.62A	Isc α [%/K] + 0.01
Open circuit voltage Uoc	106.7V	Voc β [%/K] − 0.27
Short circuit current Isc	1.79A	

The performance of Solibro Panel

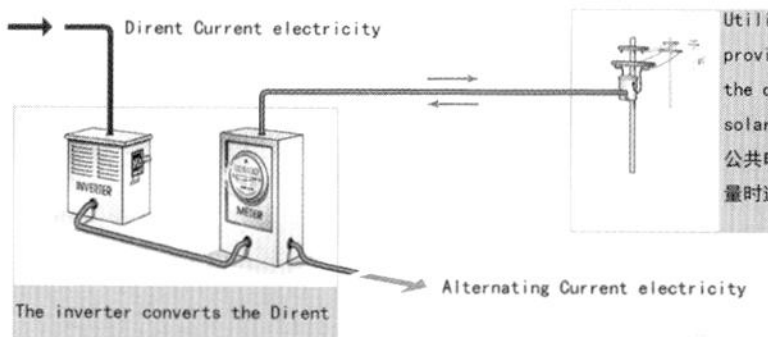

Utility power is continuously provided at night and during the day when demand exceeds solar production.
公共电网在电力需求超过太阳能产量时连续提供公用电力。

The inverter converts the Dirent Current electricity into Alternating Current electricity.
逆变器将直流电转换为交流电。

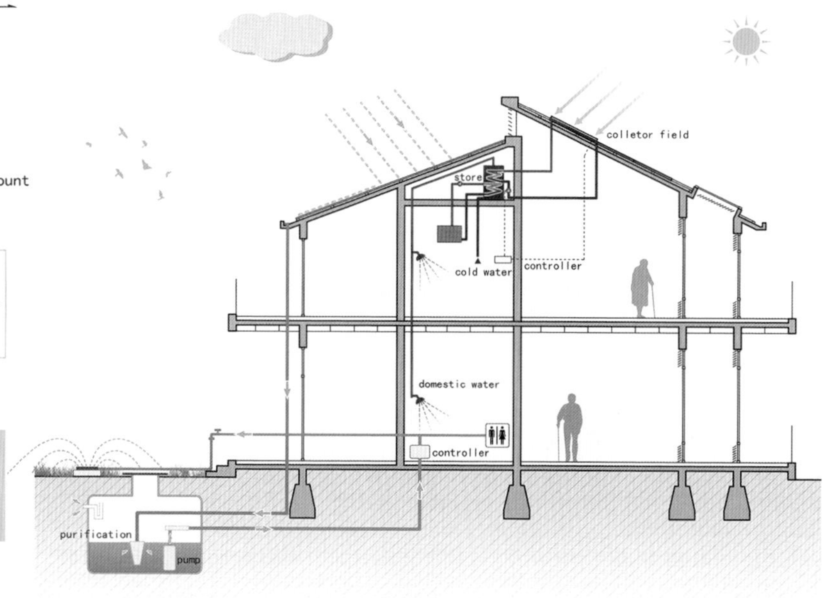

Solar Water Heating and Rainwater Recovery

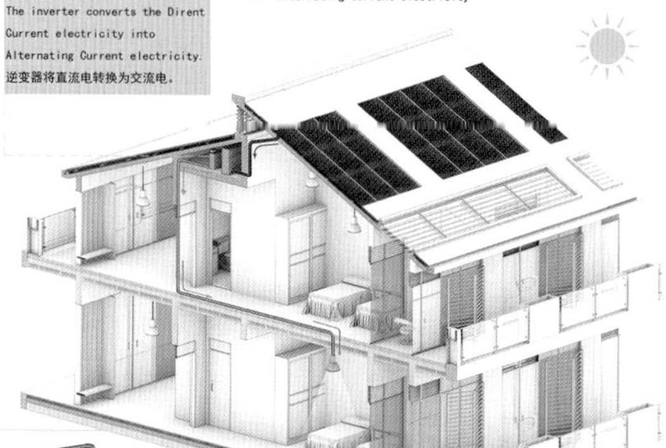

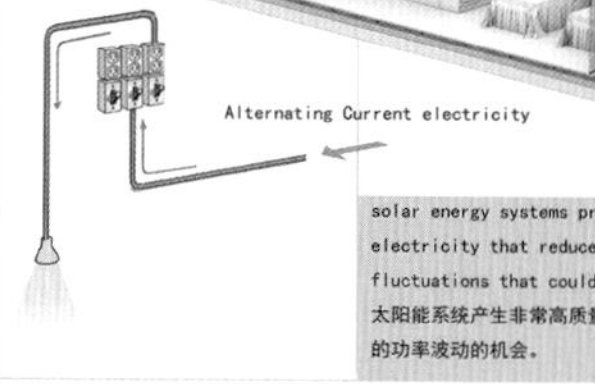

solar energy systems produce very high quality electricity that reduces the chance of power fluctuations that could damage electronic equipment.
太阳能系统产生非常高质量的电，减少了可能损坏电子设备的功率波动的机会。

Chapter 6

Passive solar design: The south uses the sun room to provide warmth in the winter, and the roof uses solar energy to provide hot water for the elderly bathing. Make full use of solar energy to achieve the comfortable life of the elderly.

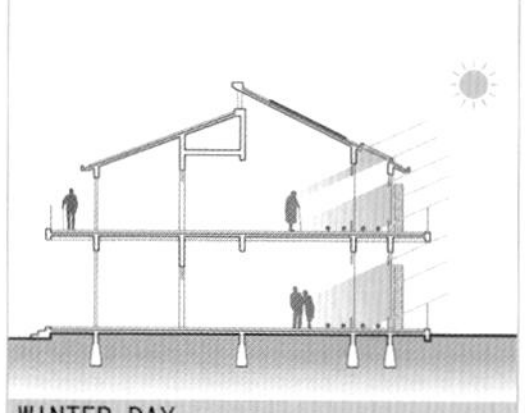

WINTER DAY
Open the shutter in winter to let the sun enter

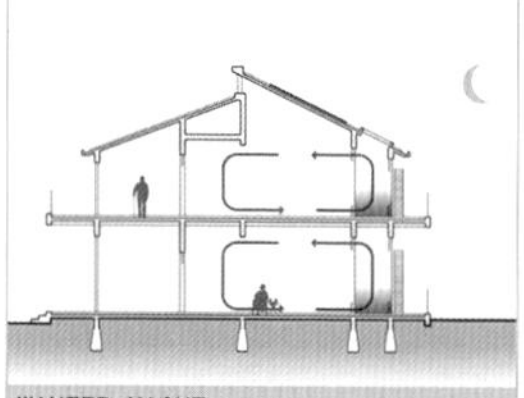

WINTER NIGHT
The sun room offers warmth for the bedroom

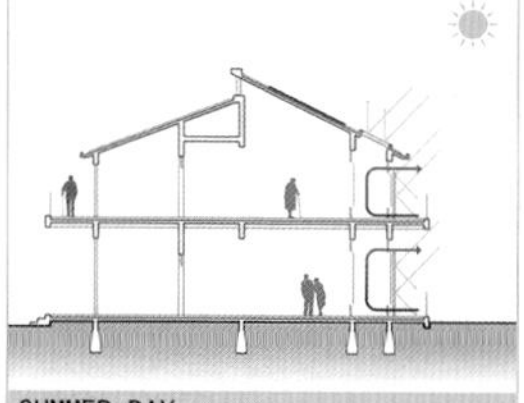

SUMMER DAY
Close the shutters and cool down with natural ventilation

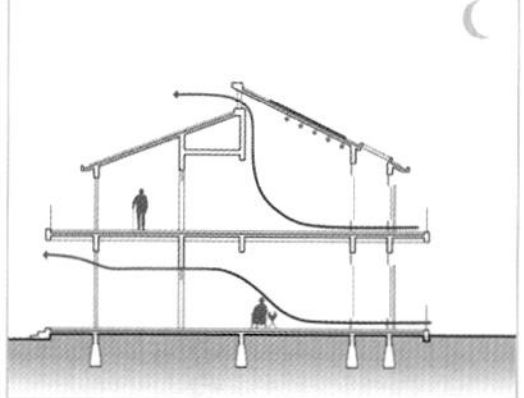

SUMMER NIGHT
Use the through-draught to cool

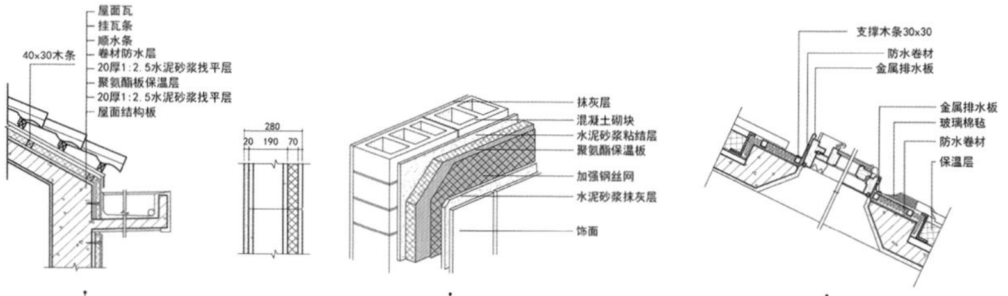

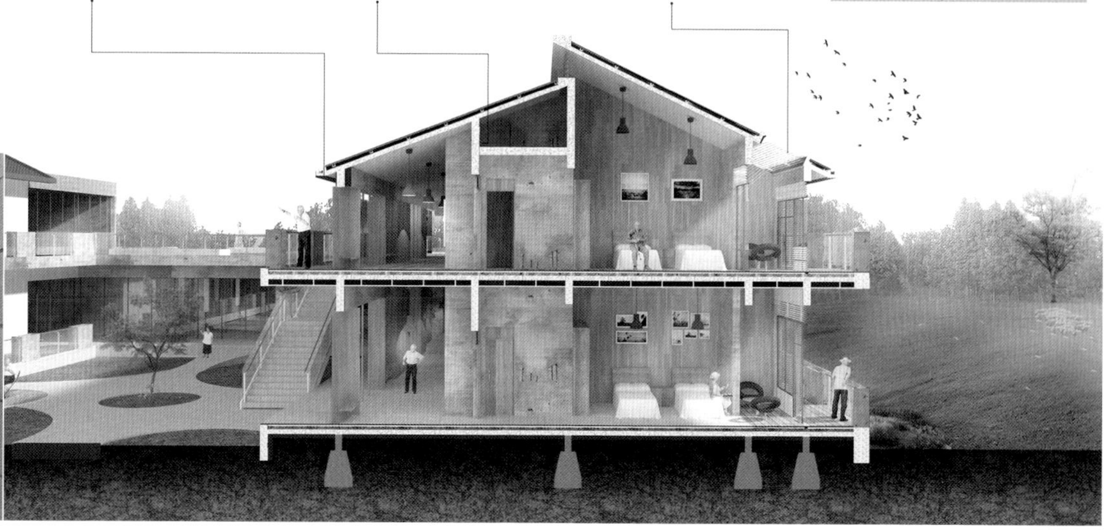

台达杯国际太阳能建筑设计竞赛指导老师

王建国

杨维菊

钱强

徐小东

夏兵

李海清

二、专业指导委员会获奖作品

2013年全国高等学校建筑设计教案和教学成果评选方案

优秀作业

光之台阶

学　　生：邵星宇

指导老师：吴锦绣 陈晓扬

方案介绍：

设计始于对现有场地状态的评估与反思。新的建筑试图保留自发形成的社区活动场地，并对周边的建筑形成最小的干扰。

最终南北错动的体量，将对宿舍楼的采光和视线影响降到最低。一块平缓的大台阶从原有的小广场上缓缓升起，人们依然可以在这里运动交谈，在植有绿化的台阶上休息。

大台阶下面是图书馆的阅览空间，踏步侧面的玻璃采光为室内提供了稳定柔和的北向采光，营造了明亮又安静的阅读氛围，也为校园的教学、公共活动以及住宿空间提供了舒适轻松的室内外环境。

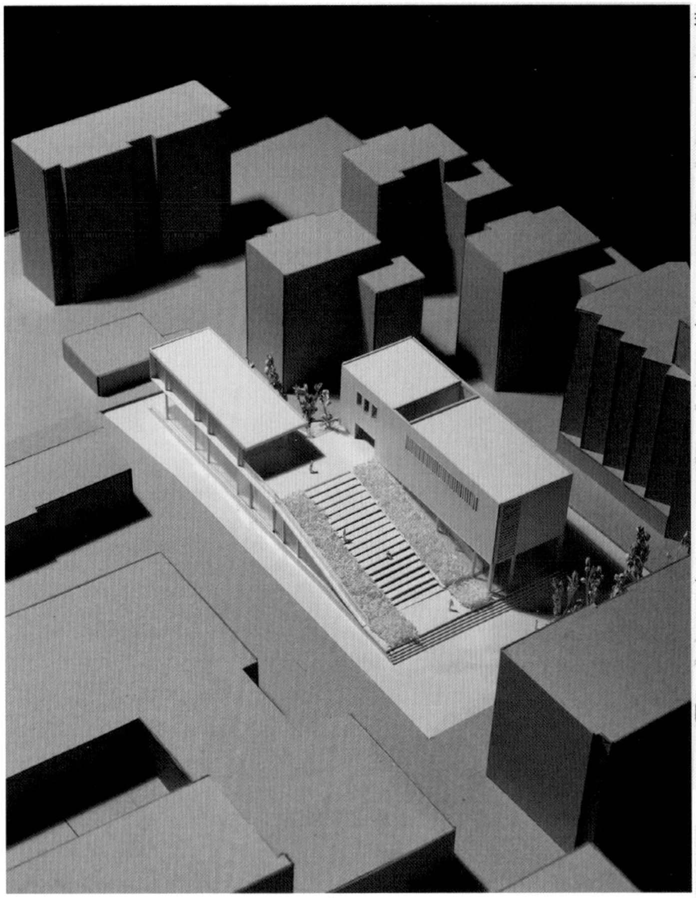

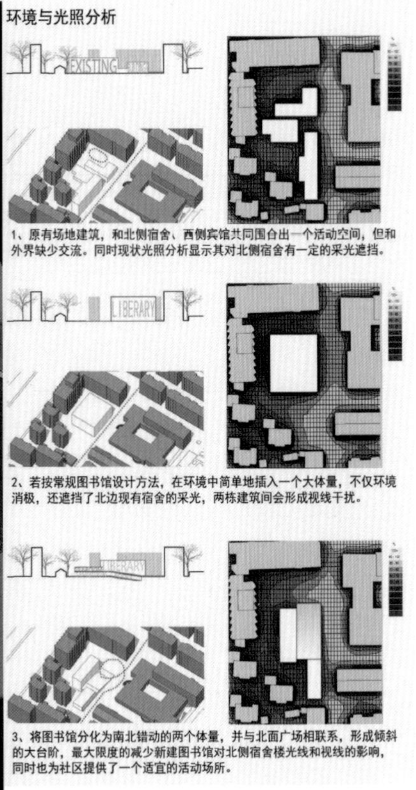
环境与光照分析
EXISTING
1、原有场地建筑，和北侧宿舍、西侧宾馆共同围合出一个活动空间，但和外界缺少交流。同时现状光照分析显示其对北侧宿舍有一定的采光遮挡。
LIBERARY
2、若按常规图书馆设计方法，在环境中简单地插入一个大体量，不仅环境消极，还遮挡了北边现有宿舍的采光，两栋建筑间会形成视线干扰。
3、将图书馆分化为南北错动的两个体量，并与北面广场相联系，形成倾斜的大台阶，最大限度的减少新建图书馆对北侧宿舍楼光线和视线的影响，同时也为社区提供了一个适宜的活动场所。

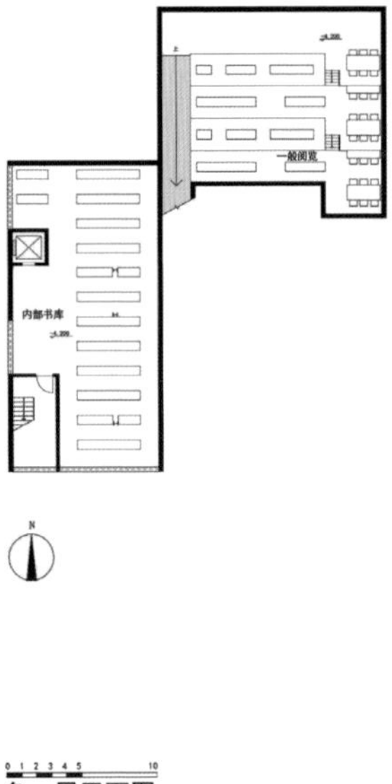

负一层平面图

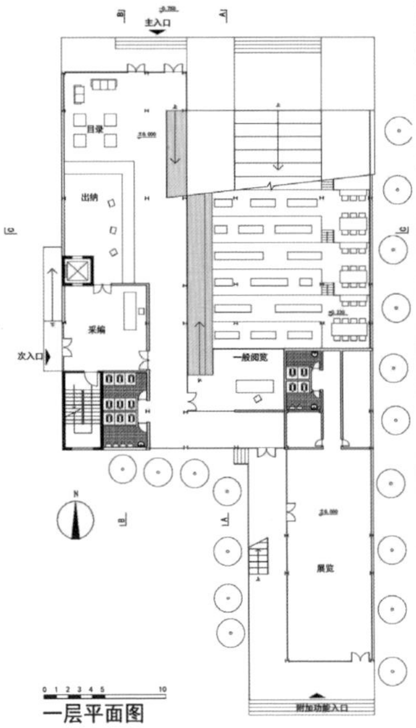

一层平面图

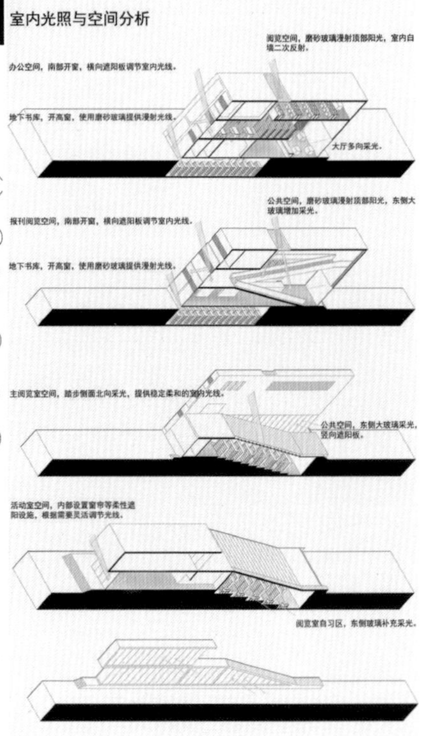

方案评语：

该设计的出发点是最大限度地减小新的设计对于周围环境的影响。图书馆的体量被分化为阅览空间和藏书空间两大块，阅览室等相对公共的空间被放置在临近小区道路的大台阶下面，大台阶上面则成为社区居民休息娱乐的空间。此举不仅最大限度地减少了建筑体量对于北侧女生宿舍的采光和视线上的影响，也使得社区阅览室获得屋顶采光而且更加安静。基于数值模拟分析的量化研究使得设计思路更加理性和清晰。

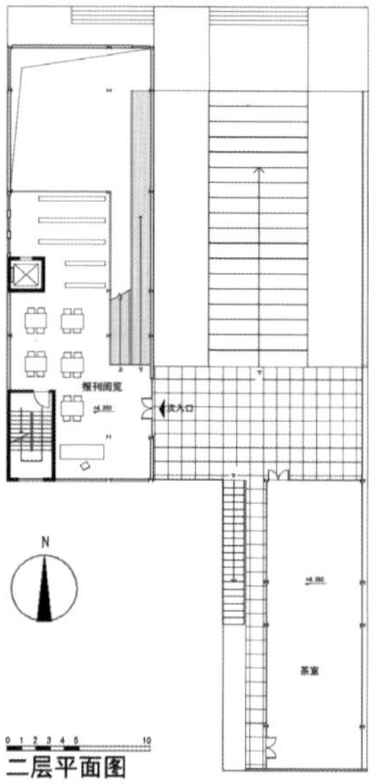
二层平面图

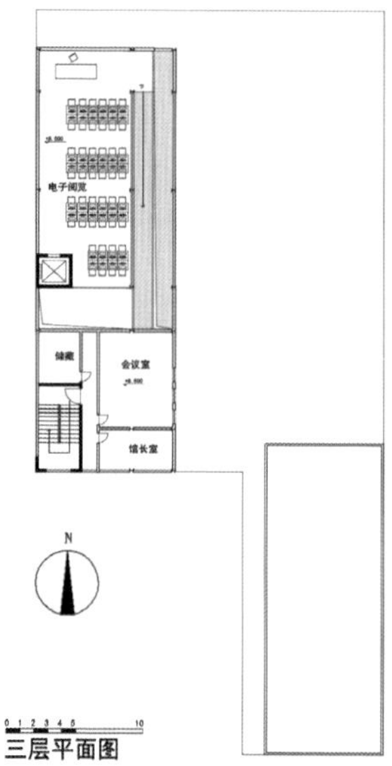
三层平面图

设计说明：

设计始于对现有场地状态的评估与反思，新的建筑试图保留自发形成的社区活动场地，并对周边的建筑（特别是北侧的女生宿舍楼）形成最小的干扰。

最终南北错动的体量，将对宿舍楼的采光和视线影响降到了最低，一块平缓的大台阶从原有的小广场上缓缓升起，人们依然可以在里运动或交谈，在植有绿化的台阶上休息，或是信步走上台阶尽头的茶室，而图书馆的另一个入口也于此悄然显现。

大台阶下面是图书馆的阅览空间，踏步侧面的玻璃采光窗为室内提供了稳定柔和的北向采光，营造了明亮又安静的阅读氛围。

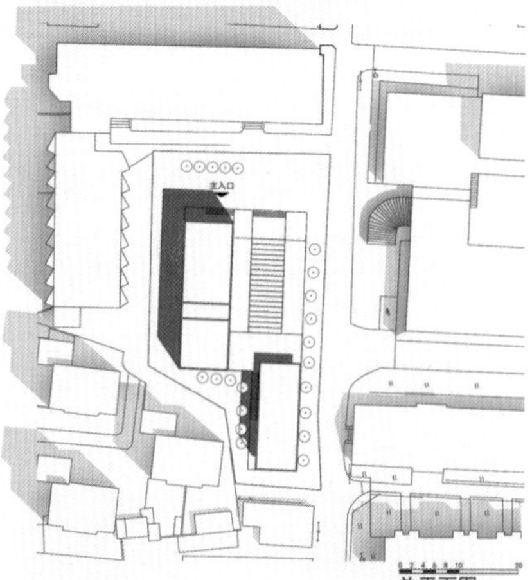
总平面图

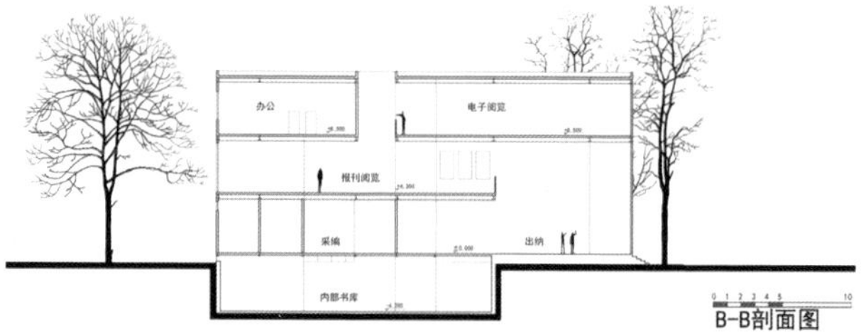
B-B剖面图

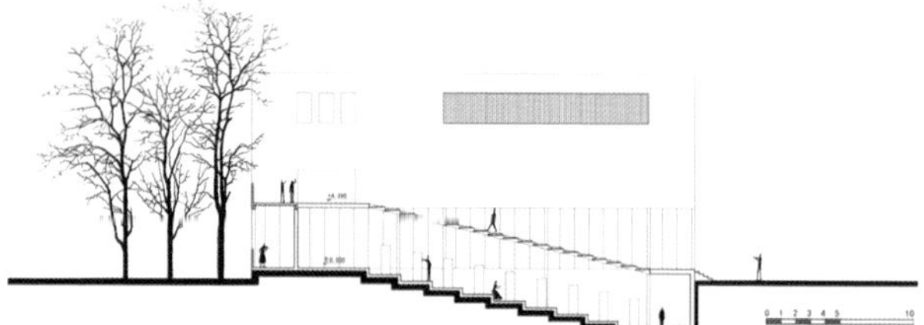
A-A剖面图

2013 年全国高等学校建筑设计教案和教学成果评选方案

优秀作业

光之腔体

学　　生：巫文超

指导老师：吴锦绣　陈晓扬

方案介绍：

　　方案在东西剖面上，考虑空间布局和光环境的关系。书库等服务空间应对西晒；阅读空间应对东侧景观；交通空间位于中间，形成条状的"光腔"。我们充分考虑到应对场地的建筑体量策略、内部结合交通空间利用庭院补充光线，并考虑夏季的通风策略与冬季的保温策略。

　　南北剖面上，研究阅读空间光环境。采用白墙将光线反射到室内，避免南侧光线直射或北侧光线不足。这种"类型"的组合，又创造了四个层层跌落的"光腔"，将光线均匀地分布到阅读空间，同时创造出冬暖夏凉的热环境。

　　一个东西向的"光腔"和四个南北向的"光腔"帮助形成空间秩序，完成绿色的社区图书馆设计。

设计说明：

东西剖面上，考虑空间布局和光环境的关系。书库等服务空间应对西晒；阅读空间应对东侧景观；交通空间位于中间，形成条状的"光腔"。
南北剖面上，研究阅读空间光环境。采用白墙将光线反射到室内，避免南侧光线直射或北侧光线不足。这种"类型"的组合，又创造了四个层层跌落的"光腔"，将光线均匀地分布到阅读空间，同时创造出冬暖夏凉的热环境。
一个东西向的"光腔"和四个南北向的"光腔"帮助形成空间秩序，完成绿色的社区图书馆设计。

东西剖面生成图解　　南北剖面生成图解

总平面图

一层平面　　　　三层平面

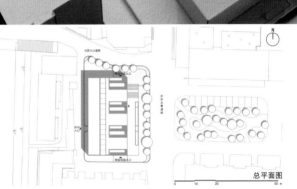

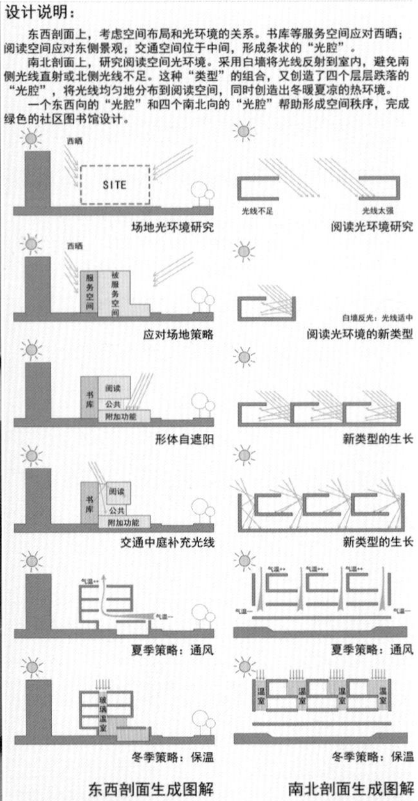

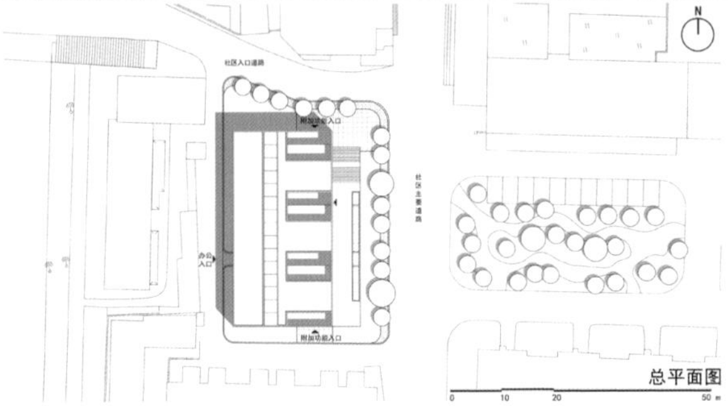

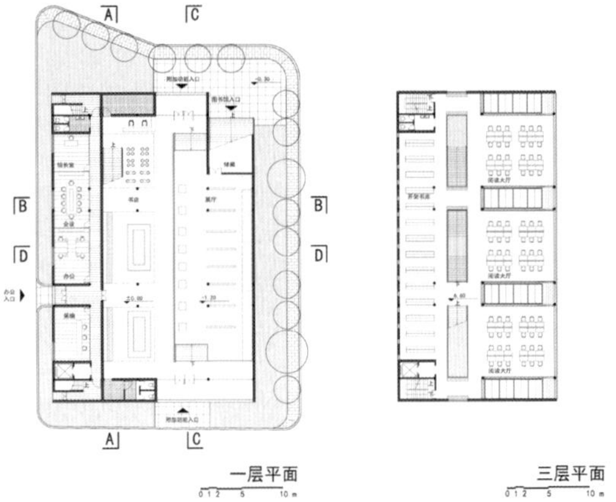

方案评语：

　　该设计依据形体推演的逻辑，采取减法操作，将简单方盒子一步步进行空间分化。置入虚的腔体是其典型空间操作方法，如底层横向透明的腔体、交通厅狭长的贯通腔体、单元重复的竖向天井腔体。该设计基本诠释了空间操作的内在逻辑，不同腔体对应不同的行为属性，而且也是光的容器，风的通道。

A-A剖面

0 1 2　5　10 m

B-B剖面

0 1 2　5　10 m

C-C剖面

0 1 2　5　10 m

D-D剖面

0 1 2　5　10 m

东立面

0 1 2　5　10 m

北立面

0 1 2　5　10 m

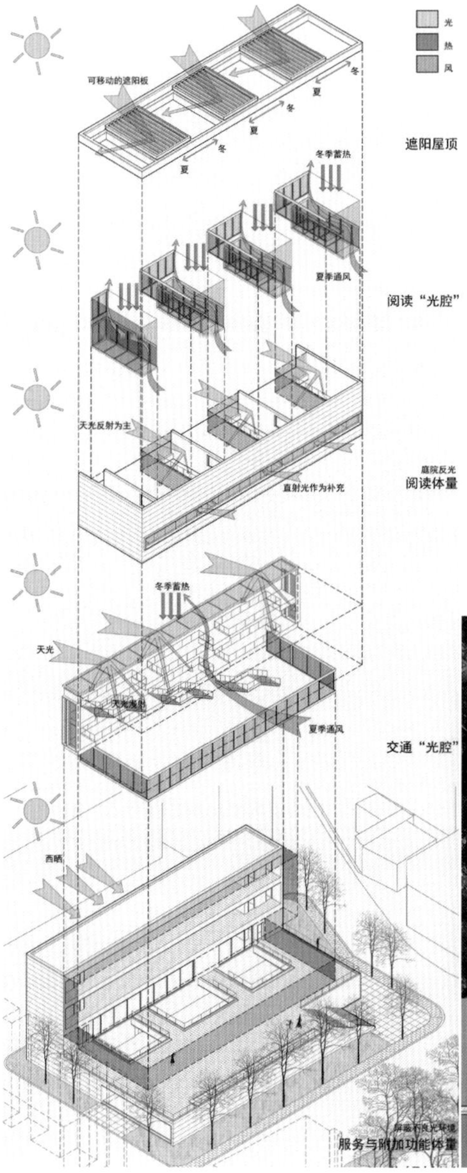

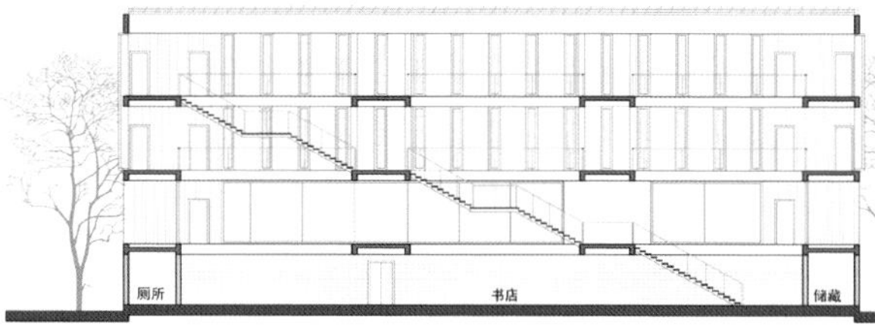

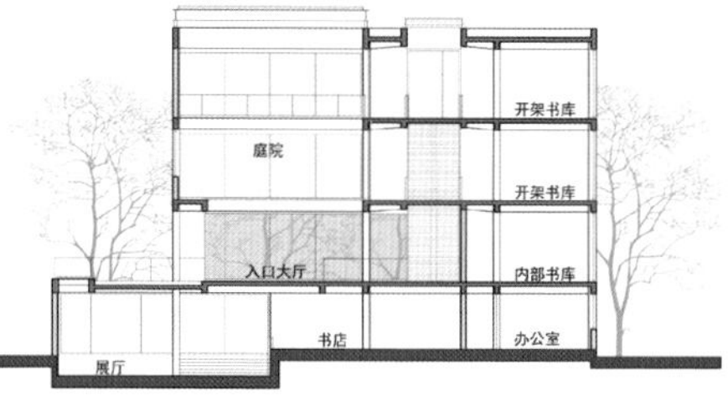

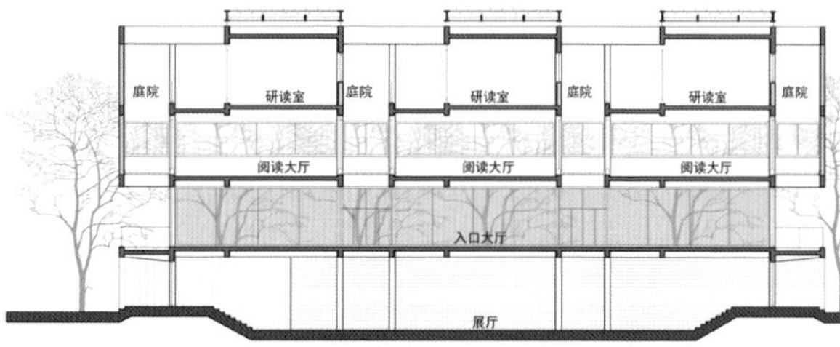

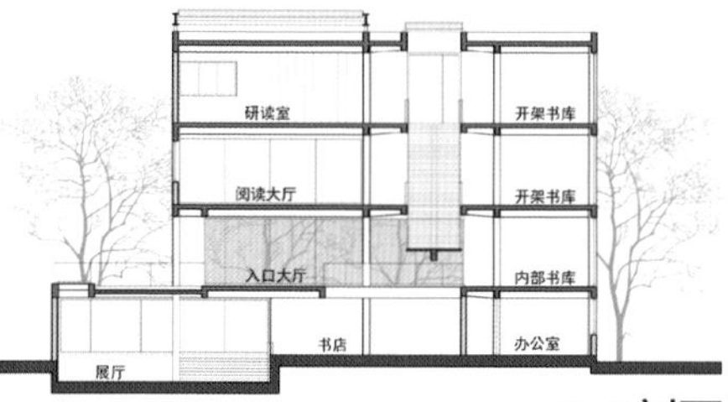

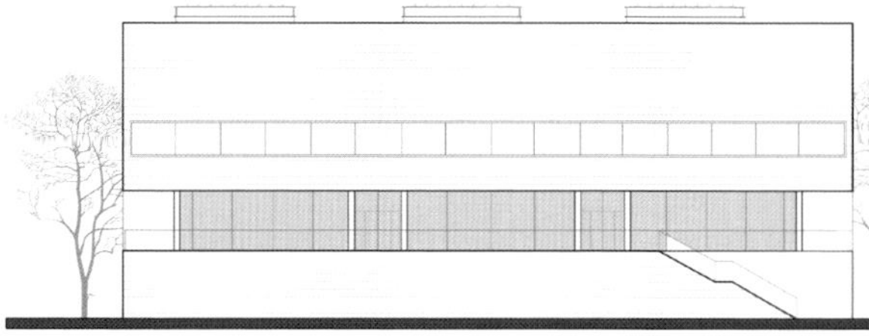

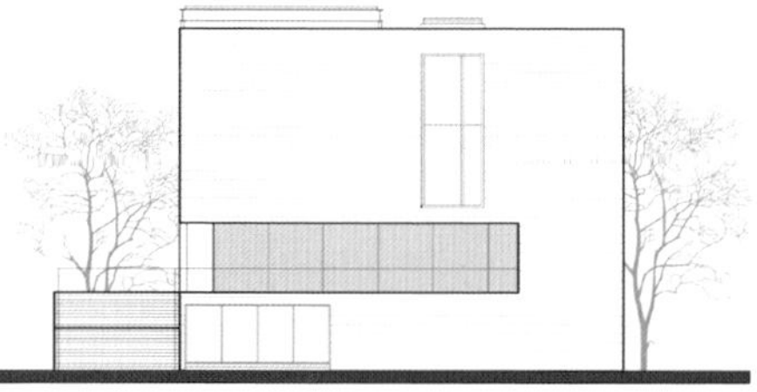

2012 开放建筑国际设计竞赛

优胜奖

格·调

学　　生：陆明玉 张钊

指导老师：张玫英

方案介绍：

作业利用现有场地绿化和工业景观，合理划分功能区域。以开放建筑设计理念，在场地中植入一定模数的结构系统，在框架内利用单元自由组合，形成适用于不同人群不同生活时段的住宅套型。在规划设计中还设计了一些公共活动单元，结合人群活动特点，灵活穿插在场地楼栋中，以满足居住生活要求。

该方案利用现有基地条件，在回应城市环境形态的同时，利用结构框架和灵活居住单元，较好地体现了“多功能”和“开放”等建筑理念。同时有意识地从场地的历史记忆提取设计元素，将其运用于公共空间的基本设施及为老年群体设置的配套服务设施中。居住单元设计中采用模数化，体现较强的适应性和多样性。

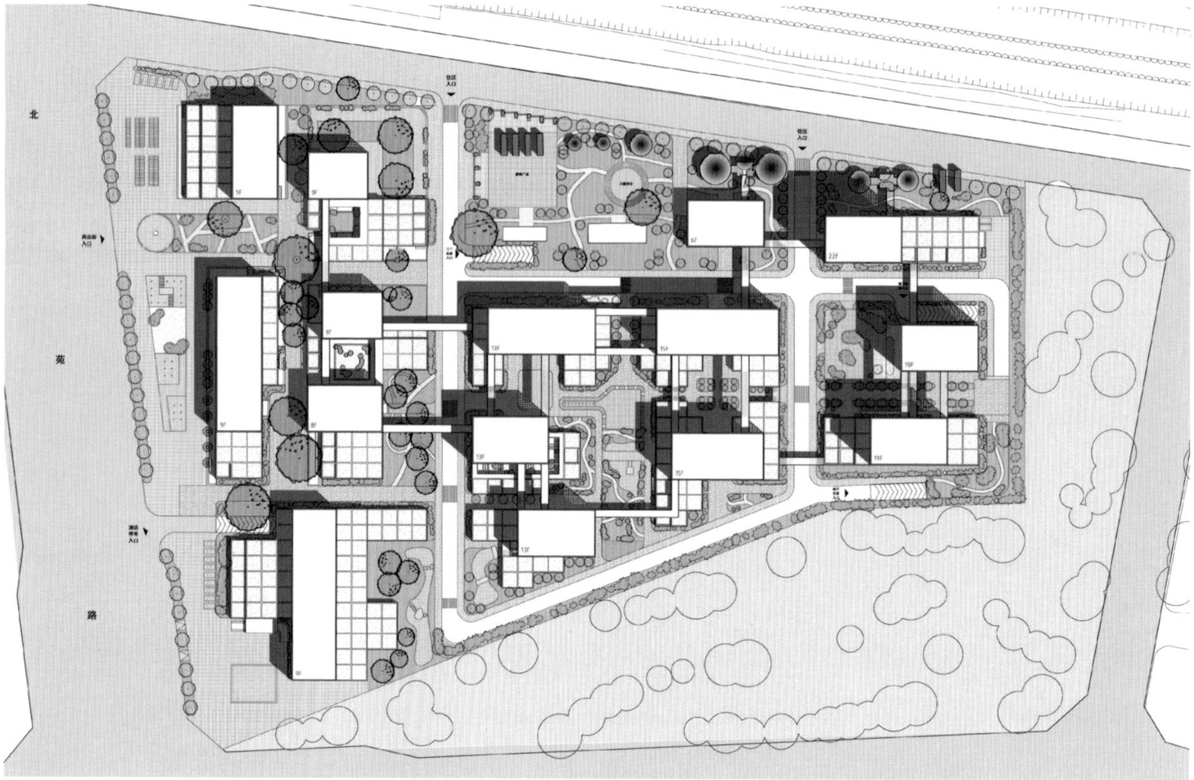

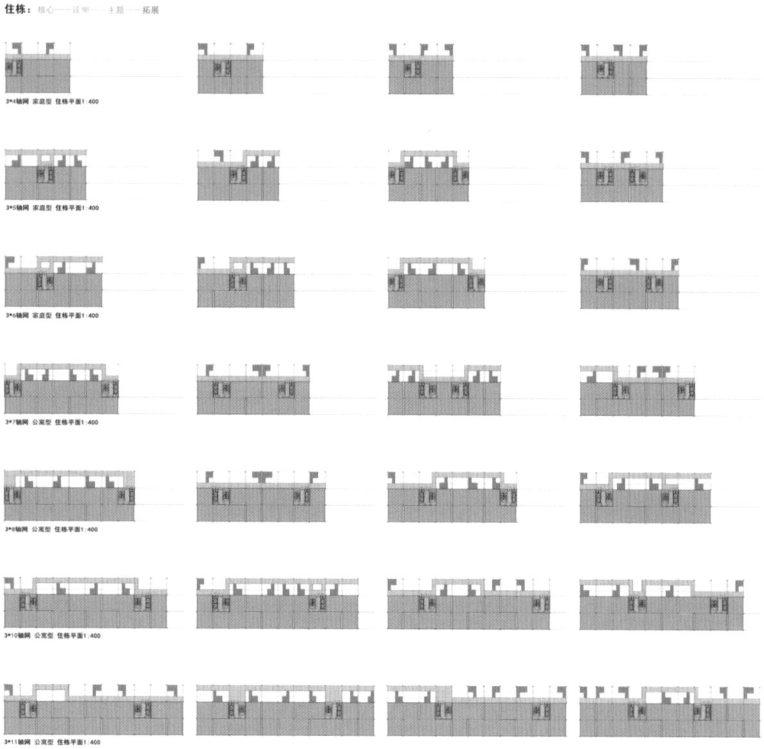

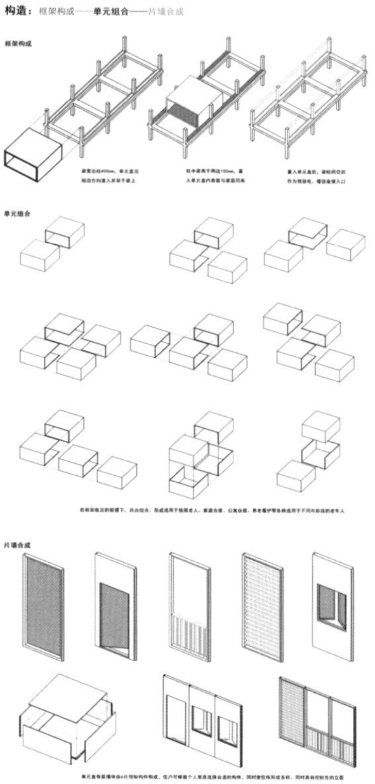

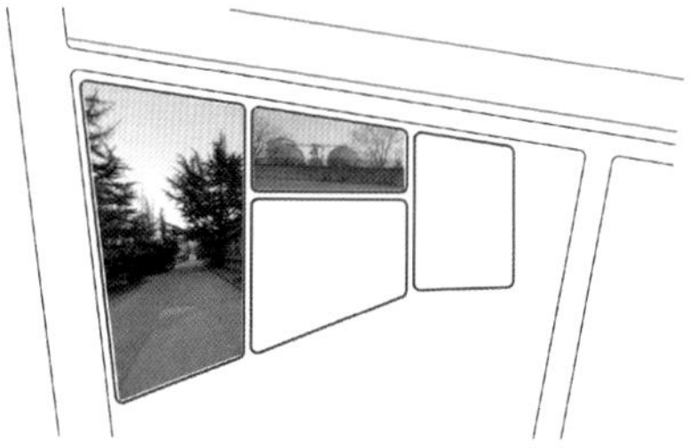

利用场地现有绿化及工业景观，联系北面公园、河道，按照原有道路将基地划分为四块，分别为公共、休闲、公寓、合居

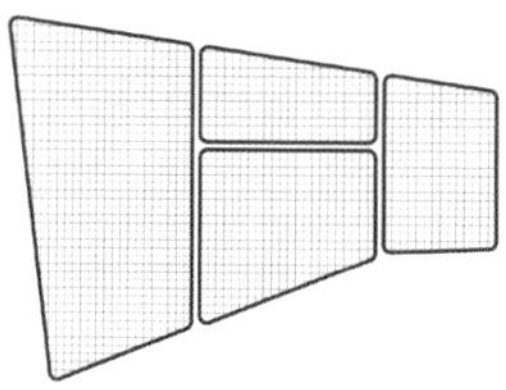

沿用工业基地的分割方式，在基地内置入6.6m*6.6m的轴线网格，同时利于单元式插接住栋的实现

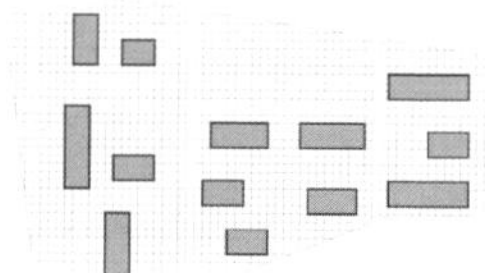

根据场地规划及日照、风向，在基地内置入3*n型的板（点）式住栋塔楼

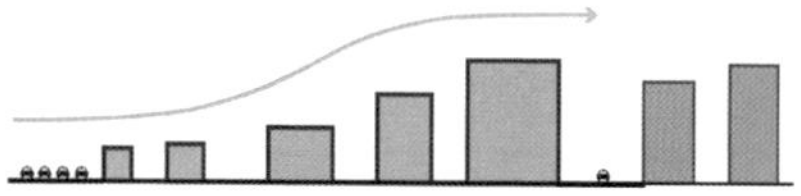

在剖面上，从基地西侧到东侧有从公共到私密的趋势，各栋建筑在高度上呼应这种趋势

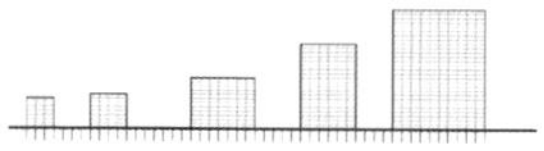

将平面上的网格划分延伸到剖面，将住栋平面按照6.6m*6.6m的轴网划分，在每格中置入单元

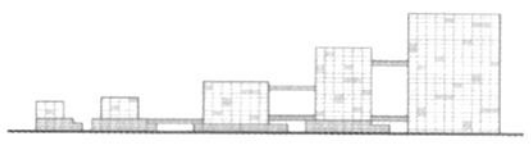

在塔楼住栋下置入公共裙楼，从西往东由公共到私密，同时联系塔楼，置入公共单元

户型·组合： 厨卫空间——公共空间——阳台空间

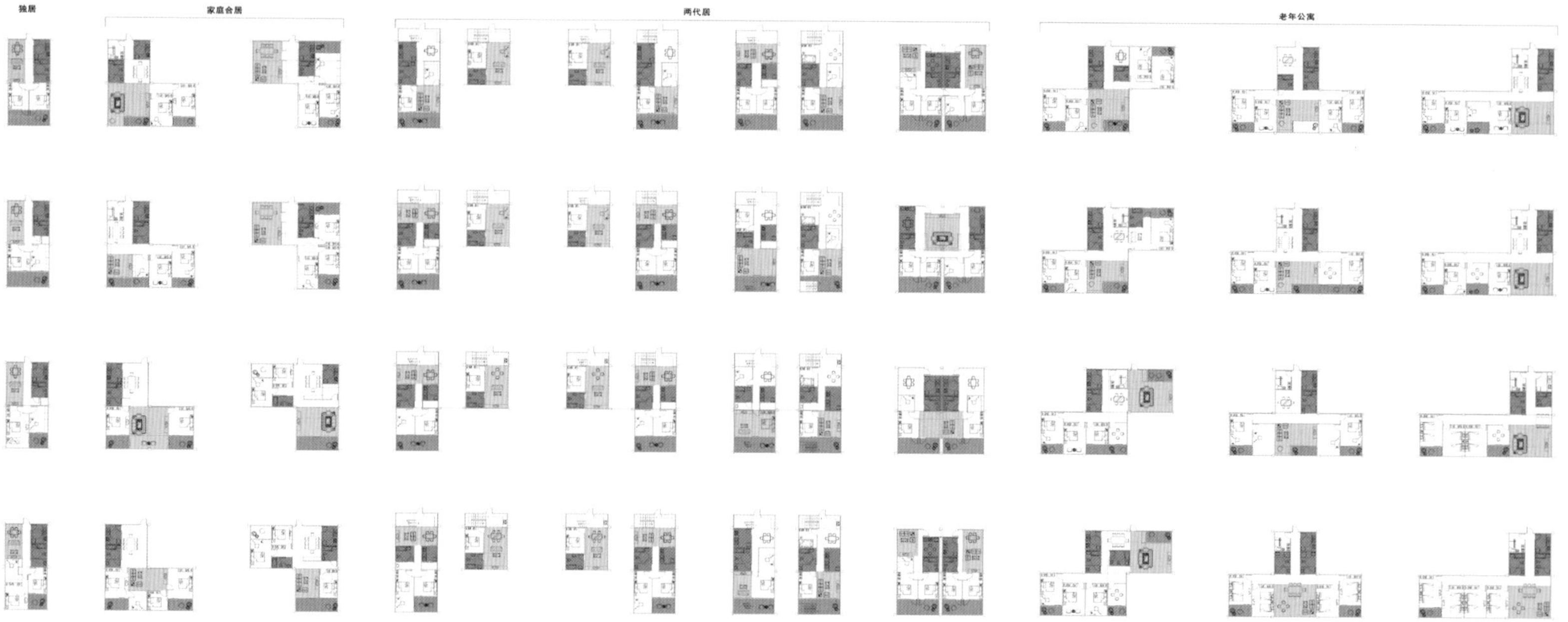

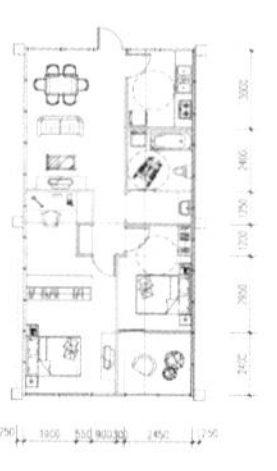

独居平面图 1:100

合居平面图 1:100

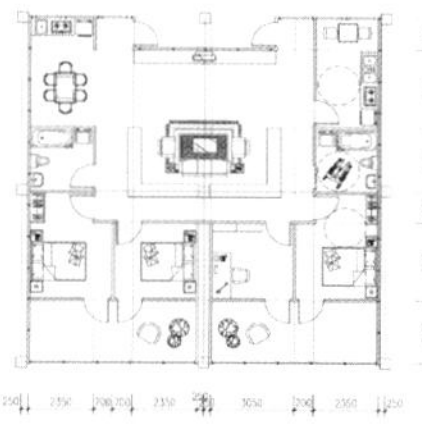

两代居平面图 1:100

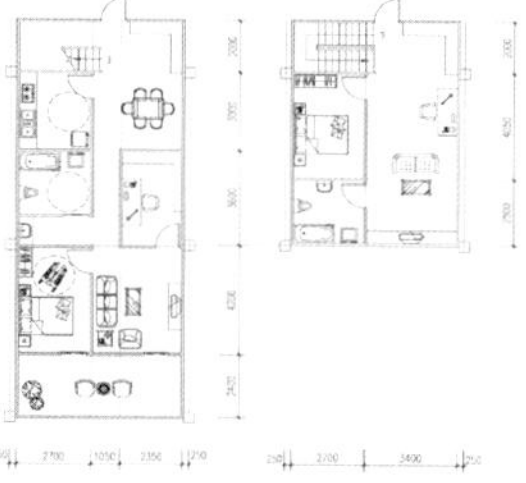

两代居两层平面图 1:100

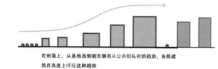

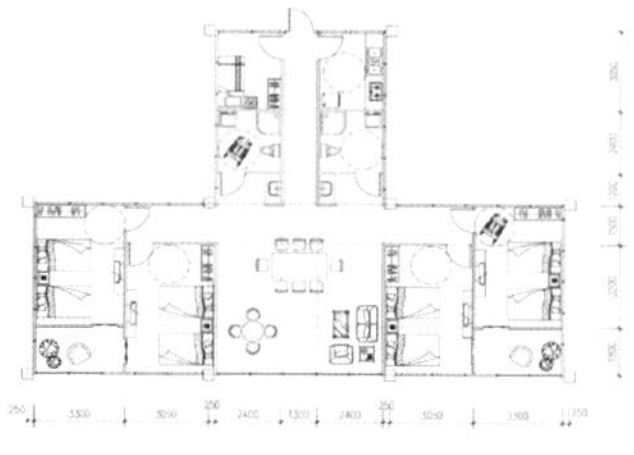

老年公寓平面图 1:100

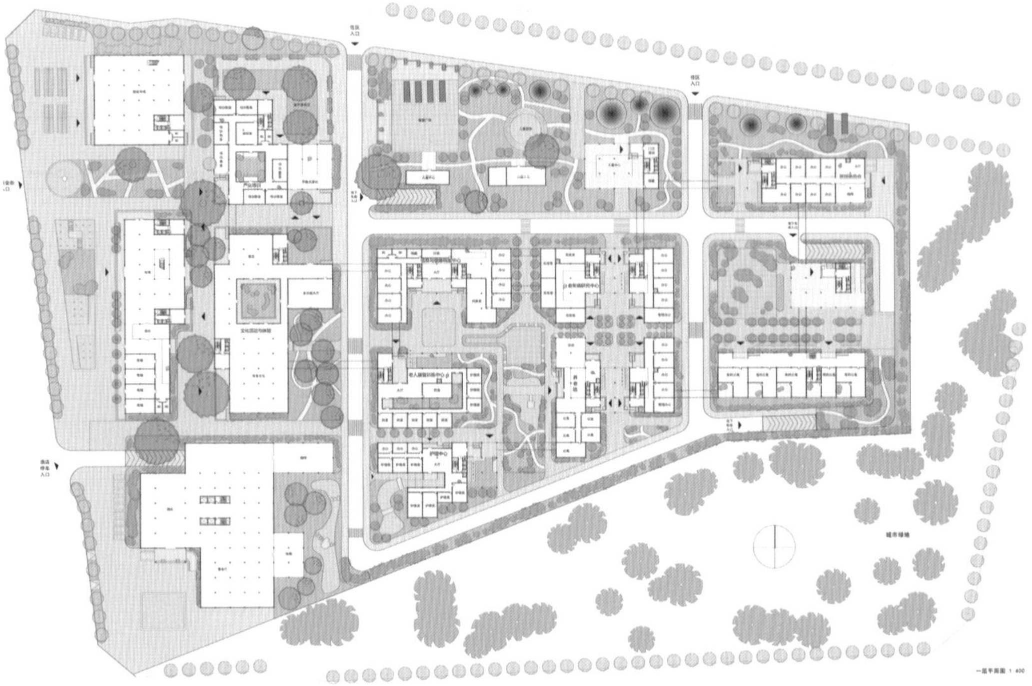

一层平面图 1:400

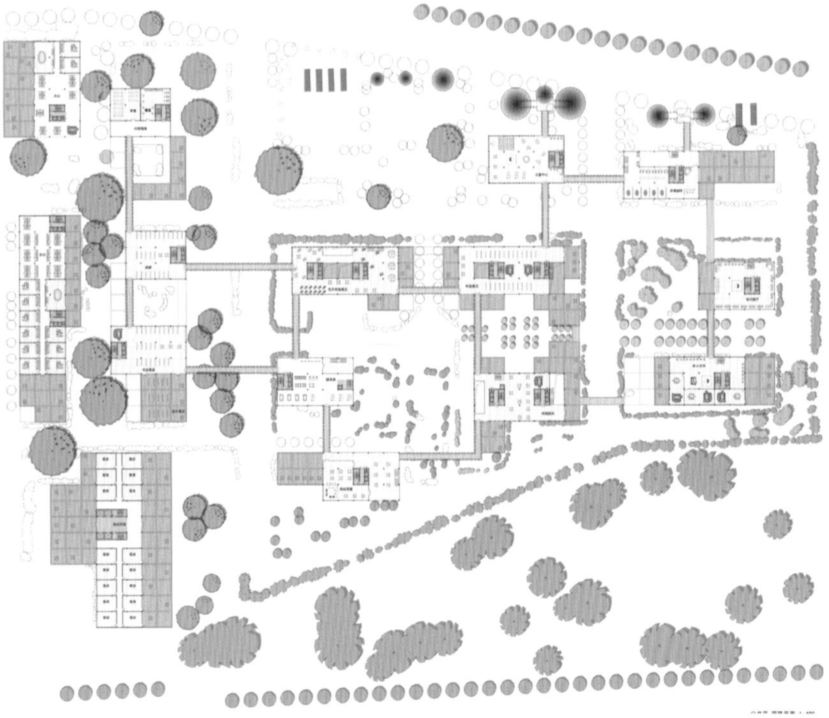

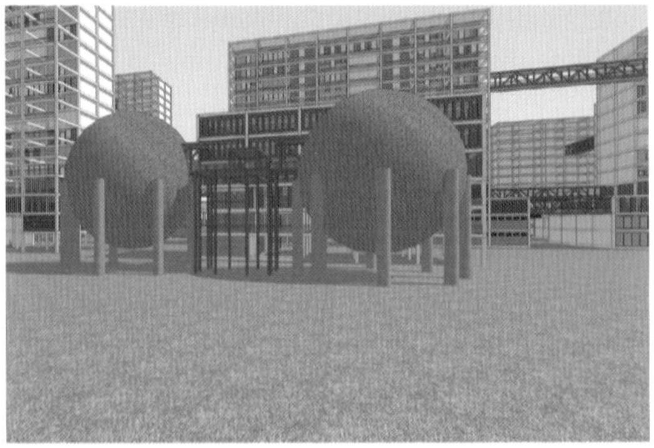

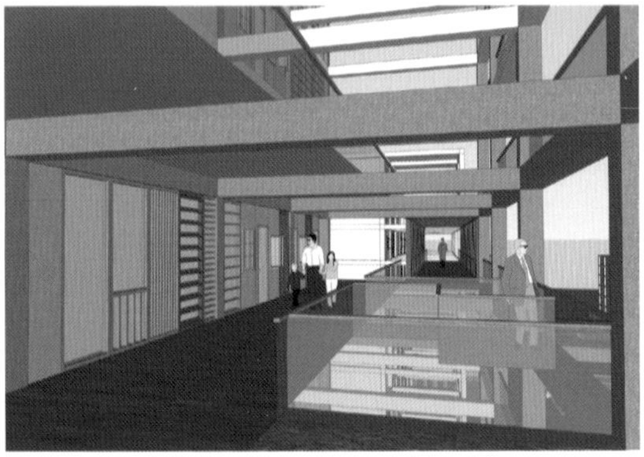

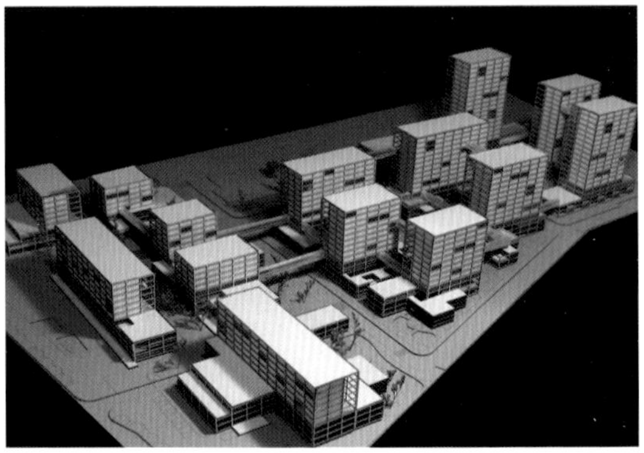

北立面图 1:400

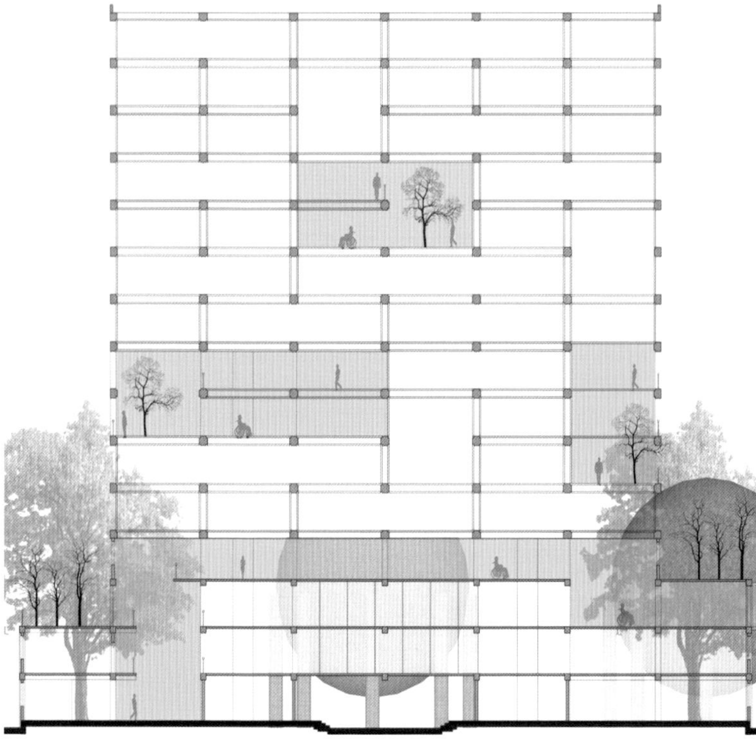

老年公寓 剖面图 1:400

老年公寓 南立面图 1:400

2009“Autodesk 杯”全国大学生优秀建筑设计作业

错动的长屋

学　　生：韩雨晨

指导老师：屠苏南

方案介绍：

本次作业强调“单元”与“交流”，该设计以“错动的长屋”为基本概念，以统一理性的手法组织单元空间与公共空间，并通过“长屋”的形式解决了单元内的交流问题，用“错动”的手法解决了单元间的交流问题。形成了由“房间”到“长屋”，再到“旅社”的层进式空间单元。结构上，单元空间采用砖混结构横墙承重体系，公共空间采用混凝土框架柱网体系，区分明确，清晰易读。

本设计以“住吉的长屋”为基本原型，以统一的形式概念“错动的长屋”来组织公共空间与单元空间。建筑积极地面向各种场地要素，为广大青年朋友提供了一个很好的交流平台。

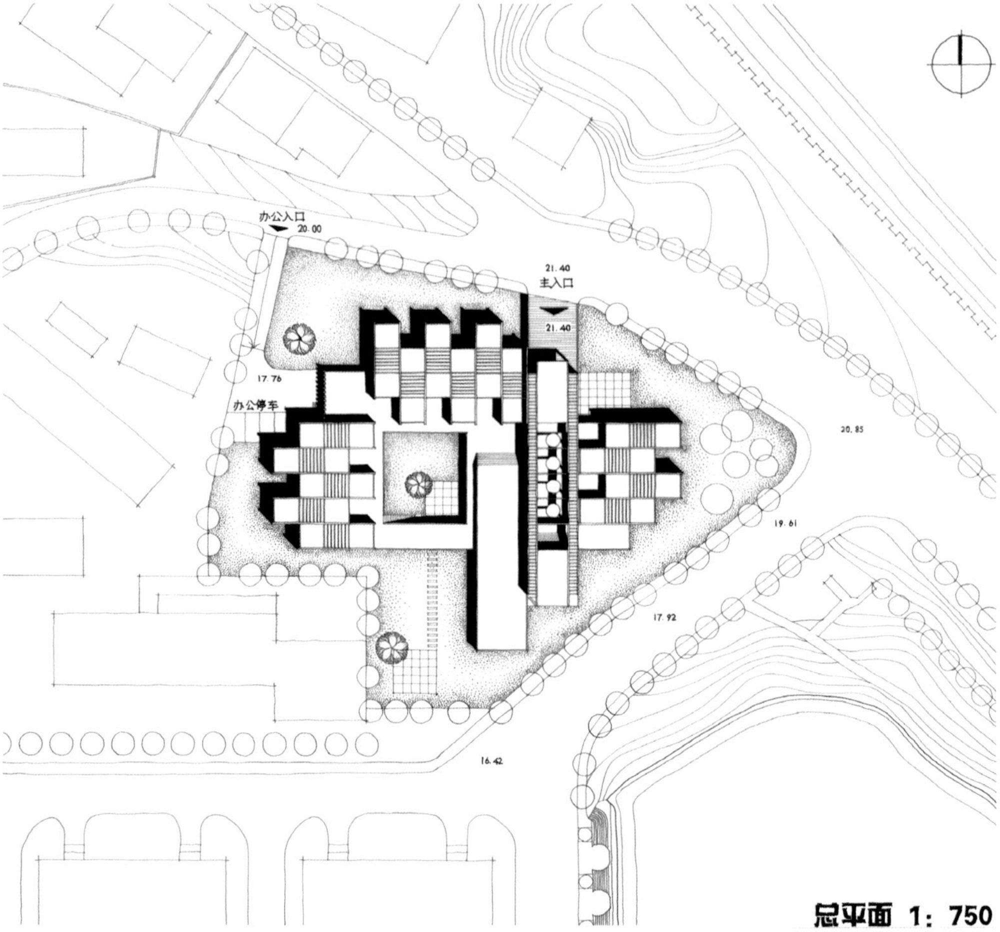

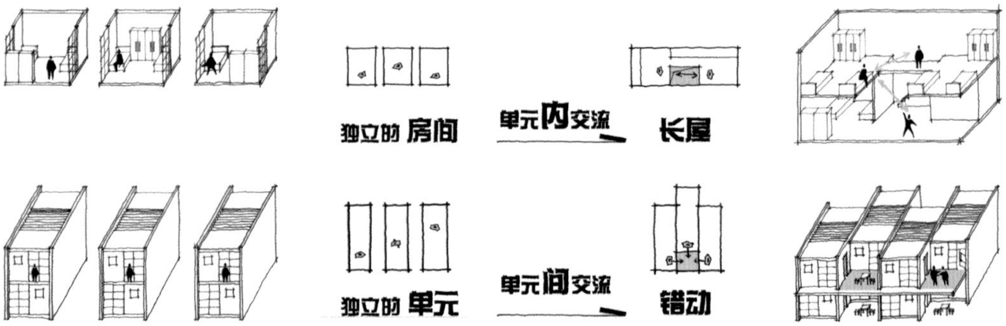

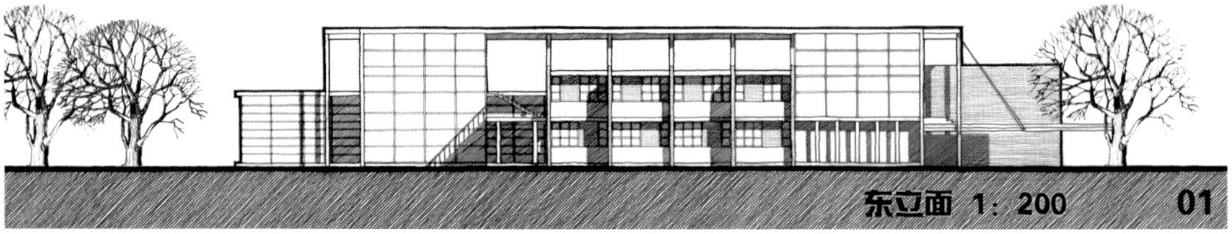

错动的长屋

青年旅社设计

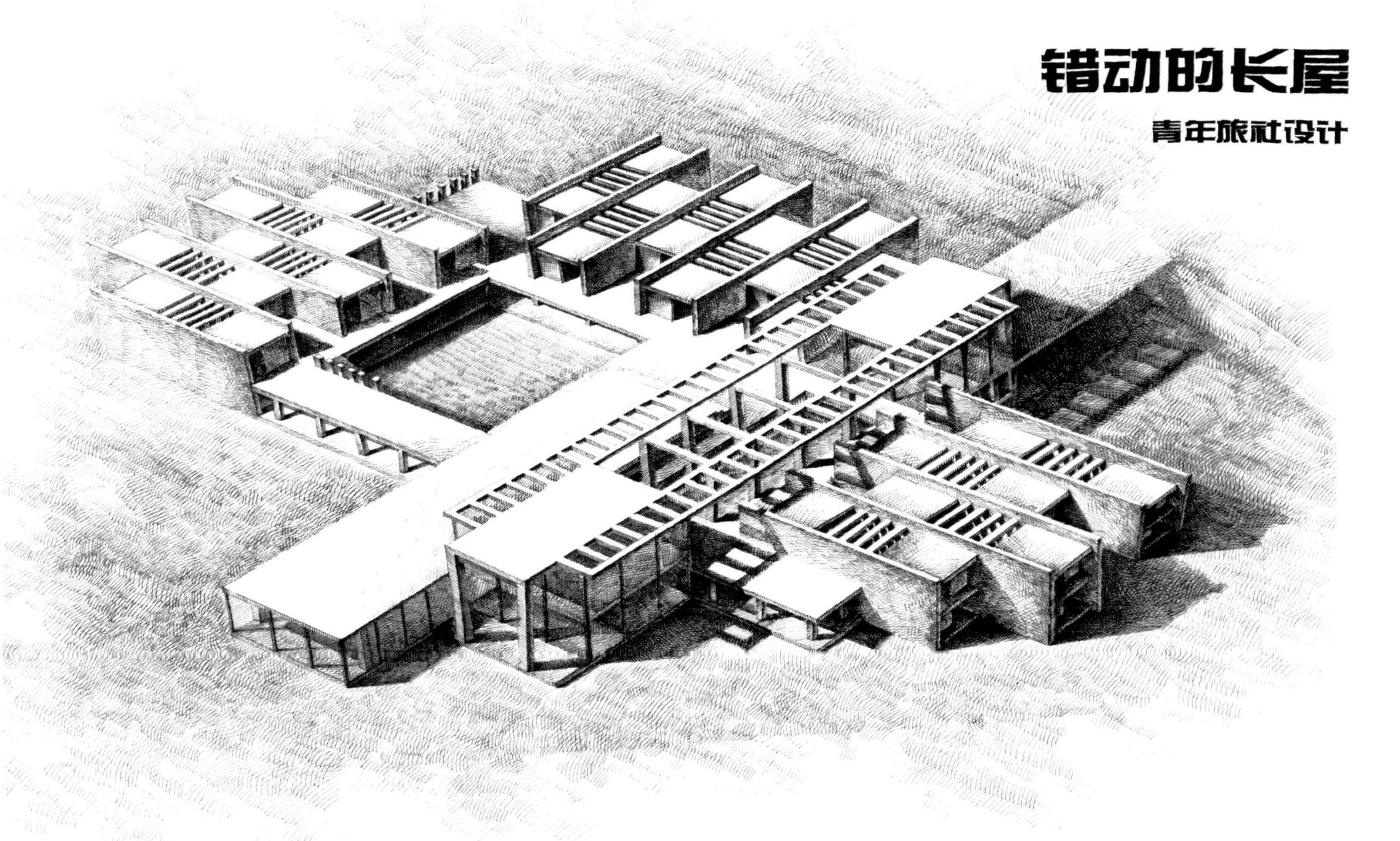

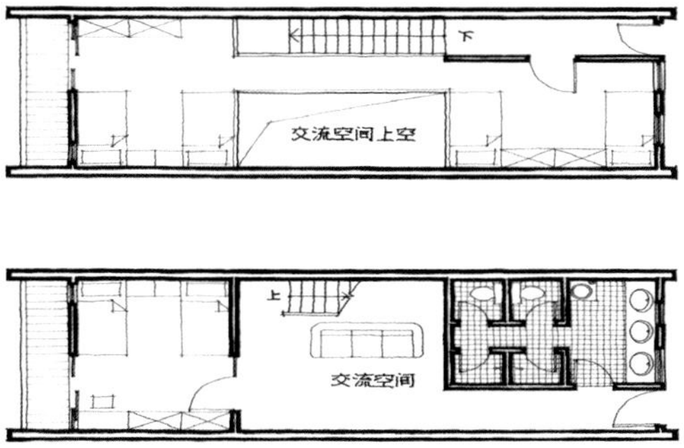

单元平面1：100

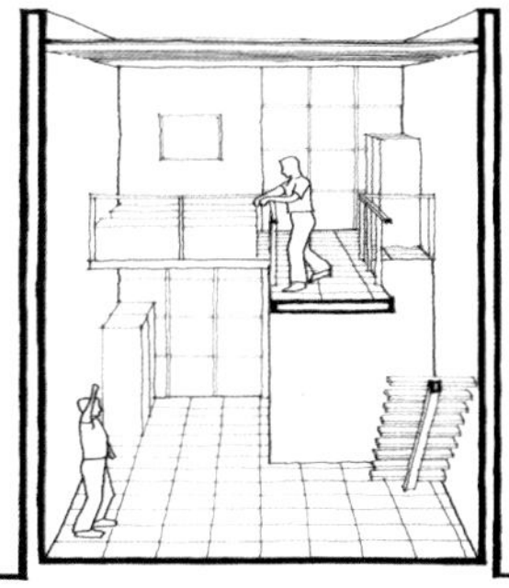

单元剖透视

设计说明

本设计以"住吉的长屋"为基本原形，形成了由"客房"－"长屋"－"旅社"的层进式空间单元。

以统一的形式概念——"错动的长屋"来组织公共空间与单元空间。

建筑积极的回应各种场地要素，为广大青年朋友提供了一个很好的交流平台。

用地面积：3880平方米 面积系数：0.55

建筑面积：2330平方米 建筑密度：42%

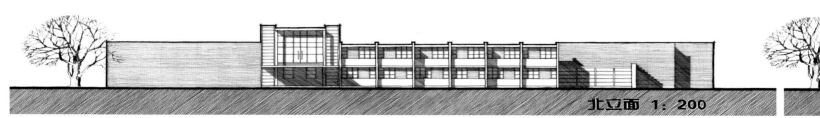

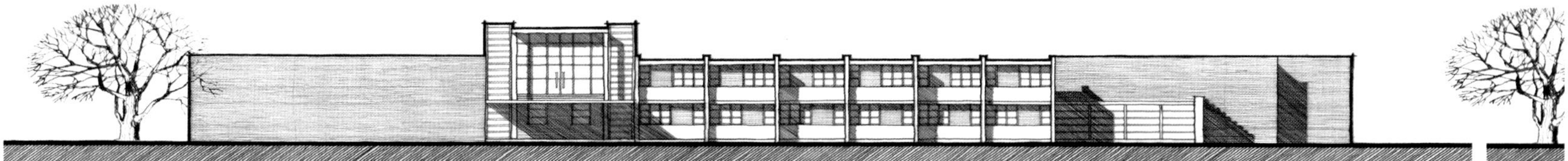

北立面 1：200

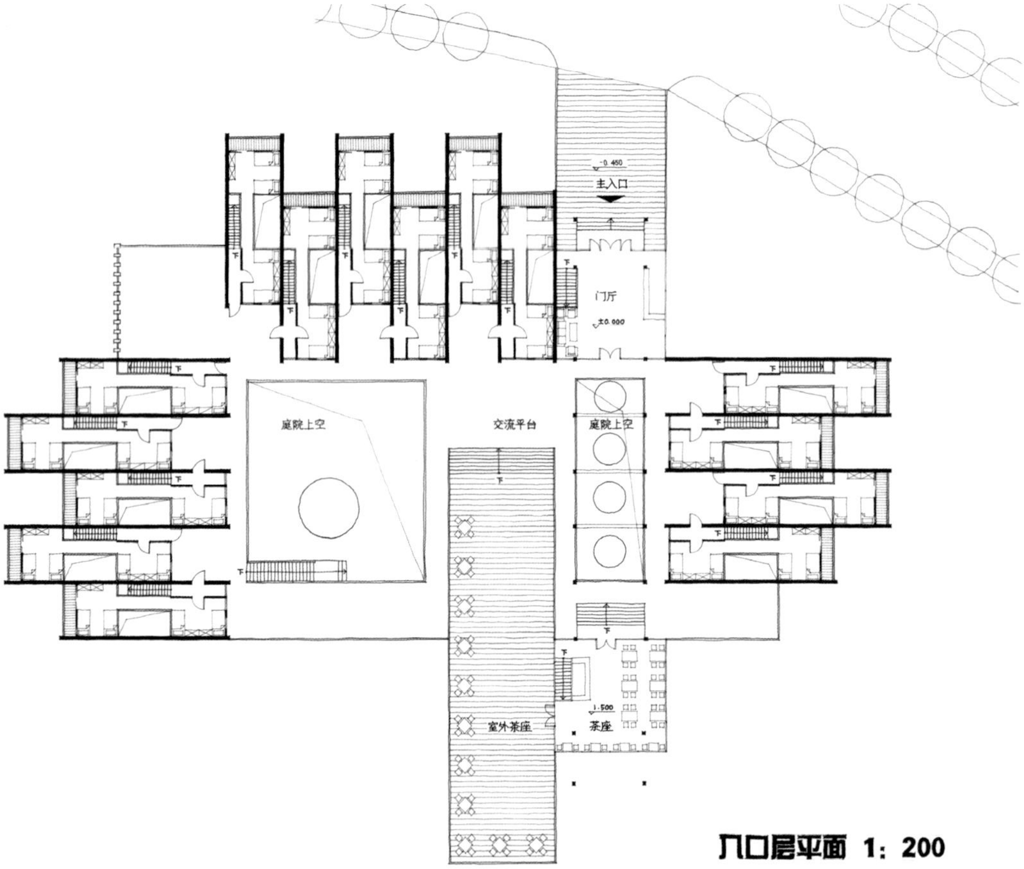

入口层平面 1：200

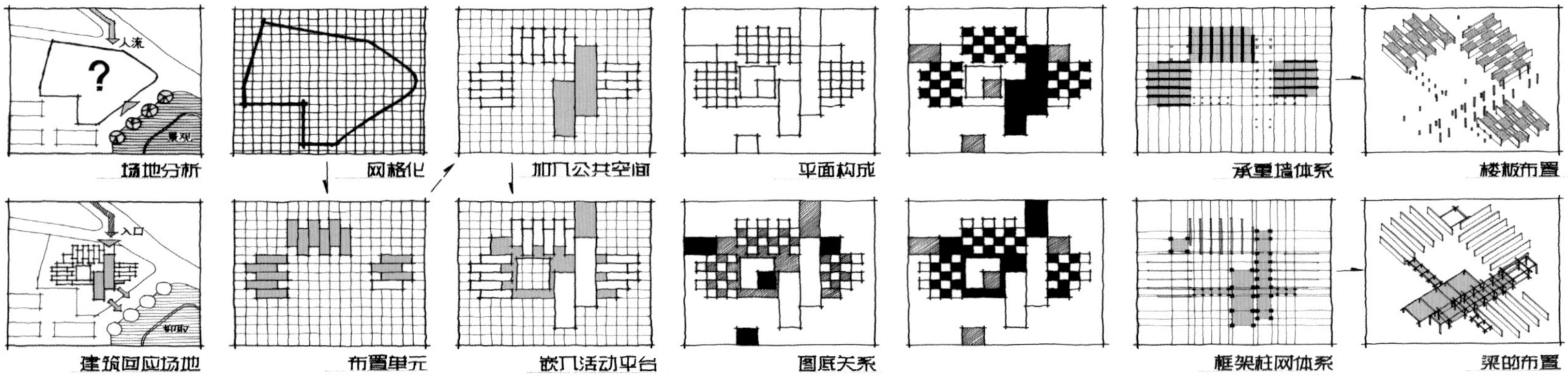
人流
场地分析
网格化
加入公共空间
平面构成
承重墙体系
楼板布置
入口
建筑回应场地
布置单元
嵌入活动平台
图底关系
框架柱网体系
梁的布置

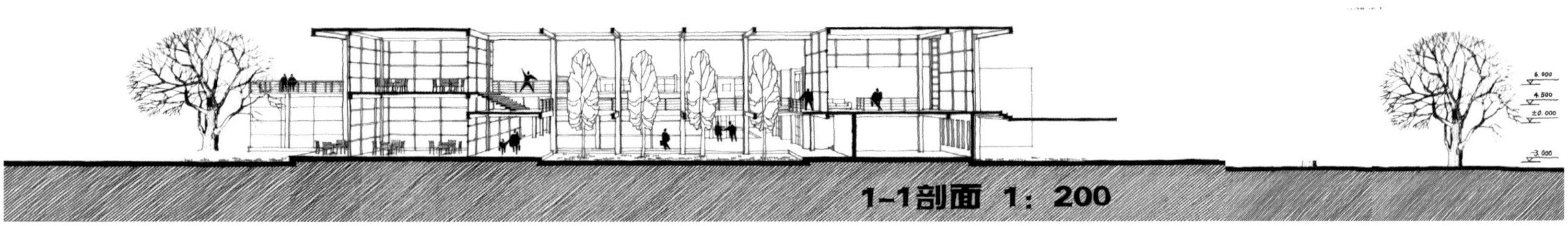

1-1剖面 1：200

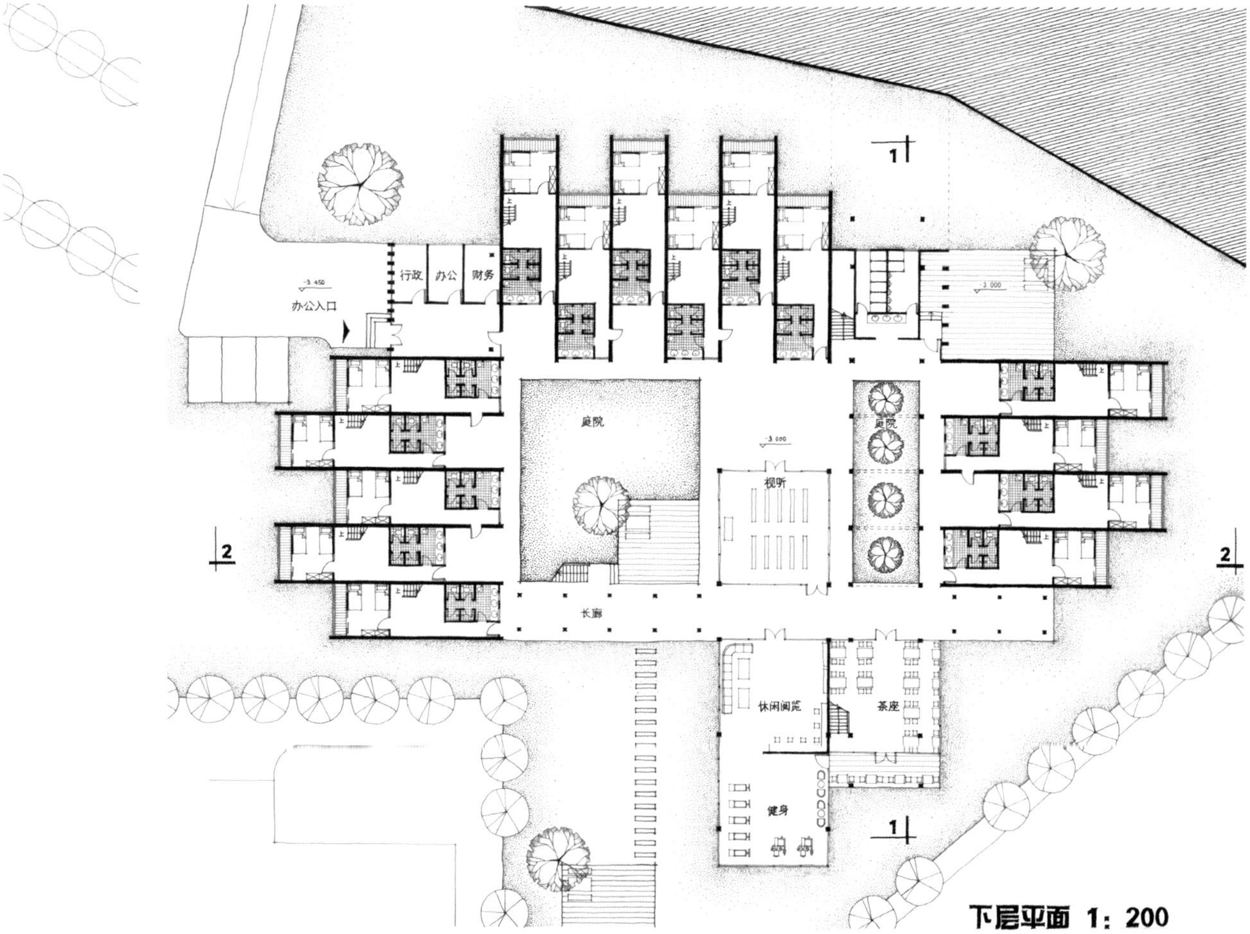

下层平面 1：200

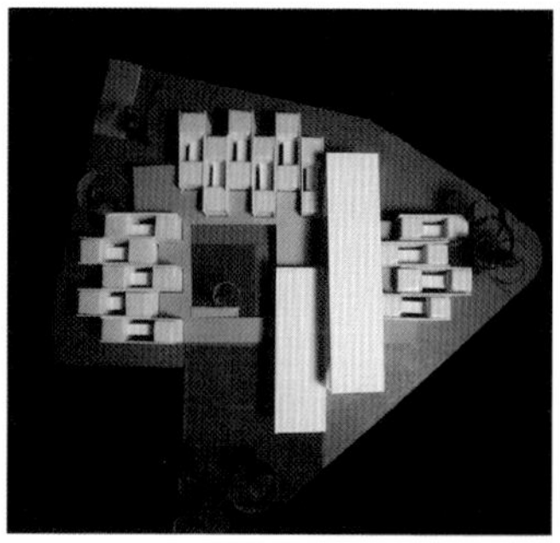

体块模型

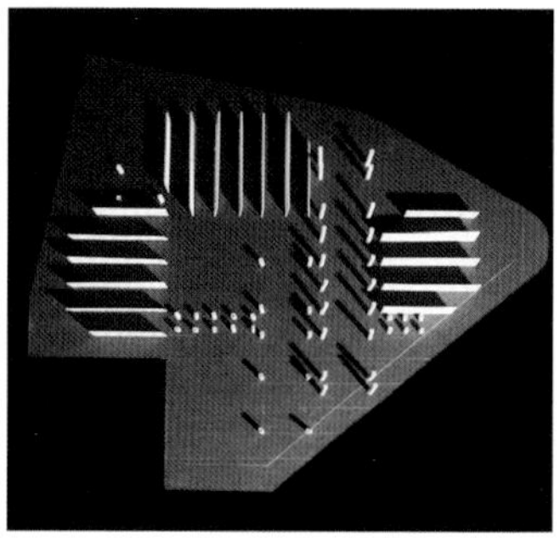

结构模型

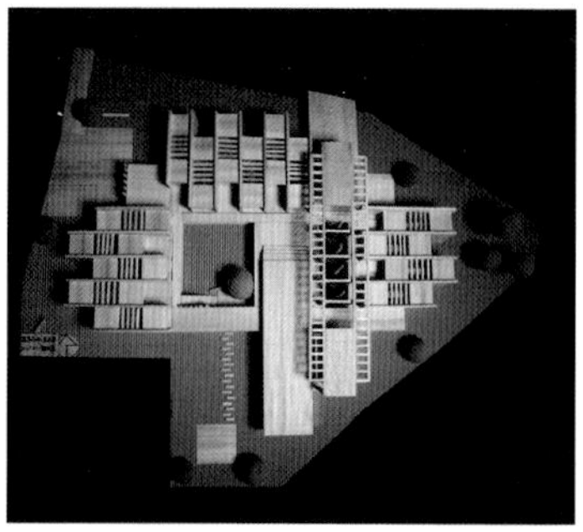

建筑模型

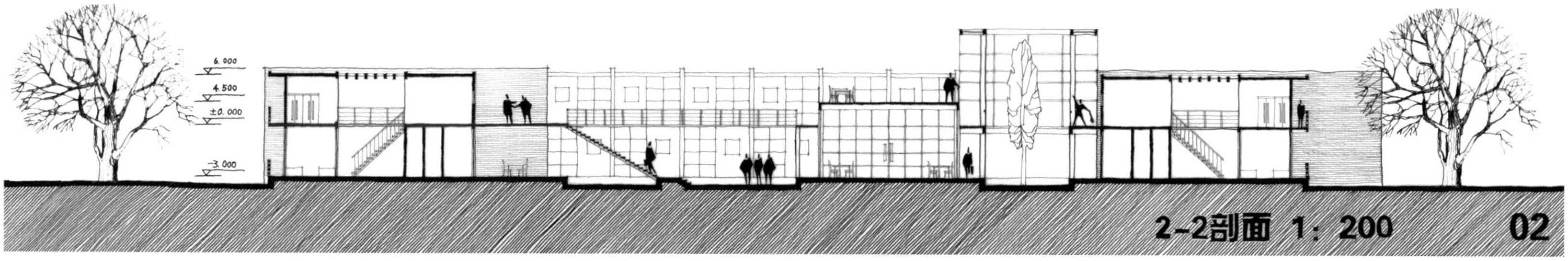

2-2剖面 1：200

02

2010 "Revit 杯" 全国大学生优秀建筑设计方案

城市文化艺术中心

学　　生：韩雨晨

指导老师：杨志疆

方案介绍：

　　本方案由城市剖面启动建筑设计，将公共空间、小剧场、LOFT 的策划与城市关系的策划结合起来，建立起城市、功能和空间三者的互动关系，为城市提供一个观演互动的公共交流平台。

　　本方案以基地周边的城市环境为切入点，通过对外部空间及功能空间的原型解读，以整体而有机的手法加以整合与组织，不仅在基地中留出了市民公共活动空间，而且创造出了具有雕塑感的多维建筑形态，有效地呼应了复杂的城市环境和城市肌理。该方案理念先进，结构新颖，逻辑清晰，技术可行，特点鲜明。

The URBAN ART CENTER WAS INITIATED BY THE SECTION OF THE URBAN. THE BUILDING MADE THE FORMER FLOW OF CITIZENS SWIRL FURTHERMORE, THE URBAN SWIRL LED TO THREE CIRCULAR MOVEMENT INSIDE THE BUILDING, NAMED THE PUBLIC FLOW, THE LOFT FLOW AND THE AUDIENCES' FLOW.

THE URBAN ART CENTER NOT ONLY ENRICHED THE MONOTONOUS FLOW OF THE PUBLIC, BUT ALSO MORE CATIVITIES FOR THEIR DAILY LIFE IN THE NEIGHBOURHOOD AND A PUBLIC STAGE FOR ALL THE VISITORS.

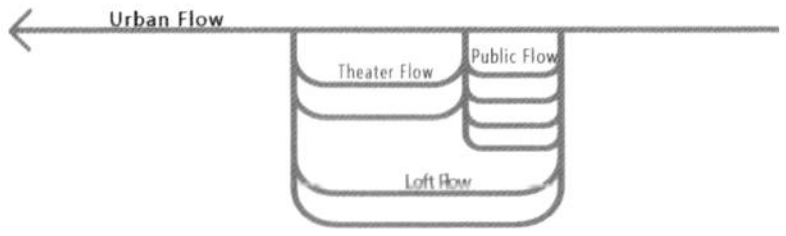

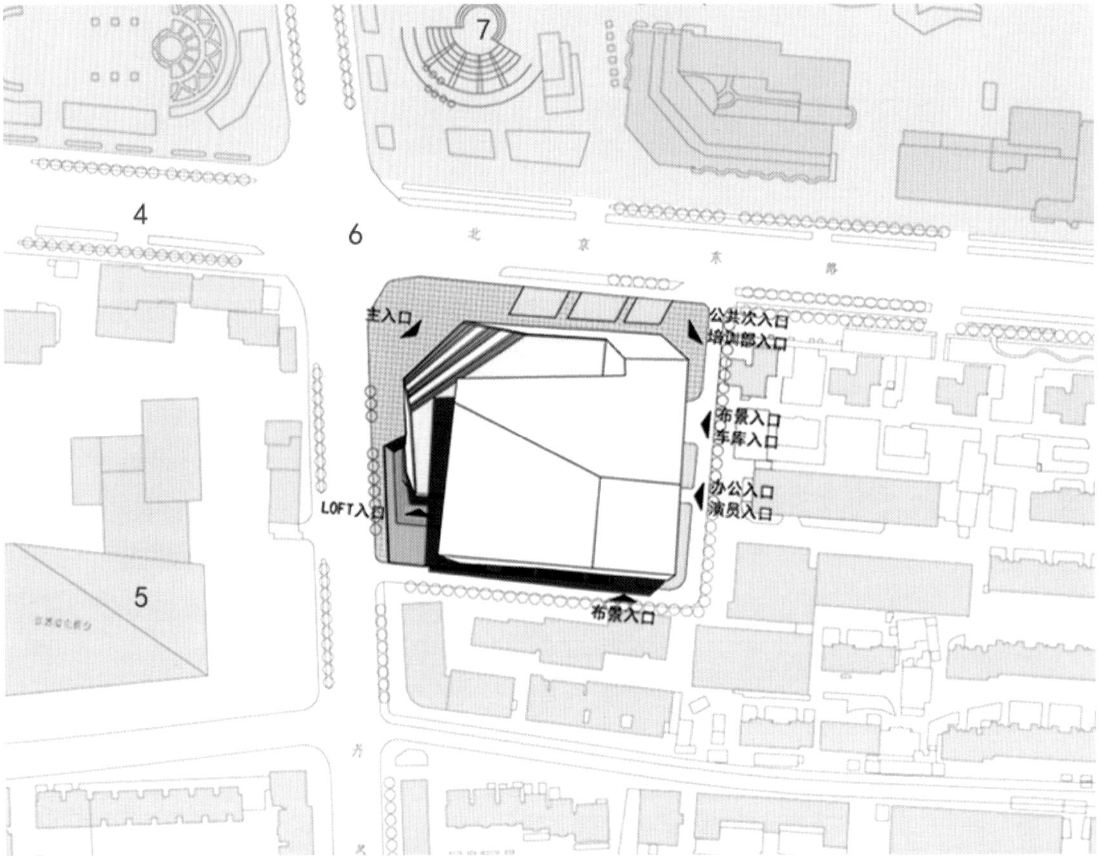

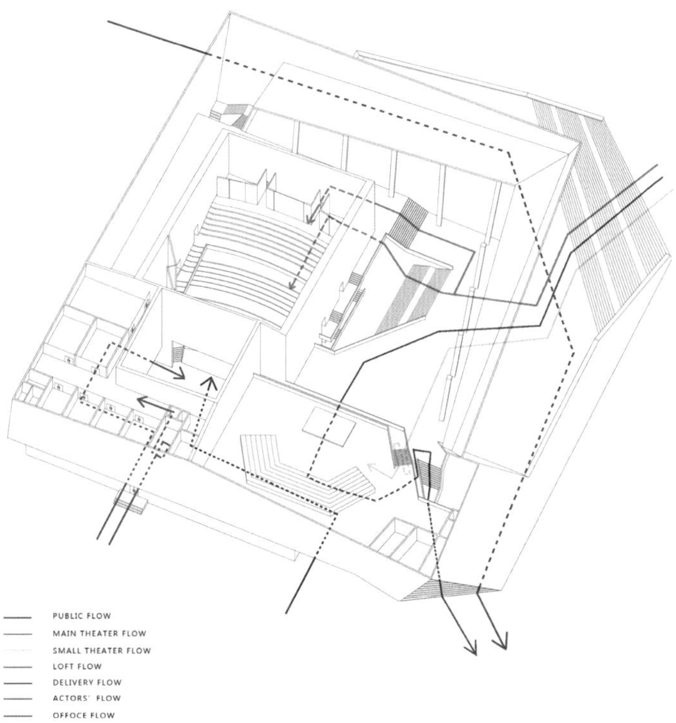
PUBLIC FLOW
MAIN THEATER FLOW
SMALL THEATER FLOW
LOFT FLOW
DELIVERY FLOW
ACTORS' FLOW
OFFOCE FLOW

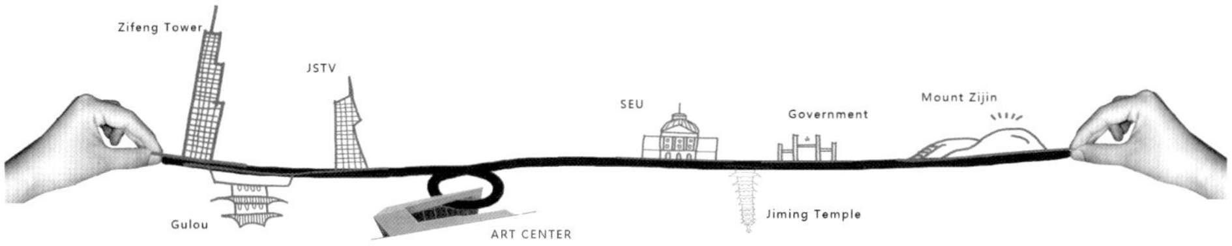
Zifeng Tower
JSTV
SEU
Government
Mount Zijin
Gulou
ART CENTER
Jiming Temple

THE OROGINAL PUBLIC FLOW

OK

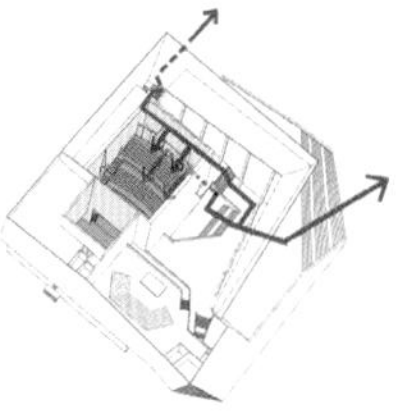

FLOW IN THE CONCERT HALL

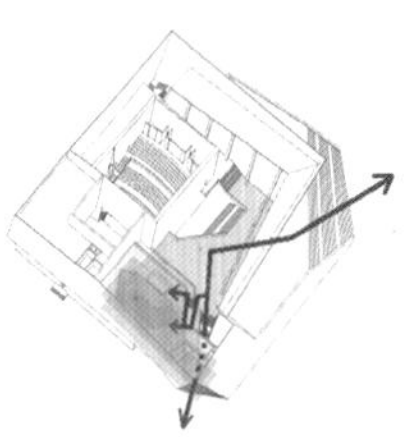

THE FLOW IN THE PUBILC AREA AND THE SMALL HALL

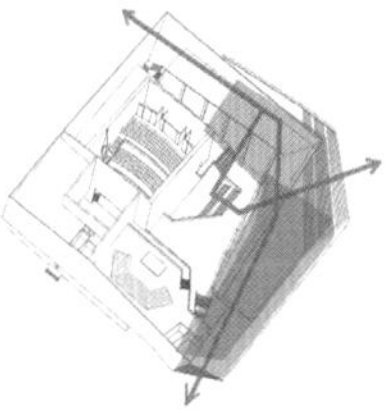

FLOW OF THE LOFTS

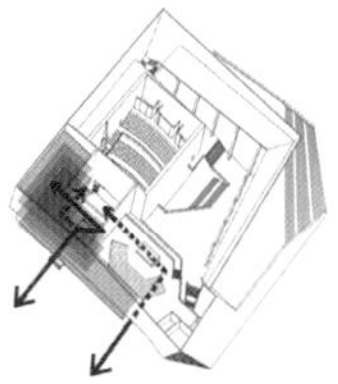

FLOW OF THE STAFF AND ACTORS

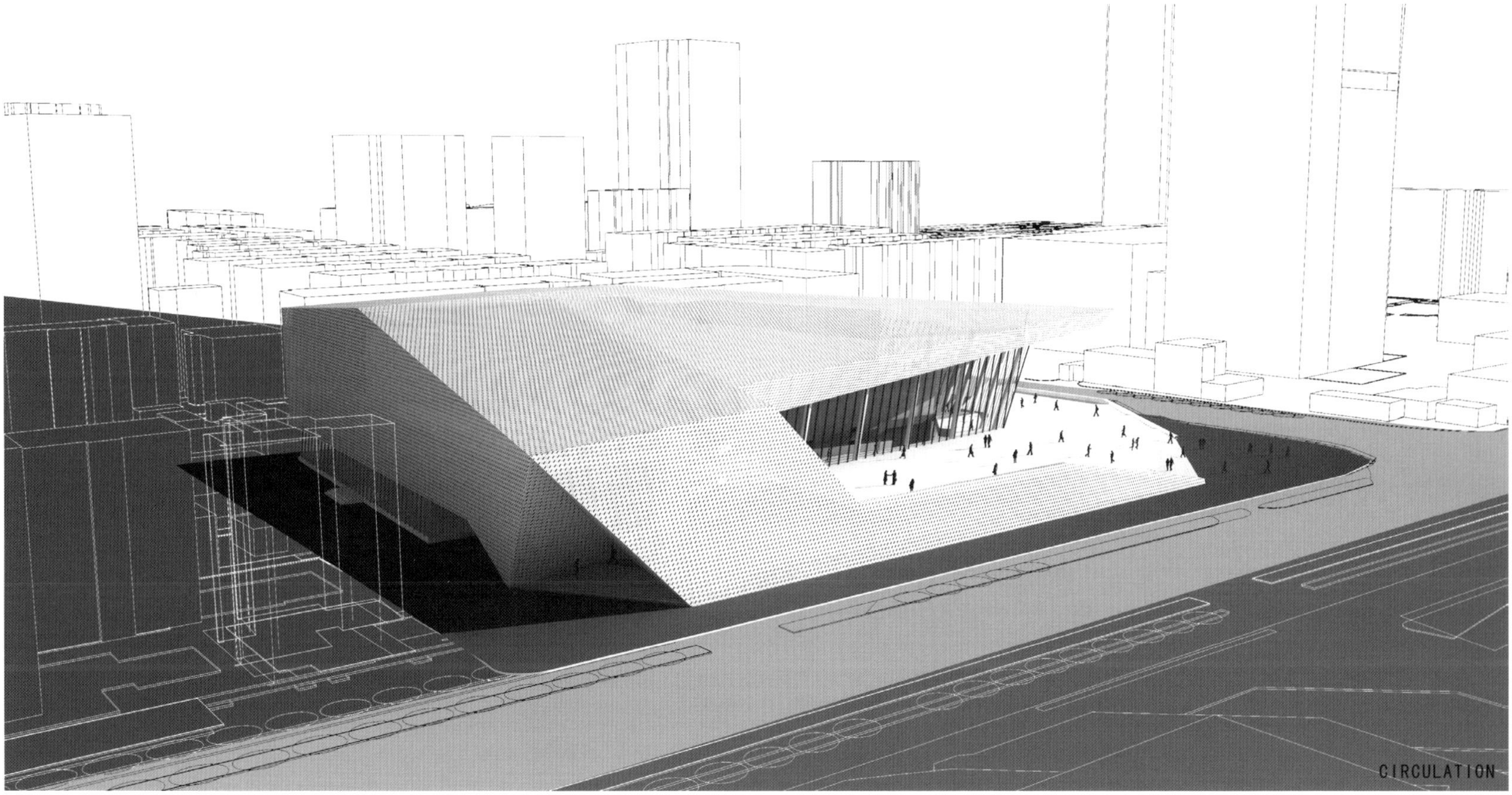

PUBLIC SPACE PLAN

CITY BLEACHER&
CITY STAGE

PUBLIC STAGE

SMALL THEATER PLAN

PERFORMANCE WITH THE
BACKGROUND OF THE
CITY VIEW

LOFT PLAN

ARTISTS' STUDIO AT
THE EDGE OF THE
CITY

URBAN SWIRL&BUILDING GROWTH

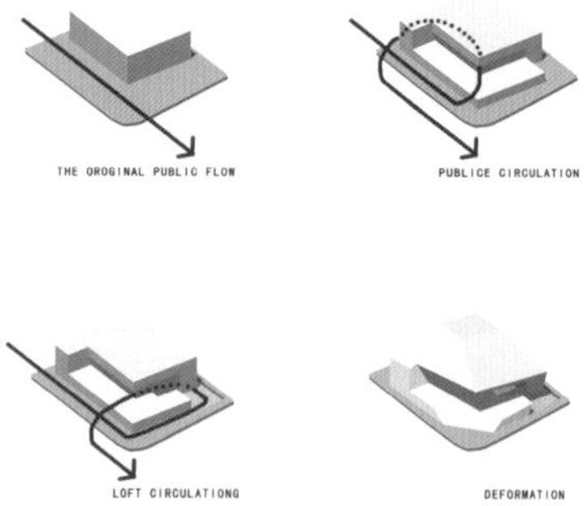
THE OROGINAL PUBLIC FLOW
PUBLICE CIRCULATION
LOFT CIRCULATIONG
DEFORMATION

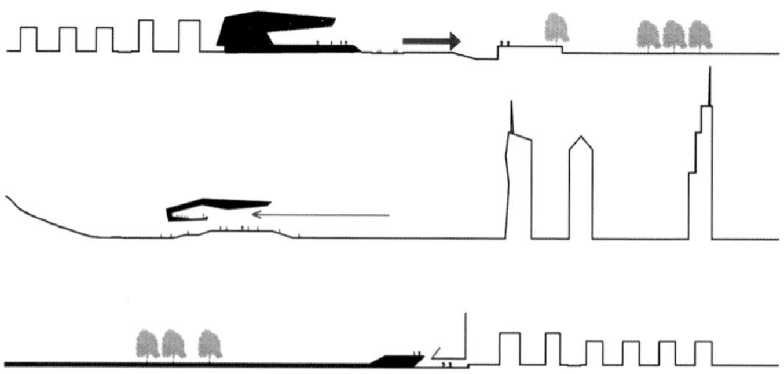

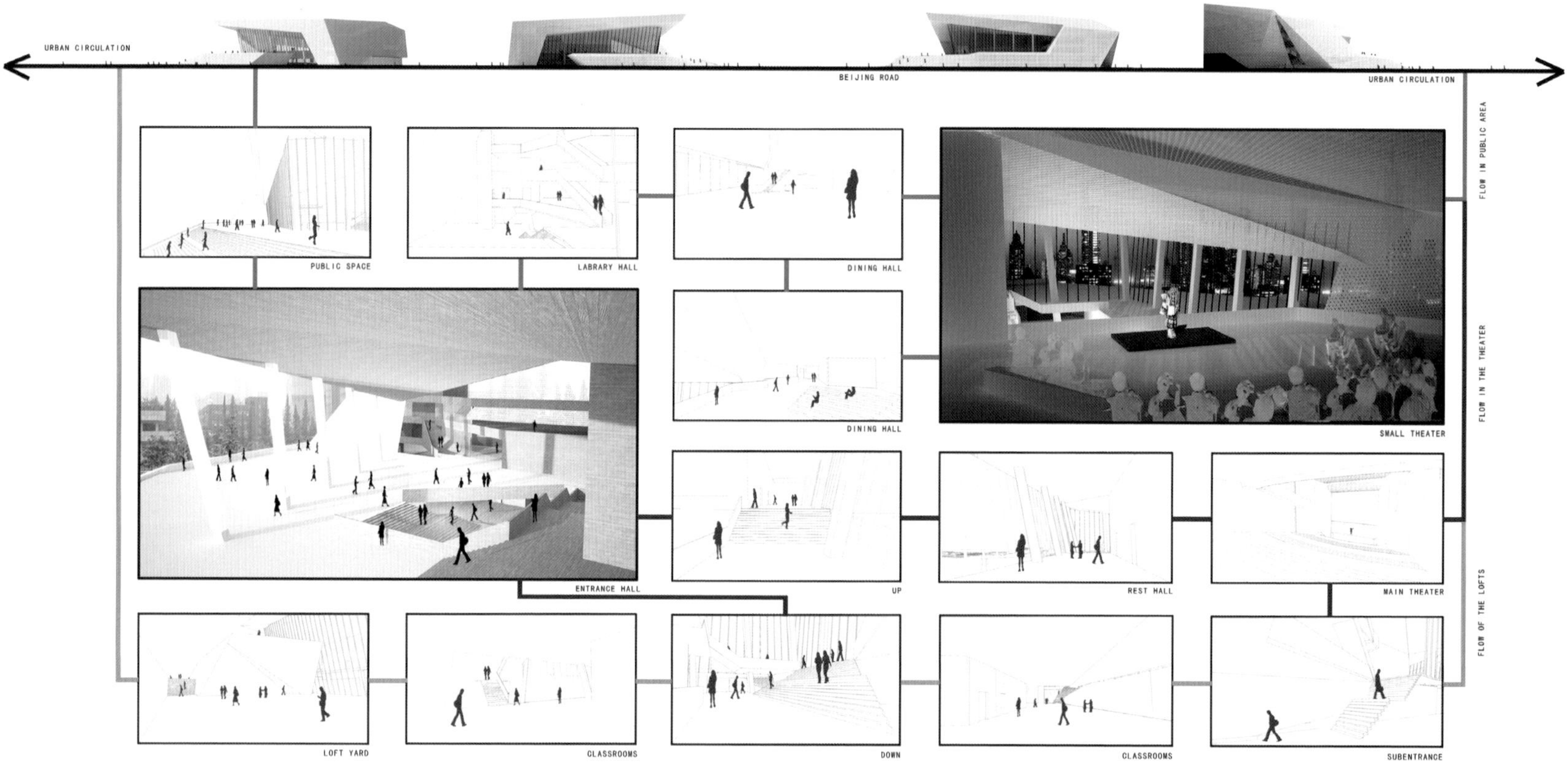
URBAN CIRCULATION
BEIJING ROAD
URBAN CIRCULATION
FLOW IN PUBLIC AREA
FLOW IN THE THEATER
FLOW OF THE LOFTS
PUBLIC SPACE
LABRARY HALL
DINING HALL
DINING HALL
SMALL THEATER
ENTRANCE HALL
UP
REST HALL
MAIN THEATER
LOFT YARD
CLASSROOMS
DOWN
CLASSROOMS
SUBENTRANCE

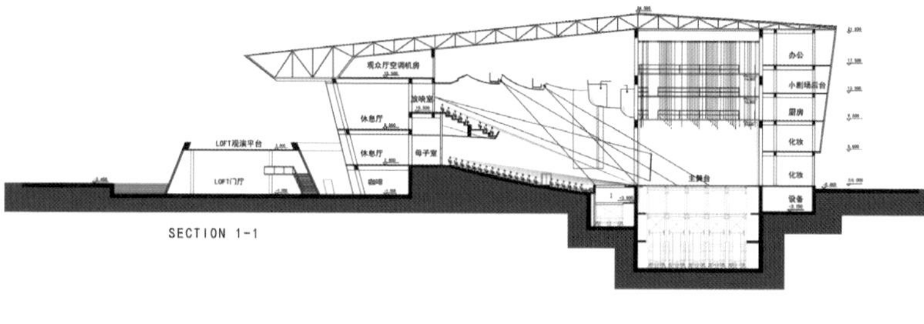

SECTION 1-1

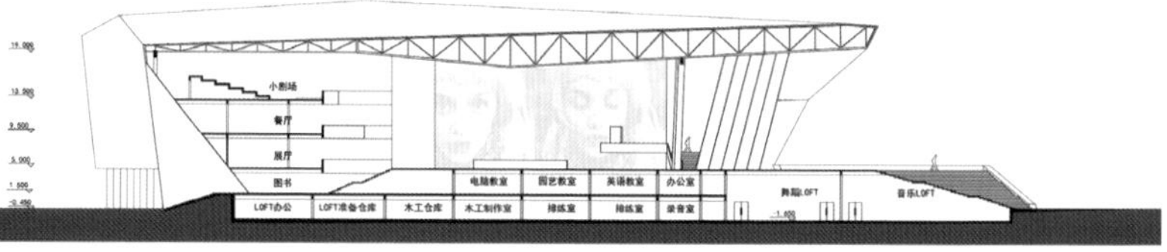

SECTION 2-2

SEQUENCES

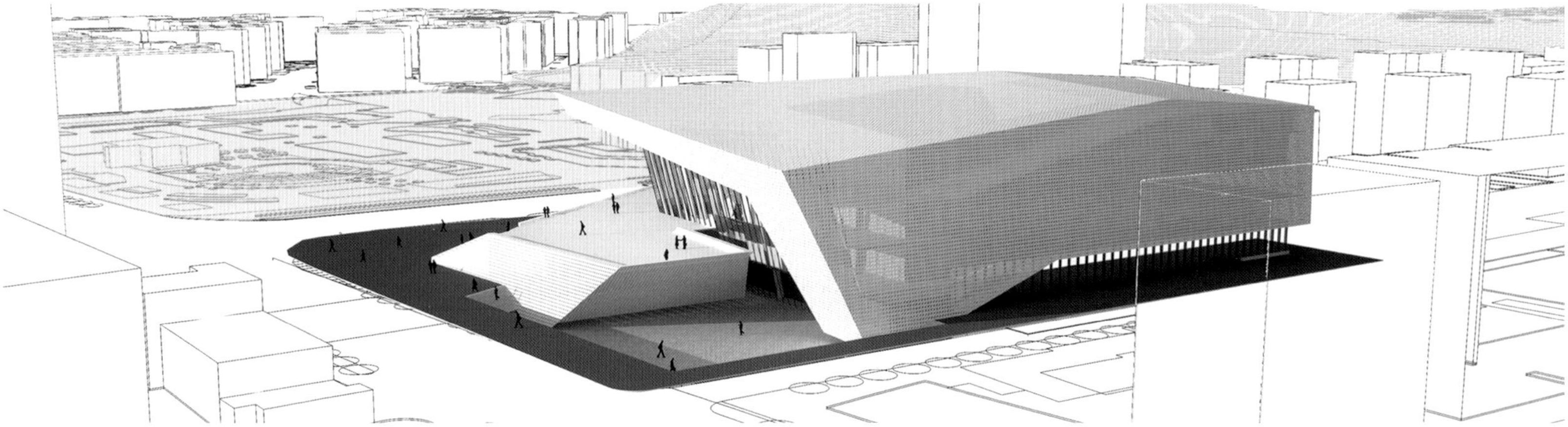

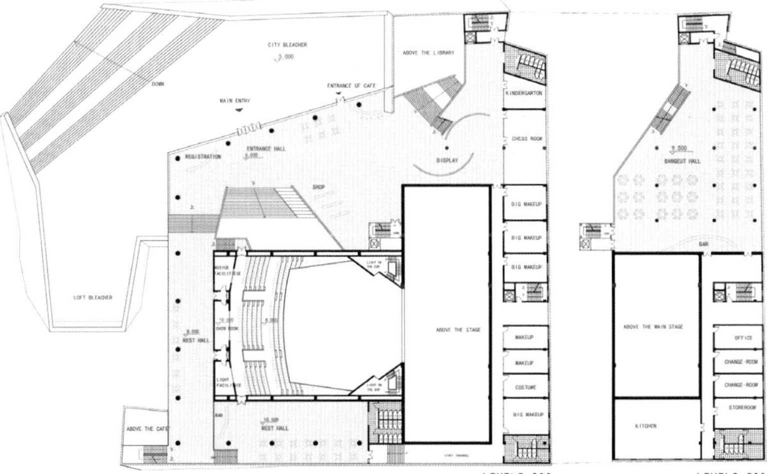

LEVEL5.000 LEVEL9.500

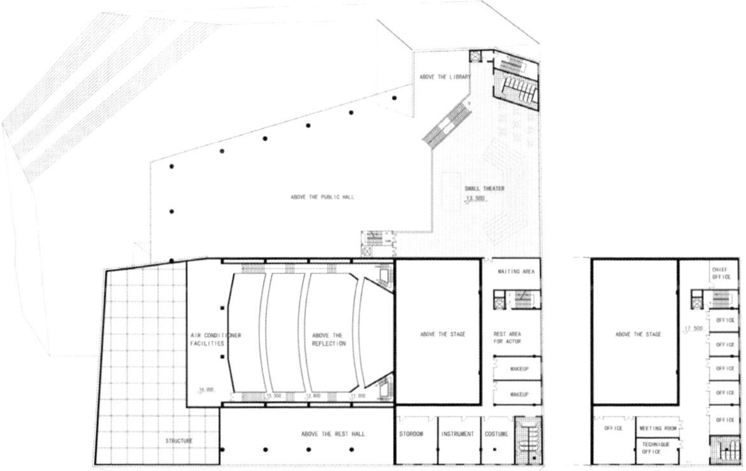

LEVEL13.500 LEVEL17.500

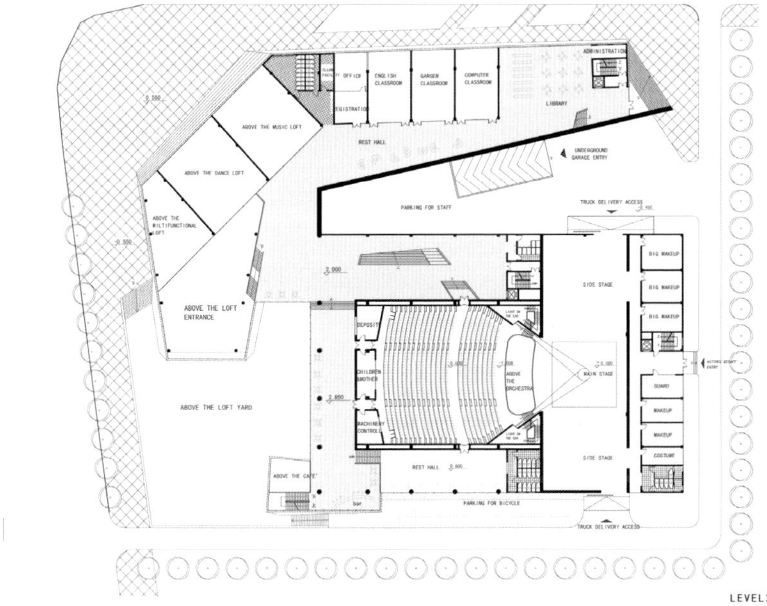

LEVEL2.000

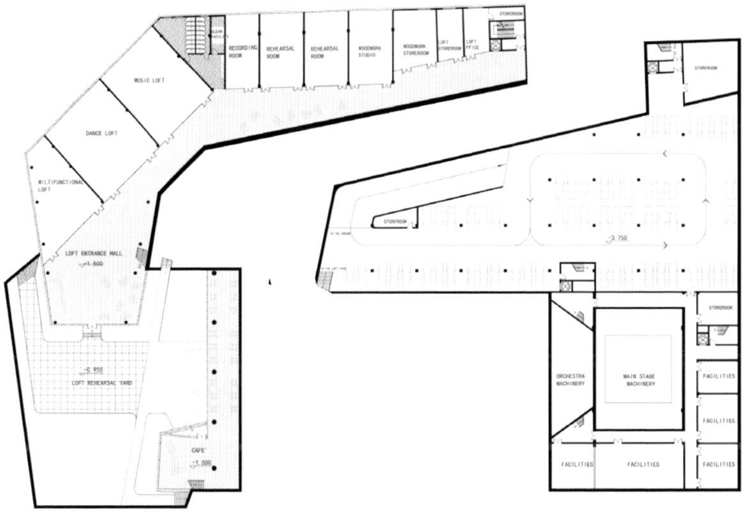

LEVEL-1.500 LEVEL-3.750

2014 中国境外交流学生优秀方案

种植社区

学　　生：韩雨晨 林岩 修雨琛 张硕松

指导老师：鲍莉 张玫英 郭药 屠苏南

　　　　　Luara Liuke

方案介绍：

老龄化问题席卷全球，建筑师应如何承担起自己的社会责任？种植社区，作为一种在建筑领域回应全球老龄化趋势所作的尝试，代表着一种居民参与式的社区更新，是针对中国式社区居家养老方式的策略性探索。该设计以南京香铺营为实验基地，使之实现了以最小变量激活中国 20 世纪 80 年代社区的养老功能。通过将“种植”这一行为引入现有社区，丰富了老人的单调的生活，为社区居家养老提供了高品质社区环境，实现了社区空间、使用者与活动行为的互动。

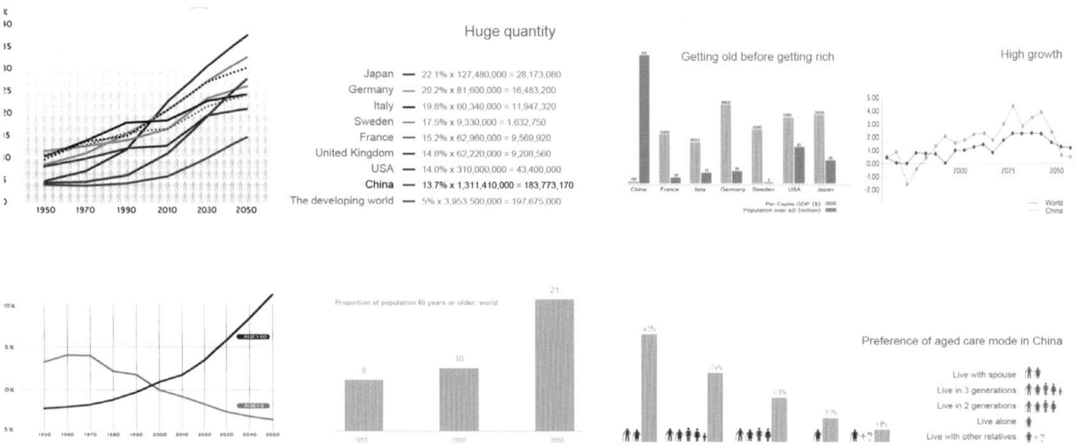

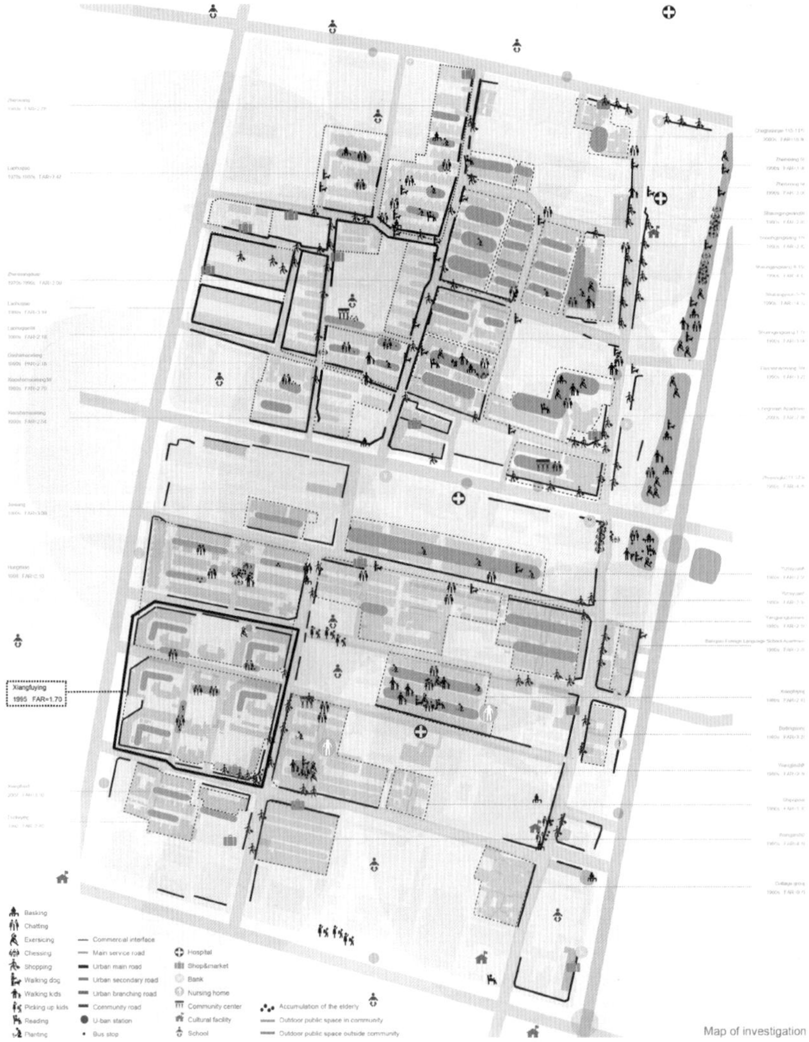

从自发性无序种植到有组织种植社区

总平面图

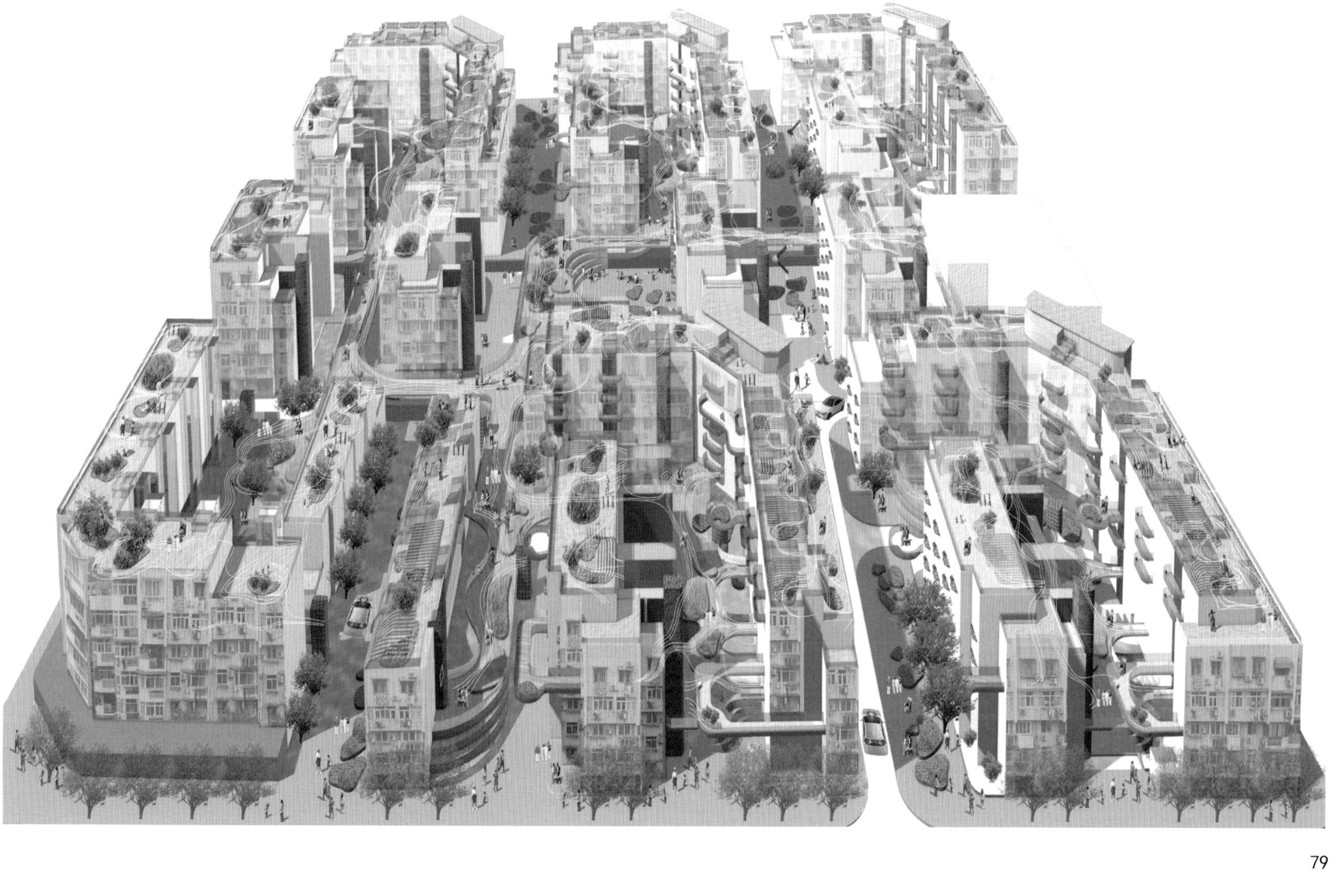

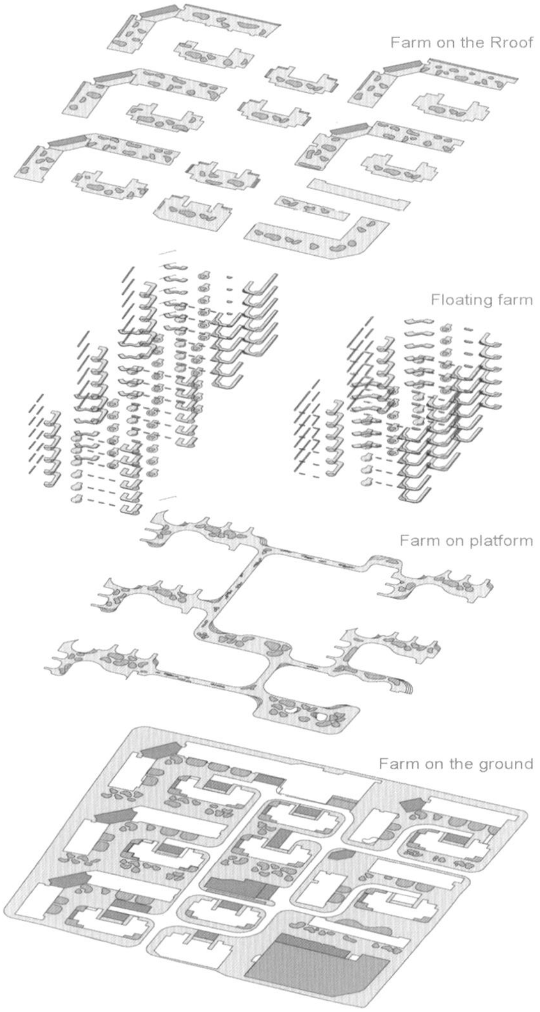
Farm on the Rroof
Floating farm
Farm on platform
Farm on the ground

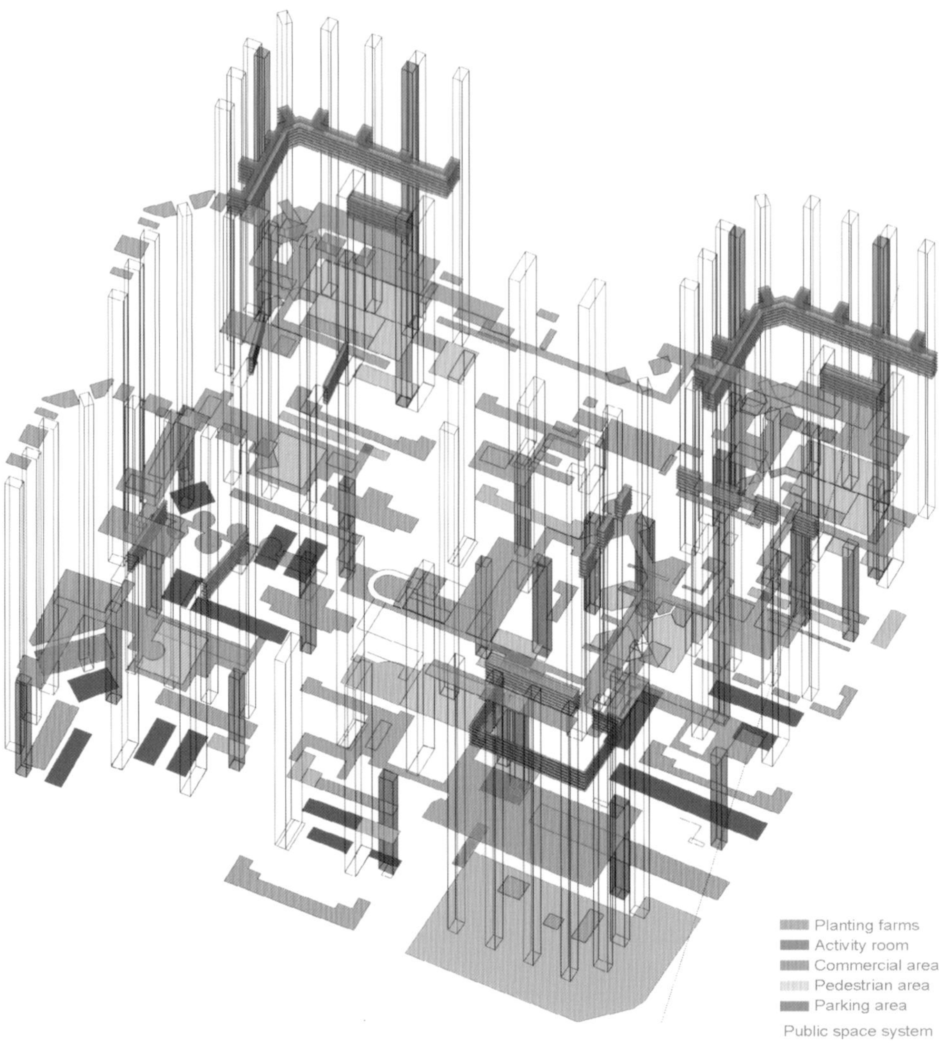
Planting farms
Activity room
Commercial area
Pedestrian area
Parking area
Public space system

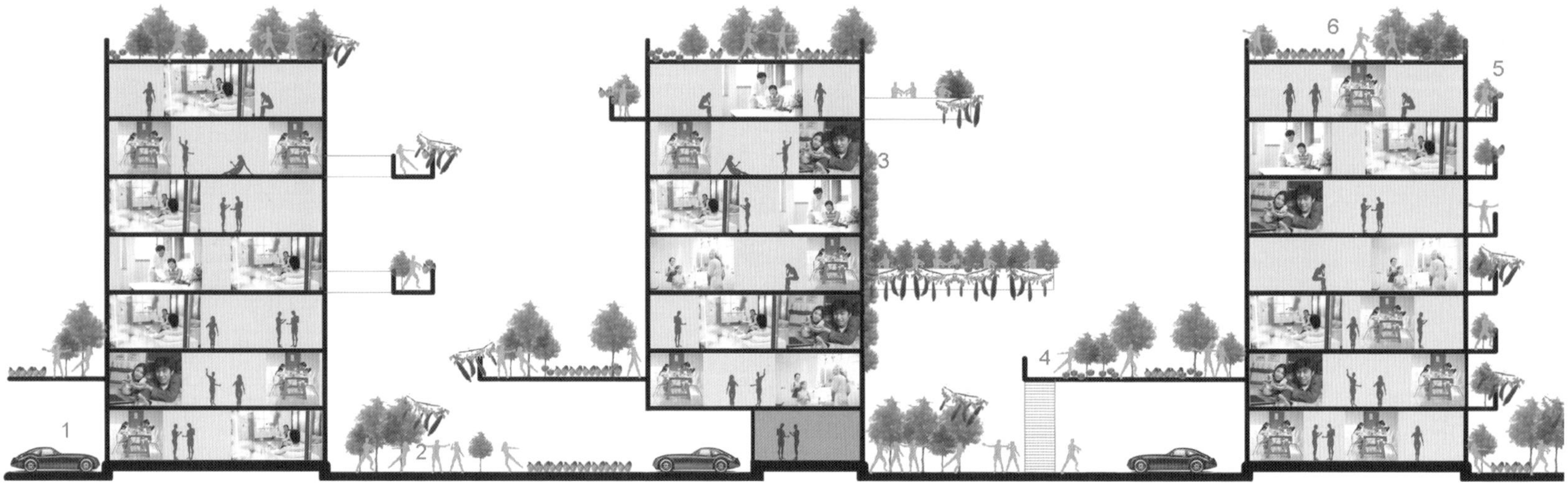
1
2
3
4
5
6

The form of hanging recycle container

Great!
Nice leek!
How's your carots?

New topic of communication

Tools

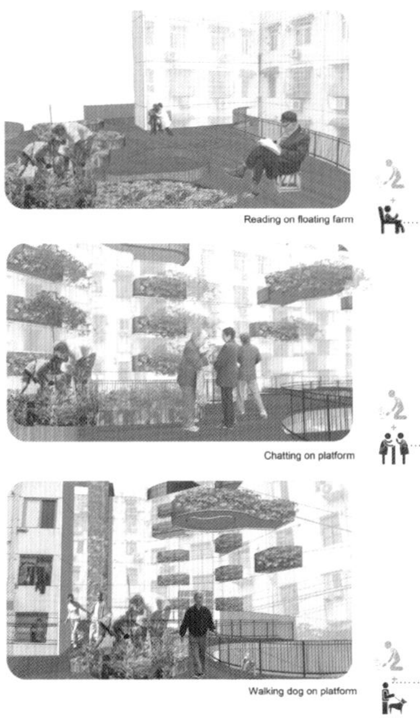
Reading on floating farm
Chatting on platform
Walking dog on platform

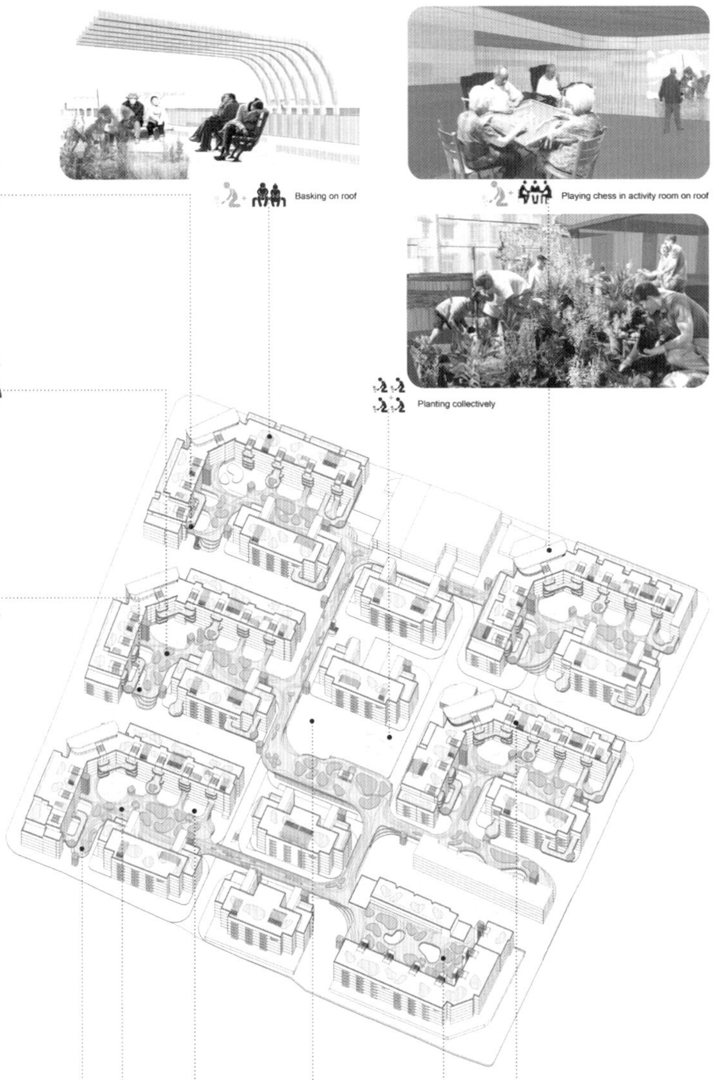
Basking on roof
Playing chess in activity room on roof
Planting collectively

Planting Integrated Scenarios
种植活动与公共空间的整合

由于公共空间的品质低下且缺乏可变性，无法适应和激发老年人的户外活动需求，原香铺营社区的老年人活动在种类和数量上都严重匮乏。改造使“种植”成为社区主题，但并非要强迫所有老人都有参与到种植劳作中来兴趣或良好的身体状况，我们将各种其他活动复合在种植活动周边，并为其设置相应的设施，保证社区老年人公共活动的多样性。例如，全程无障碍的平台坡道系统，为遛狗、遛孩子、溜菜的老人提供安全无干扰的户外活动平台；屋顶的藤架不仅供丝瓜等攀援植物依附，还可为在屋顶打牌的老人遮阳、为遛鸟的“菜农”提供支架；公共农场旁的集中开敞空间可以举办周末菜农集市，供居民在此交换种植成果……

通过将种植这一全新活动引入原有社区，香铺营社区的公共生活在种类和数量上都被重塑与充盈，实现了空间、活动和使用者的参与式的良性互动。老年人，作为社区公共空间的主要使用者与社区公共活动的主要参与者，在这项种植社区的改造尝试中成为了最大的受益者。

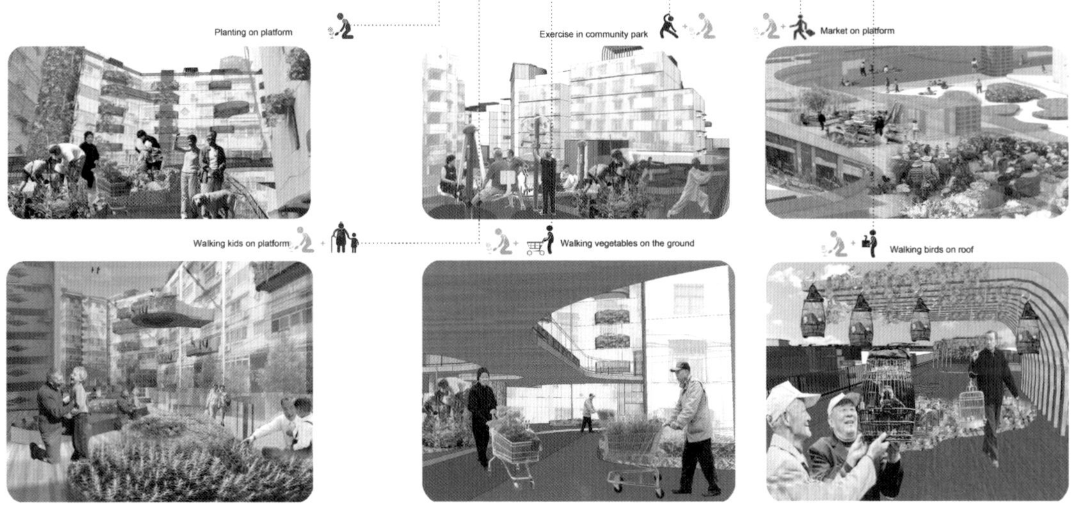
Planting on platform
Exercise in community park
Market on platform
Walking kids on platform
Walking vegetables on the ground
Walking birds on roof

专业指导委员会获奖作品指导老师

鲍莉

吴锦绣

张玫英

屠苏南

郭菂

杨志疆

陈晓扬

三、招商地产绿色建筑设计大赛获奖作品

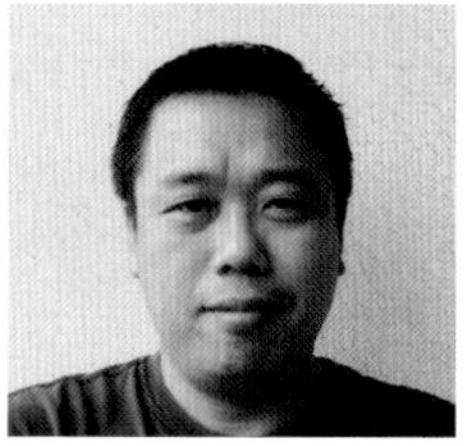

2011 招商地产绿色建筑设计竞赛方案

二等奖

阳光能源

学　　生：王俊豪　邵政　唐高亮

指导老师：杨维菊　傅秀章

方案介绍：

　　该方案选择以马尔康地区作为此次农村阳光小学设计的基地。在设计的构思中，不但考虑建筑的功能合理性，同时还根据该地区的自然环境、日照条件和人文景观来构思学校的方案，并采用现代技术和材料构筑具有时代感的阳光小学。远远望去，绿色生态环抱中的校园更加生机勃勃，充满了希望。为了给教室、宿舍和食堂提供更多的光源和生活的温暖。在屋面上利用了太阳能光电板和太阳能热水系统，并将它们与建筑有机地进行结合。从中创造出舒适的、良好的室内气候条件，以满足学生的需求，使人、建筑与自然环境之间形成一个良性共生系统：使我们的小学校更阳光，使孩子们更幸福。

设计说明

　　该方案选择以马尔康地区作为此次农村阳光小学设计的基地。在设计构思中，不但考虑建筑的功能合理性，同时还根据该地区的自然环境、日照条件和人文景观来构思学校的方案，并采用现代技术和材料构筑具有时代感的阳光小学。远远望去，绿色生态环抱中的校园更加生机勃勃，充满了希望。为了给教室、宿舍和食堂提供更多的光源和生活的温暖。在屋面上利用了太阳能光电板和太阳能热水系统，并将它们与建筑有机地进行结合，从中创造出舒适的、良好的室内气候条件，以满足学生的需求。使人、建筑与自然环境之间形成一个良性的共生系统；使我们的小学校更阳光，使孩子们更幸福。

主要经济技术指标
The main economic and technical indicators

地理位置与风貌　geographical location and topography

DESIGN EXPLANATION

The design selects Ma Erkang as the site for this Sunshine Village Elementary School. In the conceptual design, we consider the functions of the building and conceive our plan according to the natural environment, the solar condition, and the cultural landscape. We also utilize modern technology and materials to design the school with a modern feel. Seeing from far, the campus is vibrant and energetic with green surroundings. To provide the classroom, dormitory, and kitchen with more sun and heating, photovoltaic panels and solar hot water system are used on the roof and blended into the building. A comfortable and healthy indoor environment is created to satisfy students' needs. The aim is to design and build a harmonious system between people, architecture, and natural environment so that the school is full of sunshine and children can study there happily.

总平面 Site Drawing

入口透视 Entrance Perspective Drawing

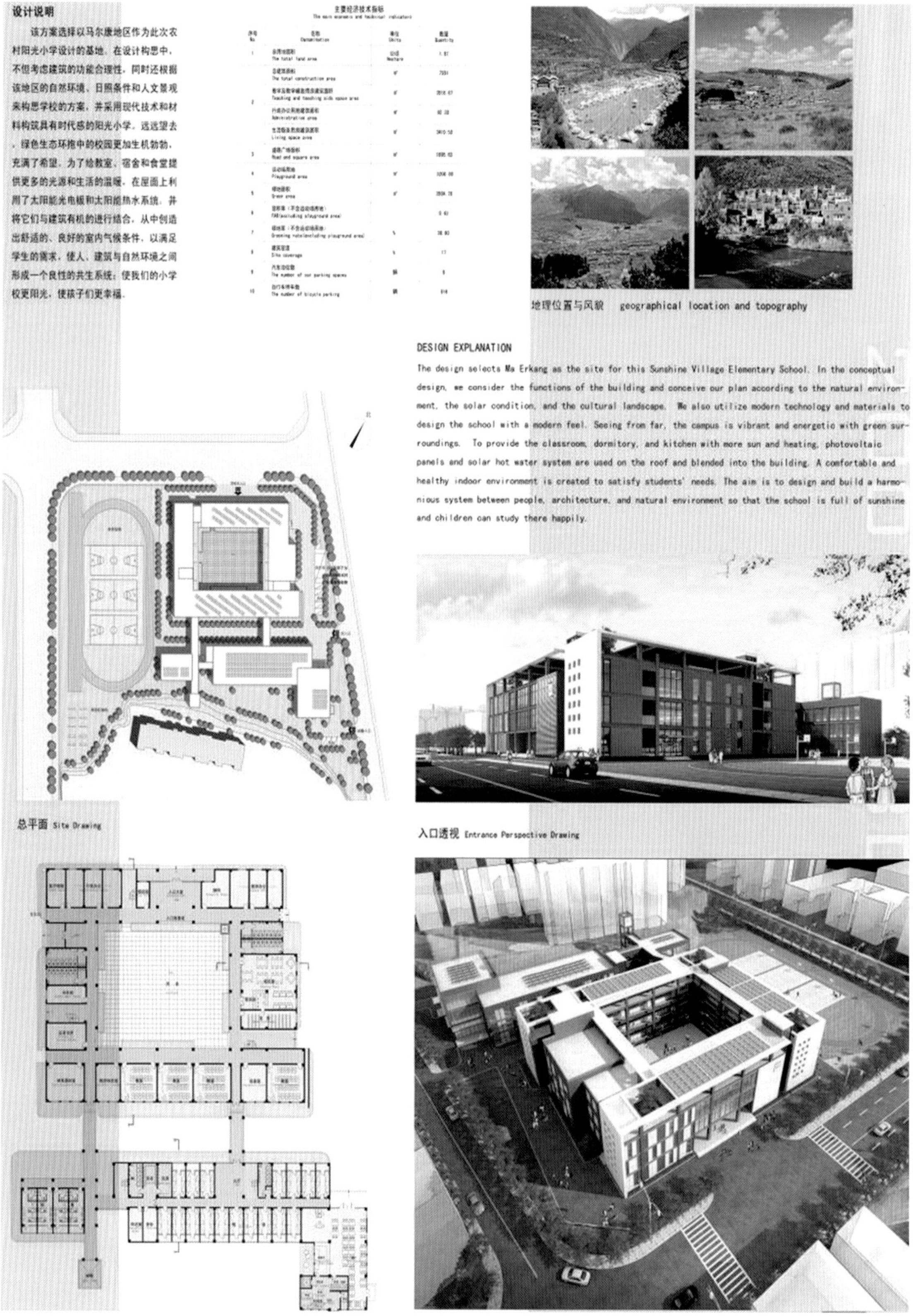

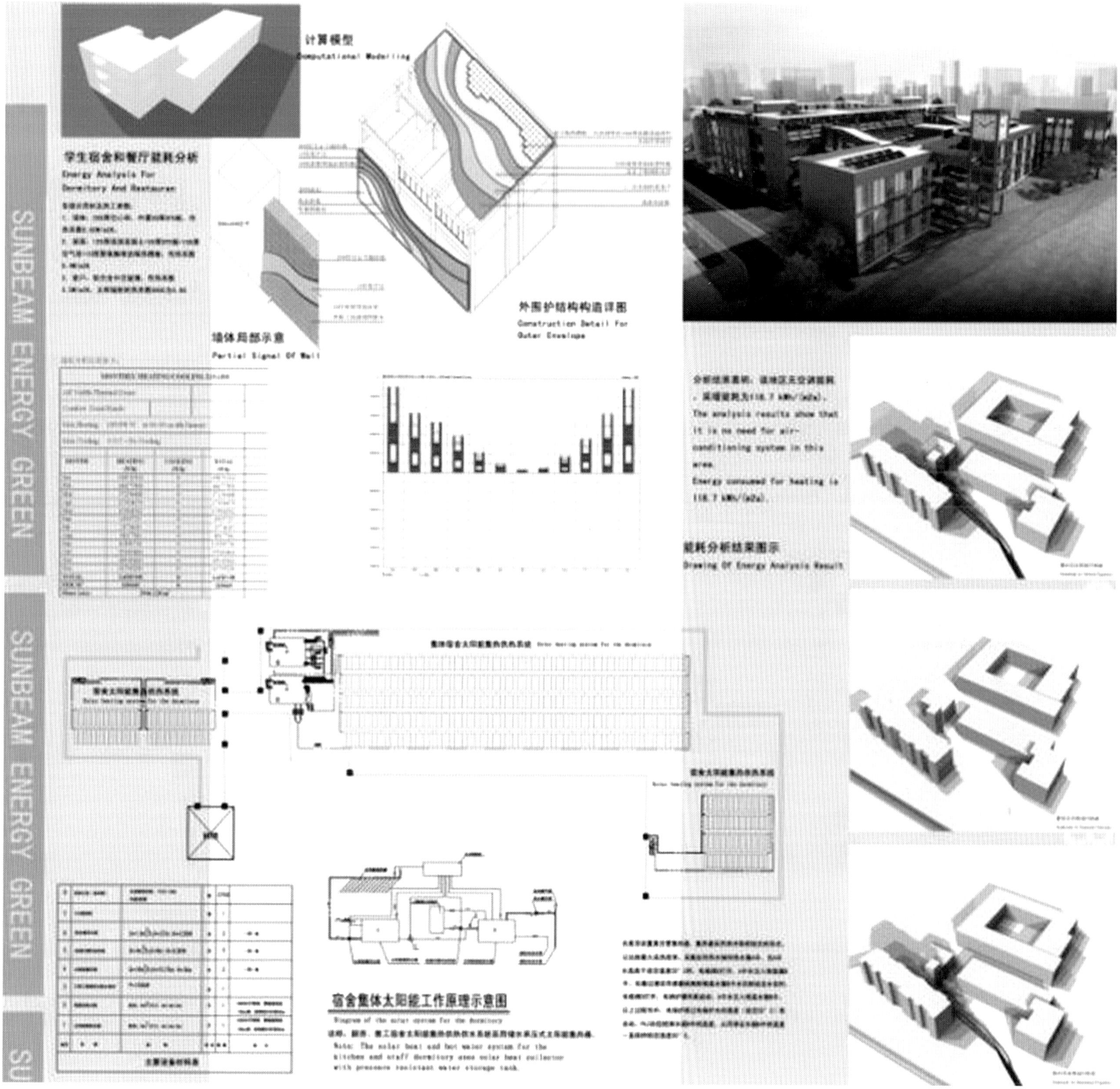
SUNBEAM ENERGY GREEN
SUNBEAM ENERGY GREEN
计算模型
Computational Modeling
学生宿舍和餐厅能耗分析
Energy Analysis For Dormitory And Restauran
外围护结构构造详图
Construction Detail For Outer Envelope
墙体局部示意
Partial Signal Of Wall
分析结果表明：该地区无空调能耗，采暖能耗为118.7 kWh/(m2a)。
The analysis results show that it is no need for air-conditioning system in this area.
Energy consumed for heating is 118.7 kWh/(m2a).
能耗分析结果图示
Drawing Of Energy Analysis Result
宿舍太阳能集热供热系统
宿舍集体太阳能工作原理示意图
Diagram of the solar system for the dormitory
Note: The solar heat and hot water system for the kitchen and staff dormitory uses solar heat collector with pressure resistant water storage tank.
主要设备材料表

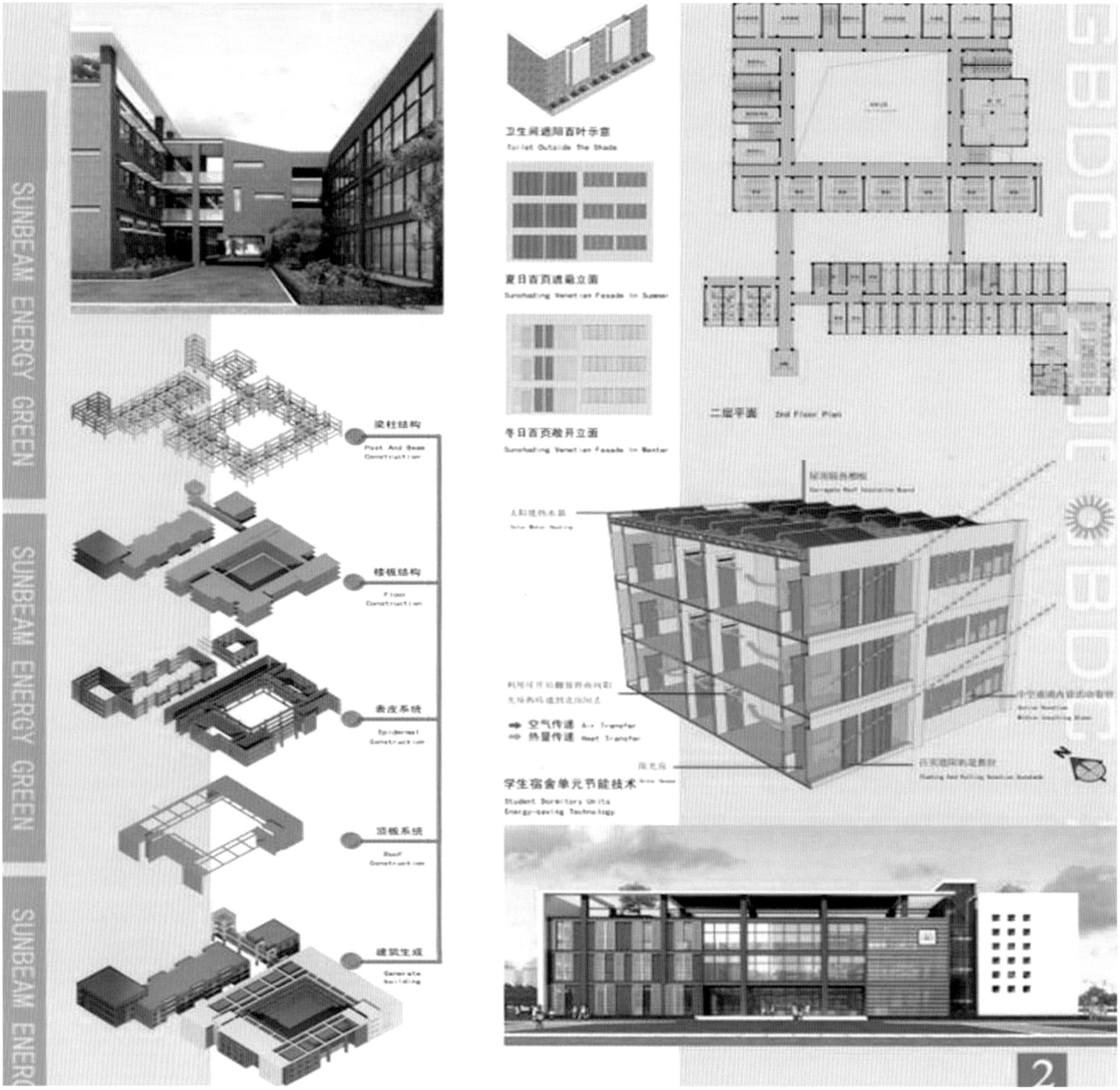
SUNBEAM ENERGY GREEN
SUNBEAM ENERGY GREEN
SUNBEAM ENERG
梁柱结构
Post And Beam Construction
楼板结构
Floor Construction
表皮系统
Epidermal Construction
顶板系统
Roof Construction
建筑生成
Generate Building
卫生间遮阳百叶示意
Toilet Outside The Shade
夏日百页遮蔽立面
Sunshading Venetian Facade In Summer
冬日百页敞开立面
Sunshading Venetian Facade In Winter
二层平面
2nd Floor Plan
空气传递 Air Transfer
热量传递 Heat Transfer
学生宿舍单元节能技术
Student Dormitory Units Energy-saving Technology
2

3·3剖面   Sectional Drawing 3-3

三层平面   3rd Floor Plan

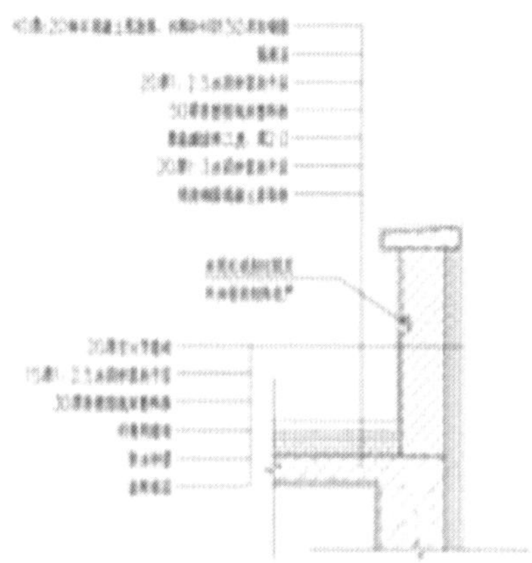

教学楼保温屋面做法
External Thermal Insulation
Of Teaching Building

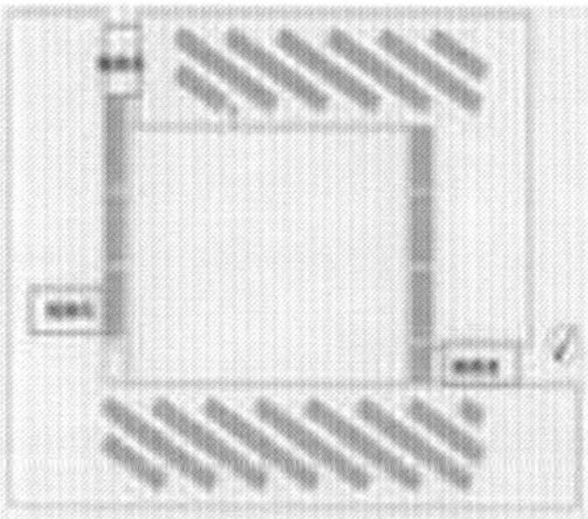

光伏发电系统设计方案
Design plan of the
photovoltaic system

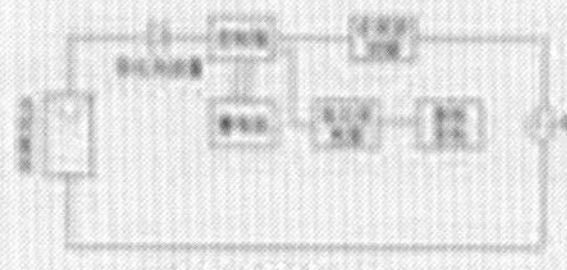

北立面   North Facade

南立面   South Facade

东立面   East Facade

西立面   North Facade

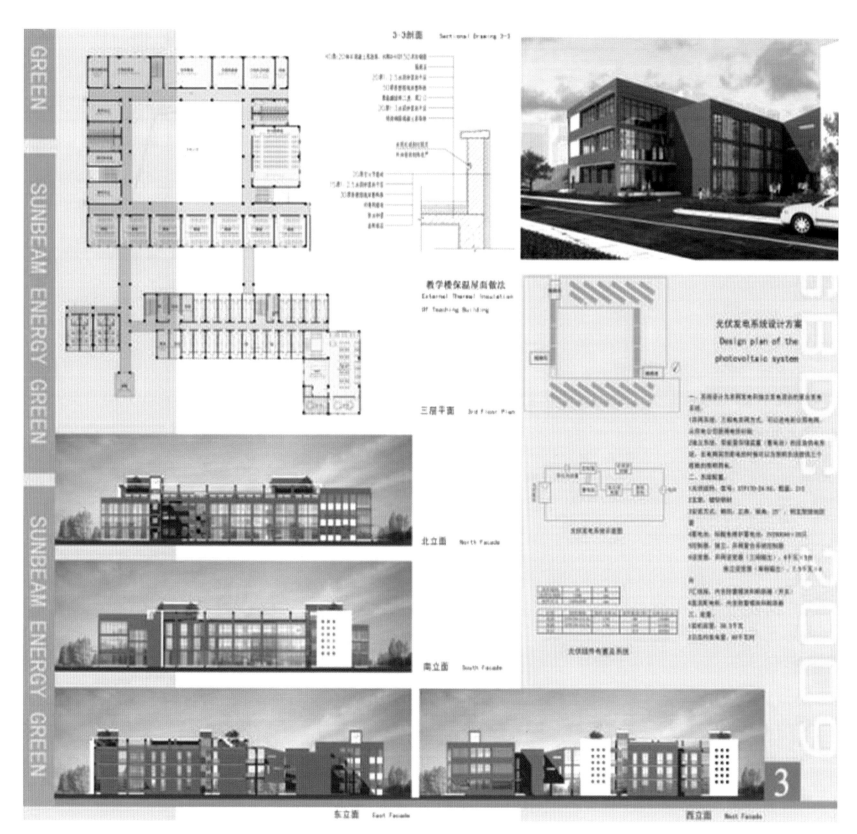

2011 招商地产绿色建筑设计竞赛方案

铜奖

城市山丘

学　　生：李清玉　林维平　顾雨拯　江雯

指导老师：杨维菊

方案介绍：

设计初期我们试图解决三个问题：怎样增强小学作为城市空间节点的属性？怎样改变严肃的教学环境？如何让学校成为第三老师，树立学生的节能观念？我们设计了一个模糊建筑与场地的边界，创造一个到处可以看到的城市山丘，在基地致密的建筑中打开一个缺口，盘活这个区块，引入室外教室的概念，让学生在生活中学习节能知识。

我们在图书馆中采用了屋顶太阳能光电板，立面垂直折叠遮阳板以及通风系统；体育馆礼堂中采用双层自由可开启表皮，屋顶设置泳池来降低室内温度。

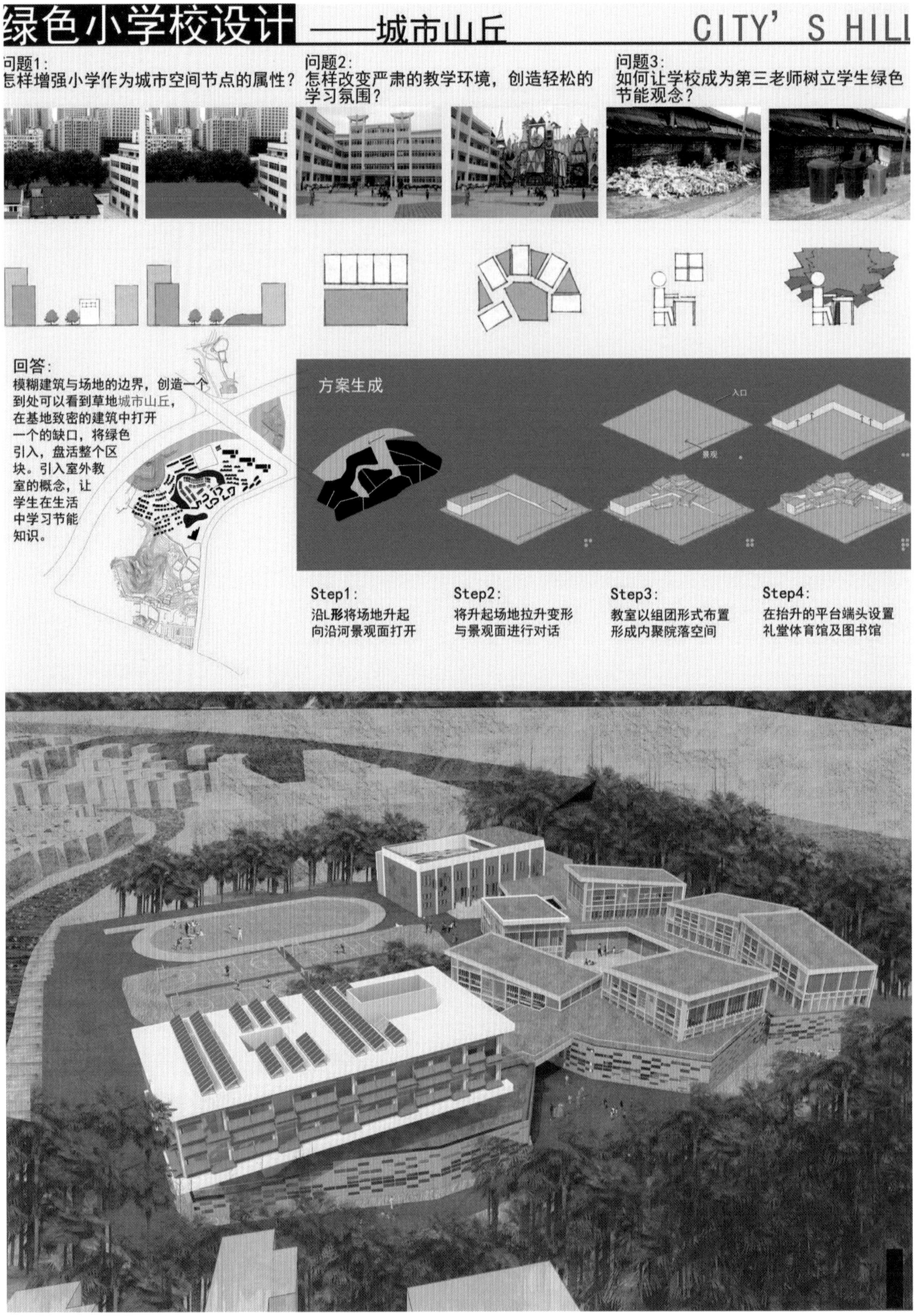

绿色小学校设计 ——城市山丘
CITY' S HILL
问题1:
怎样增强小学作为城市空间节点的属性？
问题2:
怎样改变严肃的教学环境，创造轻松的学习氛围？
问题3:
如何让学校成为第三老师树立学生绿色节能观念？
回答:
模糊建筑与场地的边界，创造一个到处可以看到草地城市山丘，在基地致密的建筑中打开一个的缺口，将绿色引入，盘活整个区块。引入室外教室的概念，让学生在生活中学习节能知识。
方案生成
入口
Step1:
沿L形将场地升起
向沿河景观面打开
Step2:
将升起场地拉升变形
与景观面进行对话
Step3:
教室以组团形式布置
形成内聚院落空间
Step4:
在抬升的平台端头设置
礼堂体育馆及图书馆

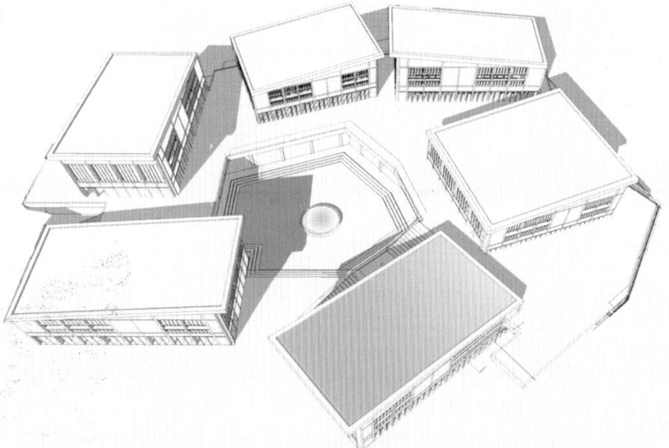

教室空间作为小学内的核心空间，我们将其和大自然生态做了较亲密的结合，并且利用公用教室的顶作一人造地景，除了产生许多公共的绿色空间，同时也丰富了校园在三维上的空间，这样的模式也在这紧凑的住宅及办公区中制造了一生态的绿色景观。

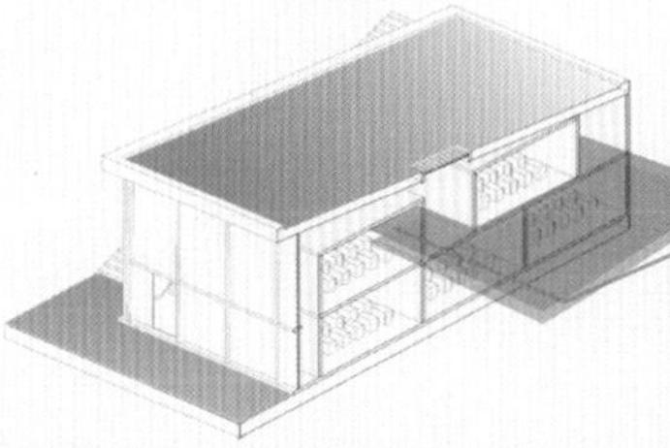

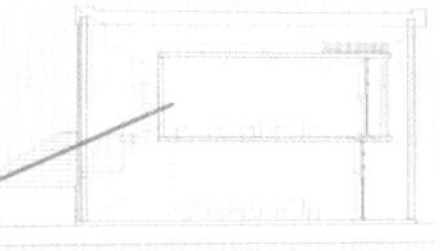

在教室组团单元中的一个公共性质的空间，介于室内室外之间的灰空间，没有明确的气候边界，却也与室内有连通，这样的空间提供了一种阴凉的活动场所，以及调节各个小单元的教室气候

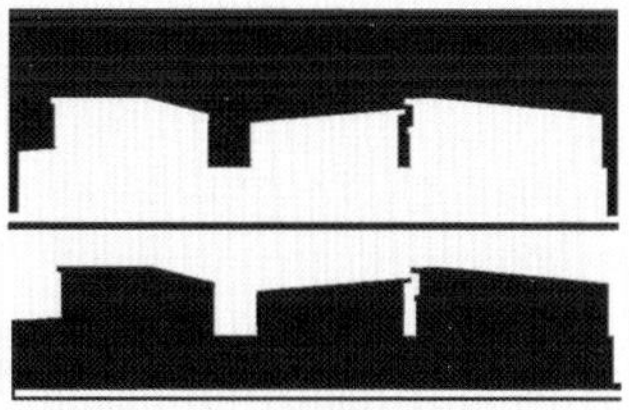

在剖面的图底关系上表达了组团平台之间的概念

教室单元和斜屋顶形成鲜明的天际线，使校园立面的元素别于场地附近的其他空间

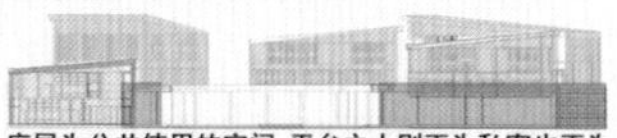

底层为公共使用的空间，平台之上则更为私密也更为生态，在私密和公共间具有一定的平衡性

透过高差，确保了每个教室组团都有朝南向的采光和景观面

教室和底层的空间有四层的高度而每个组团有两层，在平面上也有一定的独立性

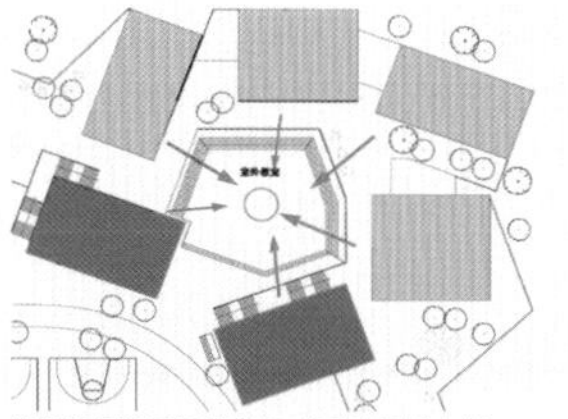

教室的组团呈环状分布，同时也形成中间的室外活动学习空间

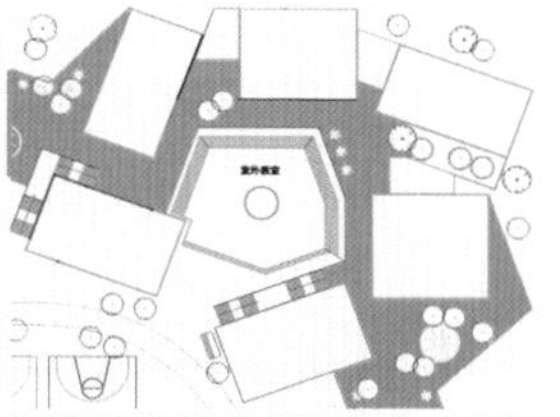

公共使用的教室和行政空间连续成一个大的平台，同时也形成了教室空间外的活动平台

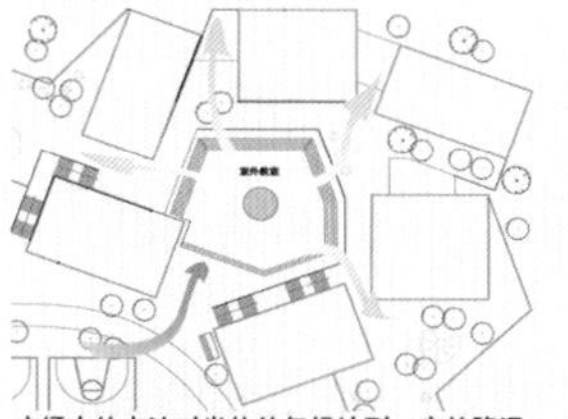

广场中的水池对炎热的气候达到一定的降温作用，教室单元间的空间也促进了风的流动，使室外空间增加空气的流动

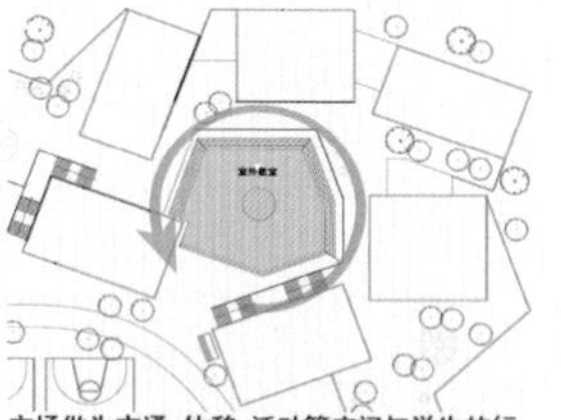

广场做为交通，休憩，活动等空间与学生的行为发生密切的关系

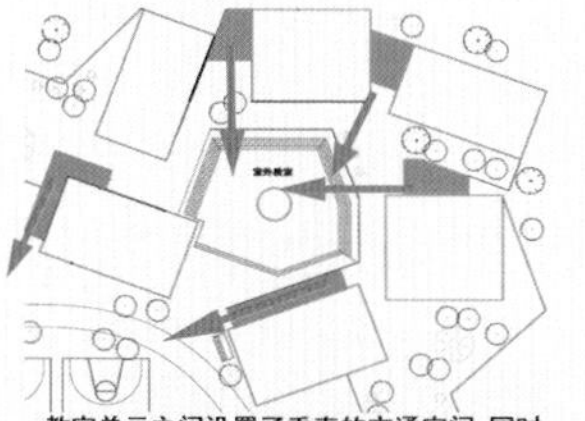

教室单元之间设置了垂直的交通空间，同时也起了联系平台上各个单元的作用

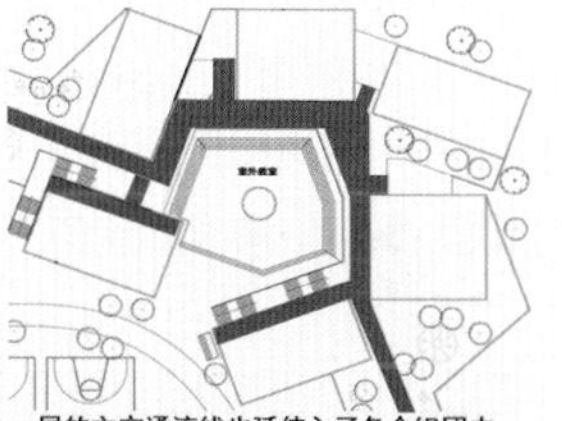

一层的主交通流线也延伸入了各个组团中，在外表看起来被分割的单元，在室内起到了空间连续的效果

亚空间

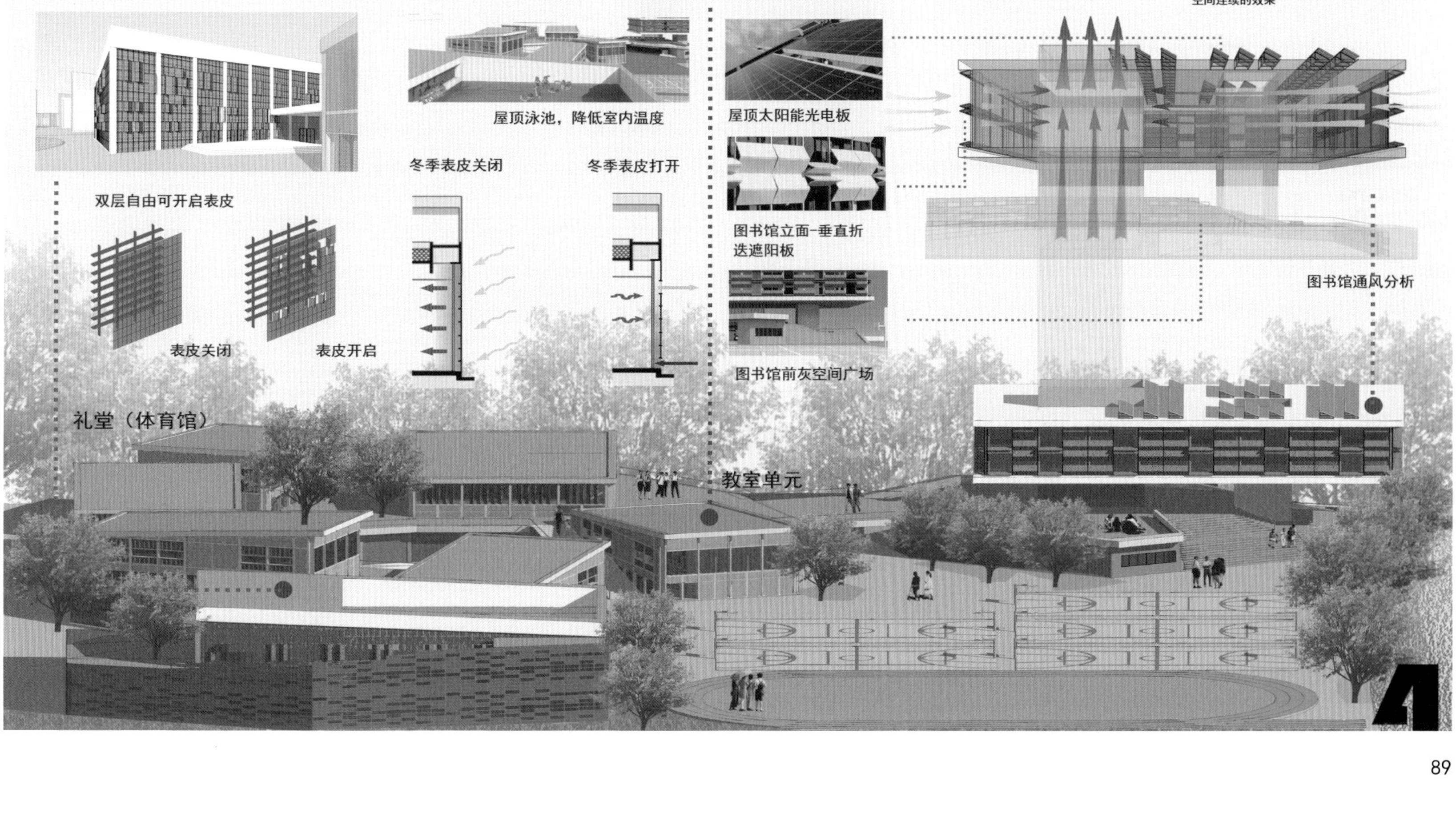
屋顶泳池，降低室内温度
双层自由可开启表皮
表皮关闭
表皮开启
冬季表皮关闭
冬季表皮打开
屋顶太阳能光电板
图书馆立面-垂直折迭遮阳板
图书馆前灰空间广场
图书馆通风分析
礼堂（体育馆）
教室单元

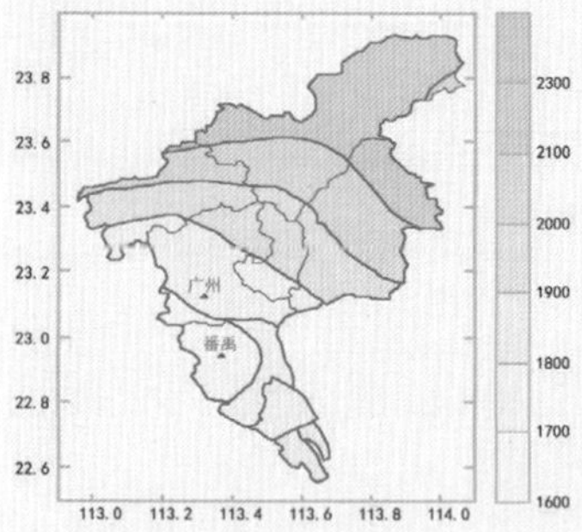

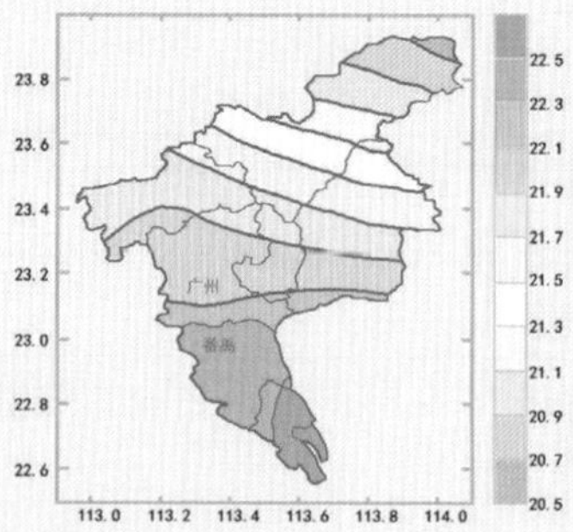

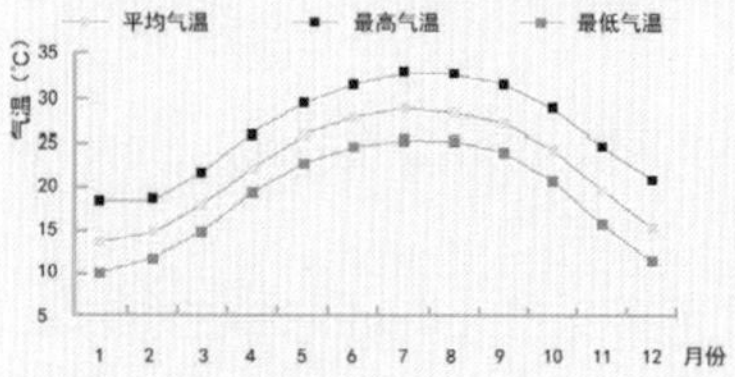

番禺地区年降水量为1600mm，年平均温度22.3℃，气候特征呈现雨热同期的特点，夏季湿热，冬季干冷，春秋季风度较大。

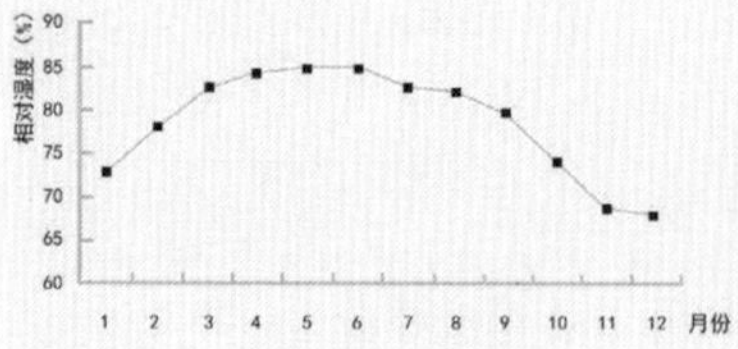

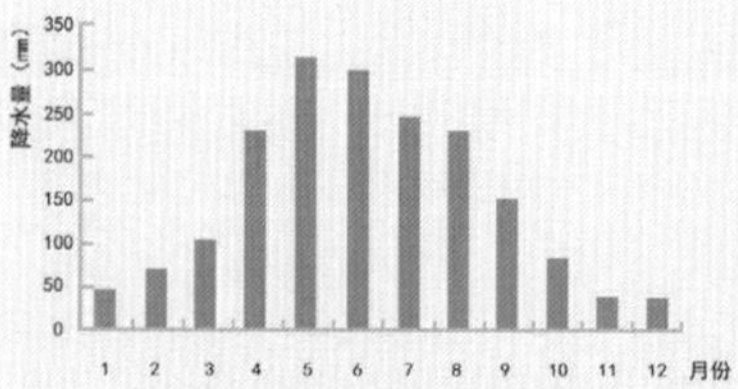

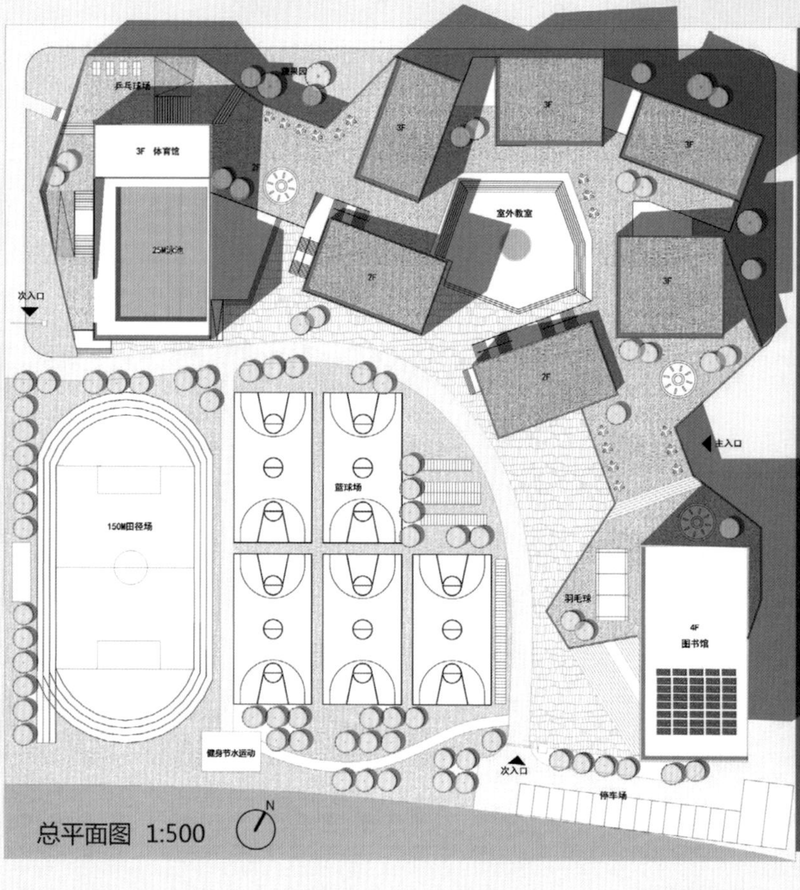

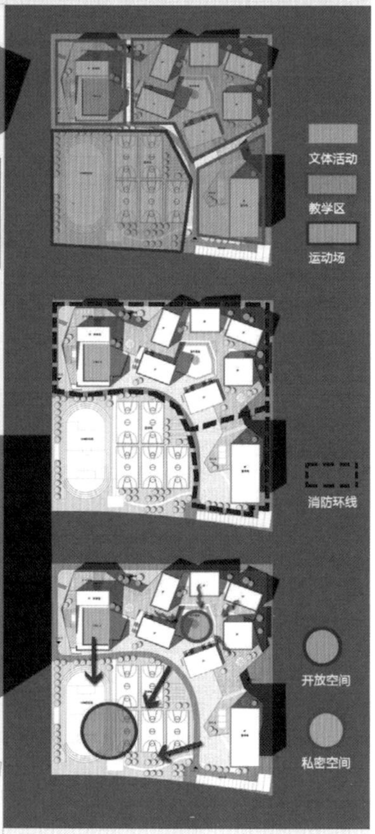

技术指标

建筑面积：	11200平方米
教室单元：	2280平方米
体育馆（礼堂）：	1720平方米
图书馆：	1380平方米
室外面积：	5800平方米
场地面积：	14700平方米
建筑密度：	34%
容积率：	0.762
绿化率：	48%

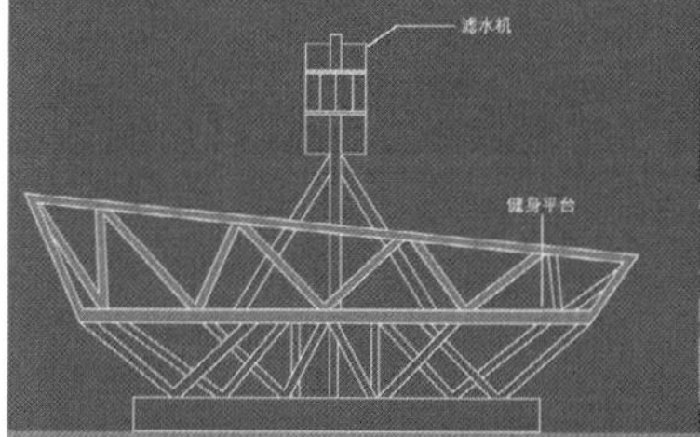

当有人健身时，产生的能量将水从湖中提升至过滤器中进行过滤后再次排入湖中

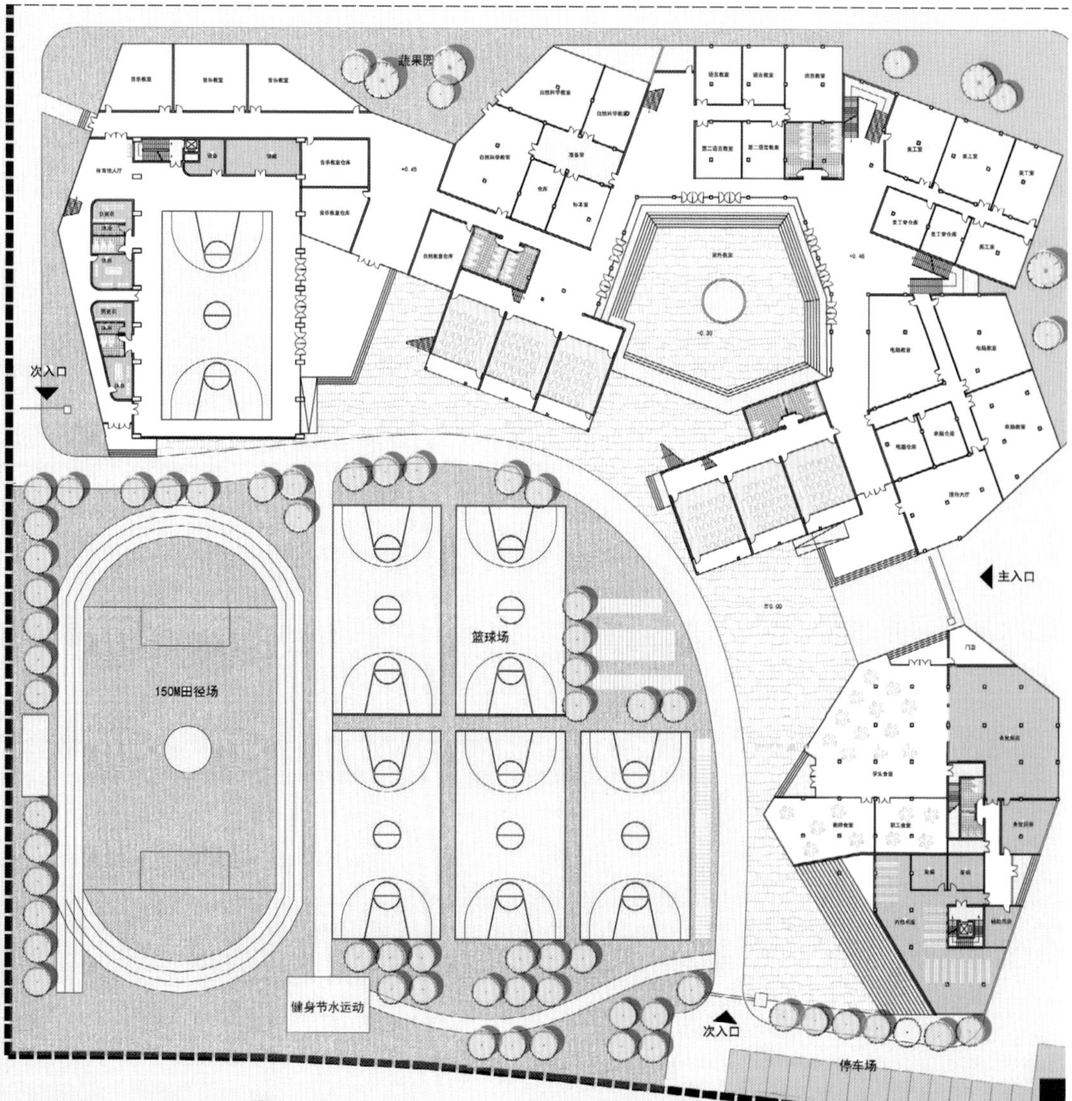

一层平面　1：400

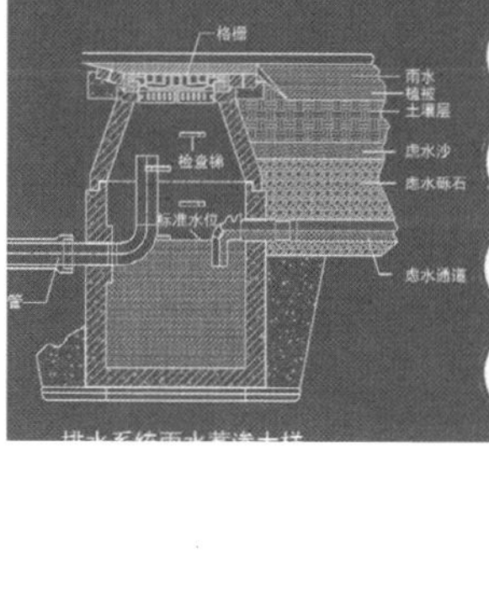

雨水收集

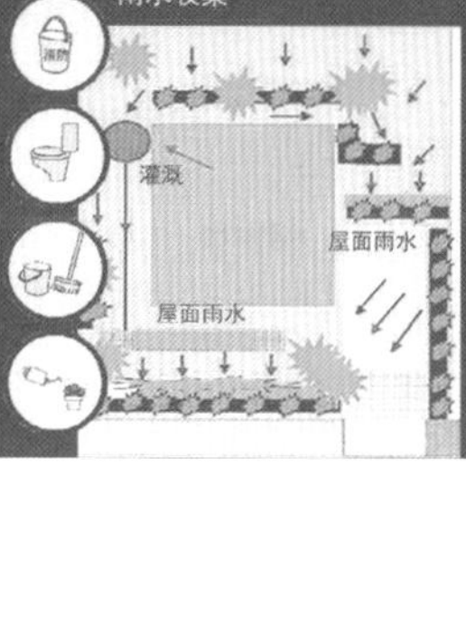

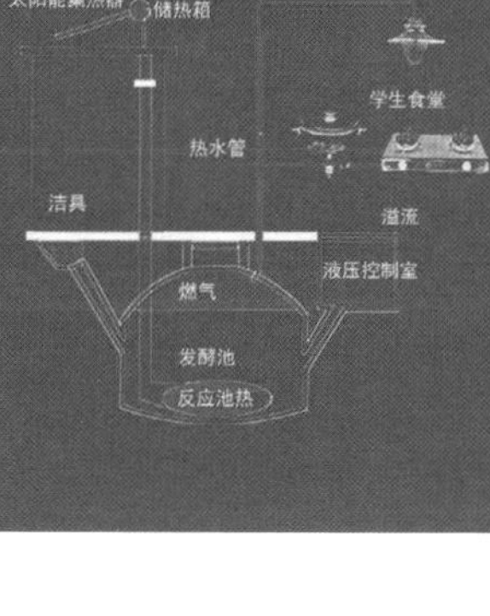

沼气池

将厕所的排泄物变成沼气，节约了热能，变废为宝，发酵后的残渣用于花园的肥料。

在冬季和早春，当室外温度低于15˚C时，打开热水控制阀将由太阳加热过的热水输入沼气池底部，以提高池内温度加速发酵的速率，夏季关闭热水阀，停止供热，热水器产生的热水供食堂烹饪使用。

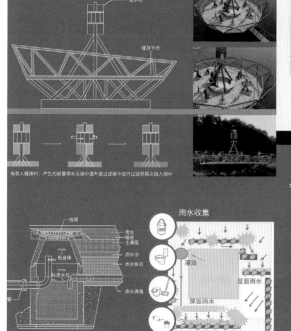

2011 招商地产绿色建筑设计竞赛方案

优秀奖

呼吸

学　　生：朱堃 郑一林 李晓东 张瑶

指导老师：杨维菊

方案介绍：

本方案依据地块气候特点，提出“呼吸”这一概念，建筑群体呼吸、单体架空、引风入室、可呼吸空洞等，关注使用者的切身感受和实际体验效果。

除了建筑设计我们还在篮球场设计中考虑到了节能的设计，传统开敞的篮球场通风较好但日照强烈，运动的舒适度欠缺。因此我们在篮球场顶部设置太阳能板，遮挡阳光减少热辐射同时利用光能发电，在光电板下方设计吊挂吸热材料，形成空气间层，进一步减少热辐射，增加太阳能体系并且不影响通风。

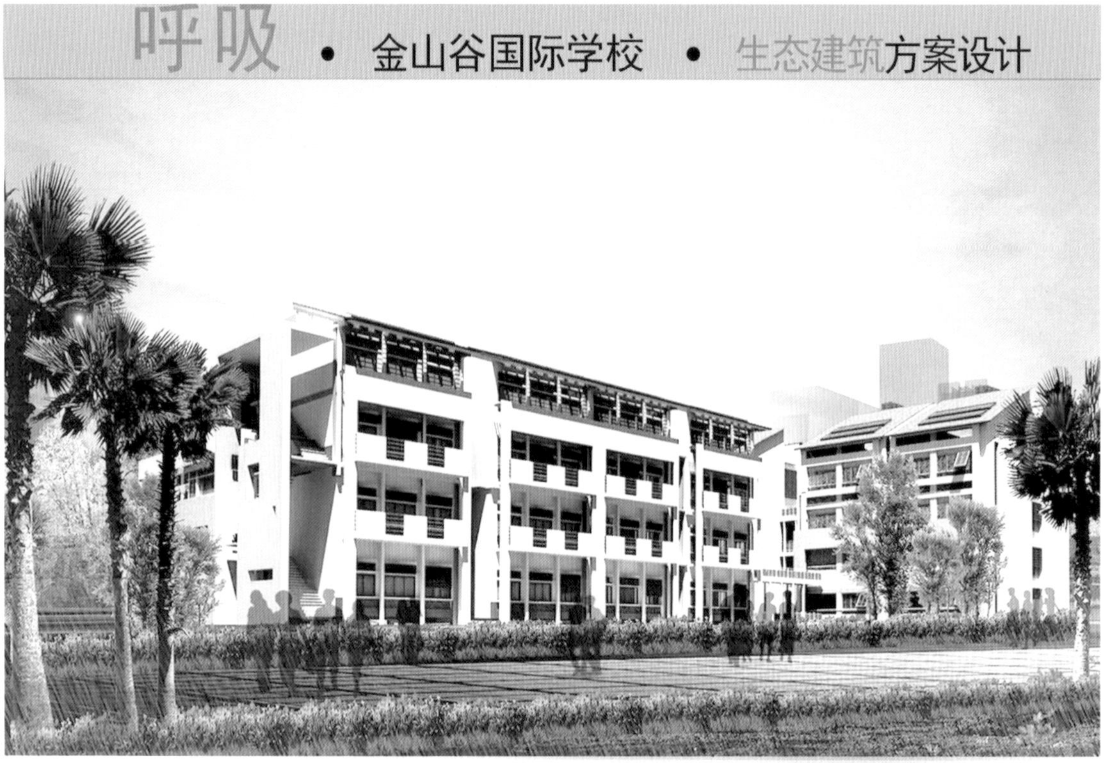

呼吸 • 金山谷国际学校 • 生态建筑方案设计

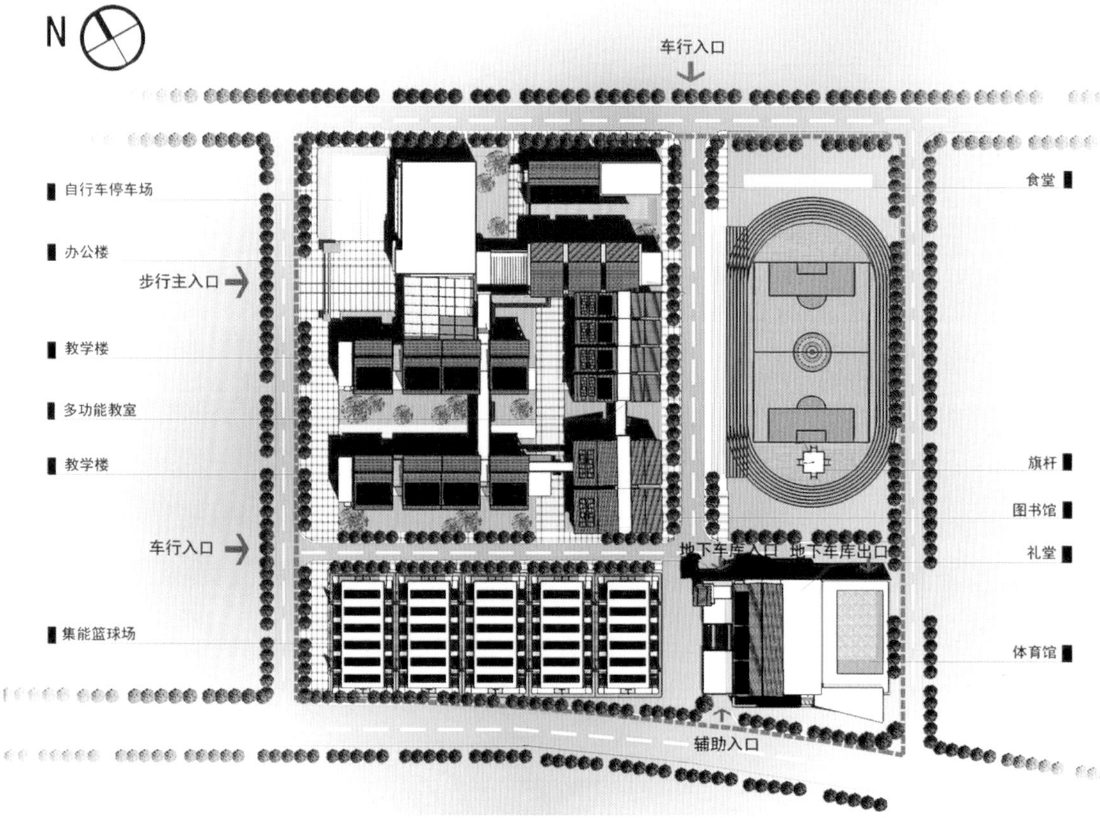

N
车行入口
自行车停车场
办公楼
步行主入口
教学楼
多功能教室
教学楼
车行入口
集能篮球场
食堂
旗杆
图书馆
礼堂
体育馆
地下车库入口
地下车库出口
辅助入口

技术拆解图

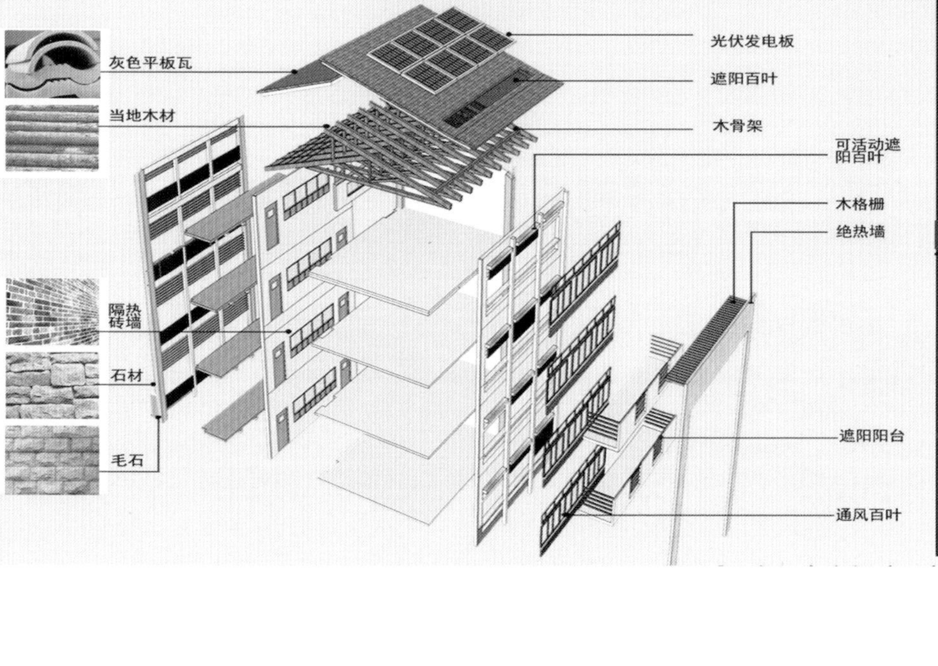
光伏发电板
灰色平板瓦
遮阳百叶
当地木材
木骨架
可活动遮阳百叶
木格栅
绝热墙
隔热砖墙
石材
毛石
遮阳阳台
通风百叶

雨水收集系统&地冷

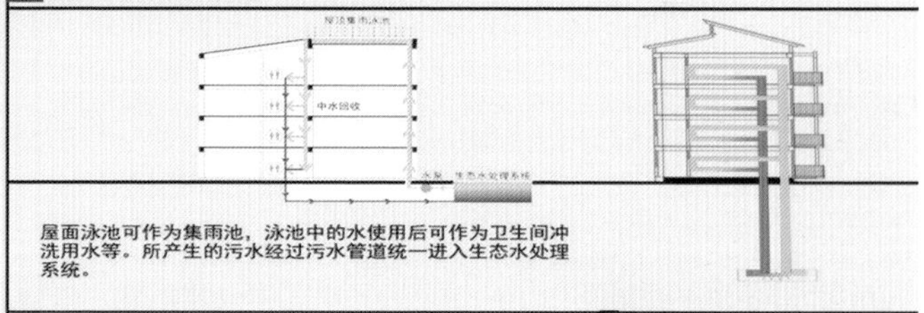

屋面泳池可作为集雨池，泳池中的水使用后可作为卫生间冲洗用水等。所产生的污水经过污水管道统一进入生态水处理系统。

透水路面

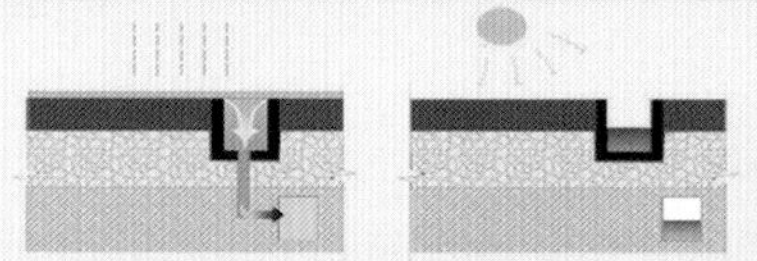

透水路面确保地面土壤的自然性，保证土壤自然呼吸，生态链不会断裂，能够充分吸收雨水，同时为土壤生物提供生存空间

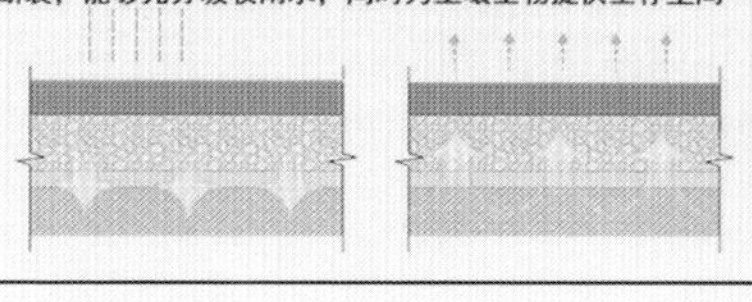

细部构造

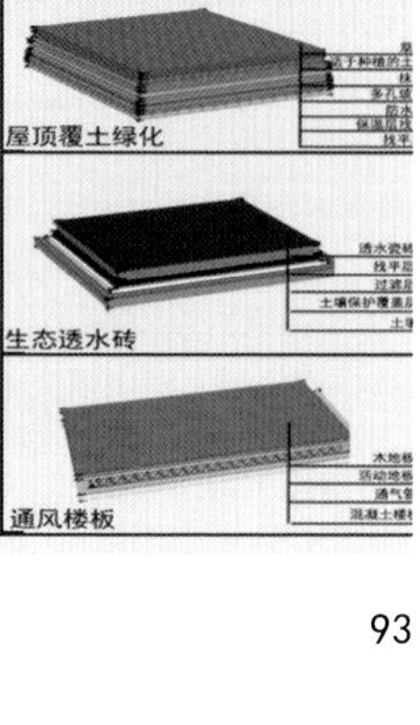
屋顶覆土绿化
生态透水砖
通风楼板

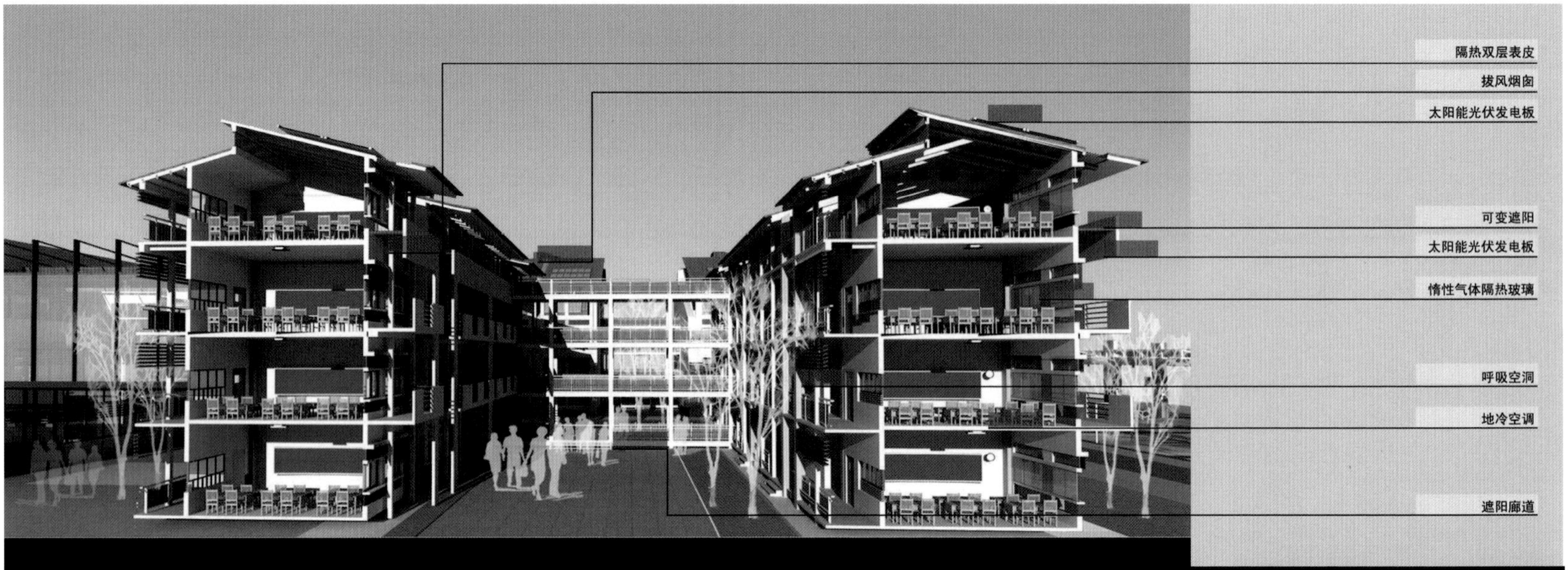

隔热双层表皮
拔风烟囱
太阳能光伏发电板

可变遮阳
太阳能光伏发电板
惰性气体隔热玻璃

呼吸空洞
地冷空调

遮阳廊道

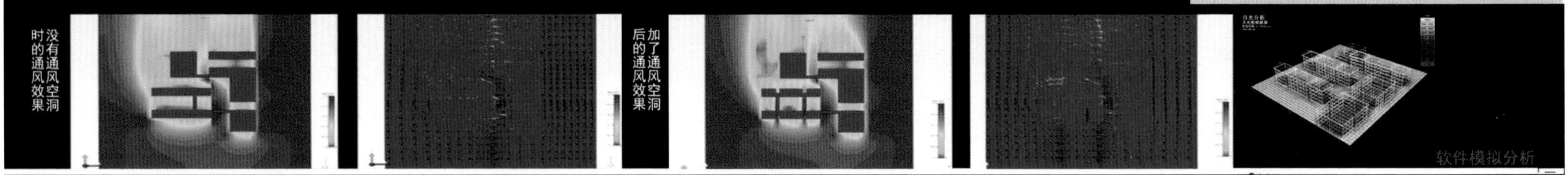

没有通风空洞时的通风效果

加了通风空洞后的通风效果

软件模拟分析

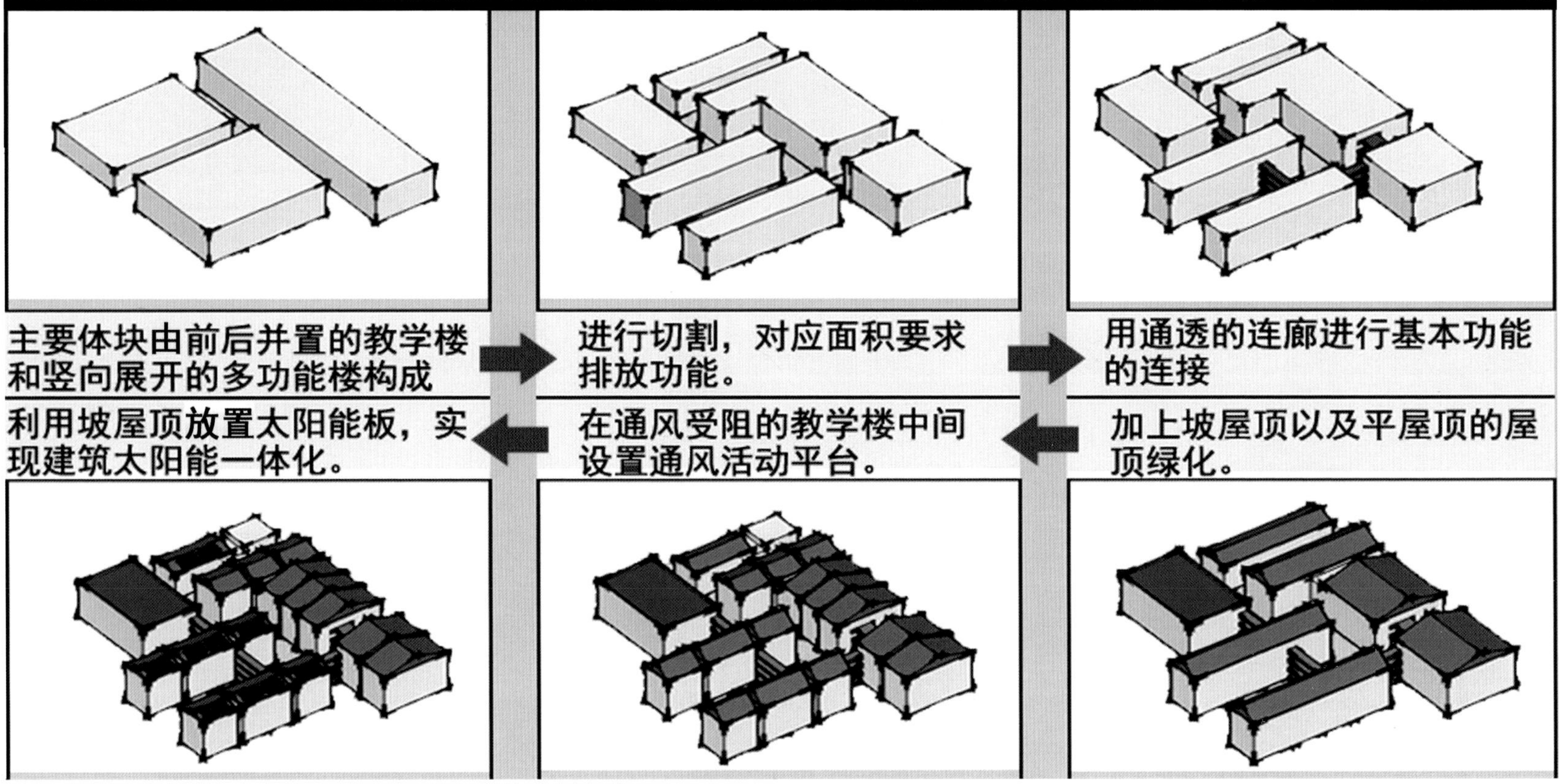

主要体块由前后并置的教学楼和竖向展开的多功能楼构成

进行切割，对应面积要求排放功能。

用通透的连廊进行基本功能的连接

利用坡屋顶放置太阳能板，实现建筑太阳能一体化。

在通风受阻的教学楼中间设置通风活动平台。

加上坡屋顶以及平屋顶的屋顶绿化。

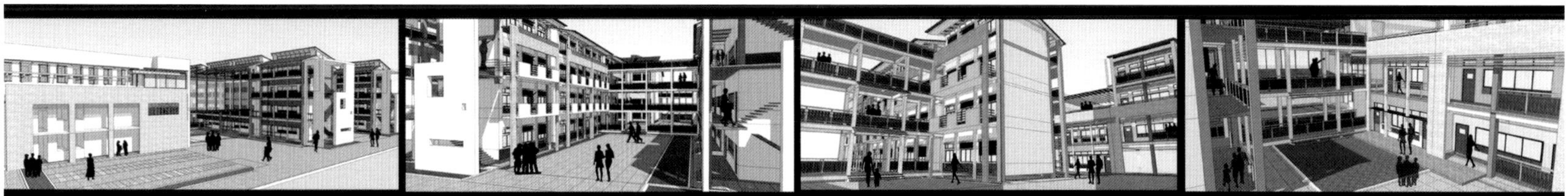

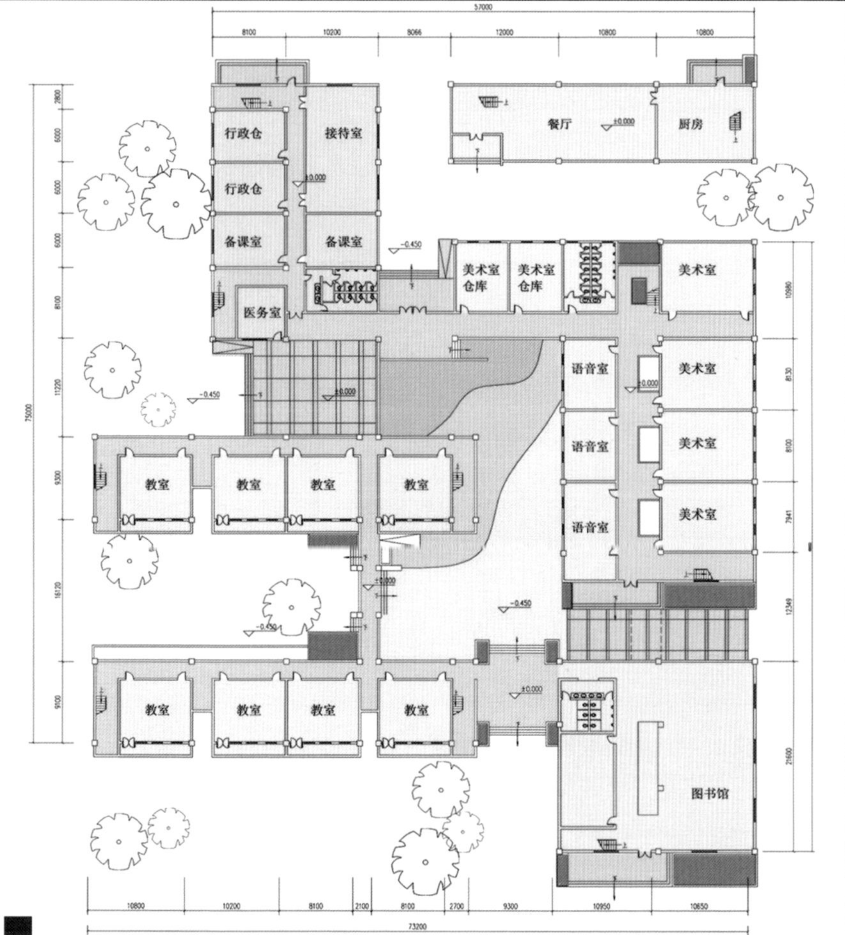

教学楼一层平面图 1:300

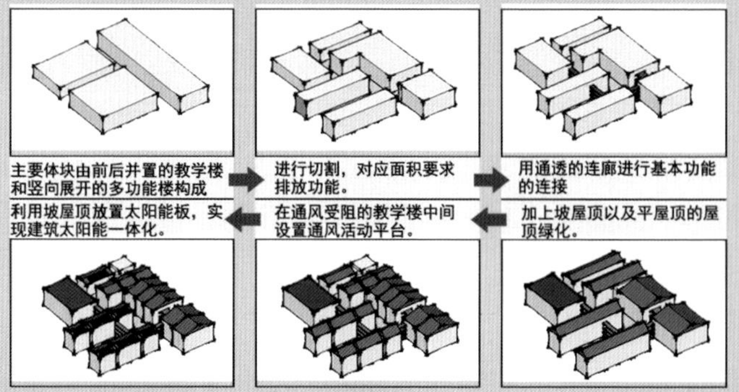
主要体块由前后并置的教学楼和竖向展开的多功能楼构成
进行切割，对应面积要求排放功能。
用通透的连廊进行基本功能的连接
利用坡屋顶放置太阳能板，实现建筑太阳能一体化。
在通风受阻的教学楼中间设置通风活动平台。
加上坡屋顶以及平屋顶的屋顶绿化。

体块生成分析

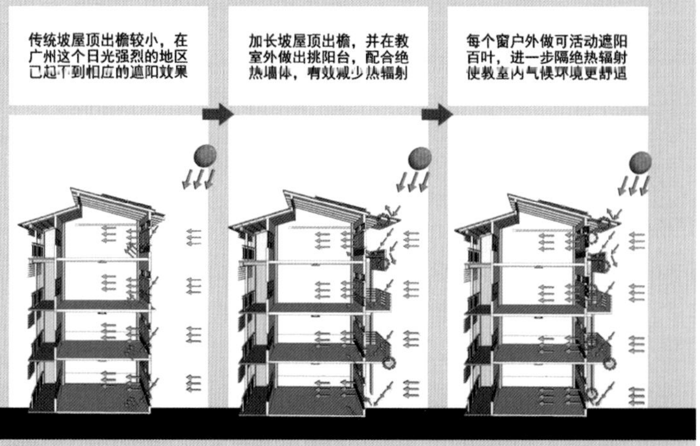
传统坡屋顶出檐较小，在广州这个日光强烈的地区已起不到相应的遮阳效果
加长坡屋顶出檐，并在教室外做出挑阳台，配合绝热墙体，有效减少热辐射
每个窗户外做可活动遮阳百叶，进一步隔绝热辐射使教室内气候环境更舒适

教室遮阳分析

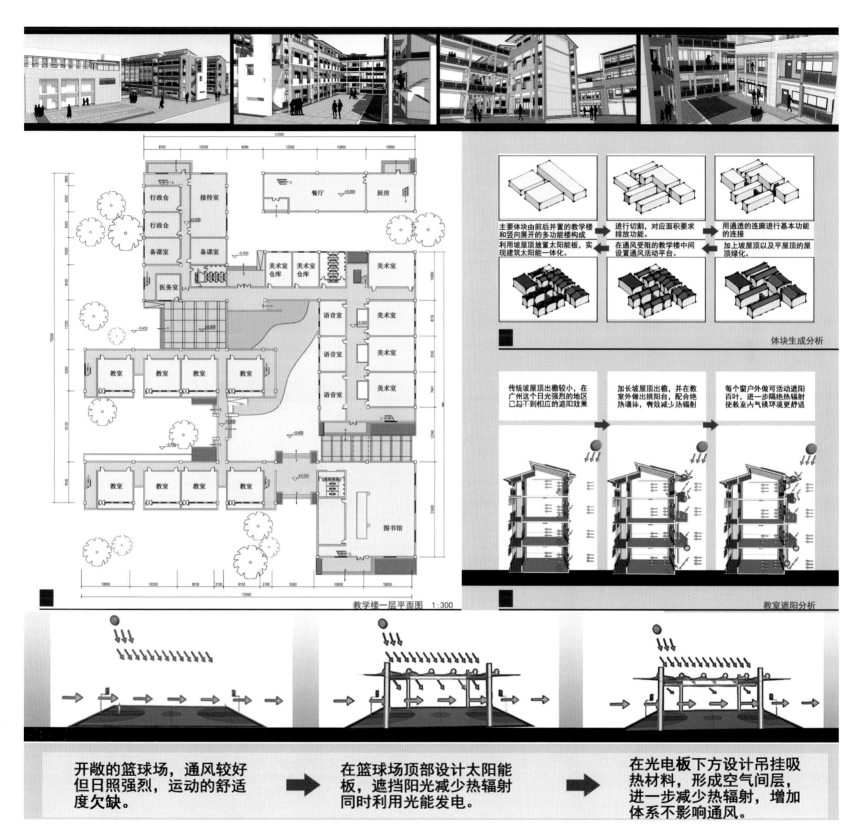

开敞的篮球场，通风较好但日照强烈，运动的舒适度欠缺。

在篮球场顶部设计太阳能板，遮挡阳光减少热辐射同时利用光能发电。

在光电板下方设计吊挂吸热材料，形成空气间层，进一步减少热辐射，增加体系不影响通风。

2014 招商地产绿色建筑设计竞赛、第四届全国嘉普通杯太阳能建筑设计竞赛方案

铜奖、最易实施奖

老年之家

学　　生：陈子健　奚月林　高青

指导老师：杨维菊

方案介绍：

　　如何从老年人群的角度思考建筑的存在方式。利用原有建筑的跌落平台重新建构新的语言元素，顺应深圳湾独特的气候环境，充分反映公共与私密的建筑关系，从绿色建筑方面较好地完成既有建筑的改造。

　　在方案初期，我们从三个方向进行方案的考虑：首先，如何在既有建筑东南朝向基础上尽可能利用太阳能？其次，如何利用太阳能改善深圳地区炎热潮湿的室内环境？最后，关注老年人的需求，考虑到如何社会化的现实问题。因此，我们试图利用既有建筑的有利朝向，研究照射角度，最大利用太阳能，同时对于传统住宅形态进行研究，结合退台给老年人创造出舒适的公共空间。通过中庭拔风的效果，实现蛇口地区建筑夏凉冬暖的绿色可能。除此之外，该方案还采用了隔热蓄热墙（特朗勃墙）、地热系技术等，并进行了数字化的模拟实验，以求达到实际工程中实现的可能。

老年之家 HOME FOR THE ELDERLY

矛盾1：日照
如何在既有建筑东南朝向基础上尽可能利用太阳能？

合适的折板角度

26°

孤独的老人

现实
老年人需求什么？
如何社会化？

矛盾2：通风
如何利用太阳能改善深圳地区炎热潮湿的室内环境？

平屋顶　增强光照　热压通风

预计2050x发展趋势

社会老龄化产盘

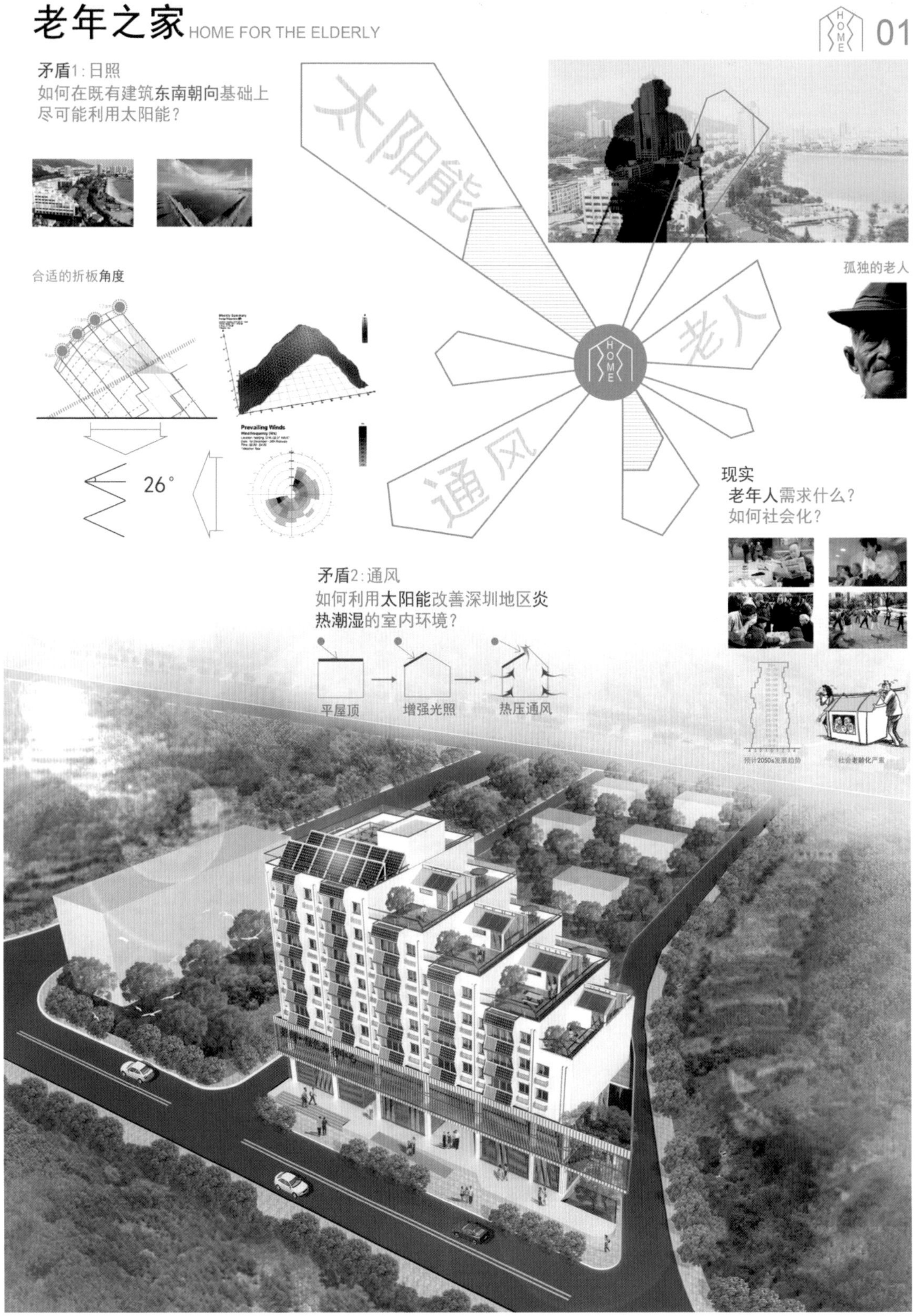

老年之家 HOME FOR THE ELDERLY

02

设计说明

我们试图利用既有建筑的有利朝向，研究照射角度，最大利用太阳能；同时对于传统居住形态进行研究，结合退台给老人创造出舒适的公共空间。通过中庭拔风的效果，实现蛇口地区建筑夏凉冬暖的绿色可能。

城市分析

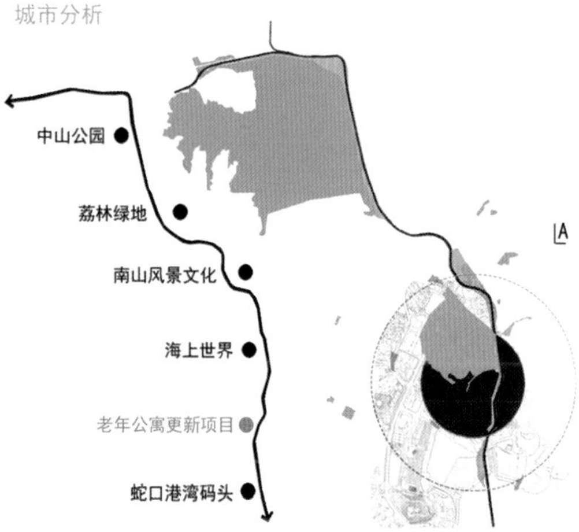

景观资源

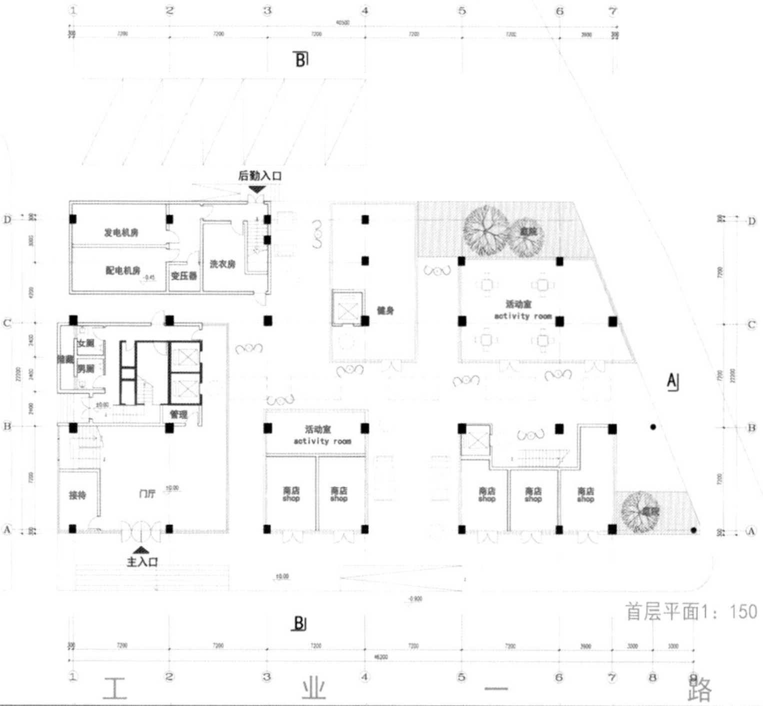

首层平面1：150

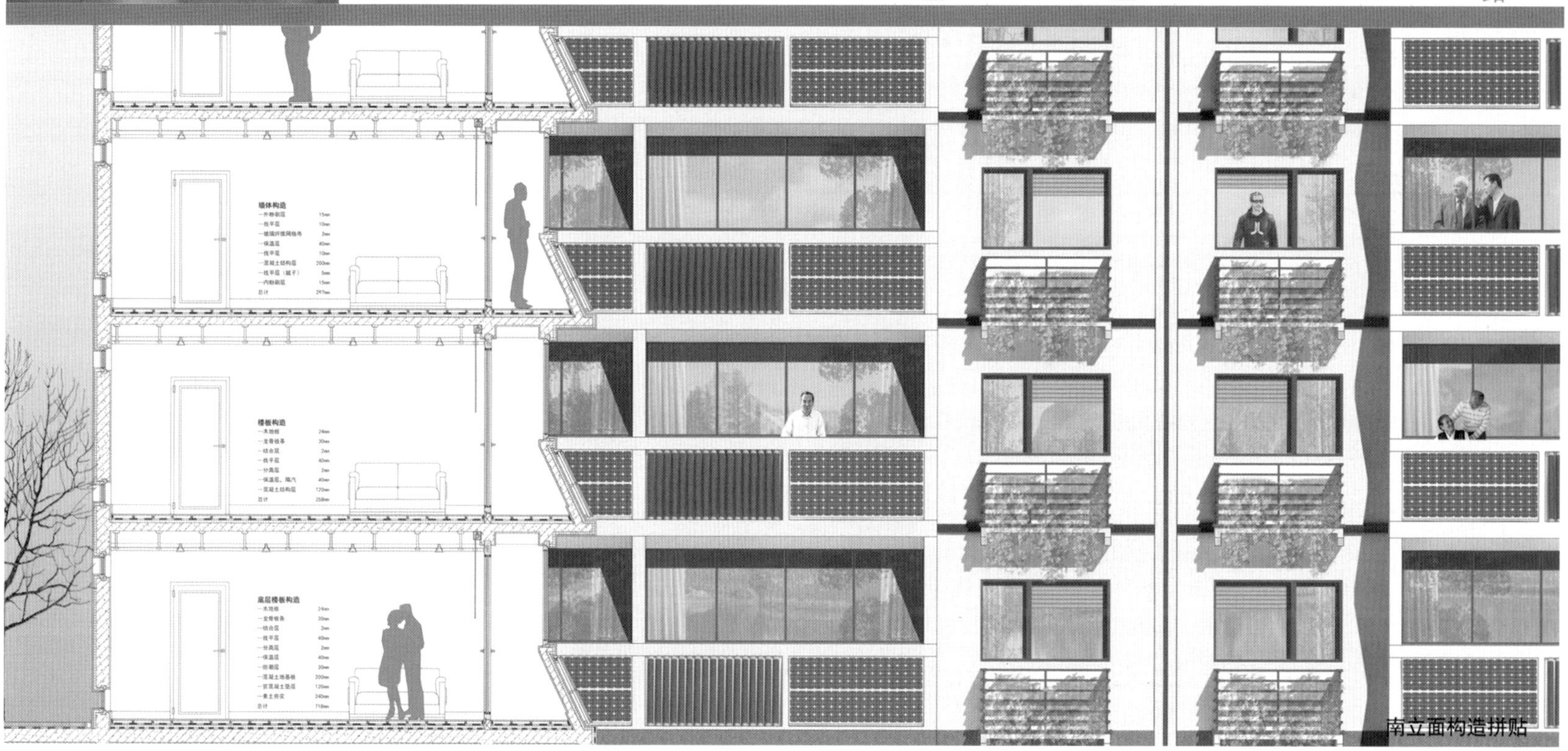

南立面构造拼贴

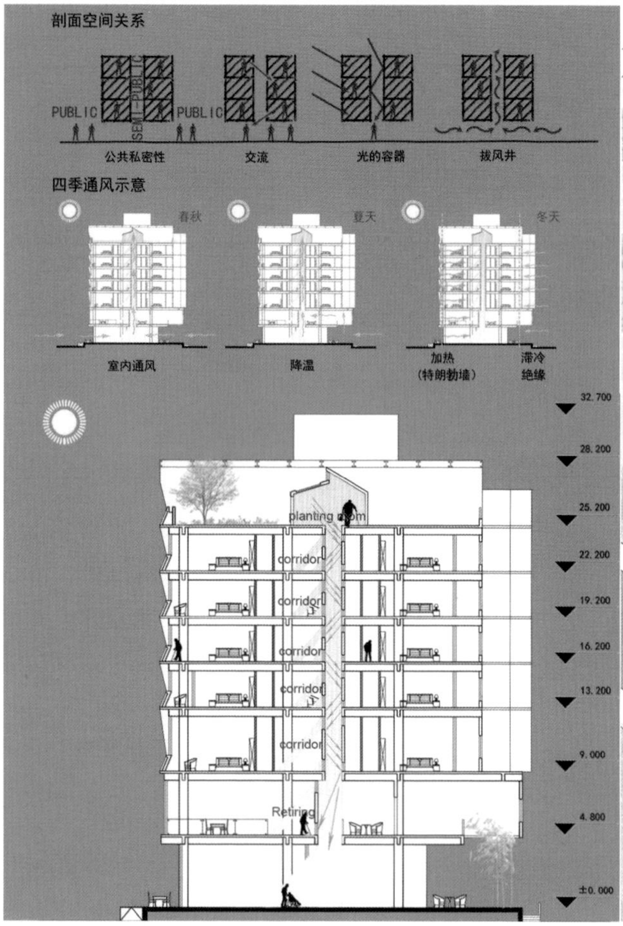

剖面空间关系

PUBLIC · PUBLIC

公共私密性　　交流　　光的容器　　拔风井

四季通风示意

春秋　　　　夏天　　　　冬天

室内通风　　降温　　加热（特朗勃墙）　滞冷绝缘

planting room
corridor
corridor
corridor
corridor
corridor
Retiring

32.700
28.200
25.200
22.200
19.200
16.200
13.200
9.000
4.800
±0.000

雨水收集
屋顶花园
光电系统
太阳能热水系统
阳光单元
通风屋顶
屋顶绿化
渗水地面
绿色停车
竖向遮阳
蓄热景观面
噪声防治
下沉庭院

可调式格栅

夏天
冬天

夏天　　冬天

雨水收集利用

雨水

存水
中水
中水存水池
处理设备
污水

绿植
覆土
卵石
防水卷材
防水薄膜
防水砂浆
钢筋混凝土板

种花草
浇灌
水　生活
容器

天沟
水管

集水池

Water
Nurse station
Nurse station
Planting room
Nurse station
Nurse station
Roof garden
Nurse station
Nurse station
Chatting
Activity
Lift
Retiring
Care center
Terrace
Entrance
Lobby
Activity room
Shops

32.700
28.200
25.200
22.200
19.200
16.200
13.200
9.000
4.800
±0.000
-0.900

屋顶一体化
双层表皮
屋顶花园

A-A剖面1:175

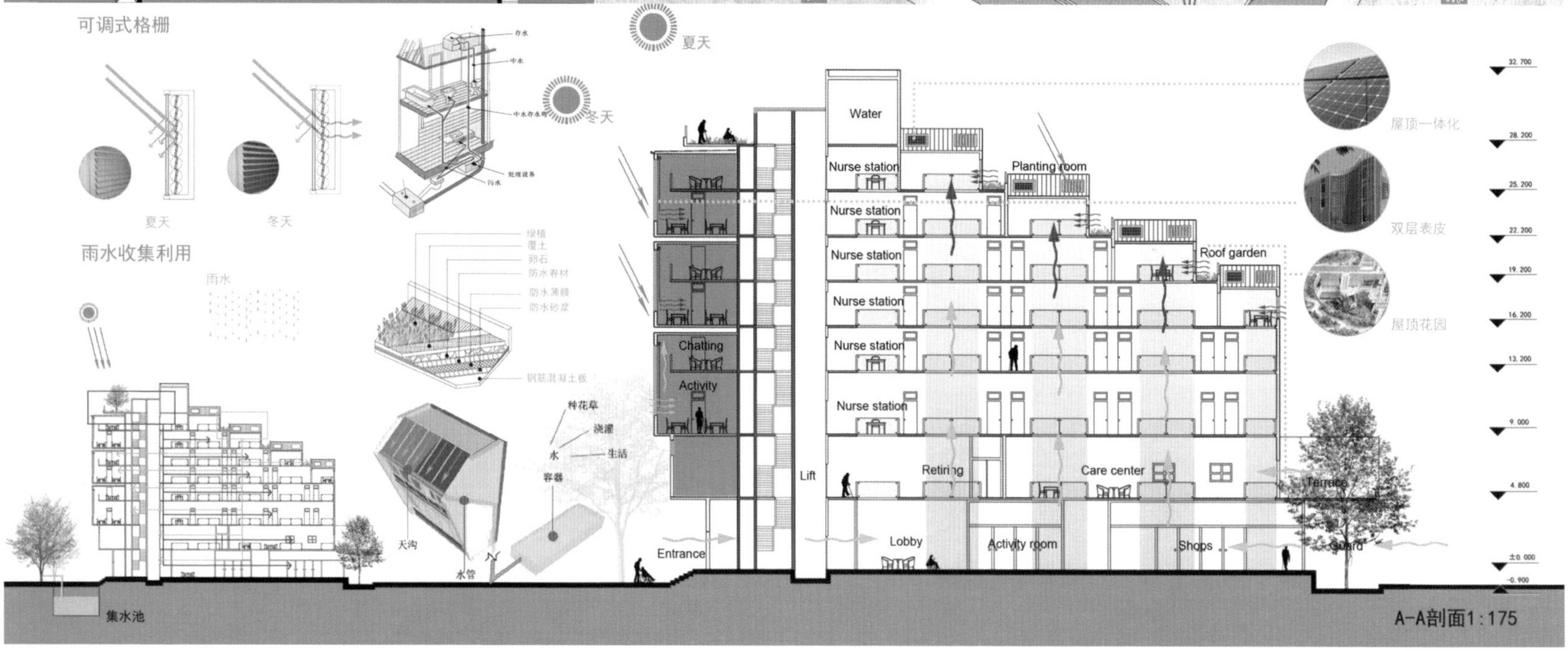

隔热蓄热墙（特朗勃墙）

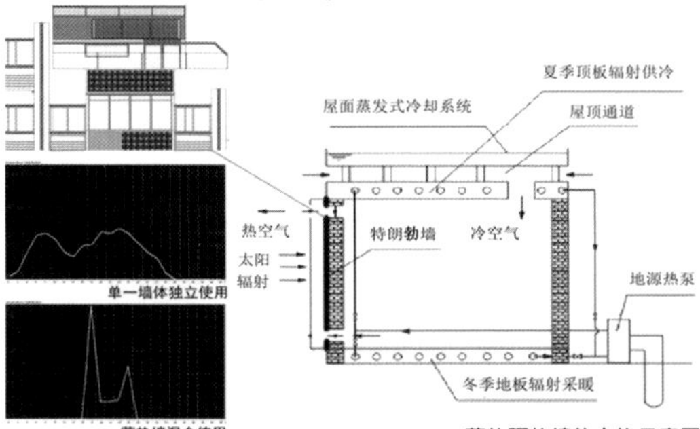
夏季顶板辐射供冷
屋面蒸发式冷却系统
屋顶通道
热空气
太阳
辐射
特朗勃墙
冷空气
地源热泵
冬季地板辐射采暖
单一墙体独立使用
蓄热墙混合使用
蓄热隔热墙热交换示意图

地热系统技术

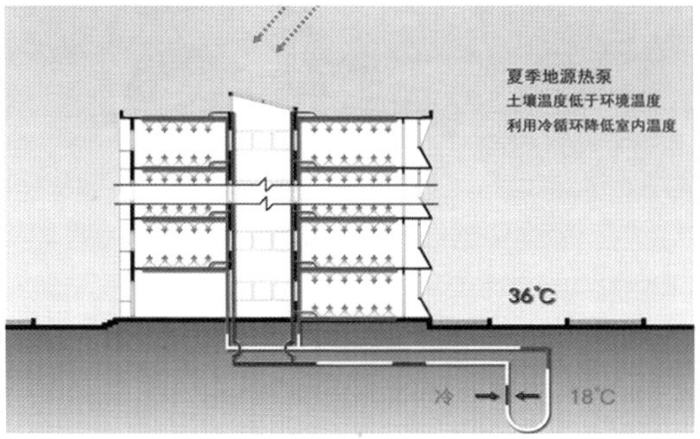
夏季地源热泵
土壤温度低于环境温度
利用冷循环降低室内温度
36°C
冷
18°C

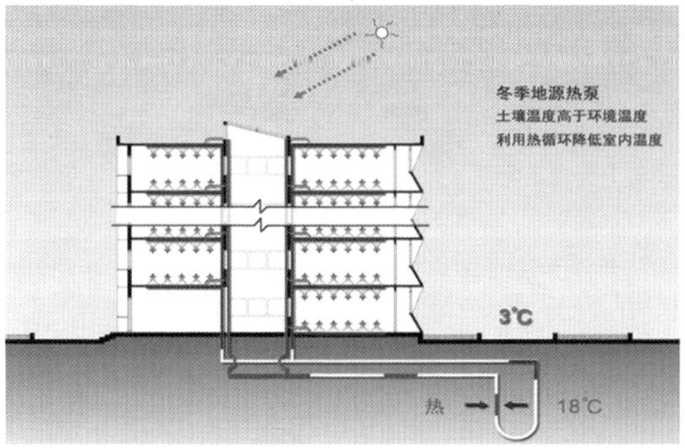
冬季地源热泵
土壤温度高于环境温度
利用热循环降低室内温度
3°C
热
18°C
冬季热源

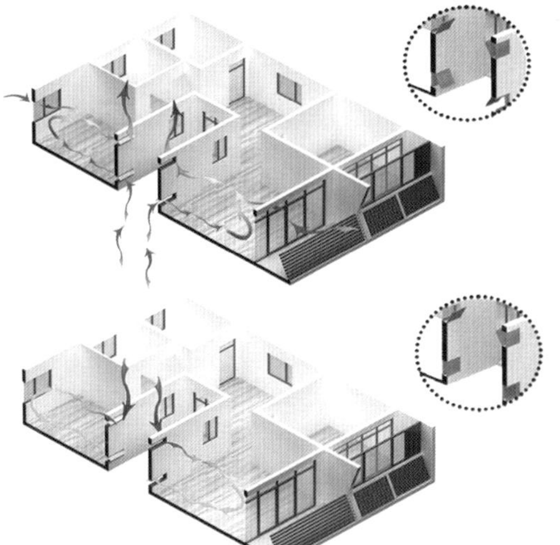
剖面拔风井示意图

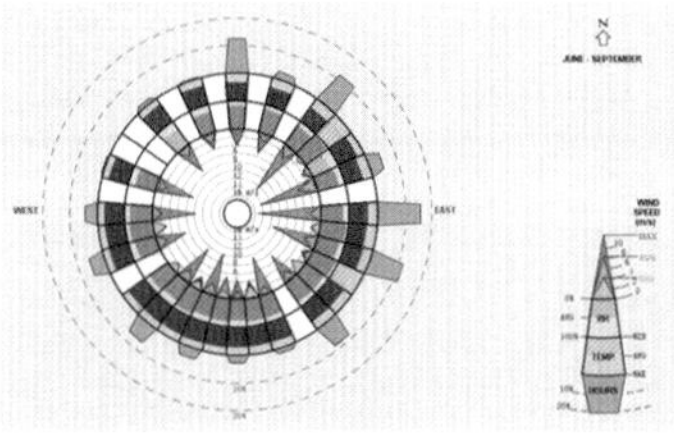
深圳夏季风速

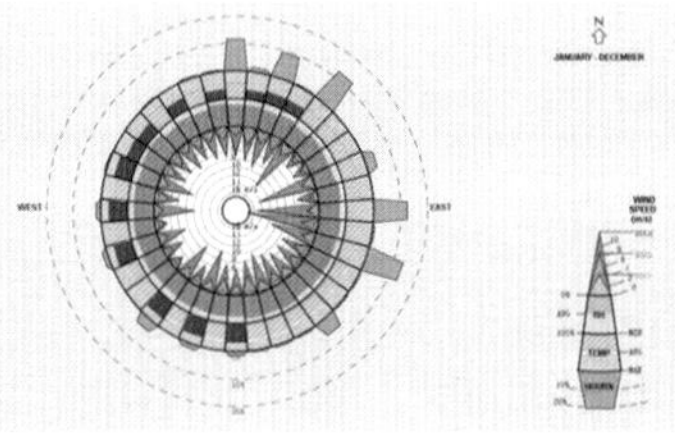
深圳冬季风速

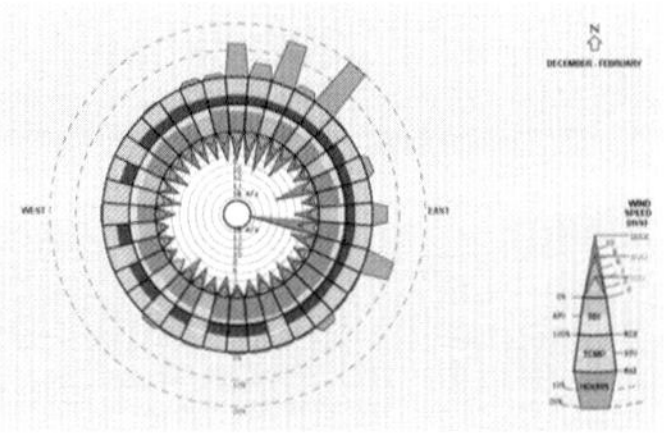
深圳全年风速

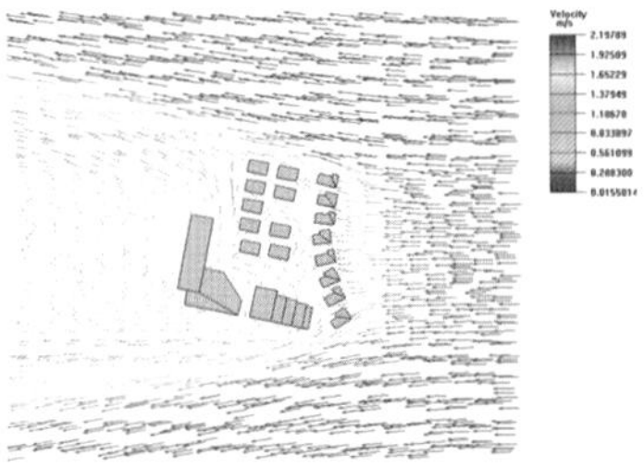
东风矢量平面

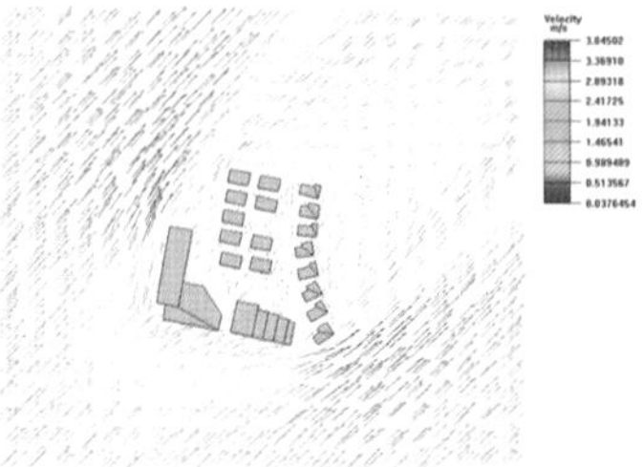
西南风矢量平面

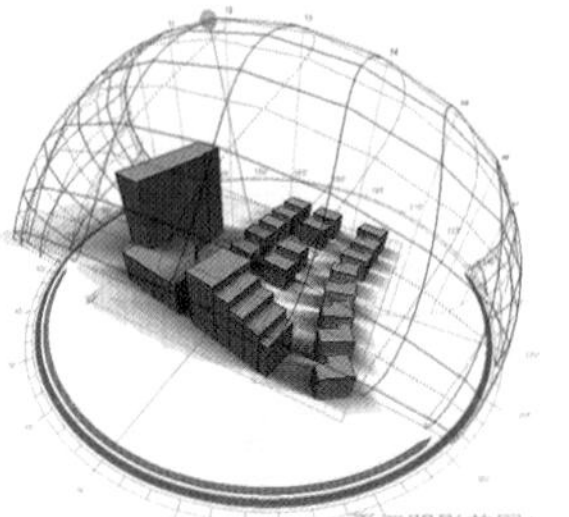
夏至阴影范围1

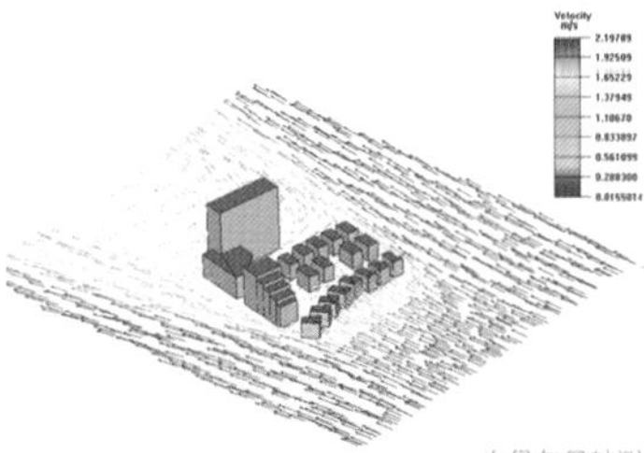
东风矢量轴测

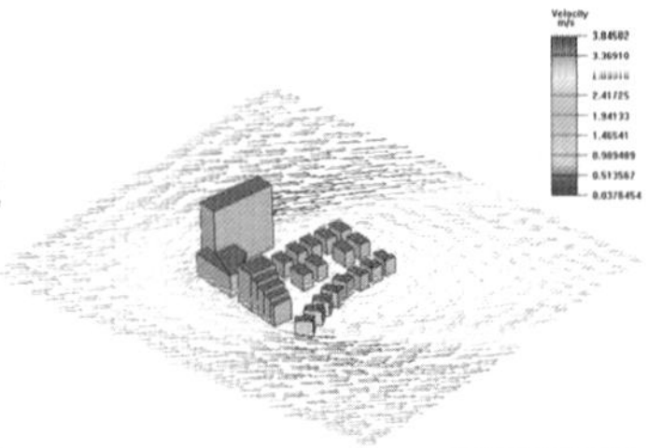
西南风矢量轴测

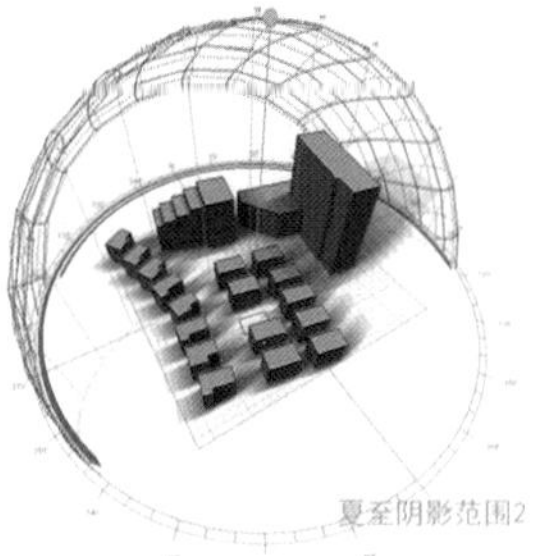
夏至阴影范围2

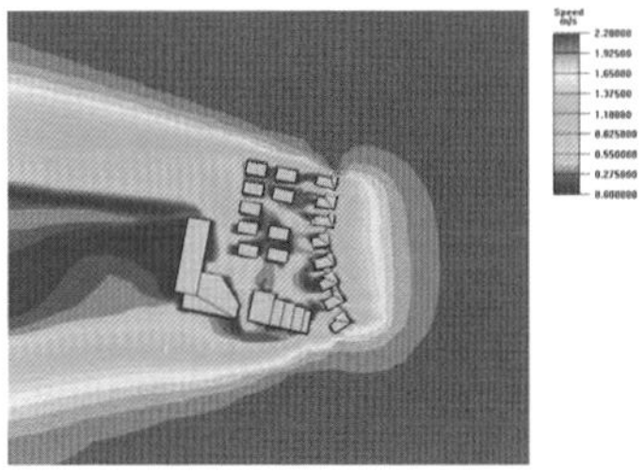
东风云图平面

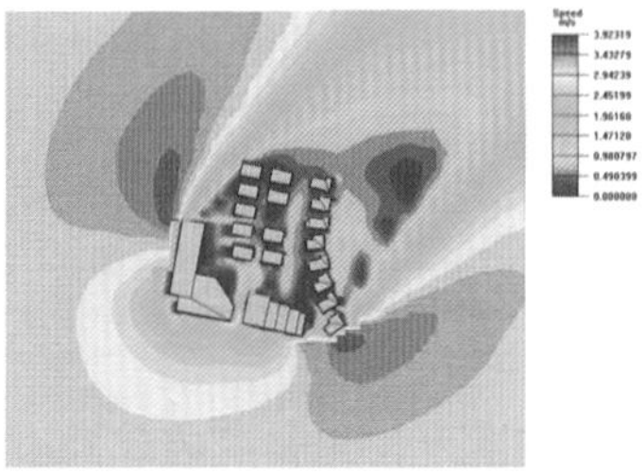
西南风云图平面

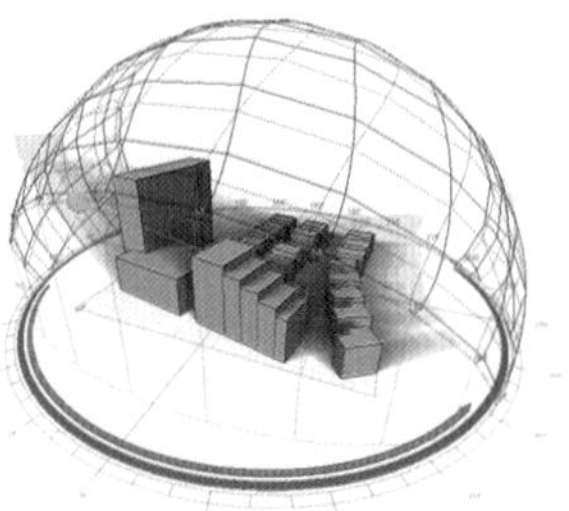
冬至阴影反胃1

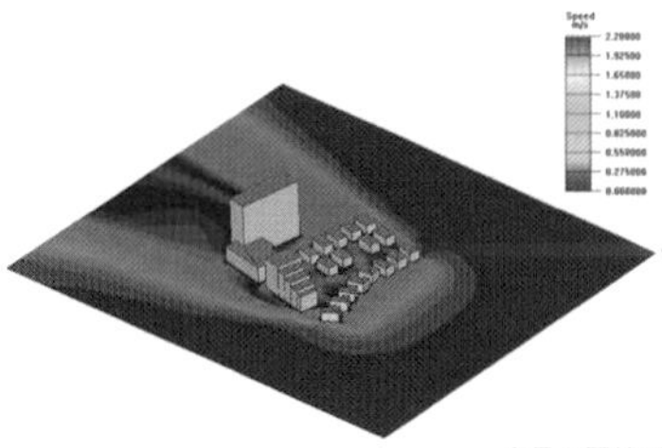
东风云图轴测

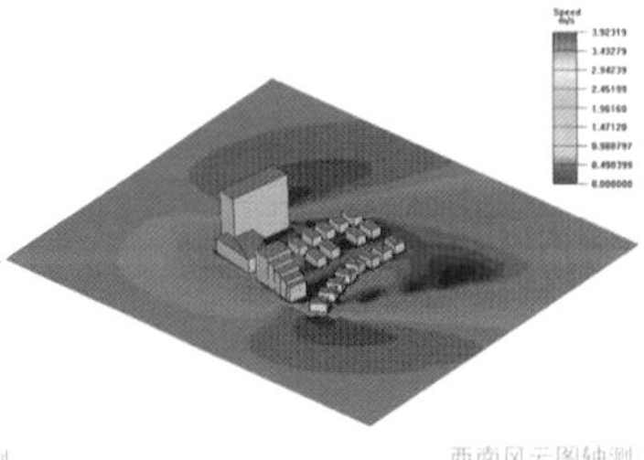
西南风云图轴测

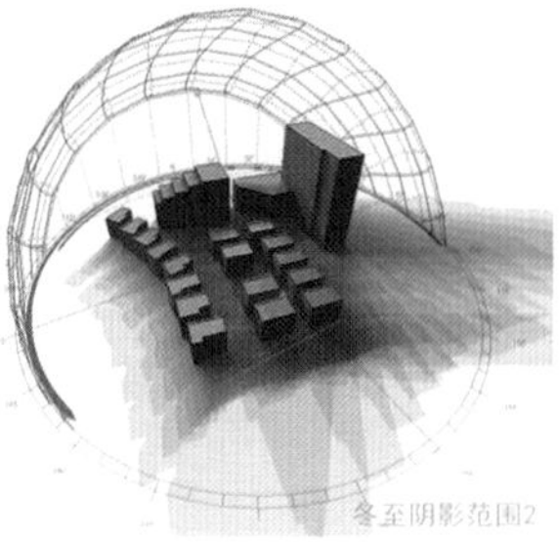
冬至阴影范围2

2015 招商地产绿色建筑设计竞赛方案

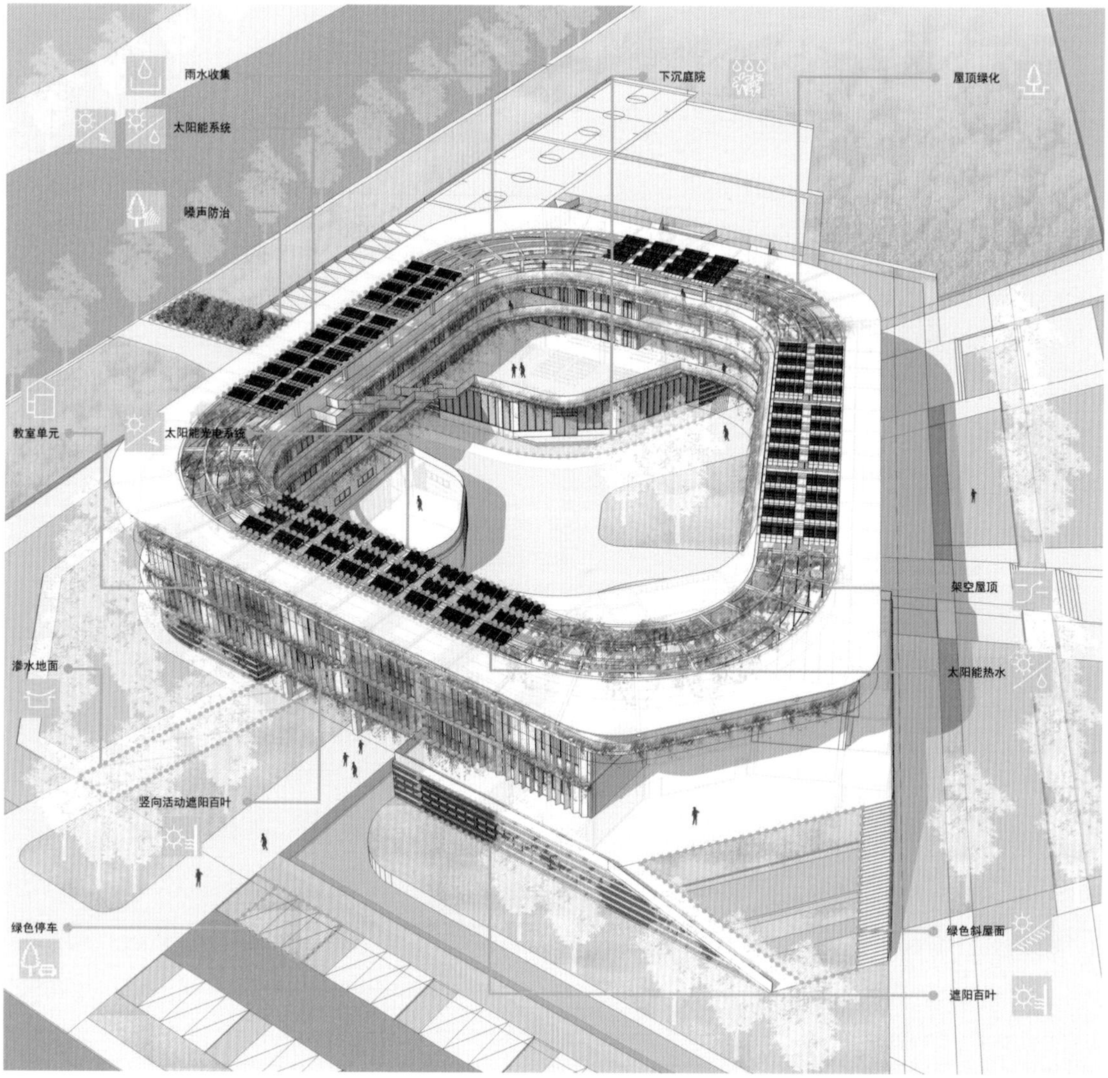

优秀奖

光 · 环

学　　生：李佳佳 张良钰

指导老师：杨维菊 沙晓冬

方案介绍：

“招商 · 海公馆小学”设计竞赛以“人性化、可持续和绿色环保”为设计理念，以“创意构思、绿色健康”为路线，通过光之环、绿色之环、交流之环的设计意向，并利用当地的气候环境、本土材料以及地理文化，营造出一个风格新颖和独具特色的绿色生态学校。

本方案充分考虑小学生的心理特征、活动尺度，精心打造了层次丰富、形态多样的交往空间，提供多样性的场所体验。环形的交通空间为孩子们提供了更多的交流可能。除此之外，有别于传统校园方正重复的建筑形态以及单调的走廊 + 楼间地面场地的公共空间，我们引入了“光环”的概念。“光环”既是光之环，绿色之环，更是交流之环。本方案力图打造风格新颖、独具特色的精品校园，为在校师生提供特色鲜明的校园体验。

工业化建造

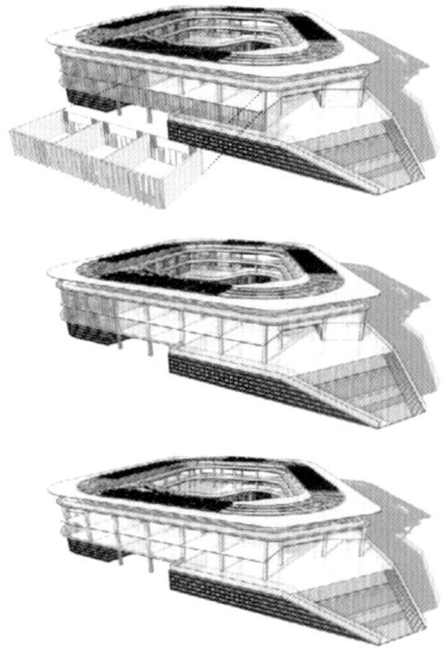

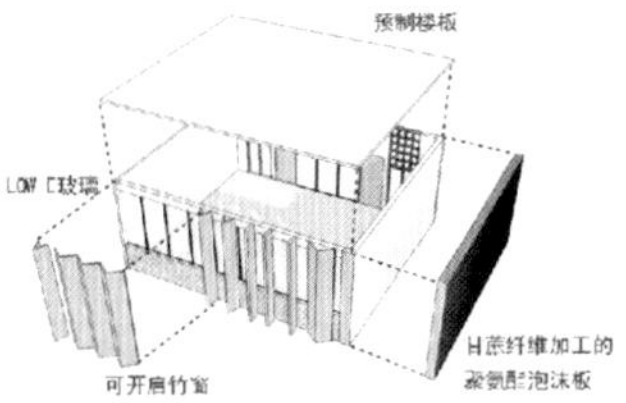

半地下空间处理

预制楼板

LOW-E玻璃

可开启竹帘

玻璃纤维加工的 微孔泡沫板

成品教室单元

安装示意图

在体育馆的屋顶采集光与照明系统，充分利用可再生能源的同时，提升体育馆的照明环境

普通教室

厨房

特通教室

厨房

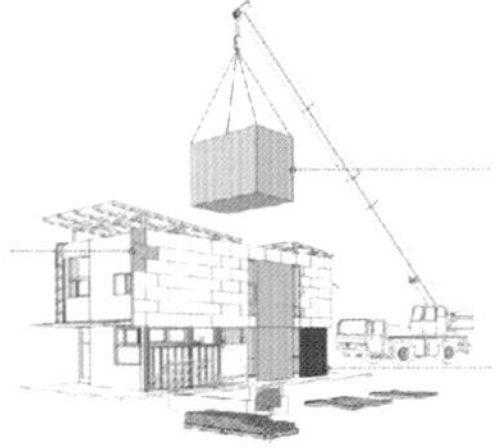

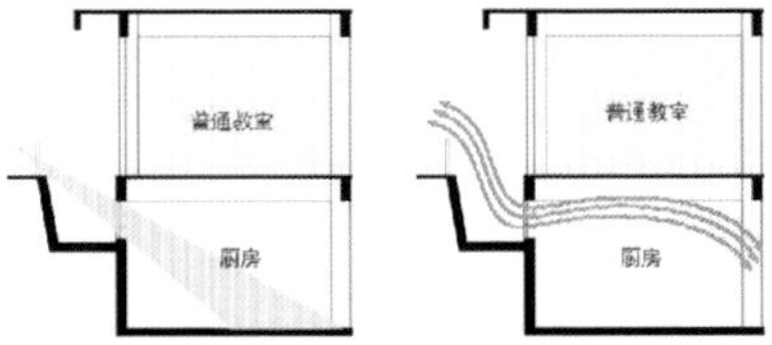

采光

通风

由于处在半地下，半地下空间往往面临着采光和通风不足的问题。在本方案中，半地下空间外进行控制斜坡的处理，既有利了采光，也促进了通风。

透水地面

教室外立面遮阳系统

节材措施-竹屋

镶嵌的地砖，砖与砖之间留与空隙使草能自然生长，用于内院铺地

孔型混凝土砖铺设停车场，孔孔内月原埴到土填上，杂草生长于其白

透水地坪铺设活动场地，砖与砖之间直接由透水性材料拼接

透水原面硬度保障墙面土壤的自然性，保证土壤的自然呼吸，生态链不会断裂，轮够充分吸收雨水，同时为土壤生物提供生存空间

透水踺面

透水铺地

竖向遮阳板

墙体贴面

时尚速常见的竹材运用在建筑的竖向外遮阳和底层墙体贴面上，既丰富了建筑造型，又节省了建筑材料的耗损。

遮阳设施-竹窗

夏季闭合阳挡阳光

冬季打开则光穿透

太阳能、雨水利用系统

太阳能集热系统

雨水回收

太阳能光电系统

太阳能集热器

集水池

14.700
11.700
7.800

1-1剖面图 1:400

14.700 14.700
11.700 11.700
7.800 7.800
3.900 3.900
-0.300
-4.500

2-2剖面图 1:400

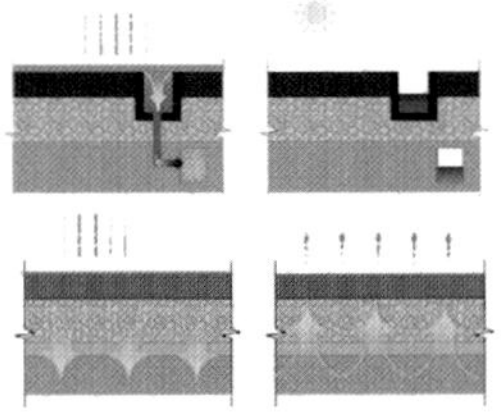

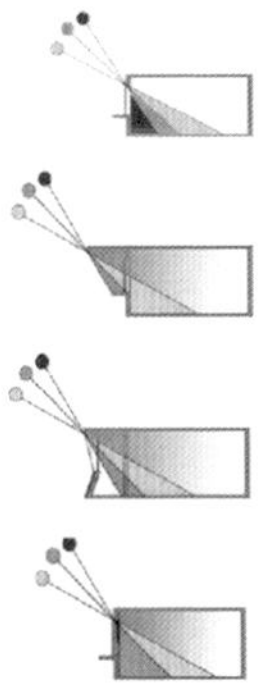

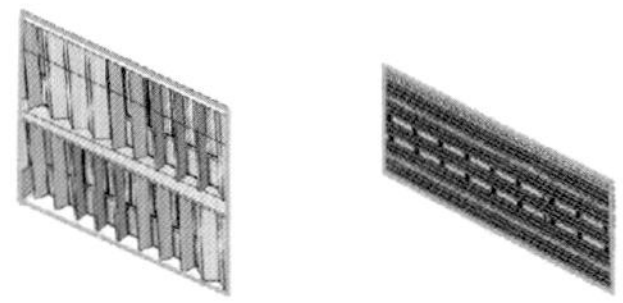

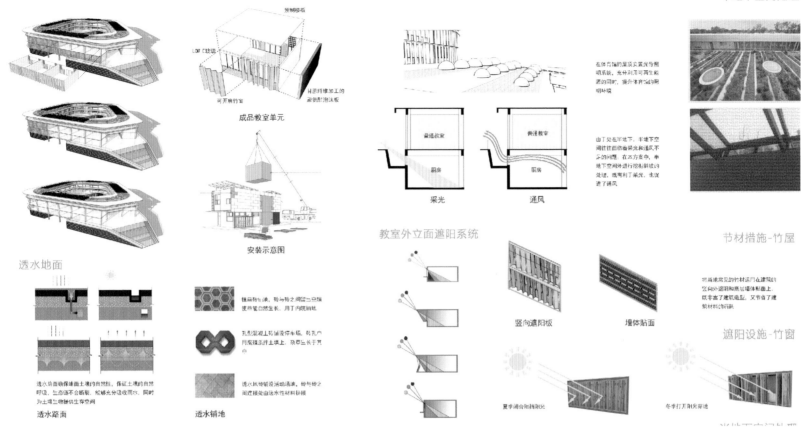

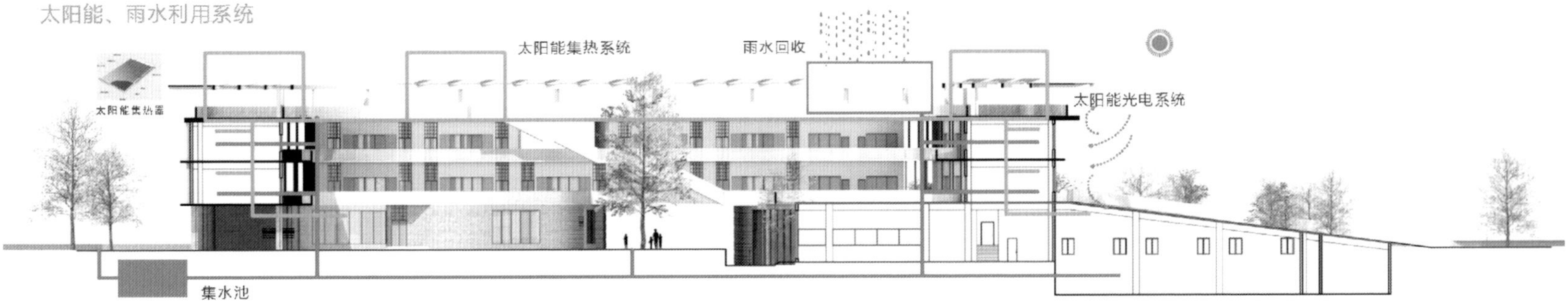

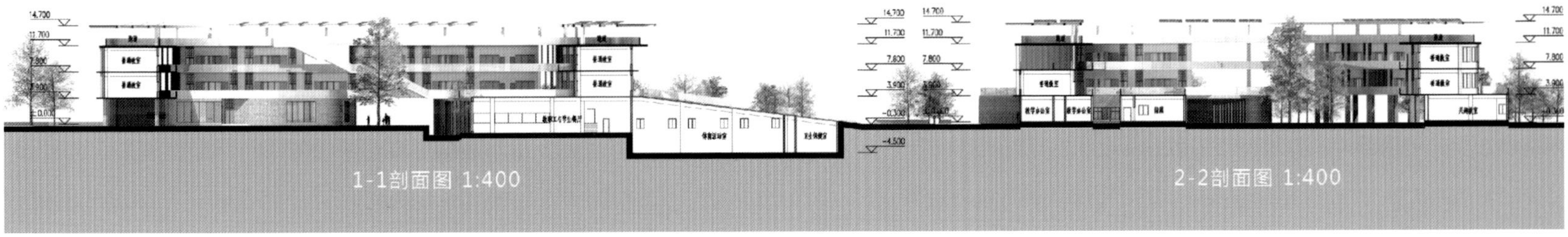

总平面图 1:1000

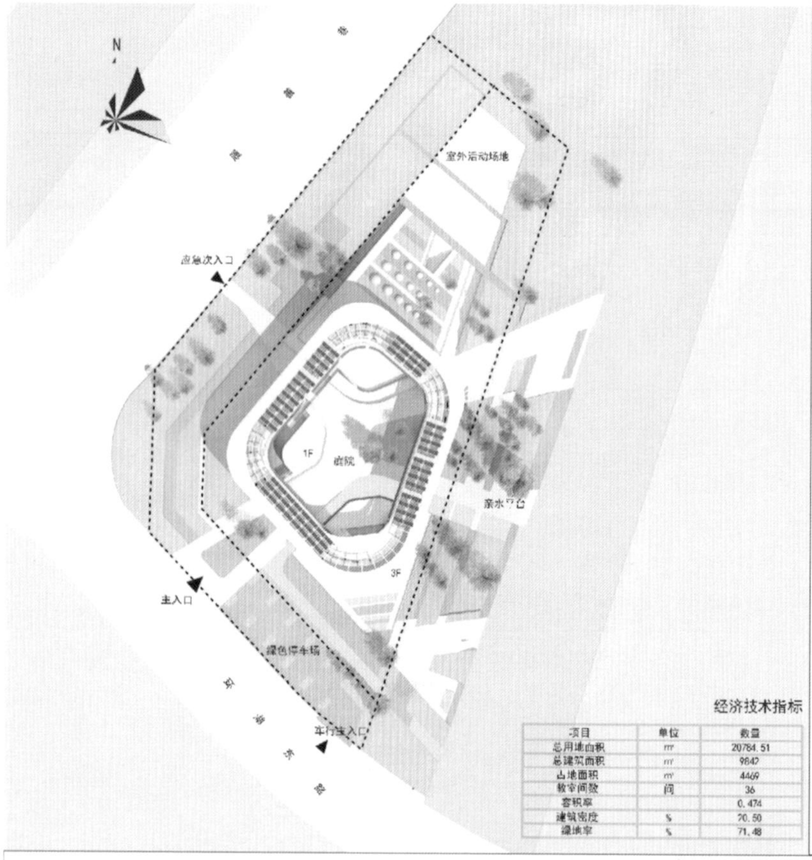
N
室外运动场地
应急次入口
1F
庭院
亲水平台
3F
主入口
绿色停车场
车行主入口

经济技术指标

项目	单位	数量
总用地面积	m²	20784.51
总建筑面积	m²	9842
占地面积	m²	4469
教室间数	间	36
容积率		0.474
建筑密度	%	20.50
绿地率	%	71.48

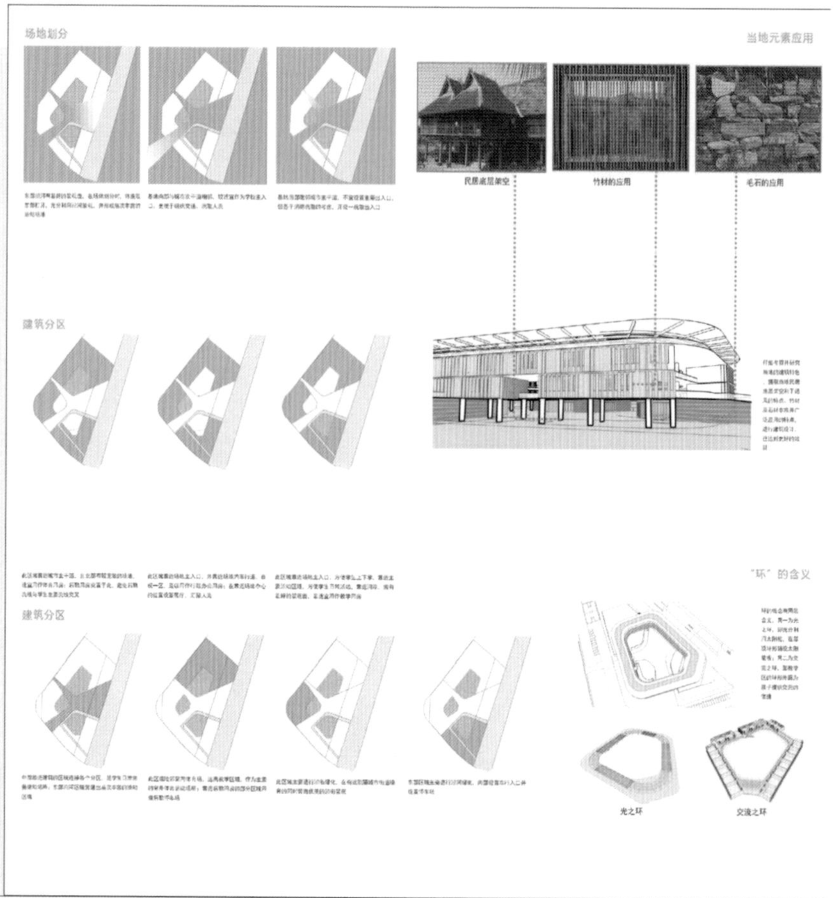
场地划分
当地元素应用
民居底层架空
竹材的应用
毛石的应用
建筑分区
建筑分区
"环"的含义
光之环
交流之环

功能布局

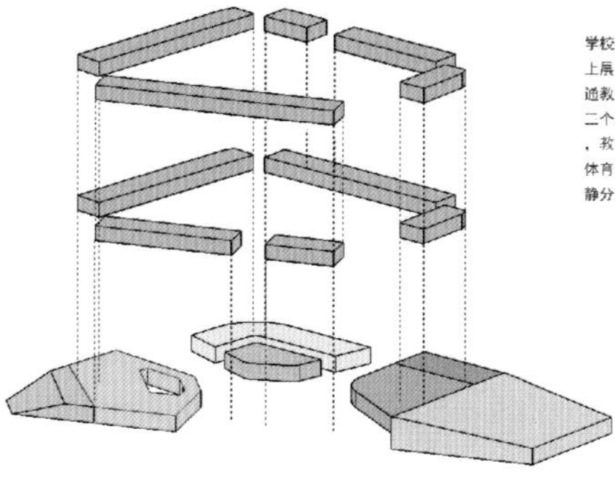
普通教室
教师办公、行政办公
展览用房
专业教室
图书室
后勤用房
餐厅
体育用房

学校建筑分为上层教学区和下层辅助区。上层教学区为二、三层，主要放置36个普通教室，以防上下干扰；下层辅助区分为二个功能区，分别放置图书馆、专业教室，教师办公室、行政办公室、展览用房，体育用房、餐厅、后勤用房，有效做到动静分区、洁净分区等

建筑结构

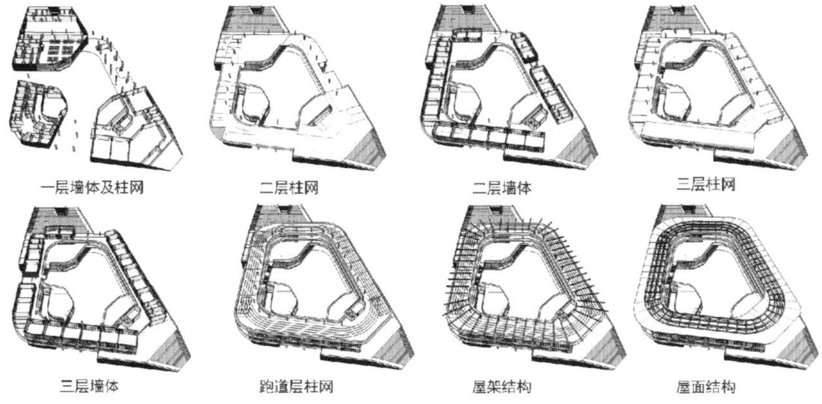
一层墙体及柱网
二层柱网
二层墙体
三层柱网
三层墙体
跑道层柱网
屋架结构
屋面结构

2015 招商地产绿色建筑设计竞赛方案

优秀奖

水之印

学　　生：易飞宇　肖华杰　丁中彬　黄锦富
　　　　　陈文强　石绍聪

指导老师：杨维菊　袁玮　万邦伟

方案介绍：

本方案充分考虑场地周边的环境，力求建筑与城市形成良好的互动关系；积极利用地下空间，节约土地资源，营造出宜人的下沉庭院空间；合理利用多处退台和屋顶花园，形成多层次的绿化，增大了太阳能利用面积；采用特色结构，使结构和空间良好地统一，并易于工业化建设与使用；积极使用了节能及回收材料，保证建筑良好的热工性能。使用空间人性化布置，营造出良好的学习氛围，特色水系组织形成花园式的学校环境。

从“山水盆景——水”的造型出发并作为意境源头。结合“一颗印——印”的云南民居庭院围合形式，以及城市景观中的建筑立体绿化，融合水与印的概念，将城市公共景观与传统学校生态结合，造就教育综合体，形成一处怡人之景，求学之所。

02

西南向透视图

招商·海公馆小学建筑设计
GREEN PRIMARY SCHOOL DESIGN

水之印
MINIASCAPE SCHOOL

场地设计 SITE DESIGN

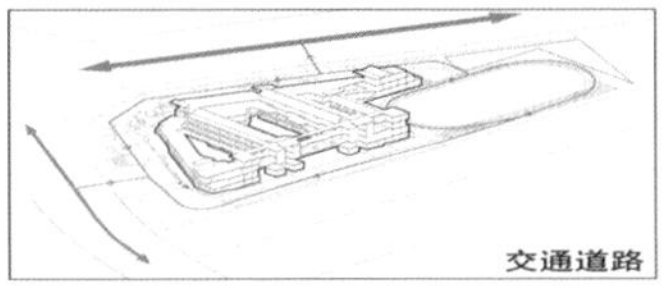

交通道路

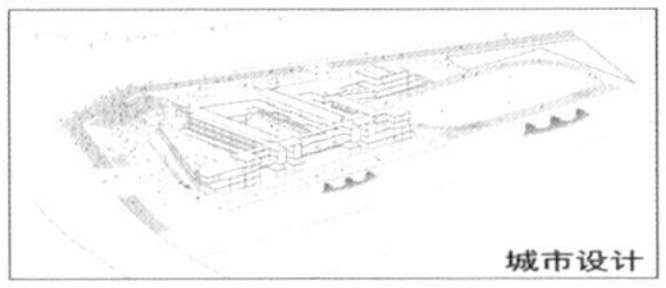

城市设计

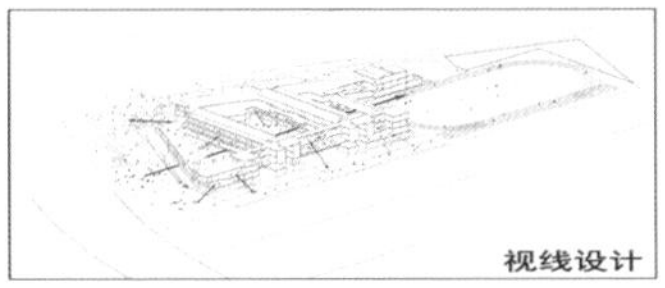

视线设计

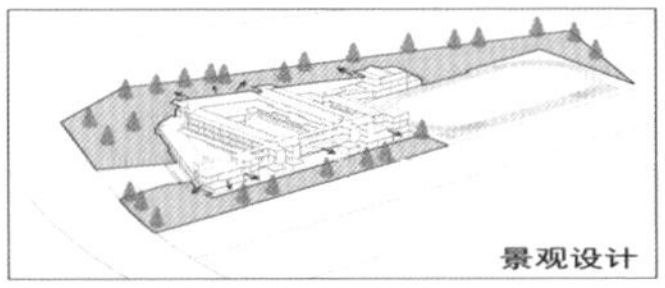

景观设计

结构功能流线 STRUCTURE & FUNCTION & FLOWLINE

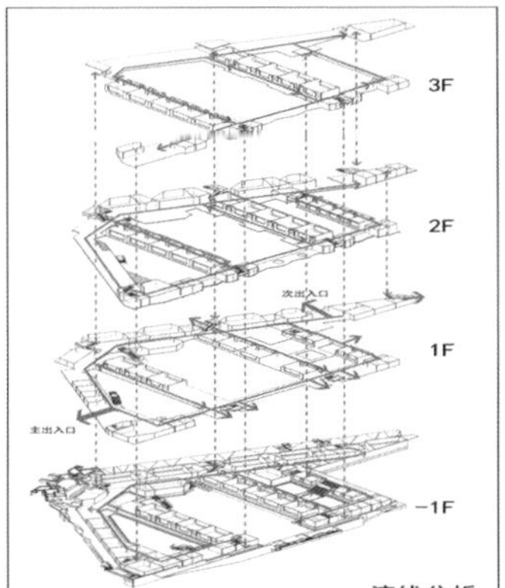

3F

2F

1F

-1F

流线分析

异形钢框架结构

钢框架结构

结构分析

普通教室
辅助用房
专业教室
卫生间
楼梯间

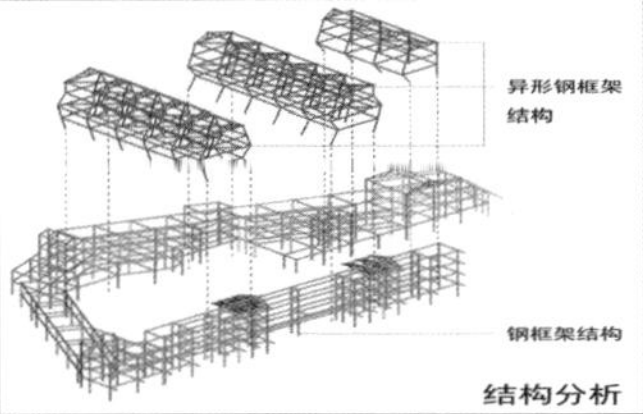

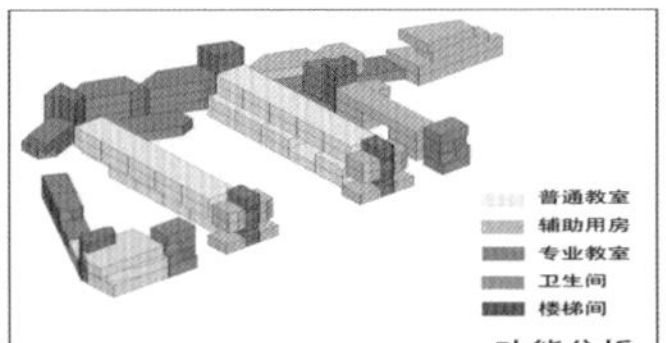

功能分析

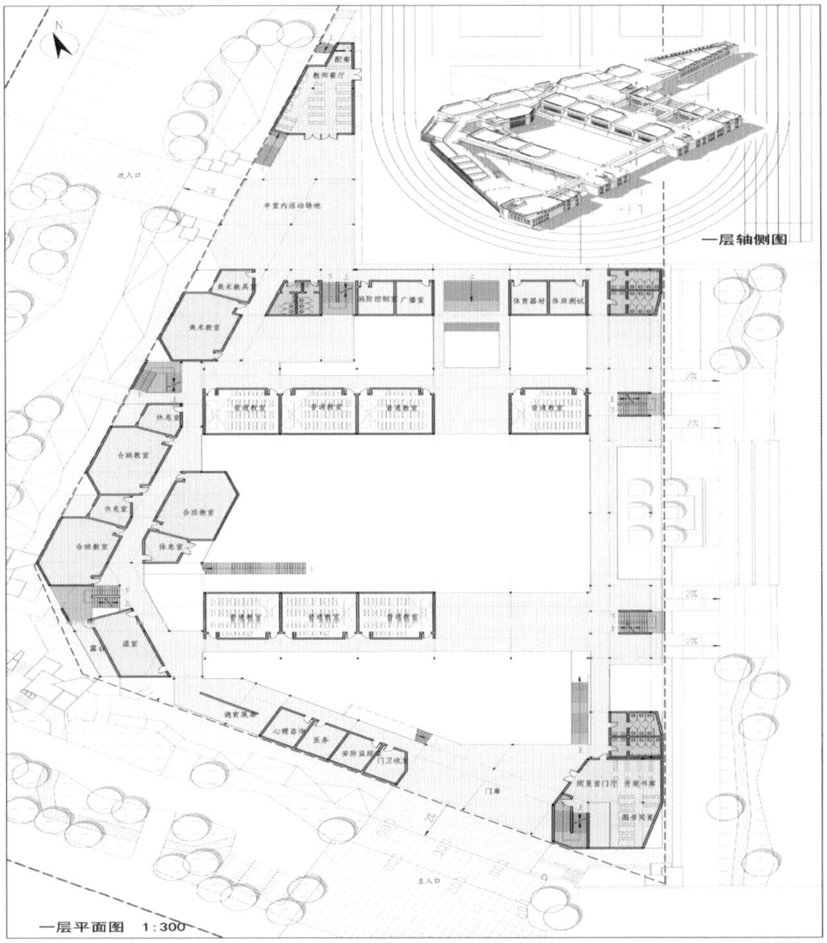

一层轴侧图

一层平面图 1:300

1-1剖透视图 1:300

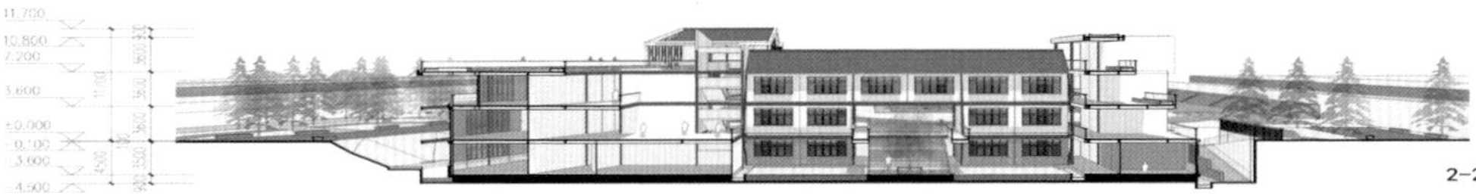

2-2剖透视图 1:300

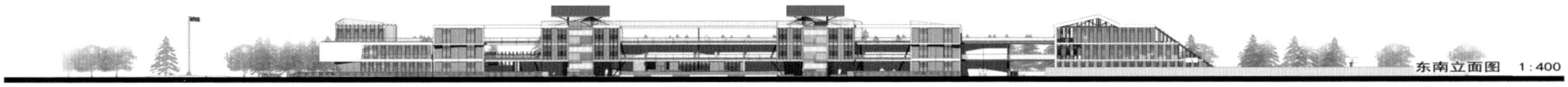

东南立面图 1:400

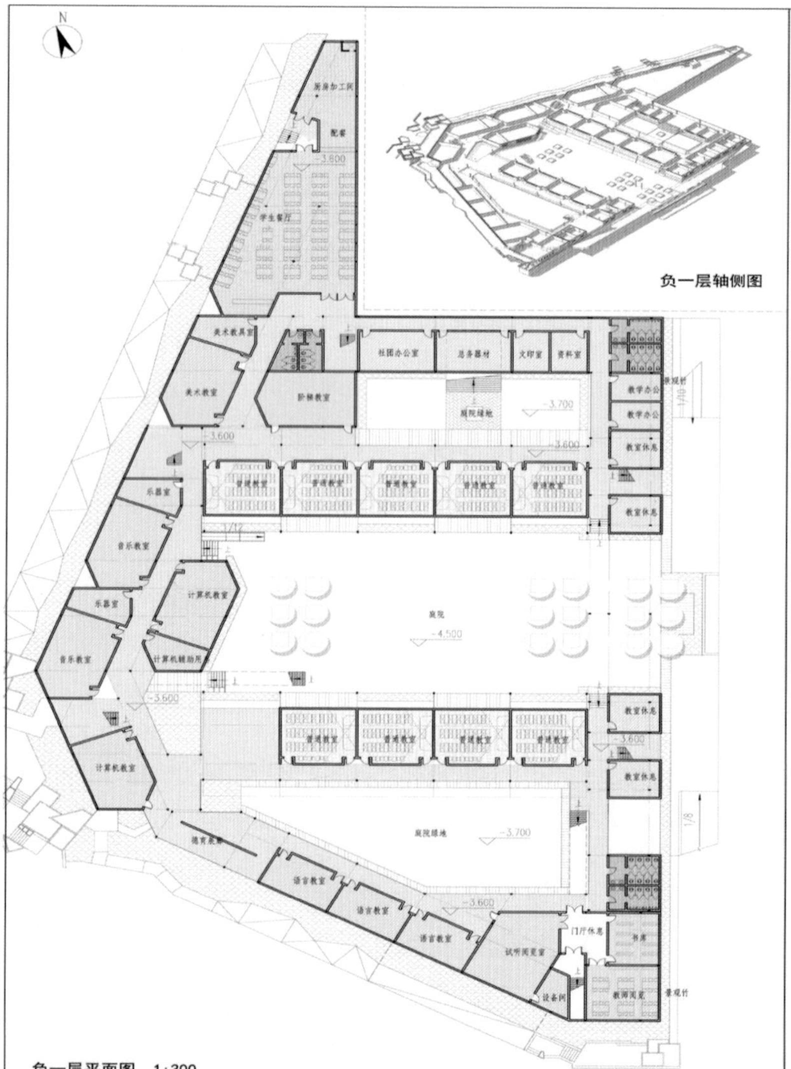

负一层轴侧图

负一层平面图　1:300

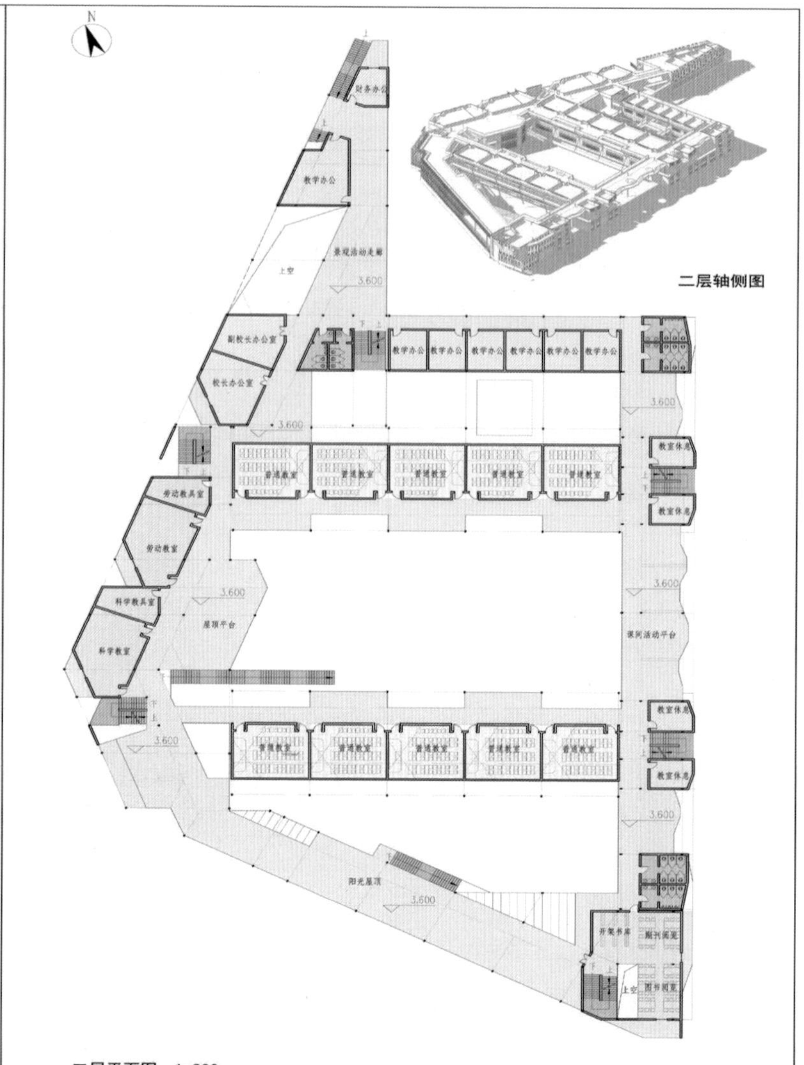

二层轴侧图

二层平面图　1:300

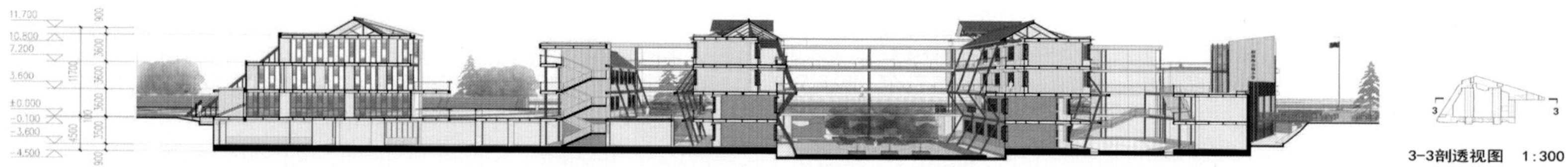

3-3剖透视图　1:300

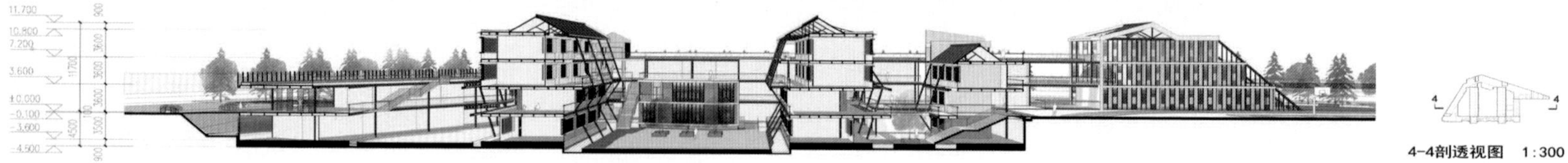

4-4剖透视图　1:300

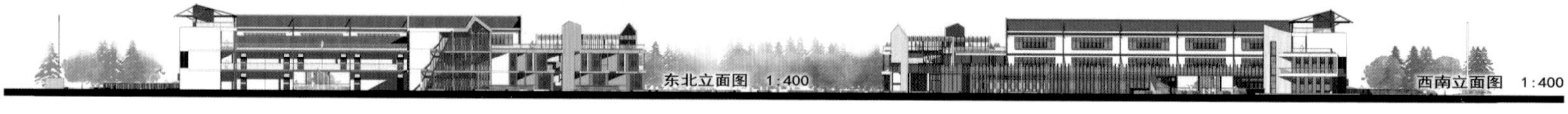

东北立面图　1:400

西南立面图　1:400

大会议室

屋顶平台
7.200

附水漂面板
太阳能电池板

教室休息

教学活动走廊

屋顶平台
7.200

教室休息

屋顶平台

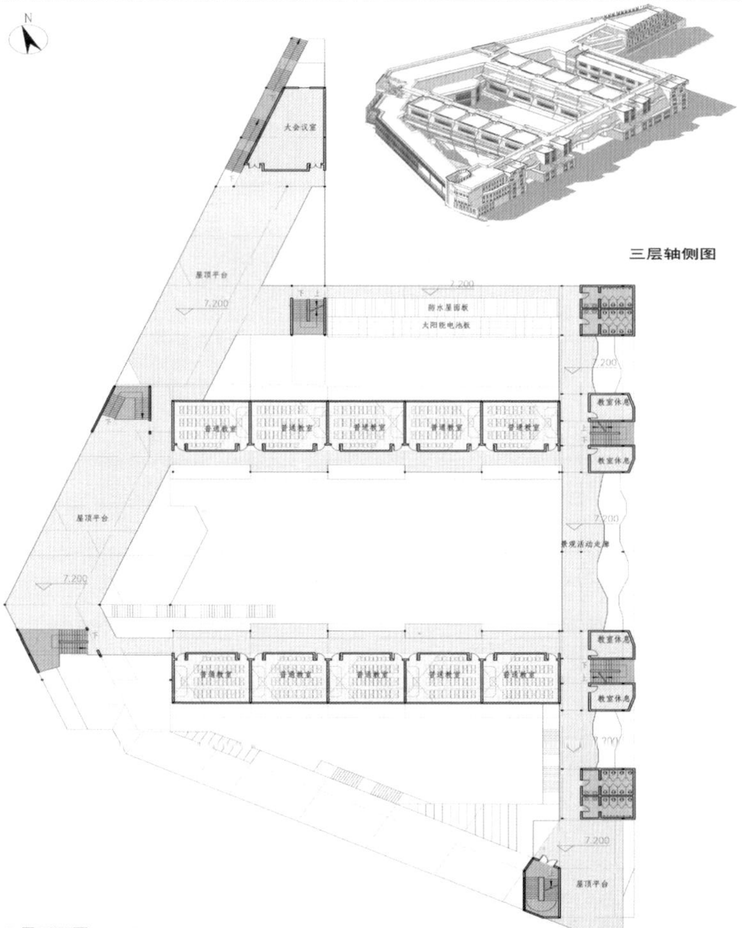

三层轴侧图

三层平面图 1:300

工业化装配 INDUSTRIAL CONSTRUCTION

横向框架　屋顶钢架　纵向框架　水平斜撑　　　　　　　　　预制门窗　预制天花板　预制隔墙　预制百叶

结构与构件均采用预制和装配式,
方便运输、建造、回收和循环使用　　预制组装教室（北向）　预制组装教室（南向）　钢龙骨　预制楼板

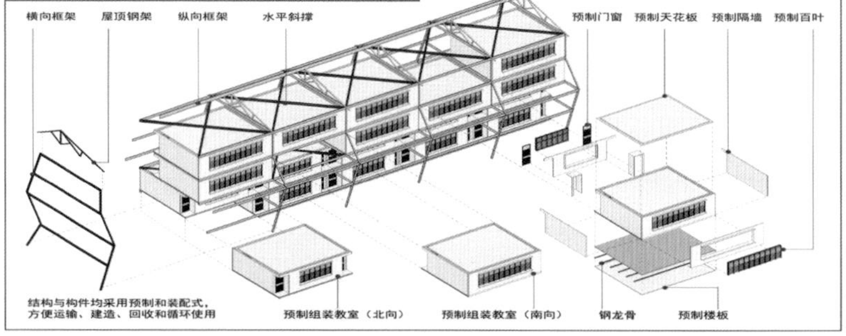

自由组合建造 FREE COMBINATION

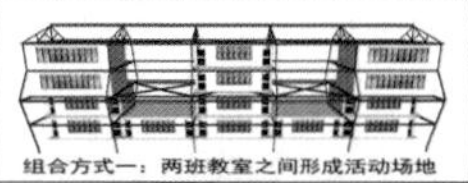

组合方式一：两班教室之间形成活动场地　　组合方式二：教室中段与两端形成活动场地　　组合方式三：教室中段形成大活动场地

工业化绿色构件 COMPONENTS

内收折叠,屋面增加种植池尺寸和数量　完全展开　根据太阳高度调节角度

活动屋顶种植池,可根据情况调节尺寸和数量

双层中空LOW-E玻璃　断铝合金窗框

回收木料百叶龙骨　回收木料预制百叶　百叶窗框　百叶复合窗

滑轨钢骨架　活动种植盆　种植盆座椅组合构件

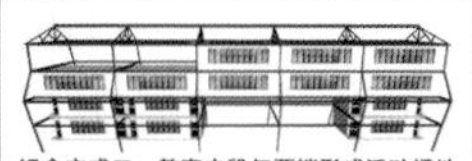

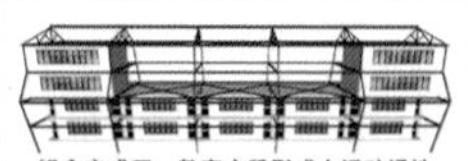

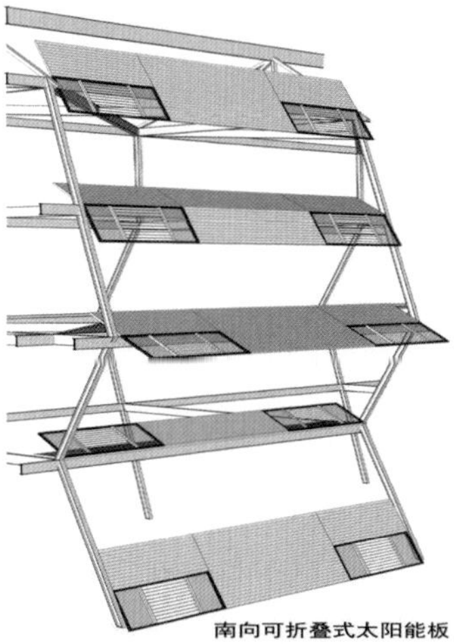

南向可折叠式太阳能板

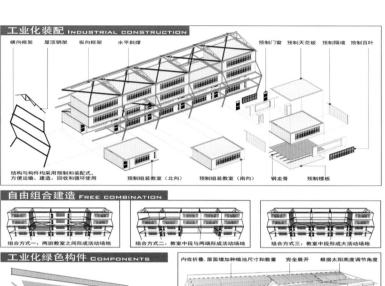

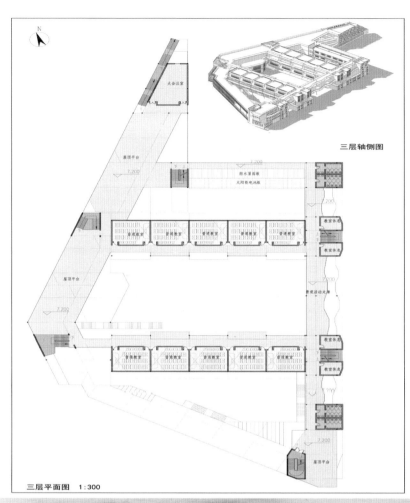

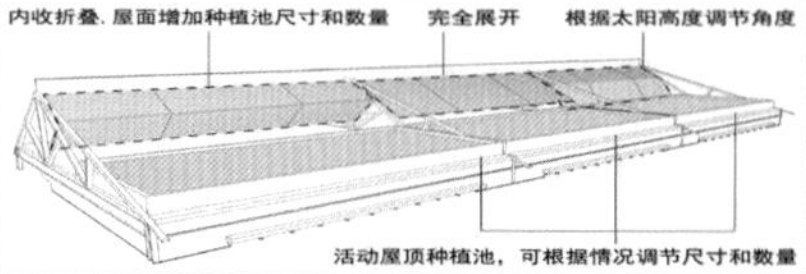

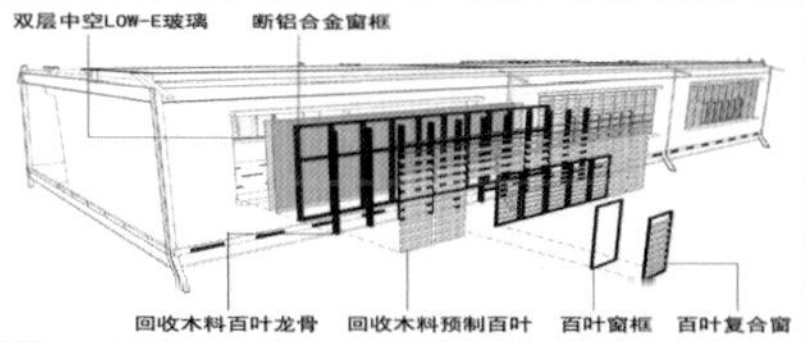

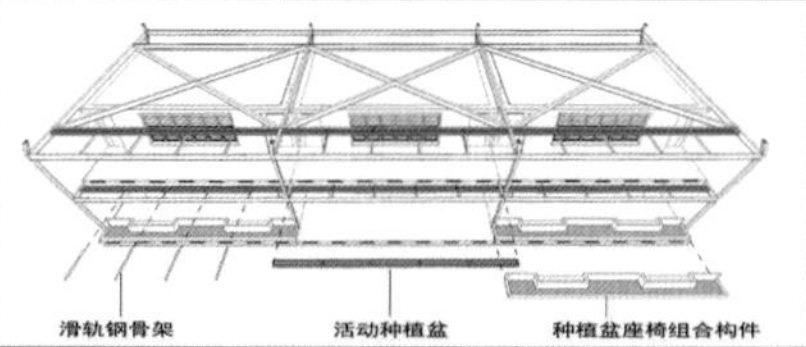

鸟瞰透视图

节地策略 LAND SAVING

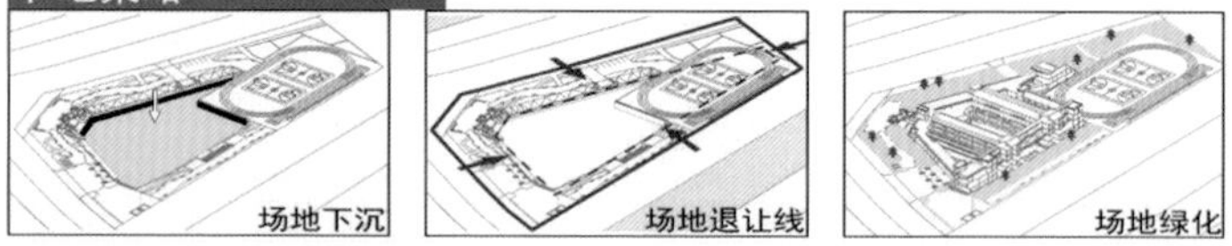

场地下沉　场地退让线　场地绿化

节水策略 WATER SAVING

屋顶排水　场地排水　雨水 & 中水收集

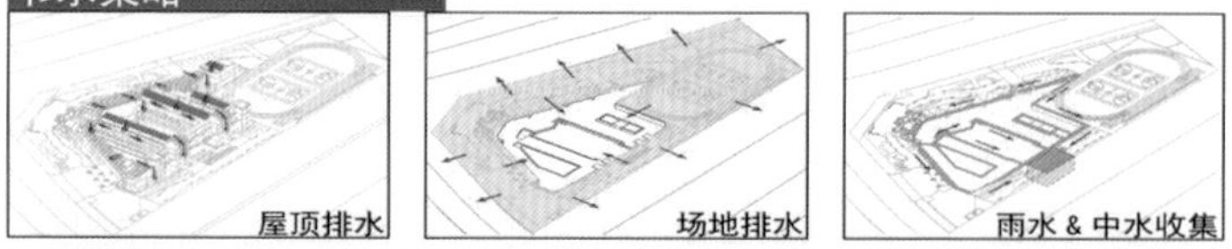

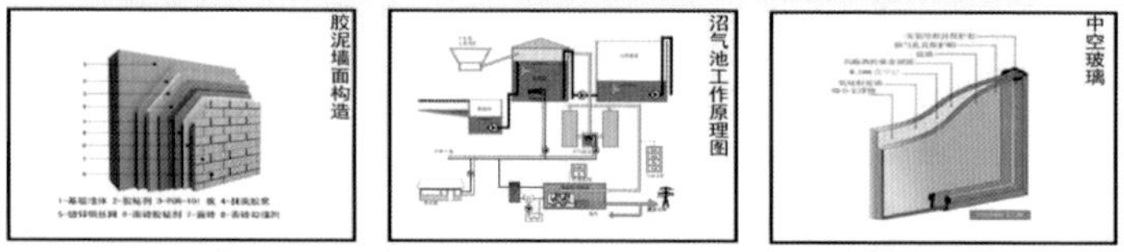

节材策略 MATERIAL SAVING

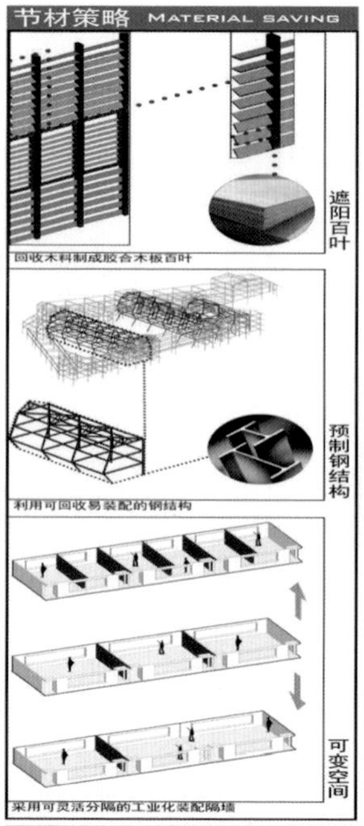

西立面墙身构造详图

遮阳百叶
预制钢结构
可变空间

回收木料制成胶合木板百叶
利用可灵活装配的钢结构
采用可灵活分隔的工业化装配隔墙

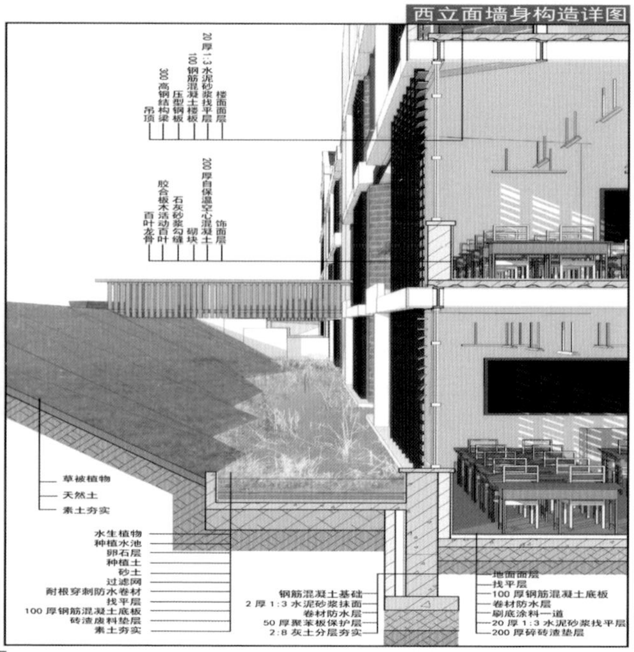

教室通风策略 WATER SAVING

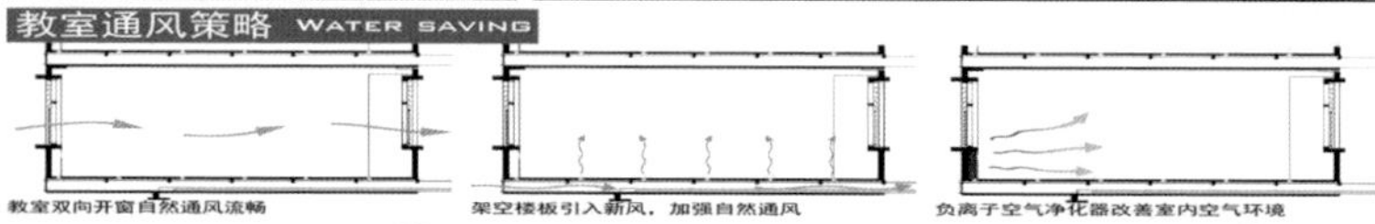

教室双向开窗自然通风流畅　架空楼板引入新风，加强自然通风　负离子空气净化器改善室内空气环境

胶泥墙面构造　沼气池工作原理图　中空玻璃

开放广场　屋顶绿化　中空玻璃窗　自保温砌块墙　屋顶水池　可折叠光伏板　太阳能光伏板　滑动种植池　蓄水池　太阳能热水器　遮阳百叶　沼气池　种植园

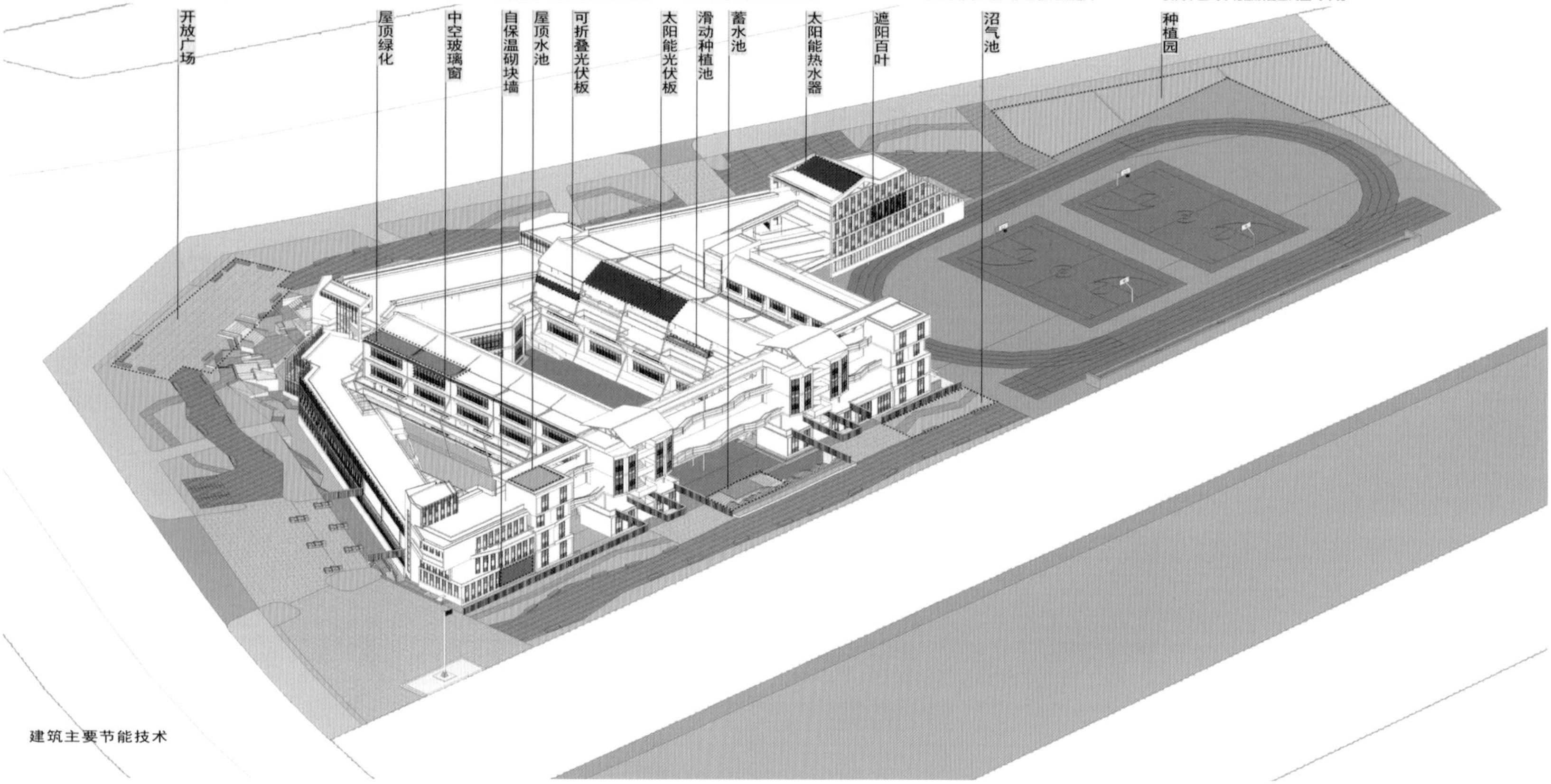

建筑主要节能技术

昆明市气象数据 METEOROLOGICAL DATA OF KUMING

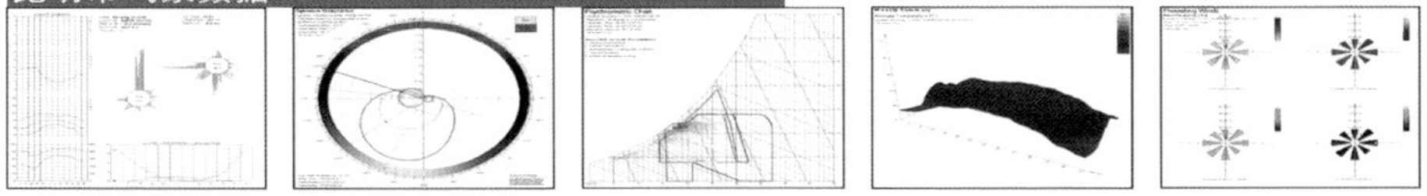

通风分析 VENTILATION ANALYSIS

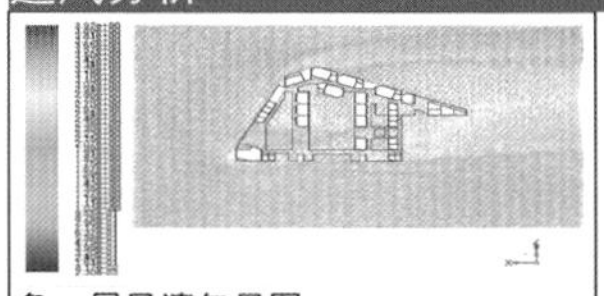

负一层风速矢量图　　ANSYS Fluent 15.0 (3d, pbns, ske)
一层风速矢量图　　ANSYS Fluent 15.0 (3d, pbns, ske)
剖面风速矢量图　　ANSYS Fluent 15.0 (3d, pbns, ske)

风压分析 FLUENT PRESSURE ANALYSIS

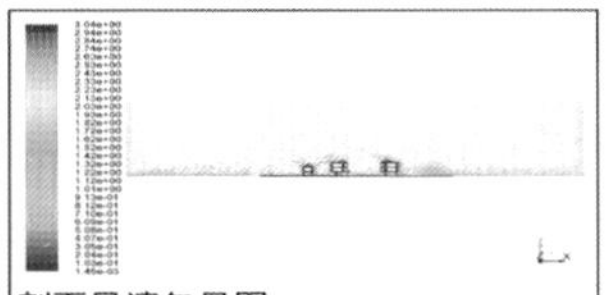

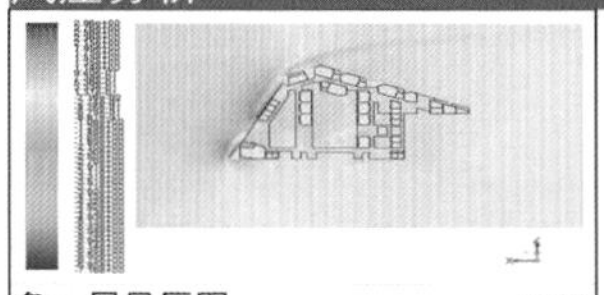

负一层风压图　　ANSYS Fluent 15.0 (3d, pbns, ske)
一层风压图　　ANSYS Fluent 15.0 (3d, pbns, ske)
剖面风压图　　ANSYS Fluent 15.0 (3d, pbns, ske)

采光分析 DAYLIGHT ANALYSIS

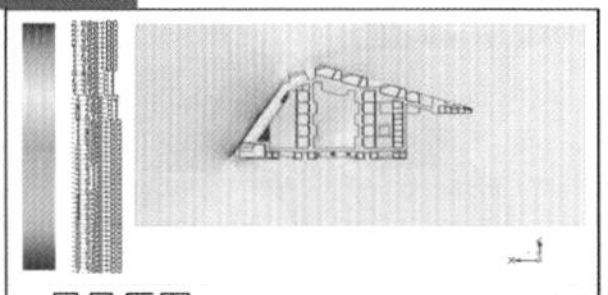

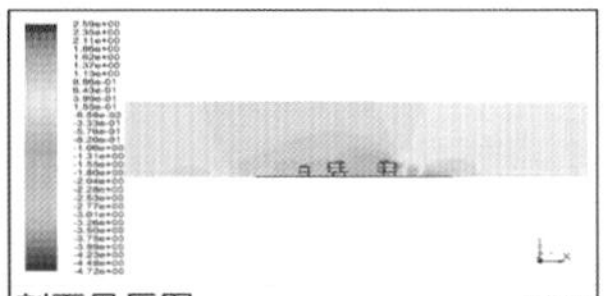

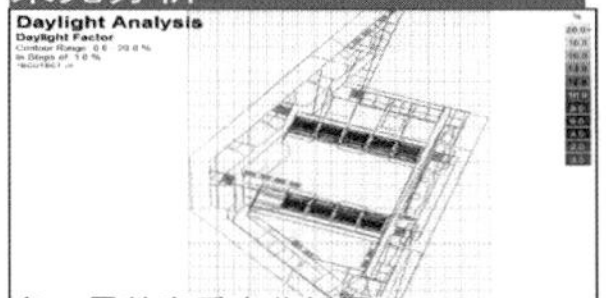

负一层教室采光分析图
一层教室采光分析图
二层教室采光分析图

日照分析 SOLAR RADIATION ANANLYSIS

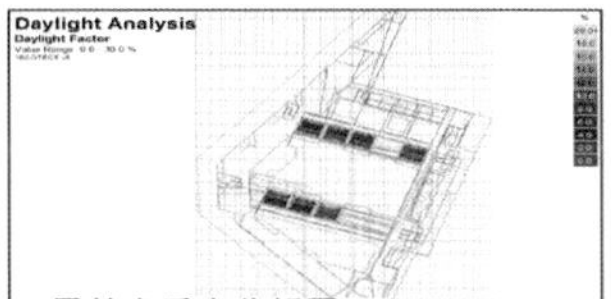

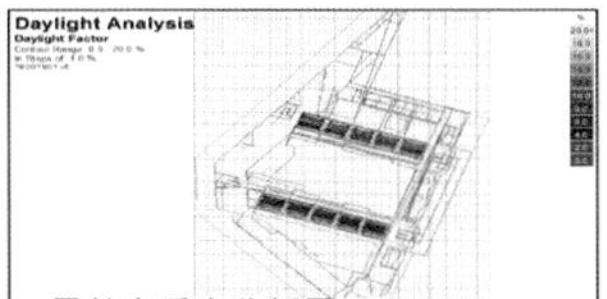

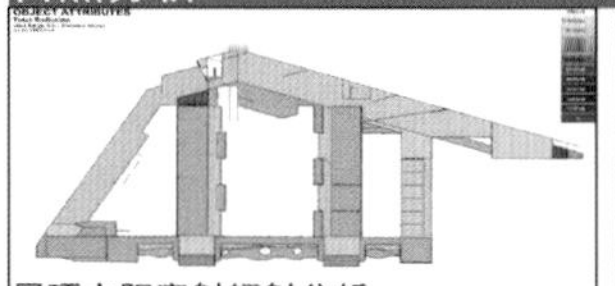

屋顶太阳直射辐射分析
地面太阳直射辐射分析
建筑太阳直射辐射总量分析

太阳能设计 SOLAR DESIGN

分析说明

利用 Ecotect 软件的气象分析工具，计算出昆明地区建筑的最佳朝向是南偏西 25°，而本方案中，建筑整体朝向为南偏西 19°，基本与最佳朝向吻合，能在保证整体规划设计的同时，尽可能的接近最佳朝向，充分体现了绿色可持续的设计。

为使太阳能热利用系统的热电转换效率最高，太阳能板模块与水平面呈 17°夹角放置；这个角度能够保证最大的发电量，从而能够节约更多的能源。

同时利用美国能源部开发的 EnergyPlus 能耗模拟软件对太阳能利用系统进行了详细的模型建立及模拟计算，经计算，11 组太阳能板模块一年总的发电量达到了 123129.7 KW·h，可直接给用电设备供电，并且约 3 年之后即可收回成本，以后每年将节约出可观的能源及资金，可谓既经济又节能。

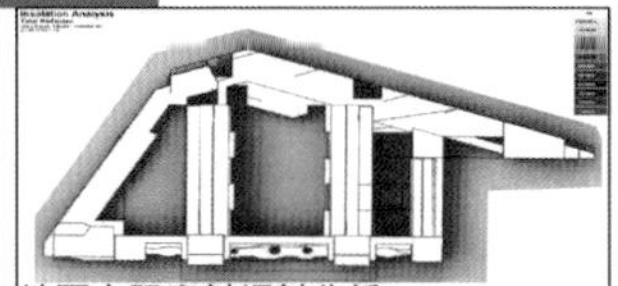

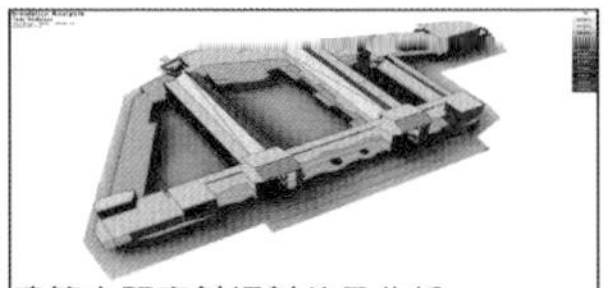

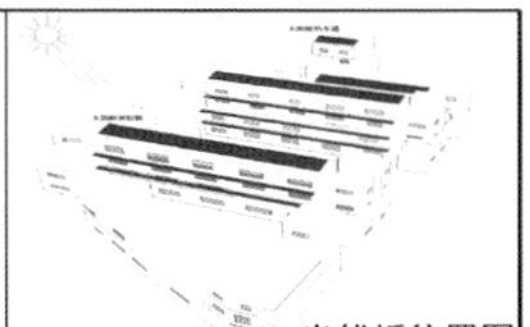

光伏板位置图

Photovoltaic: Electricity Produced [KW·h](Monthly)

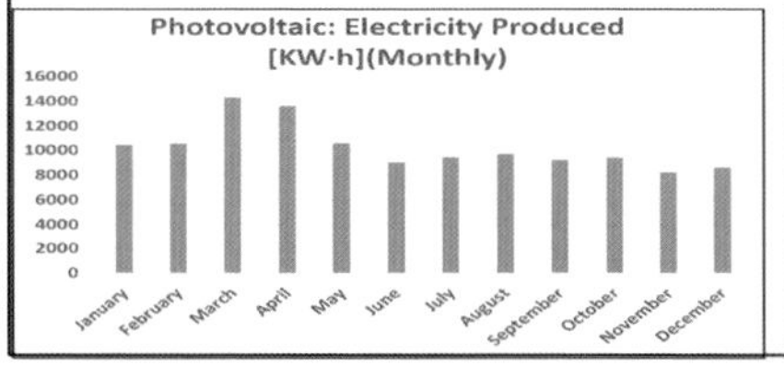

Date/Time	Photovoltaic: Electricity Produced [J] (Monthly)	Photovoltaic: Electricity Produced [KW·h] (Monthly)
January	37600797329	10444.7
February	37904418660	10542.9
March	51436051378	14287.8
April	48977901205	13605.0
May	38082819517	10578.6
June	32505472805	9029.3
July	34090113356	9469.5
August	34987381631	9718.7
September	33191658094	9219.9
October	33857033168	9399.2
November	29634767421	8231.9
December	30968684623	8602.4
TOTAL		123129.7

种植屋面
可转动太阳能光伏发电
架空通风屋面
屋面水池

植物
卵石层
种植土
砂土
过滤网
耐根穿刺式防水卷材
50 厚钢丝网装配式种植池
混凝土保护层
防水层
20 厚 1:3 水泥砂浆找平层
0.5% 找坡层
钢筋混凝土屋面板

水池
防水钢筋混凝土水池底板
10 厚低标号砂浆隔离层
防水层
20 厚 1:3 水泥砂浆找平层
0.5% 找坡层
聚苯板保温层
钢筋混凝土屋面板

可转动百叶兼做反光板
双层 LOW-E 中空玻璃外窗
百叶窗
架空楼板新风入口
滑动种植池
可折叠太阳能板

光导纤维
节能灯具

负离子空气净化装置
室内新风送风口

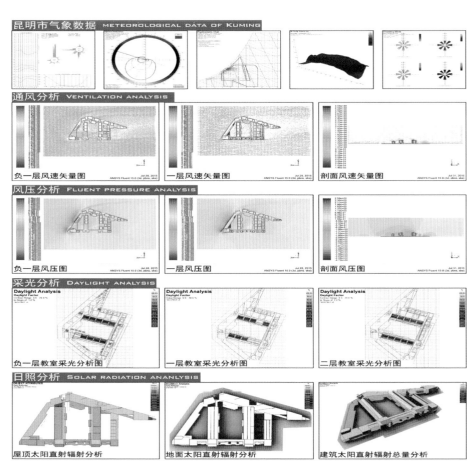

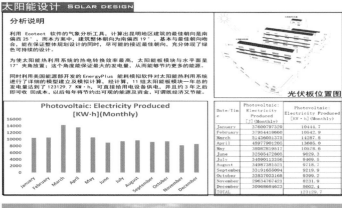

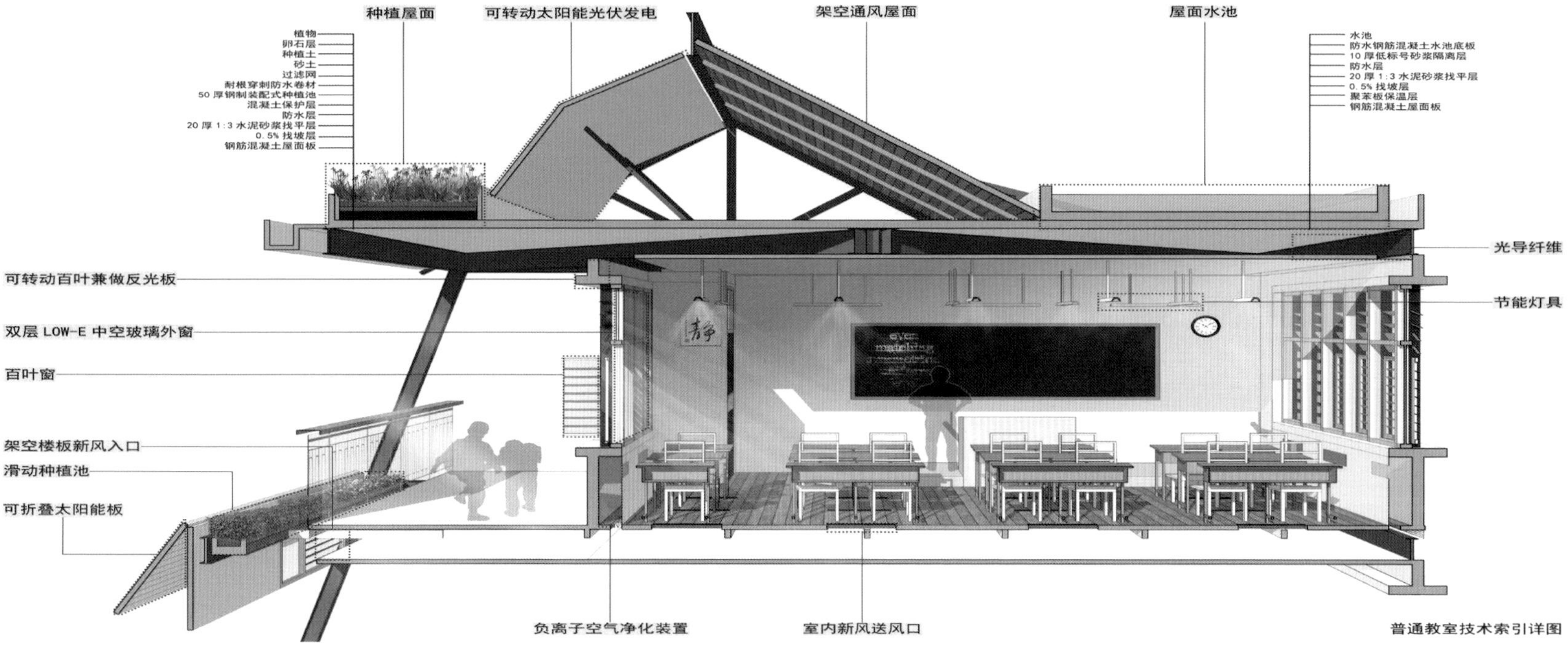

普通教室技术索引详图

招商地产绿色建筑设计大赛指导老师

杨维菊

傅秀章

袁玮

沙晓冬

万邦伟

四、绿色建筑与节能专业委员会获奖作品

2011“openbuilding”绿色建筑设计竞赛方案

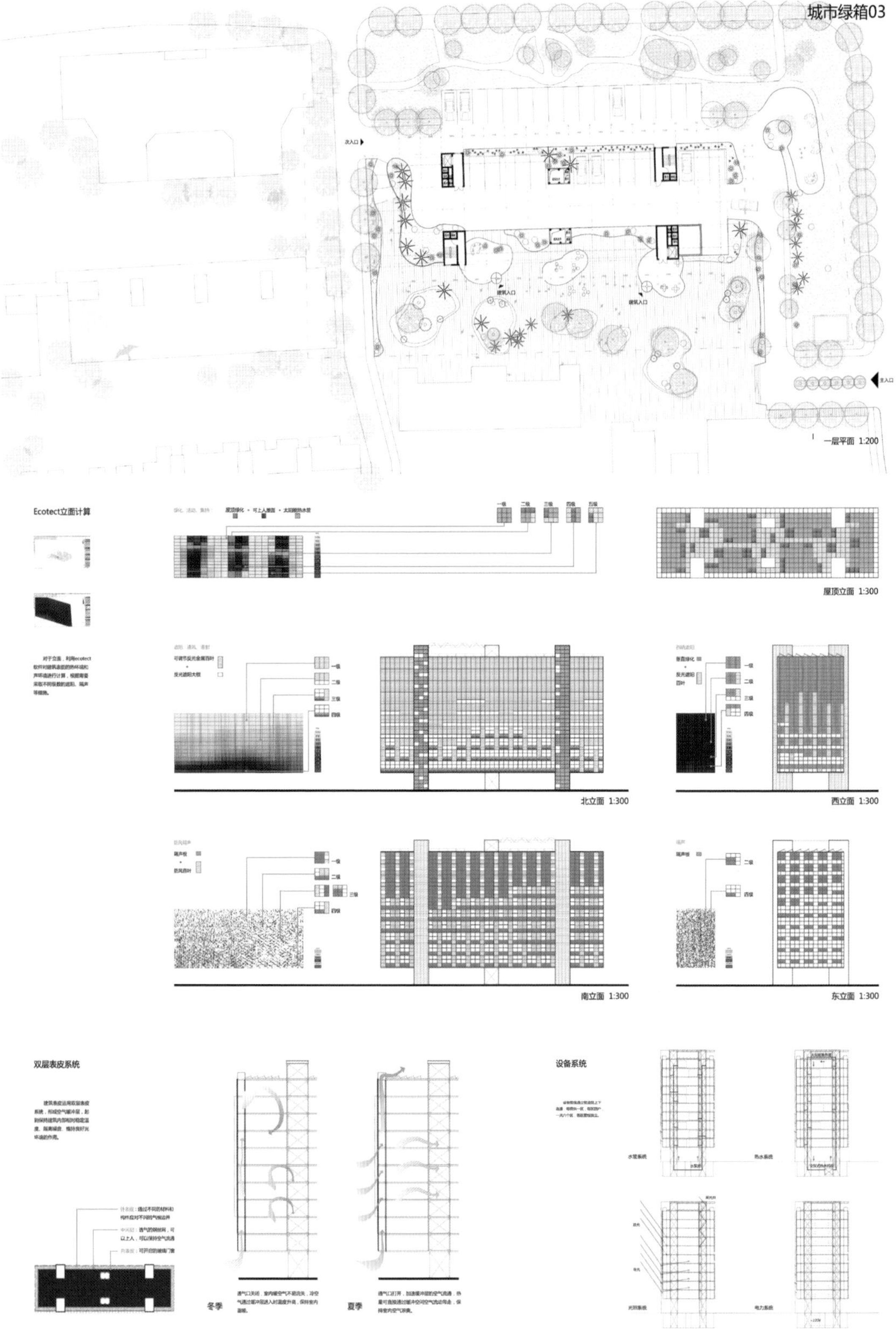

入围奖

绿箱城市

学　　生：韩雨晨 林岩

指导老师：杨维菊

方案介绍：

通过从城市形态、居住现状、需求配置、生活特性等几个层面，对南京廉租房的现状进行了调研，并提出了相关的问题。为了解决现有廉租房区位偏、生活质量差、缺乏个性等问题，我们试图通过建立全新的“绿箱”城市居住体系，创造全新的廉租居住模式。

“绿箱”体系采用生态建筑技术，遵循全面工业化、模块化和灵活生长性三大节能理念，实现真正的绿色人居。

“绿箱”体系以稳定的结构逻辑，加以地域性、个性化设计，可适应各时期、各种地点以及各种人群的需求。绿箱以结构的稳定性和形式功能的可变性应对未来城市更迭。

南京廉租房现状调研

城市形态：未能充分利用城市空间

南京现有廉租房分布

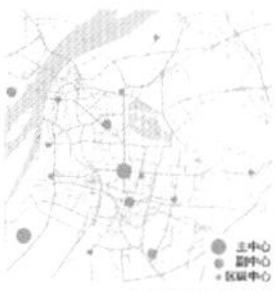

南京中心区分布图

城市形态现状

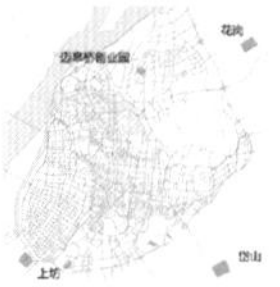
2011南京规划廉租片区分布

南京地铁线路

南京现有的廉租房都分布在城市中各个已经建好的经济适用房小区中较差的户型，南京未来十年重点打造的四个廉租房片组区都分布在城郊，总结问题有以下两个：
1.全部是大型片区，形式单一
2.全部分布在偏远城郊，交通不便

设计形态：廉租生活特性缺失

一般经济适用社区形态

一般经济适用房户型

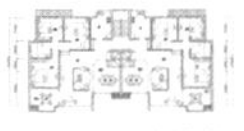
廉租房户型

廉租社区形态

现有的廉租房无论外在社区形态还是内在居住户型都与一般的小户型的经济适用房无异，全都是固定的一梯3~4户，每户是固定的x室y厅从设计层面上，没有创造适应廉租生活模式本质的建筑形式。

居住现状

高密度
居住环境差
配套设施缺失
无公共空间

需求调查

外来务工人员

市内低保老人

80后毕业生

月收入：1000元
人口：1/2
使用时间：晚上
需求：经常搬家，居住时间短
　　渴望与城市文化交流
　　交流空间
外来务工人员一般很难融入城市而被边缘化，经常随工作迁徙是他们最大的特点。

月收入：400元/人
人口：1/2
使用时间：全天
需求：孤独，渴望交流空间
　　行动不便，配套设施齐全
　　渴望自然与阳光
低保老人靠政府救济生活，强烈的孤独感以及行动不便造就了一群需要特殊空间关怀的廉租房使用者。

月收入：2000元/人
人口：1→2→3（增长）
使用时间：晚上
需求：个性居住空间
　　空间随人口增加而增长
　　空间多用、灵活
没有经济基础的80后毕业生，在高昂的房价面前也成为了廉租房的新兴使用人群。

建立"绿箱"城市廉租体系

绿箱体系：结构稳定性与居住方式的灵活性

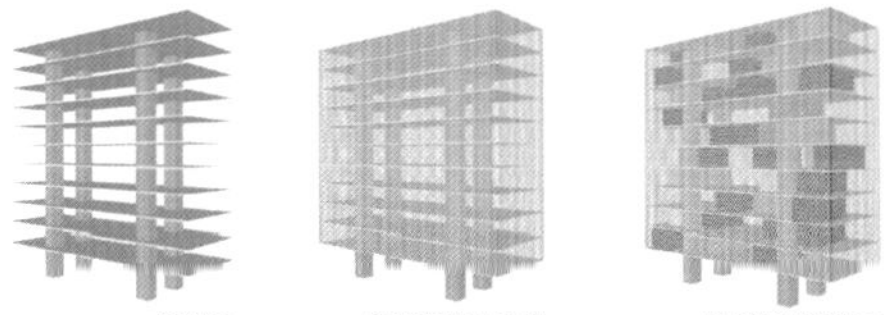
结构体系　技术表皮创造宜居环境　根据需要添加居住单元

绿箱形态：随场地条件变换

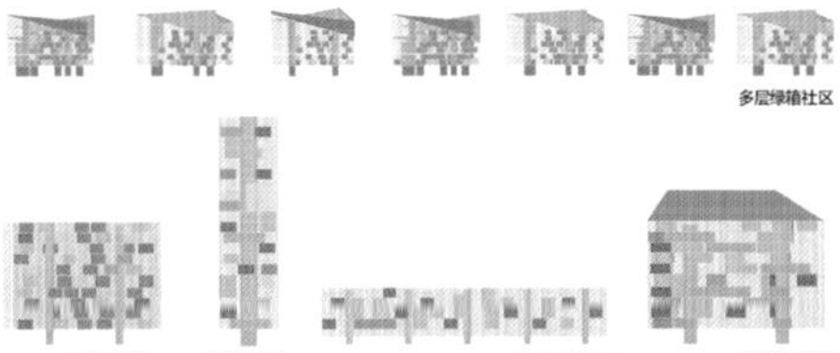
多层绿箱社区
小高层绿箱　高层绿箱　板式多层绿箱　土楼模式绿箱

绿箱生活：亚空间作为密度缓冲器

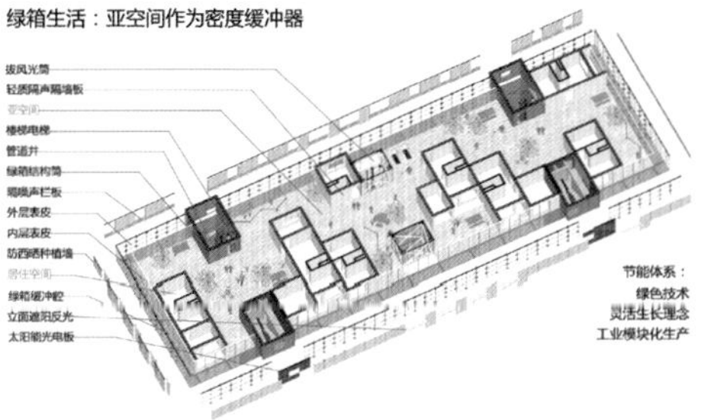

适应未来城市的绿箱体系 灵活性：另一种节能

时间灵活性：生长性

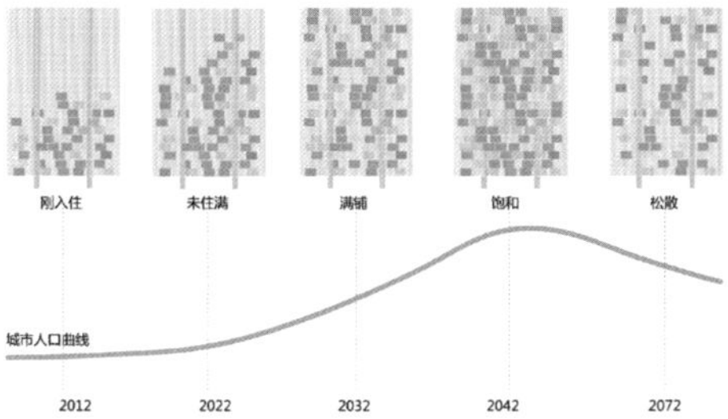

地点灵活性：充分利用城市空间

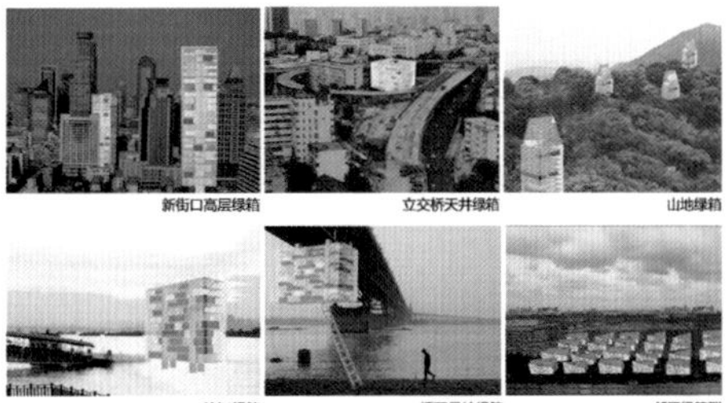
新街口高层绿箱　立交桥天井绿箱　山地绿箱
滨江绿箱　桥下悬挂绿箱　郊区绿箱群

人群灵活性：满足各种人群需要

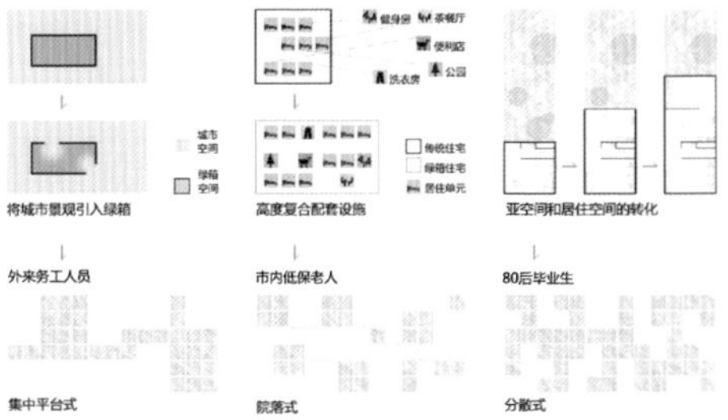

将城市景观引入绿箱　高度复合配套设施　亚空间和居住空间的转化
外来务工人员　市内低保老人　80后毕业生
集中平台式　院落式　分散式

性质灵活性：以稳定的体系适应城市需求更迭

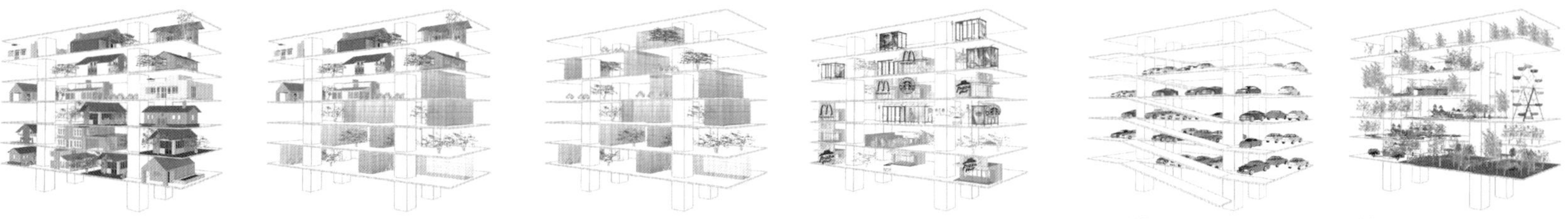
纯居住　商住　LOFT　休闲商业　停车楼　立体公园

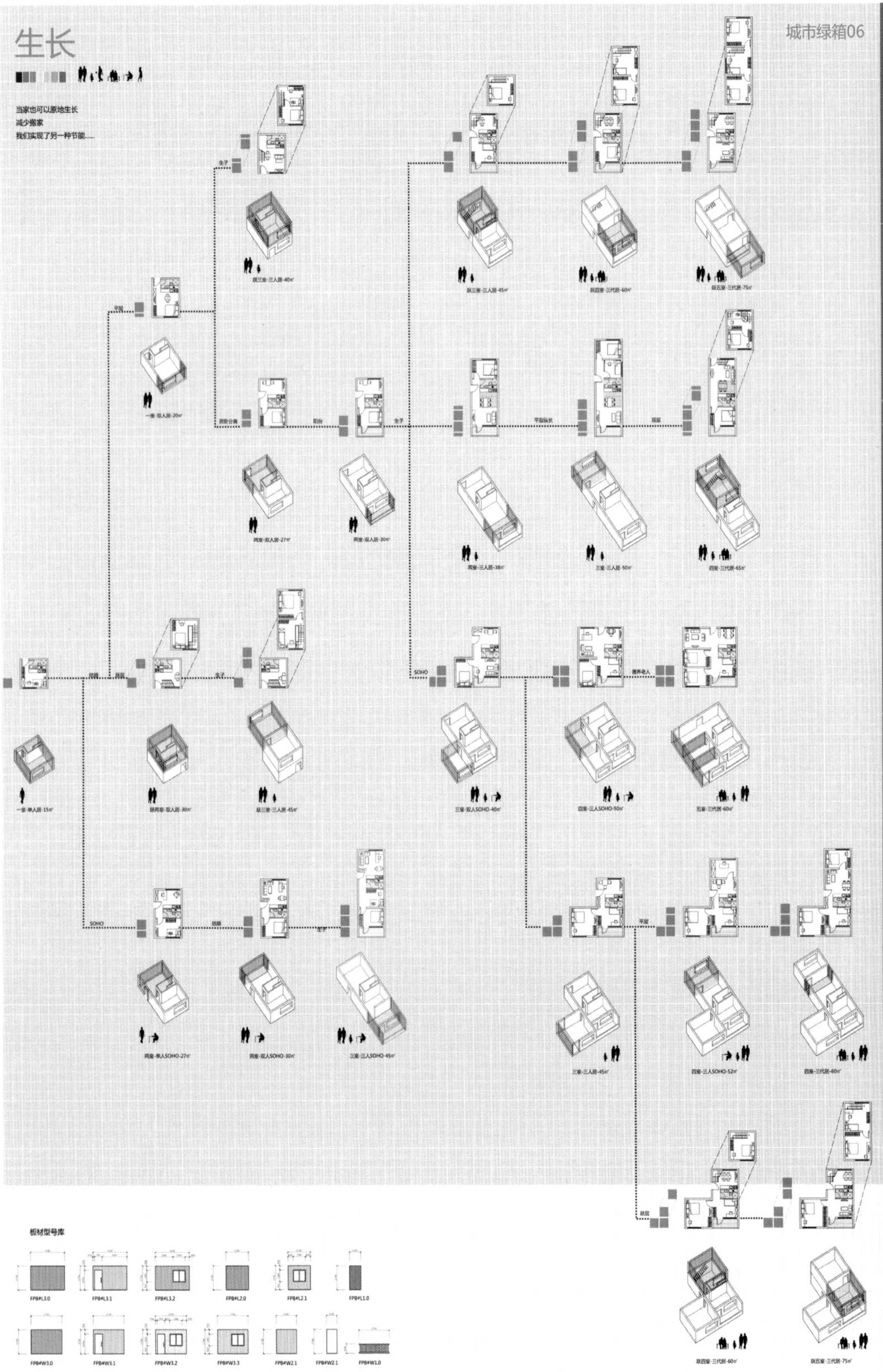

生长
城市绿箱06
当家也可以原地生长
减少搬家
我们实现了另一种节能......
生子
板材型号库
FPB#L3.0
FPB#L3.1
FPB#L3.2
FPB#L2.0
FPB#L2.1
FPB#L1.0
FPB#W3.0
FPB#W3.1
FPB#W3.2
FPB#W3.3
FPB#W2.1
FPB#W2.1
FPB#W1.0

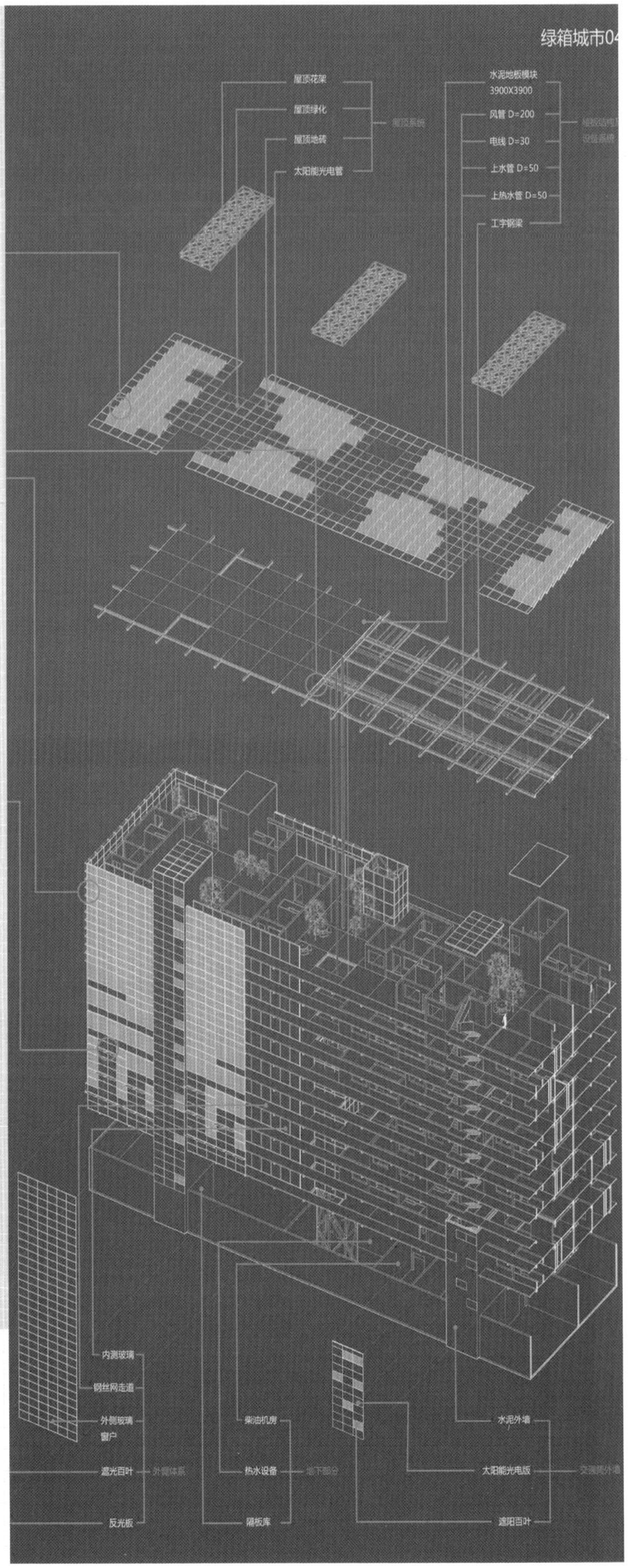

绿箱城市04
屋顶花架
屋顶绿化
屋顶地砖
太阳能光电管
水泥地板模块
3900X3900
风管 D=200
电线 D=30
上水管 D=50
上热水管 D=50
工字钢梁
内测玻璃
钢丝网走道
外侧玻璃
窗户
遮光百叶
反光板
柴油机房
热水设备
隔板库
水泥外墙
太阳能光电版
遮阳百叶

"绿箱"体系管理销售总则

一、概述

1. 该导则规定了"绿箱"城市集租房体系的经营方式与管理细则。
2. 绿箱的结构内变墙体系与运营方式保持墙绿箱不变，每个绿箱建筑与城市设计专业人员承继续墙绿所在的城市环境与气候条件，规划绿墙的总平面。ecotect软件计算生成表皮各密度等级平面布导则图。
3. 该导则的制定与修改需依据实际社会与城市需求，"绿箱"性质的改变需由经由专业城市设计与建筑设计人员上报政府有关部门，批准后方可变更。
4. 绿箱的结构与表皮等硬件设施由政府出资建造，同时向租住者出租相应规格的隔墙板，由住户依据自身需求申请租相的租住面积与地点，经管理依绿墙租应的管理导则审批后，住户方可将板材与卫两墙组装成一套居室。
5. 绿箱的一切支撑结构、维护表皮、设备设施等硬件以及用作居住、办公、商业等各种性质的一切收入归政府所有，任何组织及个人不得私自占有。

二、收费标准

1. 绿箱的一切建造于管理费用由政府承担，其中包括支撑结构造价a元/m²、维护结构造价b元/m²、活动墙板造价c元/m²。
2. 由ecotect对居特定的无力气候环境分析，依据物理环境好坏制定出该层平面粗金分布图，以丁家桥80后绿箱5层为例，操作如下：

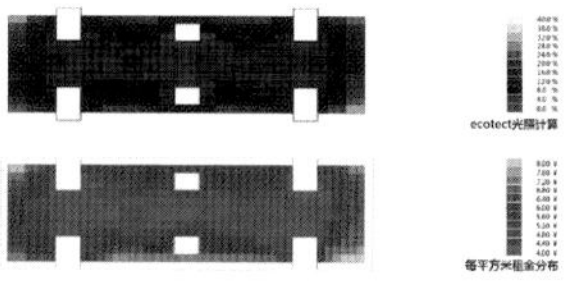

ecotect内部计算

等于万m²租金分布

三、生长管理细则

15.3	40.3	51.8	70.1
18.3	41.0	53.2	71.7
21.3	41.9	54.6	72.9
23.9	42.8	55.9	73.9
25.0	43.6	57.5	75.0
27.3	44.9	59.2	76.1
29.5	45.5	60.9	77.5
31.7	46.9	61.3	78.7
33.3	47.9	63.0	80.1
36.9	48.3	64.4	81.9
39.3	49.5	65.8	82.9

A类排布	B类排布	C类排布	D类排布
居住密度a：a ≤40%	40% < a ≤50%	50% < a ≤70%	70% < a

排布特点：

适用于极稀松的居住情况；平均每层有≥6%的贯穿空间；拥有简餐、洗衣房、便利店、健身房、休闲话吧中三种以上公共设

管理导则

居住单元尽量避免贴临公共设施；中心贯穿空间边沿向外扩2.6米内不得有居住单元；居住单元尽量集中布置以备未来发展；南面占有率不得大于60%

适用于较稀松的居住情况；平均每层有2%~6%的贯穿空间；拥有简餐、洗衣房、便利店、健身房、休闲话吧中两种公共设施

居住单元需集中布置以备未来发展；公共设施集中布置在中心光屋区；南面占有率不得大于70%。每户居住单元占有地面的纵横比必须小于等于1。

适用于较拥挤的居住情况；无贯穿空间；拥有简餐、洗衣房、便利店、无每层公共服务设施，有少量集中交流场地。

保持中央公共走道、以至少三处南北通风走道通畅，不得阻挡垂直交通筒出口；南面占有率不得大于75%；每户居住单元开间必须小于等于1。

适用于极拥挤的居住情况；无贯穿空间；无公共服务设施，一切公共活动集中在稿皮腔体中，即气候缓缓冲外面中进行。

中央走道最窄处不得小于1.3米；保持中央公共走道以及至少一处南北通风走道通畅；南面占有率不得大于85%；每户居住单元开间不得大于3.9米

丁家桥80后绿箱第五层未来50年平面举例 总建筑面积929.2m²

2012年　A类30.7%

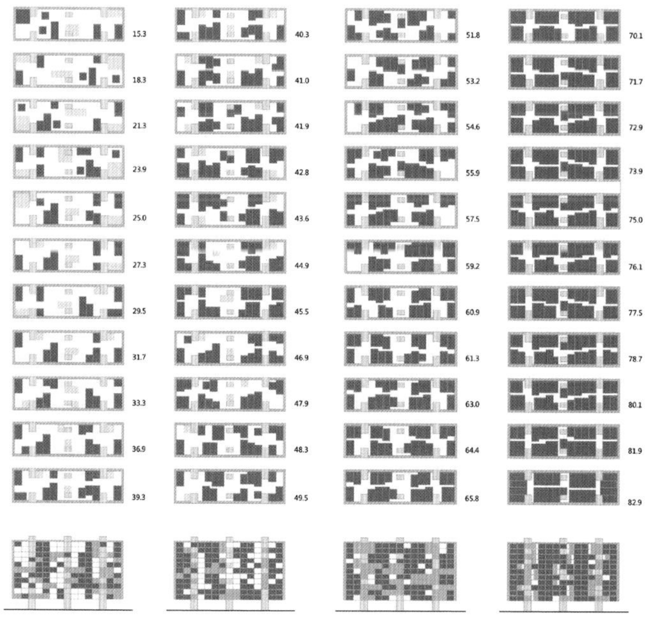

居住密度：30.7%
单身5户、新婚1户
总申报居住面积：285.5m²
住户在全新的绿箱体系建成之初持观望态度，入住率并不高，只有少数单身贵族与新婚夫妇敢于尝试。根据申报面积，管理员决定采取A级排布。

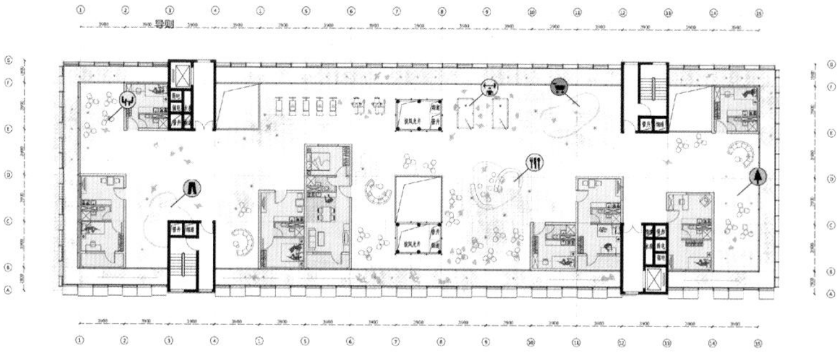

2012年　A类平面　1:200

2013年　B类47.1%

居住密度：47.1%
单身3户、新婚8户、核心家庭1
总申报居住面积：437.6m²
一年后原有的4户单身结婚，新婚户已生子，新搬入3户新婚和2户单身户，原由B级升级为C级排布。平面由B级升级为C级排布。绿箱体系的社会认可度在逐渐上升。

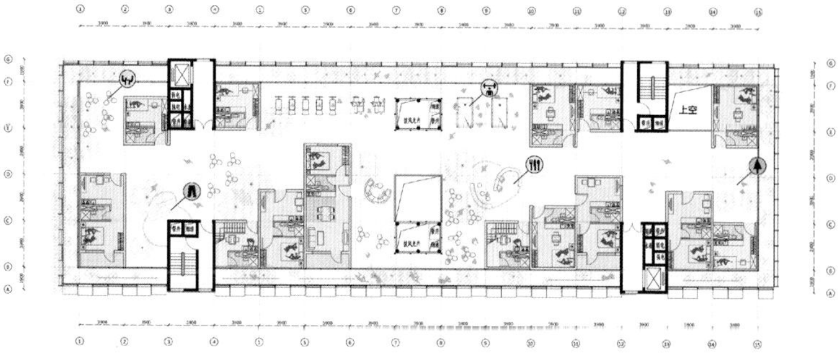

2013年　B类平面　1:200

2015年　C类61.0%

居住密度：61.0%
单身3户、新婚14户、核心家庭3
总申报居住面积：566.7m²
三年后原有的2户单身结婚，2户新婚已生子，新搬入2户单身和2户单身户，平面由B级升级为C级排布。人们为之组住，绿箱的社会影响力进一步扩大。

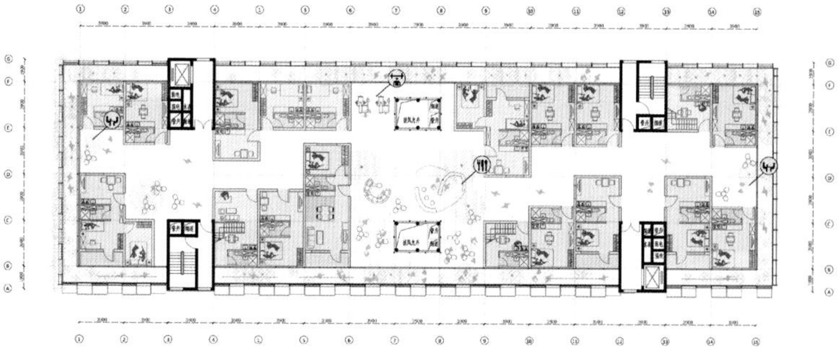

2015年　C类平面　1:200

2022年　D类80.1%

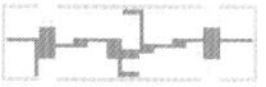

居住密度：80.1%
单身2户、新婚13户、核心家庭7
总申报居住面积：743.2m²
10年后绿箱已完全被社会接受且拥有大量的生长增加与新人口不断入住绿箱此时已经达到饱和状态。平面由C级升级为D级排布

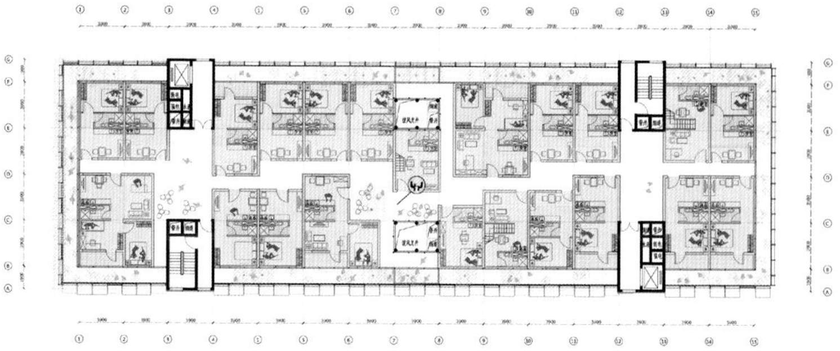

2022年　D类平面　1:200

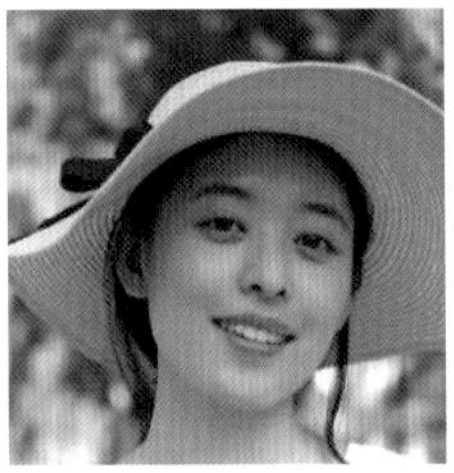

2015 第二届全国绿色建筑设计竞赛

深绿组奖

山水牧歌——示范性太阳能技术牧民定居点设计

学　　生：景文娟 孙晓倩

指导老师：杨维菊

方案介绍：

本设计拟建一座能适应高原地区的气候特征的建筑。设计试图从山水之间寻找建筑空间组织关系，将藏区的元素融入其中，提供舒适的建筑内环境。

该方案基地在海拔 3500 米以上，冬季较长，全年平均气温 8°C 左右，太阳能资源丰富，紫外线照射强烈。

在总图策划中，建筑位于山水之间，建筑形态与山和水形成环抱状态，形成五个生态小组群，其中生态绿洲贯穿小区，提供居民活动交流的场地。在单体策划中，建筑单体采用太阳能技术，并将该区的建筑要素运用其中。在技术策划中，从不同季节不同的气候问题着手逐一解决，提供舒适的建筑内部环境。

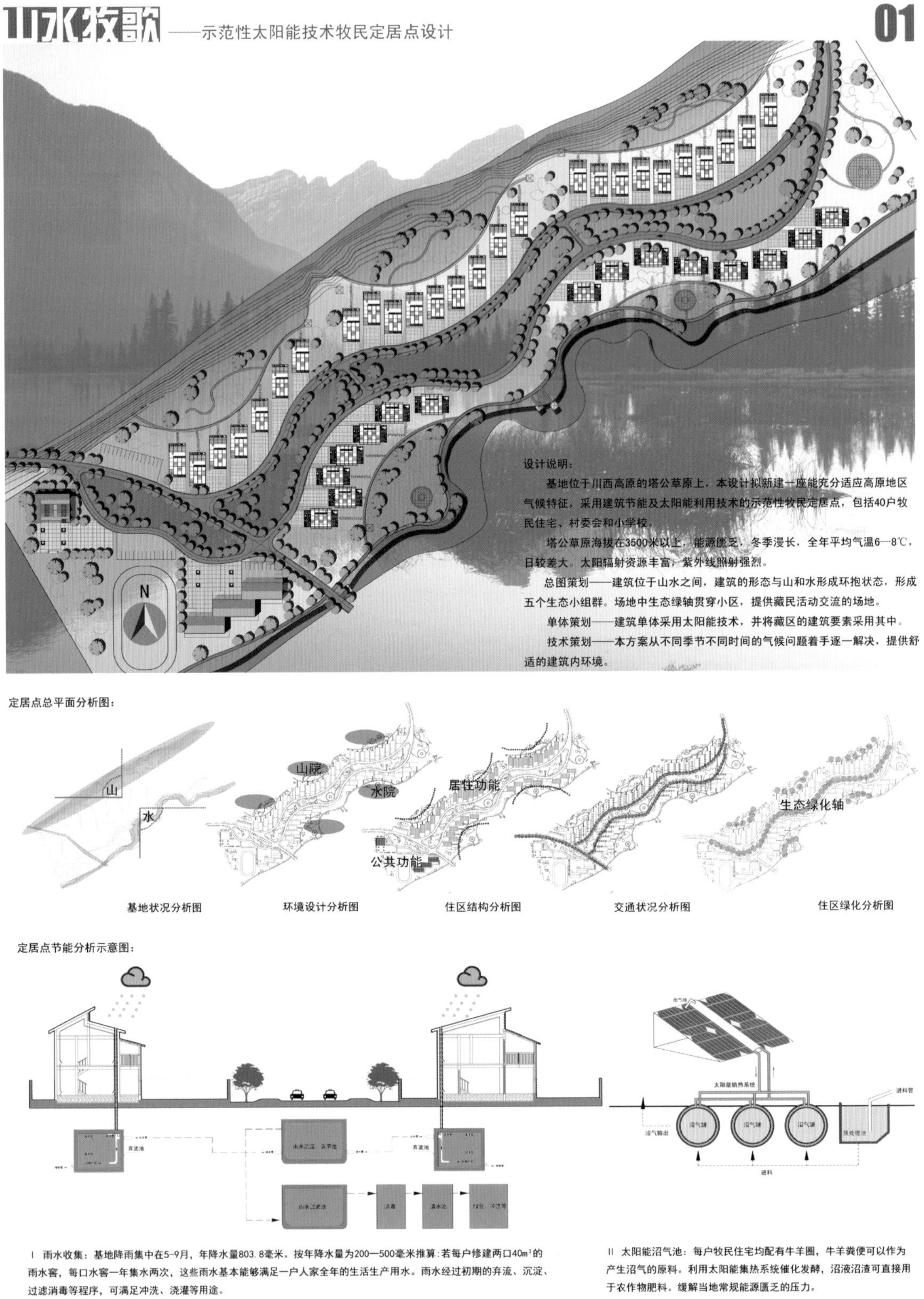
山水牧歌
——示范性太阳能技术牧民定居点设计
01
N
设计说明：
基地位于川西高原的塔公草原上，本设计拟新建一座能充分适应高原地区气候特征，采用建筑节能及太阳能利用技术的示范性牧民定居点，包括40户牧民住宅、村委会和小学校。
塔公草原海拔在3500米以上，能源匮乏，冬季漫长，全年平均气温6—8℃，日较差大。太阳辐射资源丰富，紫外线照射强烈。
总图策划——建筑位于山水之间，建筑的形态与山和水形成环抱状态，形成五个生态小组群。场地中生态绿轴贯穿小区，提供藏民活动交流的场地。
单体策划——建筑单体采用太阳能技术，并将藏区的建筑要素采用其中。
技术策划——本方案从不同季节不同时间的气候问题着手逐一解决，提供舒适的建筑内环境。
定居点总平面分析图：
山
水
山院
水院
居住功能
公共功能
生态绿化轴
基地状况分析图
环境设计分析图
住区结构分析图
交通状况分析图
住区绿化分析图
定居点节能分析示意图：
太阳能集热系统
沼气罐
沼气罐
沼气罐
沼气输出
进料
I 雨水收集：基地降雨集中在5-9月，年降水量803.8毫米。按年降水量为200—500毫米推算：若每户修建两口40m³的雨水窖，每口水窖一年集水两次，这些雨水基本能够满足一户人家全年的生活生产用水。雨水经过初期的弃流、沉淀、过滤消毒等程序，可满足冲洗、浇灌等用途。
II 太阳能沼气池：每户牧民住宅均配有牛羊圈，牛羊粪便可以作为产生沼气的原料。利用太阳能集热系统催化发酵，沼液沼渣可直接用于农作物肥料。缓解当地常规能源匮乏的压力。

山水牧歌——示范性太阳能技术牧民定居点设计

02

冬季主动式太阳能利用分析图

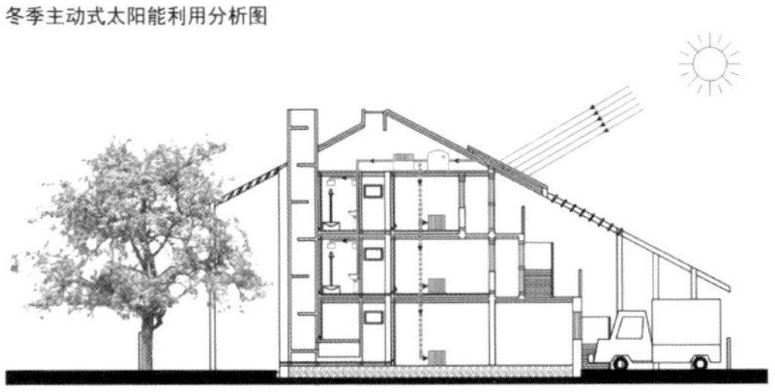

图一

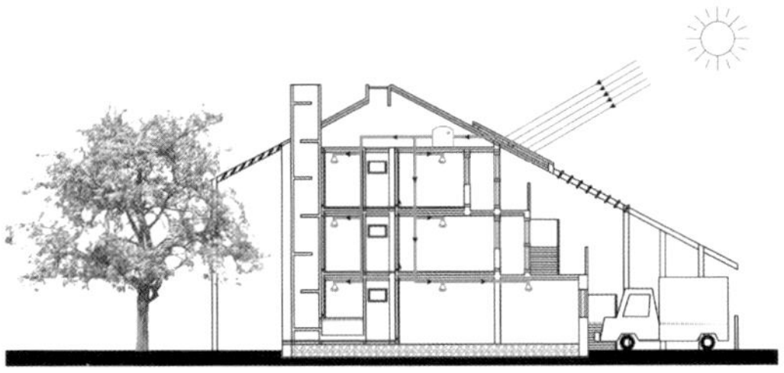

图二

冬季被动式太阳能利用分析图

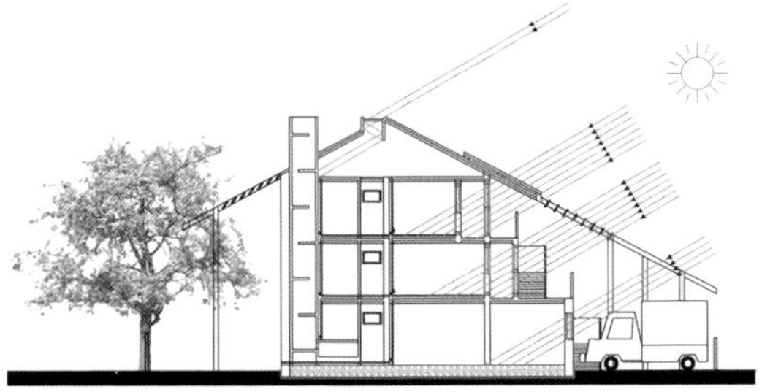

图三

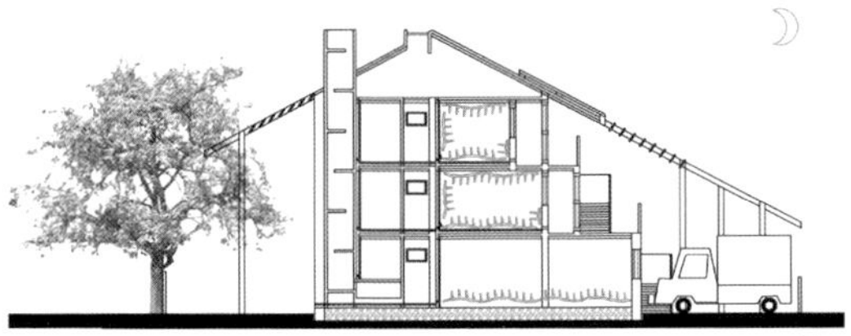

图四

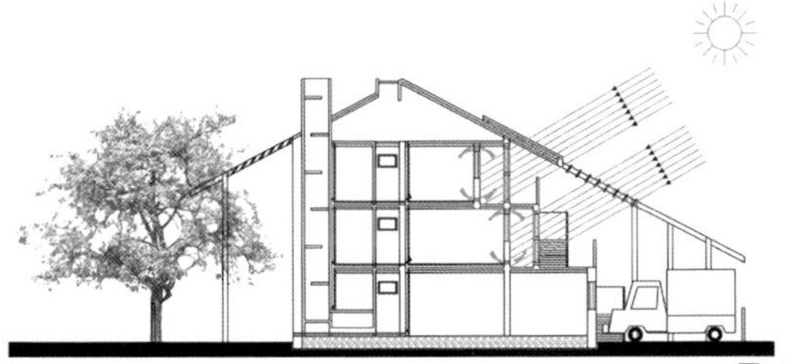

图五

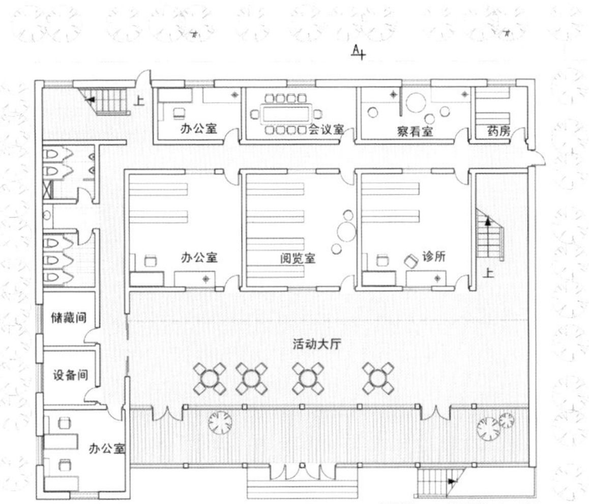

村委会 一层平面 1：100

80㎡住宅透视

180㎡住宅透视

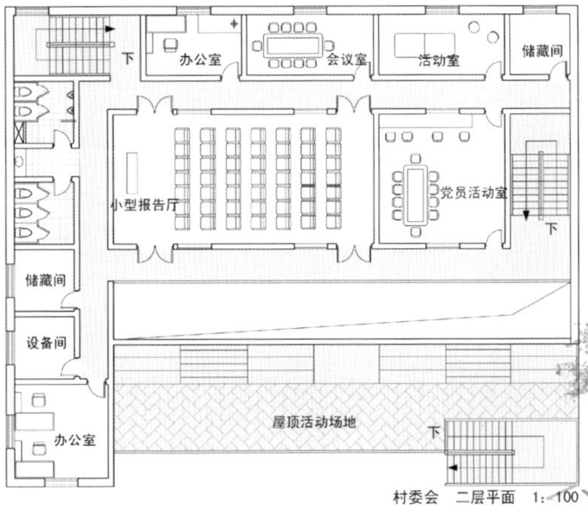

村委会 二层平面 1：100

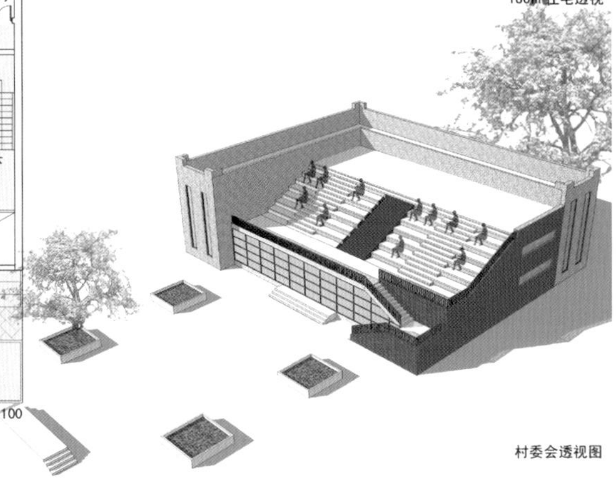

村委会透视图

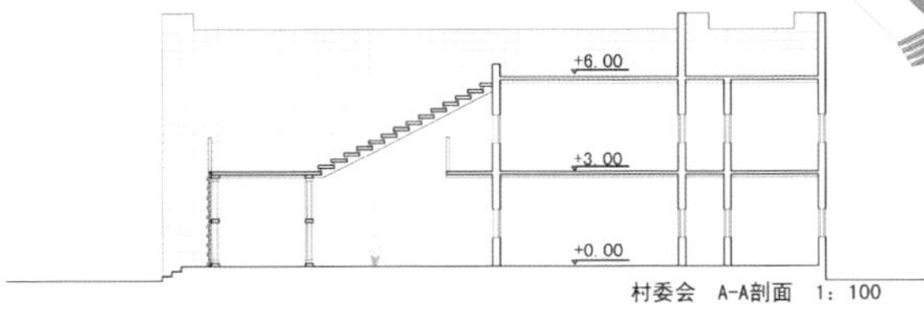

村委会 A-A剖面 1：100

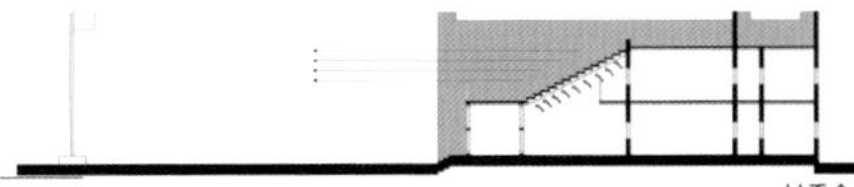

村委会剖面概念图

单体概念生成：

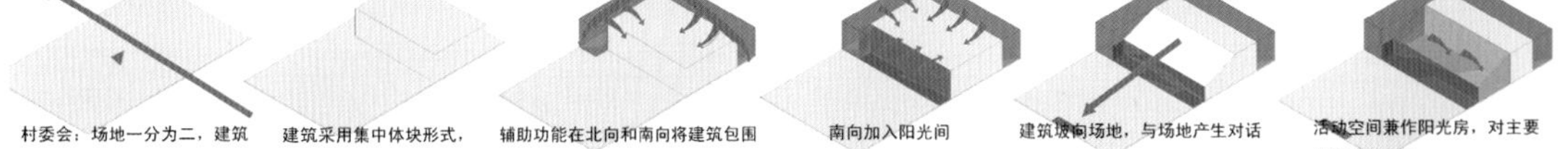

村委会：场地一分为二，建筑和场地对话姿态。

建筑采用集中体块形式，减少形体系数

辅助功能在北向和南向将建筑包围

南向加入阳光间

建筑坡向场地，与场地产生对话

活动空间兼作阳光房，对主要功能空间保暖

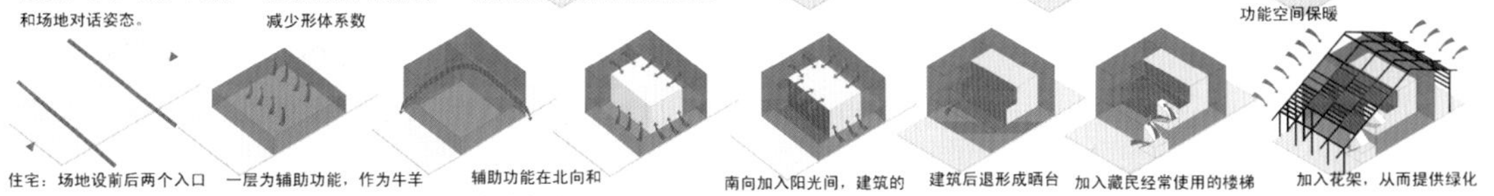

住宅：场地设前后两个入口分别为人入和牛羊入

一层为辅助功能，作为牛羊棚和灶房，对上层房间供暖

辅助功能在北向和南向将建筑包围

南向加入阳光间，建筑的北西南下方均有保护措施

建筑后退形成晒台

加入藏民经常使用的楼梯要素，并方便农家乐活动使用，行为上游客主人不干扰

加入花架，从而提供绿化百叶，光电板等，为房屋功能及调节气候

夏季通风遮阳分析图

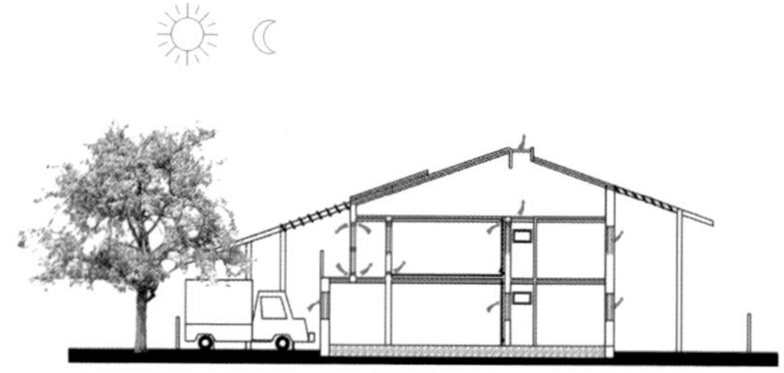

图六

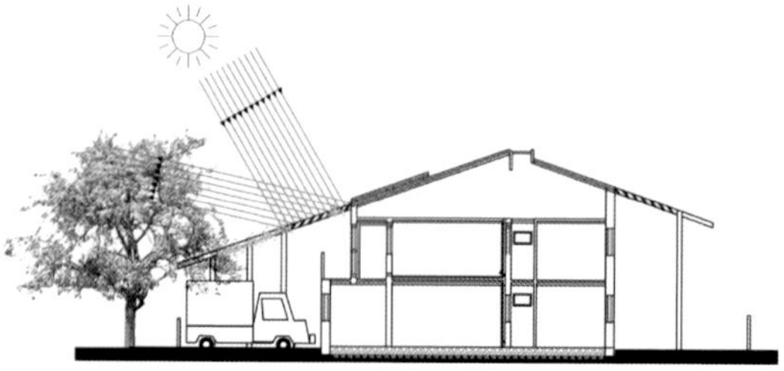

水资源循环利用分析图

图七

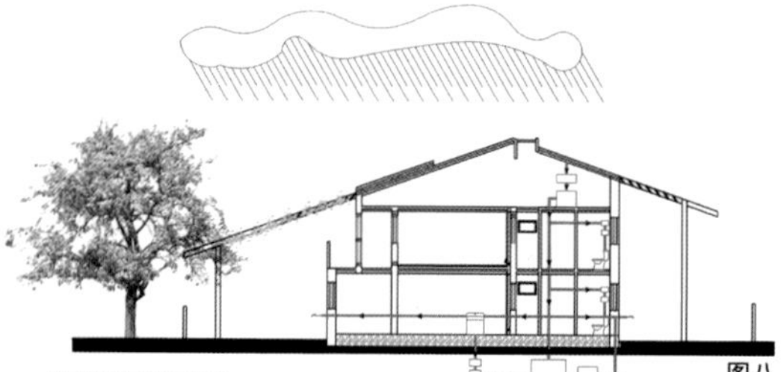

冬季烟道采暖分析图

图八

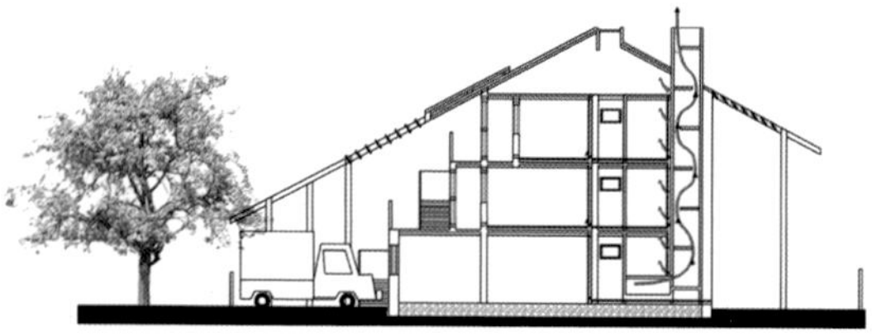

冬季气流预热循环分析图

图九

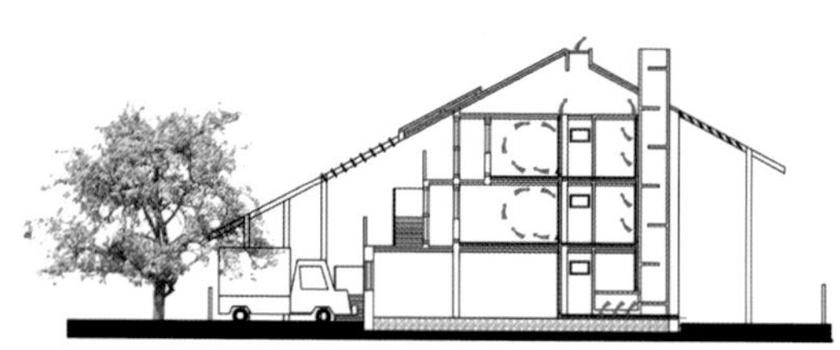

图十

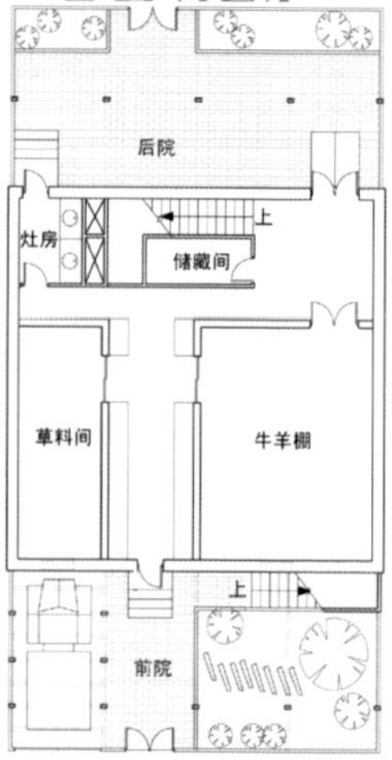

180m² 80m²住宅一层平面图

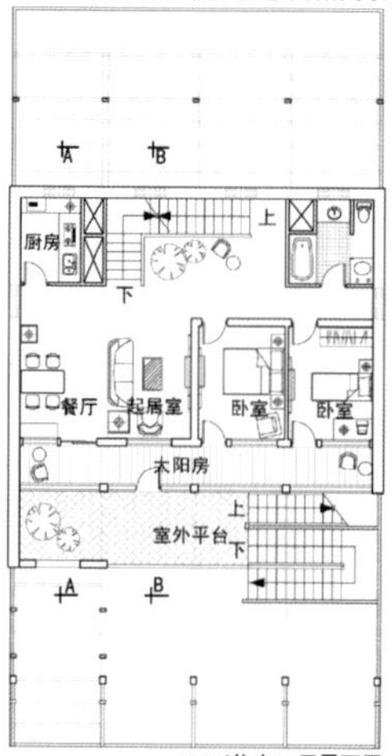

180m²住宅二层平面图

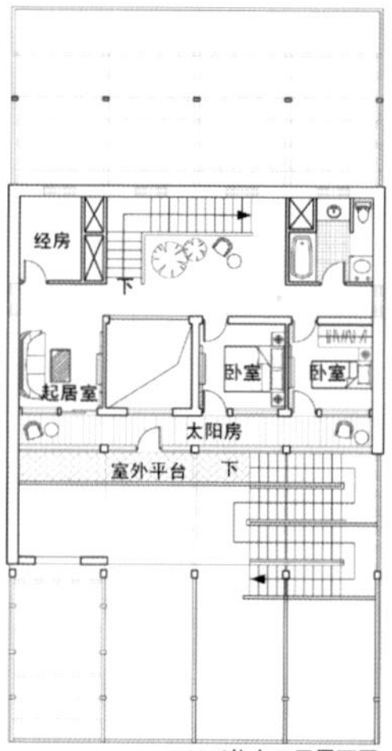

180m²住宅三层平面图

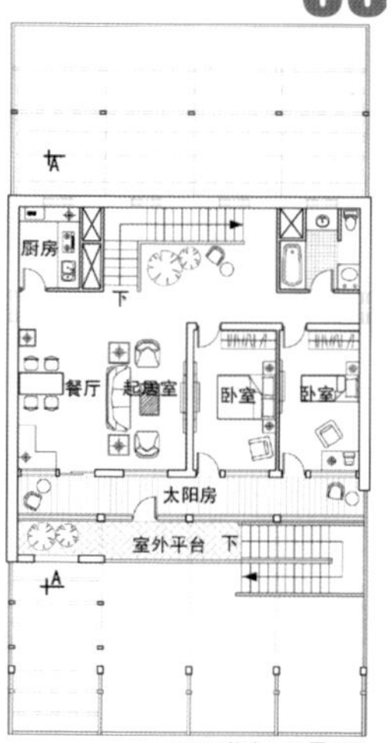

120m²住宅二层平面图

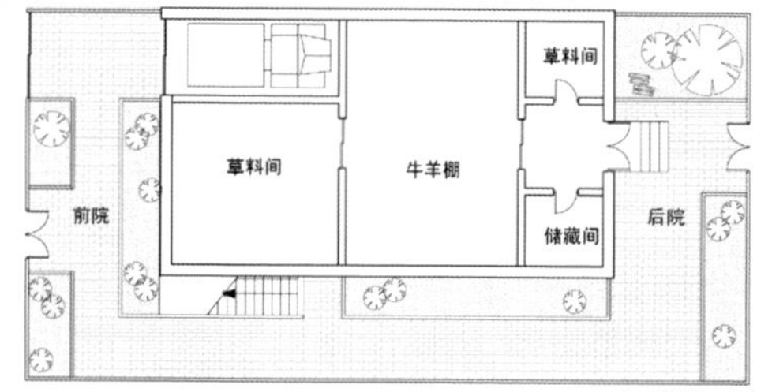

80m²住宅一层平面图

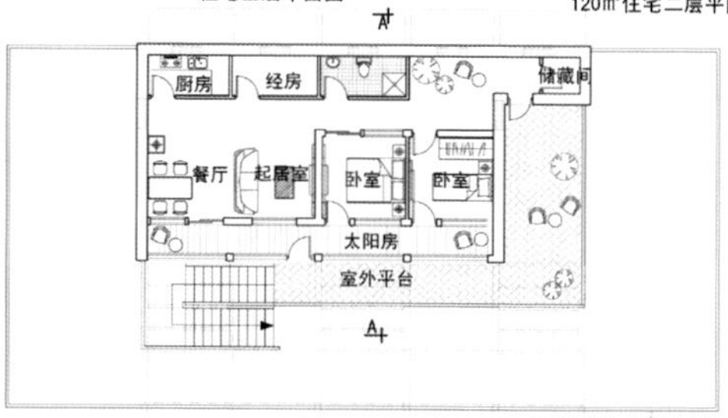

80m²住宅二层平面图

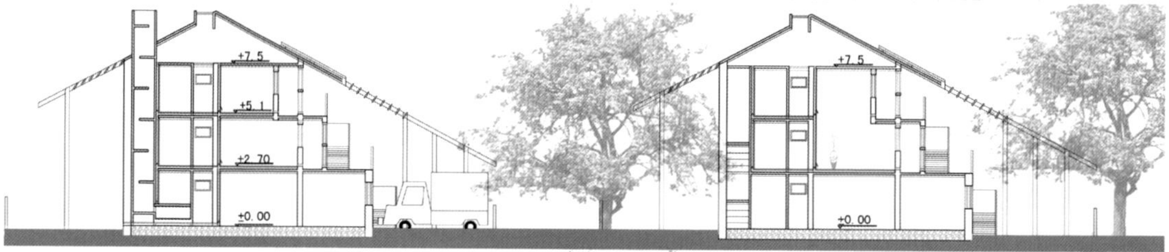

180m²住宅A-A剖面图　1：100

180m²住宅B-B剖面图　1：100

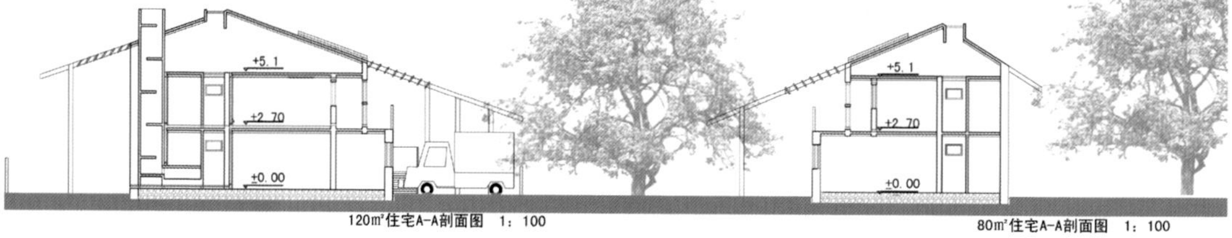

120m²住宅A-A剖面图　1：100

80m²住宅A-A剖面图　1：100

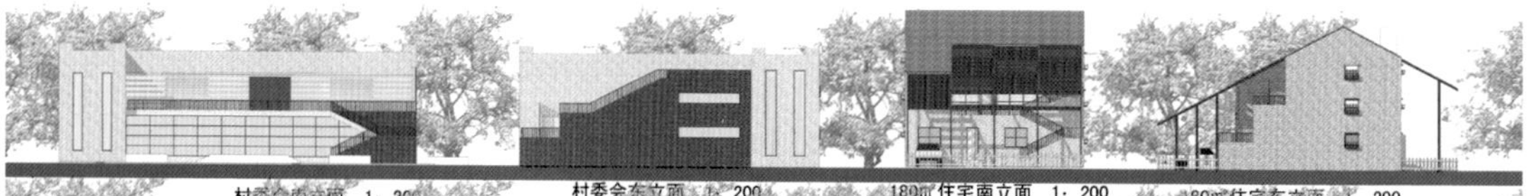

村委会南立面　1：200

村委会东立面　1：200

180m²住宅南立面　1：200

80m²住宅东立面　1：200

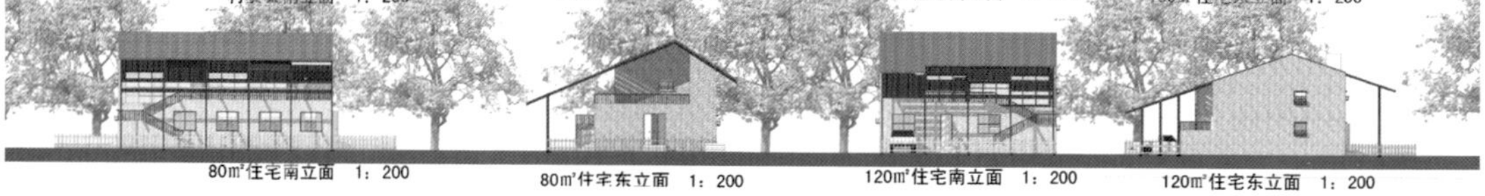

80m²住宅南立面　1：200

80m²住宅东立面　1：200

120m²住宅南立面　1：200

120m²住宅东立面　1：200

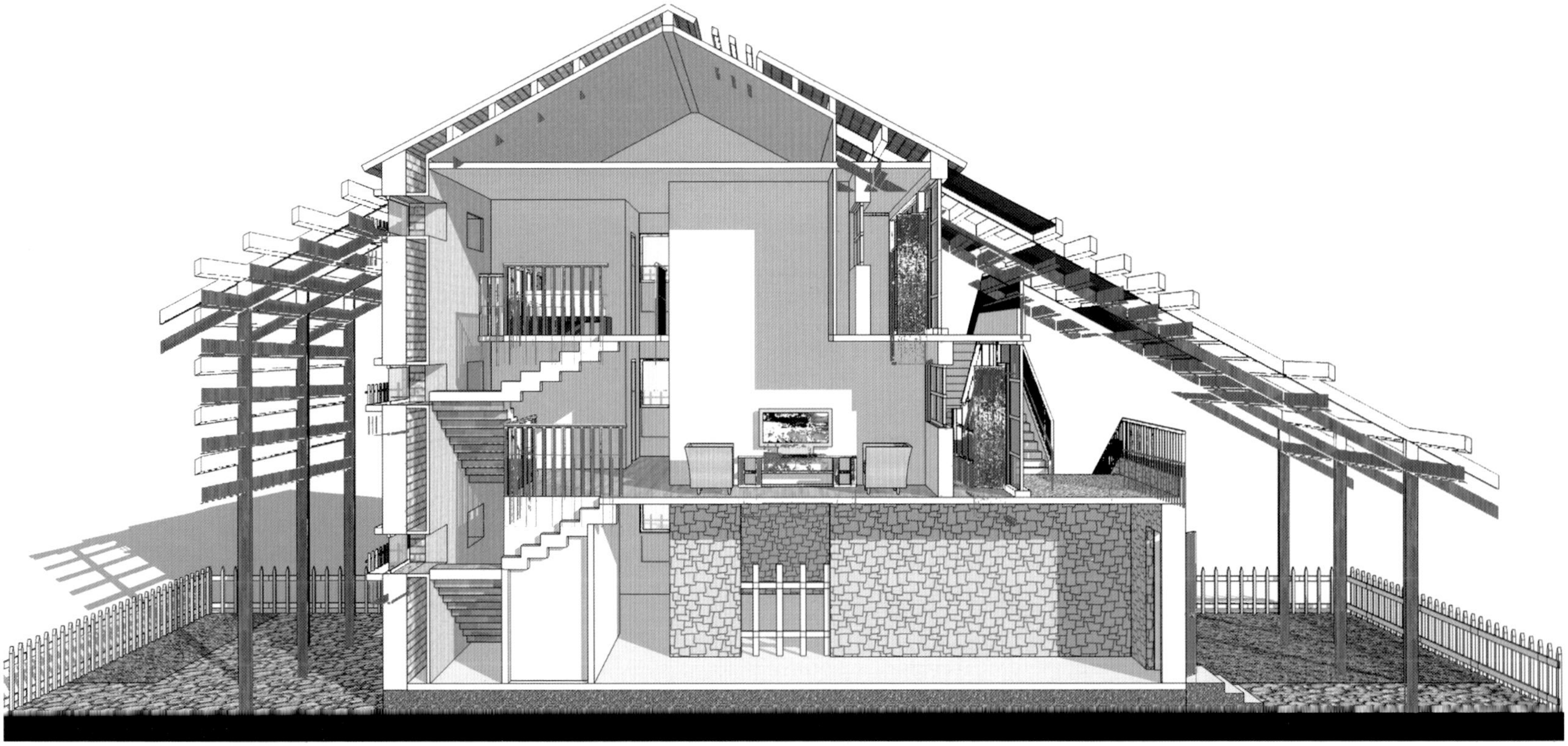

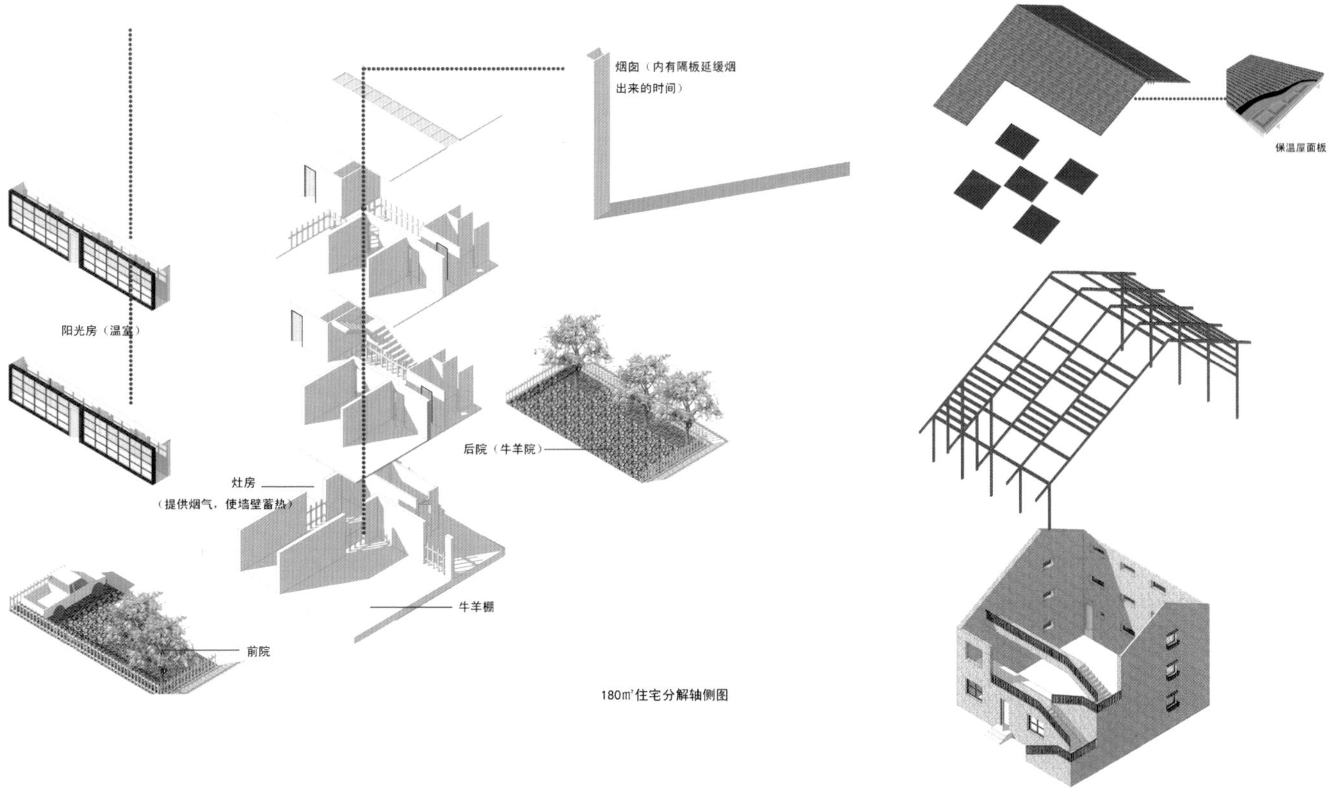
烟囱（内有隔板延缓烟
出来的时间）
保温屋面板
阳光房（温室）
后院（牛羊院）
灶房
（提供烟气，使墙壁蓄热）
牛羊棚
前院

180㎡住宅分解轴侧图

绿色建筑与节能专业委员会竞赛指导老师

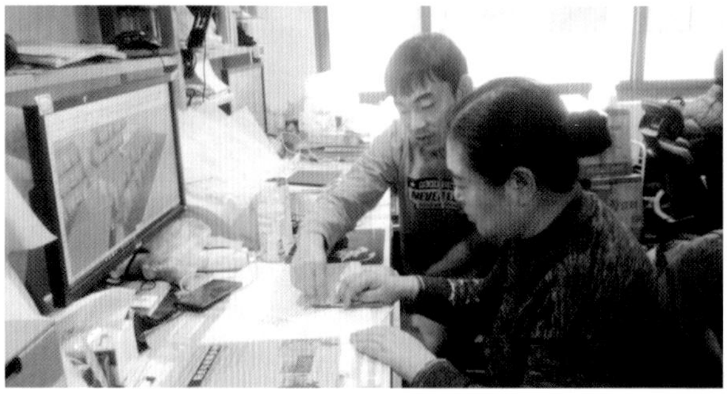

杨维菊

五、挑战杯太阳能建筑设计与工程大赛获奖作品

2016 挑战杯太阳能建筑设计与工程大赛方案

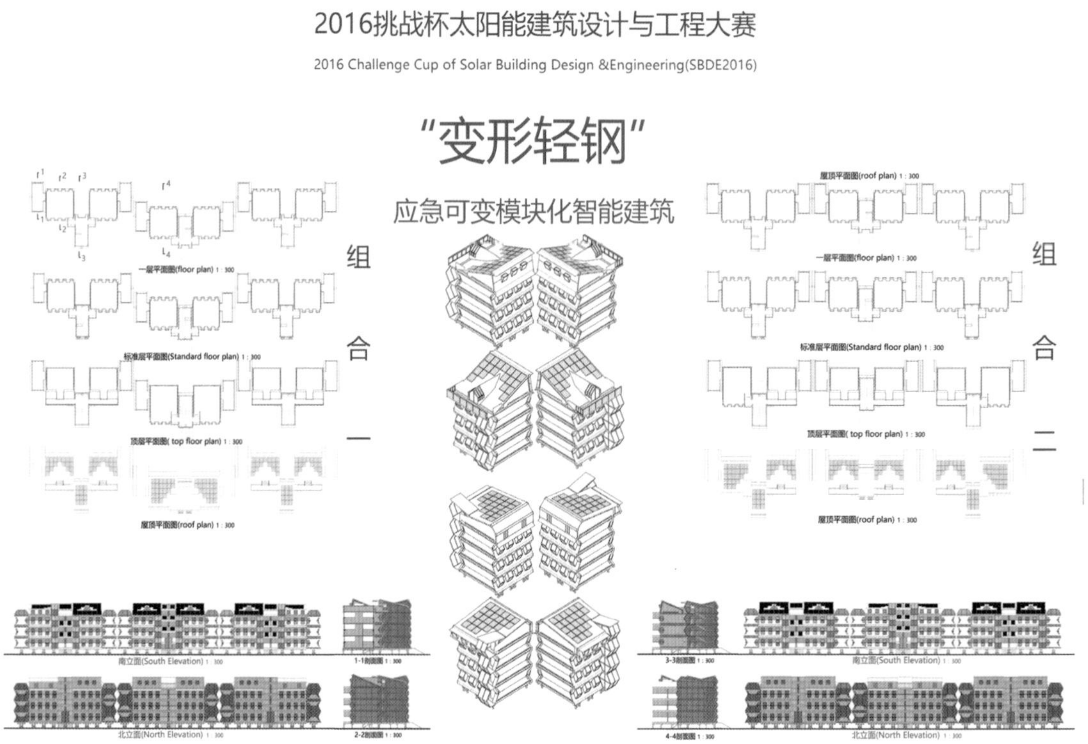

二等奖

变形轻钢

学　　生：侯经纬

指导老师：杨维菊

方案介绍：

本项目地点为南京，属于光资源三类地区，适合推广光伏项目，考虑到与建筑效果充分融合，本项目采用屋顶顺坡铺设光伏组件的方案。按照整体建筑走向进行组件排布，同时，还能使薄膜组件颜色均匀、美观大方，与建筑风格相协调。

本设计采用预制模块化单元组合，基本居住单元为正方形空间模块。竖向组装形成多层居住建筑，纵向组装形成多单元居住建筑群体。配上厨卫服务单元可解决长期生活需要，满足本方案野外或救灾的生存能力。移动式可变楼梯间层高一致，配套解决基本单元体竖向交通。

方案一 (first scheme)

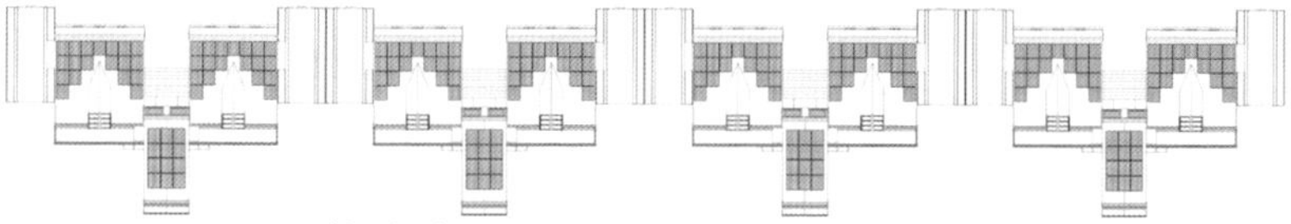

A坡顶组合平面图(combination A of top plan)

A坡顶组合南立面图(combination A of south elevation)

一、设计说明：

1、本项目地点为南京，属于光资源三类地区，适合推广光伏项目。

2、考虑到与建筑效果充分融合，本项目采用屋顶顺坡铺设光伏组件的方案。按照整体建筑走向进行组件排布。同时，汉能薄膜组件颜色均匀，美观大方，与建筑风格相协调。

1、design description:

1.1 the project site for nanjing, belong to the three kinds of areas, light resources for pv projects.

1.2 considering fully mix and construction effect, this project adopts a slope roof laying scheme of photovoltaic modules. Carried out in accordance with the overall architecture to components. At the same time, its thin film components uniform color, beautiful and easy, in harmony with the architectural style.

二、pvsyst光资源分析

1、光资源情况（如图1）；　2、太阳辐照年平均水平（如图2）；　3、各月辐照水平（如图3）；

2、the pvsyst light resource analysis

2.1, light resources ;　2.2, solar irradiation in average;　2.3, months irradiation levels;

方案二 (second scheme)

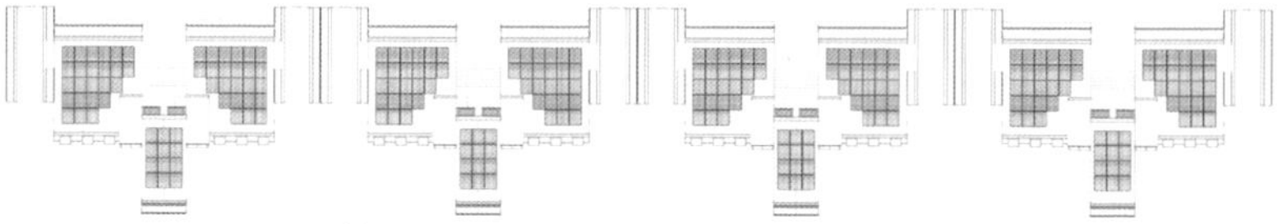

B坡顶组合平面图(combination B of top plan)

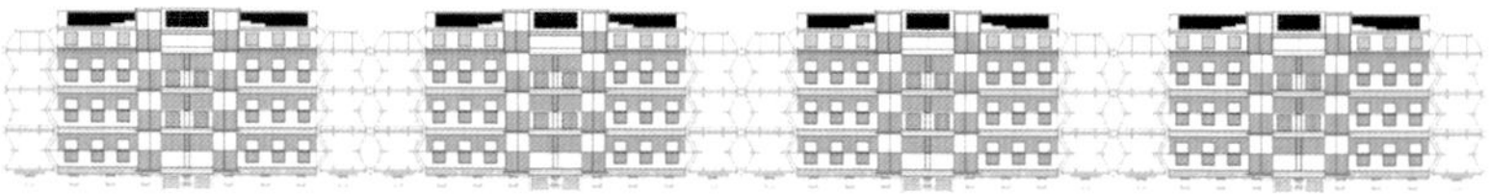

B坡顶组合南立面图(combination B of south elevation)

一、设计说明：

1、本项目地点为南京，属于光资源三类地区，适合推广光伏项目。

2、考虑到与建筑效果充分融合，本项目采用屋顶顺坡铺设光伏组件的方案。按照整体建筑走向进行组件排布。同时，汉能薄膜组件颜色均匀，美观大方，与建筑风格相协调。

1、design description:

1.1 the project site for nanjing, belong to the three kinds of areas, light resources for pv projects.

1.2 considering fully mix and construction effect, this project adopts a slope roof laying scheme of photovoltaic modules. Carried out in accordance with the overall architecture to components. At the same time, its thin film components uniform color, beautiful and easy, in harmony with the architectural style.

二、pvsyst光资源分析

1、光资源情况（如图1）；　2、太阳辐照年平均水平（如图2）；　3、各月辐照水平（如图3）；

2、the pvsyst light resource analysis

2.1, light resources ;　2.2, solar irradiation in average;　2.3, months irradiation levels;

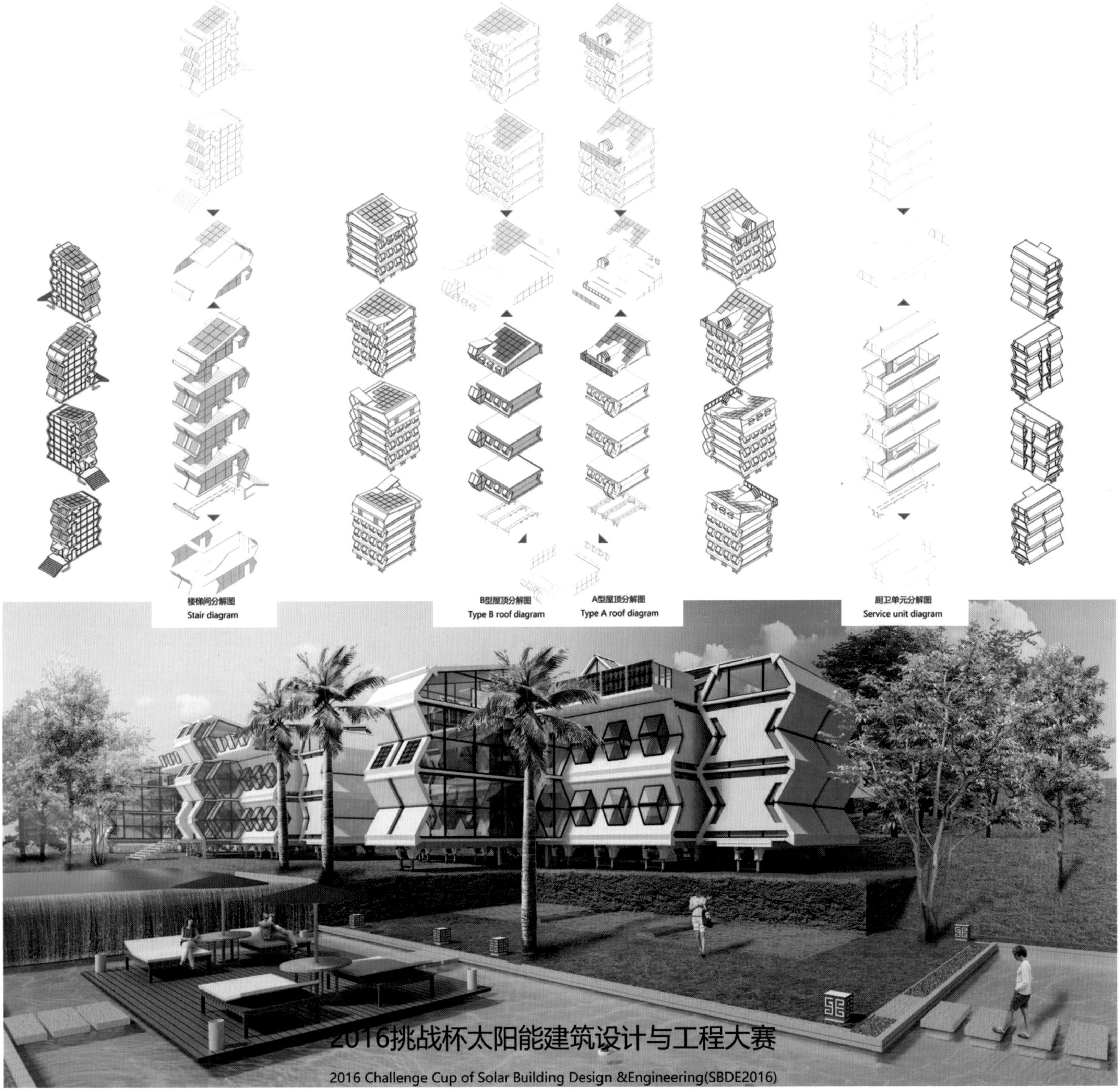
楼梯间分解图
Stair diagram
B型屋顶分解图
Type B roof diagram
A型屋顶分解图
Type A roof diagram
厨卫单元分解图
Service unit diagram
2016挑战杯太阳能建筑设计与工程大赛
2016 Challenge Cup of Solar Building Design &Engineering(SBDE2016)

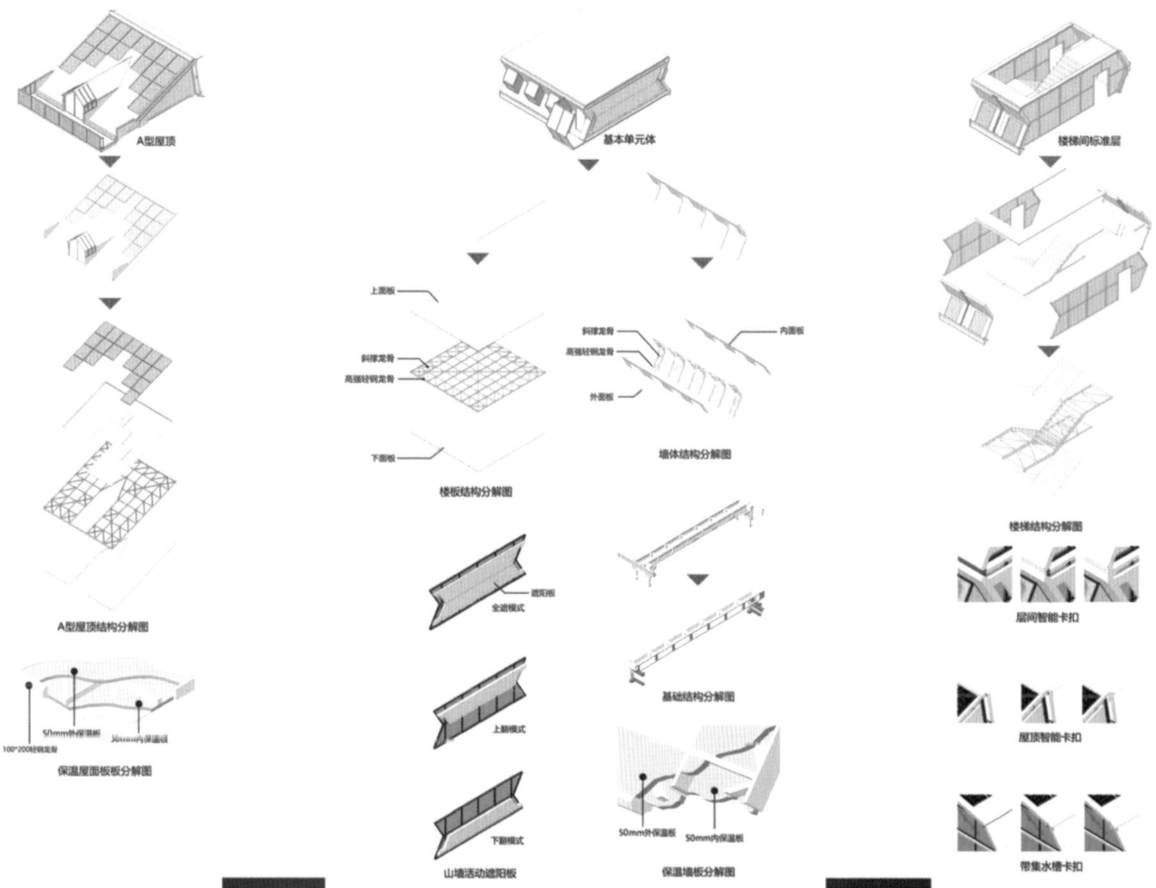
A型屋顶
基本单元体
楼梯间标准层
上面板
斜撑龙骨
高强轻钢龙骨
下面板
楼板结构分解图
斜撑龙骨
高强轻钢龙骨
外面板
内面板
墙体结构分解图
A型屋顶结构分解图
楼梯结构分解图
100*200轻钢龙骨
50mm外保温板
保温屋面板板分解图
遮阳板
全遮模式
上翻模式
下翻模式
山墙活动遮阳板
基础结构分解图
50mm外保温板
50mm内保温板
保温墙板分解图
层间智能卡扣
屋顶智能卡扣
带集水槽卡扣

2016挑战杯太阳能建筑设计与工程大赛
2016 Challenge Cup of Solar Building Design &Engineering(SBDE2016)

2016 挑战杯太阳能建筑设计与工程大赛方案

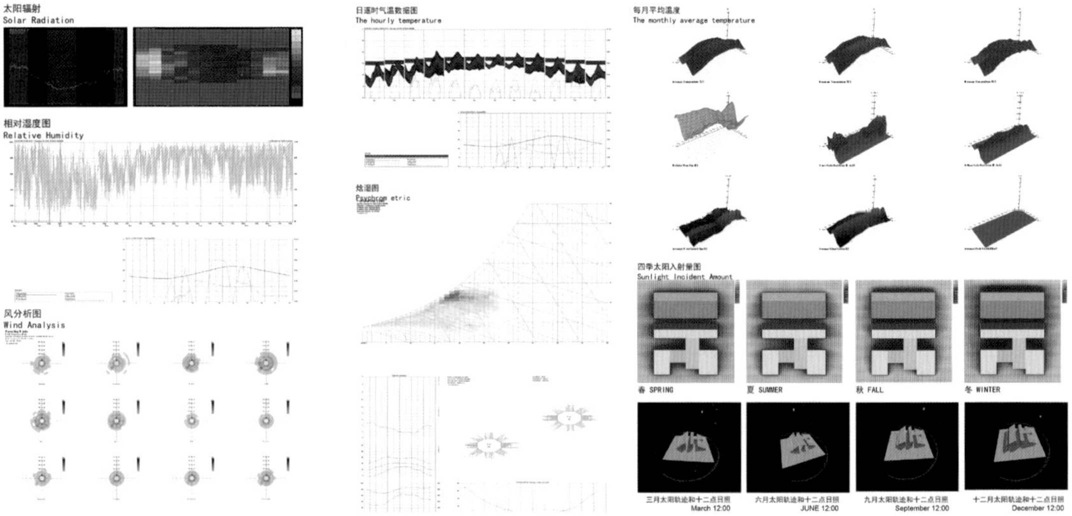

二等奖

拾・光

学　　生：刘泽坤 殷玥 胡小雨

指导老师：杨维菊

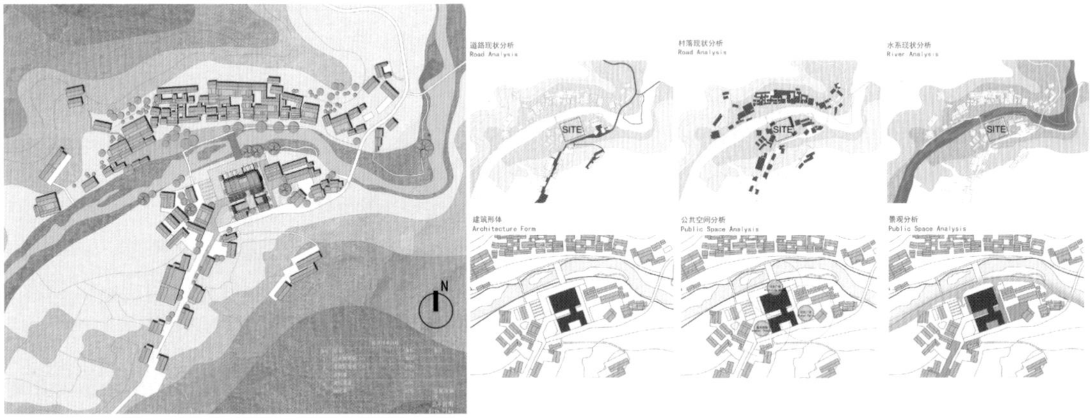

方案介绍：

本设计方案旨在为中国云南省楚雄州一片山清水秀的村子打造一座集绿色与娱乐为一体的社区活动中心。本设计方案主题名为“拾・光”，意为该社区活动中心既有留住阳光，节能绿色的特点，同时满足了村庄中老人以及孩童娱乐活动的需求，可留住村民们的“美好时光”。

建筑形态生成充分考虑到阳光能源的获取，首先考虑到阳光普照的条件，顺应地形布置建筑体量，同时屋顶进行对应太阳角度的倾斜设置，在此基础上进行了院落的围合作为对光源的补充。地面与屋顶设置了立体的太阳能源获取方案，屋顶绿化和雨水收集系统，这些最终形成了本方案的建筑形态。

方案评语：

方案采取了主动和被动式的节能策略，且将建筑平面拉开，并置入院落与中庭，这样的公共空间不仅丰富了社区中心的活动内容，更被打造成“光的容器”，成为建筑太阳能系统中不可或缺的一部分。从以人为本的角度出发，将绿色节能与休闲娱乐紧密结合在一起，同时满足了可持续发展与农村精神文明建设两大议题的需求。

拾·光 云南楚雄洲村落社区活动中心
SUNLIGHT COLLECTION 02
Community Center in ChuXiong，YunNan
阳光普照
拥抱阳光
院落拾光
建筑拾光
立体拾光

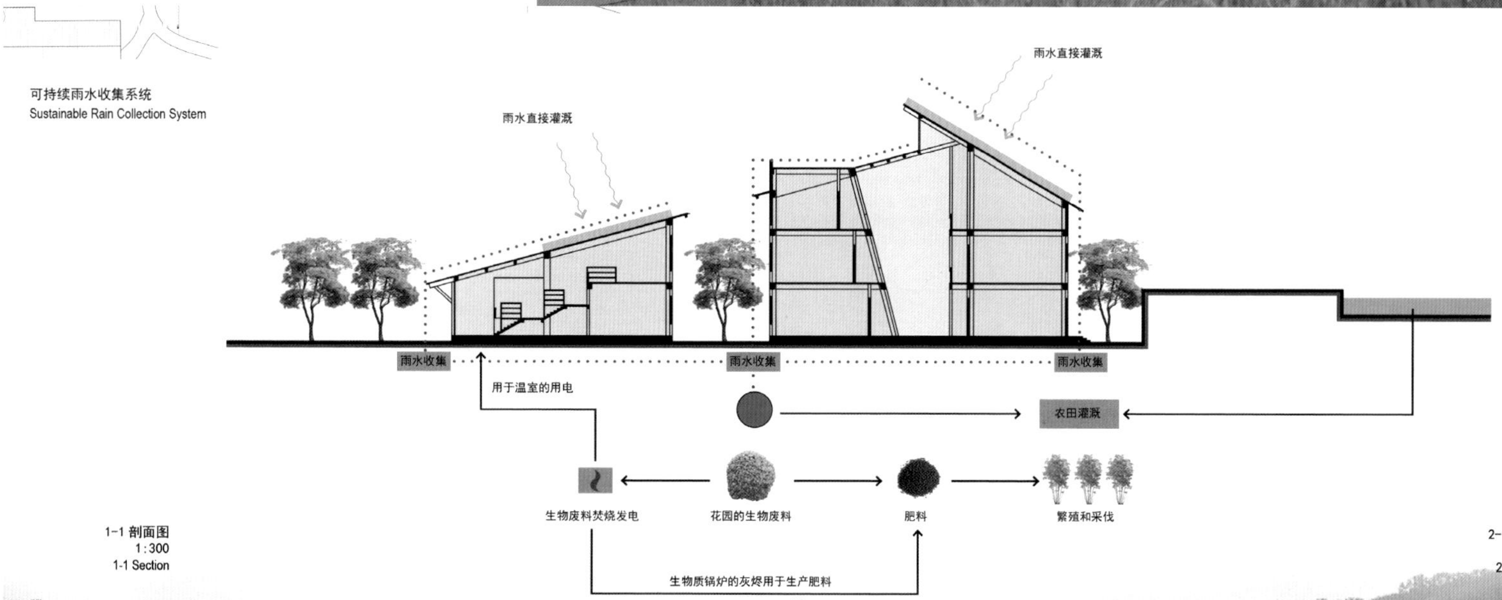

可持续雨水收集系统
Sustainable Rain Collection System
雨水直接灌溉
雨水直接灌溉
雨水收集
雨水收集
雨水收集
用于温室的用电
农田灌溉
生物废料焚烧发电
花园的生物废料
肥料
繁殖和采伐
生物质锅炉的灰烬用于生产肥料

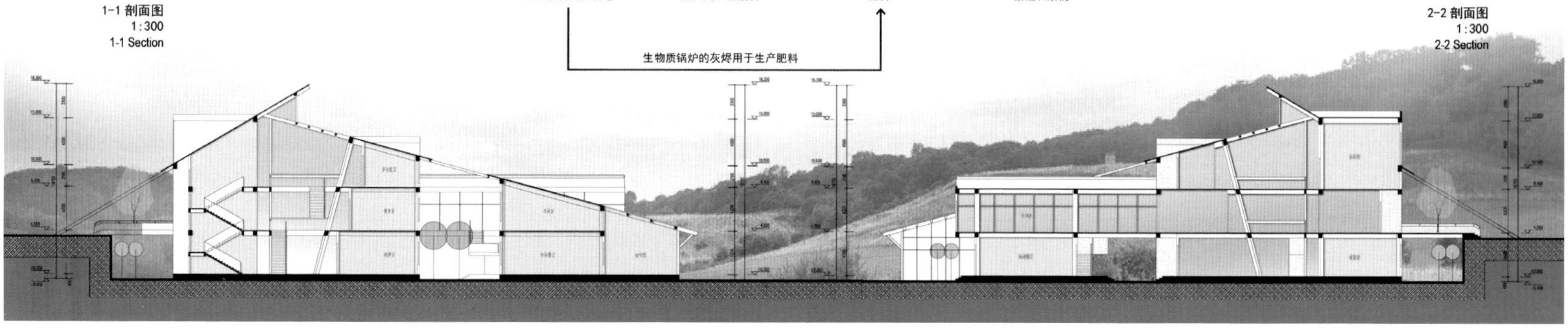

1-1 剖面图
1:300
1-1 Section
2-2 剖面图
1:300
2-2 Section

太阳能技术策略
Solar energy technology strategy

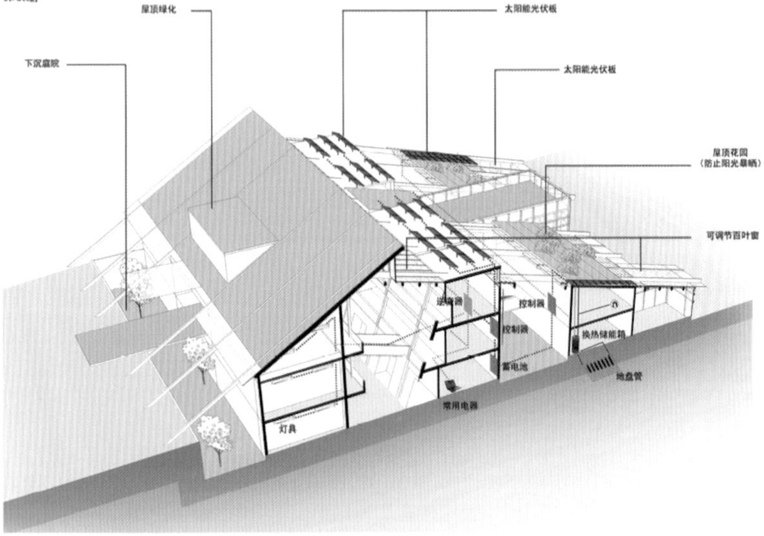
屋顶绿化
太阳能光伏板
下沉庭院
太阳能光伏板
屋顶花园
（防止阳光暴晒）
可调节百叶窗
控制器
控制器
换热储能箱
蓄电池
地盘管
常用电器
灯具

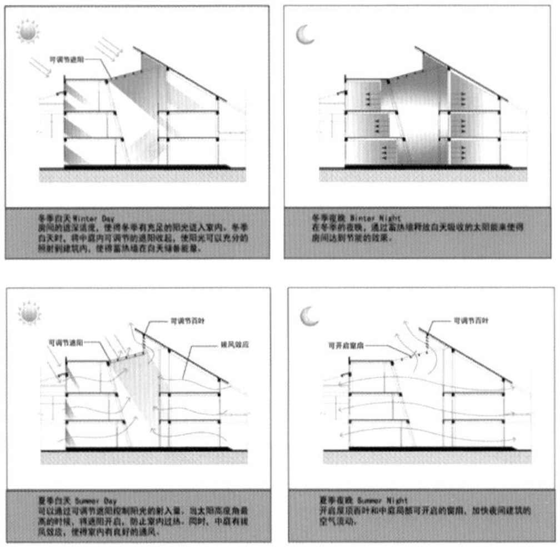
可调节遮阳
冬季白天 Winter Day
房间的进深适度，使得冬季有充足的阳光进入室内。冬季白天时，将中庭内可调节的遮阳收起，使阳光可以充分的照射到建筑内，使得蓄热墙在白天储备能量。
冬季夜晚 Winter Night
在冬季的夜晚，通过蓄热墙释放白天吸收的太阳能来使得房间达到节能的效果。
可调节百叶
可调节遮阳
拔风效应
夏季白天 Summer Day
可以通过可调节遮阳控制阳光的射入量，当太阳高度角最高的时候，将遮阳开启，防止室内过热。同时，中庭有拔风效应，使得室内有良好的通风。
可调节百叶
可开启窗扇
夏季夜晚 Summer Night
开启屋顶百叶和中庭局部可开启的窗扇，加快夜间建筑的空气流动。

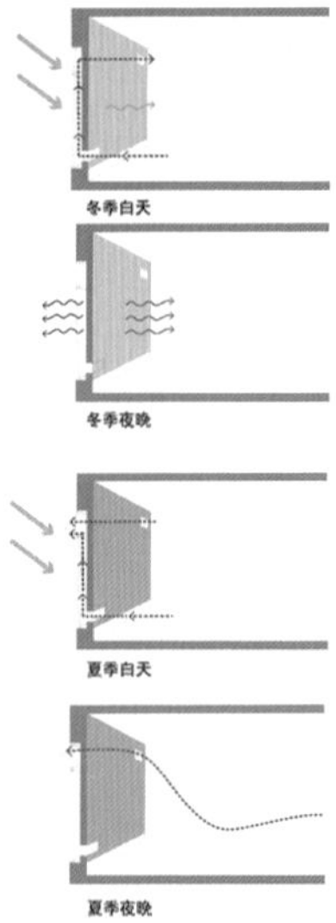
冬季白天
冬季夜晚
夏季白天
夏季夜晚

南立面图 1：300 North Election

北立面图 1:300 North Election

设备完善
Completement

屋顶绿化
Roof Greening

阁楼生成
Loft Generaion

置入屋架
Roof Truss Construction

功能强化
Function Arrangement

柱网生成
Column Grid Generation

平面置入
Plan formation

基地
Site

冬季白天 Winter Day

冬季夜对 Winter Night

夏季白天 Summer Day

夏季夜间 Summer Night

图书馆
Library

观景平台
Viewing platform

内院
Garm

太阳能屋面
Solar Roof

中庭
Courtyard

屋顶花园
Roof Garden

下沉庭院
Striking Courtyard

桥
Bridge

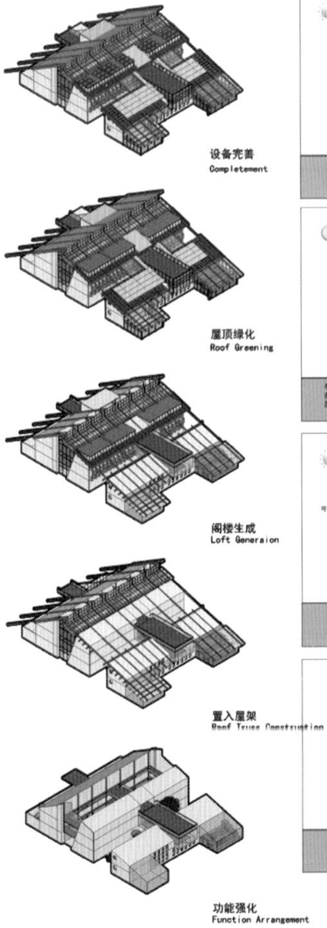

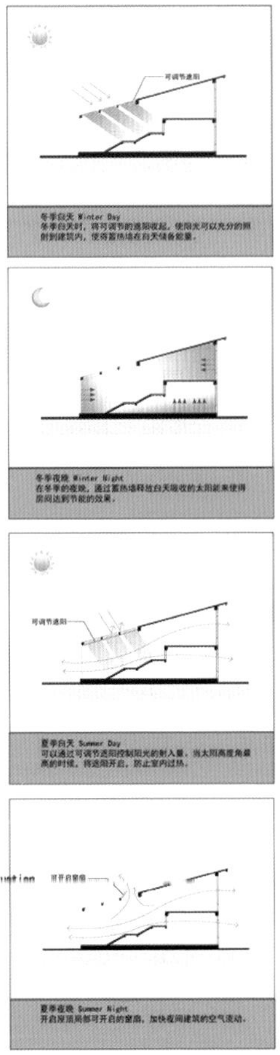

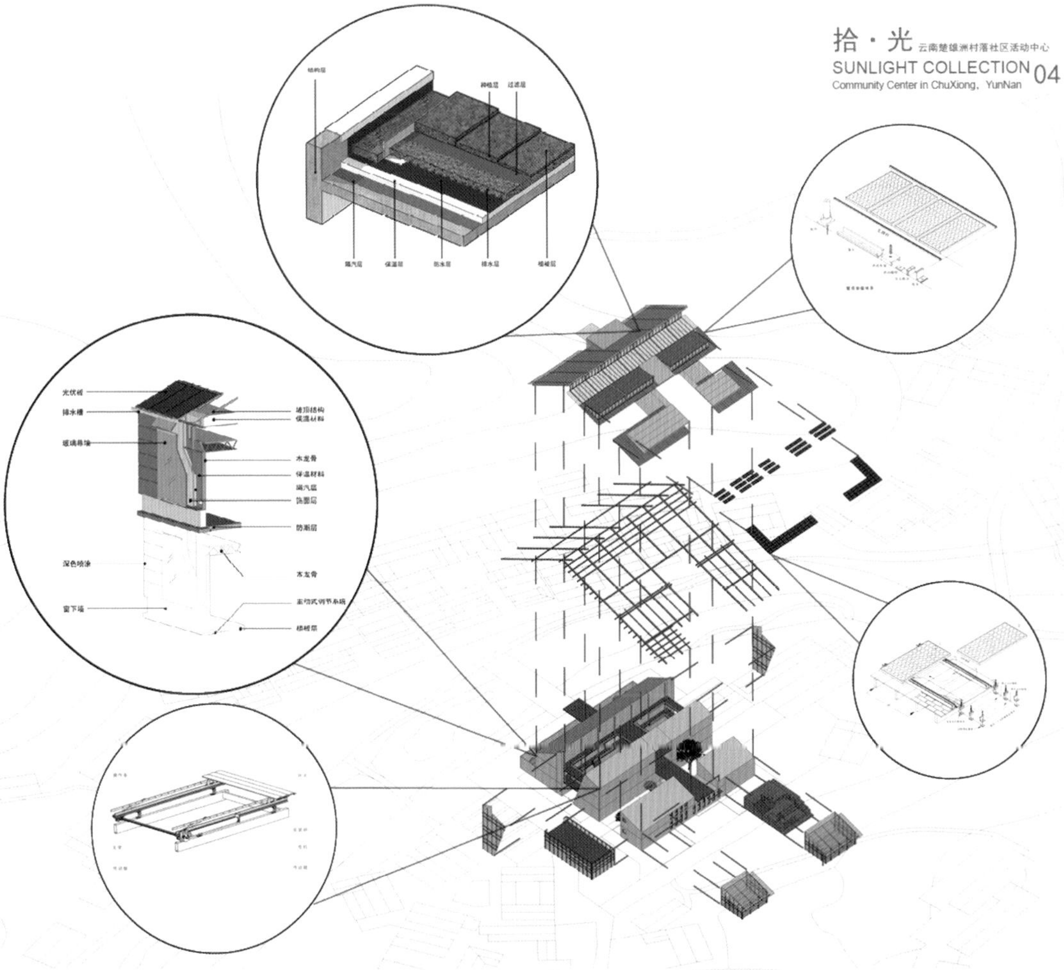

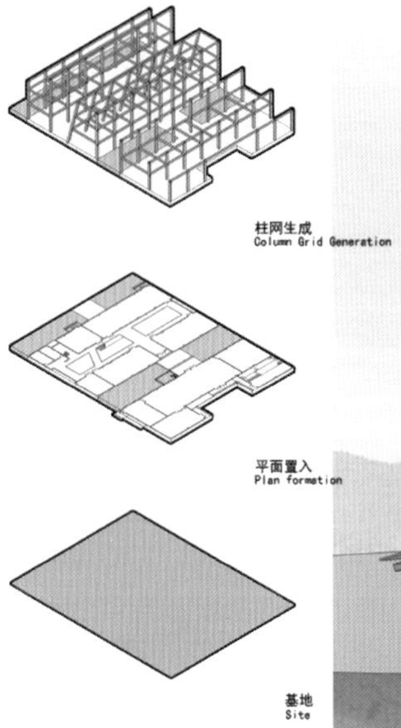

2016 挑战杯太阳能建筑设计与工程大赛

三等奖

高光

学　　生：胡婷婷　刘曦文　易飞宇　倪钰翔
　　　　　刘晓薇
指导老师：杨维菊　袁玮　万邦伟

方案介绍：

本项目基地位于河南省中部，郑州和洛阳之间的巩义市文化公园内，属于东部新区行政中心用地范围内，南至杜甫路，东至紫荆路，西至惠民路，总用地面积 31.78 公顷。裙房以商业为主，塔楼分别为办公和公寓。太阳能在多层建筑中应用广泛，而当前国内在高层建筑中利用较少。相对于多层建筑，高层建筑在利用太阳能方面优势众多，不仅有屋顶可被利用，还有大量不被遮挡的立面。而立面不仅只有南立面的太阳能可利用，通过巧妙设计东西立面的太阳能也可部分被利用。

因此此次高层太阳能系统是对这一项目的改造设计。依据对各面的太阳辐射、风环境分析，分别设计与外表面结合的太阳能系统，包括了太阳能热水系统、太阳能光伏发电系统及被动式太阳能集热墙等部分。经过测算，可以达到较好的效果，降低建筑能耗，可实现一定的经济效益。

THIS HIGH BUILDING SOLAR SYSTEM REDESIGN DEPENDS ON REAL PROJECT. ACCORDING TO THE ANALYSIS OF EACH FACADE'S SOLAR RADIATION AND WIND ENVIROMENT, SOLAR HOT WATER SYSTEMS, SOLAR PHOTOVOLTAIC POWER GENERATION SYSTEMS AND PASSIVE SOLAR SYSTEMS ARE DESIGNED TO SATISFY INDOOR ENVIROMENT. AFTER CALCULATION, THE DESIGN BASICALLY CAN REDUCE THE ENERGY CONSUMPTION AND REAH GOOD ECONOMIC PERFORMANCE.

1 太阳能板位置示意图
SOLAR SYSTEM LOCATION

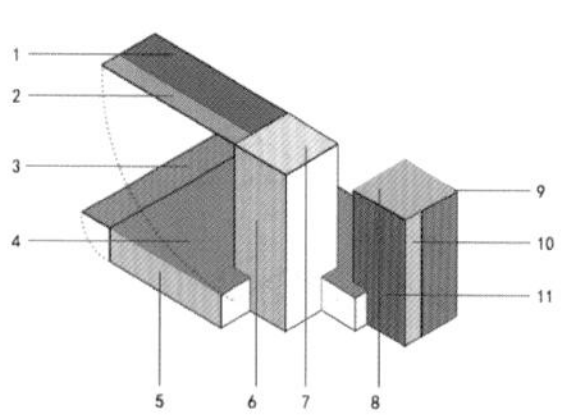

2 太阳能效率柱状图 SOLAR SYSTEM EFFICIENCY HISTOGRAM

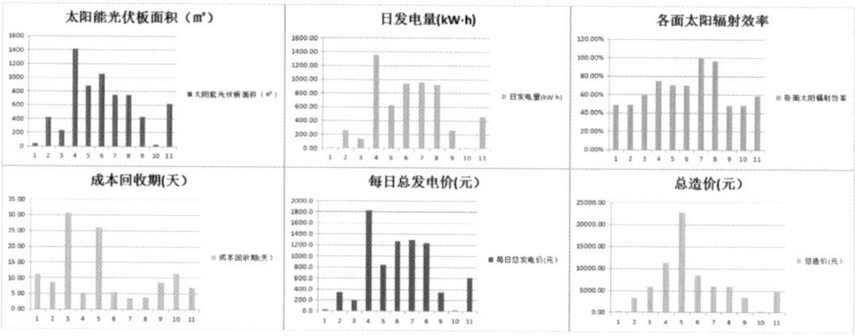

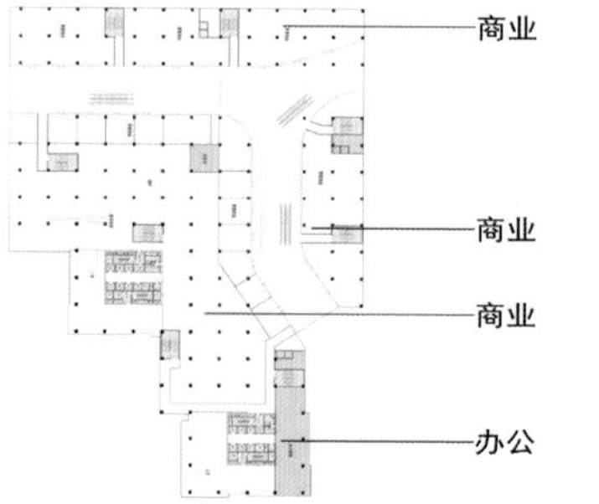

二层平面 2ND FLOOR PLAN

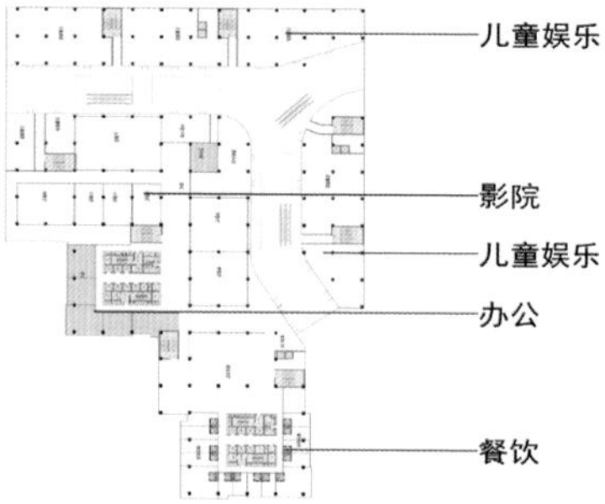

1-1 剖面 1-1 SECTION

2-2 剖面 2-2 SECTION

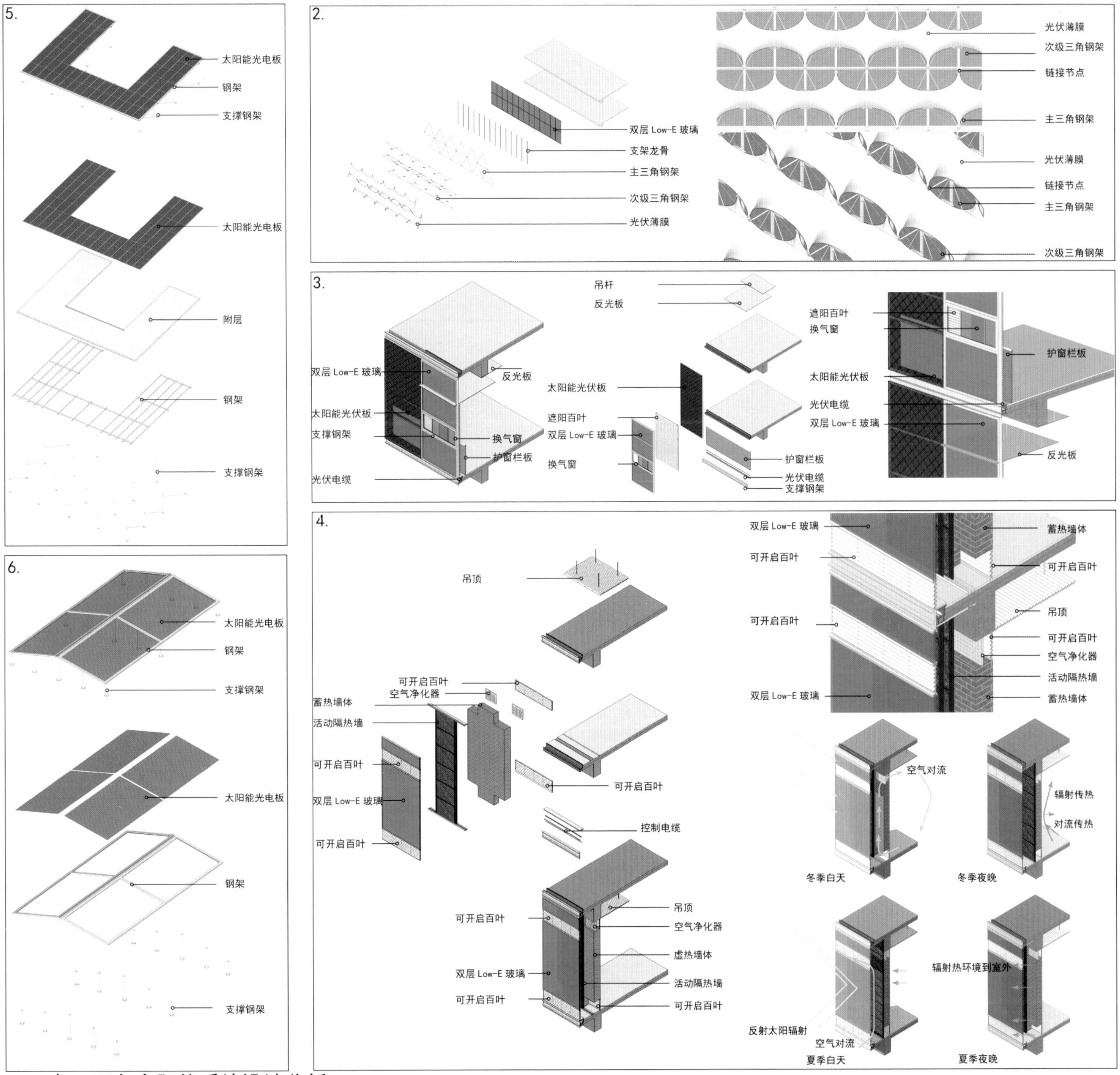
5.
太阳能光电板
钢架
支撑钢架
太阳能光电板
附层
钢架
支撑钢架
2.
双层 Low-E 玻璃
支架龙骨
主三角钢架
次级三角钢架
光伏薄膜
光伏薄膜
次级三角钢架
链接节点
主三角钢架
光伏薄膜
链接节点
主三角钢架
次级三角钢架
3.
吊杆
反光板
双层 Low-E 玻璃
反光板
太阳能光伏板
支撑钢架
换气窗
护窗栏板
光伏电缆
太阳能光伏板
遮阳百叶
双层 Low-E 玻璃
换气窗
护窗栏板
光伏电缆
支撑钢架
遮阳百叶
换气窗
护窗栏板
太阳能光伏板
光伏电缆
双层 Low-E 玻璃
反光板
6.
太阳能光电板
钢架
支撑钢架
太阳能光电板
钢架
支撑钢架
4.
吊顶
可开启百叶
空气净化器
蓄热墙体
活动隔热墙
可开启百叶
双层 Low-E 玻璃
可开启百叶
可开启百叶
控制电缆
可开启百叶
双层 Low-E 玻璃
可开启百叶
吊顶
空气净化器
虚热墙体
活动隔热墙
可开启百叶
双层 Low-E 玻璃
可开启百叶
可开启百叶
双层 Low-E 玻璃
蓄热墙体
可开启百叶
吊顶
可开启百叶
空气净化器
活动隔热墙
蓄热墙体
空气对流
冬季白天
辐射传热
对流传热
冬季夜晚
辐射热环境到室外
反射太阳辐射
空气对流
夏季白天
夏季夜晚

4 东、西向太阳能系统设计分析 EAST & WEST SOLAR SYSTEM DESIGN

太阳能环境分析 Solar Environment Analysis

1 墙面太阳能辐射分析 Facade Solar Radiation Analysis

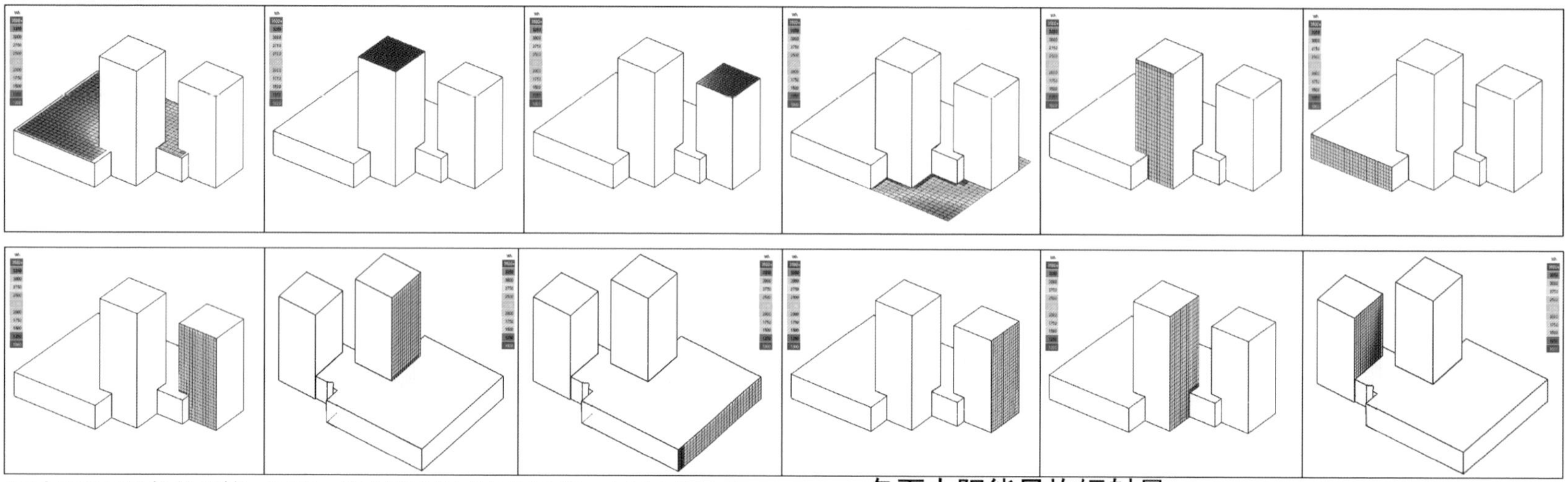

经过 ECOTECT 软件测算：屋面、南立面太阳能效率最高，东西立面次之

各面太阳能日均辐射量 Each Facade Daily Radiation

2 墙面风向分析 Facade Wind Direction Analysis

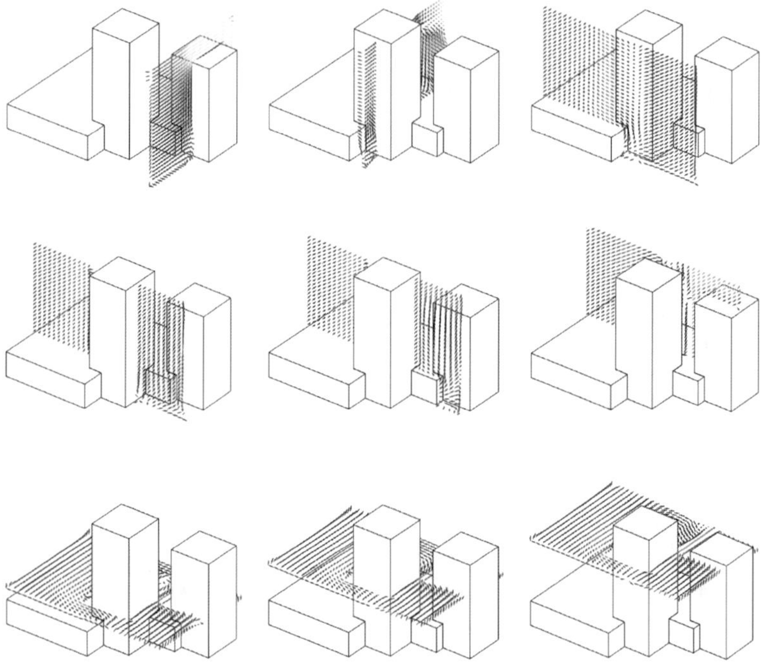

经过 WinAir 软件测算，建筑各面风环境良好，利于采用自然通风措施

典型切面风向风速
Typical Cutface Wind Direction and Speed

3 墙面风压分析 Facade Wind Presure Analysis

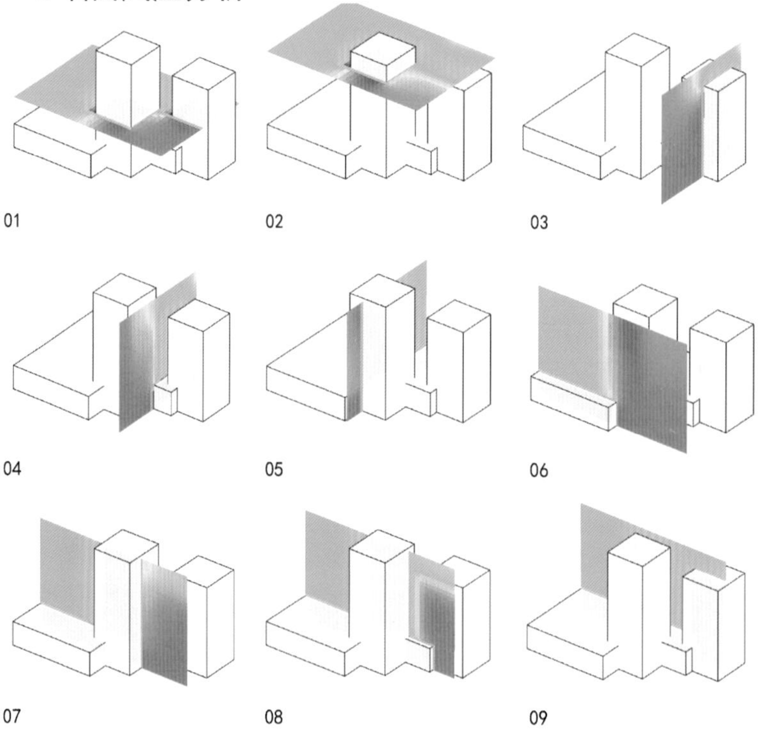

经过 WinAir 软件测算，建筑各面风压情况对于太阳能构件装置的影响在可控范围内

典型切面风压
Typical Cutface Wind Presure

太阳能系统立面剖面设计 SOLAR SYSTEM FACADE & SECTION DESIGN

西立面 WEST FACADE

东立面 EAST FACADE

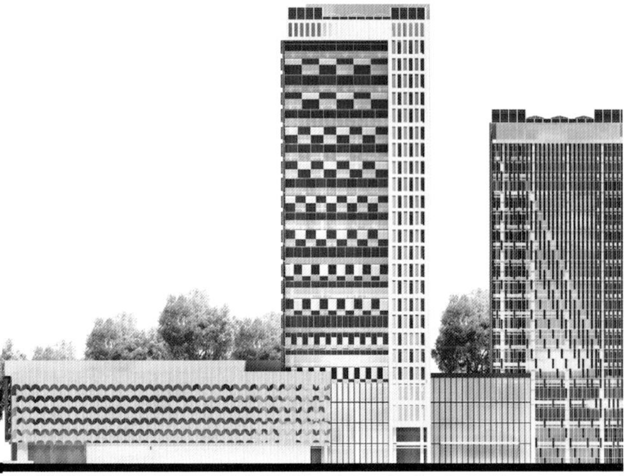

南立面图 SOUTH FACADE

3-3 剖面 3-3 SECTION

2016挑战杯太阳能建筑设计与工程大赛方案

三等奖

江南水乡

学　　生：陈子健

指导老师：杨维菊

方案介绍：

本案试图在江南水乡的生态基础上，打造具有地域特色的光伏建筑。在空间场域中，本案尝试将公共空间融入居住本体，从文化意义上加入符合传统江南民居特色的公共空间与细节。

在光伏太阳能方面，从主动式和被动式入手，强调被动式的作用。积极营造阳光间、拔风井这样的被动式利用空间，同时引入特朗博墙等主动式要素。在居住体验上，引入地暖和雨水收集重利用系统，力图打造全生态、绿色的光伏太阳能建筑。除此之外还设置了屋顶集热天窗、可遥控百叶窗系统、隔热屋顶、屋顶一体化太阳能光电板、蓄热墙体、立面集热管、立面光电板、阳台自遮阳构造、垂直绿化体系等。

六合院南立面图 1：150　类独栋南立面图 1：150　类独栋侧立面图 1：150

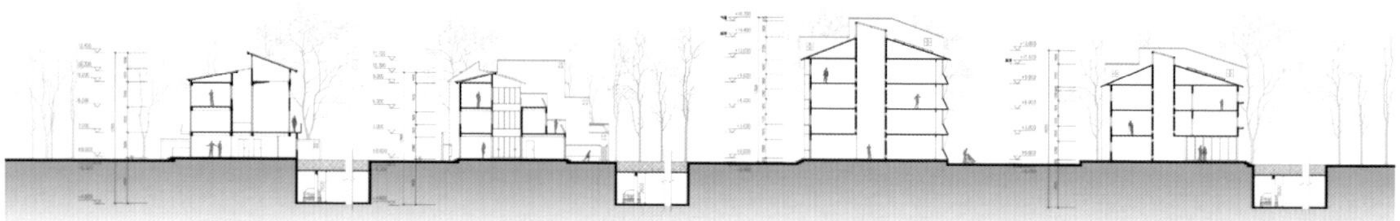

类独栋纵剖面图 1：200　六合院纵剖面图 1：200　两代宅纵剖面图 1：200　三代宅纵剖面图 1：200

自遮阳技术

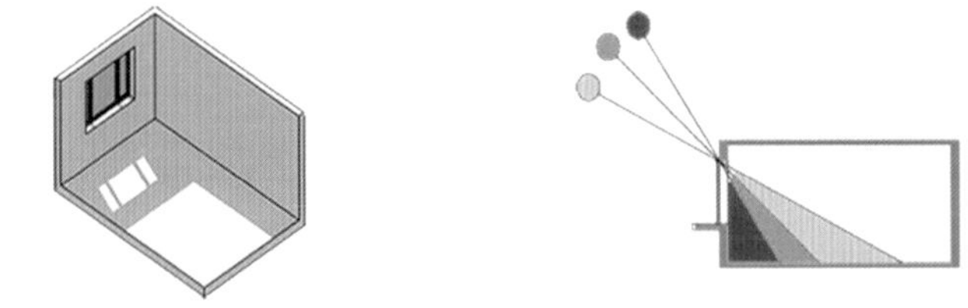

自身阴影

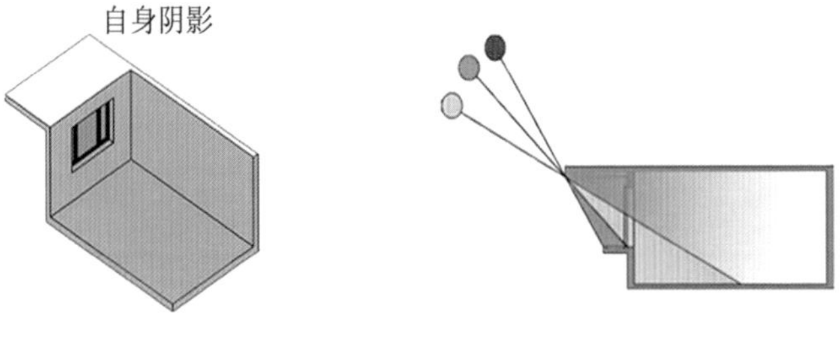

阳台阴影

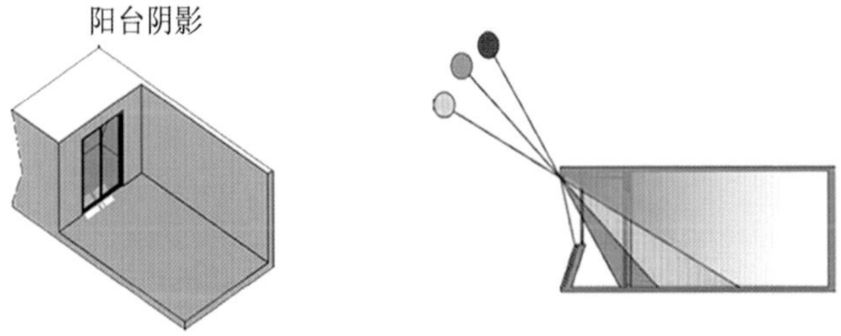

卷帘遮阳系统

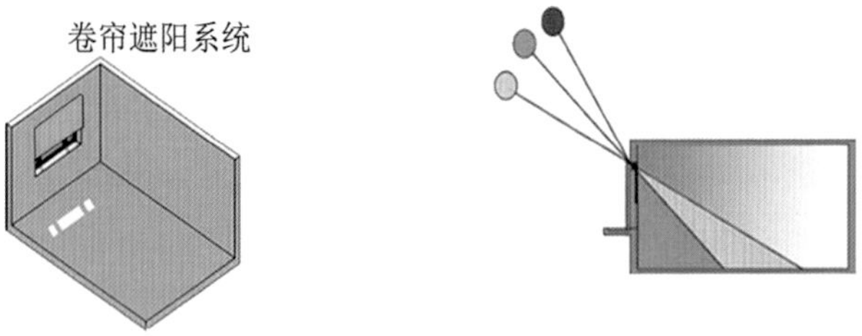

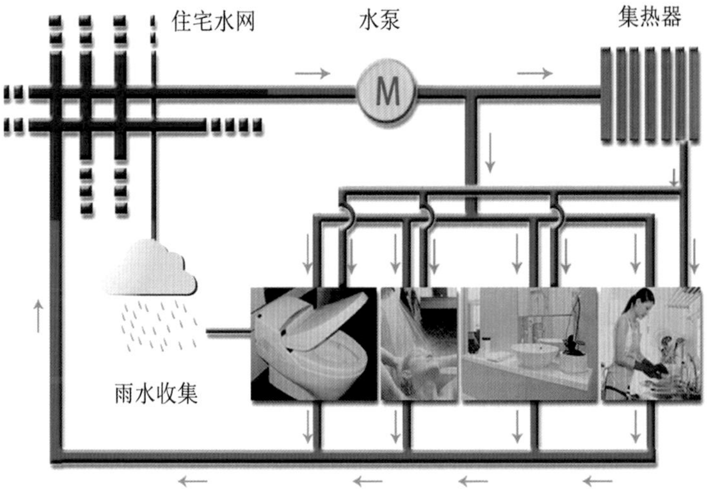

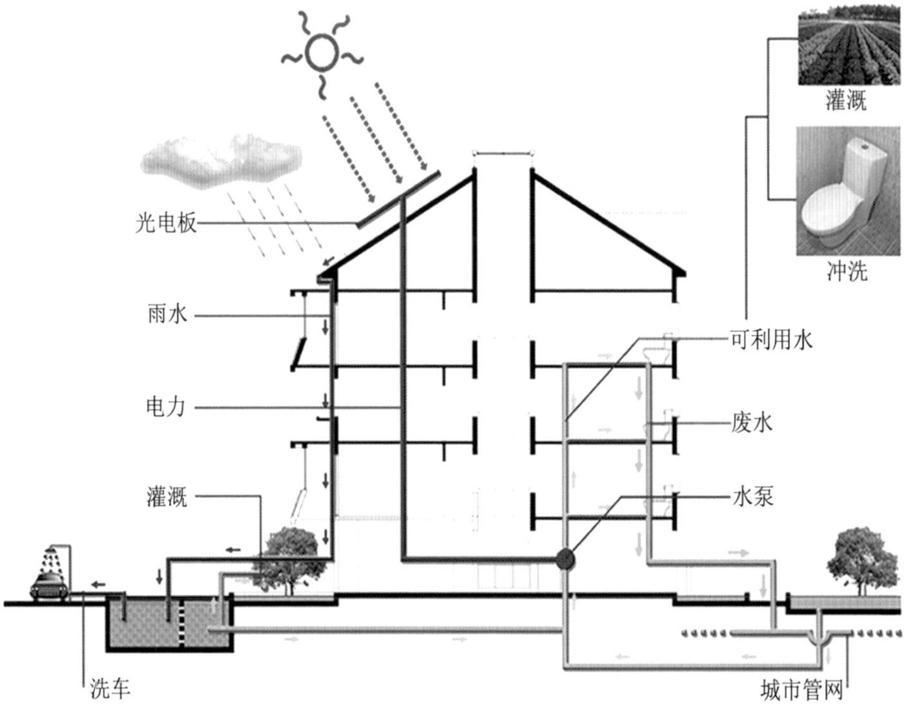

雨水回收再利用

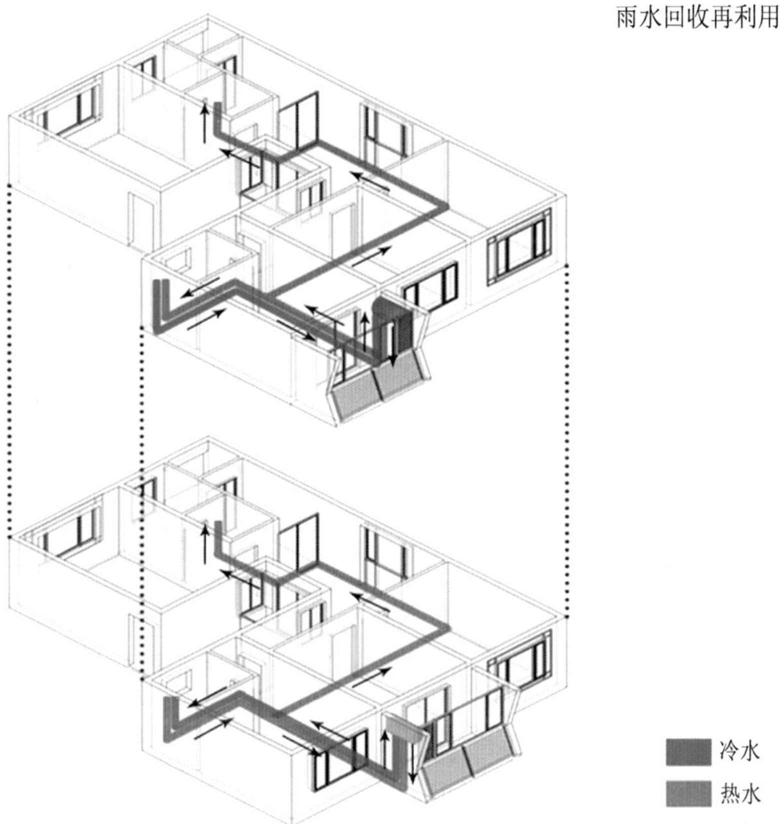

冷热水供应循环系统

雨水收集重利用技术

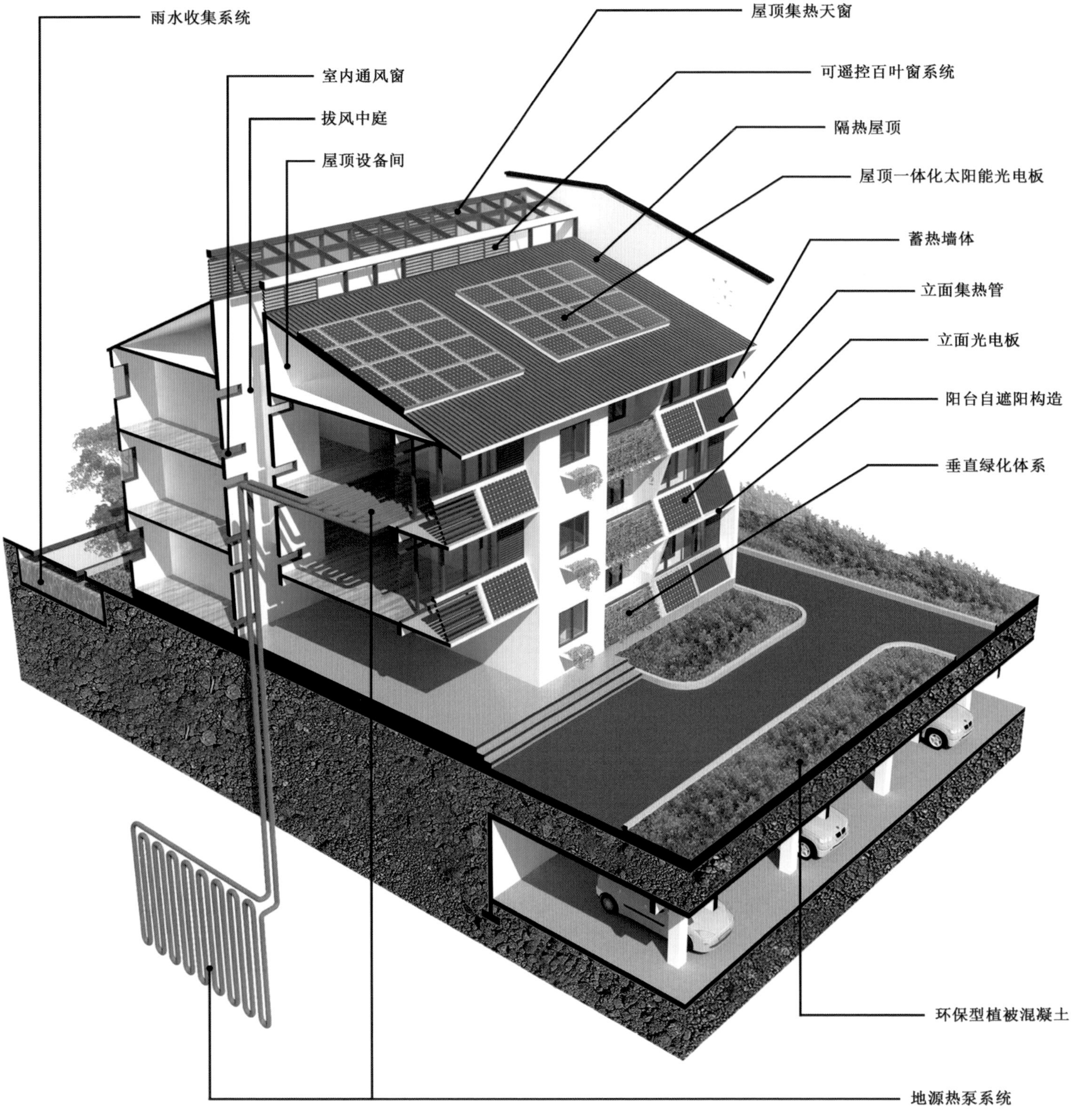

雨水收集系统
室内通风窗
拔风中庭
屋顶设备间
屋顶集热天窗
可遥控百叶窗系统
隔热屋顶
屋顶一体化太阳能光电板
蓄热墙体
立面集热管
立面光电板
阳台自遮阳构造
垂直绿化体系
环保型植被混凝土
地源热泵系统

太阳辐射分析

分析内容：

当地最佳朝向202.5，最差朝向292.5

年均最大太阳辐射方向235

八月有最大太阳辐射量，十二月最小

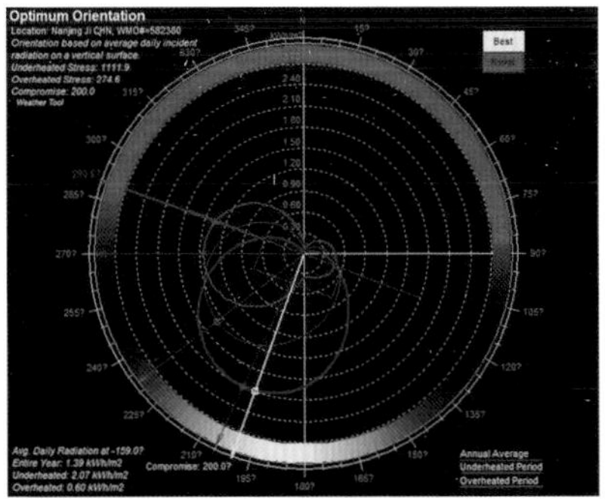

建筑最佳朝向

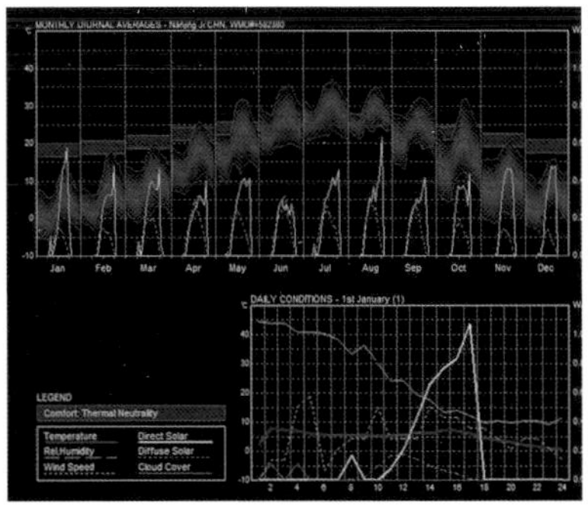

逐时数据分析

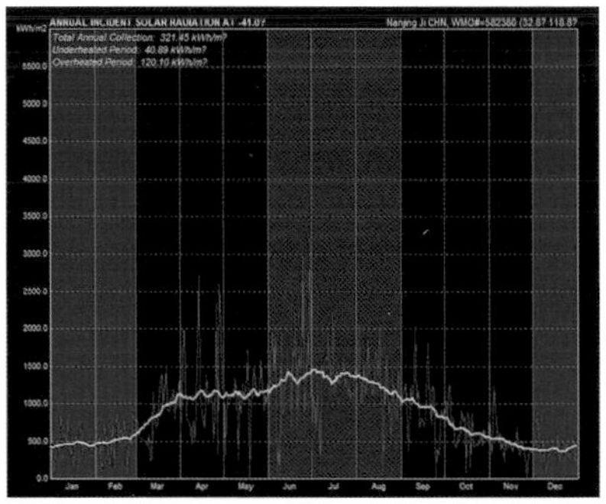

太阳年辐射分析

分析结论：

n拟定建筑南北向沿14.5至202.5方向分布

单体居住建筑南北为短轴，东西为长轴

在东西两边加强采用外遮阳措施

风向风频分析

分析内容：

根据蒲福风力等级，当地以2-3级风为主，为轻微风

主风频为东南和西北风

场地西南向有较强的水陆风

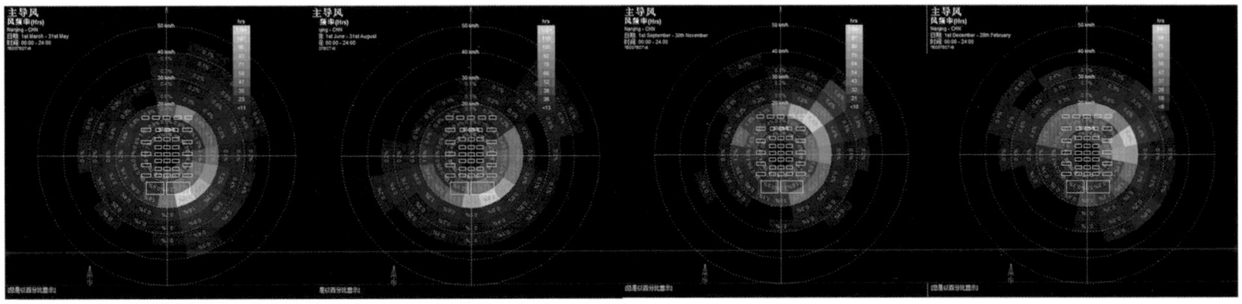

春季　夏季　秋季　冬季

分析结论：

考虑到有河流调节微气候，场地风力资源比较好，加强风力运用

将风力资源应用于建筑降温和除湿，并在局部公共管理用房进行示范发电

温度策略分析

分析内容：

场地区域夏季为高温高湿气候

采用机械蒸发或单一采用自然通风对改善热环境不明显

采用高热容材料效果较好

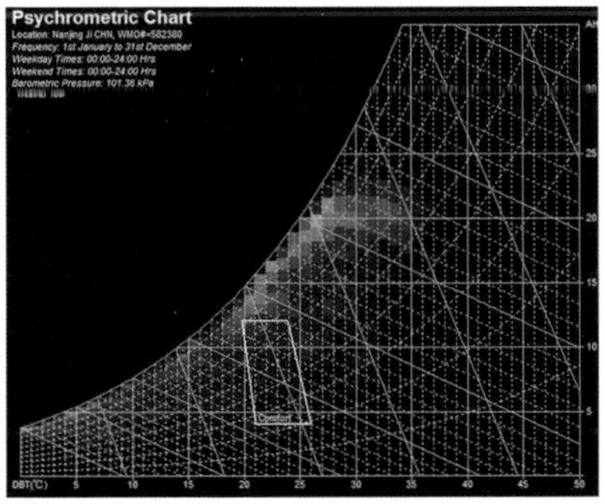

温热舒适区域

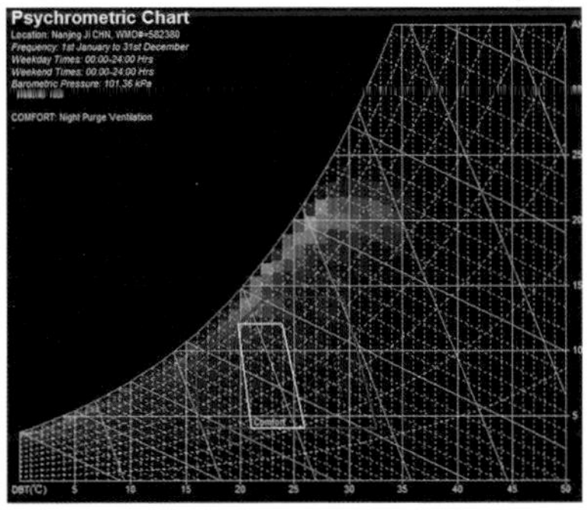

高热容+夜间蒸发

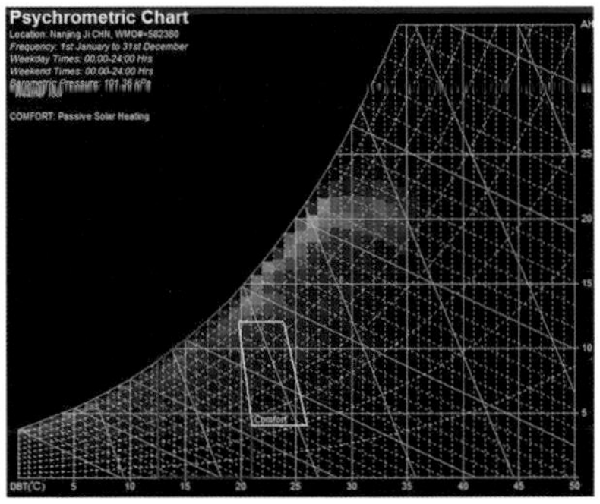

主动式降温策略

分析结论：

拟定建筑在夏季采用主动式降温措施，并利用蓄热隔热墙进行焓湿热储藏与释放

冬季利用可持续热当量对室内进行补偿

湿度策略分析

分析内容：

单一采用主动或被动进行湿度调节对人体舒适度影响不高

采用机械通风及空调配合效果较好

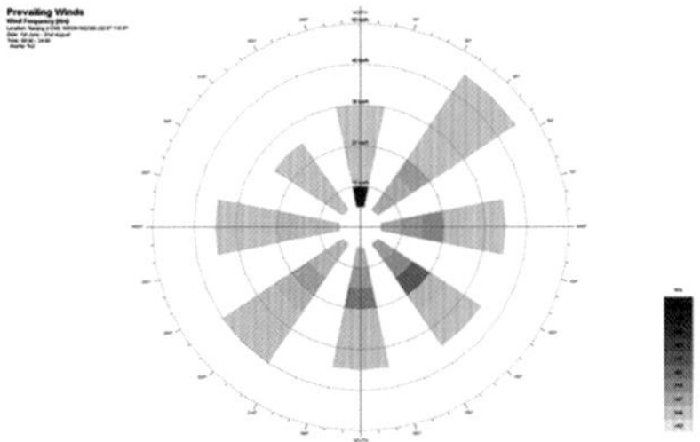

被动式设计湿度调节范围

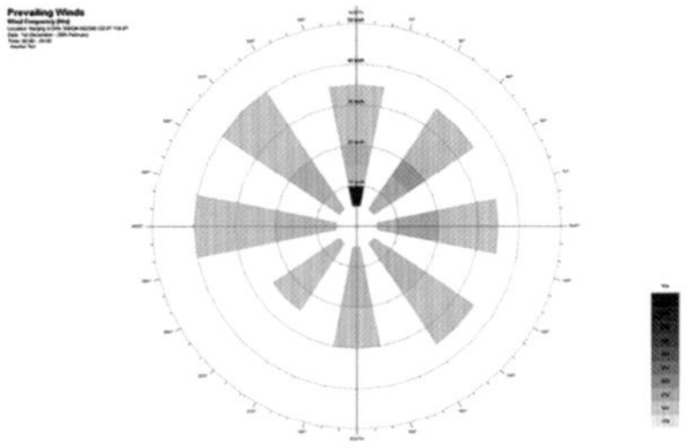

主动式设计湿度调节范围

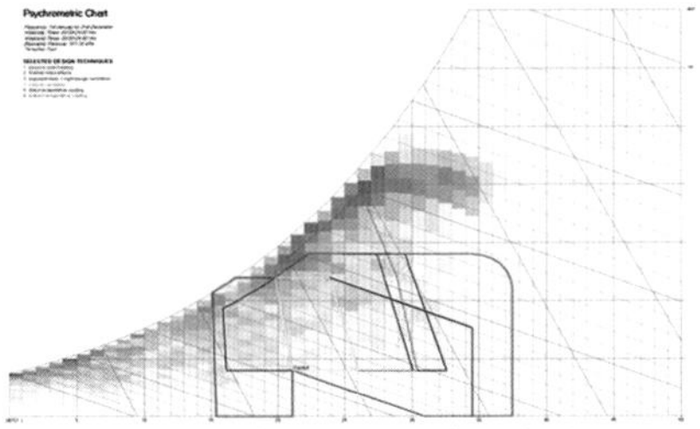

温湿度指数与人体舒适度对比

分析结论：

拟定建筑在冬夏季采用机械通风和空调配合

在过渡季节加强自然通风

放弃单一机械蒸发手段除湿

舒适度被动设计

分析内容：

单一被动式设计分析显示分别采用被动式太阳能供暖，高热容材料，夜间通风、自然通风改善舒适度效果明显

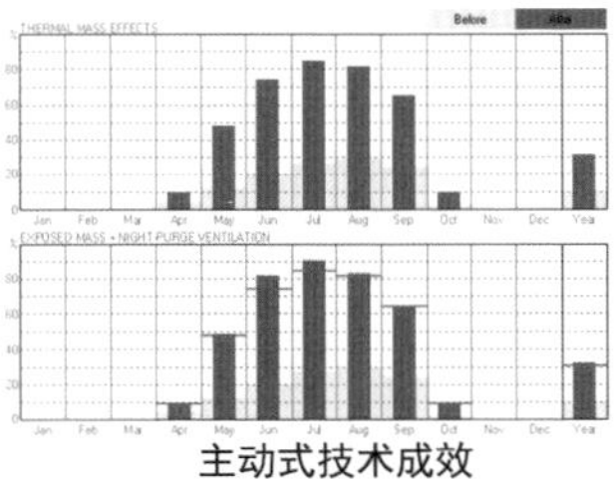

主动式技术成效

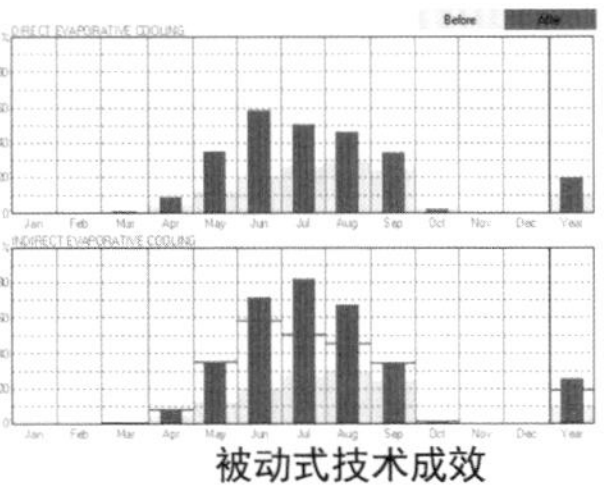

被动式技术成效

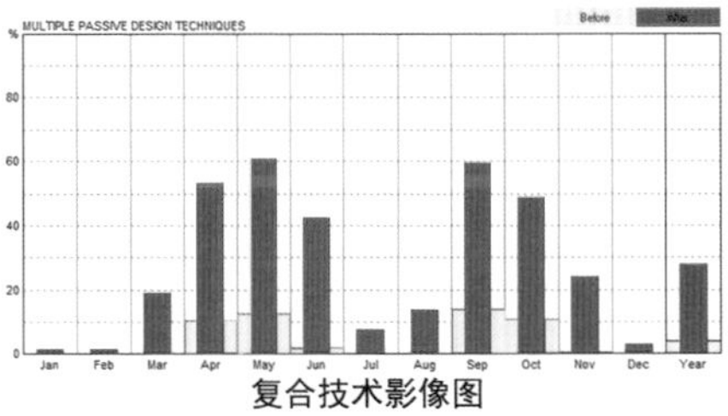

复合技术影像图

分析内容：

场地气候下被动式设计效果显著

拟定采用被动式太阳能供暖，高热容材料及自然通风，直接和间接蒸发结合

挑战杯太阳能建筑设计与工程大赛指导老师

杨维菊

袁玮

万邦伟

六、东南大学建筑学院学生优秀作品

研究生一年级设计课

优秀作业

前工院中庭改造——热力学异形体

学　　生：王明荃 陈斌 张嘉新

指导老师：张彤 石邢

方案介绍：

设计对象为东南大学四牌楼校区前工院中庭。前工院目前的使用对象为全部的本科生和部分研究生，部分教室作为公共课教室。考虑到学院的发展，为使其更好地满足教学和日常使用需求，对其进行改造设计。

本设计通过中庭空间置入评图讨论区、多功能活动区、作品展示区、模型工作区、景观休闲区这五种新功能，激发原有教室的活力。此外，为了形成有利于有效采光遮阳和通风的形体，我们通过一系列性能模拟引发形式操作，并探索使用被动式节能的可能。通过功能与性能两个方面的综合设计，得到了我们的最终设计成果。

中庭效果图

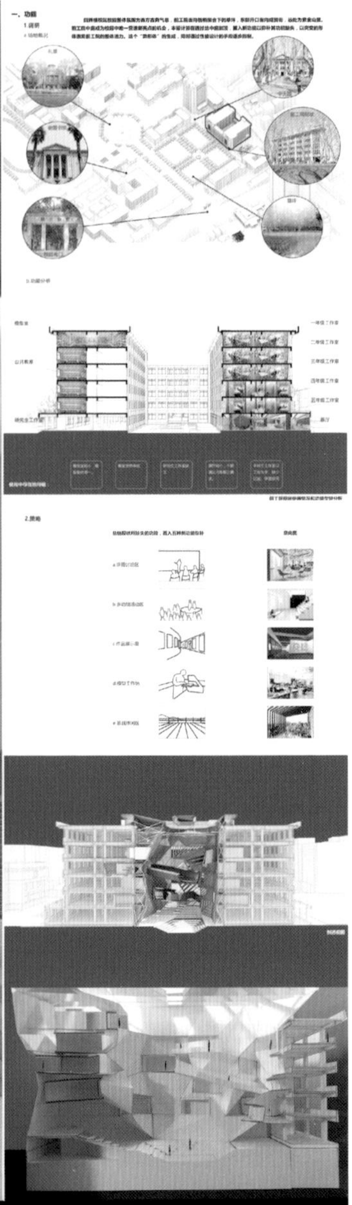

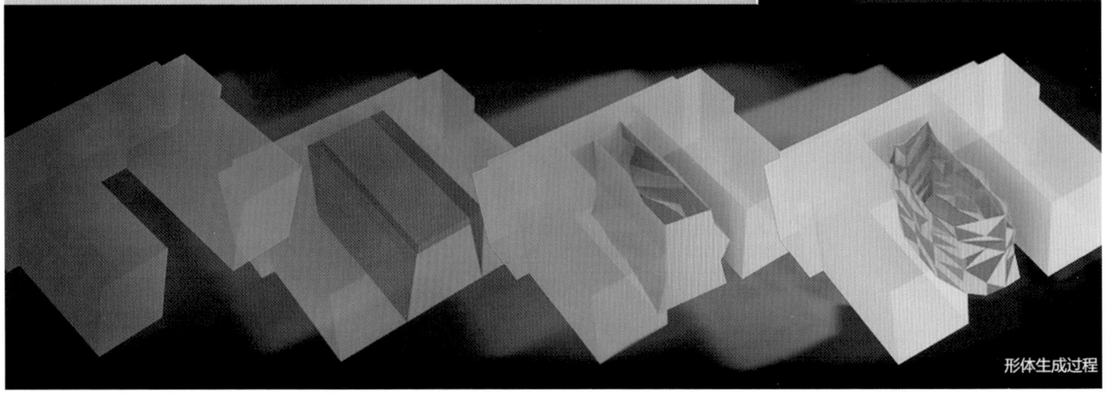

形体生成过程

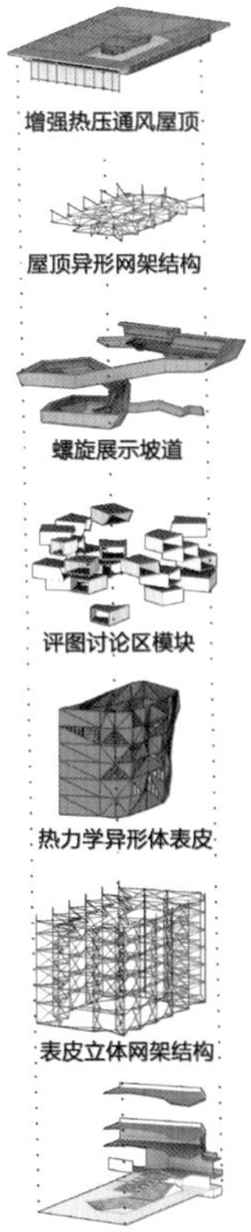

增强热压通风屋顶

屋顶异形网架结构

螺旋展示坡道

评图讨论区模块

热力学异形体表皮

表皮立体网架结构

多功能使用区域

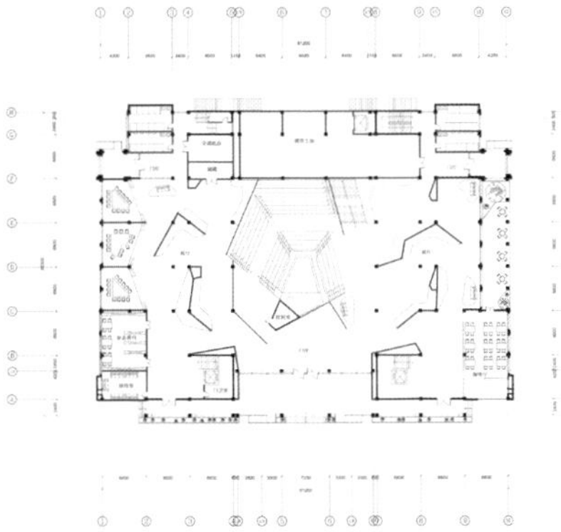

一层平面图

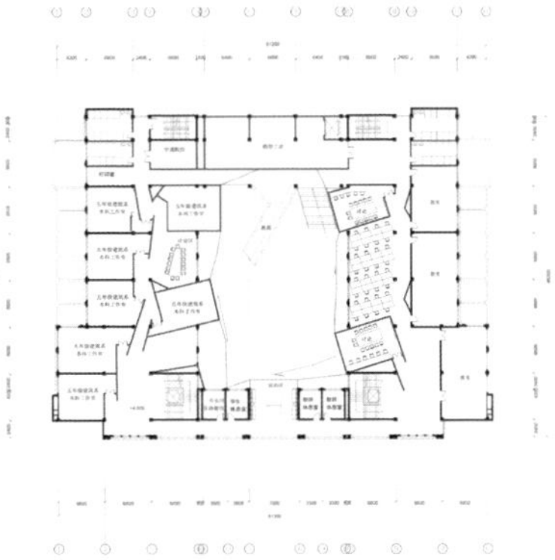

二层平面图

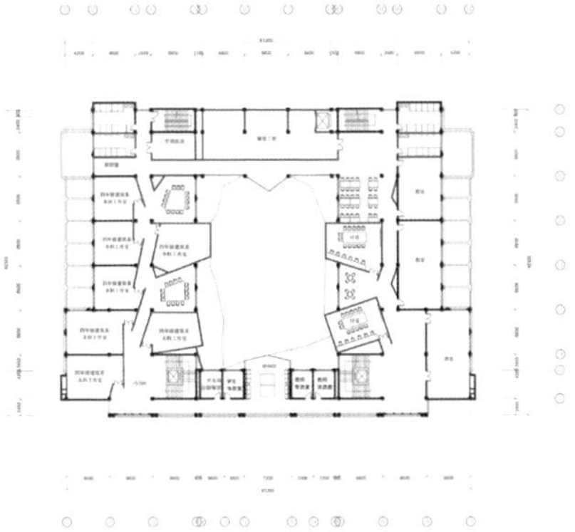

三层平面图

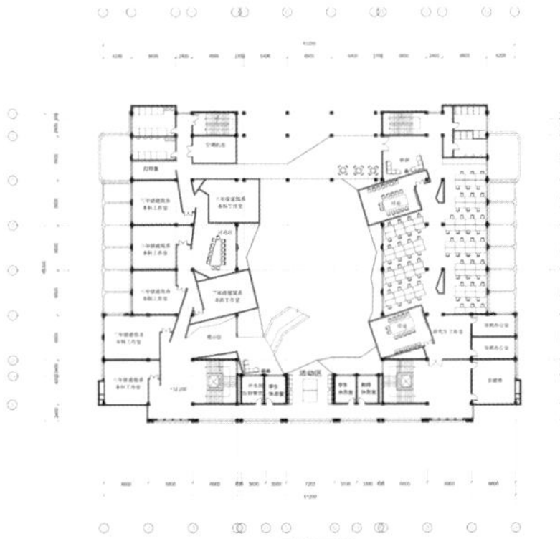

四层平面图

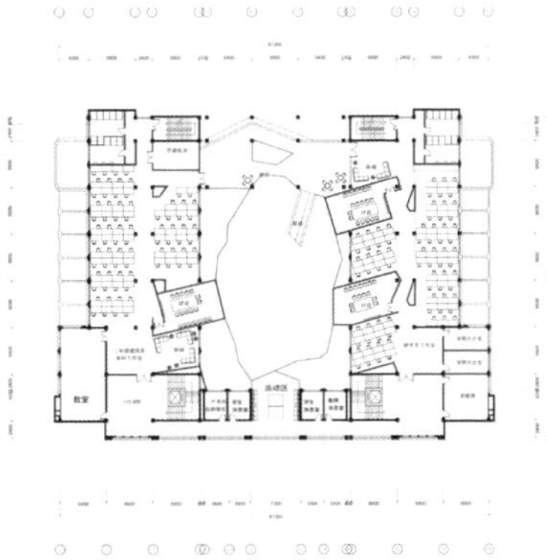

五层平面图

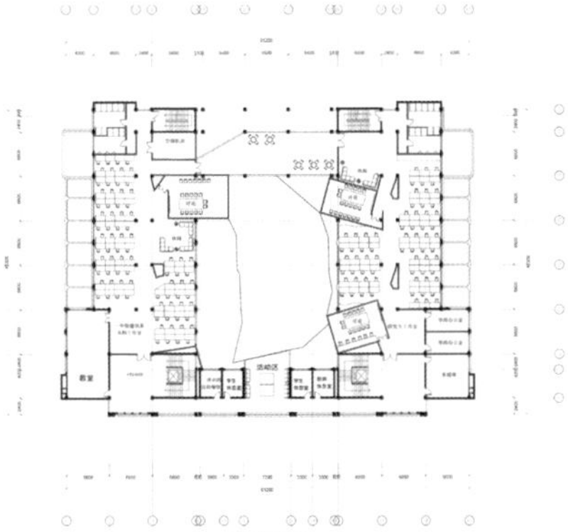

六层平面图

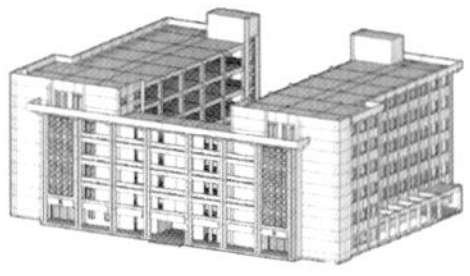

原前工院南北楼

改造后的前工院

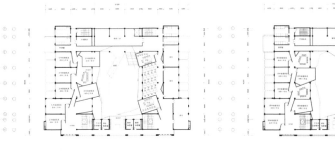

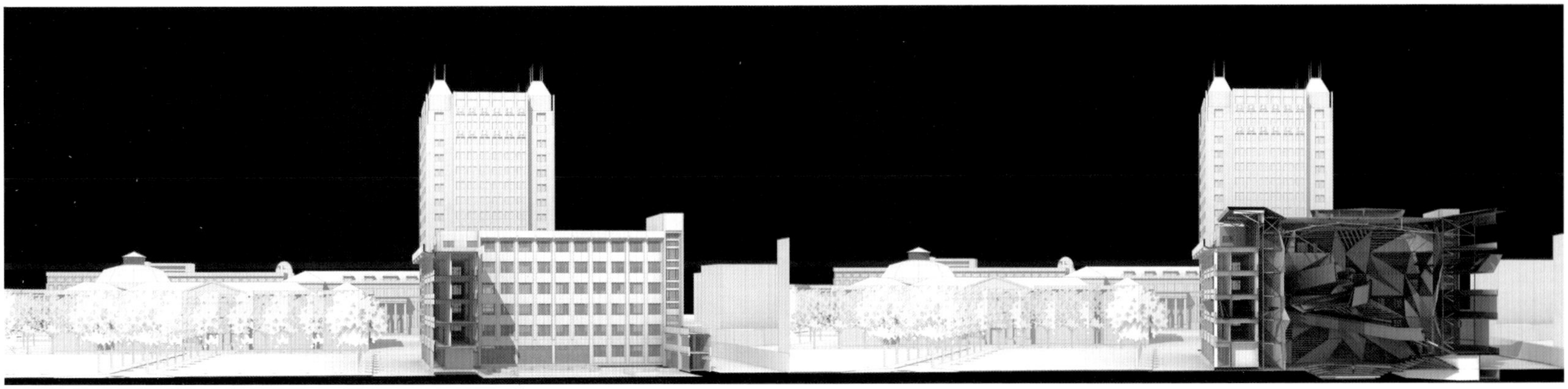

南京气候分析

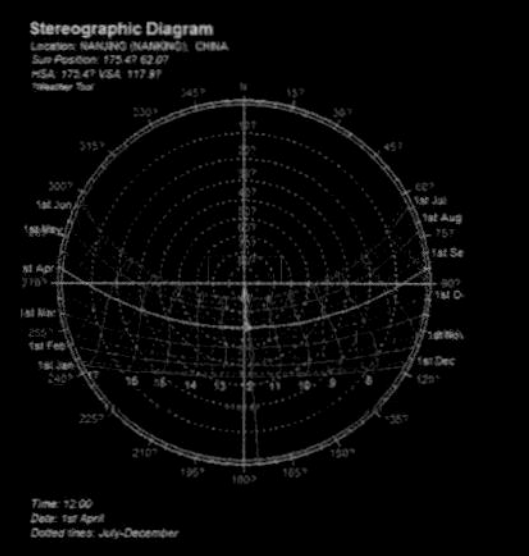
Stereographic Diagram

全年太阳运行轨迹

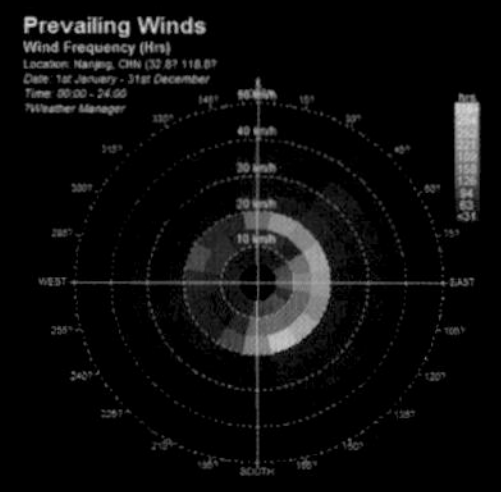

全年风频

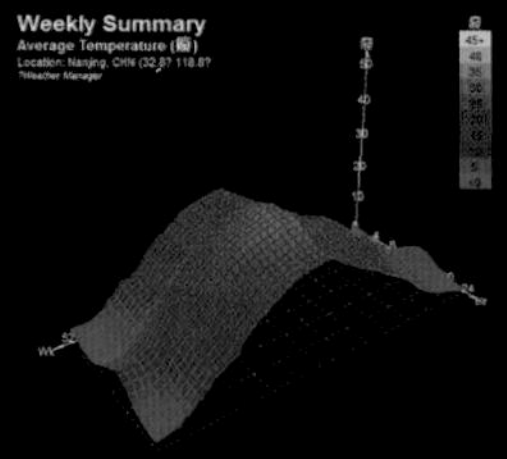

平均温度

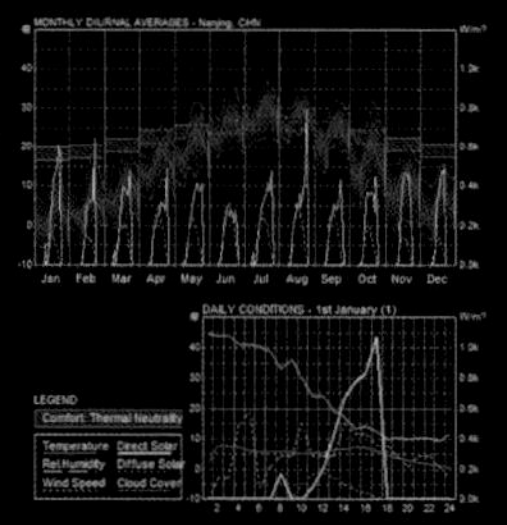

辐射和温度

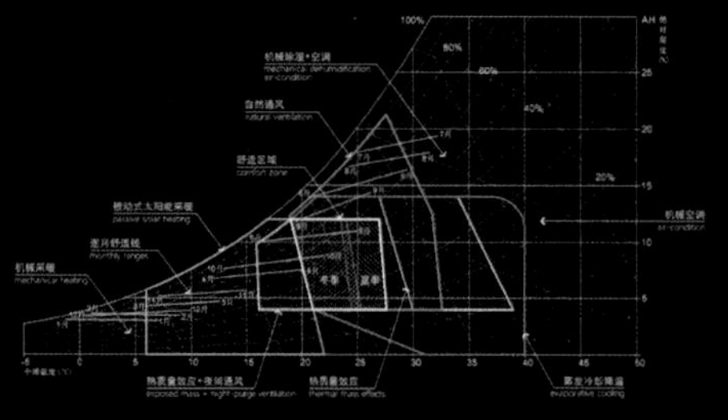

南京地区生物气候焓湿图及被动式控制区

基于风、光、热研究的形体生成

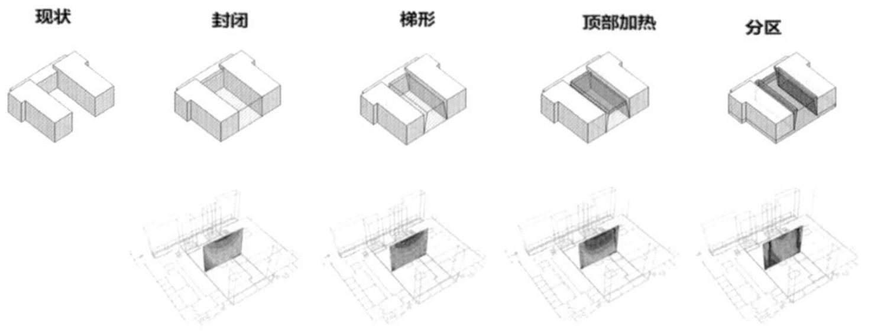
现状
封闭
梯形
顶部加热
分区

为了增加新的功能，将中庭顶部封闭。同时减少了整栋建筑的体形系数。

采用上小下大的形体有利于热压通风。

顶部加热增强热压通风。

避免热气倒灌，进行热压分区。

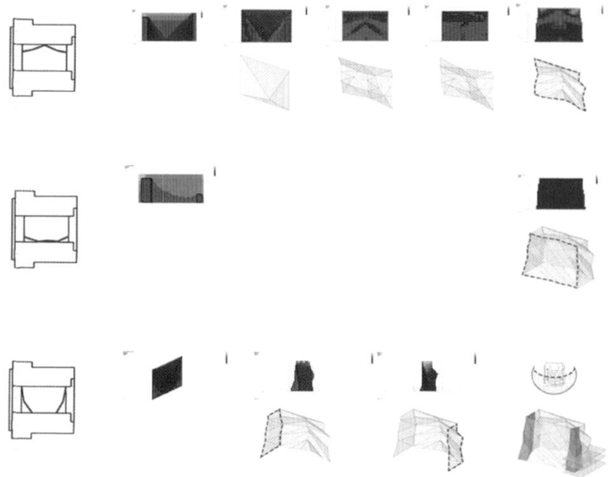

以立夏的太阳高度角进行模拟，形成有利于形体自遮阳的形态

以全阴天的采光系数进行模拟，形成采光较为均匀且满足采光需求的形态

以立夏的太阳高度角进行模拟，形成减少东西晒的形态

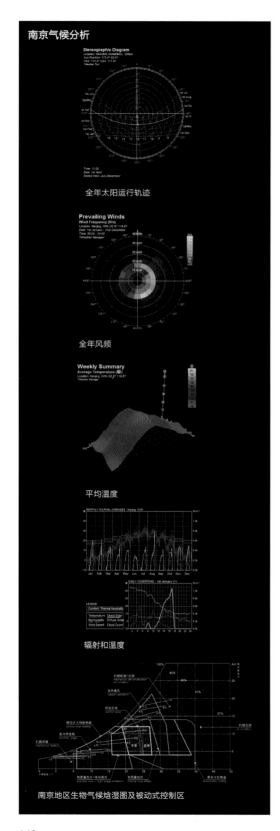

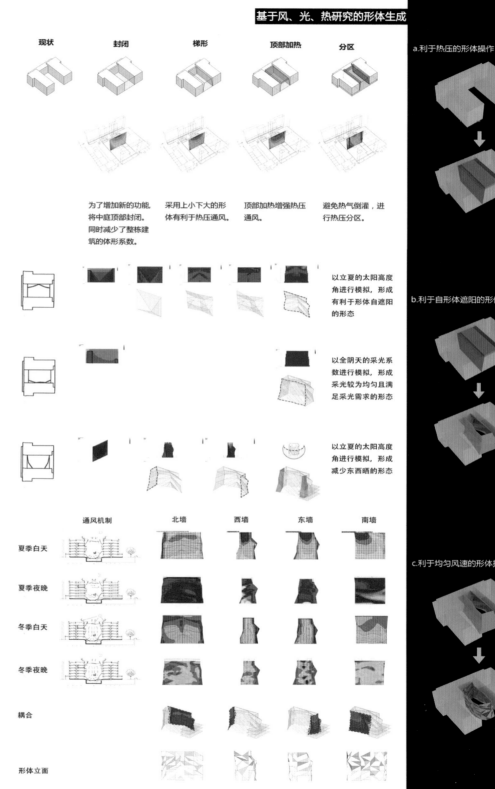

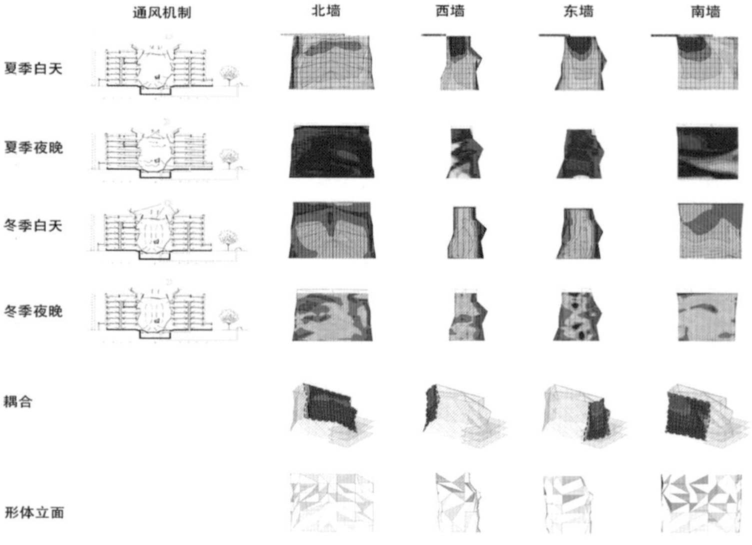
通风机制
北墙
西墙
东墙
南墙
夏季白天
夏季夜晚
冬季白天
冬季夜晚
耦合
形体立面

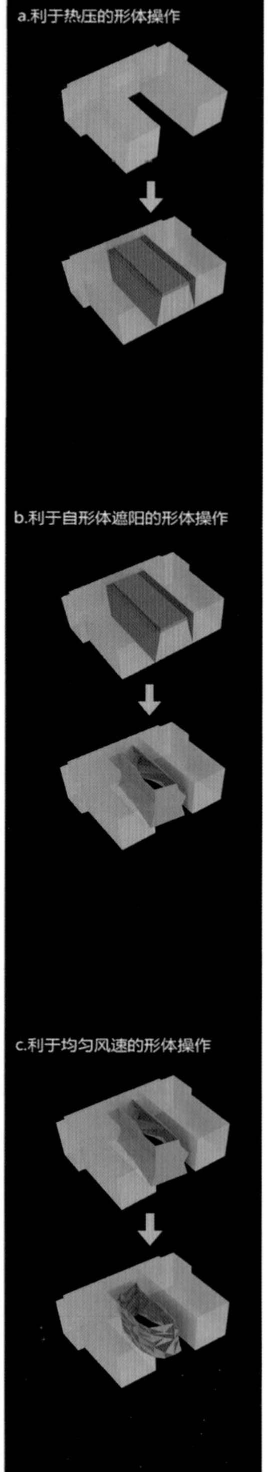
a.利于热压的形体操作
b.利于自形体遮阳的形体操作
c.利于均匀风速的形体操作

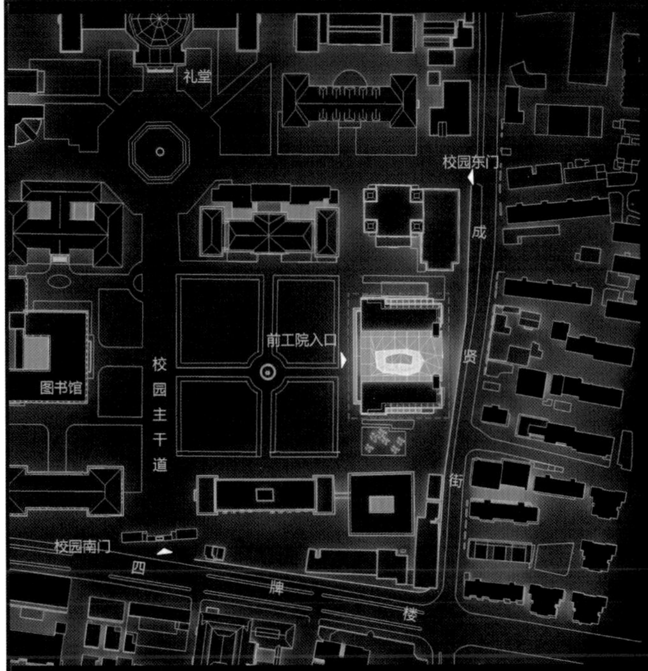

铝板
Low-E玻璃
通风百叶
遮阳百叶
白桦木板
反射隔热涂料
通风百叶
通风管道
排风口
送风口
送风口
空气压力腔
新风管道
排风机
排风口
回风烟囱
进风口
地道风
-2.100

礼堂
校园东门
图书馆
校园主干道
前工院入口
校园南门
四牌楼
成贤街

经济技术指标

性能能耗目标

改造前后面积对比

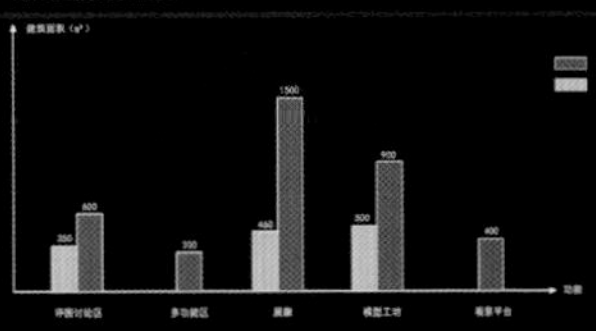

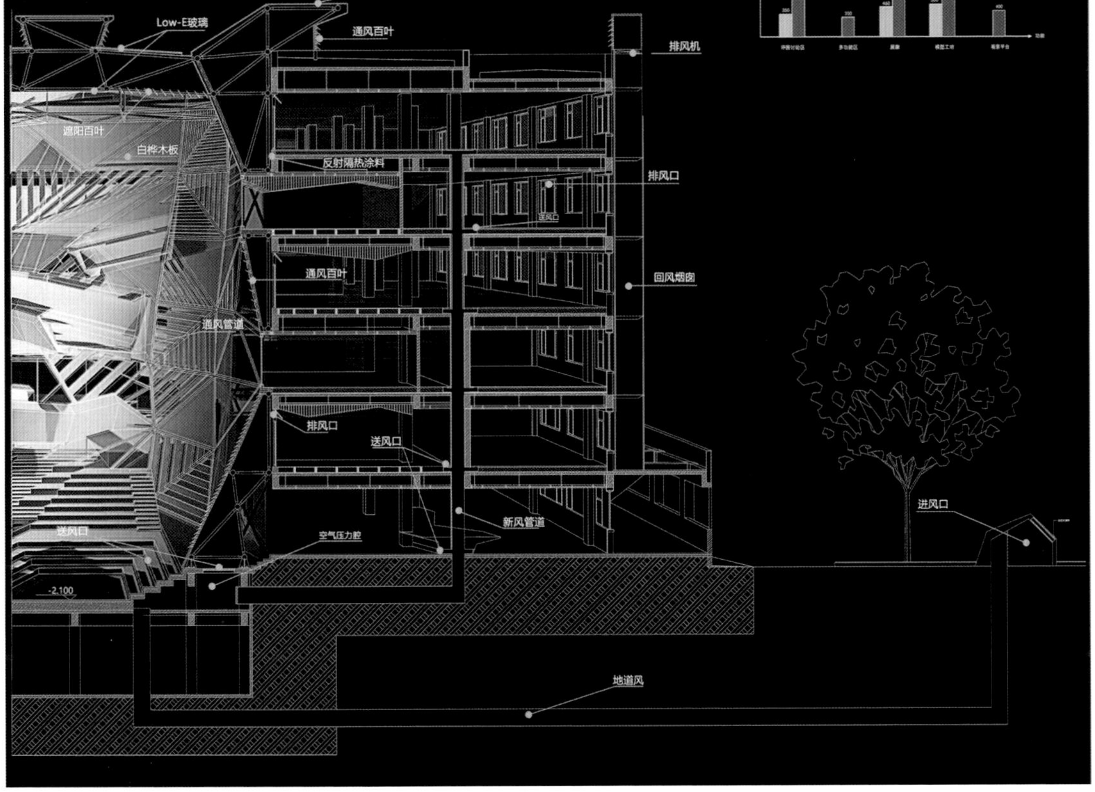

使用工况

夏季白天

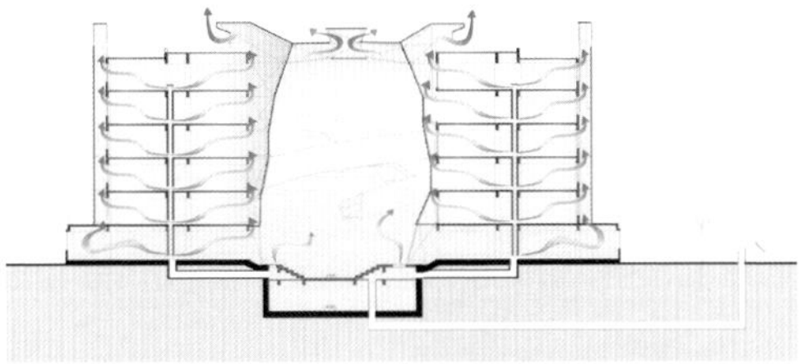

采用热压通风的被动式方式满足室内温度及通风换气要求，将前工院分为三个热压通风工作区。

夏季夜晚

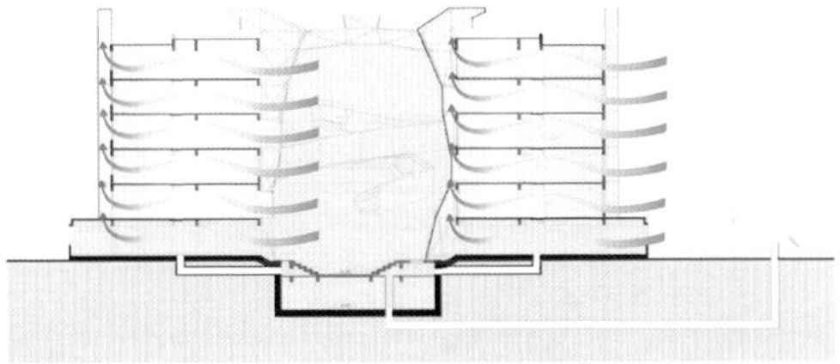

机械通风辅助自然通风，降低使用状态中的南北两侧教室的温度。

冬季白天

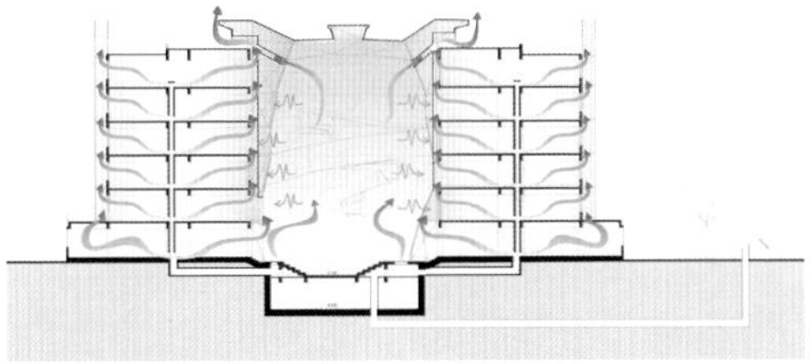

利用顶部太阳能加热中庭和腔体的空气温度进行空气热交换。同时采用热压通风。

冬季夜晚

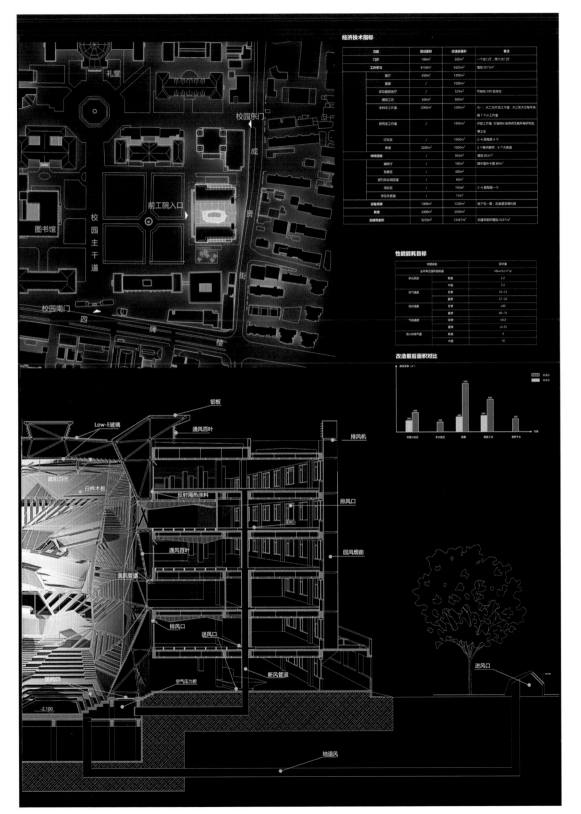

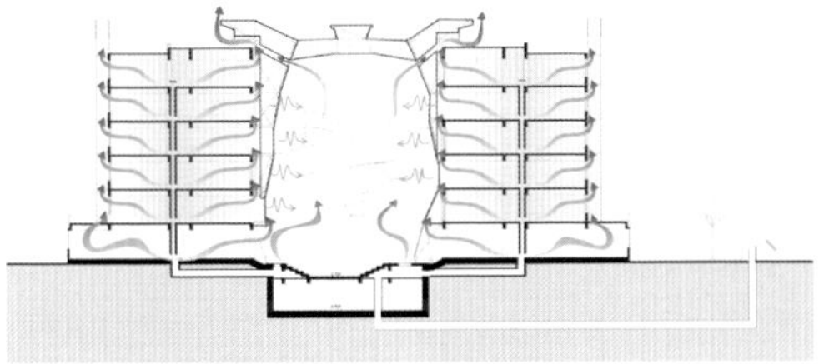

百叶闭合形成空气腔，防止热散失。同时采用热压通风。

2016 第三届江苏省紫金奖文化创意设计大赛

铜奖

书蜗

学　　生：吴奕帆

指导老师：徐小东 张宏

方案介绍：

书蜗是建筑设计与物联模式结合的可移动模块化建筑，单元大小约为 3mx5mx3m。建筑在轻钢结构的支持下，其屋顶可以通过液压杆自由开合，带来开放和封闭两种空间体验。工业化、可移动的设计免去了施工的烦恼，而且在城市空地上可以自由组合，成为阅读爱好者的临时俱乐部。其占地面积极小，在屋顶打开状态下可容纳 3 ～ 5 人。集合了太阳能板和天线，能为相邻建筑提供额外的电力和信号支持。坡屋顶的设计最大化减少对周边建筑采光通风的影响。通过对底部空置空间的不同利用，可替换大量城市公共设施，在不影响城市原有功能运作的情况下增添了阅读休憩的场所。

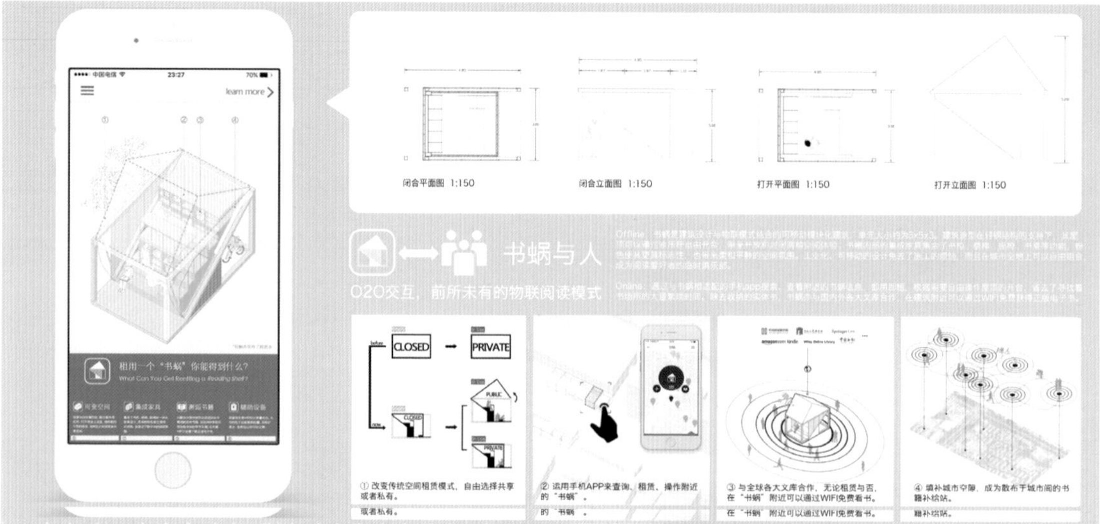

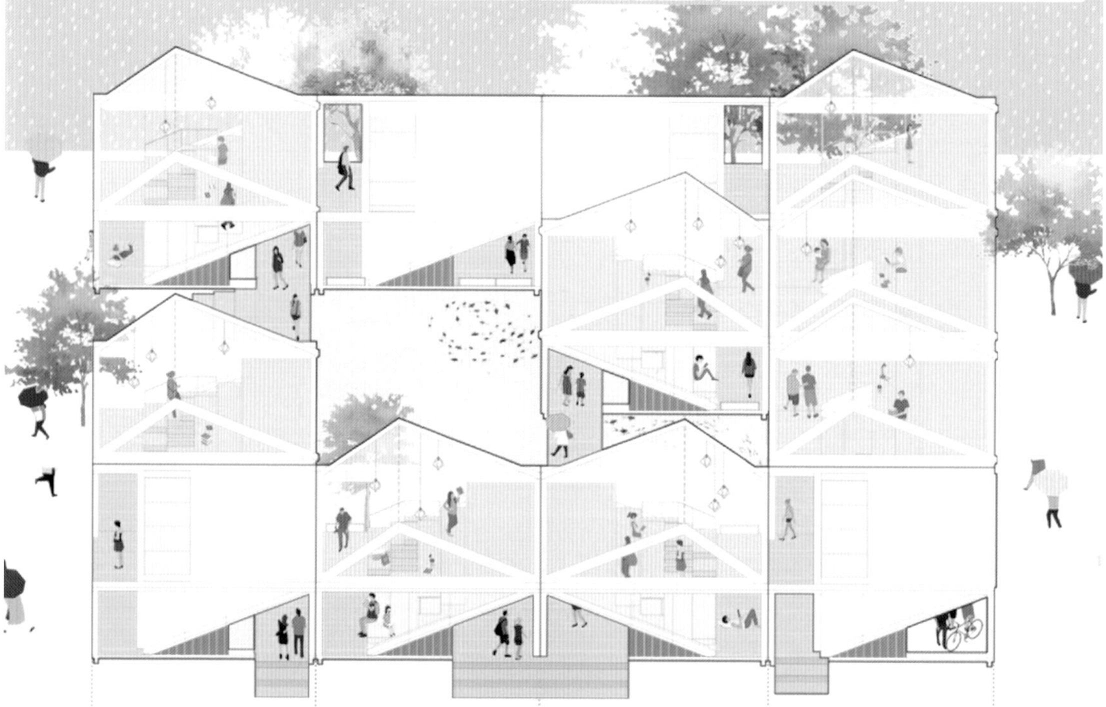

正轴侧图

剖透视图

方案评语：

方案对阅读具有独特的认识和解读。首先，当代读书人群阅读方式呈现为明显的碎片化、多元化和移动化，已经与历史上那种连续、系统、相对稳定的方式很不相同。其次，由于移动互联网的普及，人们阅读场所的不确定性成为都市人群的新常态。因此探讨一种新方式去满足获取知识和人际沟通变得十分必要。

设计采用了几乎是具有极限空间尺度的“书蜗”单元，结构简单，建造方便，底层架空使其具有对于场地的“宽容度”，可替代城市中一些间歇性的临时功能（报摊、小吃摊点、公交车站、自行车棚等），而不会破坏原有的城市物理结构。不仅如此，设计者还考虑将这些“书蜗”单元信息定位，人们可以运用手机 APP 方便地寻找到周边所需的“书蜗”。设计难能可贵的是为未来日益信息化的都市设想了某种“应景”的新功能，而且具有较好的可操作性和创新性。

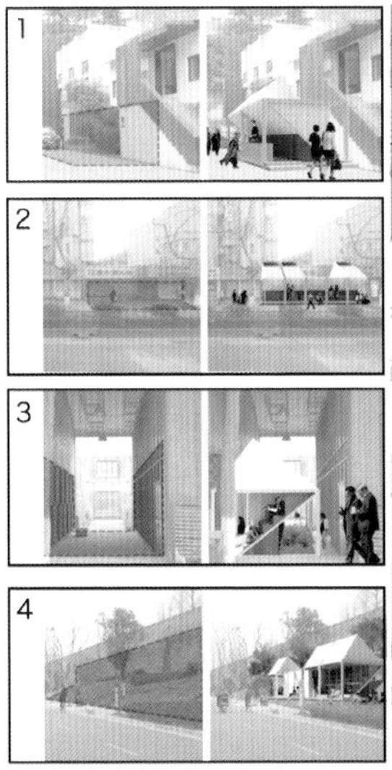

书蜗与城市
融入都市，现代人即走即停的移动图书馆
书蜗是建筑设计与物联模式结合的可移动模块化建筑，单元大小约为3x5x3。大部分底部空间还给城市，占地面积极小，却可最大容纳3-5人。坡屋顶的设计最大化减少对周边建筑采光通风的影响。通过对底部空置空间的不同利用，可替换大量城市公共设施，如公交车站、自行车棚等，使得在没有影响城市原有功能运作的情况下增添了阅读或是休憩的场所。极小尺寸、底部架空、组合模式丰富使它能够轻松融入城市，成为一座座迷你的移动图书馆，充分迎合了现代人碎片化阅读的习惯。
4 休息站 Rest Stops
3
2
城市轴侧图

书蜗采用了几乎是具有极限空间尺度的单元，结构简单，建造方便，底层架空使其具有对于场地的“宽容度”，利用其丰富的组合模式，可替代城市中一些间歇性的临时功能而不会破坏原有的城市物理结构。不仅如此，我们还考虑将“书蜗”的信息定位，人们可以运用手机APP 方便地寻找到周边所需的“书蜗”，迎合了现代人碎片化的阅读习惯，为城市增加了一种新的功能。

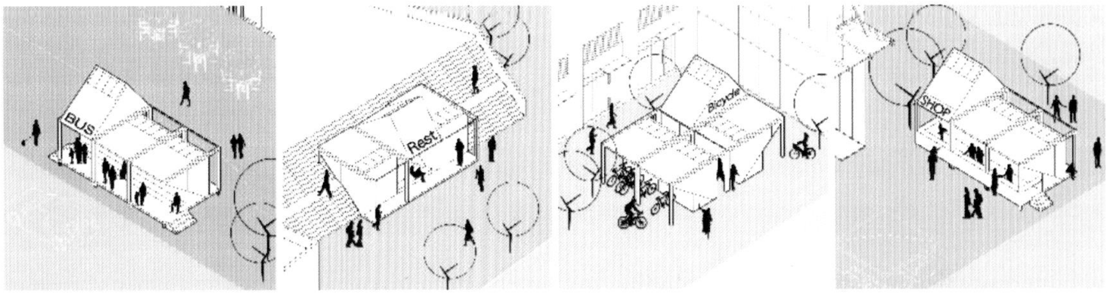

组合：公交站台　组合：休息站　组合：自行车棚　组合：售卖处

屋盖：涂料石膏板	屋盖：山纹黑胡桃木饰面板	屋盖：贴膜 low-E 夹胶玻璃	屋盖：冰裂纹瓷砖贴面石膏板	屋盖：紫檀木饰面板
侧围护：喷砂刻花玻璃	侧围护：铝板冲孔网	侧围护：磨砂玻璃	侧围护：防水无纺布	侧围护：窗用玻璃
框架：烤漆冷弯薄壁方钢柱	框架：木纹漆冷弯薄壁方钢柱	框架：烤漆冷弯薄壁方钢柱	框架：烤漆冷弯薄壁方钢柱	框架：烤漆冷弯薄壁方钢柱
地面：红橡木地板	地面：低碳钢丝网	地面：高密度纤维板	地面：大理石马赛克地砖	地面：裂纹水泥砖

2014 江苏省农房和村级公共服务中心竞赛

一等奖

公众参与——基于模块化组合的农房设计探讨

学　　生：安帅 沈宇驰

指导老师：徐小东

方案介绍：

方案设计过程中通过对农民生产生活方式的调研分析，根据其生产生活的差异性需求，提供了多种类型的生产生活模块，然后经由农民自主选择模块组合营造自己的农宅，进而满足其多样化的生活需求。在性能上，模块化农宅集成了大量被动式节能技术，同时运用主动式太阳能技术。功能上，性能与生产生活结合，较好地满足了农民的实际需求。同时该模式下的自主组合建筑群肌理呈现出一种有机状态。

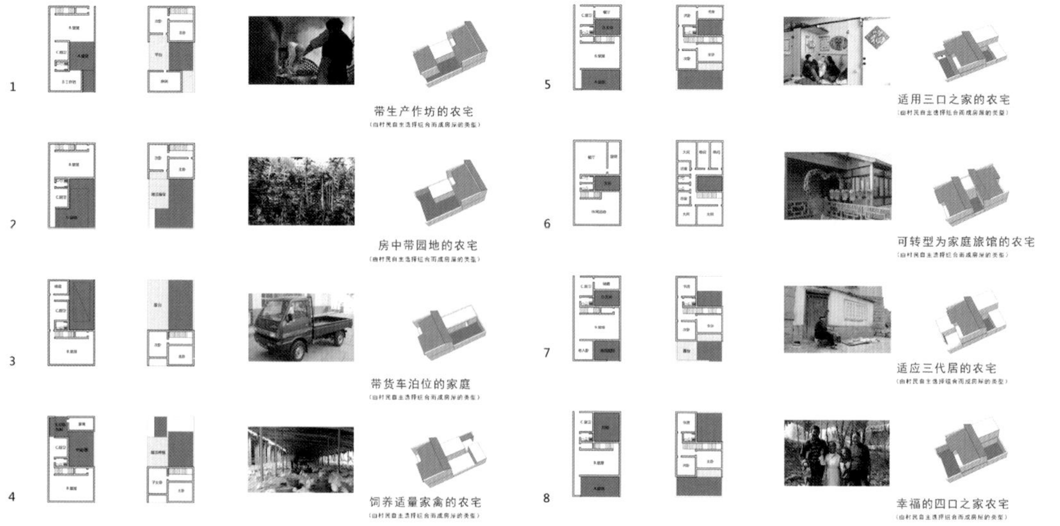
1
带生产作坊的农宅
2
房中带园地的农宅
3
带货车泊位的家庭
4
饲养适量家禽的农宅
5
适用三口之家的农宅
6
可转型为家庭旅馆的农宅
7
适应三代居的农宅
8
幸福的四口之家农宅

■ 模块清单 ——像点菜一样，农民可根据家庭情况与爱好在模块清单中选择模块进行组合，使农民自己参与设计自己的房屋。

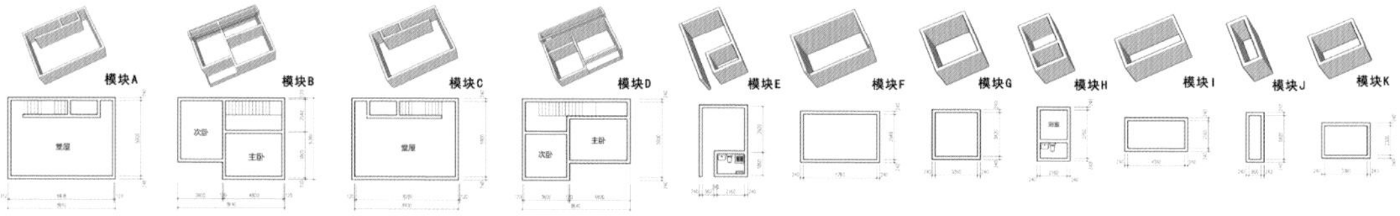
模块A
模块B
模块C
模块D
模块E
模块F
模块G
模块H
模块I
模块J
模块K

■ 模块组合与可能性发展模式分析

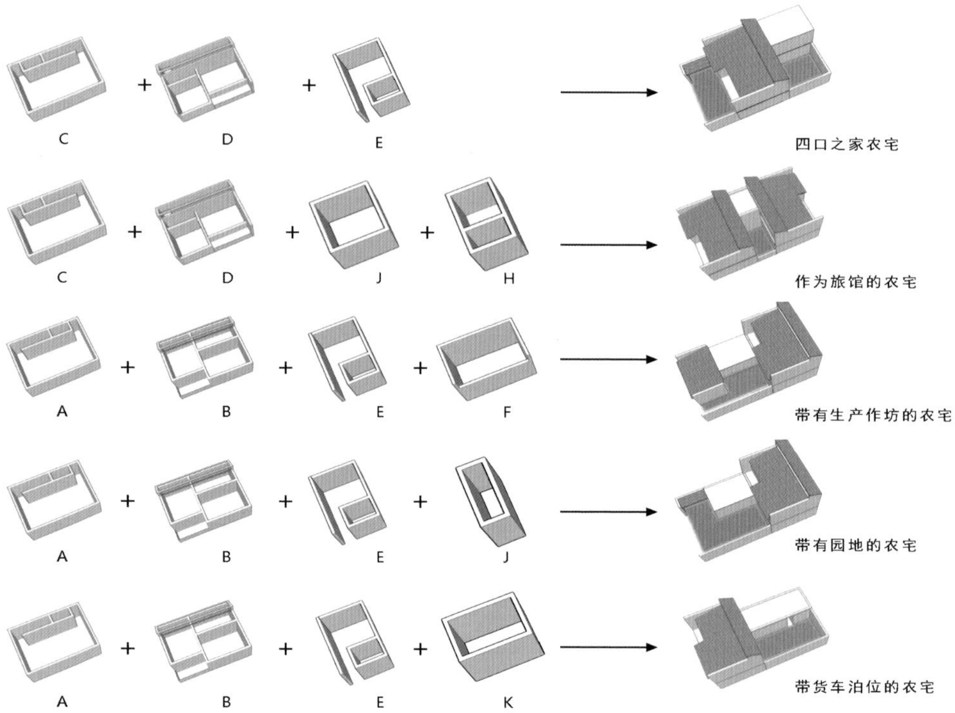
C + D + E → 四口之家农宅
C + D + J + H → 作为旅馆的农宅
A + B + E + F → 带有生产作坊的农宅
A + B + E + J → 带有园地的农宅
A + B + E + K → 带货车泊位的农宅

方案评语：

传统村落是村民根据自己的生活条件以及对空间的需求并结合当地气候与地形在漫长岁月中逐步建造发展形成的，由此才形成今天具有丰富差异性的空间与景观。

如今城市化进程中新农村的建设一般仍为大拆大建的发展模式，由于过度追求效率与发展，而忽视农民对生活的需求与其间存在的丰富的差异，导致了房屋形式与景观的单一与均质化，导致传统乡村景观与传统生活日渐式微。

该方案结合当前建设“美丽乡村”的现实需求，摒弃农民传统“依葫芦画瓢”式的建房模式，采用公众参与的模块化选择的设计方式：根据农民生活生产的多样化需求设计了不同模块，农民可根据自身需求自主选择不同模块组合，不仅满足了农宅的个性化发展需求，使之具有调整与发展的潜力，也利于最终实现村落肌理的有机统一。

模块组合案例二：

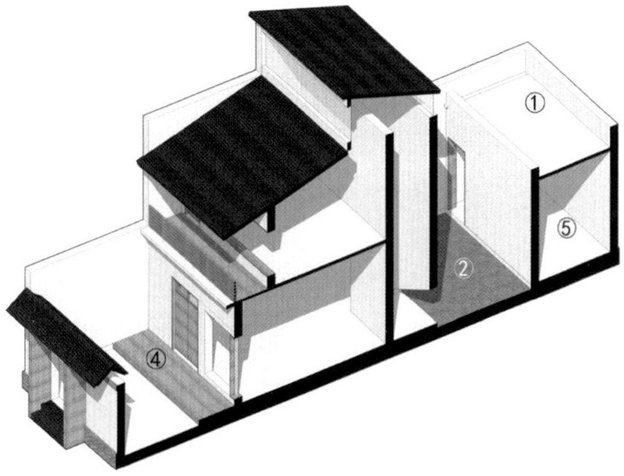

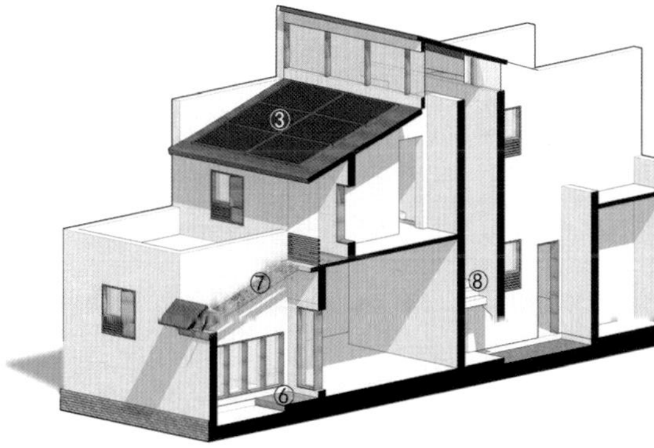

被动式通风组织策略：

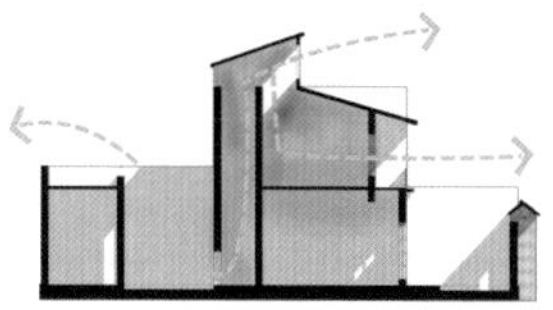

楼梯间拔风

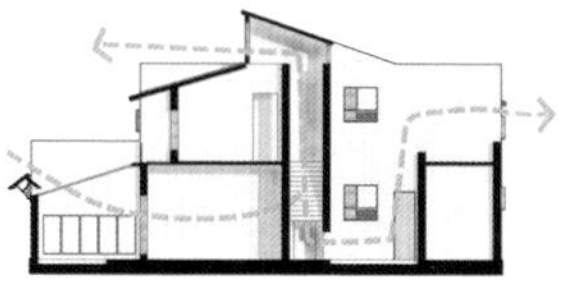

穿堂风组织

农宅技术集成说明：

1. 屋顶与二层空间联通，可作为晒谷场。
2. 气候天井，同时作为家庭内部活动庭院。
3. 利用太阳能光热、光电板屋面，减少建筑能耗。
4. 前部设置开敞庭院，满足农民生活需求。
5. 与晒谷场接壤的房间作为谷物储藏仓，具有优异的采光与通风环境。
6. 户型组合考虑老人房的私人阳光庭院空间。
7. 植物藤架，根据气候调节采光与微气候，同时兼具种植藤架功能。
8. 楼梯间作为竖向拔风通道，有利于室内空气交换。

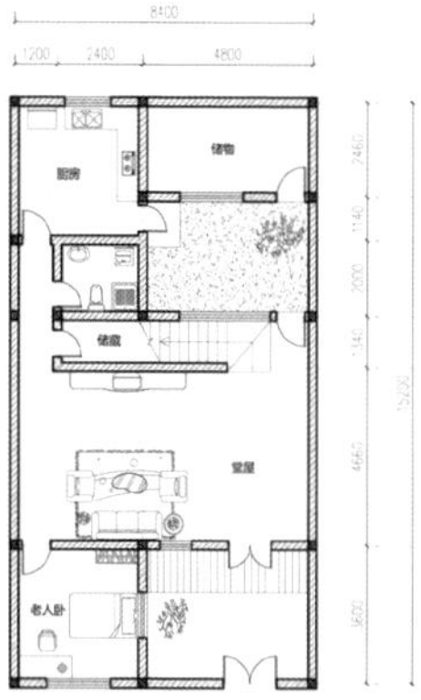

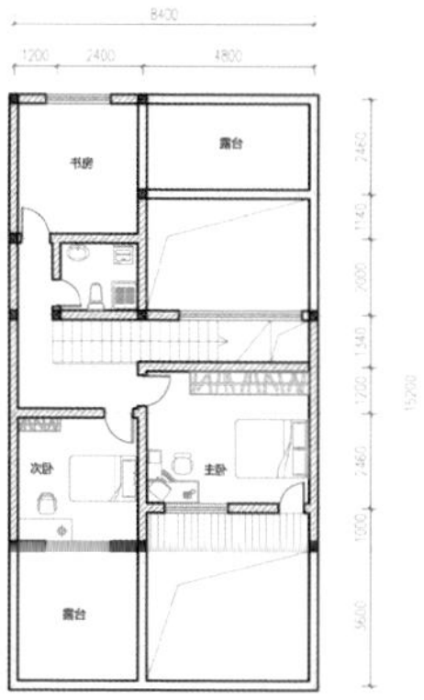

平面图 1:150

2014 江苏省农房和村级公共服务中心竞赛

二等奖

“回”家——基于“房中房”模式的苏北农村旧宅微改造探索

学　　生：沈宇驰

指导老师：徐小东 徐宁

方案介绍：

本方案选取苏北地区农村作为调研对象，在深度接触与了解农民的生活状况的基础上，针对农村人口老龄化、空心化、住宅空置化、传统废墟化等农村问题，尝试提出一种针对农民旧房改造的解决策略。“回”家，既取形于这种策略形成的剖面，又针对农村日益空心化后的“返乡”行动，鼓励农民“回家”离土不离乡。方案建造方式简易，造价经济，性能提升显著。经“十二五国家科技支撑项目”的研究模拟与检验，效果良好，具有重要的推广意义。

新“语”旧

广泛适应性

方案评语：

农宅本身具有一定的历史与人文价值，而阻碍广大农民继续使用旧宅的症结在于旧农宅的性能问题与结构问题。基于此，方案提出了类似于热水瓶内胆概念的旧房微改造策略，尝试以廉价柔性的方式对旧宅进行保护性改造。设计采用了工业化预制装配的建造技术，通过构建屋内安装的方式进行改造。同时钢结构在内部形成独立结构，为旧建筑提供了一定的结构支撑，进而在不触动原建筑的基础上最大限度地保护了原有建筑。

在材料方面，使用了 NALC 预制板作为围护结构，与门窗等构件复合生产，并且易于现场拼装。在抗震技术层面，整体结构由钢构件组成，加建部分的钢结构独立成体系，旧宅屋架也被新结构支撑加固，形成了具有柔性抗震能力的整体结构。在节能技术层面，利用了“回”字形双层表皮结构，即新旧屋之间的空气层，通过设备调节与博风板调节产生空气流通，进一步提高了整体建筑的气候适应性与热舒适性能。

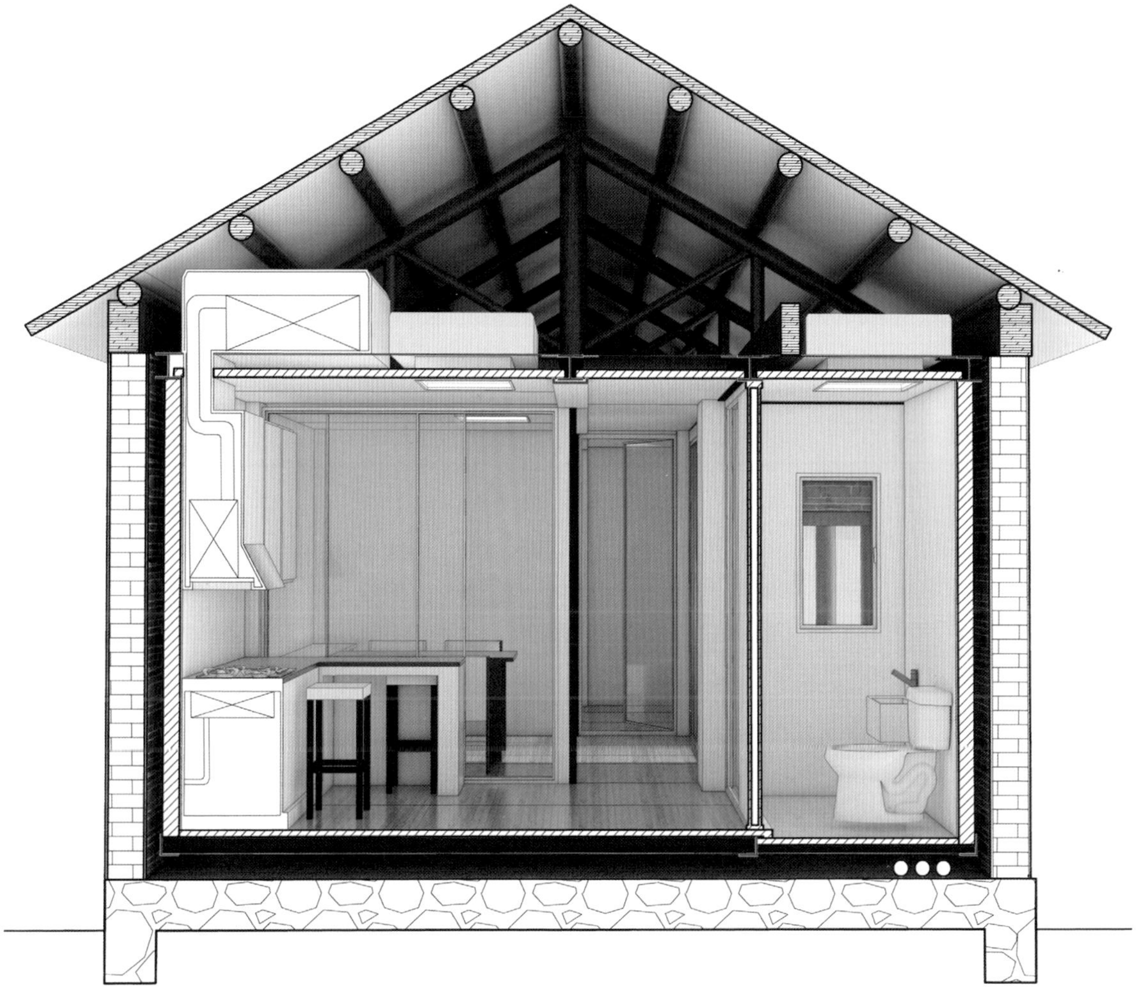

剖透视

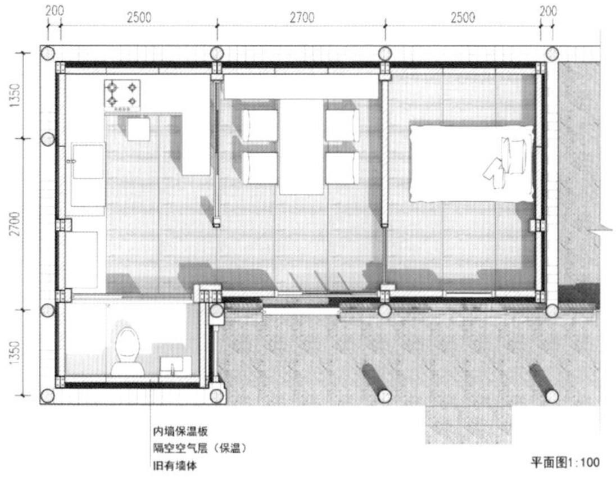

平面图

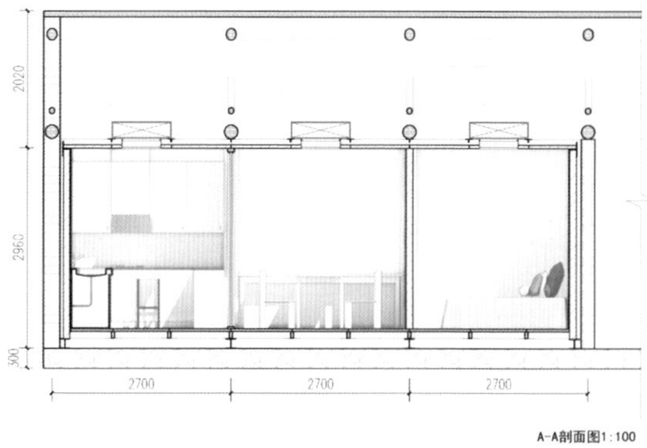

剖面图

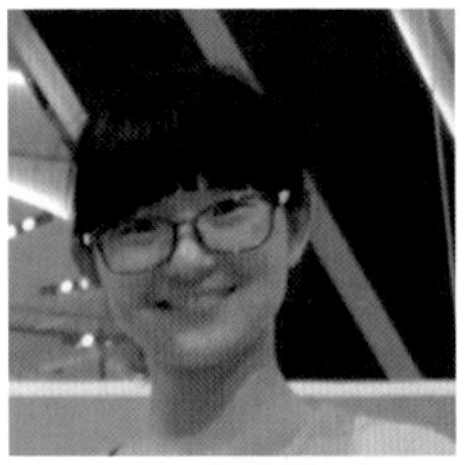

2015 第二届江苏省紫金奖文化创意设计大赛建筑与环境艺术设计"我们的街道"专项竞赛

职业组二等奖

当城市遇上电动汽车（EV）

学　　生：温珊珊　单文　李艺丹

指导老师：汪晓茜　钱锋

方案介绍：

　　城市随着规模不断扩张和人口高度密集，拥堵、肮脏和乏味的街道正成为全球各大城市的"流行病"。而节能环保的电动汽车普及后，必将对城市街道空间、环境乃至城市生活产生巨大影响，成为解决以上问题的利器之一。我们结合电动汽车及相关产业的最新科技，通过充电设施的合理配置对现有街道和街道旁公共空间进行改造和更新，以达到用低碳清洁技术全面改善街道空气质量的目的；依托电动汽车智能管理平台获得"车联网＋"的便捷服务，以及基于电动汽车高效行驶后释放的街道空间，来营造充满活力的社区公共生活。

第二届 紫金奖 文化创意设计大赛　建筑及环境艺术设计专项赛

现状问题

随着规模不断扩张和人口高度密集，交通拥堵正成为全球各大城市的"流行病"，预计到2030年，60%的世界人口将居住在城市地区，这将给城市基础设施带来巨大压力，作为城市生活、工作和信息交流等的主要通道，城市街道正面临巨大挑战，我们所生活的街道已经逐渐变成：

拥堵的街道：道路拥堵和停车难
肮脏的街道：街道上严重的空气污染
乏味的街道：街道被交通瓜分，市民缺乏公共生活的空间

设计理念

本设计强调未来电动汽车和充电设施普及后，对城市街道空间，城市环境乃至城市生活产生的影响，我们试图用积极可行的规划设计方案对现有城市街道进行改造，使我们的街道远离石油、尾气排放和拥堵，并引导市民的生活走向便捷和公共性，实现技术人性化的应用。同时通过普及充电设施，增加EV的易用性，解决EV发展的瓶颈，迎接智能化、网络化、信息化的新能源汽车共享新时代。

设计目标

EV令街道生活更环保：低碳清洁的新能源汽车技术全面改善街道空气质量。

EV令街道生活更便利：依托电动汽车智能管理平台获得的"车联网＋"的服务使社区居民的生活更方便。

EV令街道生活更活力：依靠电动汽车高效行驶释放街道空间，来创造充满活力的公共生活。

设计背景

Ⅰ场地现状
本设计场地位于南京河西地区已建成的某大型高层居住社区，占地约52.9公顷，其周边城市街道空间的形态和功能具有典型性。区内有主干道为公交通行，次要道路沿街设部分零售商业。场地内有一大型社区综合服务中心，地块与城市相接壤处具有一空地。设计方案结合电动汽车充电设施的配置对现有街道和街道旁公共空间进行改造和更新。

Ⅰ技术背景
本设计立足于现有成熟的，并展望近期研发和适度超前的电动汽车及其基础设施、智能管理等技术条件，包括：

路灯充电桩一体化设施　成熟技术

无线充电和太阳能光电技术　研发技术

车联网和过境延伸服务（OTT模式）　成熟技术

智能化操控技术　适度超前技术

当电动汽车(EV)引入城市交通后，会为我们的街道带来什么？

太阳能光伏状电板
Solar photovoltaic panels

路边停车位 Parking place
路灯充电桩一体化设施 Street lamp with charging pile
无线充电井盖 Wireless charging well

车家网服务点 Car networking service point
信息屏幕 Rest seat
信息屏幕 Lawn
景观树 Landscape tree
户外遮阳伞 Outdoor umbrella
车联网服务点 Car networking service point

STORE

公交专用道无线充电板 Wireless charging pad for bus
无线充电板 Wireless Charging Pad

A 绿色节能，示范引领
—— 使用可持续的清洁技术

车联网服务点：提供电动汽车分时租赁、绿色出行宣传、电费缴费、减碳计算兑换等服务。
社区服务中心地面和地下停车场充电桩配置：地面停车位上覆光电板，提供夜间照明。

街道路灯改造为充电桩：一桩两用，提供照明、汽车充电，同时发展出OTT模式，即过境延伸模式，提供基于网络上产生的WIFI、地图、停车计费、减碳计算等服务。

无线充电：在公交专用道、公交站台、部分街道沿线停车位和道路交叉口20米范围内埋设无线充电板和充电井盖，供安装感应线圈的公交车和私家车行驶中动态充电或停车充电使用。

我们的街道 —— EV改变我们的街道，EV改变我们的生活

我们的街道 —— 当城市遇上EV

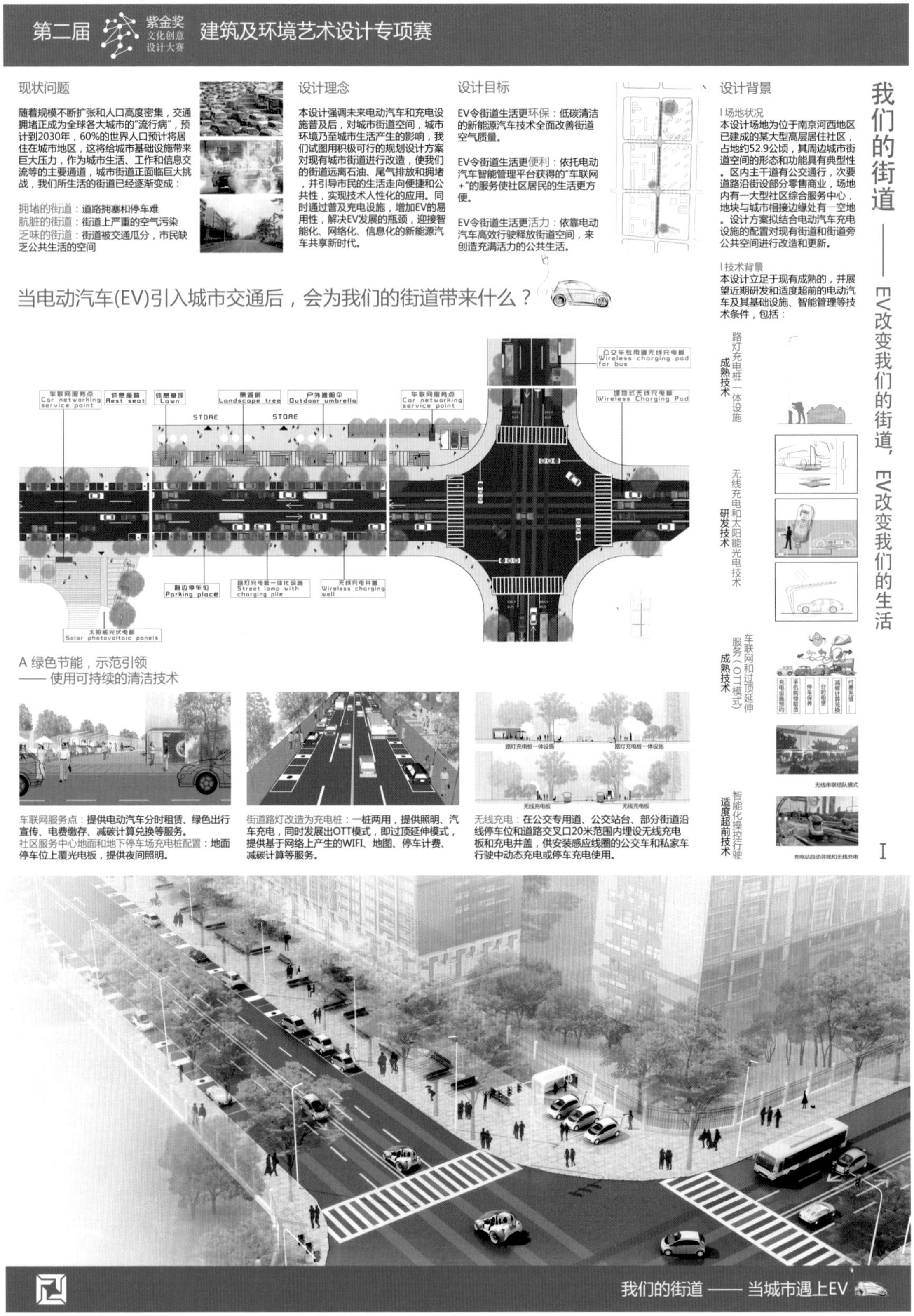

方案评语：

该团队长期关注可持续人居环境设计方面的理论和实践。本设计结合国家产业发展目标，基于现有成熟或适度超前的电动汽车及其充电设施技术，探索城市街道大量引入 EV 及其设施后发生的良性变化。其三大策略：使用可持续的清洁技术，营造电动汽车车主“车联网 +”的生活，以及街道空间整合重生，营造多用途和活力空间皆可对城市街道空间的未来产生影响。通过此次概念设计，使得 EV 不仅改变城市的街道，EV 也能改变当代人的生活，实现技术和生活的双向互动。

B 跨界混搭，资源整合
—— 建设充电与社区公共活动一体化设施：能量补给站,营造电动汽车车主“车联网+”的生活

（1）依托于电动汽车和充电设施智能管理平台为社区提供基于网络的衍生服务，如手机购物取货，物流快递寄存，停车保养等，方便居民生活 —— 一种“车联网+”的生活。

C 共享空间，完整街道
—— 街道空间进行整合重生，营造多用途和活力空间

当电动汽车实现智能化操控行驶（如雪佛兰EN-V2.0电动联网概念车和苹果电动概念车的设计），通过无线串联结队模式，自动避让，自动停车回位，智能导引等技术可以大大提高行驶效率，减少拥堵，节省道路空间，使得人行道可以延伸出去，开辟户外公共空间，增设丰富多彩的活动桌椅、夏天遮阳棚和绿化带，进一步提升沿街商业的经济价值。

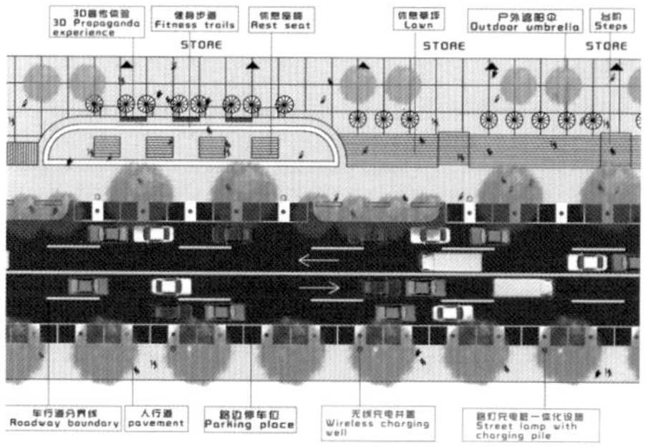

（2）由于将汽车能源补给由加油变为充电后，设施安全性大大提高，设计考虑将快充充电站和社区公共活动，如咖啡简餐，年轻人的跑酷、滑板，健身锻炼等整合在一起，建设一“能量补给站”建筑，营造充满活力的社区运动和休闲氛围，可与社区原有商业综合体一同完善大型社区的消费和公共生活配套。

总建筑面积 4833m²

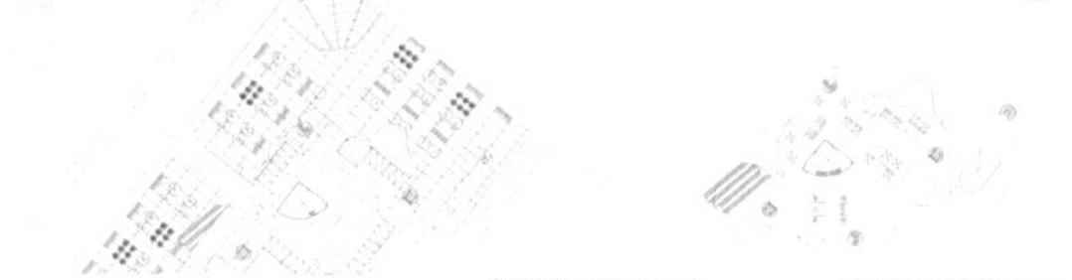

能量补给站 一层平面图 1:1000　　能量补给站 二层平面图 1:1000

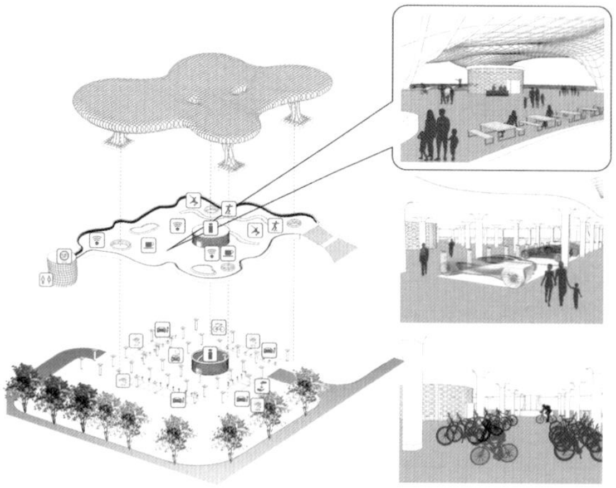

我们的街道 —— EV改变我们的街道，EV改变我们的生活

II

2015第一届中国人居环境设计学年奖建筑设计类本科组

铜奖

骨灰纪念堂设计

学　　生：顾兰雨

指导老师：朱雷

方案介绍：

该设计涵盖了“场地环境－建筑架构－存放格位”三个层次：以罗西的圣卡塔尔多公墓为整体架构原型，结合坡地环境共同围合出属于逝者的不受干扰的精神世界；继而考虑架构与内部格位的关联，参照集合住宅案例，兼顾公共性与私密性需求，分化出格位单元，并结合礼仪流线和长效时间进程的考量（生态葬），将格位设计与整体环境组织相关联，为此类建筑提供了具有创造性的设计方案。

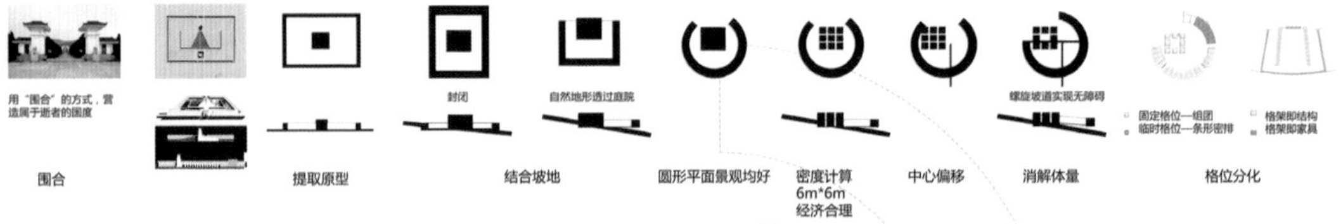

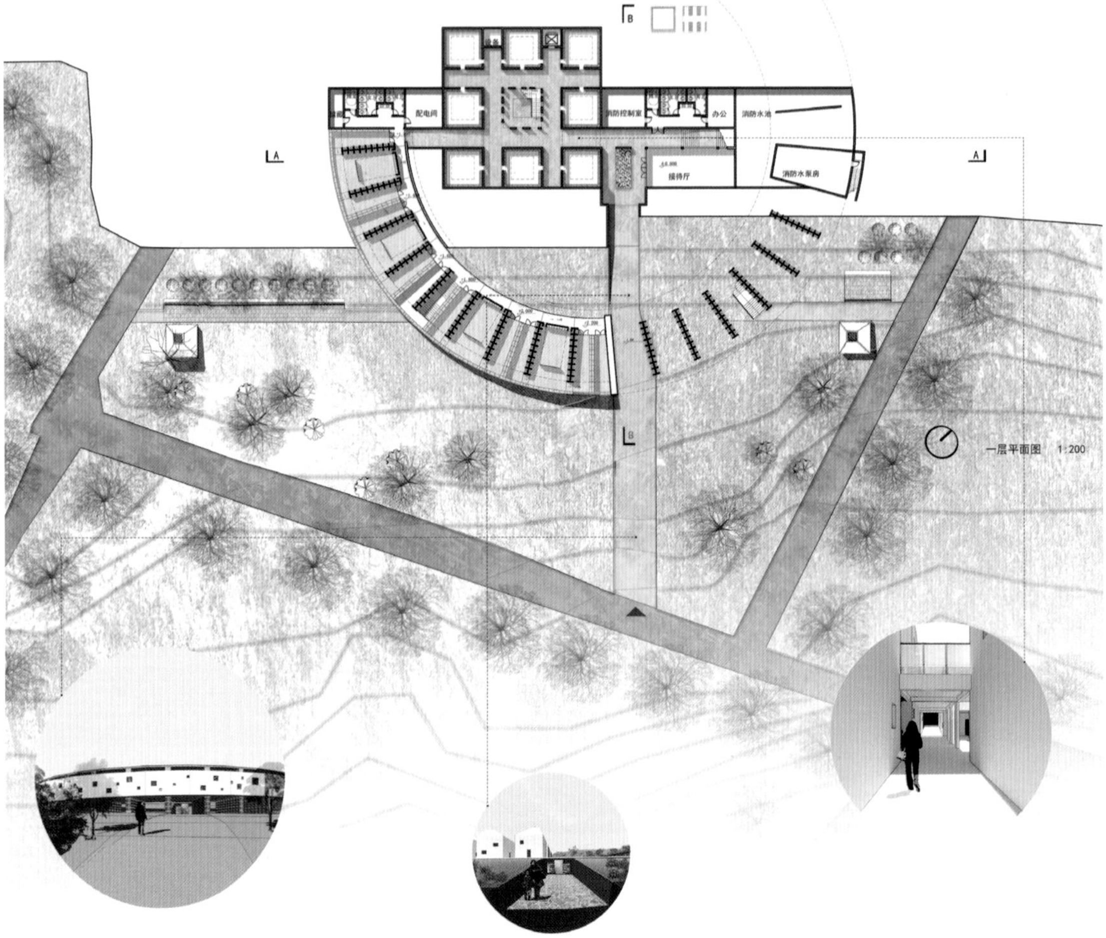

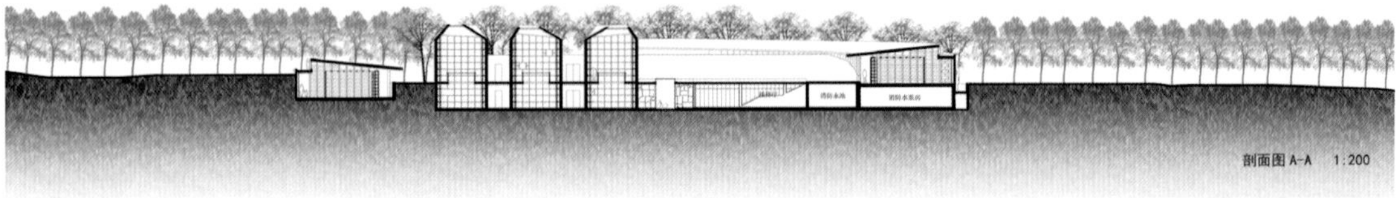

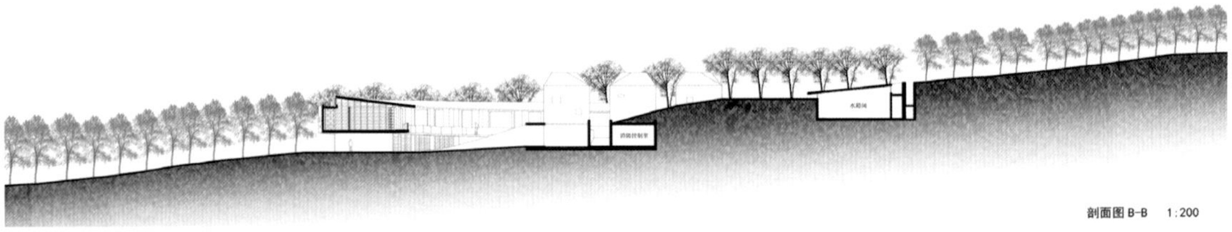

方案评语：

以罗西的圣卡塔尔多公墓为整体架构原型，结合坡地与建筑共同围合出属于逝者的不受干扰的共同精神世界；在内部格位设计上，仿照集合住宅，结合时间进程和礼仪流线进程，分化出永久格位与临时格位。

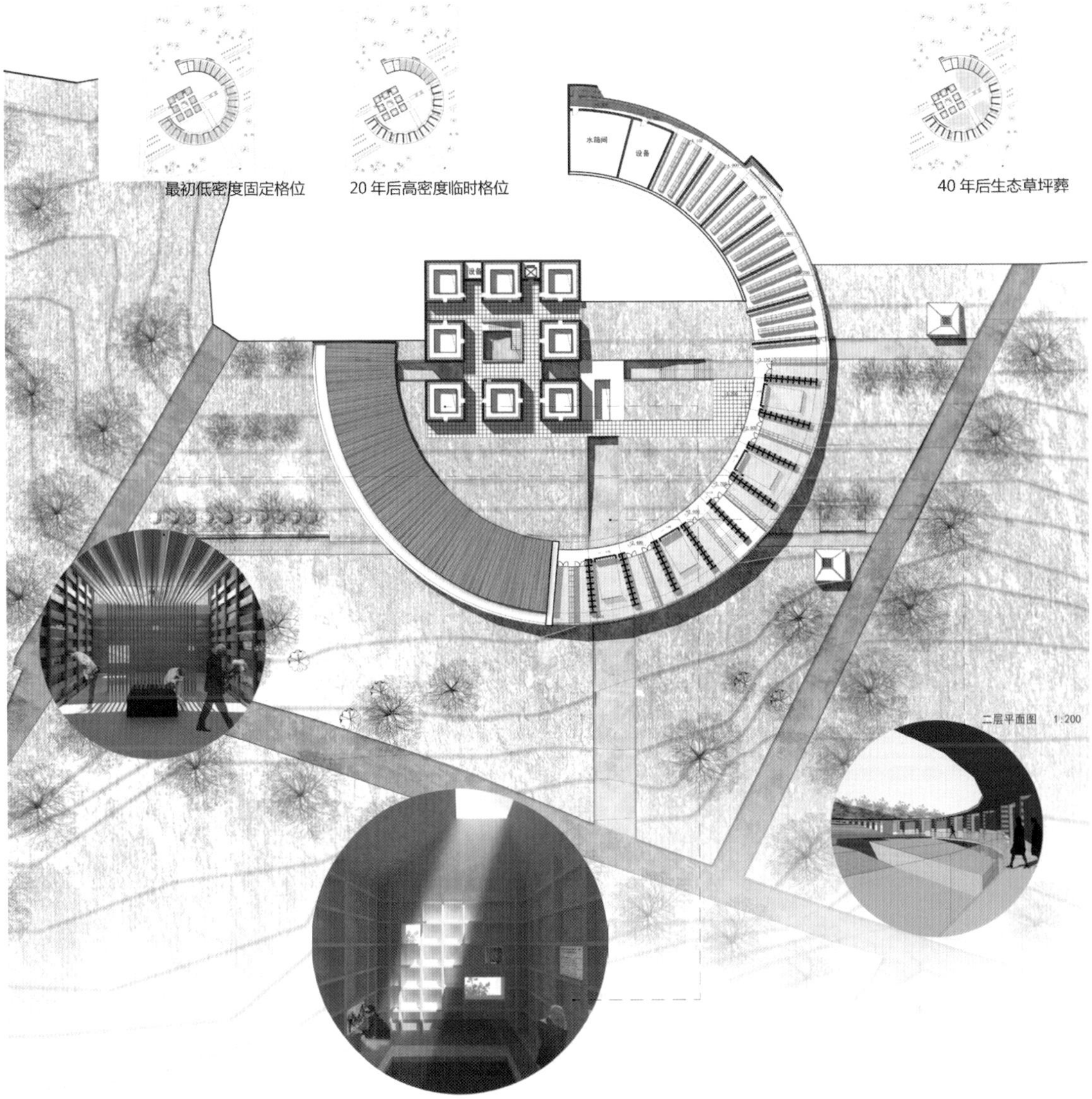

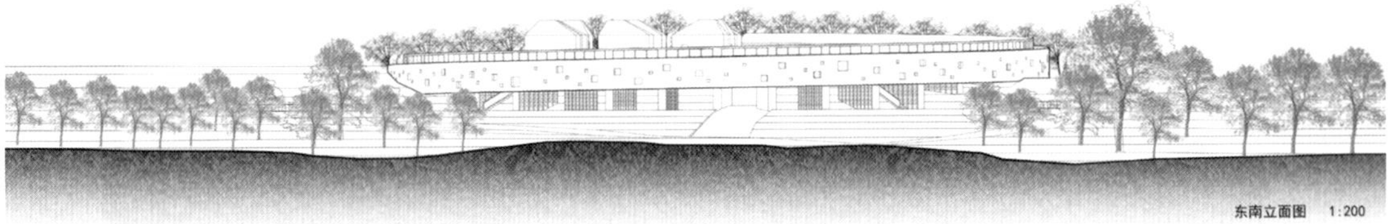
东南立面图 1:200

西立面图 1:200

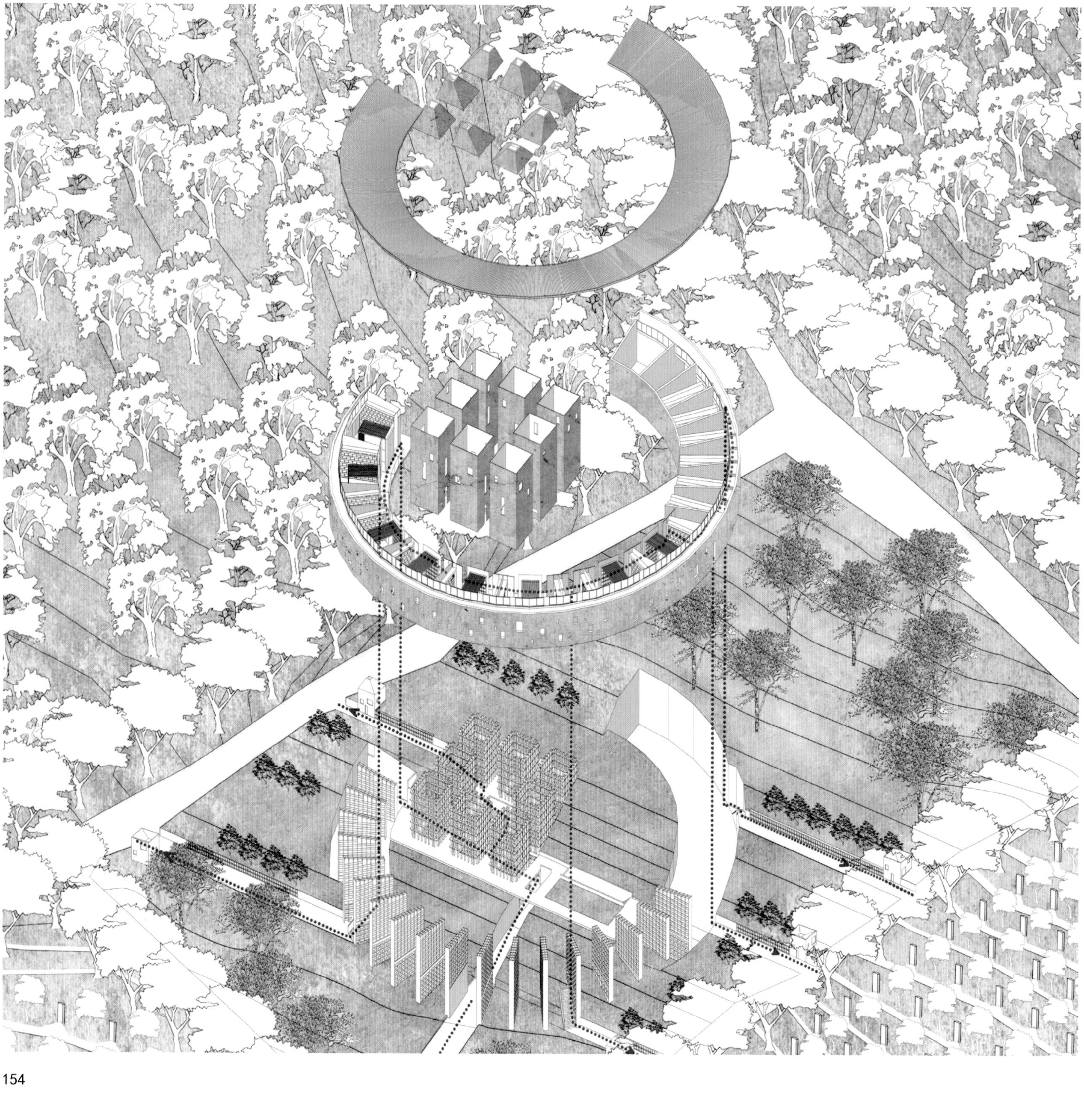

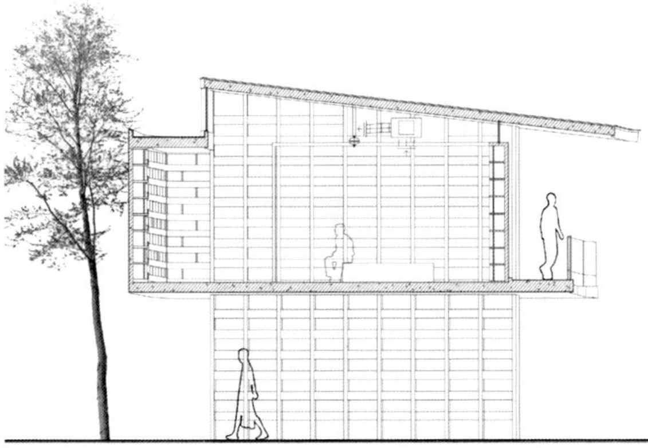

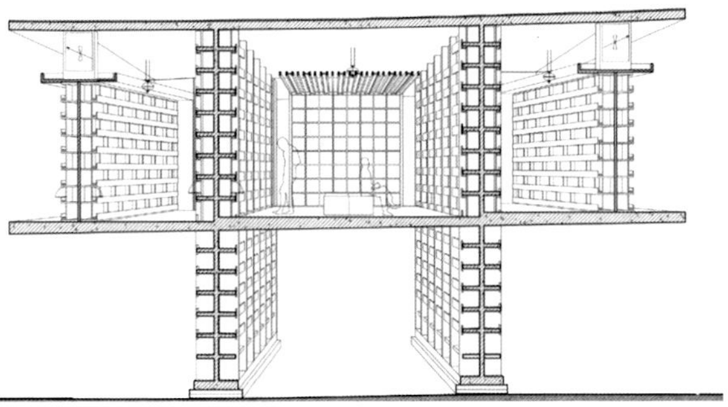

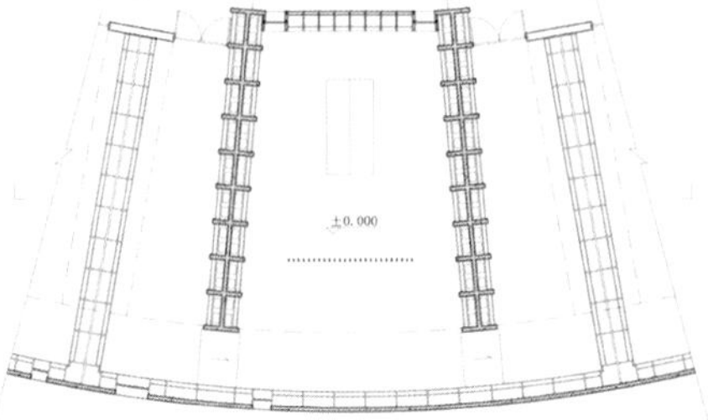
-0.100
-0.100
±0.000

2017 八校联合毕业设计“重温铁西——城市基因的再编与活化”

优秀作业

工人村种植屋

学　　生：隋明明

指导老师：夏兵

方案介绍：

沈阳铁西工人村已不再是人们心中活力所在，新建的小区土地也无空暇承担热闹的聚会。但是铁西的老工人们、他们的孙辈们，以及时常缺席家庭活动的中青年人，内心是希望有一个提供集体活动的地方。方案决定从沈阳家庭日常喜爱的种植活动入手，以工人村老建筑为依托，营造一个以种植为主题的多义性社区活动中心“种植屋”。在运营上可以得到收益，改善工人村以及附近小区居民的生活质量。

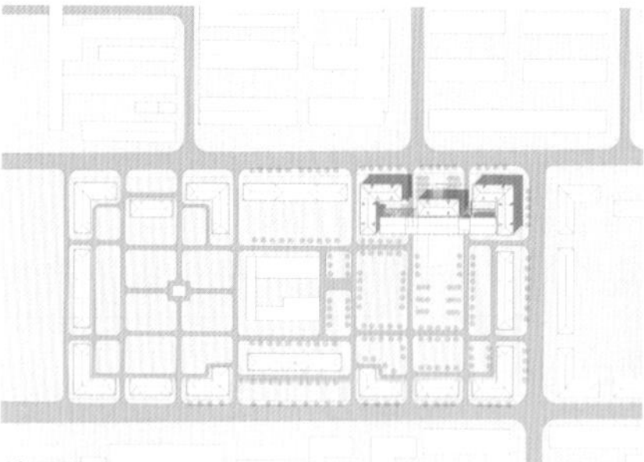

总平面图

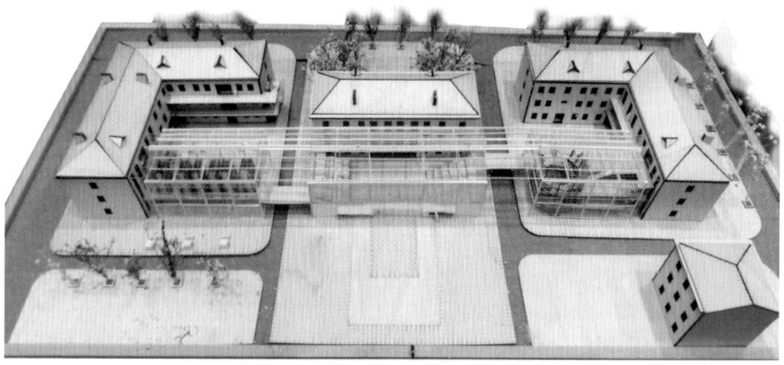

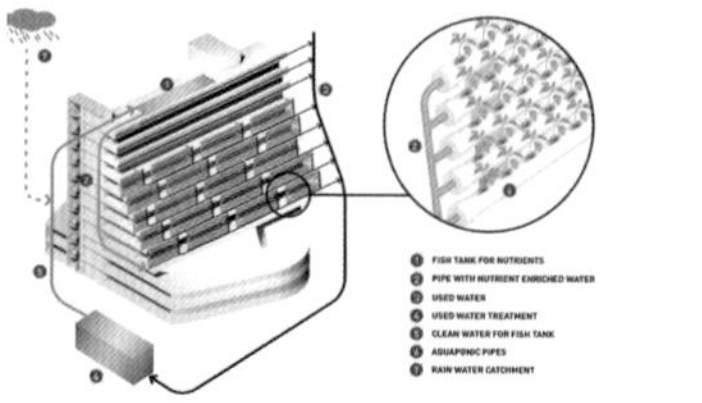

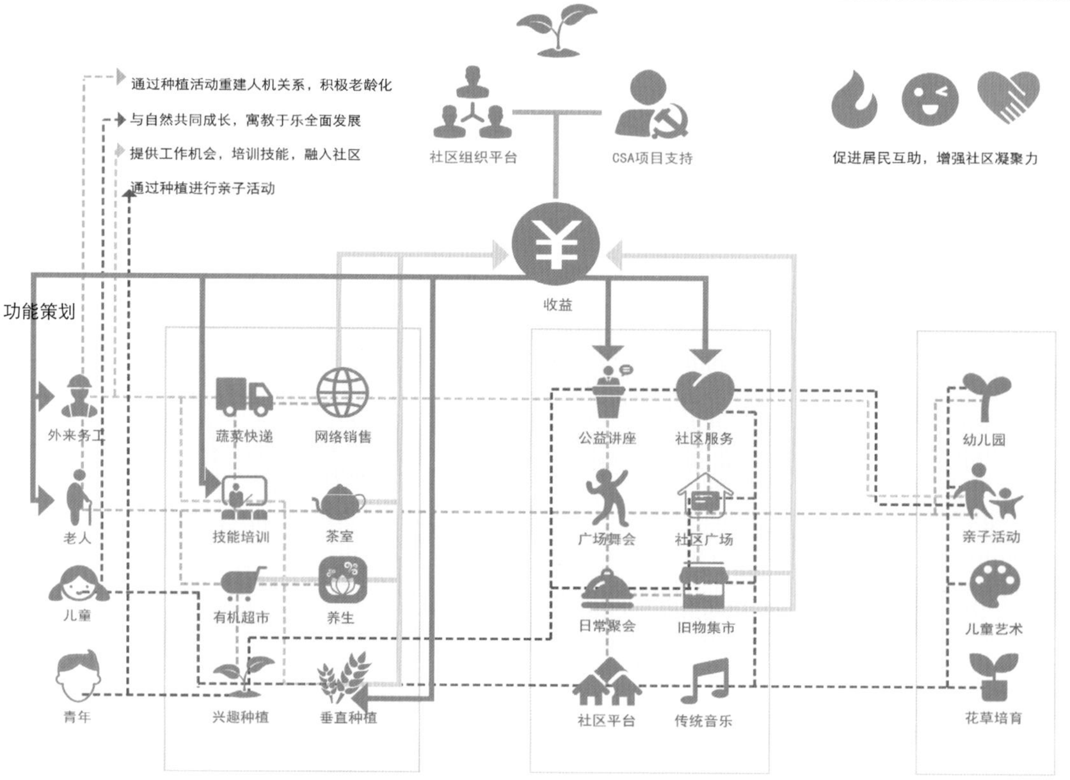

方案评语：

方案以广大中低收入人群作为关怀对象，以种植活动为媒介，从幼儿托管、社区养老、交流等城市日常行为活动出发，对沈阳苏式住宅工人村进行适应性改扩建。方案采用立体种植温室、太阳能玻璃板的技术手段，创造出满足各种年龄层次的人群相互沟通交流的“空中农场”、“空中植物园”，通透的充满垂直绿化的玻璃构筑物与原有工人公寓形成了具有戏剧化的对比，试图激发原有社区的活力。

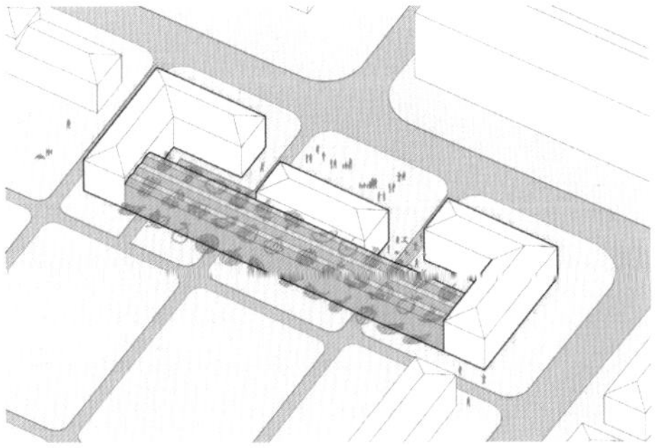

与相连的三栋老建筑结合进行加建，选用轻钢结构。

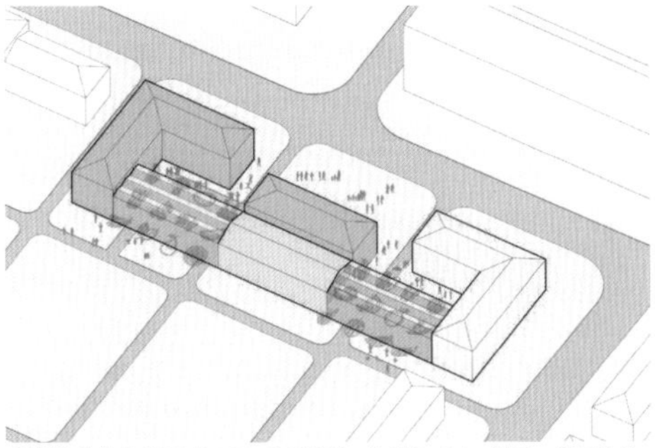

功能划分带来的形式不同，分段设计，分别与老人、社区、儿童结合。

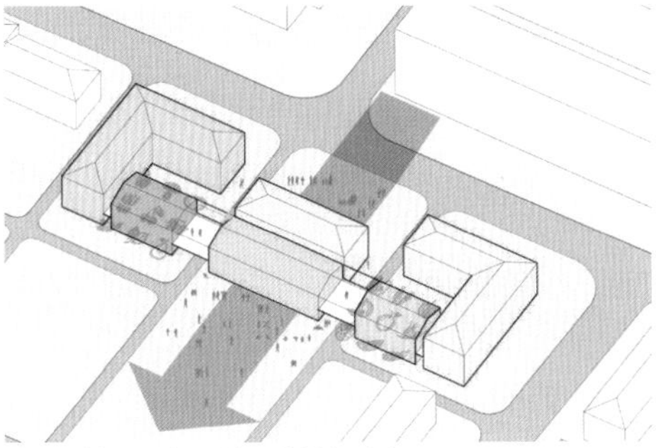

引入北边社区人流，形成多功能社区舞台

屋顶鸟瞰

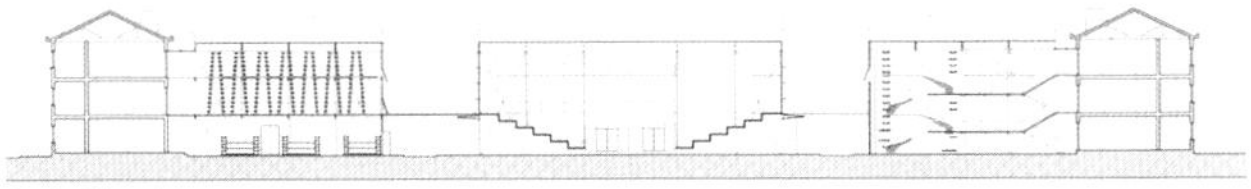

A-A 剖面图

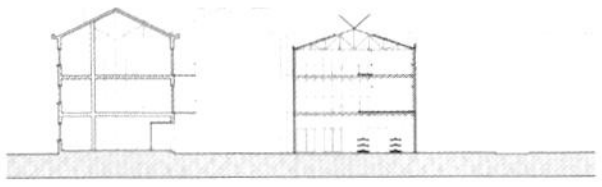

B-B 剖面图

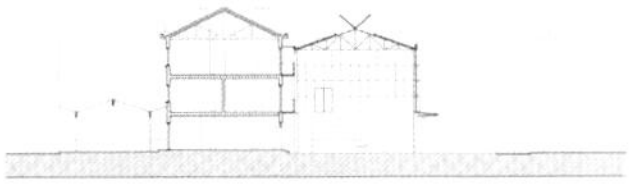

C-C 剖面图

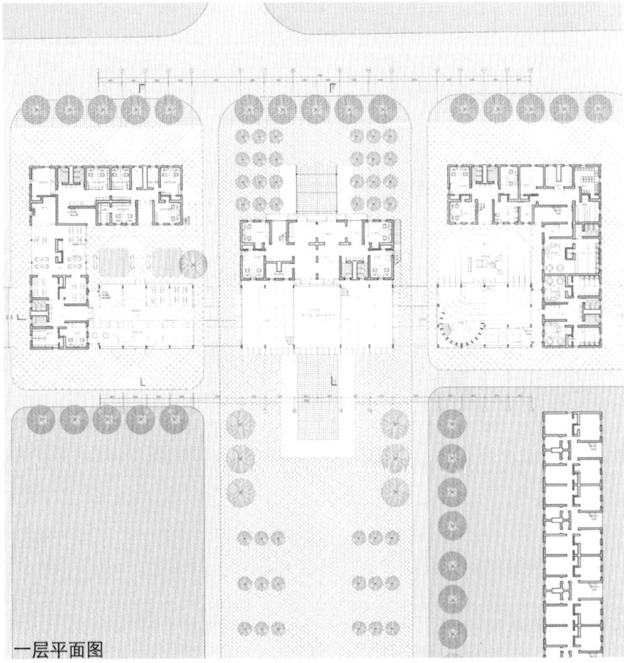

一层平面图

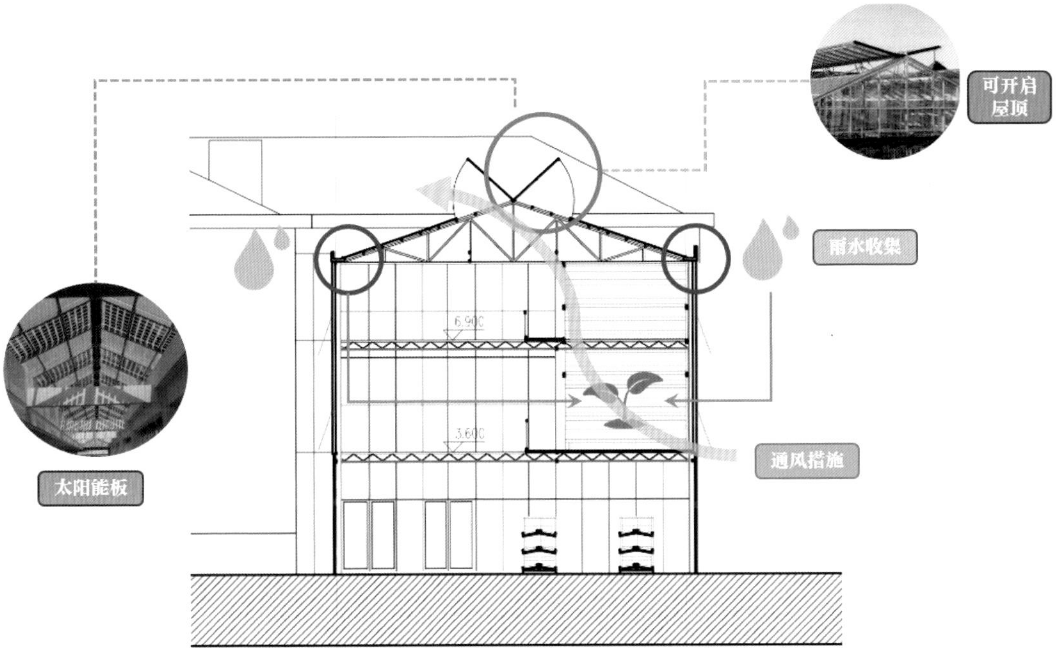

妈妈我想要这本书！
这缸具不错，不用买新的了
旧物集市
社区今天请了专家给我们讲家庭种植经验，你家南瓜长得咋样啦？
长得嘛，正好今天请教一下。
公益讲座
今天是社区里的丰收宴，菜都是咱们种的！
哈哈，明年换玉米种试试，怎么样？
节日宴会
种植课堂
LED种植
网络销售
亲子活动
快递
儿童植物园
社区大厅
幼儿园
空中农场
社区舞台
我种的花花要开了~
我要和爷爷多玩会儿再回家！
好！不过你们要有耐心才行
爸爸，我也想和爷爷奶奶一起种菜
咱们的蔬菜可以上网销售了，你看，这里开了快递点！
太好了，这可是真正的无污染蔬菜。

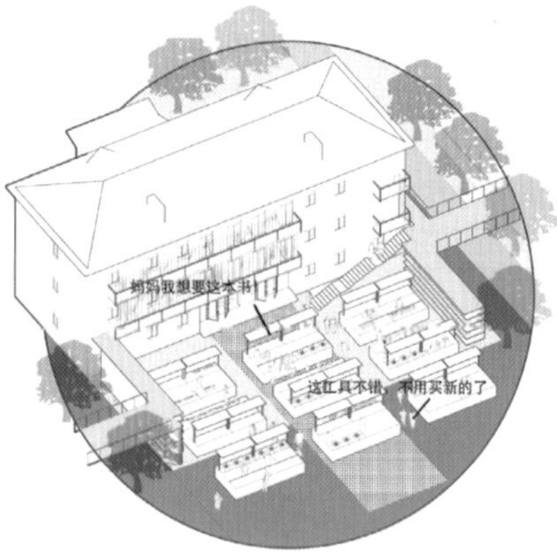

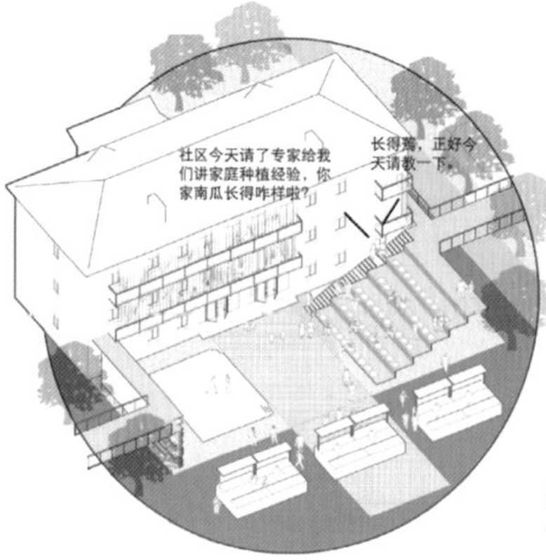

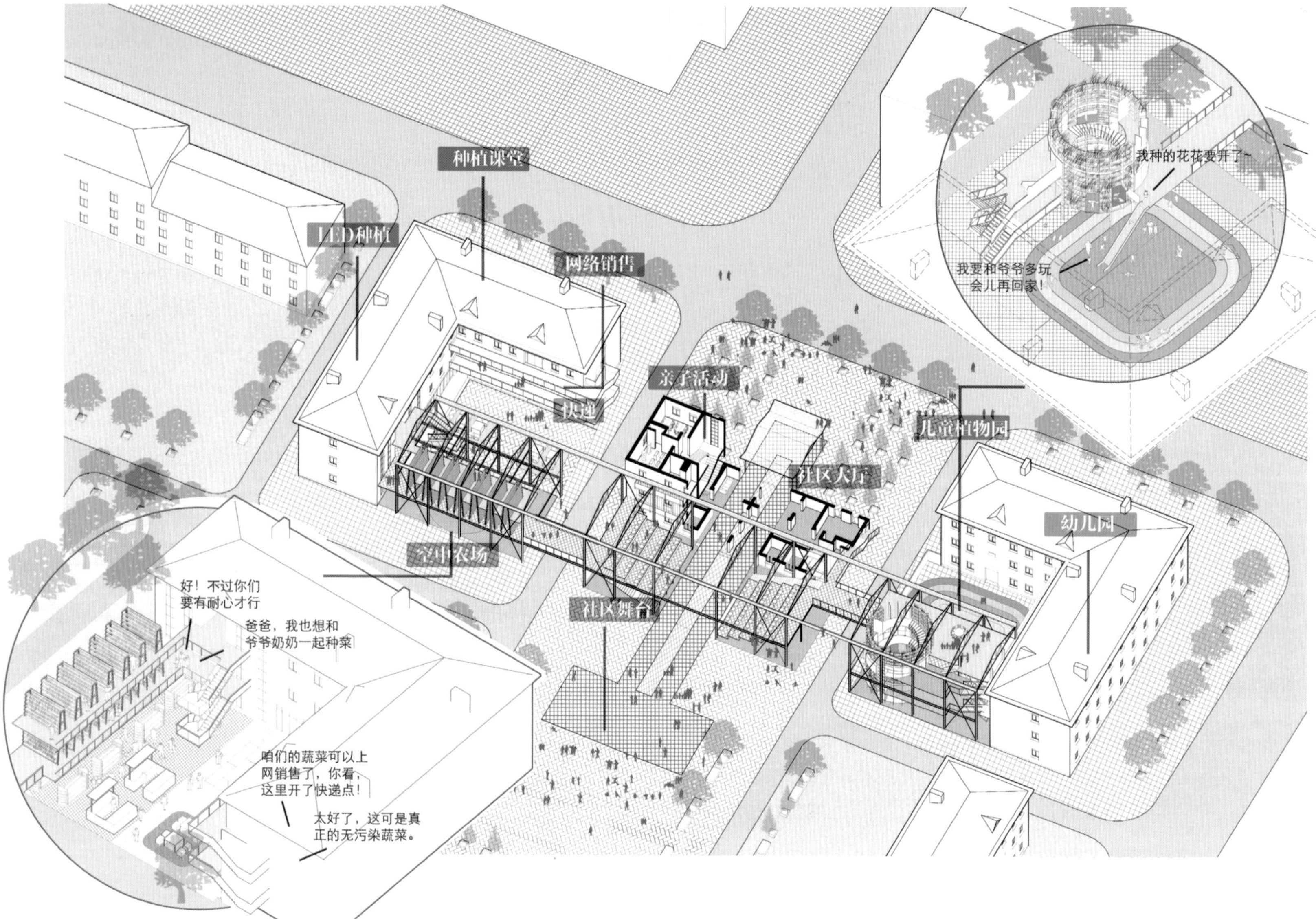

轴测图

儿童植物园

社区大厅

空中农场

2017 年本科五年级毕业设计

优秀作业

江南营造林业优种培育中心

学　　生：沈忱

联合研究：香港大学李亮聪

Anti-Urbanlization 组师生

指导老师：唐斌 葛明

方案介绍：

在基于分析中国当代农村现状的情况下，结合浙江省安吉县嶂吴村具体问题，对既有林业育苗系统进行改良，提出新型农业科技建筑类型——林业优种培育中心。

通过引入输水道这一建筑元素，参与空间营造，使生产流程与空间紧密结合。在满足生产空间的刚性需求时，采用了钢结构和钢木结构的组合结构，减少了结构构件对空间连续性的干扰。

通过采光通风构造设计，使方案主空间——育种大棚空间可适应不同气候条件。

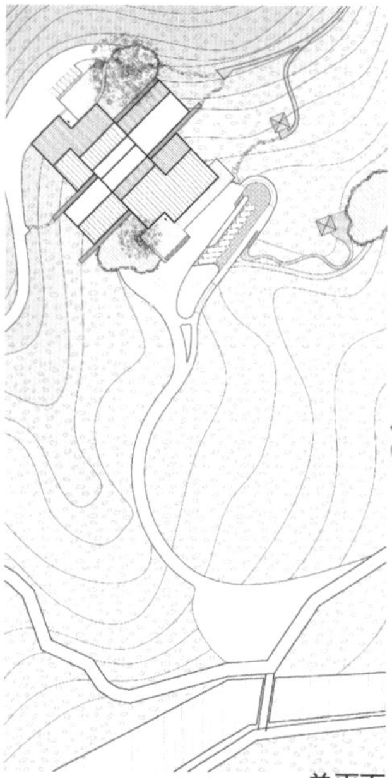

总平面

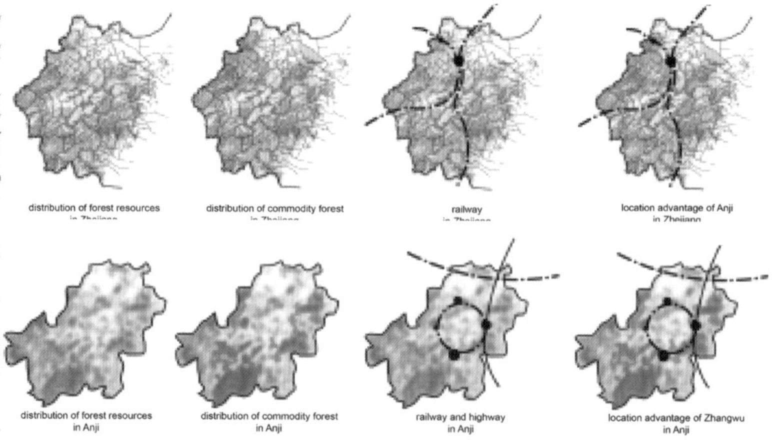

区位优势

	nutritient	Short period	universality	controllability	stability	non-contamination	low price
Nutrient solution	✓	✓	○	✓	○	✓	×
Soil	○	×	✓	○	✓	○	✓

生产流线优化

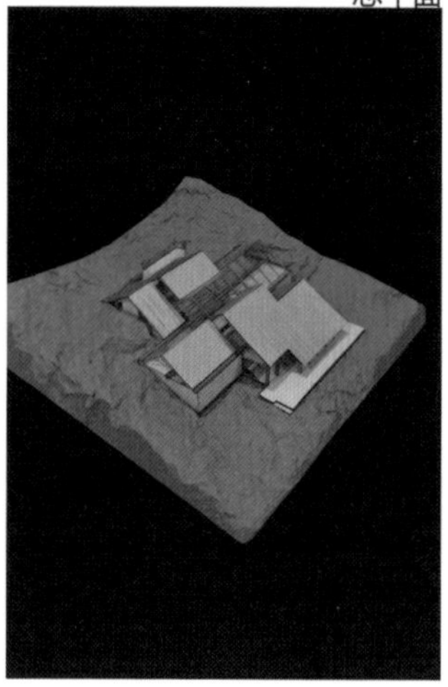

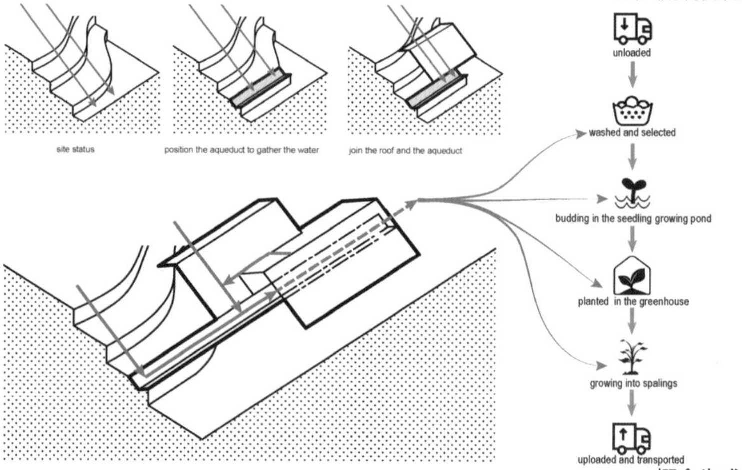

概念生成

场地选择

方案评语：

江南优种培育中心设计针对安吉嶂吴村特有的山区地形地貌、气候及植被条件，提出结合生产工艺流程依山就势节地方针。方案根据植物的生长特性，在总体布局上争取良好朝向，合理利用山体径流，将雨水引入作物栽培流程，并以此作为空间生成的驱动，形成建筑内在的组织逻辑。建筑结构设计合理，并结合屋面结构设计了可开启的通风设施及可调节光照的遮阳设施，充分利用水的蒸腾作用，形成建筑内部良好的被动式微气候调节功能，经济而有效地实现了生产性空间的低能耗使用。

方案对外部车行交通的组织及室外操作场地的设计尚存在一定的不足之处，建筑屋架体系、建筑内部高程的变化及地形的起伏的逻辑有待进一步优化。

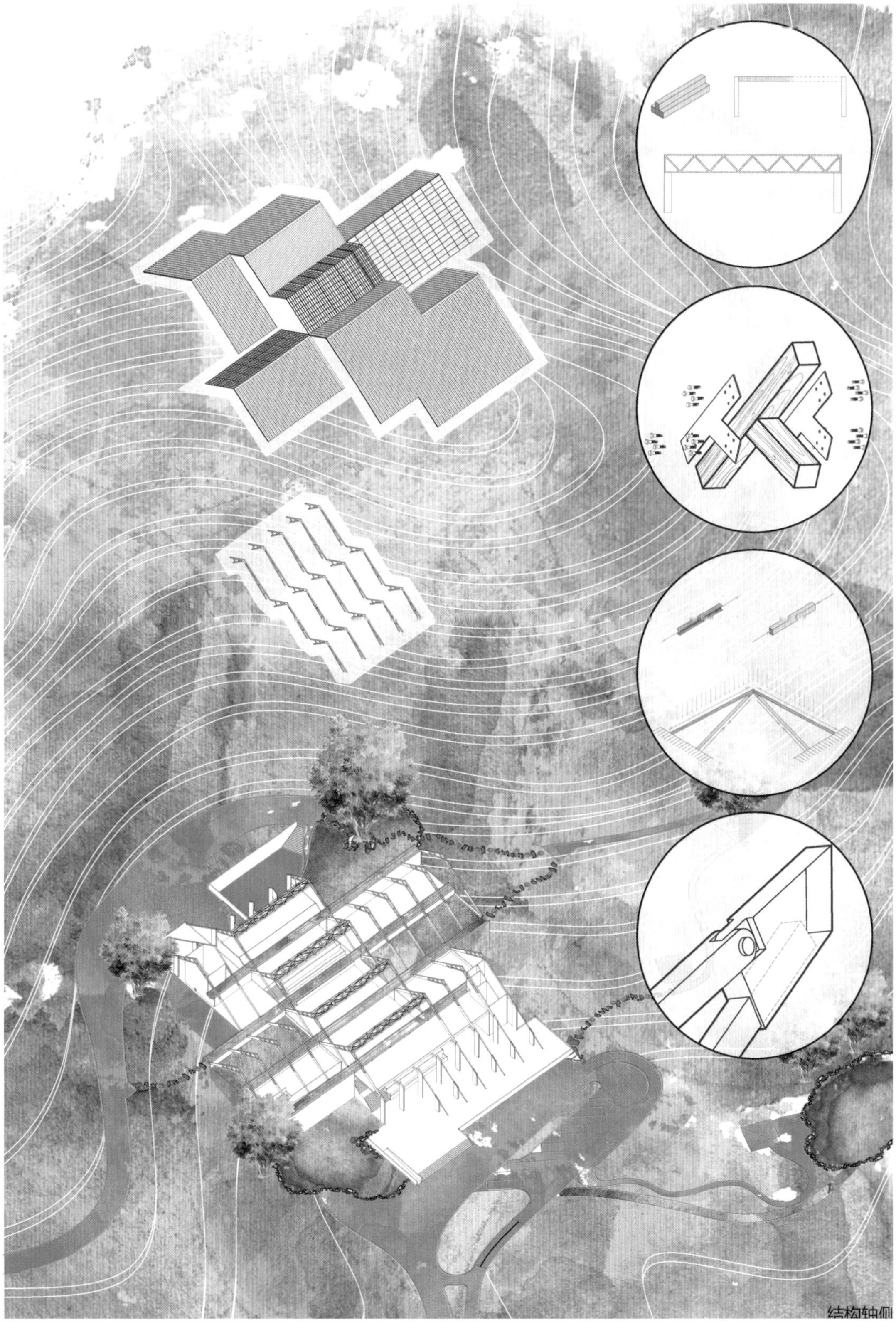
结构轴侧

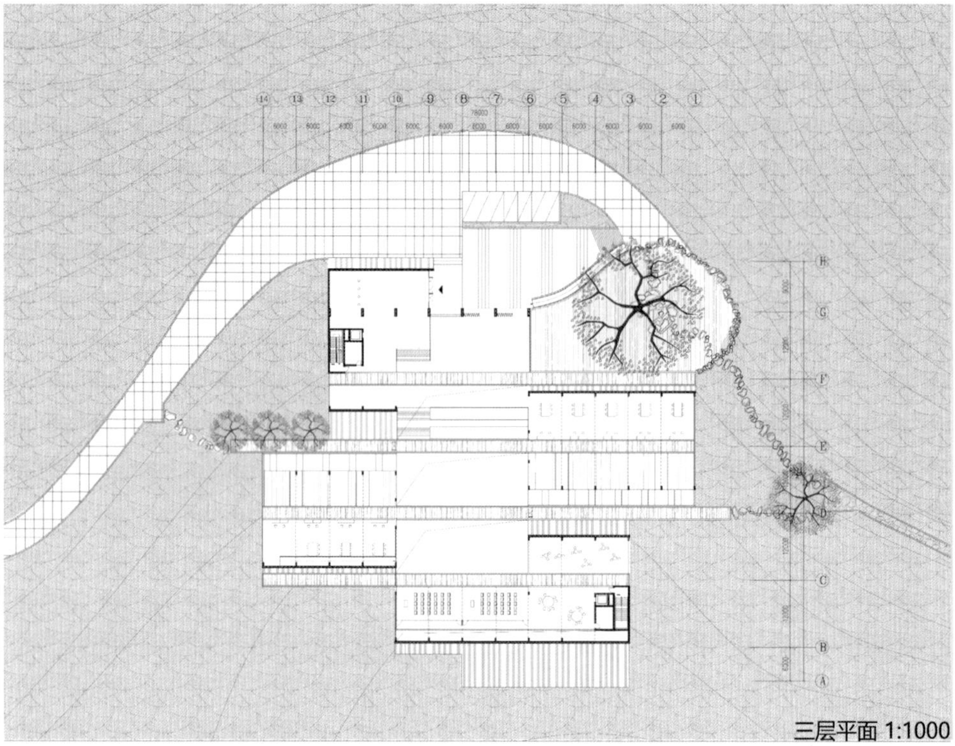
三层平面 1:1000

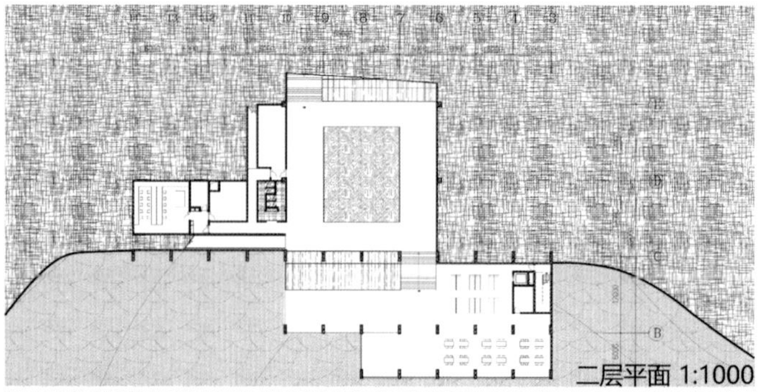
二层平面 1:1000

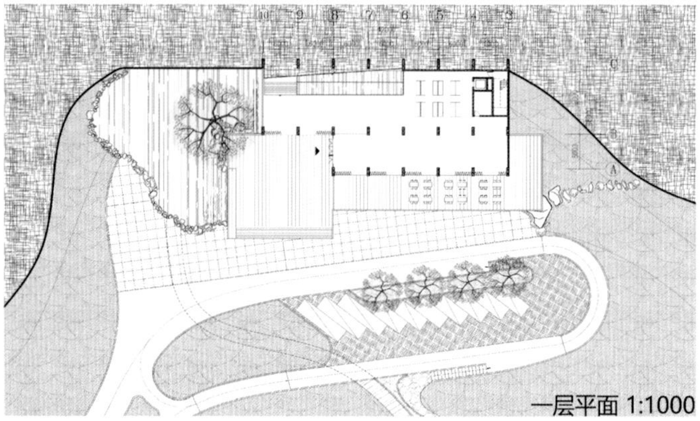
一层平面 1:1000

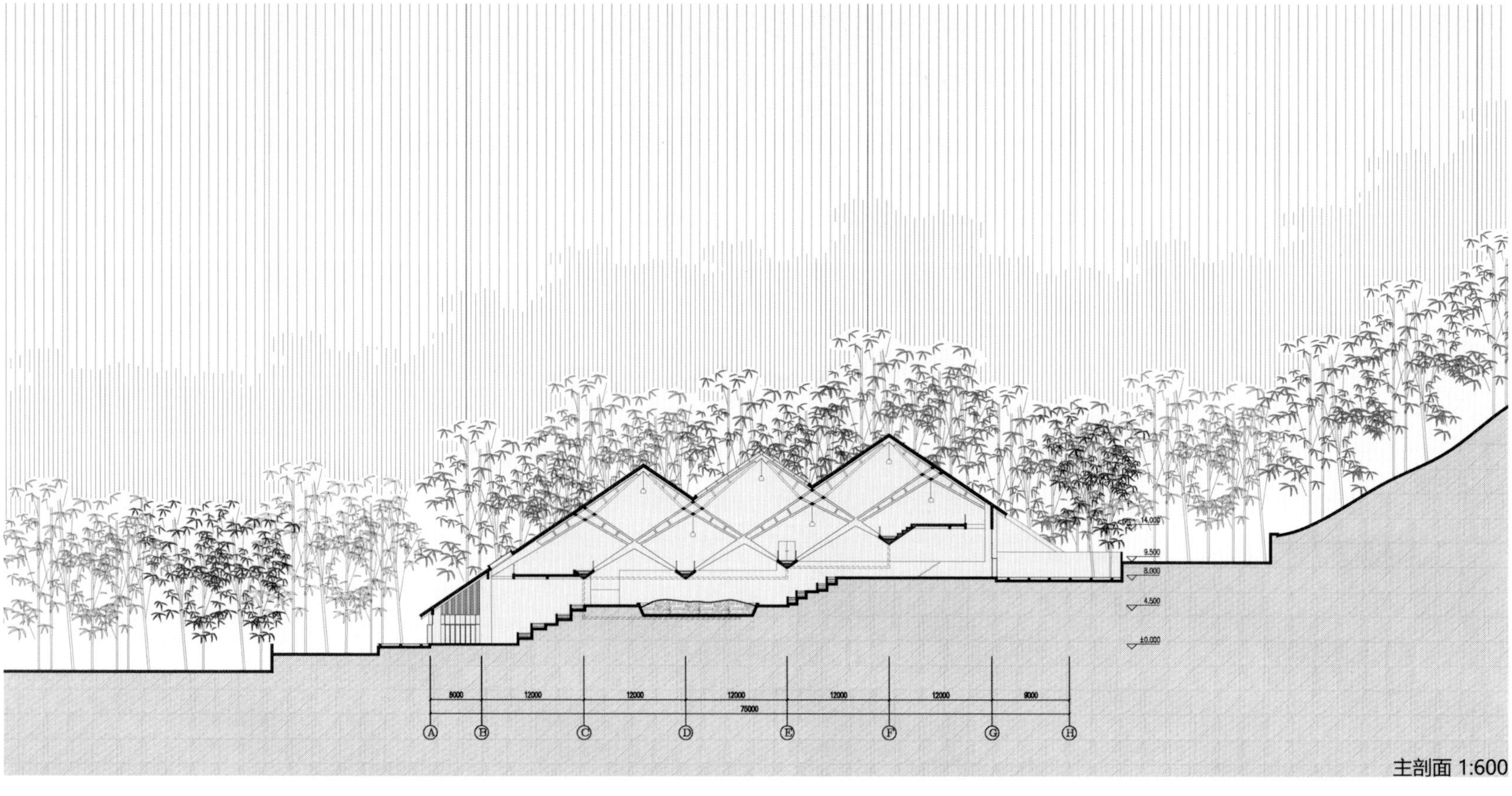

主剖面 1:600

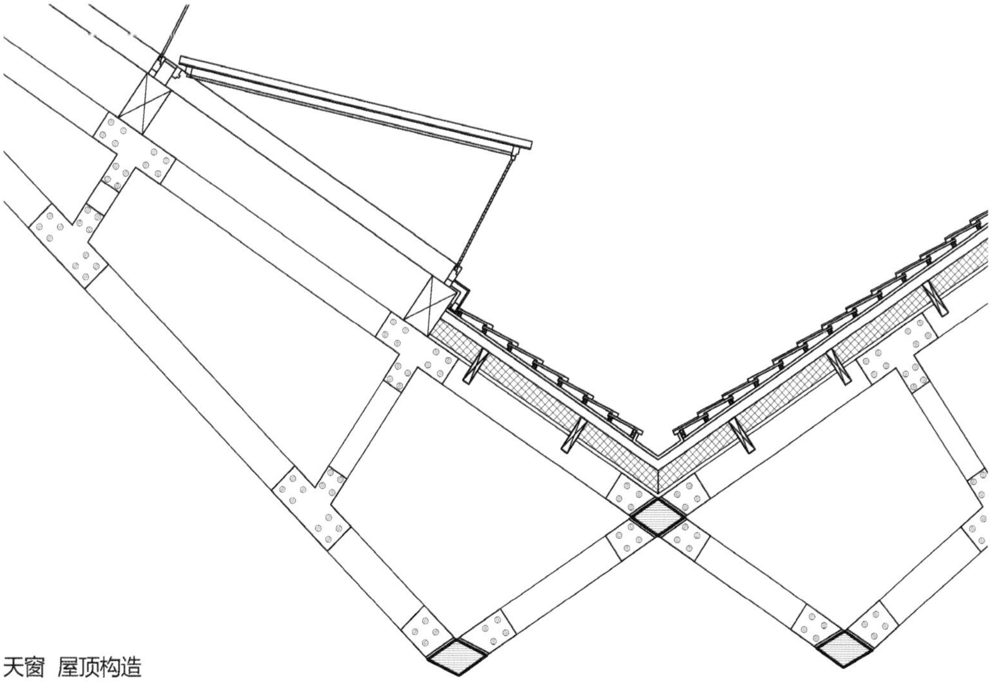

天窗 屋顶构造

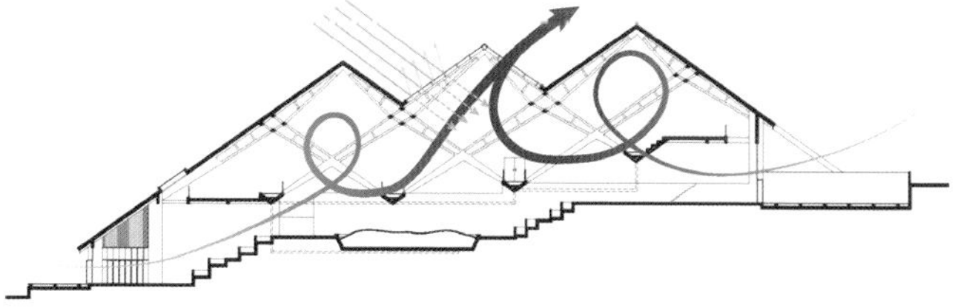

夏天自然通风采光设计：
大棚朝阳面遮阳帘遮挡过量阳光；
大棚背阳面可开启天窗打开，将热量排出。

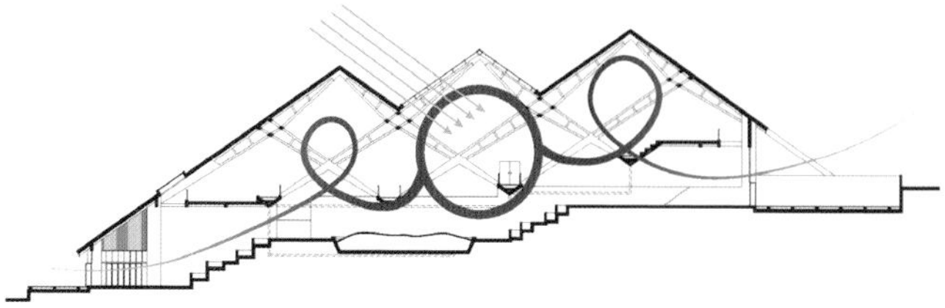

冬天自然通风采光设计：
大棚朝阳面遮阳帘完全关闭，保证足量阳光；
大棚背阳面可开启天窗关闭，将热量保持在室内。

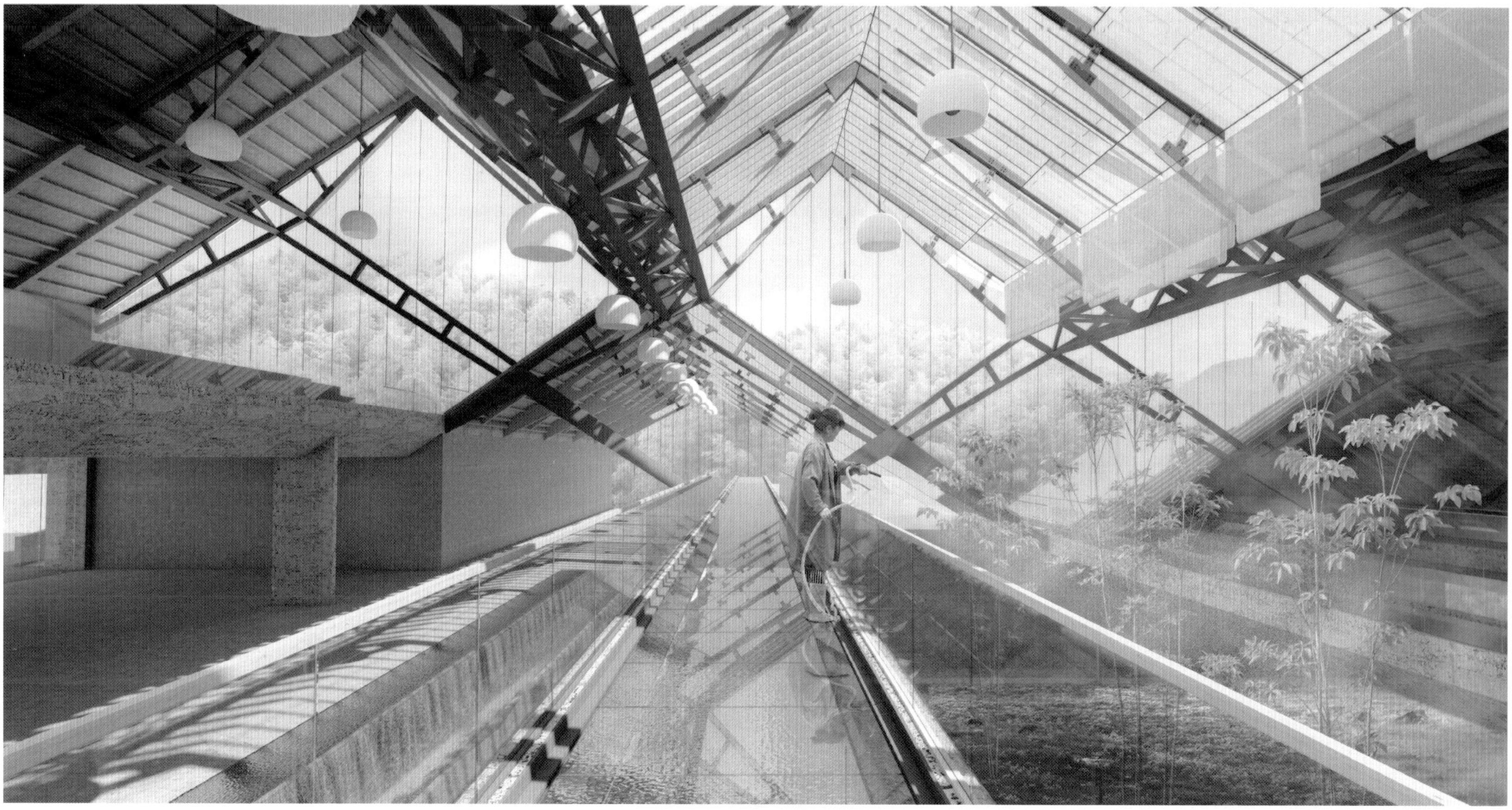

2017 年本科五年级毕业设计

优秀作业

江南营造——以产竹村为基础的竹碳生产示范点

学　　生：索佳妮

联合研究：香港大学李亮聪
　　　　　Anti-Urbanlization 组师生

指导老师：唐斌 葛明

方案介绍：

该方案从浙江竹产业现状出发，发现浙江竹产业技术与生产并不匹配，因此提出需要设立高新竹产业生产示范基地这一目标。而后，通过分析交通和产地，筛选出鄣吴是设立这个示范基地的最佳选址。同时，我们通过比对，发现竹炭是最适合进行升级的竹产品。

通过研究传统的竹炭生产流程，我们发现使用连续性竹炭窑可以提高生产效率、降低污染。通过将该生产流程剖面化，我们得到剖面原型，并以此作为核心，生发出各自的方案设计。

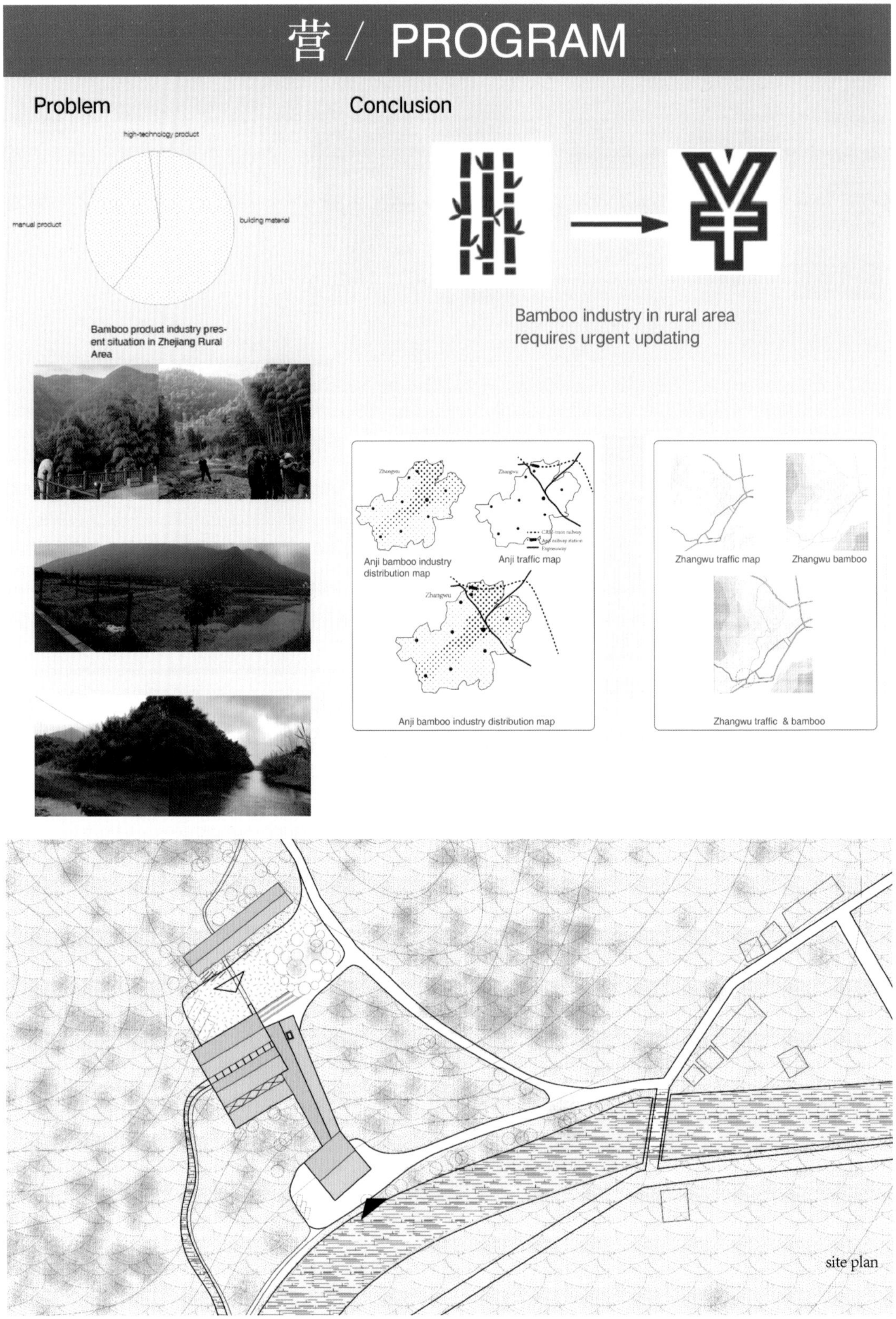

方案评语：

方案以安吉特有的竹加工产业为题，深度挖掘了现有竹炭制作技术的发展潜力，并与山地地形及内部建筑空间紧密结合，形成严谨的空间布局。设计改变了传统生产空间的平面模式，结合生产及参观两种流线，在垂直向度上实现了空间的叠合，极大地节约了建筑占地。设计紧紧扣住工艺流程中的烘干、蒸馏过程进行各生产空间的组织，实现了热能的有效循环利用。建筑外表面的开放及标志性的排热塔也是对多余热能排放的必然结果，最大限度地减少了对自然环境的干扰。

方案整体上较好地实现了program与building之间有效的逻辑链，建筑形态与空间真实地凸显了生产空间的需求并多样性地呈现了砖、竹结构的建构特征。如能在结构及构造细节上更为细致雕琢，将会成为一份高完成度的设计作业。

营 / PROGRAM

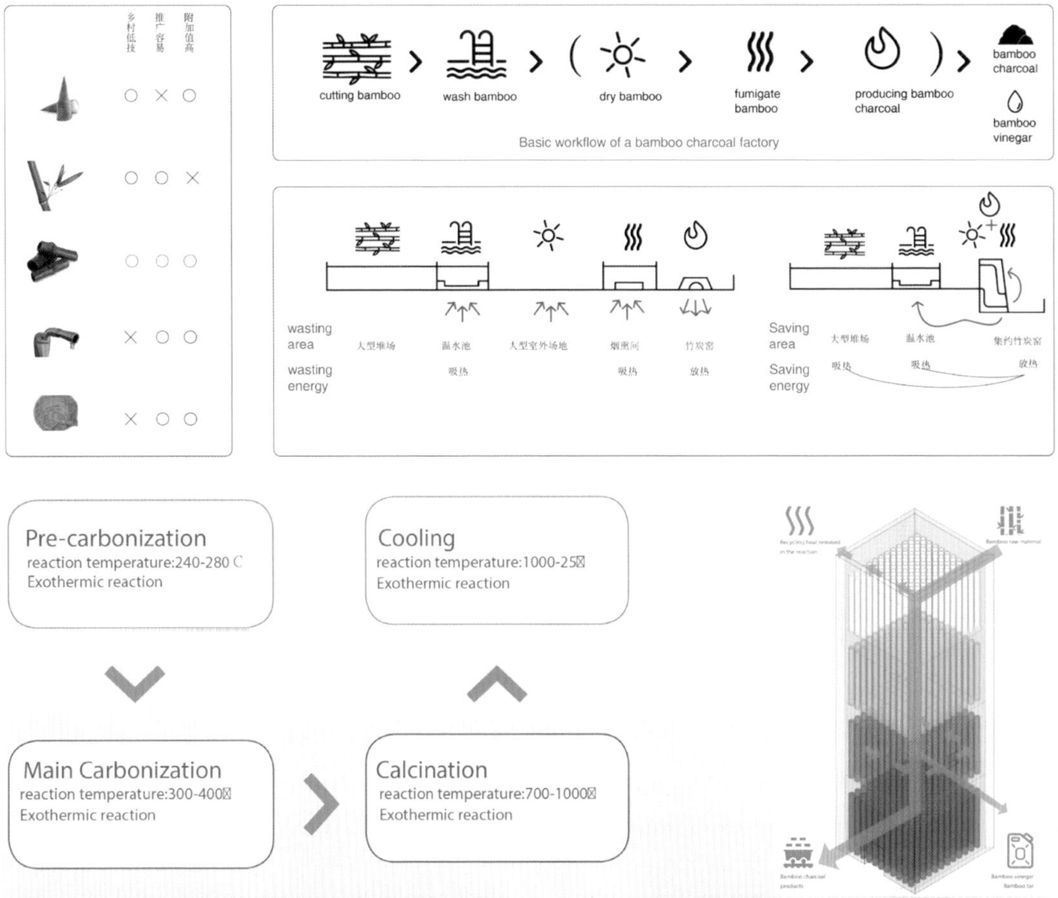

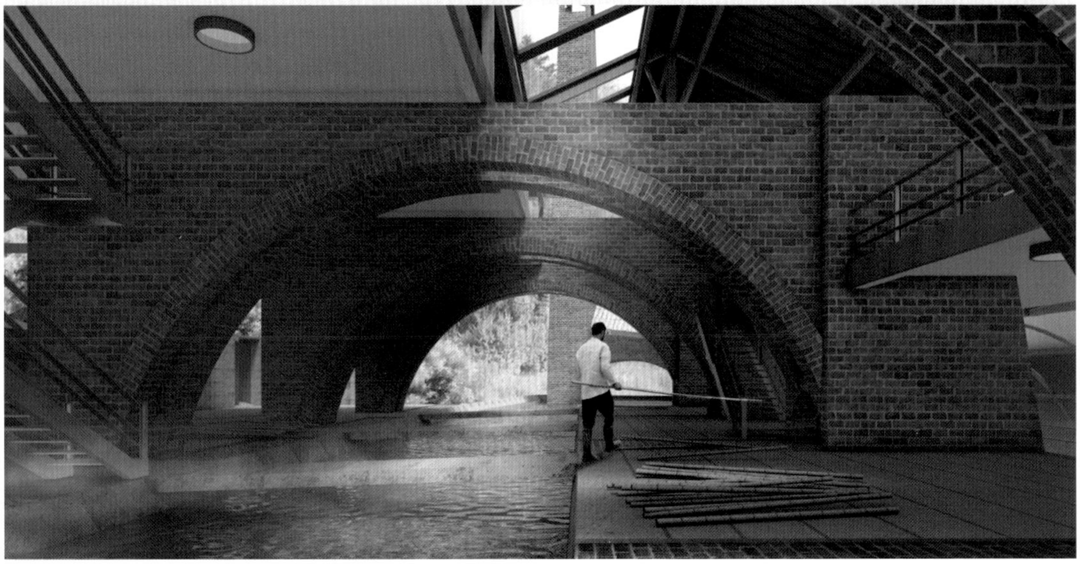

结构类型

竹结构:
遮蔽物
村农会出资, 灵活
可变

砖结构:
地面 / 竹窑
政府出资, 稳定不变

流线组织

非生产流线

生产流线

性能方案

热量利用

通风散热

天窗
网室

建构方式

竹作为
立面遮
阳材料

竹作为
屋顶天
窗百叶

竹作为
屋顶天
窗百叶

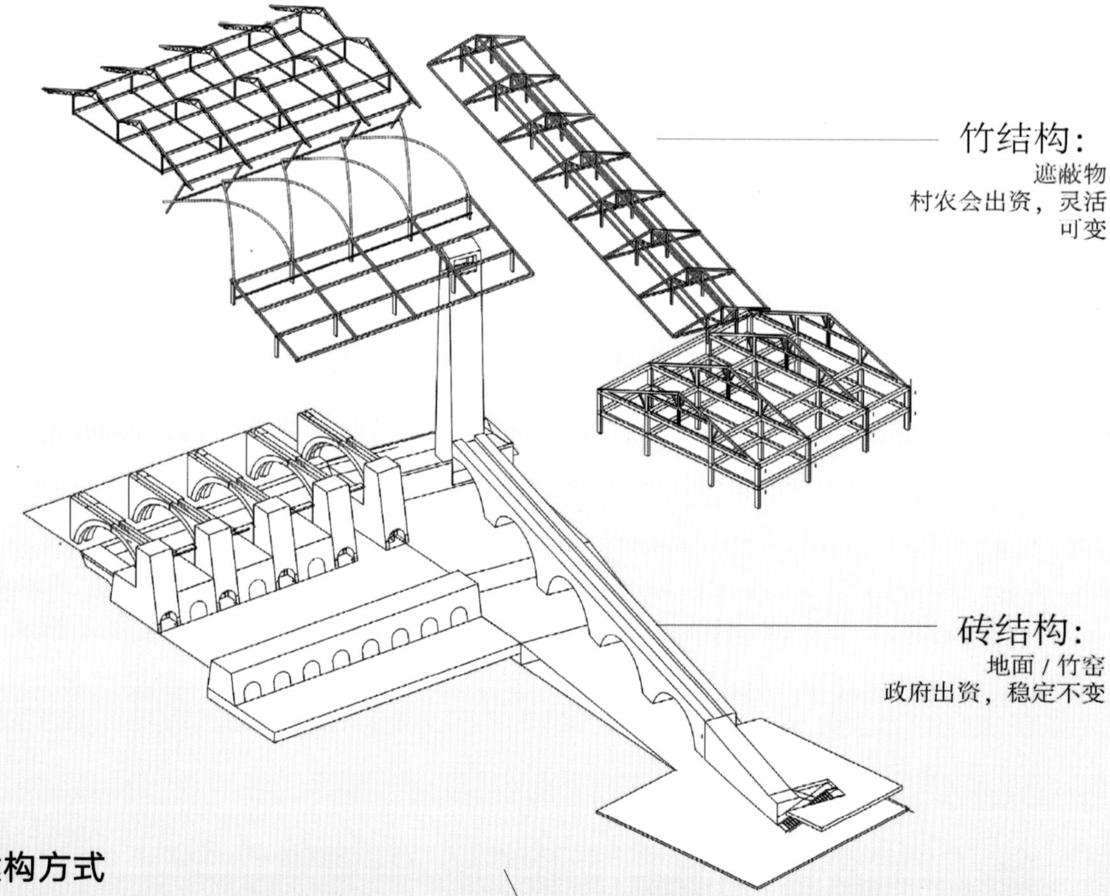

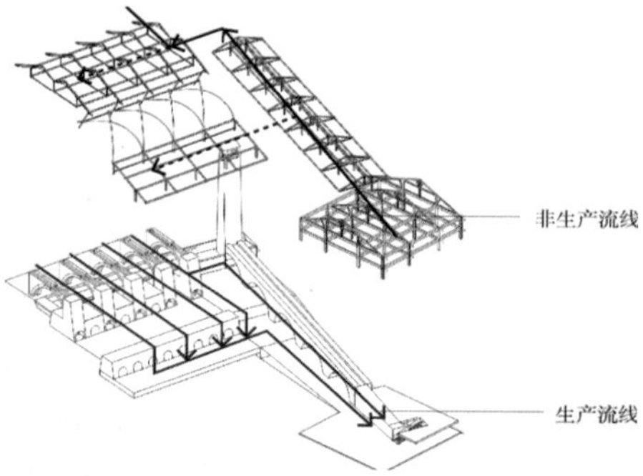

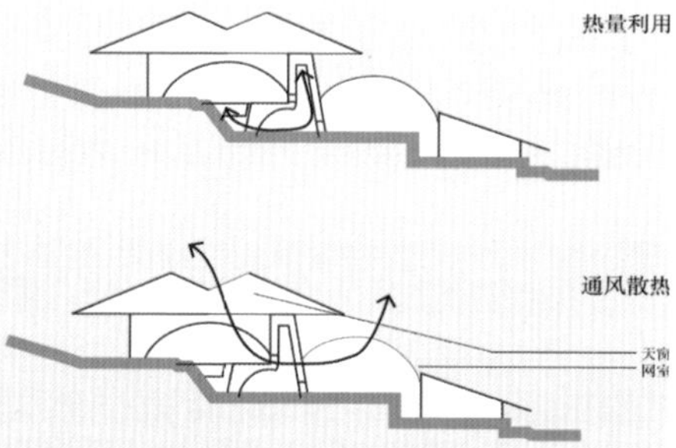

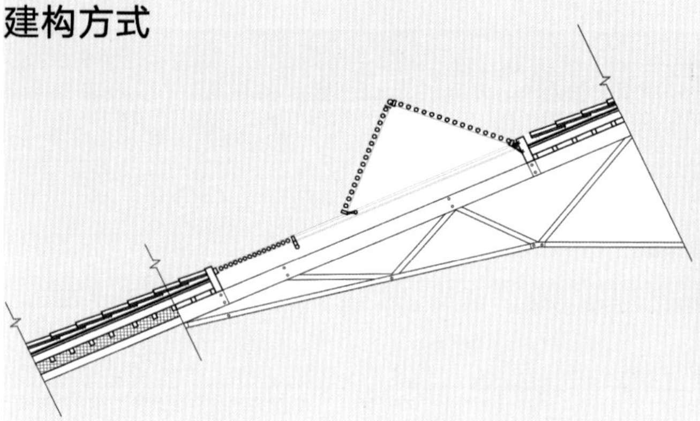

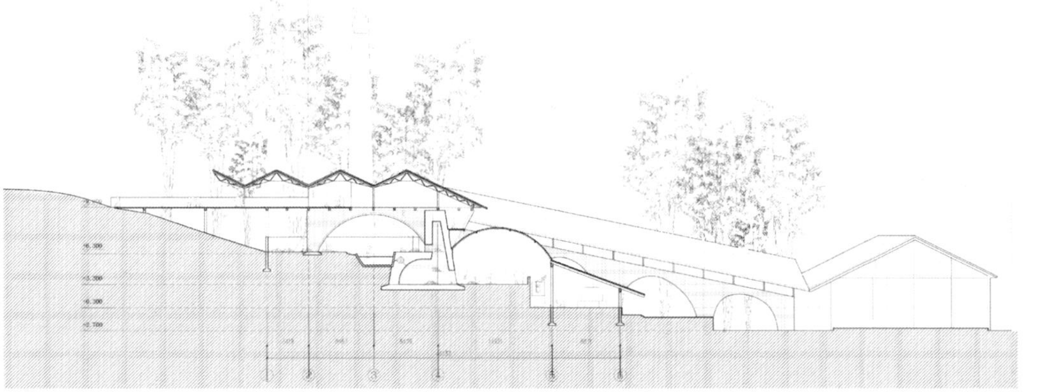

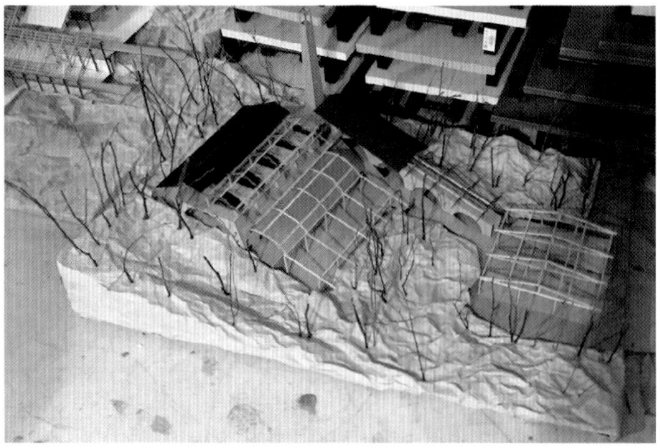

section

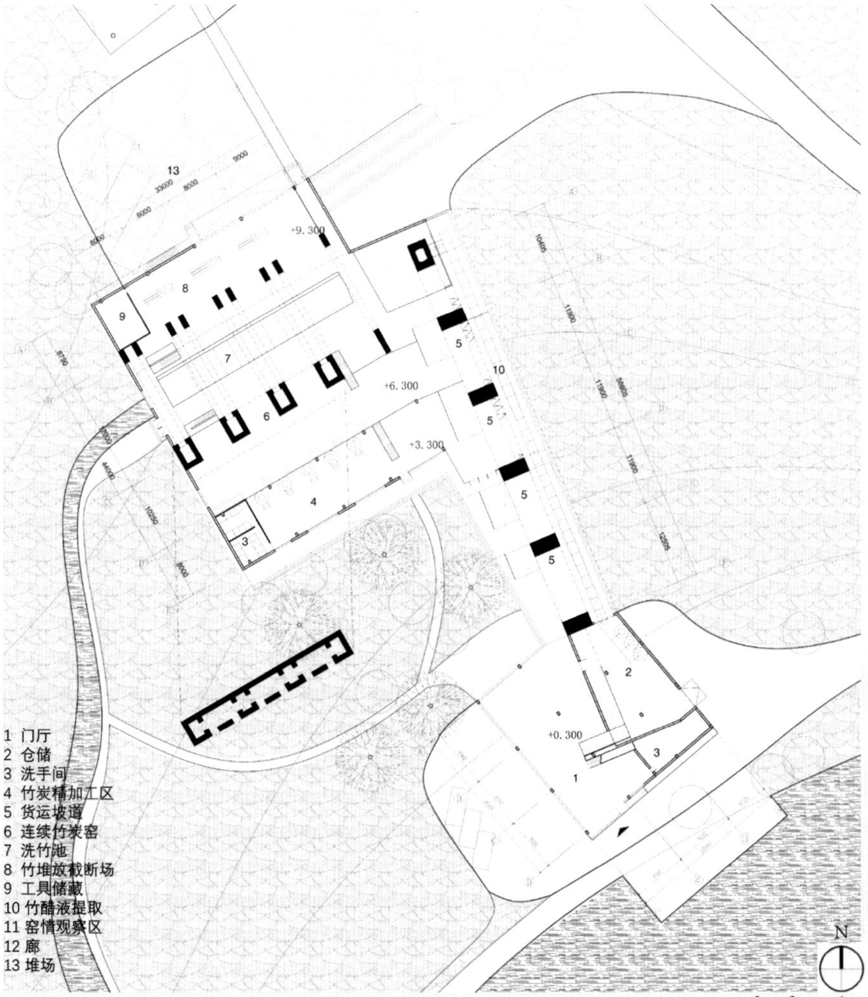
1 门厅
2 仓储
3 洗手间
4 竹炭精加工区
5 货运坡道
6 连续竹炭窑
7 洗竹池
8 竹堆放截断场
9 工具储藏
10 竹醋液提取
11 窑情观察区
12 廊
13 堆场
+9.300
+6.300
+3.300
+0.300
N

first floor plan

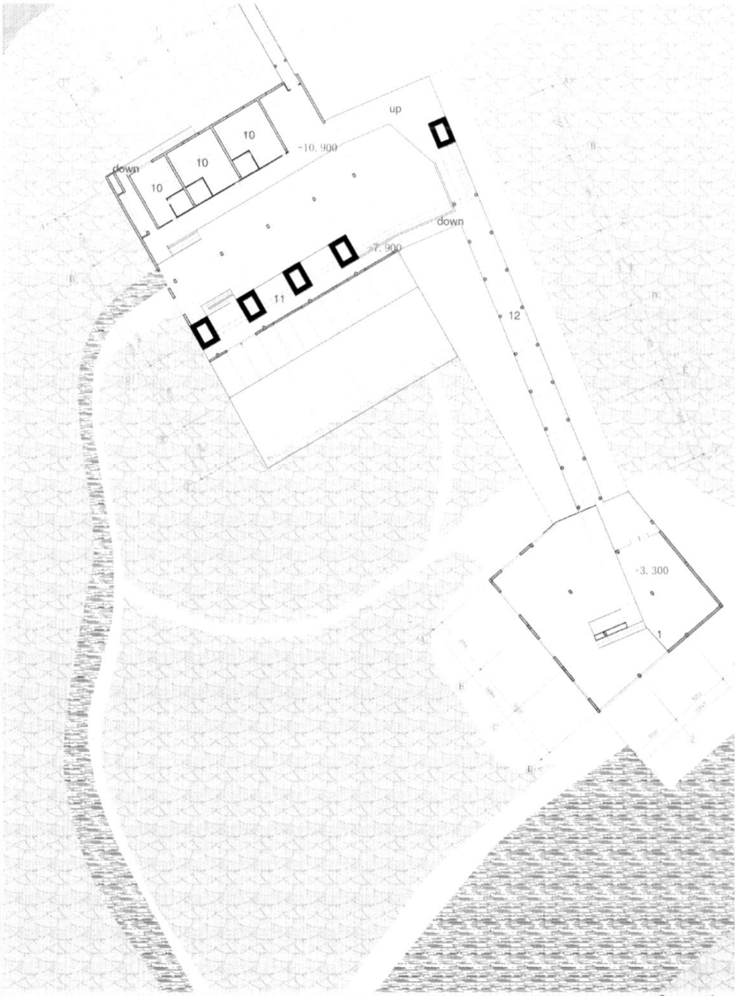

upper floor plan

2014中国现代木结构建筑技术产业联盟·丹东港中国木结构建筑设计竞赛“大孤山景区游客中心设计”方案

雪与林

学　　生：徐武剑

指导老师：屠苏南

方案介绍：

方案位于丹东市大孤山，用地位于山脚。设计用时跨度为八周。丹东为多民族混居地区，建筑形式多样，民居普遍用木材，多坡屋顶，利于夏季排雨，冬季排雪。因此在设计中，设计者以整个建筑体的水平形态连绵起伏的山峦；以屋面的树状木柱群形成树林感；在木构方面，突出杆件径向受力和节点视觉效果。在“绿色”方面：建材采用当地的木材，建筑屋顶铺设太阳能光伏板，以树状木柱中心部的陷落，形成采光、集雨的功能。中院设计置入水及植物，可有助于调节微气候，供观赏。

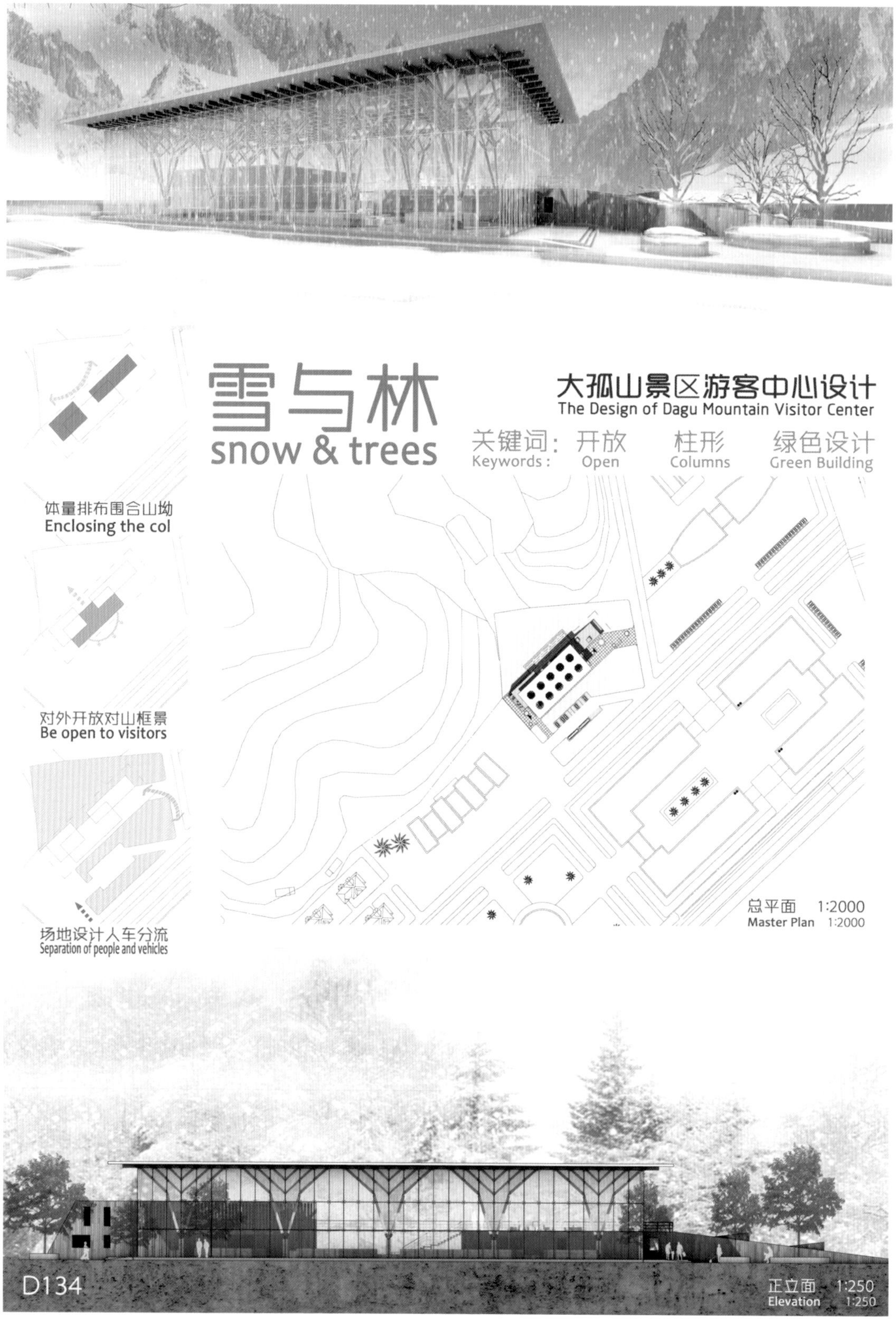
雪与林
snow & trees
大孤山景区游客中心设计
The Design of Dagu Mountain Visitor Center
关键词：开放 柱形 绿色设计
Keywords: Open Columns Green Building
体量排布围合山坳
Enclosing the col
对外开放对山框景
Be open to visitors
场地设计人车分流
Separation of people and vehicles
总平面 1:2000
Master Plan 1:2000
D134
正立面 1:250
Elevation 1:250

方案评语：

指导老师希望设计者在通常考虑空间-功能、形体-环境之外，重点从结构技术、绿色技术两方面入手，既反映对技术问题的基本解决，更需在视觉上表现出这一解决是对前述形式、空间两方面所作的回应。

该设计参考大师案例，能就本设计所处条件、环境而有所改变和突出。以水平屋面呼应起伏山峦，以树状柱解决结构技术和采光、集雨等绿色建筑技术问题，以钢制节点解决结构传力的细部问题……从而呼应前述功能—空间、形体—环境，并将对其问题的解答体现在形体、空间的影响和结合中，进而使之视觉可见。

一层平面　1:300
1F Plan　1:300

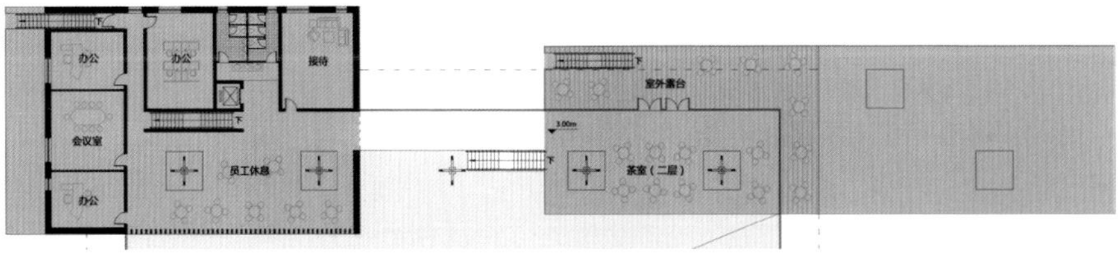

入口立面　1:250
Entrance Elevation　1:250

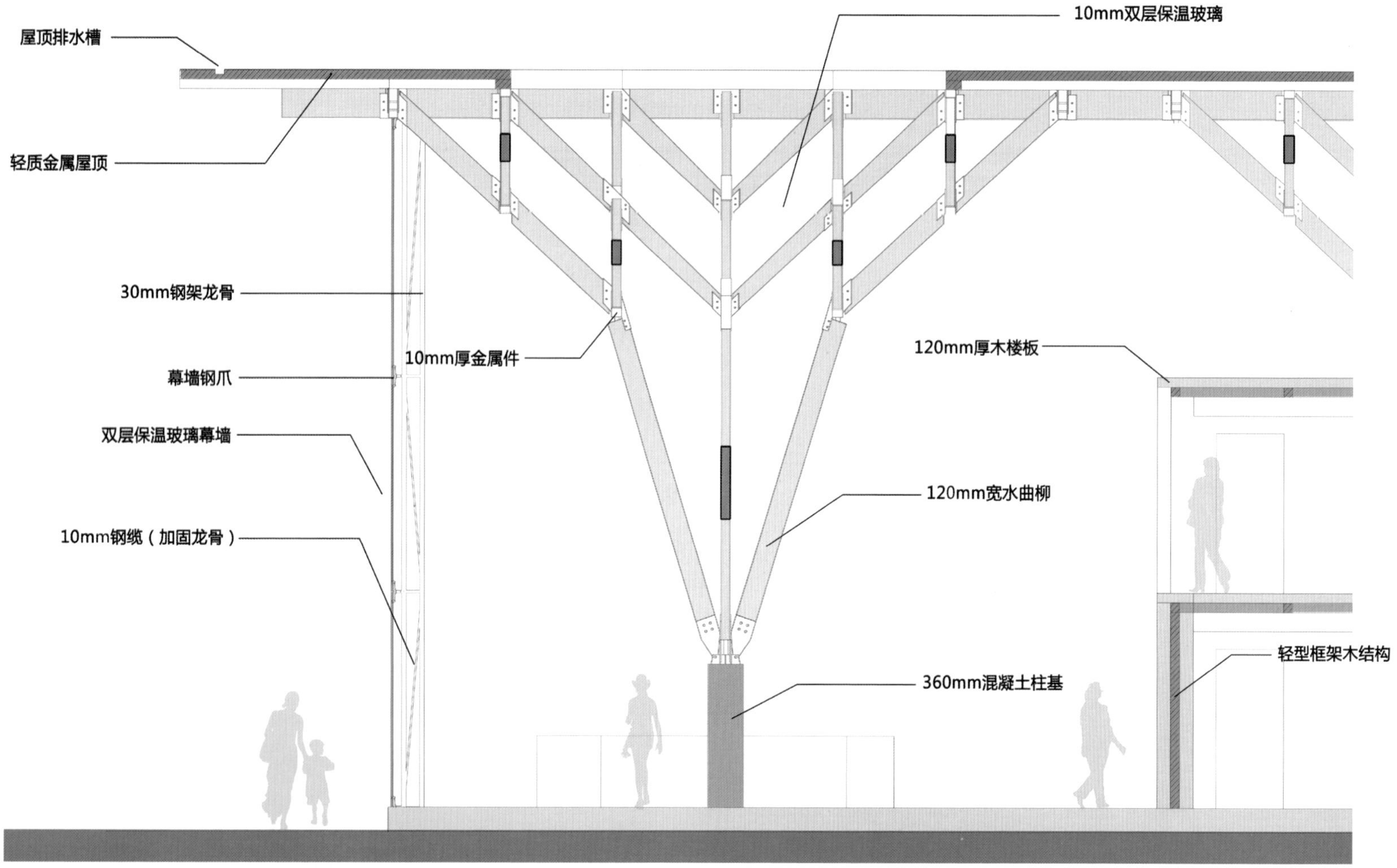

屋顶排水槽
10mm双层保温玻璃
轻质金属屋顶
30mm钢架龙骨
10mm厚金属件
幕墙钢爪
120mm厚木楼板
双层保温玻璃幕墙
120mm宽水曲柳
10mm钢缆（加固龙骨）
轻型框架木结构
360mm混凝土柱基

构造大样 1:50
Structure 1:50

剖面A-A 1:250
Section A-A 1:250

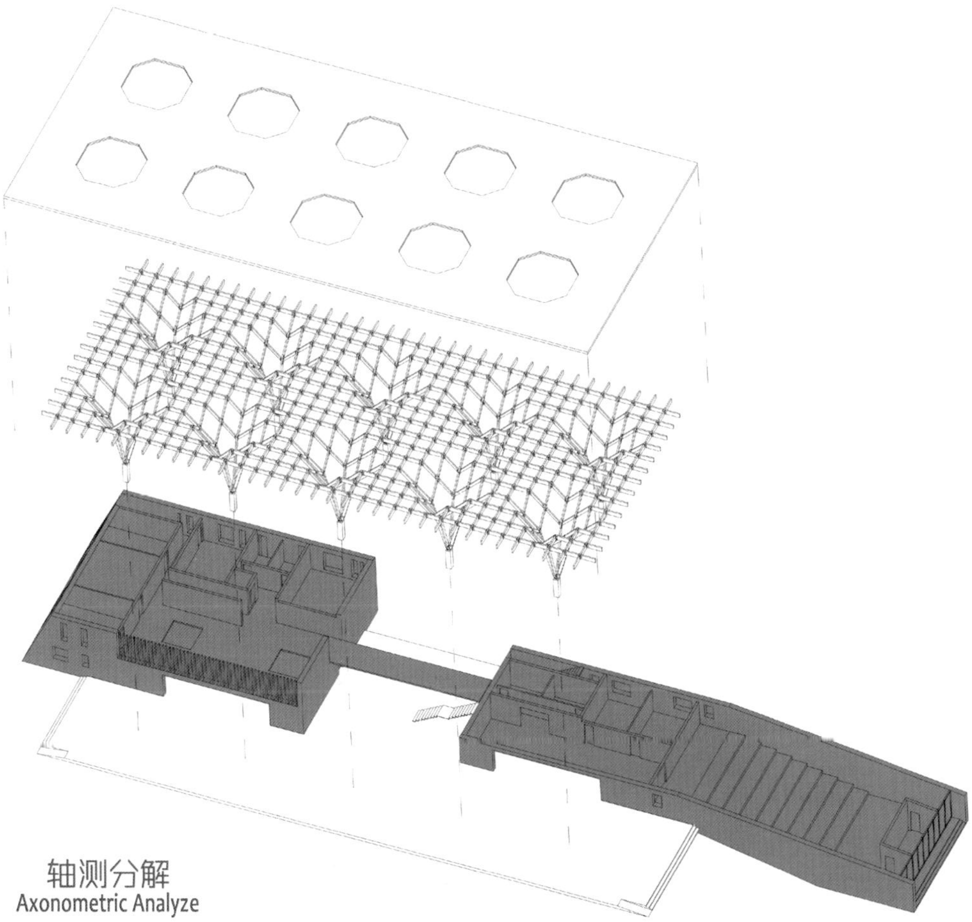

轴测分解
Axonometric Analyze

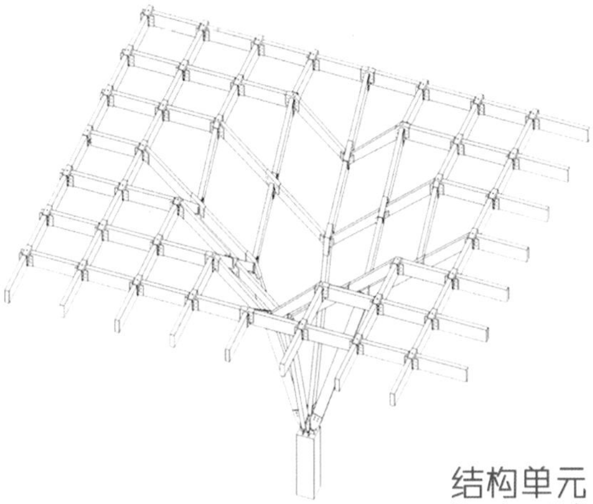

结构单元
Structure Unit

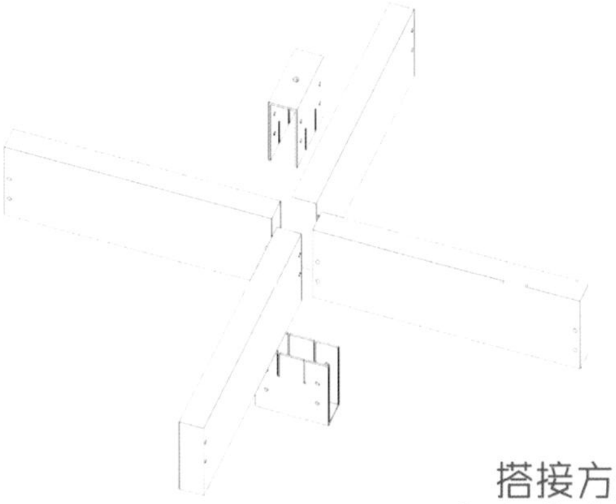

搭接方式
Construction Procedure

剖面B-B 1:250
Section B-B 1:250

木秀于林

学　　生：陆娟

指导老师：屠苏南

方案介绍：

　　丹东市民族文化丰富，建筑形式多样，作为一个多民族混杂居住地区，民居建筑普遍使用木材，多采用坡屋顶。因此在本方案设计中，设计者从中提取了设计概念——"现代中的传统，线性中的起伏"，利于夏季排雨，冬季排雪，实现传统与现代的统一。

　　建筑的围护结构采用双层玻璃结构，并设有可活动百叶窗。这种百叶窗可根据不同的太阳高度调节，以达到保温效果。屋面设置有光伏电池，采集、利用太阳能，供应整个建筑的部分电能。建筑体量的错动形成通风采光廊道，和中间的院子形成环流系统。200m²的坡屋面形成汇水面，雨水沿屋面的水槽汇集到地下水池，形成循环。

D125

玻璃 Glass
真空 Vacuum
玻璃 Glass
活动百叶 Movable Louvers

围护上采用双层玻璃结构，并且设有可活动百叶窗，根据不同的太阳高度调节角度，以达到保温效果。
Double glass structure and movable louvers are used on the walls to achieve the effect of heat preservation. Movable louvers can adjust angle varies according to the sun height.

屋面布有光伏电池，采集利用太阳能，供应整个建筑的部分电能。
Photovoltaic cells are paved on the roof to collect and utilize solar energy to supply electric power for the building

太阳能板

体量的错动形成通风采光廊道，和中间的院子形成环流系统。
The ventilation and lighting corridor emerged by interlaced volumes forms circulation system with the middle of the yard

通风采光

200㎡汇水面 Catchment area
水池 Pool
汇水水池 Catchment tank

200㎡的坡屋面形成汇水面，雨水沿屋面的水槽汇集到地下水池，形成循环。
200 ㎡ of slope roof forms catchment area.Rain drops are collected underground tank through the roof drip .

雨水收集

丹东市民族文化丰富，建筑形式多样，作为一个多民族混杂居住地区，民居建筑普遍使用木材，多采用坡屋顶。
因此在设计中，设计者从中提取了设计概念，"现代中的传统，线性中的起伏"，利于夏季排雨，冬季排雪，实现传统与现代的统一。
Dandong is a city with rich ethnic culture and architectural forms. As a multi-ethnic mixed area of residence, wood is generally used in residential buildings. Besides, pitched roof　is also common in Dandong.
In consequence, the designer extract the concept from what is talked above——modern tradition and fluctuant roof,which does a great help to daylighting, drainage and snow-sweeping ,and also achieves unity between tradition and modernity

木秀于林
Thriving Wood
——大孤山游客中心
Tourist Center

场地分析/Site Analysis

总平面1:200/Site Plan 1:200

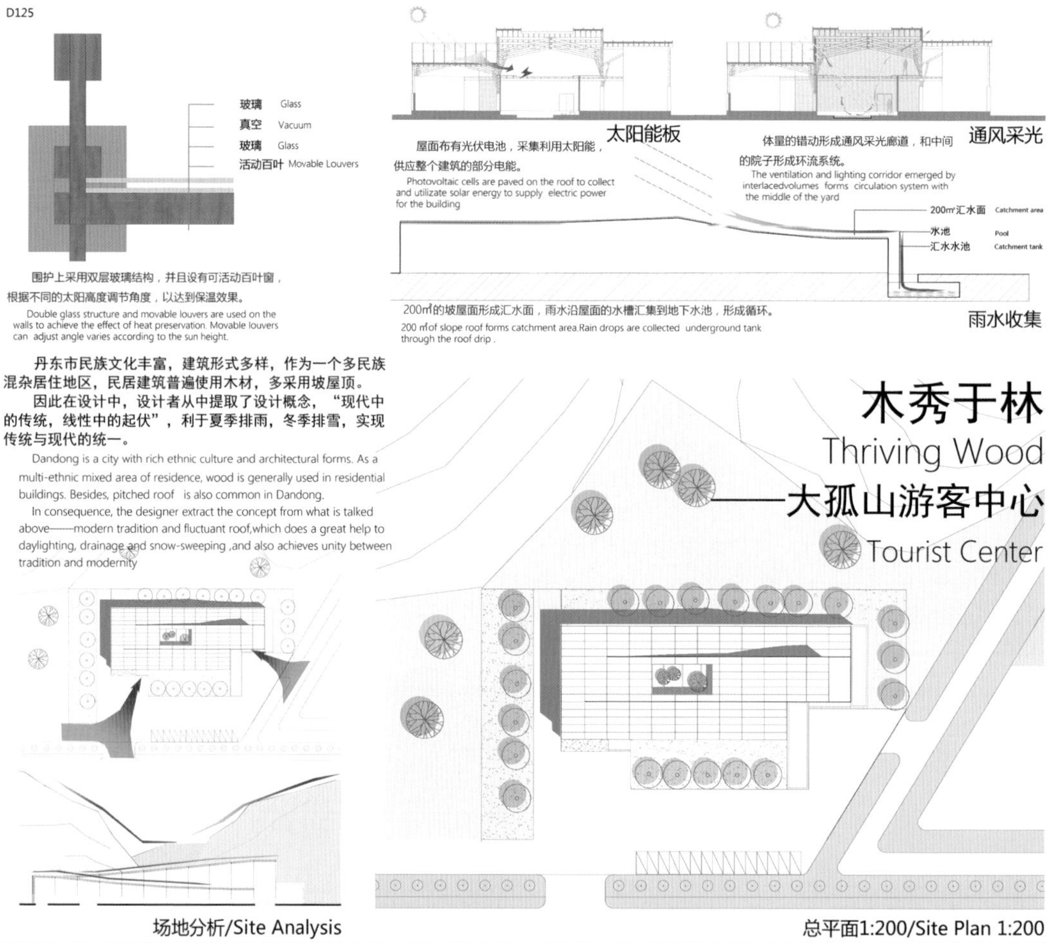

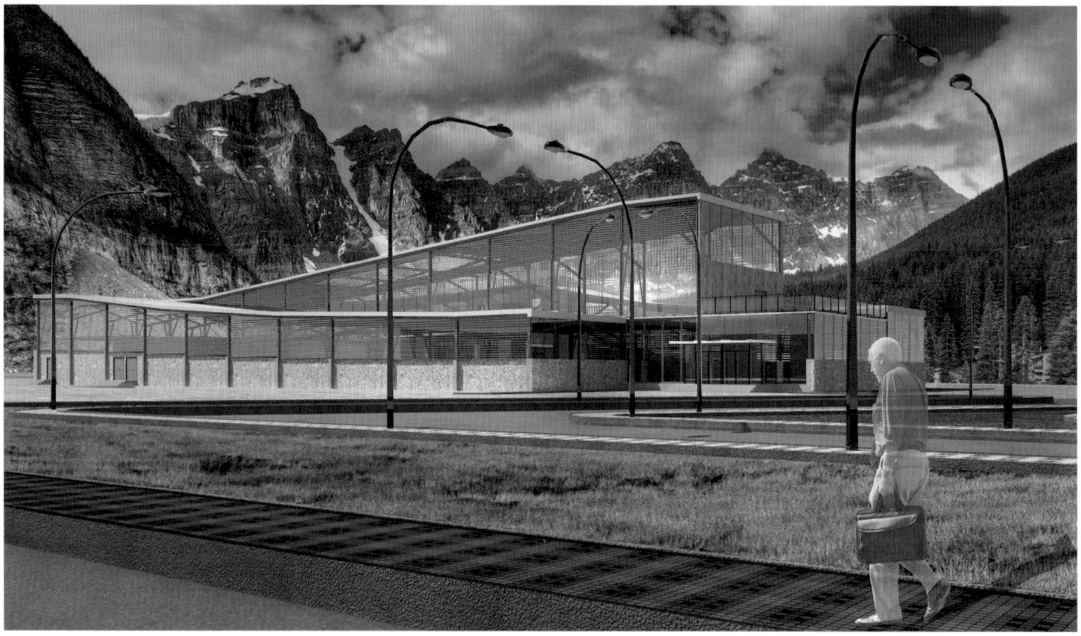

方案评语：

指导老师希望设计者在通常考虑空间-功能、形体-环境之外，重点从结构技术、绿色技术两方面入手，既反映对技术问题的基本解决，更需在视觉上表现出这一解决是对前述形式、空间两方面所作的回应。

该设计以低缓起伏的形体呼应山峦，以线性为主的空间呼应展览功能的空间，以横向截面上的木梁架结构呼应以上功能和空间，以具体技术处理——太阳能、通风、采光、雨水收集池等呼应对形体、空间的影响和结合。

D125

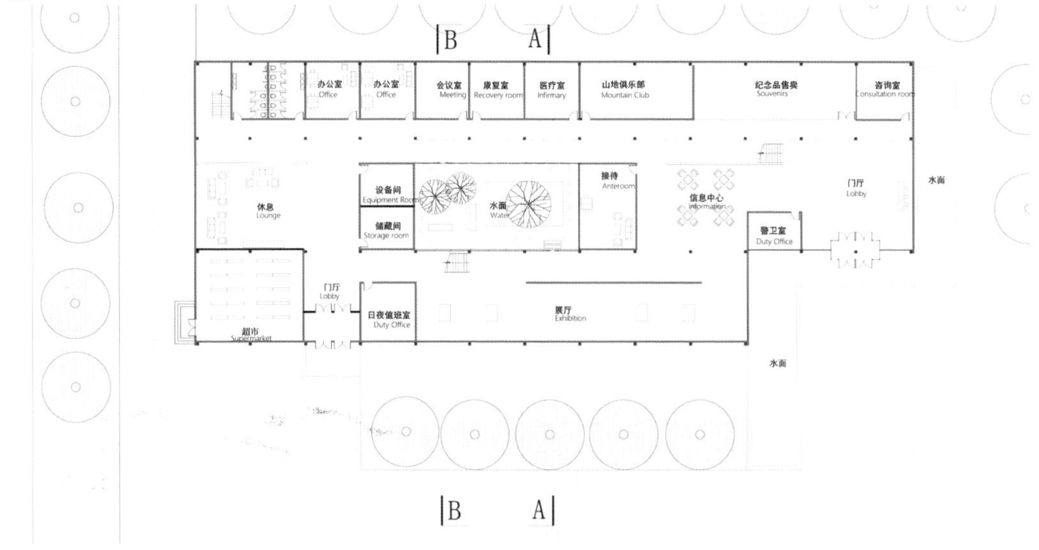

一层平面1:200/Ground Floor Plan 1:200

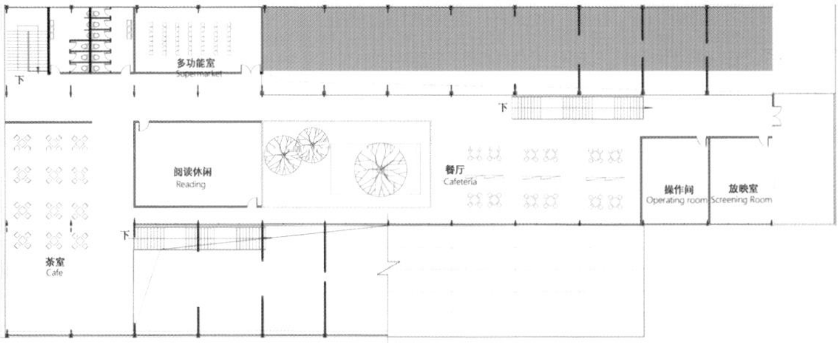

二层平面1:200/First Floor Plan 1:200

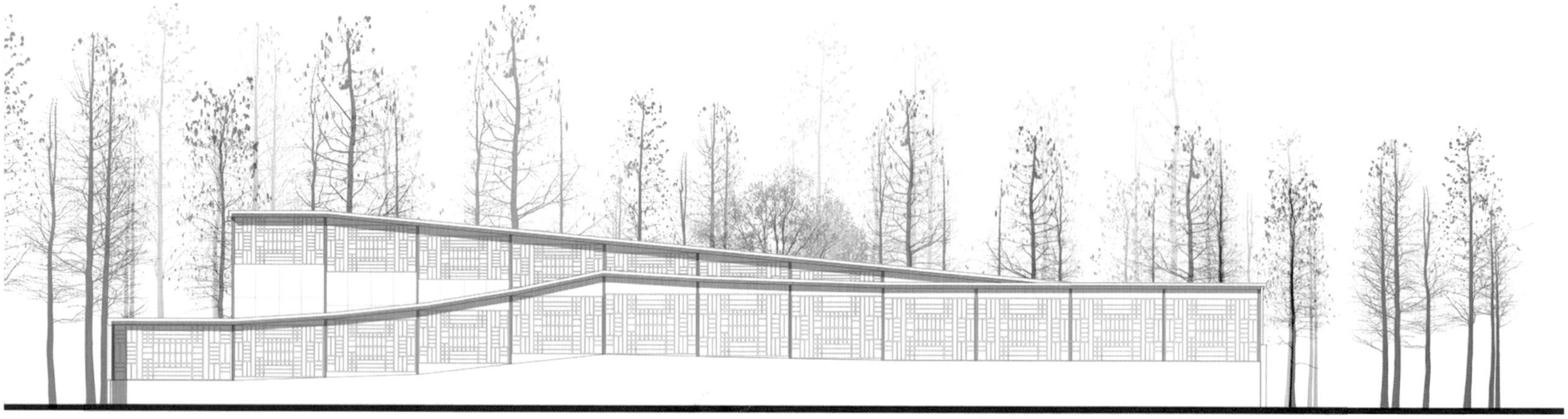

北立面1:200/North Elevation 1:200

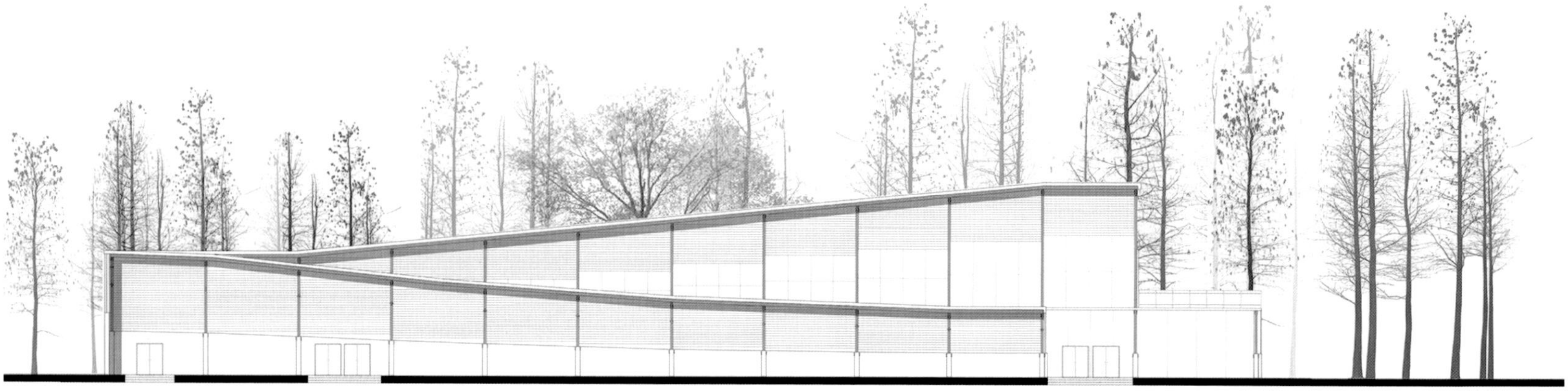

南立面1:200/South Elevation 1:200

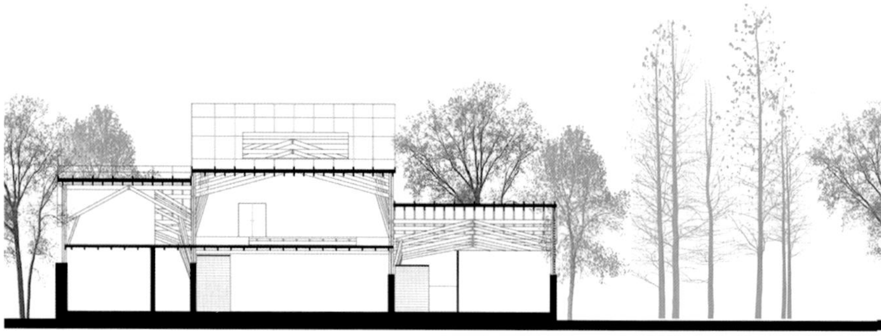

B-B剖面1:200/Cross Section B-B 1:200

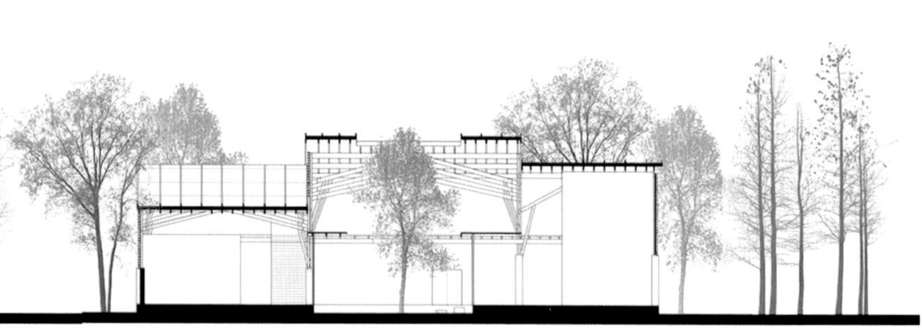

A-A剖面1:200/Cross Section A-A 1:200

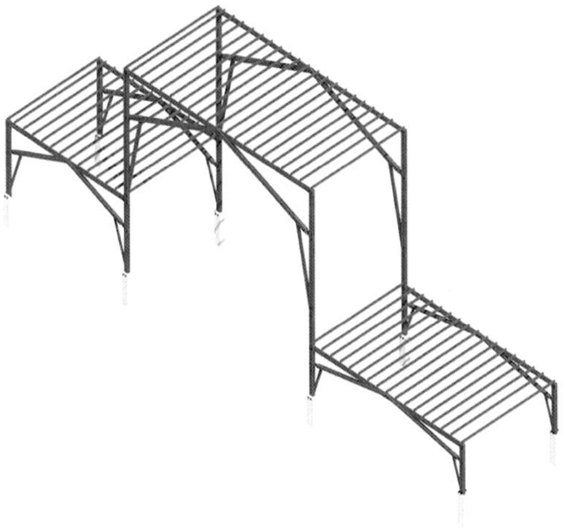

结构单元

Structure Unit

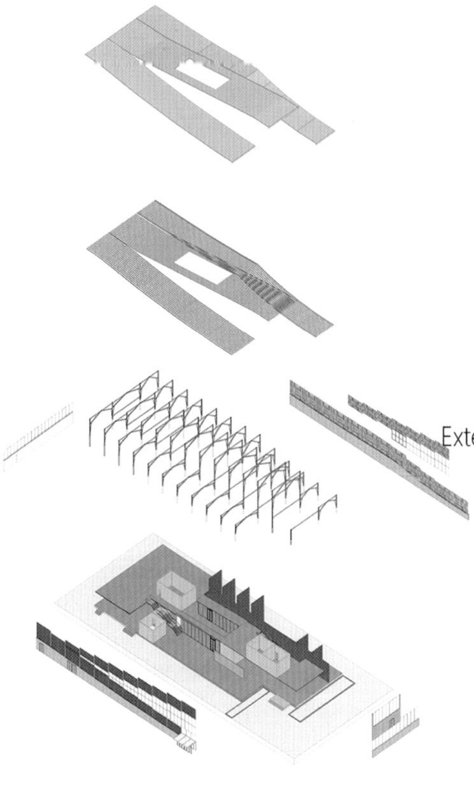

屋顶

Roofing

围护

External envelope

结构

Structure

内部空间

Inner space

轴测分解图

Axonometric Drawing

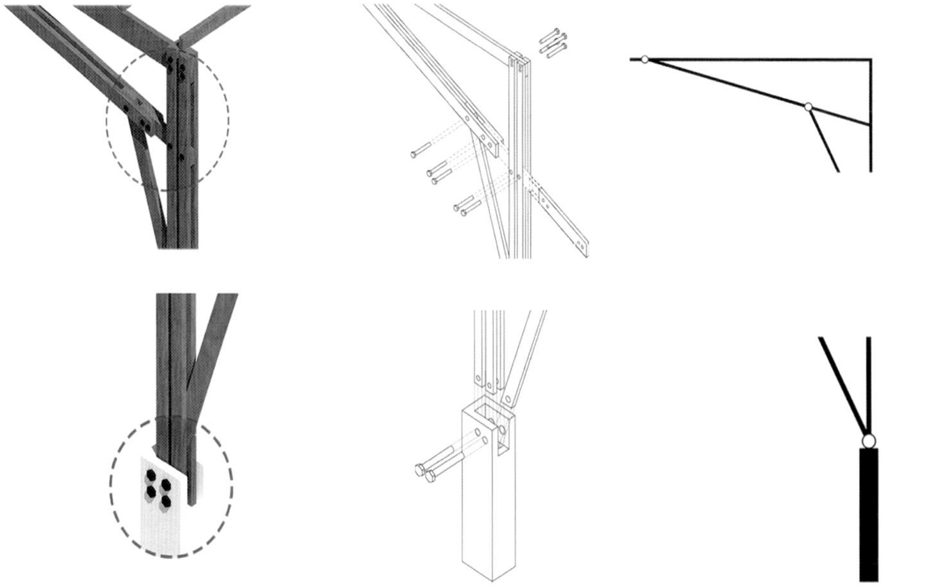

三铰拱刚性角根据柱的刚度的大小使得梁的变形得到一定程度的减小。

According to the size of the column stiffness,the three hinged arch rigid angle makes the deformation of beam can be reduced to a certain extent.

节点分析

Joint Analysis

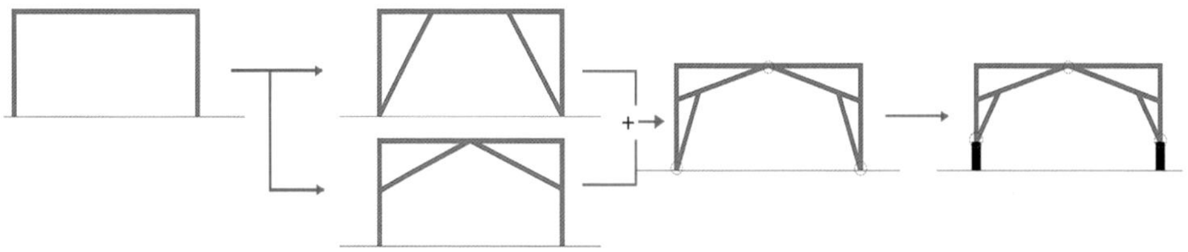

简单钢架结构

Simple steel frame structure

为减小结构的跨度，加固钢架结构，在钢架中增加两个斜撑。有两个可能性。

In order to reduce the span of the structure to reinforce steel frame structure,we add two diagonal brace in the structure.There are two possibilities showing above.

将两者结合，形成一个三铰拱结构，稳定了结构，并且节省空间。

The two structures are combined to form a three hinged arch structure,which will stabilize the structure and save the space.

在柱子底部置入混凝土底座，加固铰部。

A concrete base is added at the bottom of the wooden pole to reinforce the hinge.

结构单元生成分析

Generation Analysis of Structure Unit

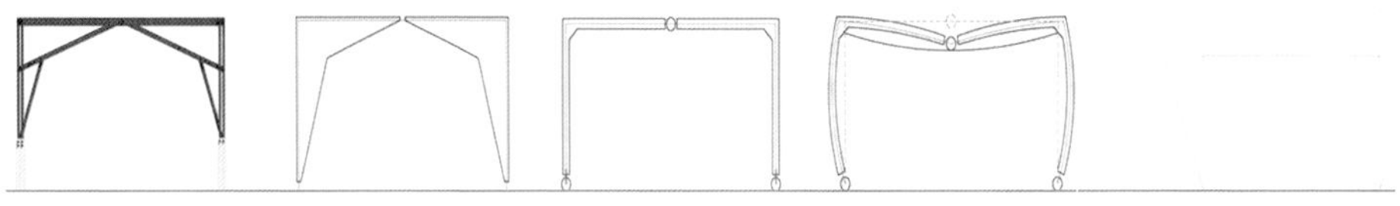

结构单元受力分析

Force Analysis of Structure Unit

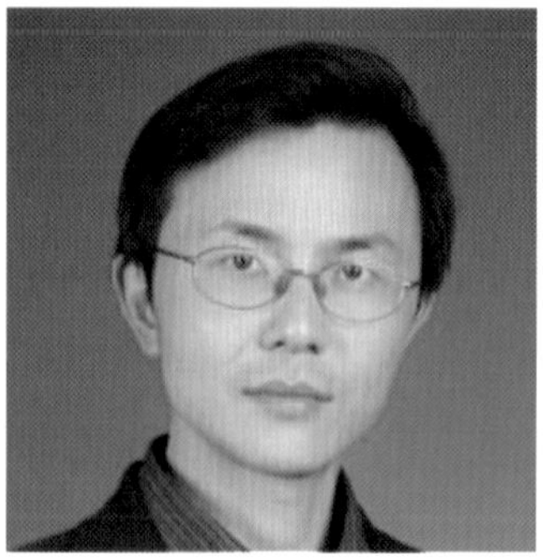

张彤

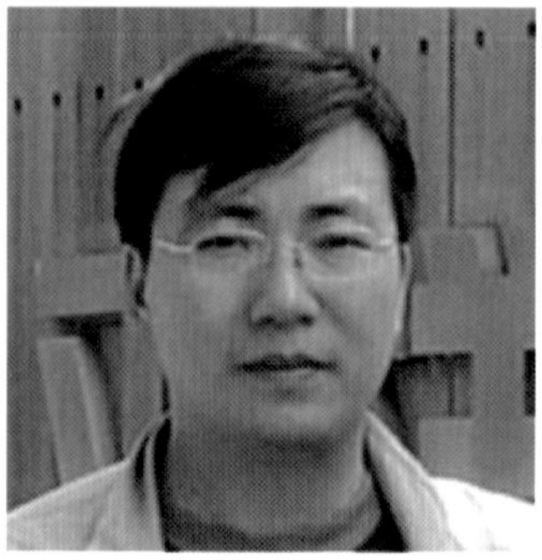

徐小东

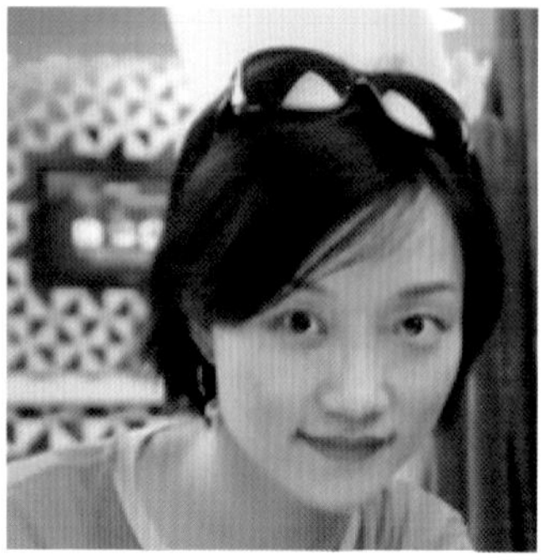

汪小茜

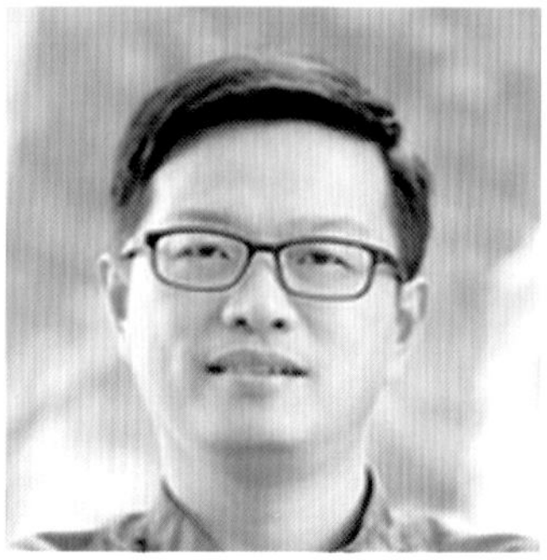

钱锋

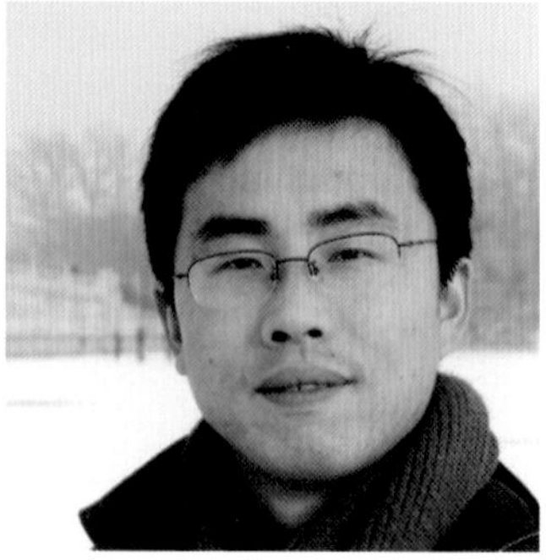

葛明

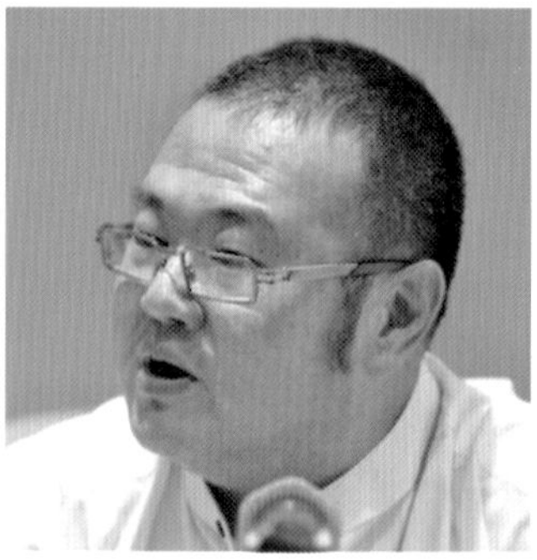

张宏

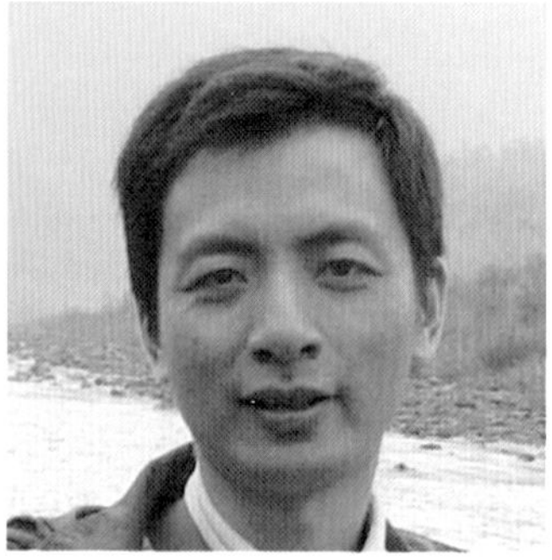

朱雷

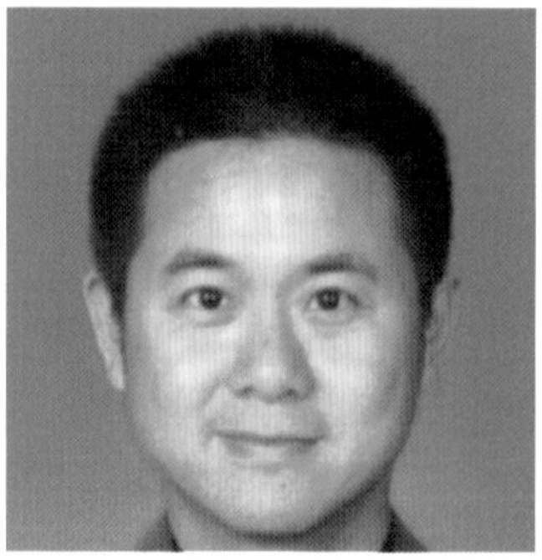

石邢

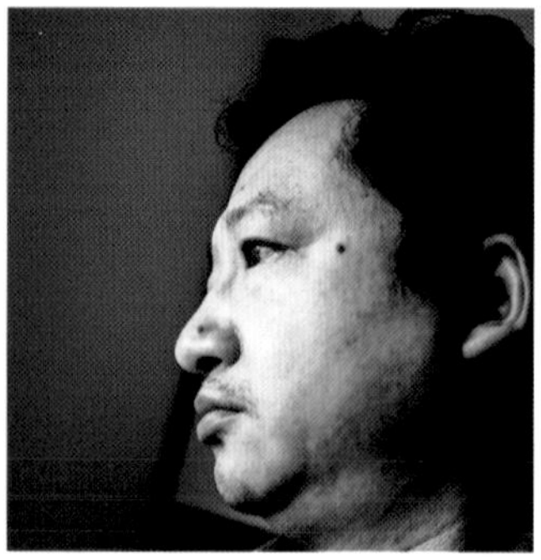

唐斌

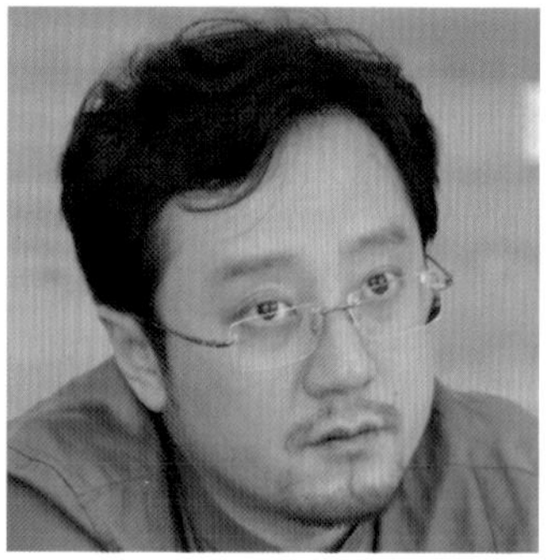

夏兵

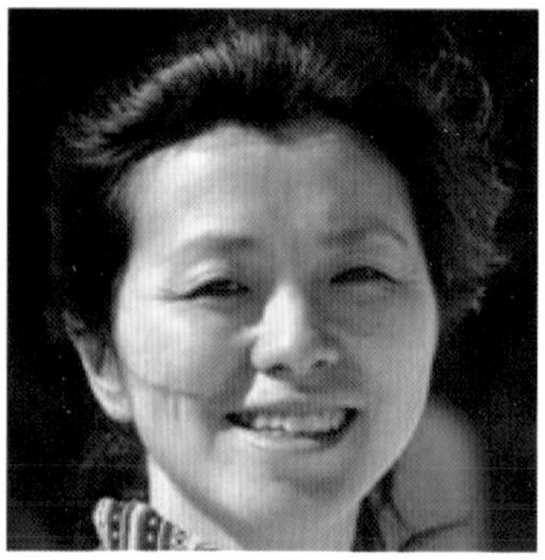

郭菂

七、东南大学 2013 国际太阳能十项全能竞赛作品

东南大学 2013 年国际太阳能十项全能竞赛参赛作品

Team SEU SOUTHEAST UNIVERSITY

SOLAR DECATHLON CHINA 2013 PROJECT MANUAL 21 SEPTE

“太阳能热水”、“能量平衡”一等奖

阳光舟

项目顾问：齐康 王建国 冯雅 许锦峰

项目指导：韩冬青 高崧 董卫

指导教师：杨维菊 马军 王素美 李炳南 吴雁
傅秀章 李永辉 彭昌海 李向锋 张宏
金星 周革利 袁玮 万邦伟 龚德建
钱锋 刘俊 刘济阳 王智劼

学生团队：涂欢 王建龙 林岩 王衔哲 徐超
许尧 陈乐 穆艳娟 徐磊 刘芳蕾
管睿 马驰 王程遥 王晨杨 黄璐
章骁 王康 唐松 沈宓 车雨阳
虞思靓 赵丰 陈咏仪 高青 孙小溪
李捷 王献娉 孙丽君 高龙飞 徐斌

方案介绍：

“阳光舟”是一栋整合被动式技术与主动式技术的绿色住宅，零能耗、智能化、工业化、模块化、施工过程以及舒适的室内环境是它最大的特点。

建筑设计中，我们借鉴了山西当地传统民居坡屋顶的形式。南向的大坡屋顶能够更好地接收阳光，获取能源。整个建筑体块为方形，在简约紧凑的同时保证了较小的体形系数，减少了建筑的散热面积。

在 24m×24m 的场地中，除了建有一幢简约、造型优美的建筑外，还营造了一个宽阔精致、绿化优美的室外花园，让居住者能感受到自然的亲和力和魅力。

“阳光舟”的使用面积为 94m²，呈两室两厅一厨一卫的布局。入口处既是一个能源过渡区，也为住户营造一个精致的小空间。客厅与餐厅一体化的生活区可以灵活变动，会友、晚餐、聚会、电影之夜，随性而为。功能全面的厨房、整体式的卫浴间、电力中心设备间，构成了住宅的服务区，布置于西北角，为住宅打造了一个空间过渡区域，更加节能。南侧布置宽敞的客厅和舒适的主卧，让住宅的主要空间更加温暖舒适。

建筑主体为三个模块，为了方便运输，模块大小为标准集装箱尺寸 2.4m×12m。模块之间相互独立，可以分开安装结构、墙体、管线，在建造现场吊装。

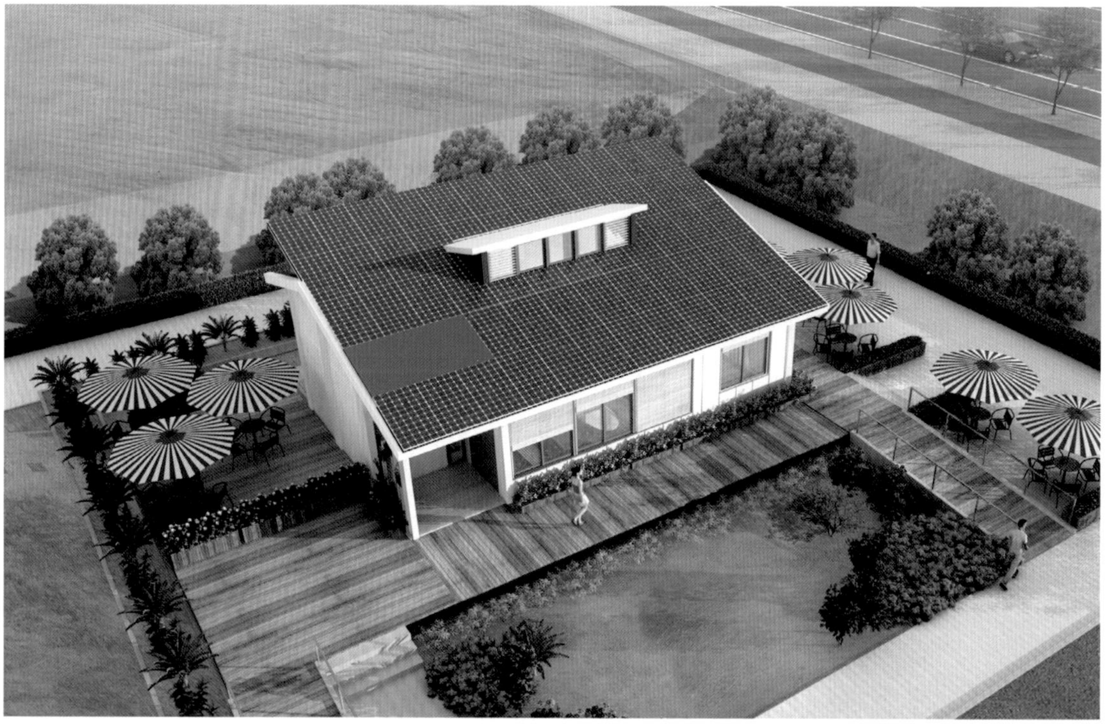

厨房Kitchen
E.r
卫生间Toilet
卧室Bedroom
餐厅Diningroom
起居室Living room
卧室Bedroom
Construction Area:90㎡
Finished Area:74㎡
Kitchen:6㎡
Dining room:10㎡
Living room:24㎡
Toilet:5㎡
Bedroom:20㎡
FIRST FLOOR PLAN

方案评语：

1)建筑形式采用传统民居坡屋顶的形式，方正的建筑体形保证较小的体形系数，减小住宅的传热损失。

2)采用变制冷剂流量直接蒸发式一拖多多功能空调系统（VRV 系统），各房间可独立调节。

3)通风系统采用全热回收新风机组，回收排风热量，减小新风负荷，换热效率达60%以上。

4)采用C-bus分布式、二线制智能照明控制系统，所有控制单元内均内置微处理器和存储单元，通过软件编程实现智能控制。

5)建筑墙体、屋顶材料均采用蒸压轻质加气混凝土保温板，并在屋顶板上铺设防水材料和瓦块。在屋顶板下，吊顶上铺设有保温材料，加强了建筑的隔热性能。门窗采用GRPU玻璃纤维增强聚氨酯节能玻璃门窗。通过注射浸胶拉挤工艺的窗框型材具有保温节能、抗风气密、耐火抗腐等优势。

6）门窗采用节能材料，具有保温好、抗风系数高、气密性强以及耐火、抗腐等优势。

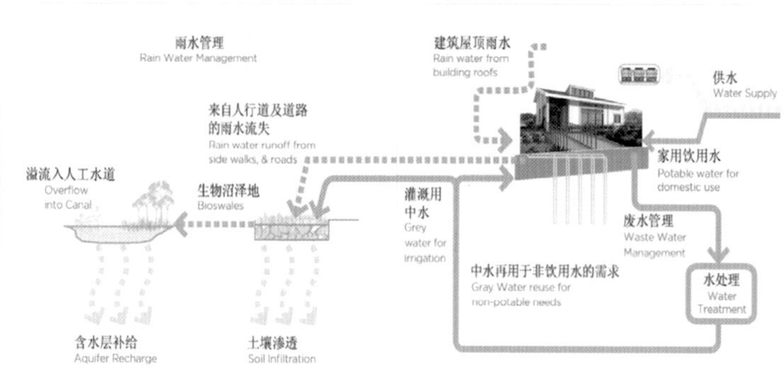

再生循环
REGENERATION CYCLE

降低、吸收和循环再利用
REDUCTION, ABSORPTION AND REUSE CYCLE

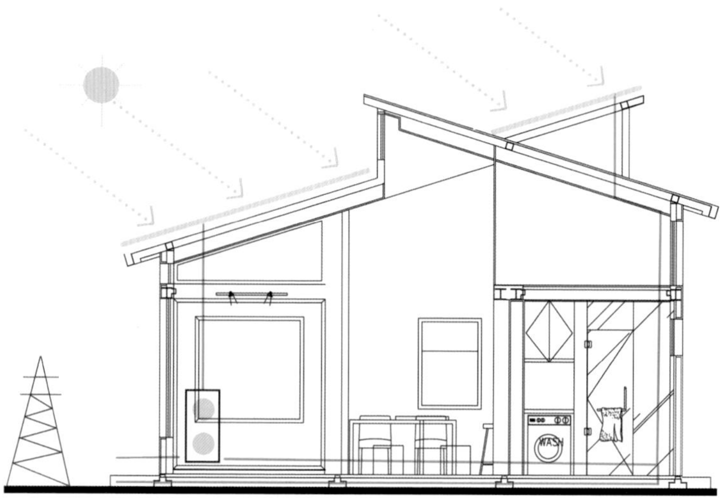

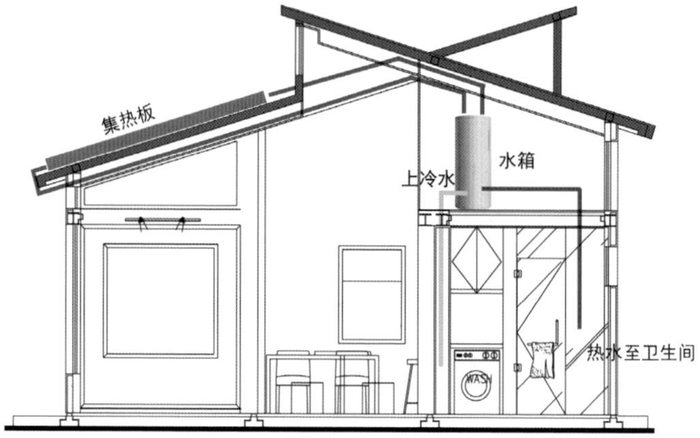

系统设备分类

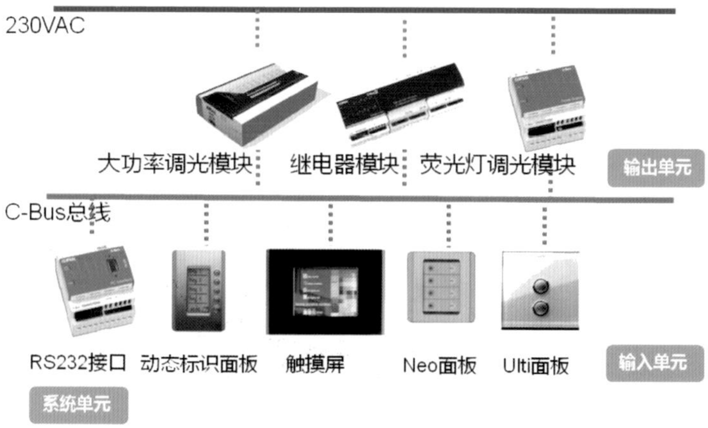

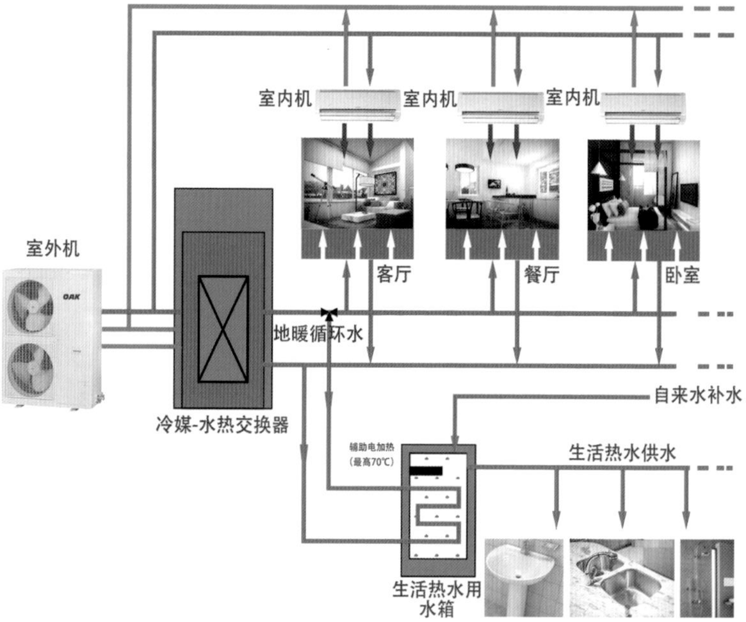

电性能参数

STC	CS6P-260MM	CS6P-265MM	CS6P-270MM
最大输出功率(Pmax)	260W	265W	270W
最佳工作电压(Vmp)	30.7V	30.9V	31.1V
最佳工作电流(Imp)	8.48A	8.61A	8.67A
开路电压(Voc)	37.8V	37.9V	38.2V
短路电流(Isc)	8.99A	9.11A	9.19A
组件效率	16.16%	16.47%	16.79%
工作温度	-40℃~+85℃		
最大系统电压	1000V (IEC) /600V (UL)		
最大串联电流	15A		
应用等级	Class A		
输出功率公差	0 ~ +5W		

电性能参数

Electric performance parameters

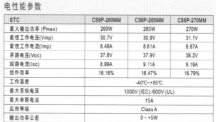

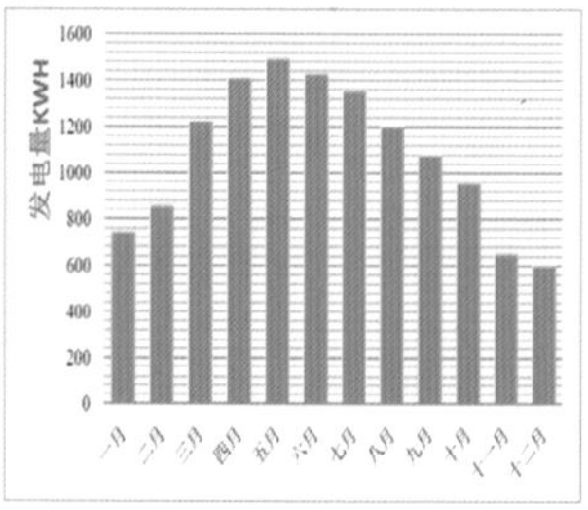

年约发电量 annual energy output

约13000 度

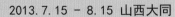

TEAM SEU

2013 国际太阳能十项全能竞赛东南大学队

SOUTHEAST UNIVERSITY

SOLAR DECATHLON CHINA 2013

2013. 7. 15 – 8. 15 山西大同

TEAM SEU

2013 国际太阳能十项全能竞赛东南大学队

SOUTHEAST UNIVERSITY

SOLAR DECATHLON CHINA 2013

2013. 7. 15 – 8. 15 山西大同

2013国际太阳能十项全能竞赛东南大学队

2013.7.15 - 8.15 山西大同

参与施工与资助单位：

南通四建集团有限公司
南京旭建新型材料股份有限公司
阿特斯（中国）投资有限公司
江苏中建苏能建设有限公司
苏州科逸住宅设备股份有限公司
施耐德电气
太阳雨太阳能
大金空调
尚飞中国

上海名城建筑遮阳节能技术有份有限公司
上海朗诗建筑科技有限公司
杭州晴天花园
江苏源盛复合材料技术股份有限公司
南京法宁格节能科技有限公司
江苏苏宁环球集团有限公司
苏州东霖反射保温涂料公司
江苏洛基木业有限公司
南京大侨整体厨房

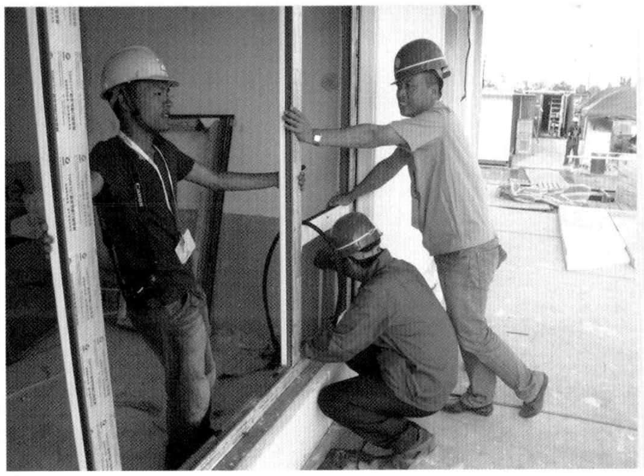

八、东南大学绿色建筑研究所及合作单位优秀作品

浙江石油公司高层住宅小区设计

设计人员：杨维菊 高民权

参与人员：唐高亮 蔡立宏

方案介绍：

该高层建筑楼以现代化都市高档生活氛围为设计主导思想，追求新颖的构思与独特的人文品位，沿袭围合式的布局，巧妙地达到住宅与景观的和谐。建筑以“轻”、“光”、“挺”、“薄”的造型趣味，表现了简洁之中的大气。整个建筑展现出清新雅致的气息和鲜明的气质。

景观意向图

小区内景效果图

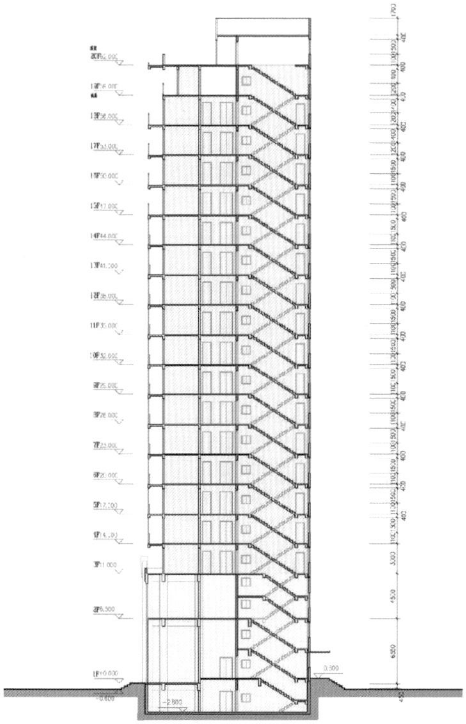

A—A剖面

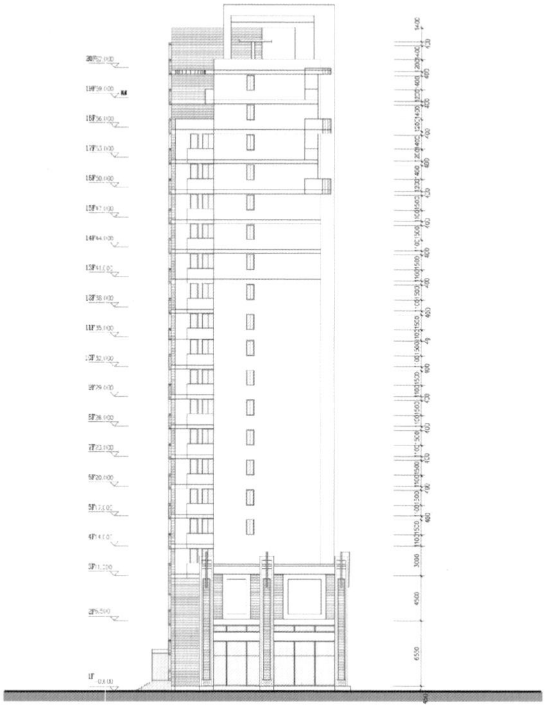

西立面

02 A-A剖面图

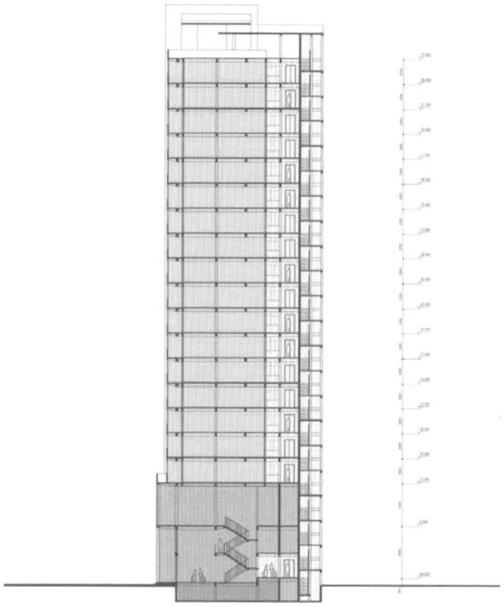

01 A-A剖面图

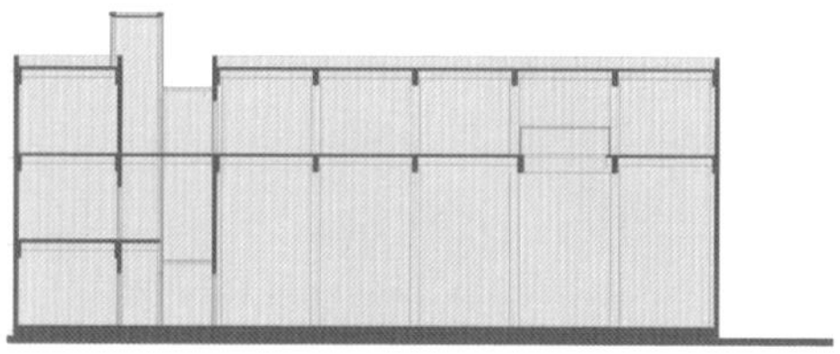

会所1-1剖面图 1：200

镇江大港新区住宅小区设计

设计人员：杨维菊 杨文俊 刘博敏

参与人员：孙晓娟 吴迪 齐双姐

方案介绍：

镇江大港新区住宅小区，靠近镇江市政府，交通方便。该小区的设计构思，在总体规划上，分区明确，充分考虑了基地的特色，并结合当地的气候条件，将建筑与景观环境融为一体，为居民提供一个宜人的、环境优美的现代居所。在组团上采用点式高层与多层住宅适当搭配，很自然地围合出中心公共活动广场与绿地中心。

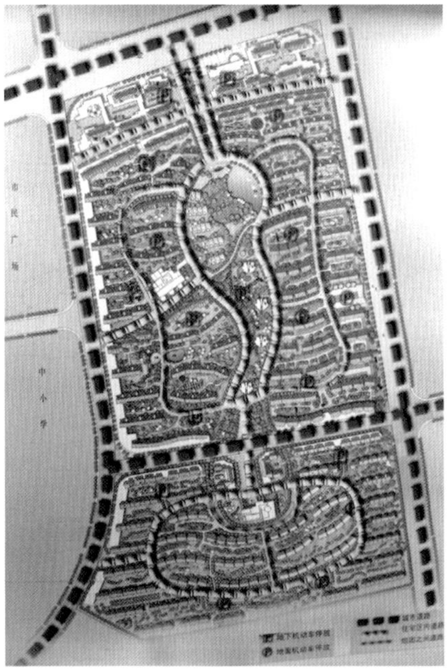

小区道路交通分析图

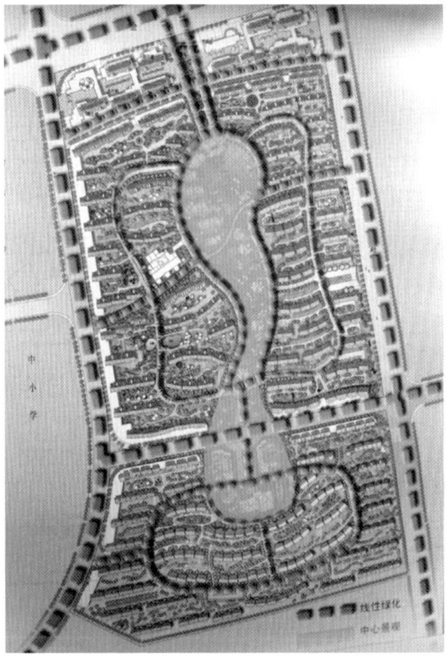

小区绿化景观分析图

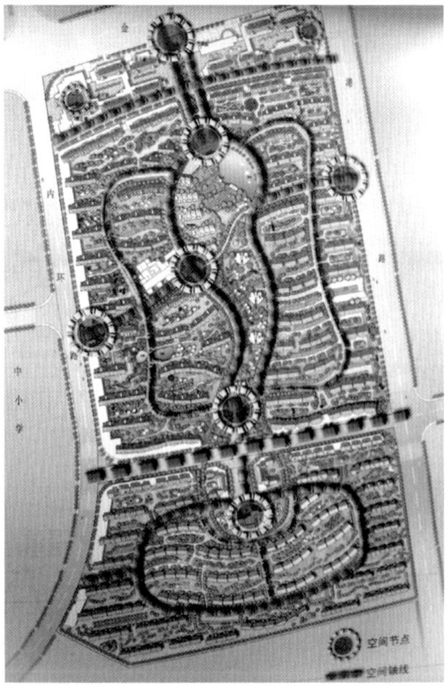

小区空间轴线节点分析图

镇江大港新区住宅小区设计

总平面图

泗洪县住宅小区设计

设计人员：杨维菊 杨文俊

参与人员：王明 肖虎 郑帅 王强

方案介绍：

住宅小区设有沿街的商业用房，采用民族风格的造型设计手法；在空间布局上注意邻里关系，有意识地创造小区和睦的氛围；并在建筑设计中将传统与现代商业融合在社会之中。

建成后的新住宅区，人丁兴旺，绿化环境优美，为当地居民提供了舒适的居住环境。

会所透视图

苦荣耳笨论实验
阖孫只苦寂寥
论衬寉 砥花书

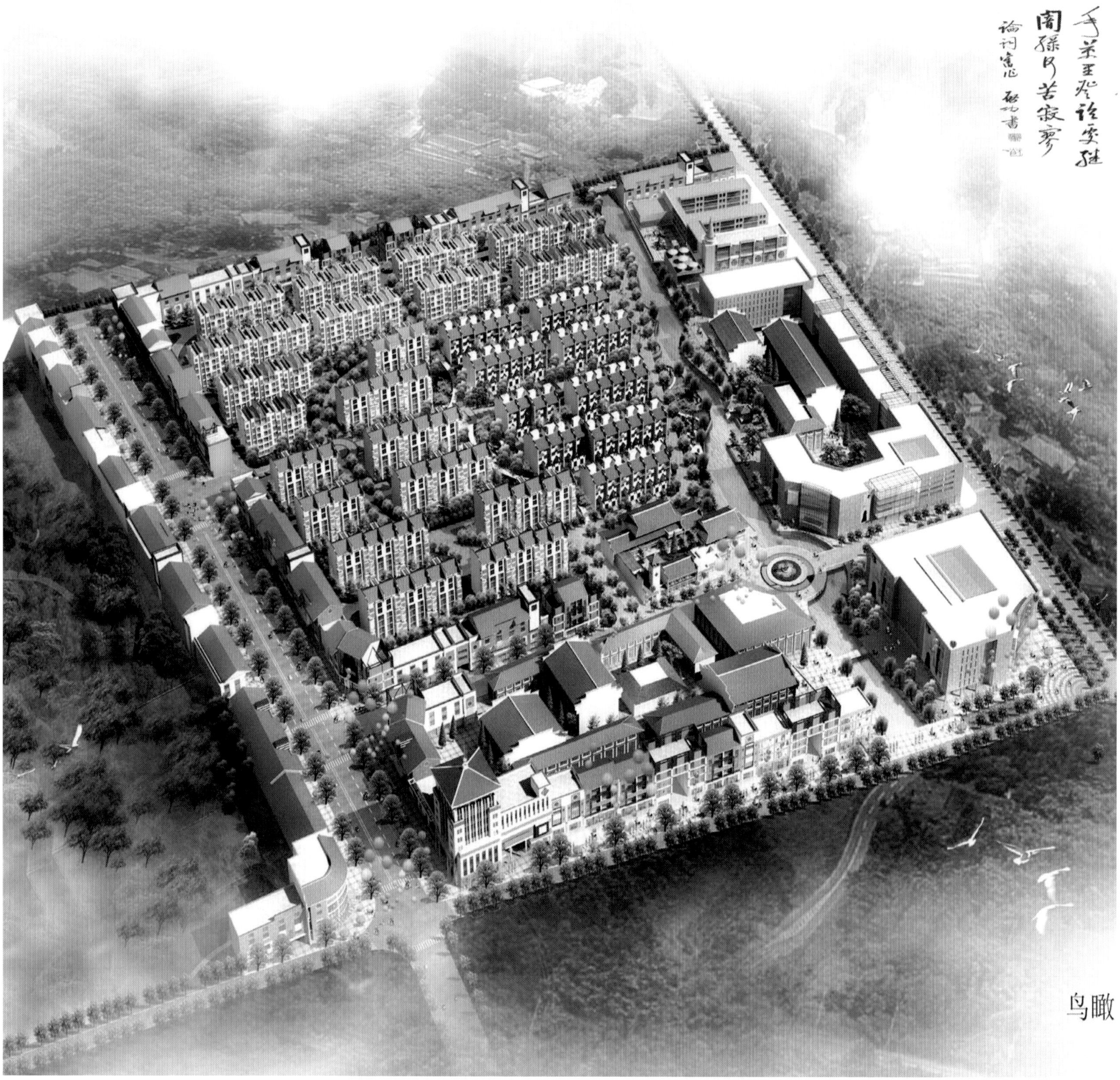

鸟瞰

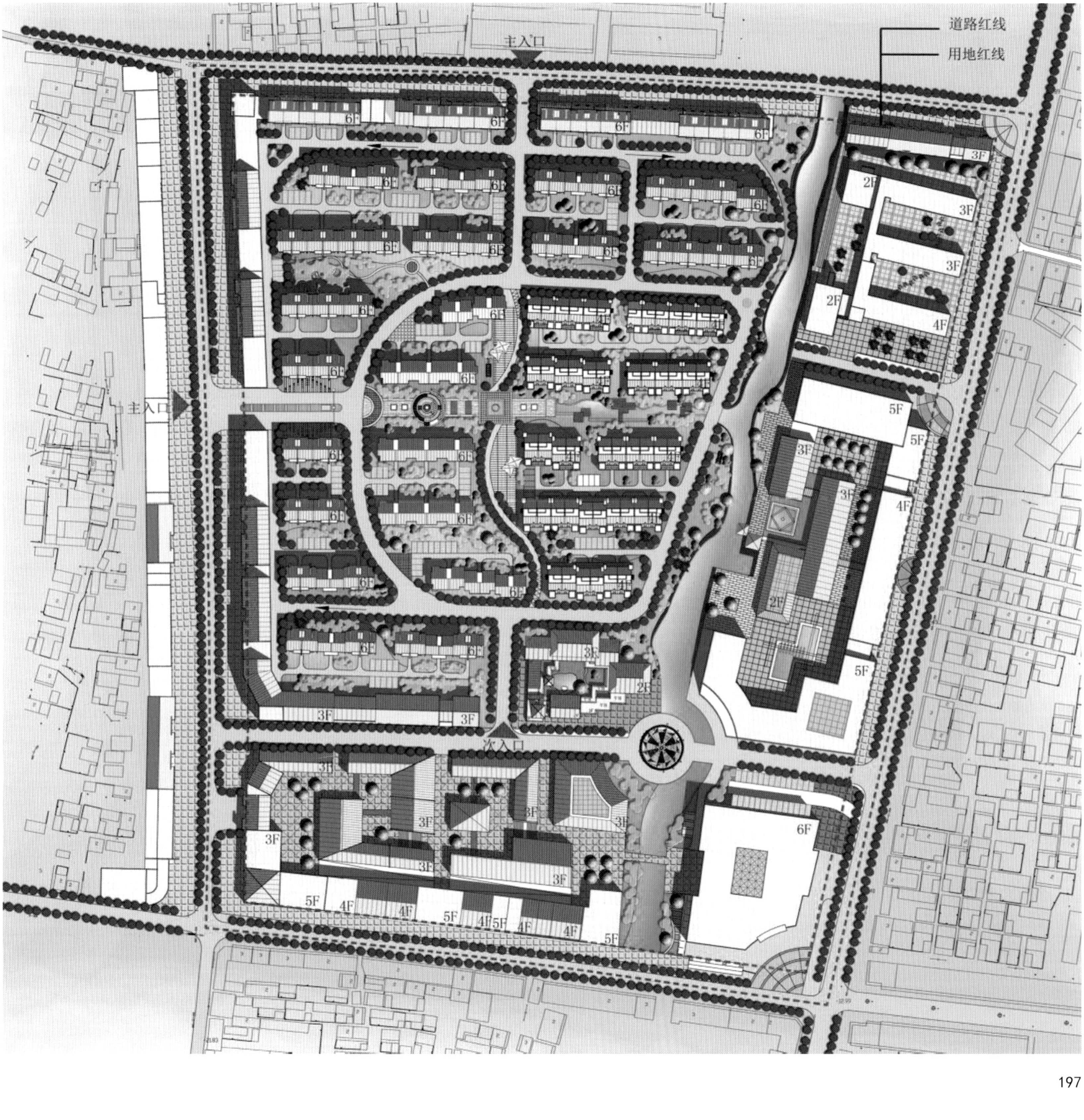
道路红线
用地红线
主入口
主入口
次入口
6F
3F
2F
4F
5F

南通市国土规划局办公楼改造设计

设计人员：杨维菊 高民权

参与人员：孙晓娟 王强 梁博 肖虎

方案介绍：

江苏省南通市国土局办公楼新的改造工程，既考虑了建筑物的实际情况，又符合加固改造设计时的规范要求，使改造后的建筑延长了使用年限，保证了良好的抗震性能，同时完善了视觉追求。建筑造型优美，达到现代化办公楼的新要求。

无锡芙蓉山庄规划与设计

设计人员：杨维菊 杨文俊

参与人员：唐高亮 吴迪 蔡会衡 高燕

方案介绍：

项目位于锡山区东北塘镇与锡北镇临界，友谊路、锡沙路、芙蓉三路交叉口。

小区总占地近 1000 多亩，建筑面积 53 万平方米，其中包括别墅、洋房、公寓、会所、幼儿园和配套商业。建筑由东向西错落有致，景观视野开阔，同时具有良好的私密性。

该小区在总体规划上，道路、绿化、环境都做得较好，小区与市内道路有三条相通，交通便捷、分区明确。在用地考虑上，将中间作为一条长的生态核来考虑。设有一个大的湖面，四周布置绿化并且种植不同季节的花卉。

东北角绿地效果图

西南角绿地效果图

锡
港
路
聚龙河
金龙湖
友
谊
北
路
芙
蓉
三
路
N
10 50
0 20 100m

总平面鸟瞰图

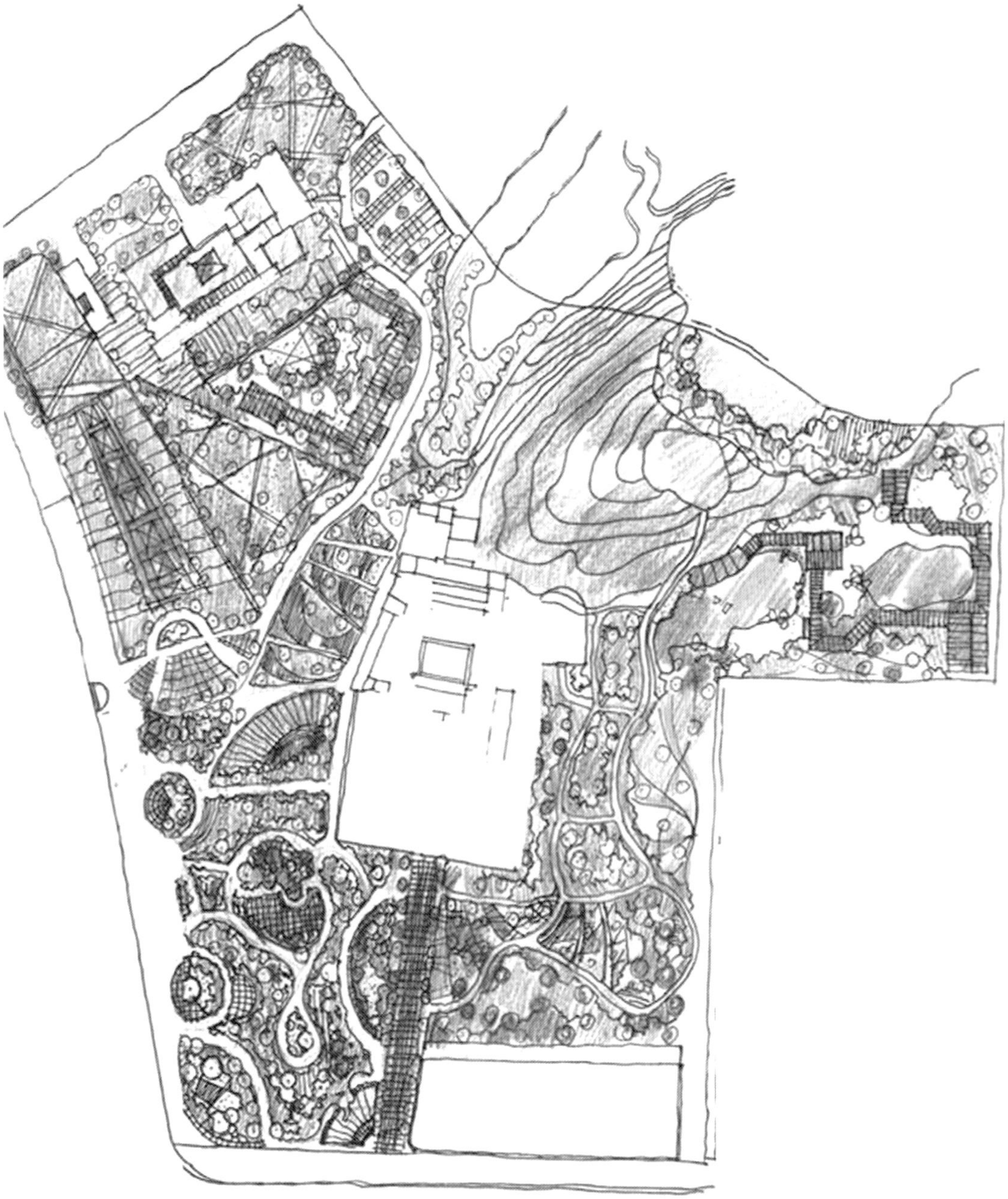

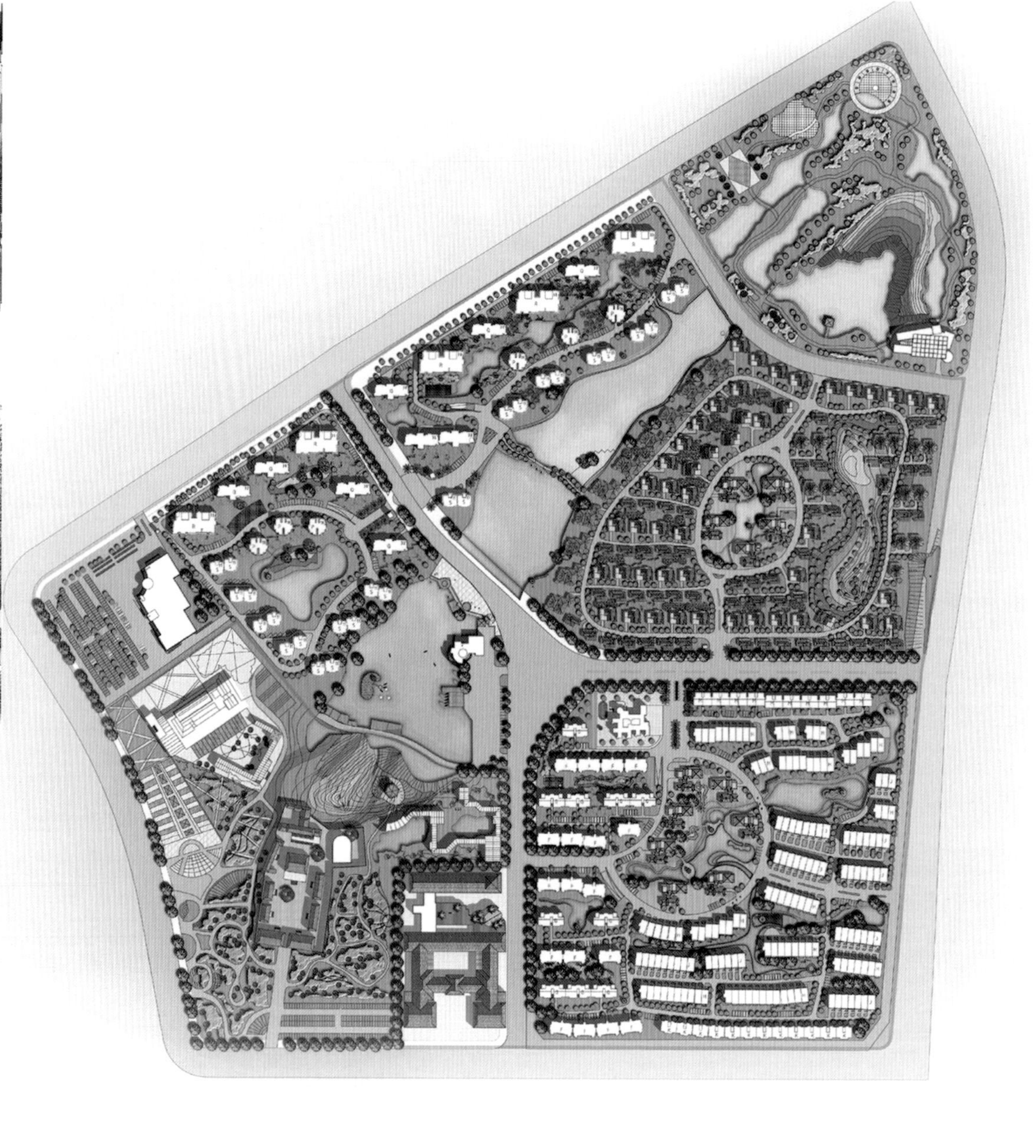

2011南京市住宅建筑太阳能光热一体化竞赛方案

一等奖

设计人员：杨维菊 刘俊 朱坐 王陶 赵虎等

方案介绍：

本方案以太阳能技术与建筑结合为要点，遵循经济、美观、实用的原则，创新太阳能建筑设计理念。太阳能作为当前最成熟、最便利、最有效的节能建筑应用技术，其与建筑一体化的应用成为节能建筑最需要关注的大事。本方案中考虑结合建筑物的外围护结构，避免对投射到太阳能集热器上的阳光造成遮挡；建筑的外部体形和空间组合应与太阳能热水系统结合，应为接收较多的太阳能创造条件。

深圳蛇口绿色建筑设计竞赛方案

铜奖

设计人员：杨维菊 高民权 马军

热工计算：傅秀章

参与人员：梁博 刘泉 孙晓娟 等

方案介绍：

由于本项目的地块位于海边，面向大海，是集海上活动、娱乐、餐饮、办公为一体的高品质文化休闲广场，所以，如何在设计中体现蛇口国际化人文特色，使海上乐园成为世界著名的旅游景点，在建筑造型上给人留下深刻的印象是我们设计团队一直探索的重点。

本方案设计理念上力求创新，并充分考虑了节能、生态、环保的要求，同时又注重人与自然的和谐，使建筑与大海融为一体，经过多方面的比较，设计团队选择了流畅、现代的建筑造型。

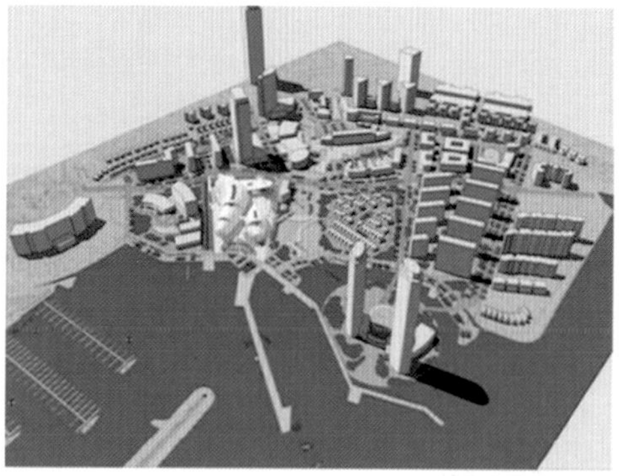

总体空间形态二

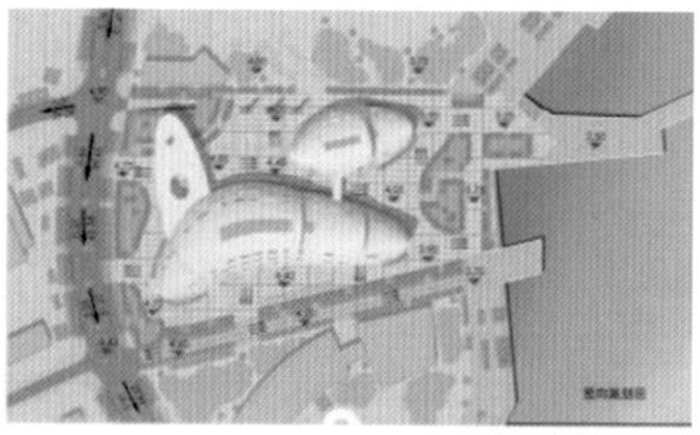

竖向分析图

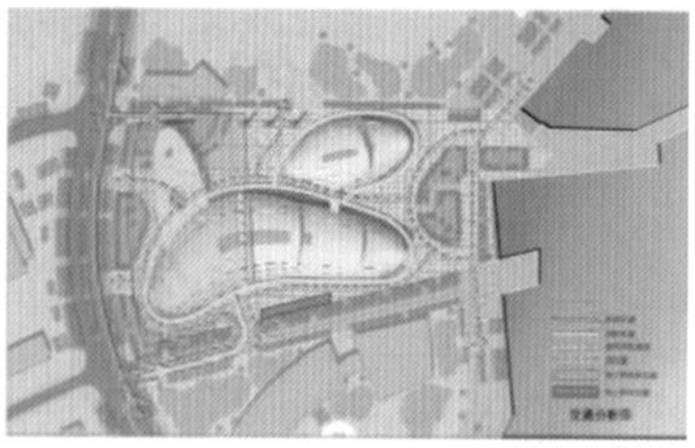

交通分析图

总体空间形态二

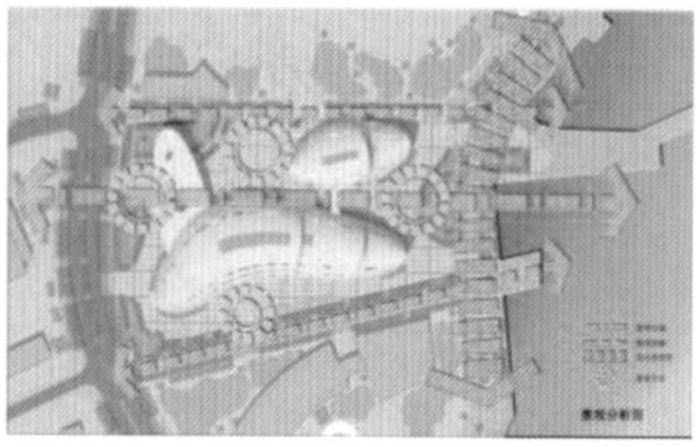

景观分析图

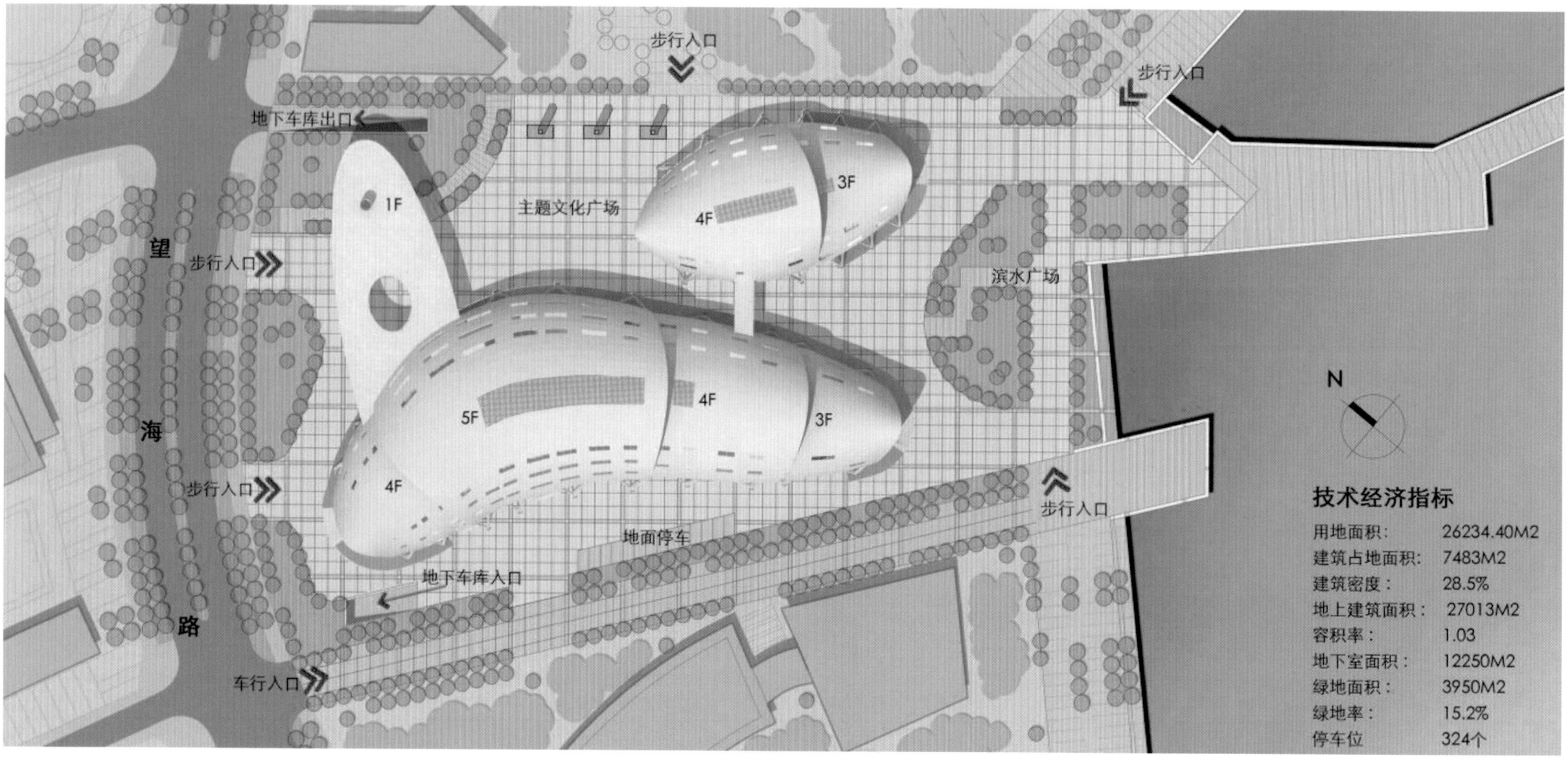

技术经济指标

用地面积：	26234.40M2
建筑占地面积：	7483M2
建筑密度：	28.5%
地上建筑面积：	27013M2
容积率：	1.03
地下室面积：	12250M2
绿地面积：	3950M2
绿地率：	15.2%
停车位	324个

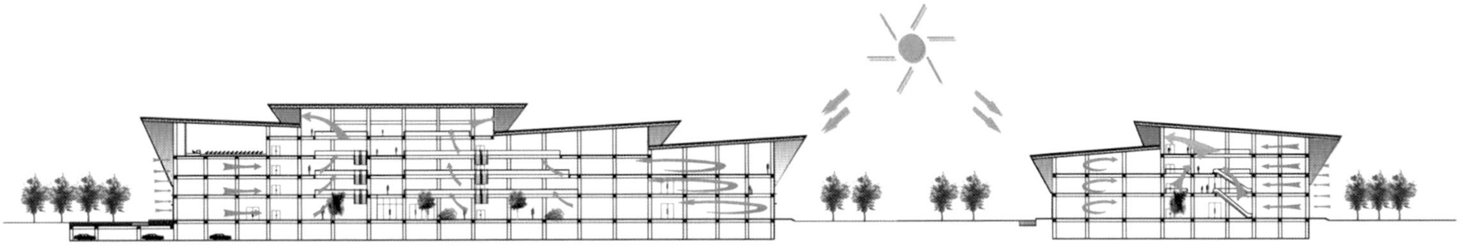

夏季，深圳地区室外温度较高，部分引入室外阴凉处空气进入室内，在中庭顶部安装的太阳能光电板底部会聚有大量热量，加热通风风道内空气，产生强烈的热压作用，强化烟囱效应，增强室内的自然通风效果，降低机械动力荷载，减少能耗。

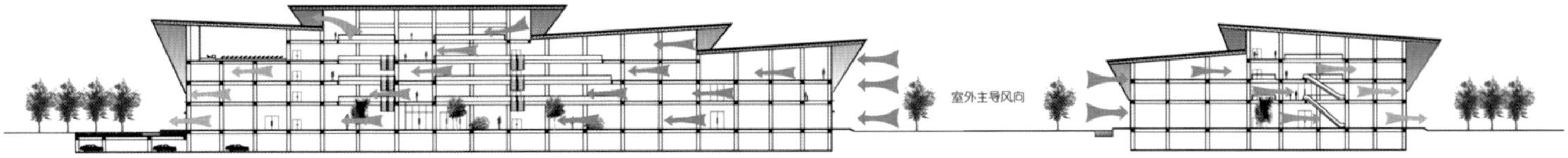

夏季夜间，当温度低于 25°C 时，利用季节性主导风向，打开可开启的窗户，通过自然风的流动带走室内残余的热量。通过自然风的优化设计，提高室内的热舒适水平，提供室内人体足够的新风量，改善室内空气品质，避免“空调病”。

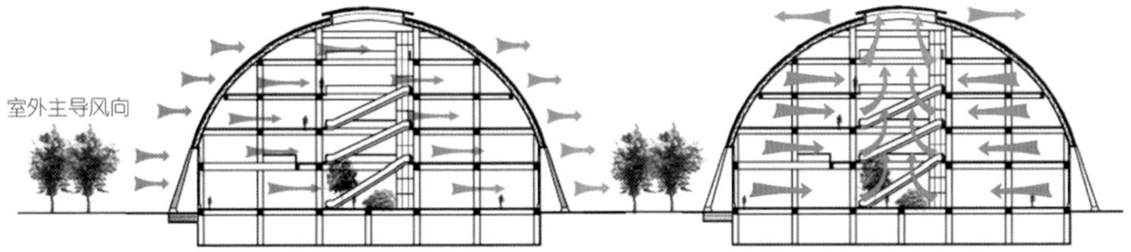

中庭顶部温度较高形成热压，通过顶部光电板下的百叶窗将热量排出。

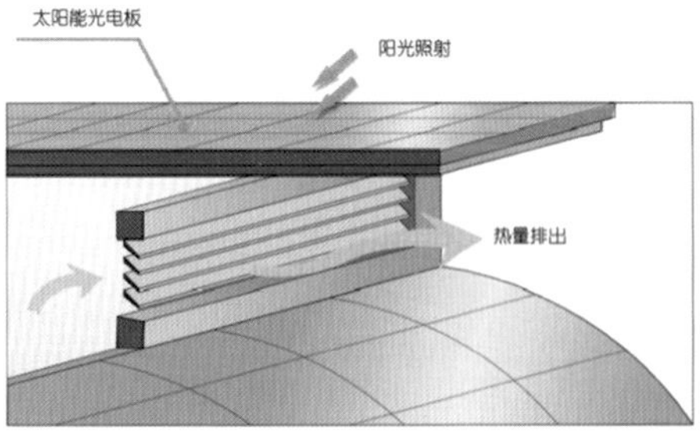

屋顶侧窗拔风示意

屋顶出檐遮阳

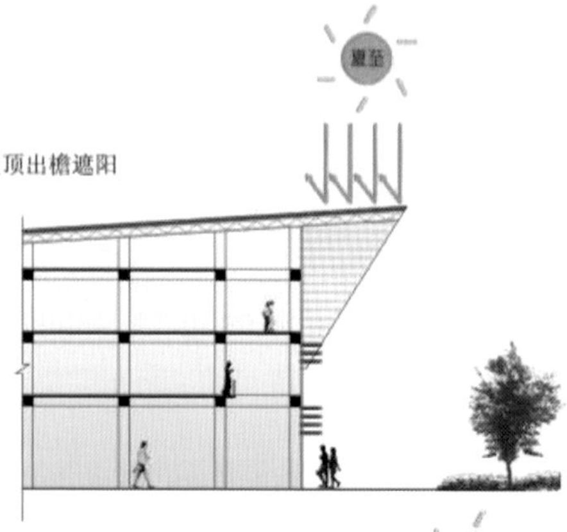

多重外墙遮阳板成功地将阳光反射，避免夏季烈日的直接照入室内。室内遮阳百叶控制室内光线强度。

水平百叶遮阳

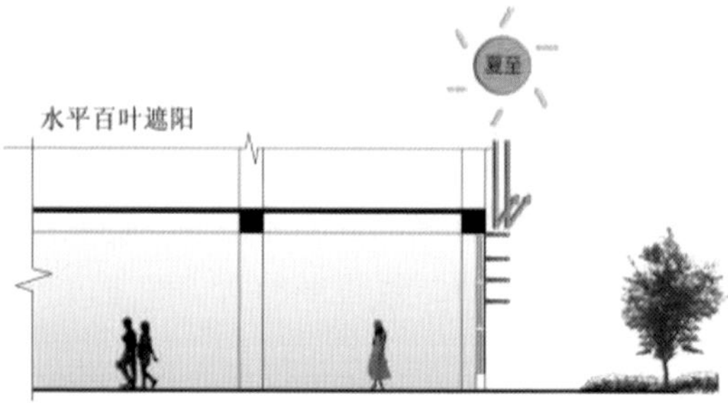

屋顶出檐遮阳

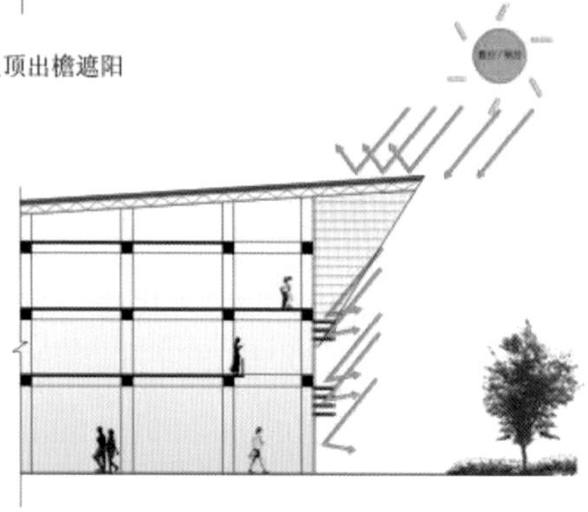

夏至日前后，阳光直射屋面，建筑屋顶挑檐深远，有效抵挡了阳光的直接照射，形成大面积的阴凉，减少了大量的能耗。

深圳地区的夏季长达 6 个月左右，春分、秋分时节，阳光斜射，屋顶挑檐仍然能够给予有效的遮阳。这时外墙遮阳板的作用明显，阻挡阳光的直接照射，室内遮阳百叶既可以调节室内光线强度，又能够发挥遮阳的作用。

水平百叶遮阳

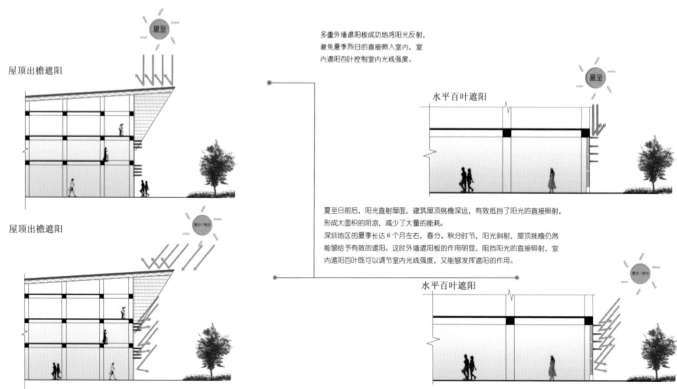

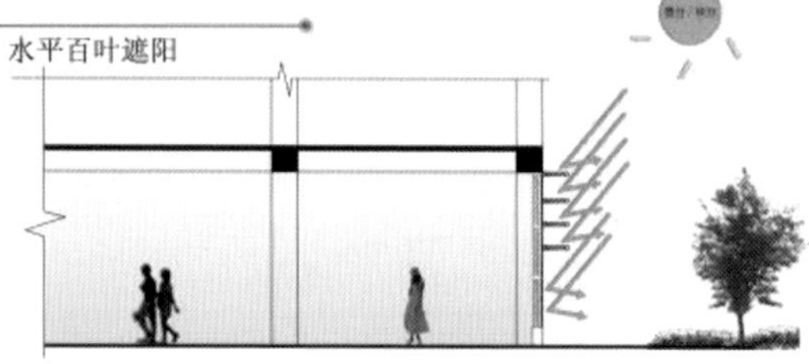

2015 年度教育部优秀建筑工程设计

二等奖

2015 年全国优秀工程勘察设计建筑工程

三等奖

姜堰博物馆

设计者：齐康 王彦辉 张弦 张芳

方案介绍：

项目用地紧邻国家级文物保护单位天目山遗址，并处于其遗址公园及建设控制地带范围内。设计通过尺度控制、层次变化、风貌融合等手法，使建筑以恰当的形态和尺度“楔入”用地环境，成为天目山遗址公园的有机组成部分；同时探索低成本条件下建筑的高品质及生态化：从地方传统建筑智慧中汲取灵感，选用地方、低成本建构材料及生态节能技术（如设置内天井、回收利用本地旧青砖等）。墙面采用檐口及体块出挑以实现建筑自遮阳，同时天窗采用内部遮阳卷帘。根据博览建筑特点，合理设置通风系统、保温隔热系统及污水处理与中水回收系统。

建筑主入口

建筑西南角透视

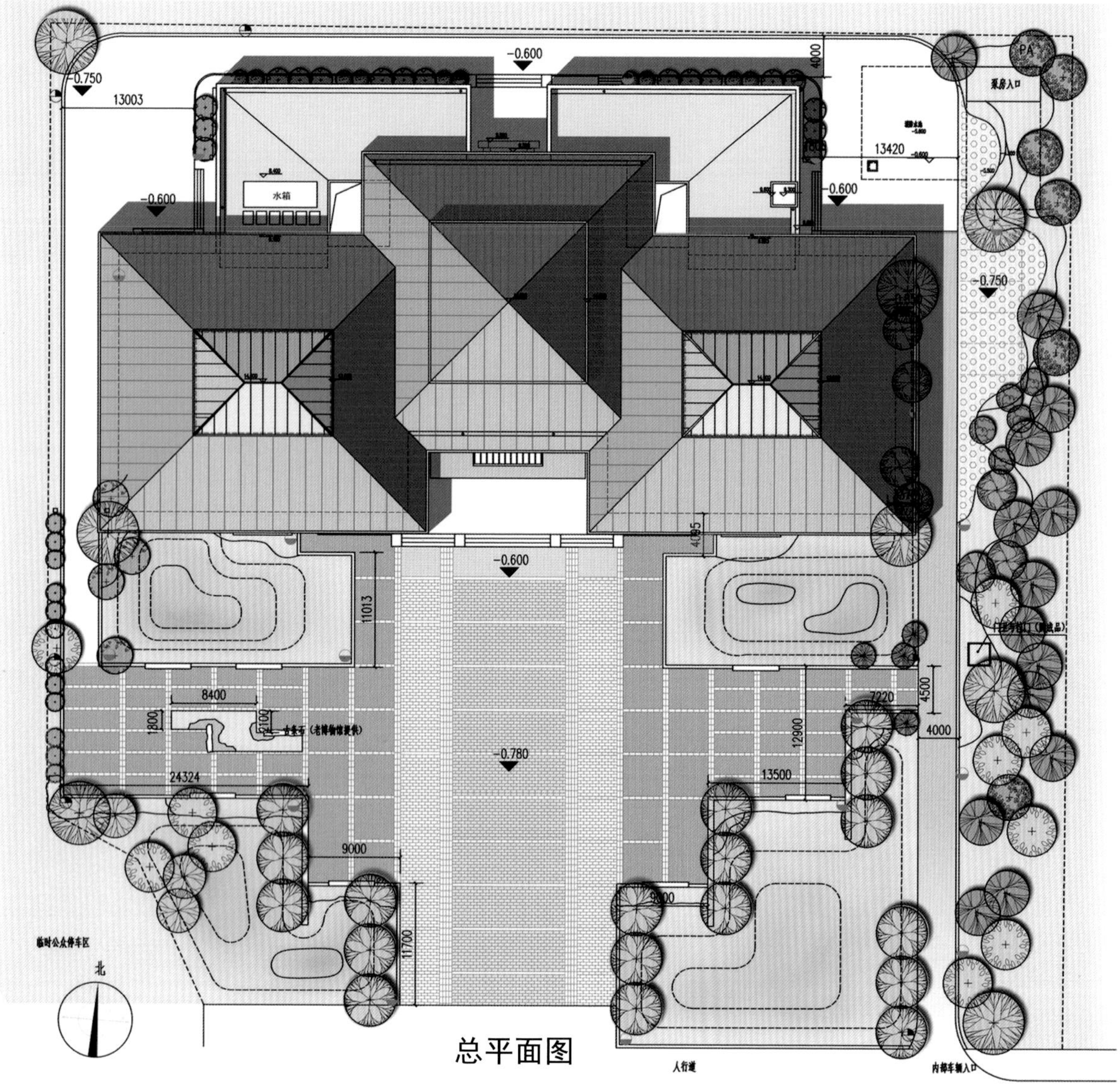

总平面图

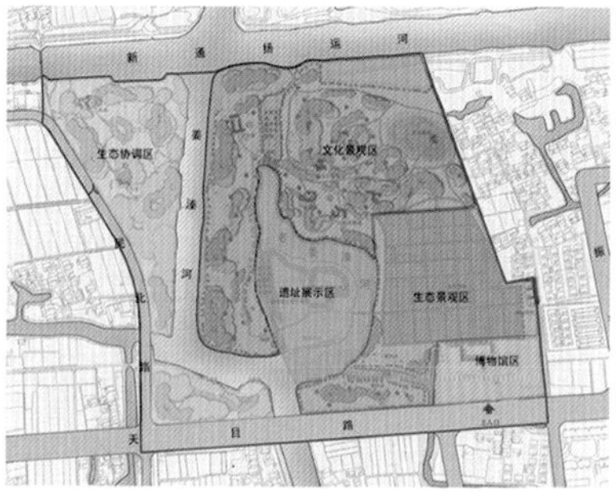

■ 遗址展示区 ■ 文化景观区 ■ 博物馆区
■ 生态景观区 ■ 生态协调区

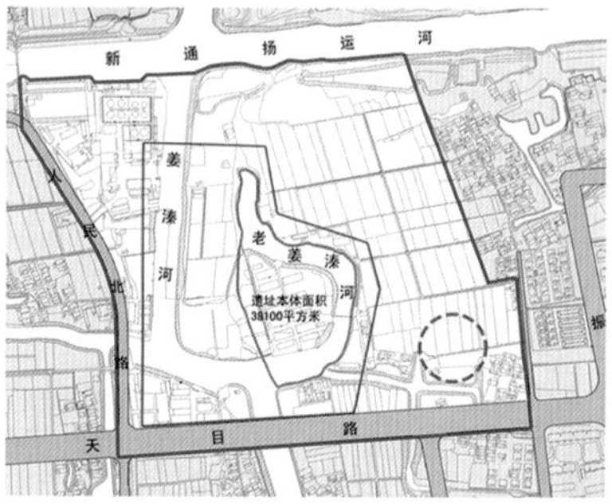

— 保护范围 — 建设控制地带 — 遗址本体

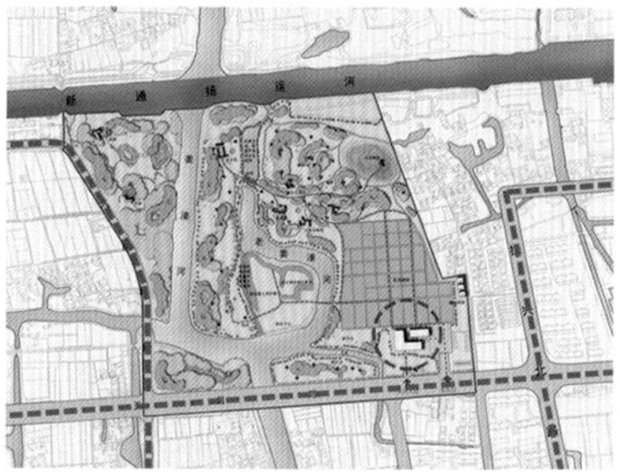

□ 规划范围 ▲ 入口标志 ■■ 城市主干道
■■ 主要参观路线 ■ 新通扬运河

建筑南立面

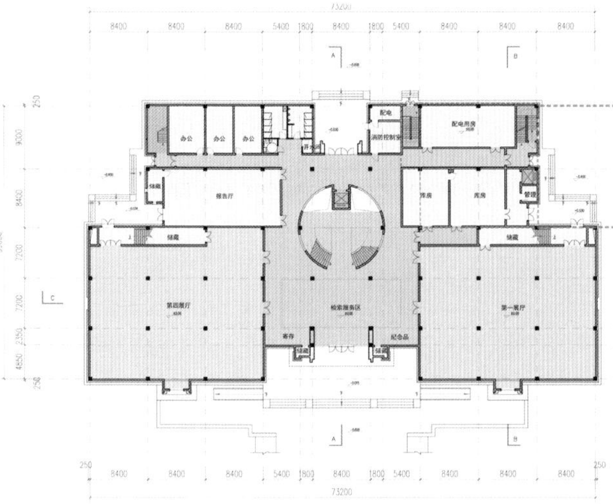

一层平面图

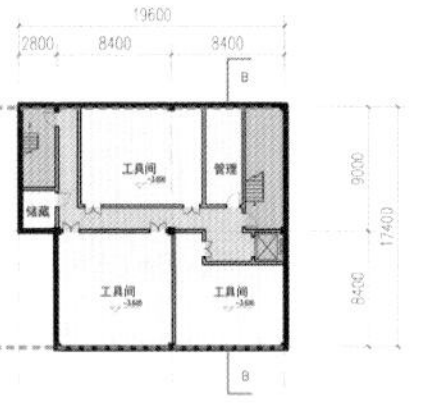

地下层平面图

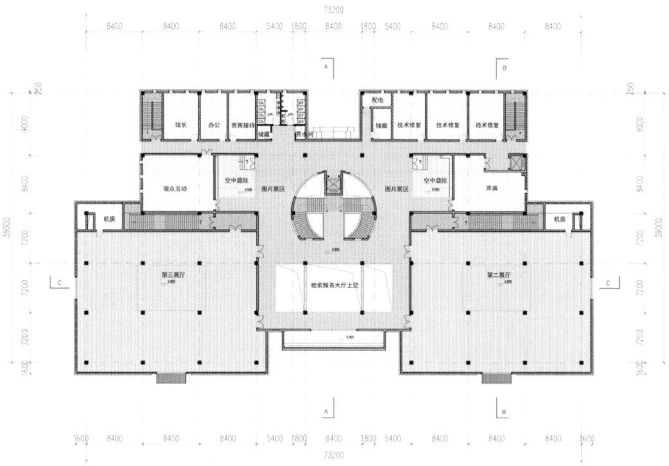

二层平面图

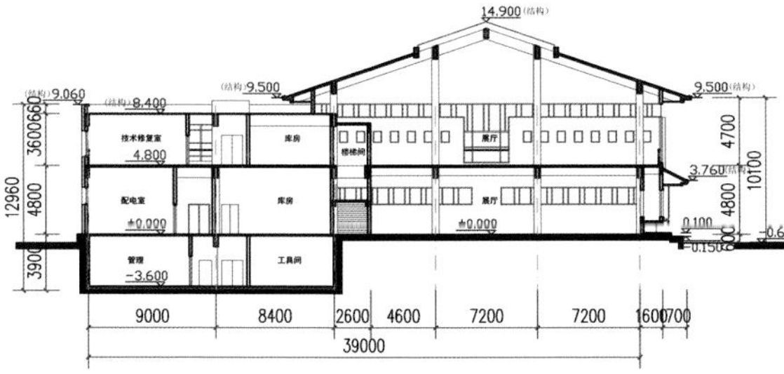

B-B 剖面图

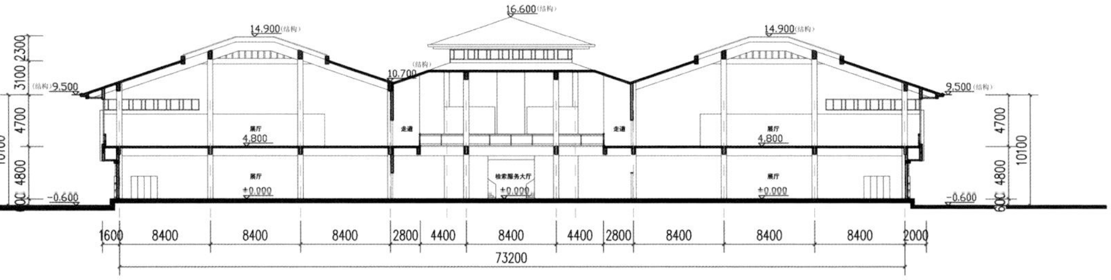

C-C 剖面图

东立面局部

北立面局部

300mm高钢原架

14.900

14.300 (结构)

玻璃天窗,具体做法由厂家二次设计

(结构)13.500

13.000 (结构)

① 详见

2550　2400　3600　2400　2550

13500

②　③

屋顶天窗剖面图

具体做法参见GB05J621-1
2厚铝合金盖板

陶瓦
挂瓦条30*40
顺水条40*20@600
卷材防水层
25厚1:2.5水泥砂浆找平层
内设16号钢丝网,孔径25*25
50厚离心玻璃棉板
20厚1:2.5水泥砂浆找平层
120厚现浇屋面板

屋面节点详图

挂瓦条30*40
顺水条40*20@600
卷材防水层
25厚1:2.5水泥砂浆找平层
内设16号钢丝网,孔径25*25
75厚岩棉板
20厚1:2.5水泥砂浆找平层
120厚钢筋混凝土现浇屋面板

陶瓦
挂瓦条30*40
顺水条40*20@600
卷材防水层
25厚1:2.5水泥砂浆找平层
内设16号钢丝网,孔径25*25
钢筋混凝土现浇屋面板

30厚花岗岩干挂

滴水

30厚保温层

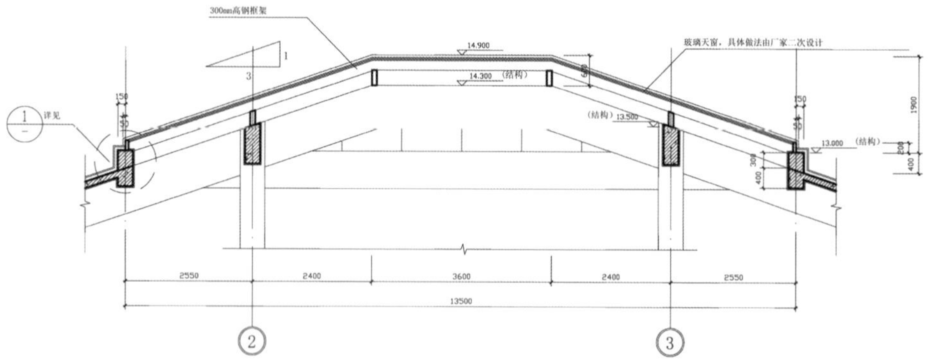

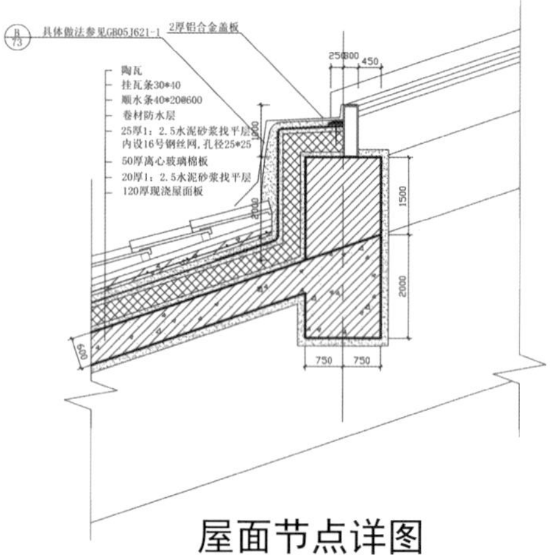

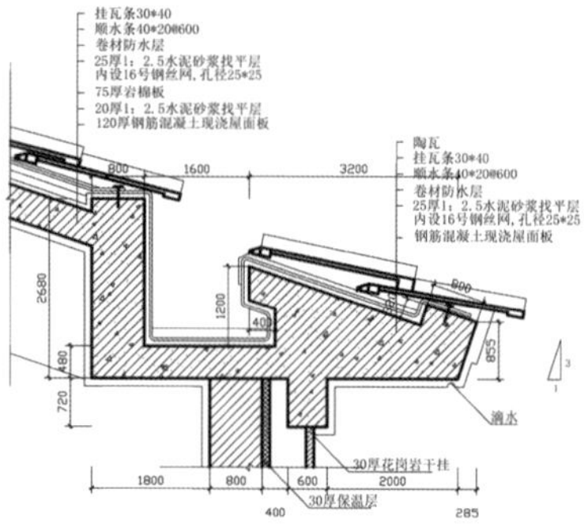

檐口节点详图

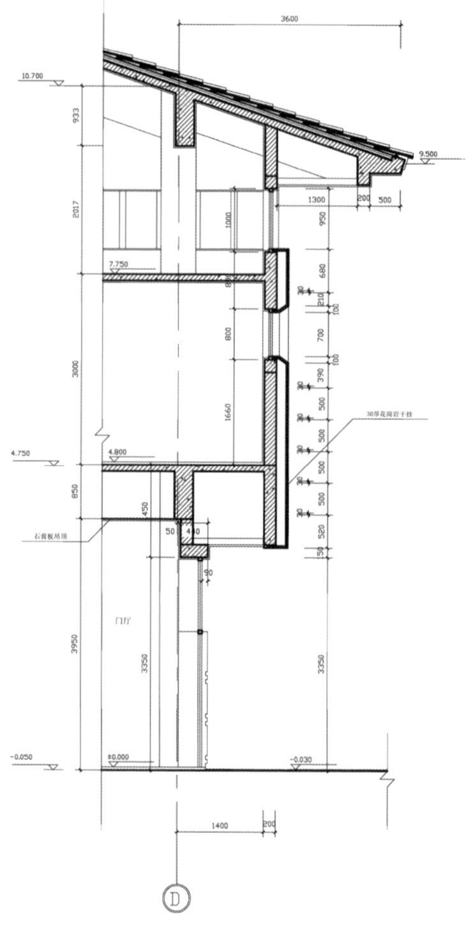

墙身大样图

二楼中庭局部

二层展厅

2013年江苏省绿色建筑方案设计竞赛“镇江观塘新城养老社区建筑设计”

三等奖

竹院

设计人员：沙晓冬

方案介绍：

为提高和改善老年人生活质量，该方案对镇江市官塘新城原有养老院进行改建和升级，规划新建养老院和体检中心，形成养老社区。本项目设计方案充分考虑了使用对象的需求，突出了设施与建筑设计的特点，在满足使用功能、合理安排规划布局的基础上，达到宜居、舒适、健康的绿色养老建筑要求。

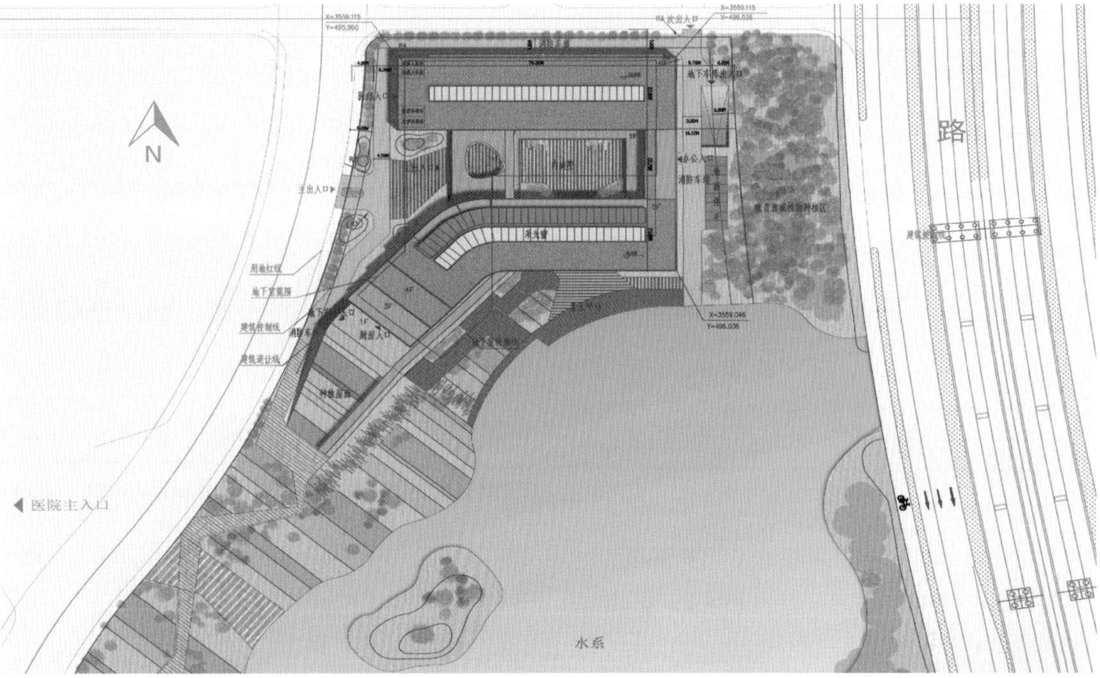

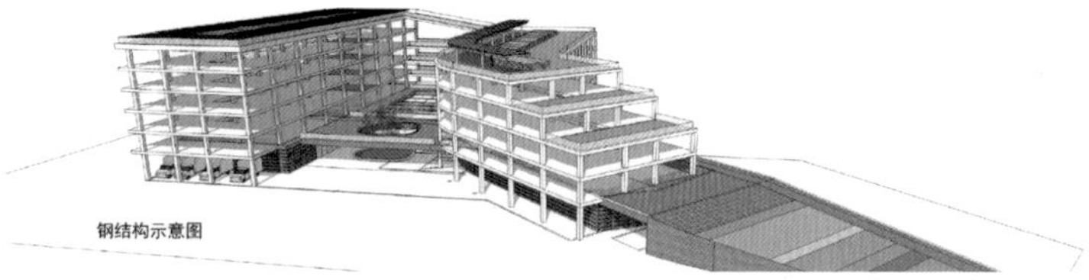

钢结构示意图

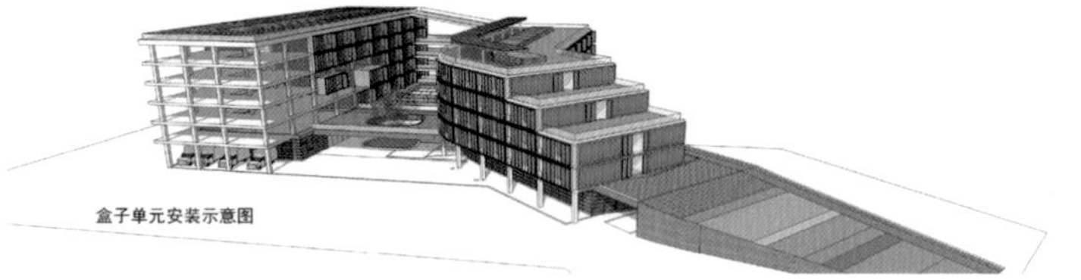

盒子单元安装示意图

预制楼板

成品厨卫单元

LOW-E玻璃

可开启竹窗

甘蔗纤维加工的聚氨酯泡沫板

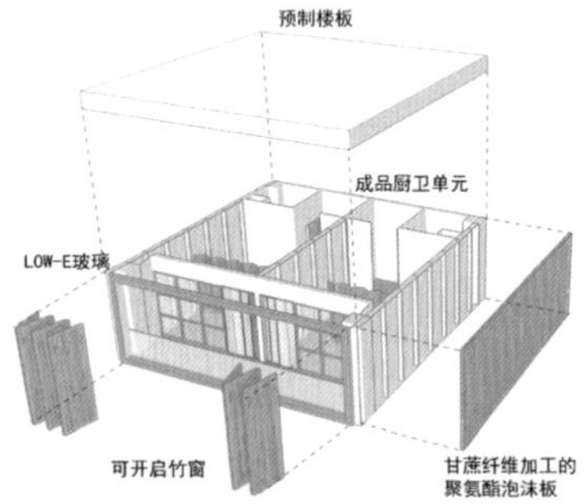

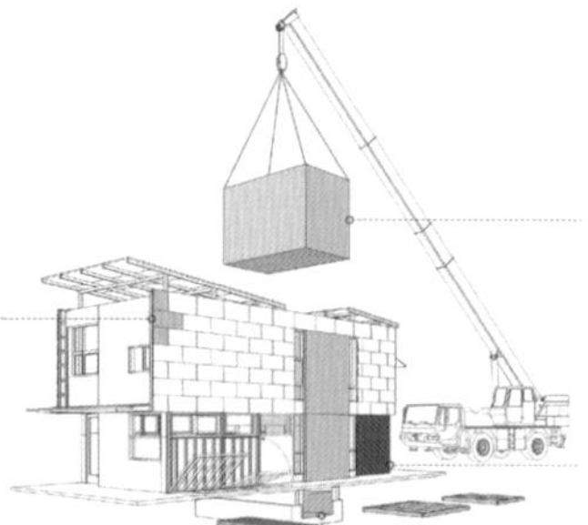

安装示意图

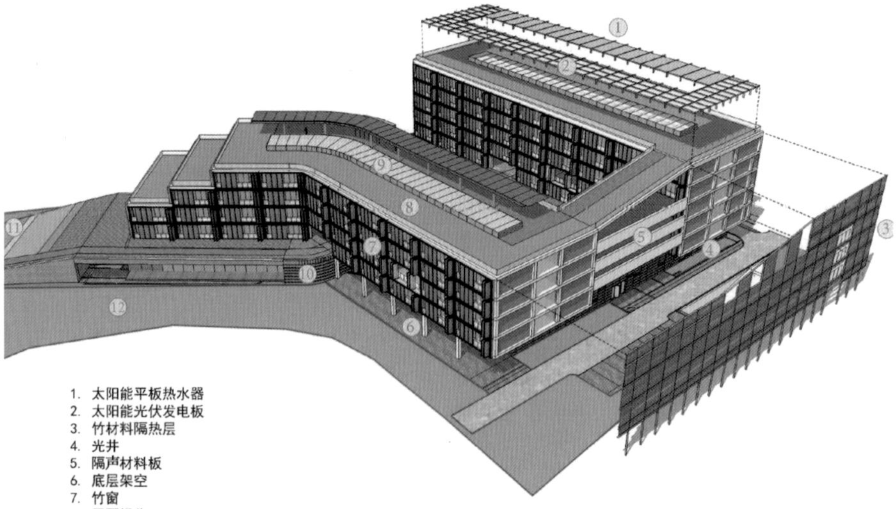

1. 太阳能平板热水器
2. 太阳能光伏发电板
3. 竹材料隔热层
4. 光井
5. 隔声材料板
6. 底层架空
7. 竹窗
8. 屋面绿化
9. 空腔
10. 竹模混凝土预制板
11. 生态农业
12. 透水地面

建筑主体采用钢结构框架结合工业化预制房（盒子）的模式，所有的构建单元都可在工厂内预制完成然后到现场组装，这样的组合大大降低建造成本，人工与施工周期。

每个盒子为8米X4.2米的标准单元，300多个盒子内部配有阳台，厨房，卫生间等基本设施，盒子四周板材采用可回收的甘蔗纤维加工聚氨酯泡沫板，玻璃采用中空LOW-E玻璃。从保温角度考虑，北侧盒子外围护的玻璃面积小于南侧面积。工业化预制房具有抗震性能好，整体性强，防火性能、耐久性能好等特点，同时模块化的房间单元也方便后期维修与管理。部分位置的盒子被抽出，用于作为开放式交往平台并成为自然通风的风道。

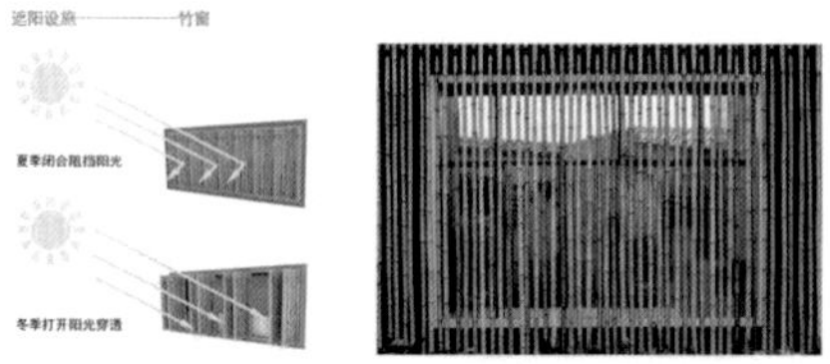

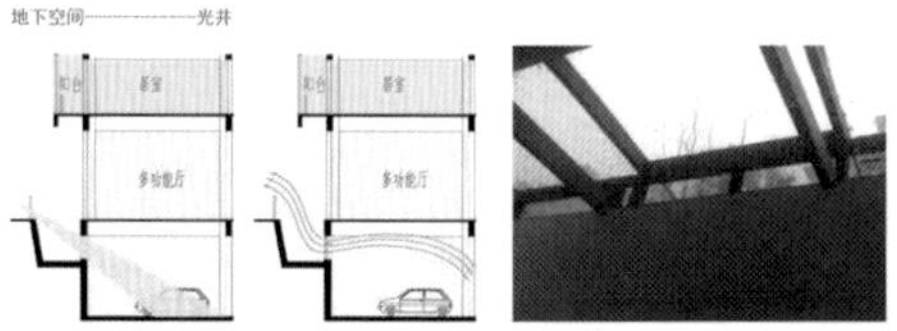

形体生成

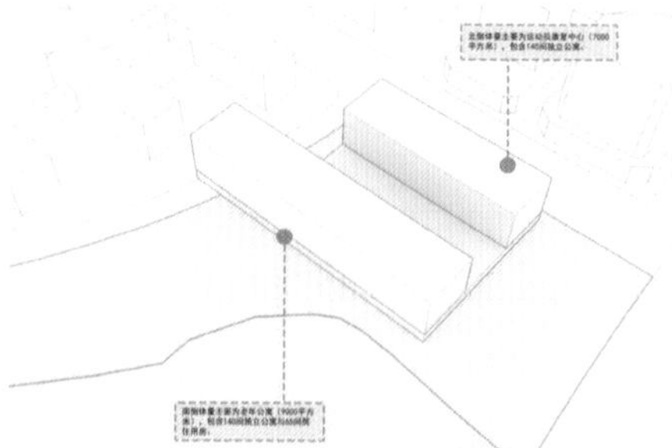

本项目由老年公寓（9000平），运动员康复中心（7000平）及相关服务配套（3000平）三部分组成。为满足日照要求，设计将老年公寓与康复中心分解为南北向两条体块，服务设施作为基座设于两者下方。

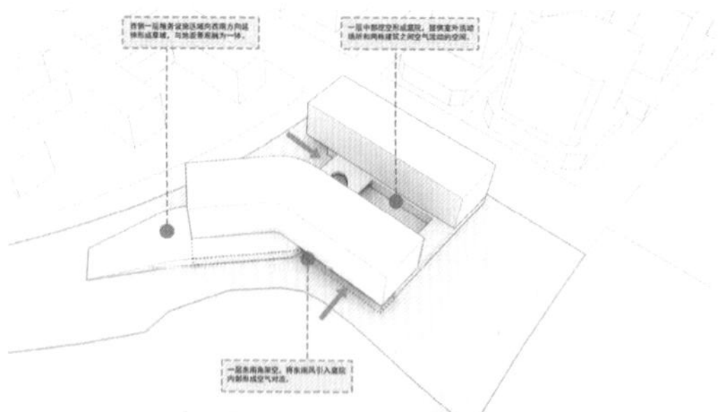

为有效组织自然通风，建筑一层东南角架空，将东南风引入庭院内部形成对流。西侧一层服务设施体量拉伸形成草坡，与地面景观融为一体。

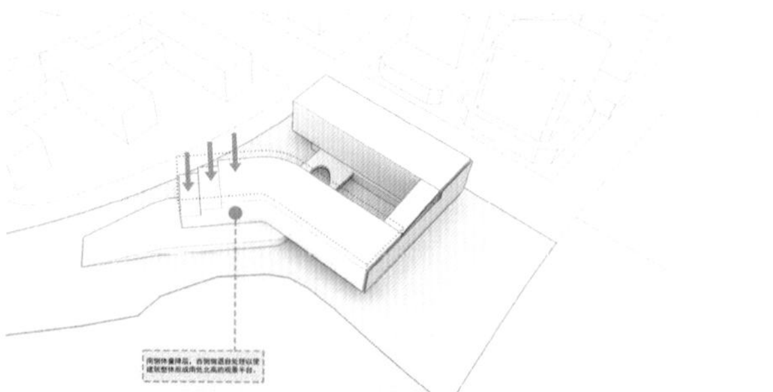

场地南侧为景观水面，南侧体量通过降层和退台处理，形成南低北高多层次的观景平台。

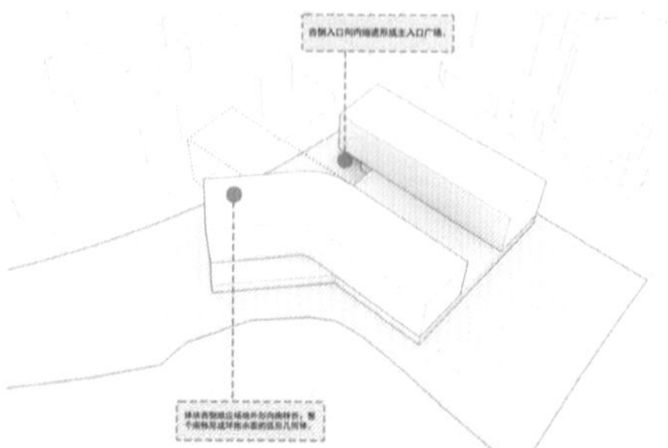

由于地块较小，较长的老年公寓的体量西端向南转折，形成环抱水面的弧形体量，同时空出西侧作为主入口广场。

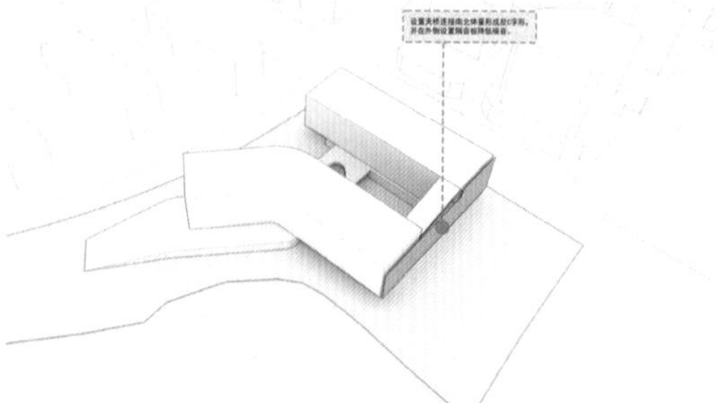

场地东侧为高架桥噪音较大，南北两条体量东端设置天桥连接形成反C字形，并设置隔音板减噪。

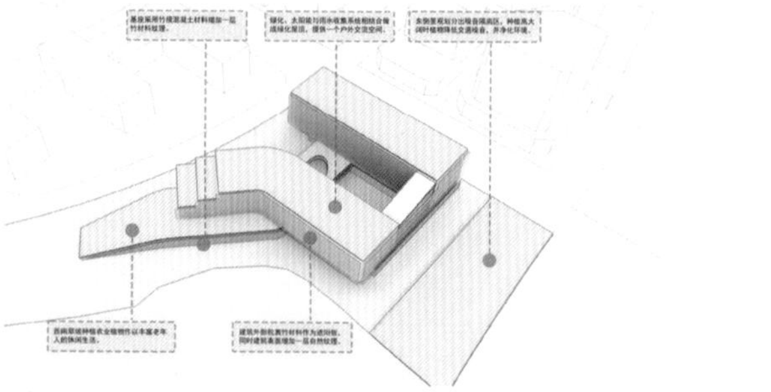

建筑屋面设置屋顶绿化与活动平台，立面采用可回收的竹材料包裹。

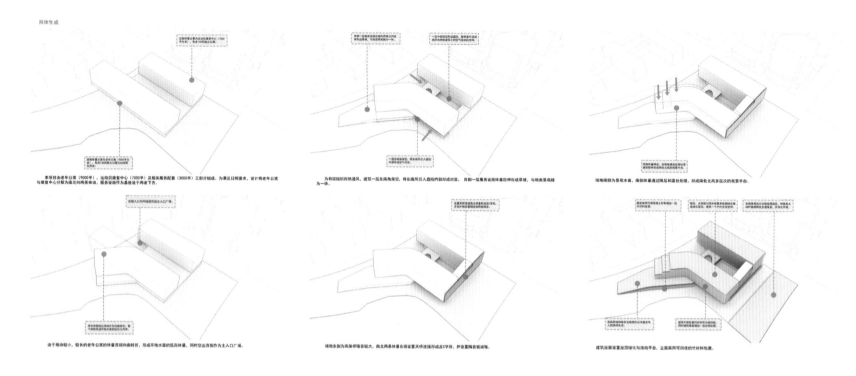

赞助商简介

北京振利高新技术有限公司

法人代表：黄振利

公司简介：

北京振利高新技术有限公司成立于1993年，注册资金26800万元。其全资子公司北京振利建筑工程有限责任公司成立于2004年，注册资金5600万元；2017年成立山东振利保温材料科技股份有限公司。振利公司专业从事建筑节能墙体保温隔热系统材料20余年，作为高新技术企业，公司集科研设计、生产、销售和施工于一体，在全国设立多家分公司和办事处，为国内建筑节能墙体保温隔热行业规模较大，产品和技术具先进性的行业引领者之一。公司现在北京、山东、辽宁、吉林、黑龙江、江苏、安徽、陕西、宁夏、青海、新疆等10余个省市自治区建立了自己的生产基地，销售区域覆盖全国。

振利公司追求技术创新，勇于探索，不断否定自我，以技术创新引领市场，全面履行“减少能源消耗量，减少垃圾生成量”的企业使命，为实现社会经济和环境可持续发展目标做出巨大贡献。

公司核心竞争力主要体现在标准专利和技术创新能力上，通过坚持不懈的展开企业技术创新和诚信管理工作，坚持金牌工程战略，培育了众多忠诚顾客群体。公司目前已发展成为国内建筑外墙保温行业中产品具国际先进水平，技术全面引领的技术创新型和资源节约型企业。

以上信息及数据均有北京振利高新技术有限公司提供

WAIBAOWEN JISHU LILUN YU YINGYONG
外保温技术
理论与应用
北京振利节能环保科技股份有限公司
住房和城乡建设部科技发展促进中心 主编
北京中建建筑科学研究院

外墙外保温技术探索(讨论稿)
北京振利节能环保科技股份有限公司
清华大学土木工程系

外墙外保温体系防火等级
评价标准的技术研究
北京振利节能环保科技股份有限公司
中国建筑科学研究院建筑防火研究所 编著
中国建材工业出版社

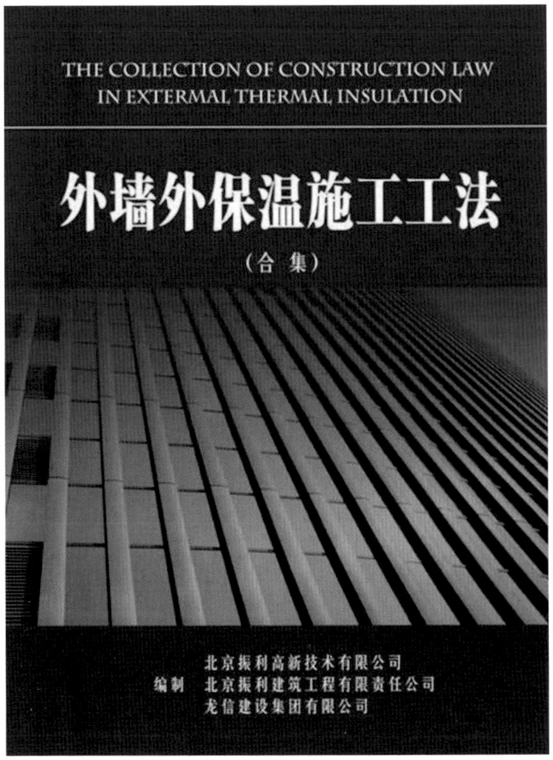
THE COLLECTION OF CONSTRUCTION LAW
IN EXTERMAL THERMAL INSULATION
外墙外保温施工工法
(合集)
北京振利高新技术有限公司
编制 北京振利建筑工程有限责任公司
龙信建设集团有限公司

建设部科技发展促进中心
北京振利高新技术公司
外墙保温应用技术
EXTERNAL WALL THERMAL INSULATING TECHNOLOGY
中国建筑工业出版社

工程建设百问丛书
外墙外保温技
术百问(第二版)
建设部科技发展促进中心
北京振利高新技术有限公司
中国建筑工业出版社

青州金胜高科有限公司

法人代表：王海胜

公司简介：

青州金胜高科有限公司 2001 年 4 月投产，于 2009 年变更搬迁至今青州市卡特彼勒工业园，工厂生产、仓库等车间占地 12000 平方米，注册资本 600 万元。公司现有技术人员 24 人，员工总数含工地安装人员达 120 人，主要生产钢木集成房屋及钢木房屋用三板：外墙板、内墙板、屋顶隔热保温板材、轻钢框架龙骨等产品；公司投产后始终奉行“诚信稳健，追求卓越”的企业方针，凭借着十几年的坚实雄厚的科技实力与丰富实践经验来为客户奉献品质卓越的低碳房屋及房屋材料，提供超值、优质、快捷的服务。赢得了澳大利亚、英国、加拿大、美国欧洲等发达国家的批量订单。公司于 2010 年 3 月与英国 IWS（IntelligentWood Systems）公司建立了长期合作关系，签订了长期战略合作协议。IWS 公司位于苏格兰，是一家主要面向英国及欧洲市场，从事钢木框架房屋研究、结构设计、房屋制造及建筑材料销售的企业。IWS 公司长期与我公司配合生产房屋结构维护体系板材，作为欧洲市场的唯一合作单位。双方在合作巩固欧美加澳市场后，经过市场分析，双方负责人看到亚洲市场的光明前景后，决定以青州金胜高科工贸有限公司为依托成立亚洲钢木房屋制造销售中心，利用英国 IWS 公司多年房屋建造的成熟经验和金胜高科公司现有的成熟产品，推动亚洲的钢木房屋普及，通力合作、深挖双方合作潜力，开发各国的潜在市场，使公司发展壮大争做先进的品牌钢木房屋公司。

JIN SHENG 金胜
JIN SHENG 金胜房屋
青州金胜高科有限公司
金胜轻钢别墅效果图 Jinsheng light steel villa effect diagram
Qingzhou Jinsheng Hi-Tech Industrial & Trade Co.,Ltd
Tel:+86-5363537258
Email :whsafy@163.com

1.轻钢房屋所用钢材

2.主体框架生产设备

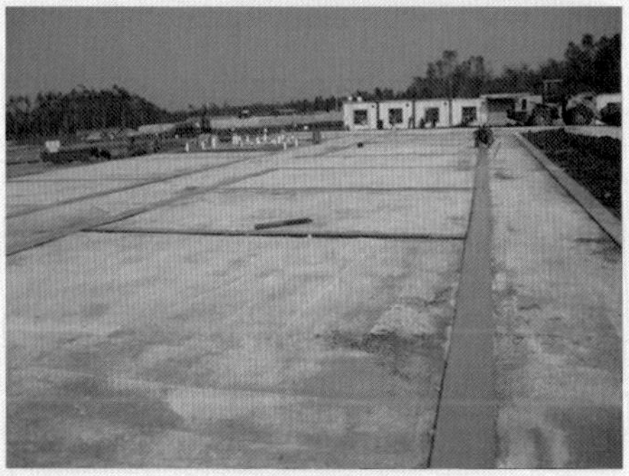

3.基础建造

4.框架组装

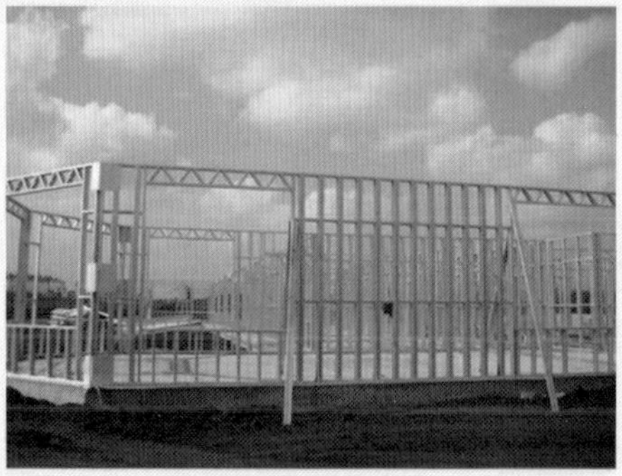

5.主框架安装(1)

6.主框架安装(2)

7.楼层桁架安装

8.二层桁架安装

9.屋顶屋架安装

10.屋面瓦安装

11.外墙体维护安装

南京金星宇节能技术有限公司

法人代表：梁世格

公司简介：

南京金星宇节能技术有限公司始建于2003年，坐落于国家级新区——南京江北新区的桥林工业园内，总投资近2亿元，是一家集建筑金属卷帘系统以及智能家居系统研发、生产、销售、服务为一体的现代化企业，也是目前国内成立较早、规模较大的金属卷帘产品研发、生产企业之一。

金星宇拥有一支汇集了国内外名校精英的专业技术研发团队。企业以先进的技术水平、精密的生产装备、精良的产品工艺、稳定的产能保障、周到的售前售后服务，使金星宇成为国内众多大型地产企业值得信赖的战略供应商。目前，金星宇民用品牌系列产品远销全国及海外几十个国家和地区，在海内外积累了优质的客户资源与良好的产品口碑。

金星宇始终坚持响应国家政策、以国际化标准为执行依据，以实现绿色人居为发展理念，以创造社会价值为终极目标，为成为行业内有价值的国际化节能企业而不断前行！

发明专利证书

发明专利证书

以上信息及数据均有南京金星宇节能技术有限公司提供

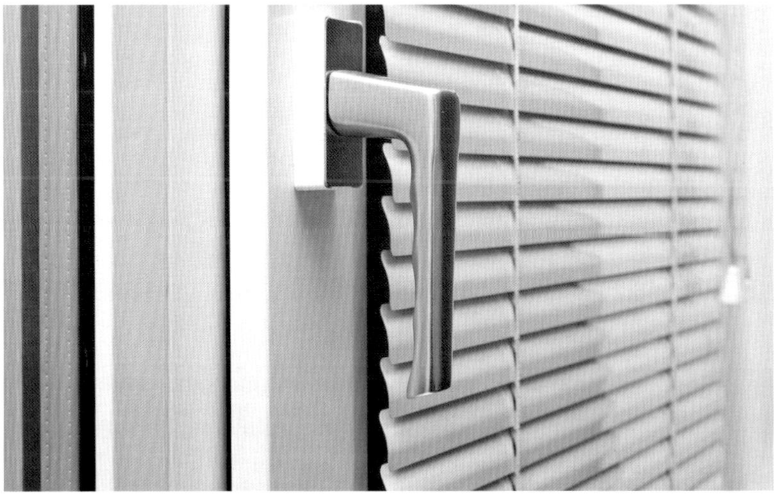

发明专利证书

无锡市天宇民防建筑设计研究院有限公司

董 事 长：蔡晔

总 经 理：黄加国

公司简介：

无锡市天宇民防建筑设计研究院有限公司成立于 1981 年，设计院经过三十几年的创新和发展，拥有先进的技术设备和雄厚的设计实力，业务范围包括人防工程与地下空间的研究、开发和设计，城市规划、建筑设计、景观设计、钢结构设计、室内设计与 BIM 技术设计等，还参与编写了江苏省地方标准《普通地下室人防应急加固改造技术规程》。

目前，设计院共有职工 62 名，其中具有高、中级职称 34 人，国家一级注册建筑、结构、设备工程师 11 人，一级注册防护工程师 17 人，二级注册建筑、结构工程师 7 人。各类专业技术人员占全院职工总数的 95%。

设计院长期坚持“技术先进、质量上乘、价格合理、服务一流”的设计宗旨。不断引进人才，培养人才，确保技术产品质量，努力打造时代精品。目前已成为省内外建筑设计行业中具有较强竞争力的综合型设计企业。

战略合作伙伴

Longfor 龙湖地产
华润置地 品质给城市更多改变
恒隆地产 HANG LUNG PROPERTIES
SUNING 苏宁
JINKE 金科集团 做好每个细节
大连万达集团 DALIAN WANDA GROUP
LANDSEA 朗诗 绿色创新未来
SUNAC 融创 至臻，致远
宝能 BAONENG 汇聚智慧 创新价值
R&F 富力地产 R&F PROPERTIES
红星·美凯龙 MACALLINE
绿城集团 GREENTOWN
雅居乐
灵山
中海地产
Keppel 吉宝置业 思无限，创非凡™
恒盛地産 GLORIOUS PROPERTY
华夏地产 HUAXIA REAL ESTATE 创造精致生活
万科 建筑无限生活
蓝光 BRC 用心建筑生活
九龍倉 始創於一八八六年

以上信息及数据均有无锡市天宇民防建筑设计研究院有限公司